21 世纪高职高专通用教材

实用经济数学

主编　潘　新　蔡奎生

苏州大学出版社

图书在版编目(CIP)数据

实用经济数学/潘新,蔡奎生主编. —苏州:苏州大学出版社,2013.7

21世纪高职高专通用教材

ISBN 978-7-5672-0546-8

Ⅰ. ①实… Ⅱ. ①潘…②蔡… Ⅲ. ①经济数学—高等职业教育—教材 Ⅳ. ①F224

中国版本图书馆CIP数据核字(2013)第171940号

实用经济数学

潘　新　蔡奎生　主编

责任编辑　谢金海

苏州大学出版社出版发行

(地址:苏州市十梓街1号　邮编:215006)

宜兴市盛世文化印刷有限公司印装

(地址:宜兴市万石镇南漕河滨路58号　邮编:214217)

开本787 mm×1 092 mm　1/16　印张21.25　字数490千

2013年7月第1版　2013年7月第1次印刷

ISBN 978-7-5672-0546-8　定价:35.00元

苏州大学版图书若有印装错误,本社负责调换

苏州大学出版社营销部　电话:0512-65225020

苏州大学出版社网址　http://www.sudapress.com

《实用经济数学》编委会名单

主　编　潘　新　　蔡奎生

副主编　顾莹燕　　曹文斌

编　委　潘　新　　蔡奎生　　顾莹燕

　　　　　曹文斌　　殷建峰　　殷冬琴

　　　　　顾霞芳　　魏彦睿

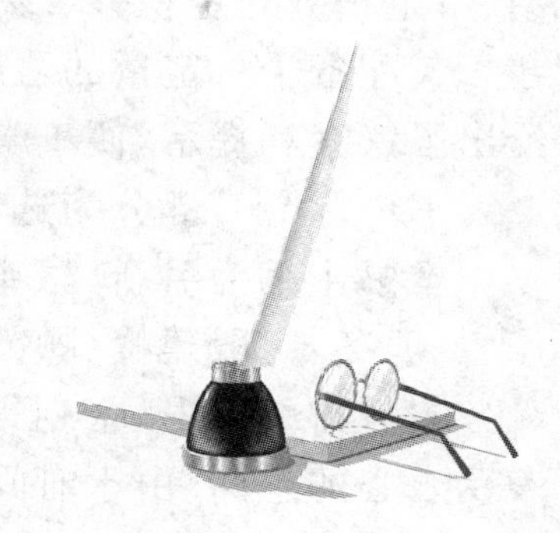

编写说明

随着教育改革的深入与发展,为了满足高等职业教育对于数学这一基础学科的要求,我国不少高校和有关部门已积极编写了不同版本的高等数学教材,同时根据经济类专业的特定要求,也编写了不同版本的经济数学教材.受华东地区高等院校大学数学教学改革与“质量工程”学术研讨会的启发,苏州经贸职业技术学院数学教研室结合当前高职高专对于经济数学教材的使用情况,取长补短,集思广益,与兄弟院校老师共同组织编写了这本经济数学教材.本书力求内容简单实用,对一些传统的教学理念进行了力度较大的改革,同时简化理论的叙述、推导和证明,力求直观,注重实际应用.

在编写过程中,我们本着“必需、够用”的原则,对于必备的基础理论知识等方面的内容,主要给出概念的定义,有关定理的条件和结论,一般不做严格的推导和证明,必要时,给出直观而形象的解释和说明,把重点放在实际计算和应用等方面,以强化学生解决实际问题的能力.

本教材的主要内容包括以下几个部分:函数和极限、导数和微分、导数的应用、不定积分与定积分、线性代数初步、概率论基础知识及数理统计初步.另外,在每节配备了一定量的习题,在每章配备了小结和自测题.对于上述题目,书后给出了答案和提示,便于学员及时对所学知识进行检验.

书中标“*”部分为选学内容.

本书主编为潘新、蔡奎生,副主编为顾莹燕、曹文斌,参加编写的人员有魏彦睿、殷冬琴、殷建峰、顾霞芳.唐哲人、李鹏祥对本书进行了校对和整理.

本教材的构思、企划得到了同行专家的指点和兄弟院校的大力支持,在此表示衷心的感谢.由于时间紧迫,加之编者的水平有限,错误和不当之处在所难免,还望各位同行、专家多加批评和指正.

编写组

Contents 目录

第1章 函数、极限与连续

第2章 导数与微分

第3章 导数的应用

第4章 不定积分

第5章 定积分及其应用

第6章 行列式

第7章 矩 阵

第8章 向量组与线性方程组

第9章 概率论基础

第10章　数理统计初步

第 1 章

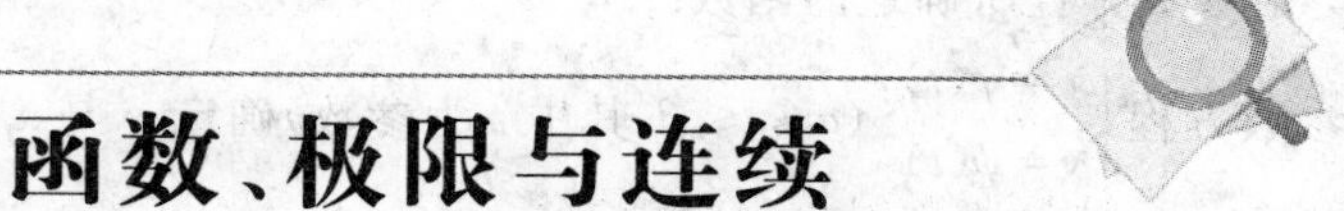

函数、极限与连续

函数是对现实世界中各种度量之间相互关系的一种抽象，是微积分学的主要研究对象，函数极限是微积分学的理论基础，函数的连续性是函数的重要性质之一. 本章将在复习和加深函数相关知识的基础上，学习函数的极限、连续及其有关性质，为后续内容的学习奠定基础.

§1-1　初等函数

一、函数概念

1. 函数的定义

定义 1　设 D 是一非空实数集，如果存在一个对应法则 f，使得对 D 内的每一个值 x，都有 y 与之对应，则这个对应法则 f 称为定义在集合 D 上的一个函数，记作

$$y=f(x),x\in D.$$

其中 x 称为**自变量**，y 称为**因变量或函数值**，D 称为**定义域**，集合 $\{y|y=f(x),x\in D\}$ 称为**值域**.

说明　(1) 在函数的定义中，如果对每个 $x\in D$，对应的函数值 y 总是唯一的，这样定义的函数称为单值函数. 如果对每个 $x\in D$，总有确定的 y 值与之对应，但这个 y 不总是唯一的，这样定义的函数则称为多值函数. 例如，由方程 $x^2+y^2=1$ 所确定的以 x 为自变量的函数 $y=\pm\sqrt{1-x^2}$ 是一个多值函数，而它的每一个分支 $y=\sqrt{1-x^2}$，$y=-\sqrt{1-x^2}$ 都是单值函数. 以后若无特别说明，所说的函数都是指单值函数.

(2) 构成函数的两要素是定义域 D 及对应法则 f. 如果两个函数的定义域相同，对应法则也相同，那么这两个函数就是相同的，否则就是不同的.

(3) 函数的表示方法主要有三种：表格法(列表法)、图形法(图象法)、解析法(公式法).

2. 几个特殊的函数

(1) 分段函数.

在自变量的不同变化范围中，对应法则用不同式子来表示的函数，称为分段函数.

例如，

$$y=\begin{cases}2x-1, & -1<x\leqslant 2,\\ x^2+1, & 2<x\leqslant 4.\end{cases}$$

分段函数的定义域是各段定义区间的并集.

(2) 隐函数.

变量之间的关系是由一个方程来确定的函数,称为隐函数.例如,由方程 $x^2+y^2=1$ 确定的函数.

(3) 由参数方程所确定的函数.

若参数方程 $\begin{cases} x=\varphi(t), \\ y=\psi(t) \end{cases}$ $(\alpha\leqslant t\leqslant\beta$,其中 t 为参数)确定 y 与 x 之间的函数关系,则称此函数关系所表达的函数为由参数方程所确定的函数.

3. 函数的定义域

在实际问题中,函数的定义域要根据实际问题的实际意义确定.当不考虑函数的实际意义时,定义域就是使得函数解析式有意义的一切实数组成的集合,这种定义域称为函数的自然定义域.在这种约定之下,一般的用解析式表达的函数可简记为 $y=f(x)$.常见解析式的定义域的求法有:

(1) 分母不能为零;

(2) 偶次根号下非负;

(3) 对数式中的真数恒为正;

(4) 分段函数的定义域应取各分段区间定义域的并集.

例 1 求下列函数的定义域:

(1) $y=\dfrac{1}{x}-\sqrt{x+2}$;　　(2) $y=\lg\dfrac{x-1}{2}+\sqrt{x^2-4}$;

(3) $y=\begin{cases} \sin x, & -1\leqslant x<2, \\ \ln x, & 2\leqslant x<3. \end{cases}$

解 (1) 要使函数有意义,必须 $x\neq0$,且 $x+2\geqslant0$,解得 $x\geqslant-2$.

所以函数的定义域为 $\{x|x\geqslant-2$ 且 $x\neq0\}$ 或 $D=[-2,0)\cup(0,+\infty)$.

(2) 要使函数有意义,必须 $\begin{cases} \dfrac{x-1}{2}>0, \\ x^2-4\geqslant0, \end{cases}$ 解得 $\begin{cases} x>1, \\ x\geqslant2 \text{ 或 } x\leqslant-2, \end{cases}$ 即 $x\geqslant2$.

所以函数的定义域为 $\{x|x\geqslant2\}$ 或 $D=[2,+\infty)$.

(3) 函数为分段函数,所以函数的定义域为 $D=[-1,2)\cup[2,3)=[-1,3)$.

4. 函数的几种特性

(1) 函数的奇偶性.

设函数 $f(x)$ 的定义域 D 关于原点对称:

若对于任一 $x\in D$,有 $f(-x)=f(x)$,则称 $f(x)$ 为偶函数;

若对于任一 $x\in D$,有 $f(-x)=-f(x)$,则称 $f(x)$ 为奇函数.

补充:如果函数 $f(x)$ 的定义域 D 关于原点不对称,则函数为非奇非偶函数,无需进一步通过计算作判断.

(2) 函数的单调性.

设函数 $y=f(x)$ 的定义域为 D,区间 $I\subset D$.如果对于区间 I 上任意两点 x_1 及 x_2,当 $x_1<x_2$ 时:

若 $f(x_1)<f(x_2)$,则称函数 $f(x)$ 在区间 I 上是单调增加的;

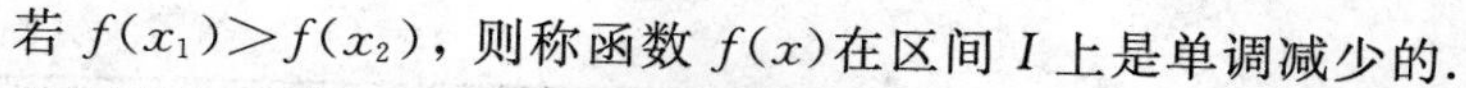

若 $f(x_1)>f(x_2)$，则称函数 $f(x)$ 在区间 I 上是单调减少的.

单调增加和单调减少的函数统称为单调函数.

(3) 函数的有界性.

设函数 $f(x)$ 的定义域为 D，如果存在数 $M>0$，使对任一 $x\in D$，有

$$|f(x)|\leqslant M,$$

则称函数 $f(x)$ 在 D 内有界；如果这样的 M 不存在，即对任意数 M，总存在 $x_0\in D$，使

$$|f(x_0)|>M,$$

则称函数 $f(x)$ 在 D 内无界.

(4) 函数的周期性.

设函数 $f(x)$ 的定义域为 D，若存在一个正数 T，使得对于任一 $x\in D$，$x\pm T\in D$，且

$$f(x\pm T)=f(x),$$

则称 $f(x)$ 为周期函数，T 称为 $f(x)$ 的周期.

二、初等函数

1. 基本初等函数

常数函数：$y=c$（c 为常数）.

幂函数：$y=x^{\alpha}$（$\alpha\in\mathbf{R}$）.

指数函数：$y=a^x$（$a>0$ 且 $a\neq 1$）.

对数函数：$y=\log_a x$（$a>0$ 且 $a\neq 1$）.

三角函数：$y=\sin x$，$y=\cos x$，$y=\tan x$，$y=\cot x$，$y=\sec x$，$y=\csc x$.

反三角函数：$y=\arcsin x$，$y=\arccos x$，$y=\arctan x$，$y=\operatorname{arccot} x$.

以上六类函数统称为**基本初等函数**.

为了方便，我们通常把多项式 $y=a_nx^n+a_{n-1}x^{n-1}+\cdots+a_1x+a_0$ 也看作基本初等函数.

现将一些常用的基本初等函数的定义域、值域和函数特性列表说明如下：

函数类型	函数	定义域与值域	图象	特性
常数函数	$y=c$	$x\in(-\infty,+\infty)$ $y\in\{c\}$		偶函数 有界
幂函数	$y=x$	$x\in(-\infty,+\infty)$ $y\in(-\infty,+\infty)$		奇函数 单调增加

续表

函数类型	函数	定义域与值域	图象	特性
幂函数	$y=x^2$	$x\in(-\infty,+\infty)$ $y\in[0,+\infty)$	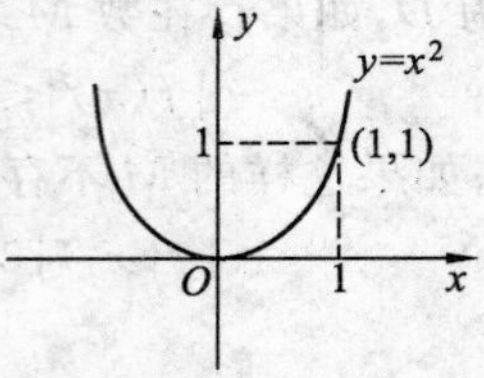	偶函数 在$(0,+\infty)$上单调增加，在$(-\infty,0)$上单调减少
	$y=x^3$	$x\in(-\infty,+\infty)$ $y\in(-\infty,+\infty)$	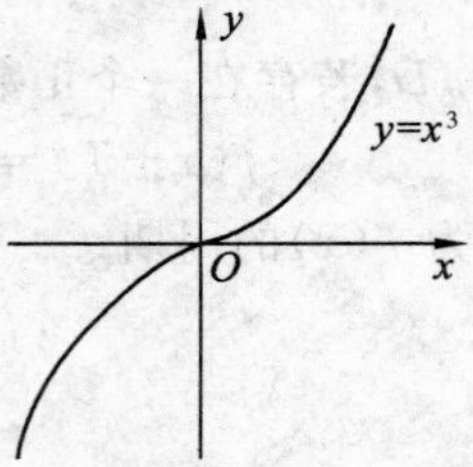	奇函数 单调增加
	$y=\frac{1}{x}$	$x\in(-\infty,0)\cup(0,+\infty)$ $y\in(-\infty,0)\cup(0,+\infty)$	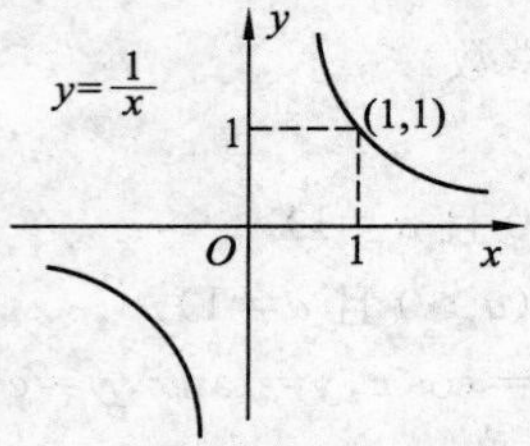	奇函数 单调减少
	$y=\sqrt{x}$	$x\in[0,+\infty)$ $y\in[0,+\infty)$	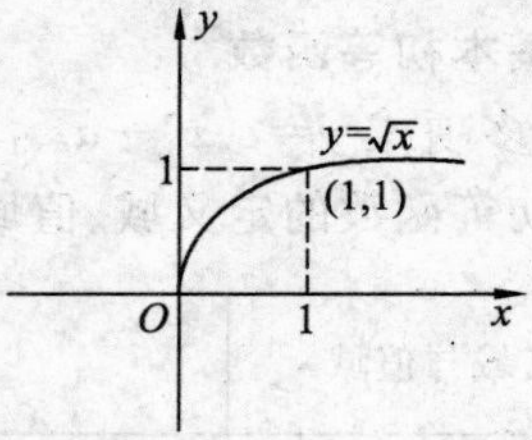	单调增加
指数函数	$y=a^x$ $(a>1)$	$x\in(-\infty,+\infty)$ $y\in(0,+\infty)$	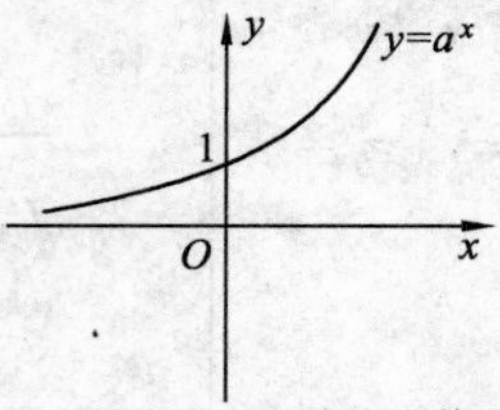	单调增加
	$y=a^x$ $(0<a<1)$	$x\in(-\infty,+\infty)$ $y\in(0,+\infty)$	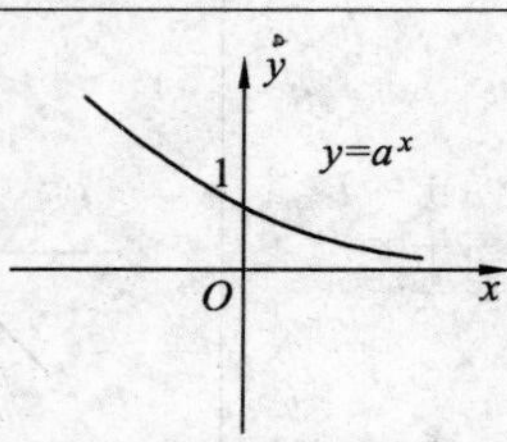	单调减少

续表

函数类型	函数	定义域与值域	图象	特性
对数函数	$y=\log_a x$ $(a>1)$	$x\in(0,+\infty)$ $y\in(-\infty,+\infty)$	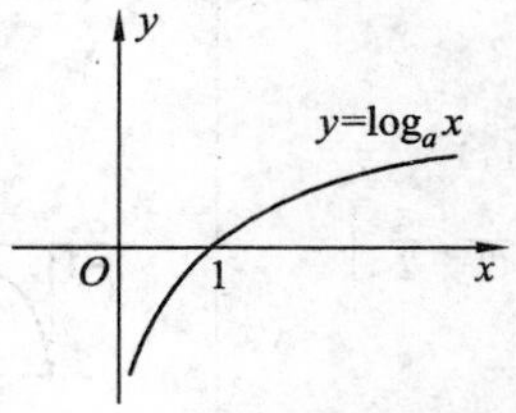 $y=\log_a x$	单调增加
	$y=\log_a x$ $(0<a<1)$	$x\in(0,+\infty)$ $y\in(-\infty,+\infty)$	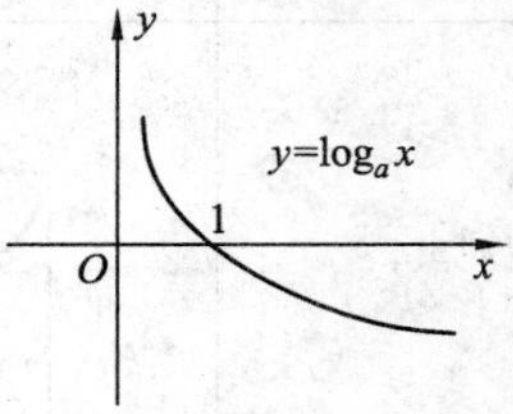 $y=\log_a x$	单调减少
三角函数	$y=\sin x$	$x\in(-\infty,+\infty)$ $y\in[-1,1]$	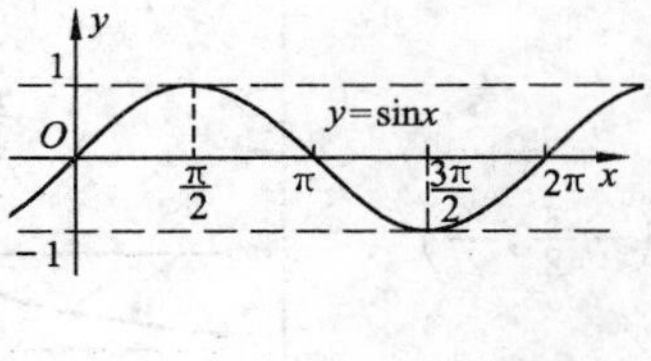 $y=\sin x$	在$\left(2k\pi-\frac{\pi}{2},2k\pi+\frac{\pi}{2}\right)$上单调增加，在$\left(2k\pi+\frac{\pi}{2},2k\pi+\frac{3\pi}{2}\right)$上单调减少$(k\in\mathbf{Z})$ 奇函数 有界 周期为 2π
	$y=\cos x$	$x\in(-\infty,+\infty)$ $y\in[-1,1]$	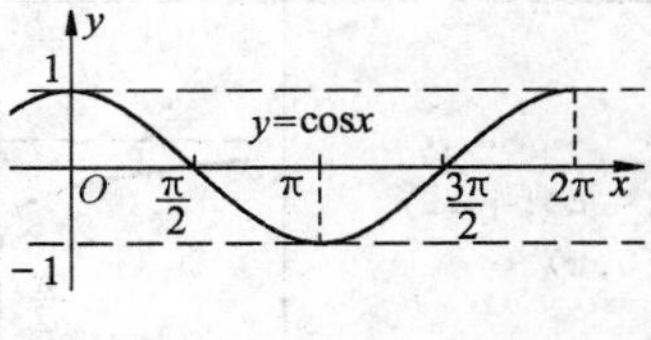 $y=\cos x$	在$(2k\pi,2k\pi+\pi)$上单调减少，在$(2k\pi+\pi,2k\pi+2\pi)$上单调增加$(k\in\mathbf{Z})$ 偶函数 有界 周期为 2π
	$y=\tan x$	$x\neq k\pi+\frac{\pi}{2}(k\in\mathbf{Z})$ $y\in(-\infty,+\infty)$	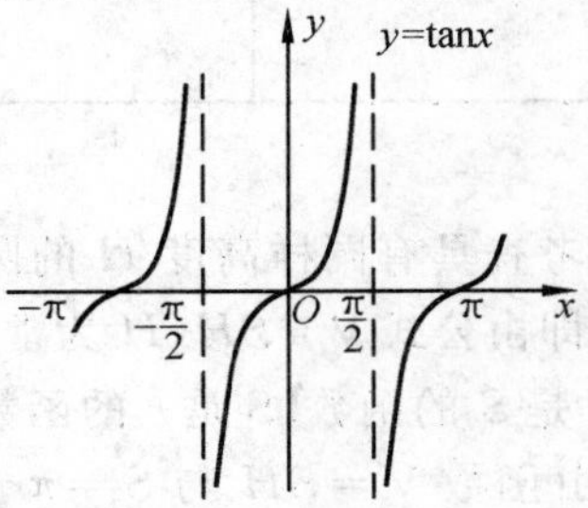 $y=\tan x$	在$\left(k\pi-\frac{\pi}{2},k\pi+\frac{\pi}{2}\right)$上单调增加$(k\in\mathbf{Z})$ 奇函数 周期为 π
	$y=\cot x$	$x\neq k\pi(k\in\mathbf{Z})$ $y\in(-\infty,+\infty)$	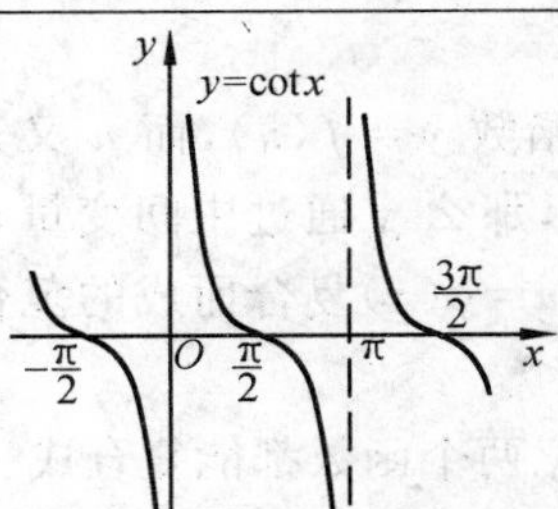 $y=\cot x$	在$(k\pi,k\pi+\pi)$上单调减少$(k\in\mathbf{Z})$ 奇函数 周期为 π

续表

函数类型	函数	定义域与值域	图象	特性
反三角函数	$y=\arcsin x$	$x\in[-1,1]$ $y\in\left[-\frac{\pi}{2},\frac{\pi}{2}\right]$	$y=\arcsin x$	单调增加 奇函数 有界
	$y=\arccos x$	$x\in[-1,1]$ $y\in[0,\pi]$	$y=\arccos x$	单调减少 有界
	$y=\arctan x$	$x\in(-\infty,+\infty)$ $y\in\left(-\frac{\pi}{2},\frac{\pi}{2}\right)$	$y=\arctan x$	单调增加 奇函数 有界
	$y=\text{arccot}\,x$	$x\in(-\infty,+\infty)$ $y\in(0,\pi)$	$y=\text{arccot}\,x$	单调减少 有界

2. 复合函数

先看这么一个例子：考查具有同样高度 H 的圆柱体的体积 V，显然其体积的不同取决于它的底面积 S 的大小，即由公式 $V=SH$（H 为常数）确定. 而底面积 S 的大小又由其半径 r 确定，即公式 $S=\pi r^2$. V 是 S 的函数，S 是 r 的函数，V 与 r 之间通过 S 建立了函数关系式 $V=SH=\pi r^2\cdot H$. 它是由函数 $V=SH$ 与 $S=\pi r^2$ 复合而成的，简单地说 V 是 r 的复合函数.

定义 2 设 y 是 u 的函数 $y=f(u)$，而 u 又是 x 的函数 $u=\varphi(x)$，且 $\varphi(x)$ 的值域与 $f(u)$ 的定义域的交集非空，那么 y 通过中间变量 u 的联系成为 x 的函数，我们把这个函数称为是由函数 $y=f(u)$ 与 $u=\varphi(x)$ 复合而成的**复合函数**，记作 $y=f[\varphi(x)]$，其中 u 称为**中间变量**.

注意 (1) 并不是任意两个函数都能复合成一个复合函数，如 $y=\arcsin u$，$u=x^2+2$ 就不能复合成一个函数.

(2) 学习复合函数有两方面要求：一方面，会把有限个作为中间变量的函数复合成一个函数；另一方面，会把一个复合函数分解为有限个较简单的函数.

(3) 分解复合函数时应自外向内逐层分解并把各层函数分解到基本初等函数经有限次四则运算所构成的函数为止.

例 2　将 $y=\sin u, u=1+x^2$ 复合成一个函数.

解　$y=\sin u=\sin(1+x^2)$.

例 3　将 $y=\ln u, u=\cos v, v=2^x$ 复合成一个函数.

解　$y=\ln u=\ln\cos v=\ln\cos 2^x$.

从例2、例3可以看出复合的过程实际上是把中间变量依次代入的过程，而且由例3得出中间变量可以不限于一个.

例 4　指出下列函数的复合过程：

(1) $y=\tan(3x-1)$；　　(2) $y=\arccos\dfrac{1}{\sqrt{x^2+2}}$.

解　(1) $y=\tan(3x-1)$是由 $y=\tan u$ 和 $u=3x-1$ 复合而成的.

(2) $y=\arccos\dfrac{1}{\sqrt{x^2+2}}$是由 $y=\arccos u, u=\dfrac{1}{\sqrt{v}}$和 $v=x^2+2$ 复合而成的.

例 5　设 $y=f(u)$的定义域为[1,5]，求函数 $y=f(2x-1)$的定义域.

解　由复合函数的定义域知 $1\leqslant 2x-1\leqslant 5$，即 $1\leqslant x\leqslant 3$，所以所求函数的定义域为[1,3].

3. 初等函数

定义 3　由基本初等函数经过有限次的四则运算或有限次的复合运算所构成的并可用一个式子表示的函数，称为**初等函数**. 否则称为**非初等函数**.

例如，$y=\ln\sqrt{1-x^2}+\sin^2 x, y=\dfrac{\tan x}{x^3}-1, y=\cos(3x-\sqrt{e^x}+1)+\sin 2x-3$ 等都是初等函数，而大部分分段函数是非初等函数.

4. 点的邻域

邻域是高等数学中一个常用的概念，为了讨论函数在一点附近的某些形态，在此我们引入数轴上一点邻域的概念.

定义 4　设 $x_0,\delta\in\mathbf{R},\delta>0$，集合$\{x\in\mathbf{R}\mid |x-x_0|<\delta\}=(x_0-\delta,x_0+\delta)$，即数轴上到点$x_0$的距离小于$\delta$的点的全体，称为**点 x_0 的 δ 邻域**，记为$U(x_0,\delta)$. 点 x_0，δ 分别称为该邻域的中心和半径. 集合$\{x\in\mathbf{R}\mid 0<|x-x_0|<\delta\}$称为**点 x_0 的 δ 空心邻域**，记为$\mathring{U}(x_0,\delta)$.

补充：平面上点 P_0 的某邻域是指以 P_0 为中心，以任意小的正数 δ 为半径的邻域，$\left\{(x,y)\in\mathbf{R}^2 \mid \sqrt{(x-x_0)^2+(y-y_0)^2}<\delta\right\}$，记为$U(P_0,\delta)$；点 P_0 的某空心邻域是指以 P_0 为中心，以任意小的正数为半径的空心邻域，记为$\mathring{U}(P_0,\delta)$.

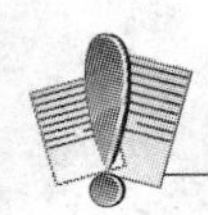

习题 1-1(A)

1. 判断下列说法是否正确：

(1) 复合函数 $y=f[\varphi(x)]$的定义域即为 $u=\varphi(x)$的定义域；

(2) 函数 $y=\lg x^2$ 与函数 $y=2\lg x$ 相同；

(3) 设 $y=\ln u, u=-x^2-1$，则这两个函数可以复合成一个函数 $y=\ln(-x^2-1)$.

2. 求下列函数的定义域：

(1) $y=\dfrac{1}{\sqrt{x^2-4}}+\lg(x+1)$； (2) $y=\arcsin\dfrac{x-1}{2}$；

(3) $y=\begin{cases}x-1, & 1<x<3,\\ 3x, & 3\leqslant x<6;\end{cases}$ (4) $y=\dfrac{\sqrt{2x-x^2}}{1-|x|}$.

3. 下列函数中，哪些是偶函数，哪些是奇函数，哪些既非奇函数又非偶函数？

(1) $y=\dfrac{1}{2}(e^x+e^{-x})$； (2) $y=x^5-\sin x$；

(3) $y=\sqrt{x}$； (4) $y=x^2\cos x+[f(x)+f(-x)]$.

4. 求由下列所给函数复合而成的函数：

(1) $y=e^u, u=\sin x$； (2) $y=\tan u, u=v^2, v=x+3$.

5. 指出下列函数的复合过程：

(1) $y=\sqrt{x^3-1}$； (2) $y=\sin^2 2x$；

(3) $y=\ln\tan 3x$； (4) $y=2^{\cos(x-1)}$.

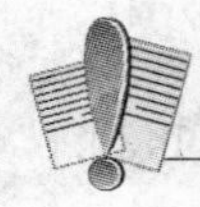

习题 1-1(B)

1. 求下列函数的定义域：

(1) $y=\dfrac{\ln(x+2)}{\sqrt{3-x}}$； (2) $y=\dfrac{1}{1+\sqrt{x^2-x-6}}$；

(3) $y=\sqrt{x^2-4}-\dfrac{3x}{x-5}$； (4) $y=\ln(\ln x)$；

(5) $y=f(x-1)+f(x+1)$，$f(u)$ 的定义域为 $(0,3)$.

2. 确定下列函数的奇偶性：

(1) $y=\dfrac{x\sin x}{3+x^2}$； (2) $y=x^2+2^x-1$；

(3) $y=\lg\dfrac{1-x}{1+x}$； (4) $y=\tan(\sin x)$.

3. 求下列函数的函数值：

(1) 设 $f(x)=\begin{cases}2x-1, & x\geqslant 0,\\ 2^x, & x<0,\end{cases}$ 求 $f(-2), f(0), f(3)$；

(2) 设 $f(x)=x\cdot 4^{x-1}$，求 $f(-1), f(t^2), f\left(\dfrac{1}{t}\right)$；

(3) 设 $f(x)=2x-1$，求 $f(a^2), f[f(a)], [f(a)]^2$.

4. 将下列函数复合成一个函数：

(1) $y=\tan u, u=\ln v, v=3x$； (2) $y=\sqrt{u}, u=\sin v, v=2^x$.

5. 将下列复合函数进行分解：

(1) $y=\sin\sqrt{x-1}$； (2) $y=(1+2x^2)^5$；

(3) $y=\cos^3(2x+3)$；　　(4) $y=e^{\tan x}$；

(5) $y=\sqrt{\tan(x-1)}$；　　(6) $y=\cos[\cos(x^2-1)]$；

(7) $y=[\lg\arcsin x^3]^3$；　　(8) $y=\sqrt{\ln\sqrt{x}}$.

§1-2　经济应用中常见的函数

本章我们用微积分的方法研究经济领域中常见的一些函数关系.

一、利息与贴现函数

1. 利息

利息是指借款人向贷款人支付的报酬.

(1) 单利函数.

设初始本金为 p 元，年利率为 r.

第一年年末本利和为 $s_1=p(1+r)$；

第二年，若第一年的利息不计入本金，则第二年年末的本利和为

$$s_2=p(1+r)+pr=p(1+2r);$$

按上述方法重复计算，第 n 年年末的本利和为 $s_n=p(1+nr)$.

以上就是以年为期的单利函数.

(2) 复利函数.

设初始本金为 p 元，年利率为 r.

第一年年末本利和为 $s_1=p(1+r)$；

第二年，若第一年的利息计入本金，则第二年年末的本利和为

$$s_2=p(1+r)(1+r)=p(1+r)^2;$$

按上述方法重复计算，第 n 年年末的本利和为 $s_n=p(1+r)^n$.

以上就是以年为期的复利函数.

(3) 多次付息函数.

设初始本金为 p 元，年利率为 r，一年分 m 次付息.

若按单利计算，则第 n 年年末的本利和仍为 $s_n=p(1+nr)$.

若按复利计算，则第 n 年年末的本利和为 $s_n=p\left(1+\frac{r}{m}\right)^{mn}$.

以上是以年为期的多次付息函数.

例1　小张将10000元存入银行，银行的年利率为2%，问：(1) 按单利计算，第二年年末的本利和为多少？(2) 按复利计算，第二年年末的本利和为多少？(3) 仍按复利计算，如果每年付息4次，那么第二年年末的本利和为多少？

解　(1) 由单利函数知

$$s_2=10000(1+2\times2\%)=10400(\text{元}),$$

即第二年年末的本利和为10400元.

(2) 由复利函数知

$$s_2=10000(1+2\%)^2=10404(\text{元}),$$

即第二年年末的本利和为10404元.

(3) 按复利计算,由多次付息函数知

$$s_2=10000\left(1+\frac{1}{4}\times 2\%\right)^{4\times 2}\approx 10407(\text{元}),$$

即仍按复利计算,如果每年付息4次,第二年年末的本利和约为10407元.

2. 贴现

贴现是指票据所有人在票据到期前从票面金额中扣除未到期期间的利息获得资金的现象.

假设复利年利率 r 不变,第 n 年后价值为 R 元钱的票据的现值

$$p=\frac{R}{(1+r)^n}.$$

以上是贴现计算公式,其中 R 表示第 n 年后票据到期的金额,r 表示贴现率,p 表示票据转让时的贴现金额.

如果某人持有若干张不同期限不同面值的票据,假设每张的贴现率均为 r,那么一次性转让所有票据得到的贴现金额

$$p=R_0+\frac{R_1}{1+r}+\frac{R_2}{(1+r)^2}+\cdots+\frac{R_n}{(1+r)^n}.$$

其中 R_0 表示正好到期的票据金额,R_n 表示第 n 年后到期的票据金额.

例2 小王持有三张分别为2年到期、3年到期、5年到期的票据,对应的票面金额分别为500元、1000元、1200元.已知贴现率为4%,小王现想将这三张票据一次性转让,他得到的贴现金额为多少?

解 由贴现计算公式知

$$p=\frac{500}{(1+4\%)^2}+\frac{1000}{(1+4\%)^3}+\frac{1200}{(1+4\%)^5}\approx 2337.6(\text{元}),$$

即小王一次性转让能得到约2337.6元.

二、需求与供给函数

1. 需求函数

作为市场上的一种商品,其需求量受到很多因素影响,如商品的市场价格、消费者的喜好等.为了便于讨论,我们先不考虑其他因素,假设商品的需求量仅受市场价格的影响,即

$$q_d=f(p).$$

其中 q_d 表示商品的需求量,p 表示商品的市场价格.

上述需求函数的反函数即为价格是需求量的函数,即

$$p=p(q_d).$$

2. 供给函数

同样,对于生产某种商品的生产者来说,其商品的供给量也受诸多因素影响,如商品的市场价格、生产成本等.这里我们也假设商品的供给量仅受市场价格的影响,即

$$q_s=g(p).$$

其中 q_s 表示商品的供给量，p 表示商品的市场价格.

上述供给函数的反函数即为价格是供给量的函数，即

$$p=p(q_s).$$

3. 市场均衡

如果商品的需求量与供给量相等（$q_d=q_s$），则该商品就达到了市场均衡，称此时的商品价格为市场均衡价格. 当市场价格高于市场均衡价格时，供给量大于需求量，此时出现“供过于求”；当市场价格低于市场均衡价格时，供给量小于需求量，此时出现“供不应求”.

例 3　某公司向市场提供某种商品的供给函数为

$$q_s=p-2,$$

其中 q_s 表示商品的供给量，p 表示商品的市场价格. 而该商品的需求量满足

$$q_d=42-p,$$

求该商品的市场均衡价格及此时的需求量.

解　由市场均衡的条件知

$$p-2=42-p,$$

解之得 $p=22$，此时 $q_d=q_s=20$. 故该商品的市场均衡价格为 22，此时的需求量为 20.

三、成本函数

1. 总成本

成本包括固定成本和变动成本两类. 固定成本是指厂房、设备等固定资产的折旧、管理者的固定工资等，记为 C_0. 变动成本是指原材料的费用、工人的工资等，记为 C_1. 这两类成本的总和称为总成本，记为 C，即

$$C=C_0+C_1.$$

假设固定成本不变（C_0 为常数），变动成本是产量 q 的函数（$C_1=C_1(q)$），则成本函数为

$$C=C(q)=C_0+C_1(q).$$

2. 平均成本

单位商品的成本称为平均成本，记为 $\overline{C}$，即

$$\overline{C}=\frac{C(q)}{q}.$$

例 4　某厂生产一批保温杯的总成本（单位：元）为

$$C(q)=5000+10q,$$

求生产 100 只保温杯时的总成本和平均成本.

解　$C(100)=5000+10\times100=6000$（元），$\overline{C}=\frac{C(100)}{100}=\frac{6000}{100}=60$（元）.

故生产 100 只保温杯时的总成本为 6000 元，每只的成本为 60 元.

四、收入函数

1. 总收入

收入是指商品售出后的收入，记为 R. 销售某商品的总收入取决于该商品的销售量和销售价格. 因此，收入函数为

$$R=R(q)=q\cdot p(q).$$

其中 q 表示销售量，$p(q)$ 表示价格是销售量的函数.

2. 平均收入

单位商品的收入称为平均收入，记为 $\overline{R}$，即

$$\overline{R}=\frac{R(q)}{q}.$$

例 5 已知某商品的需求函数为 $q=100-2p$，求该商品的收入函数及销量为 20 时的平均收入（其中 p 表示商品的价格）.

解 收入函数为

$$R(q)=q\cdot p(q)=q\left(50-\frac{q}{2}\right),$$

当销量为 20 时，总收入为

$$R(20)=20\left(50-\frac{20}{2}\right)=800,$$

平均收入为

$$\overline{R}=\frac{R(20)}{20}=\frac{800}{20}=40.$$

例 6 设某商店以每件 a 元的价格出售某商品，若顾客一次购买 50 件以上，则超出部分每件优惠 10%，试将一次成交的销售收入 R 表示为销售量 q 的函数.

解 由题意，一次售出该商品 50 件以内的收入 $R(q)=aq$ 元，而售出 50 件以上的收入为

$$R(q)=50a+(q-50)\cdot 90\%a.$$

整理可得，收入函数是销售量 q 的分段函数

$$R(q)=\begin{cases}aq, & 0\leqslant q\leqslant 50,\\ 50a+0.9a(q-50), & q>50.\end{cases}$$

五、利润函数

1. 总利润

利润是指收入扣除成本后的剩余部分，记为 L，则

$$L=R-C.$$

如果收入和成本均是产量 q 的函数，则利润也是 q 的函数，记为 $L(q)$，即

$$L(q)=R(q)-C(q).$$

总收入减去变动成本称为毛利润，再减去固定成本称为纯利润.

2. 平均利润

单位商品的利润称为平均利润，记为 $\overline{L}$，即

$$\overline{L}=\frac{L(q)}{q}.$$

3. 盈亏平衡

若 $L(q)=R(q)-C(q)>0$，则生产者盈利；若 $L(q)=R(q)-C(q)<0$，则生产者亏本；若 $L(q)=R(q)-C(q)=0$，则生产者既不盈利也不亏本，称为盈亏平衡. 满足 $L(q)=0$ 的 q

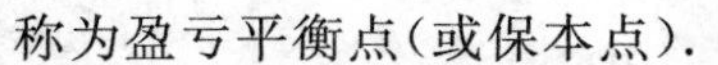

称为盈亏平衡点(或保本点).

例7　设某产品的成本和收入函数分别为

$$C(q)=-6+2q+q^2,R(q)=3q.$$

(1) 求该产品的利润函数.(2) 销量为10时盈利还是亏本?(3) 求该产品的盈亏平衡点.

解　(1) 利润函数为

$$L(q)=R(q)-C(q)=3q-(-6+2q+q^2)=-q^2+q+6.$$

(2) 因为$L(10)=-10^2+10+6<0$,所以此时亏本.

(3) $L(q)=-q^2+q+6=0$,解之得$q=3$或$q=-2$(不合题意),即该产品的盈亏平衡点为$q=3$.

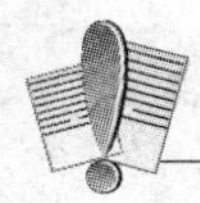

习题 1-2(A)

1. 已知某银行的年利率为3%,分别用单利和复利计算3000元的本金4年后的本利和为多少.

2. 设某种商品的供给函数为$q_s=4p-10$,而该商品的需求量满足$q_d=30-p$,求该商品的市场均衡价格及此时的需求量.

3. 设某产品的成本和收入函数分别为$C(q)=50+3q,R(q)=5q$,求:(1) 该产品的平均利润;(2) 该产品的盈亏平衡点.

4. 某商品的成本函数为$C(q)=2q^2-4q+27$,供给函数为$q=p-8$.(1) 求该产品的利润函数;(2) 讨论该产品的盈亏情况.

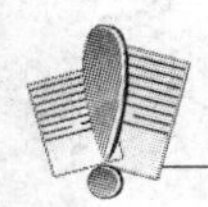

习题 1-2(B)

1. 某人现有1000元钱存入银行,银行的年利率为5%.(1) 按单利计算5年后的本利和为多少?(2) 按复利计算,要想使钱翻一倍至少要存几年?(3) 按复利计算,如果每年付息3次,3年后本利和为多少?

2. 张某持有两张分别为5年到期、10年到期的票据,对应的票面金额分别为1000元、2000元.已知贴现率为6%,现想将这两张票据一次性转让,他得到的贴现金额为多少?

3. 设某种商品的供给函数为$q_s=10p-2$,而该商品的需求量满足$q_d=20-p$,求该商品的市场均衡价格及此时的需求量.

4. 设某产品的成本函数为$C(q)=3q+50$,需求函数为$q=18-p$.(1) 求该产品的平均利润函数;(2) 求该产品的盈亏平衡点,并讨论盈亏平衡情况.

5. 某厂生产一种元器件,设计能力为日产100件,每日的固定成本为150元,每件的平均可变成本为10元.

(1) 试求该厂生产此元器件的日总成本函数及平均成本函数;

(2) 若每件售价14元,试写出总收入函数;

(3) 试写出利润函数.

§1-3 极 限

极限是高等数学中一个重要的基本概念.在微积分中,很多的概念都是通过极限来定义的,极限描述的是在自变量的某个变化过程中函数的终极变化趋势.我们先讨论数列的极限,然后再讨论函数的极限.

一、数列极限

1. 数列的定义

定义 1 按一定规律排列得到的一串数

$$x_1,\ x_2,\ x_3,\cdots,\ x_n,\cdots$$

就叫做**数列**,记为$\{x_n\}$,其中第 n 项 x_n 叫做数列的**一般项**或**通项**.

说明 (1) 数列可看作定义在正整数集合上的函数

$$x_n=f(n)\ (n=1,2,3,\cdots).$$

(2) 数列$\{x_n\}$可以看作数轴上的一族动点,它依次取数轴上的点 x_1, x_2, x_3, $\cdots$, x_n, $\cdots$.

数列的例子:

(1) $\{2^n\}$: $2,4,8,\cdots,2^n,\cdots$;

(2) $\left\{\frac{1}{n}\right\}$: $1,\frac{1}{2},\frac{1}{3},\cdots,\frac{1}{100},\cdots,\frac{1}{n},\cdots$;

(3)$\{(-1)^n\}$: $-1,1,-1,1,\cdots,(-1)^n,\cdots$.

观察上面三个数列:(1) 当 n 无限增大时,2^n 也无限增大;(2) 当 n 无限增大时,$\frac{1}{n}$无限地趋近于 0;(3) 当 n 无限增大时,$(-1)^n$ 总在 1、-1 两个数值之间跳跃.

2. 数列的极限

定义 2 对于数列$\{x_n\}$,如果当项数 n 无限增大时,数列的一般项 x_n 无限地趋近于某一确定的常数 A,那么称常数 A 是**数列$\{x_n\}$的极限**,记为$\lim\limits_{n\to\infty}x_n=A$(读作:当 n 趋向于无穷大时,x_n的极限等于 A),或者记为 $x_n\to A(n\to\infty)$.

若数列存在极限,则称数列是收敛的;若数列没有极限,则称数列是发散的.

由数列极限的定义知,(1)、(3)中的数列是发散的,而(2)中的数列是收敛的,且收敛于 0,即$\lim\limits_{n\to\infty}\frac{1}{n}=0$.

说明 (1) 一个数列有无极限,应该分析随着项数的无限增大,数列中相应的项是否无限趋近于某个确定的常数.如果这样的数存在,那么这个数就是该讨论数列的极限,否则该数列的极限就不存在.

(2) 一般地,任何一个常数数列的极限就是这个常数本身,如常数数列 $3,3,3,3,\cdots$的极限就是 3.

我们已经知道数列可看作一类特殊的函数,即自变量取$(1,+\infty)$内的正整数,若自变量

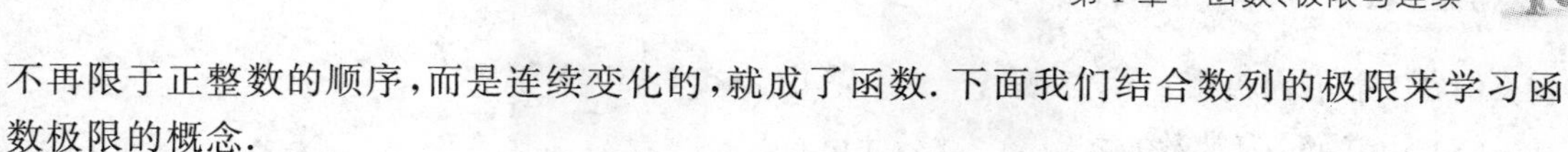

不再限于正整数的顺序，而是连续变化的，就成了函数. 下面我们结合数列的极限来学习函数极限的概念.

二、函数极限

根据自变量的变化过程将函数极限分为两种情形：一种是 x 的绝对值（$|x|$）无限增大（记作 $x\to\infty$）；另一种是 x 无限趋近于某一值 x_0（记作 $x\to x_0$）. 下面分别对 x 在上述两种情况下函数 $f(x)$ 的极限进行讨论.

1. 当 $x\to\infty$ 时，函数 $f(x)$ 的极限

定义 3　如果当 $|x|$ 无限增大（即 $x\to\infty$）时，函数 $f(x)$ 无限地趋近于某一确定的常数 A，那么称常数 A 是**函数 $f(x)$ 当 $x\to\infty$ 时的极限**，记为 $\lim\limits_{x\to\infty}f(x)=A$ 或 $f(x)\to A(x\to\infty)$.

注意　$x\to\infty$ 表示两层含义：(1) x 取正值，无限增大（即 $x\to+\infty$）；(2) x 取负值，无限减小（即 $x\to-\infty$）.

若 x 不指定正负，只是 $|x|$ 无限增大，则写成 $x\to\infty$.

当自变量只能或只需取其中一种变化时，我们可类似地定义单向极限：

如果当 $x\to+\infty$（或 $x\to-\infty$）时，函数 $f(x)$ 无限地趋近于某一确定的常数 A，那么称常数 A 是函数 $f(x)$ 当 $x\to+\infty$（或 $x\to-\infty$）时的极限，记为

$\lim\limits_{x\to+\infty}f(x)=A$（或 $\lim\limits_{x\to-\infty}f(x)=A$）.

例 1　考察函数 $y=\dfrac{1}{x}+1$ 当 $x\to\infty$ 时的极限.

解　如图 1-1 所示，当 $|x|$ 无限增大时，$\dfrac{1}{x}+1$ 无限地趋近于 1，所以 $\lim\limits_{x\to\infty}\left(\dfrac{1}{x}+1\right)=1$. 显然也有 $\lim\limits_{x\to+\infty}\left(\dfrac{1}{x}+1\right)=1$，

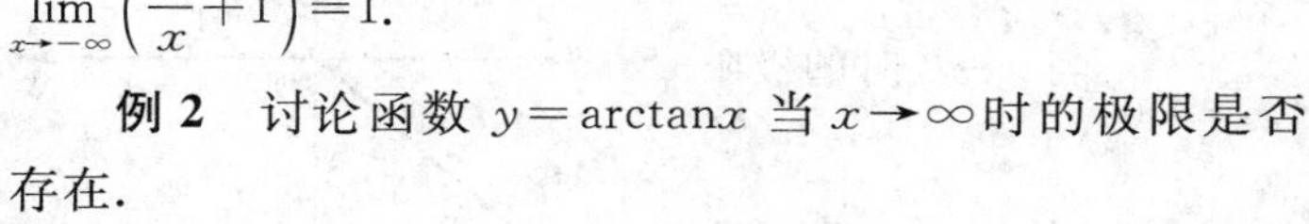

$\lim\limits_{x\to-\infty}\left(\dfrac{1}{x}+1\right)=1$.

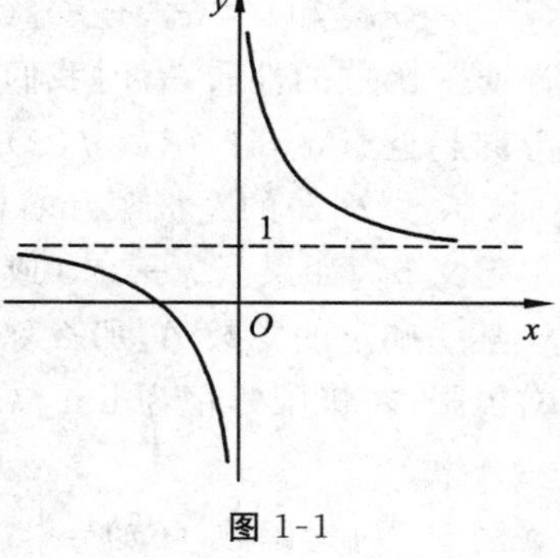

图 1-1

例 2　讨论函数 $y=\arctan x$ 当 $x\to\infty$ 时的极限是否存在.

解　由图 1-2 可知

$$\lim_{x\to+\infty}\arctan x=\frac{\pi}{2},\ \lim_{x\to-\infty}\arctan x=-\frac{\pi}{2},$$

所以当 $x\to\infty$ 时，$y=\arctan x$ 不能趋近于一个确定的常数，从而 $y=\arctan x$ 当 $x\to\infty$ 时的极限不存在.

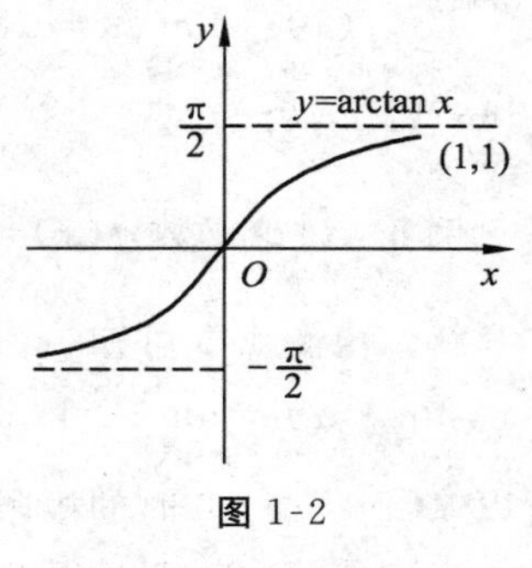

图 1-2

由例 2，我们可以得出下面的结论：当且仅当 $\lim\limits_{x\to+\infty}f(x)$ 和 $\lim\limits_{x\to-\infty}f(x)$ 都存在并且相等为 A 时，$\lim\limits_{x\to\infty}f(x)=A$，即

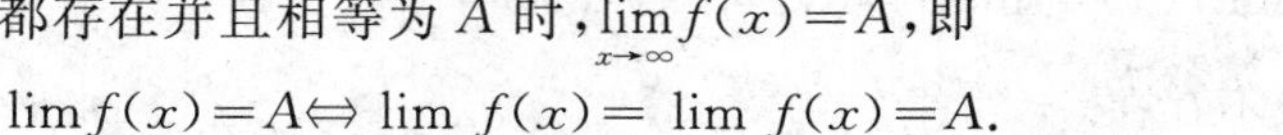

$$\lim_{x\to\infty}f(x)=A\Leftrightarrow\lim_{x\to+\infty}f(x)=\lim_{x\to-\infty}f(x)=A.$$

2. 当 $x\to x_0$ 时，函数 $f(x)$ 的极限

定义 4　设函数 $f(x)$ 在 x_0 的某邻域（点 x_0 可除外）内有定义，如果当 $x\to x_0$ 且 $x\neq x_0$ 时，函数 $f(x)$ 无限地趋近于某一确定的常数 A，那么称常数 A 是函数 $f(x)$ 当 $x\to x_0$ 时的极限，记为 $\lim\limits_{x\to x_0}f(x)=A$ 或 $f(x)\to A(x\to x_0)$.

例 3 求下列极限：

(1) $\lim\limits_{x\to x_0}C$（C为常数）； (2) $\lim\limits_{x\to x_0}x$.

解 (1) 因为 $y=C$ 是常数函数，不论 x 怎么变化，y 始终为常数 C，所以

$$\lim_{x\to x_0}C=C.$$

（思考：$\lim\limits_{x\to\infty}C=?$）

(2) 因为 $y=x$，当 $x\to x_0$ 时，$y=x\to x_0$，所以

$$\lim_{x\to x_0}x=x_0.$$

在定义中我们需注意以下两点：

(1) 定义中考虑的是当 $x\to x_0$ 且 $x\neq x_0$ 时，函数 $f(x)$ 的变化趋势，并不考虑 $f(x)$ 在 x_0 处是否有定义. 如下例：

例 4 考察函数 $y=\dfrac{x^2-1}{x-1}$ 当 $x\to 1$ 时的极限.

解 由图 1-3 可知 $\lim\limits_{x\to 1}\dfrac{x^2-1}{x-1}=2$.

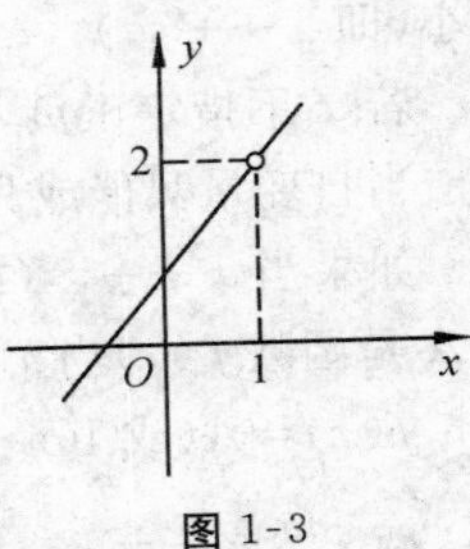

图 1-3

(2) 定义中 $x\to x_0$ 是指以任意方式趋近于 x_0，包括：$x>x_0$，$x\to x_0$（即 $x\to x_0^+$）和 $x<x_0$，$x\to x_0$（即 $x\to x_0^-$）.

研究函数的性质，有时我们需要知道 x 仅从大于 x_0 或小于 x_0 的方向趋近于 x_0 时，函数 $f(x)$ 的变化趋势. 因此，下面给出当 $x\to x_0$ 时，函数 $f(x)$ 的左极限和右极限的定义.

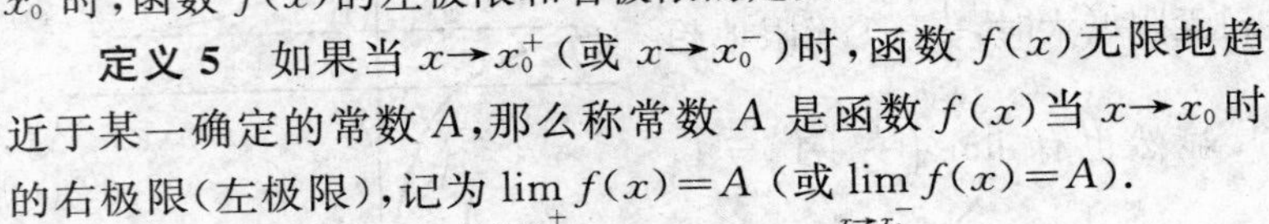

定义 5 如果当 $x\to x_0^+$（或 $x\to x_0^-$）时，函数 $f(x)$ 无限地趋近于某一确定的常数 A，那么称常数 A 是函数 $f(x)$ 当 $x\to x_0$ 时的右极限（左极限），记为 $\lim\limits_{x\to x_0^+}f(x)=A$（或 $\lim\limits_{x\to x_0^-}f(x)=A$）.

例 5 讨论函数 $f(x)=\begin{cases}x, & x<0,\\ \sqrt{x}, & x\geqslant 0\end{cases}$ 当 $x\to 0$ 时的极限.

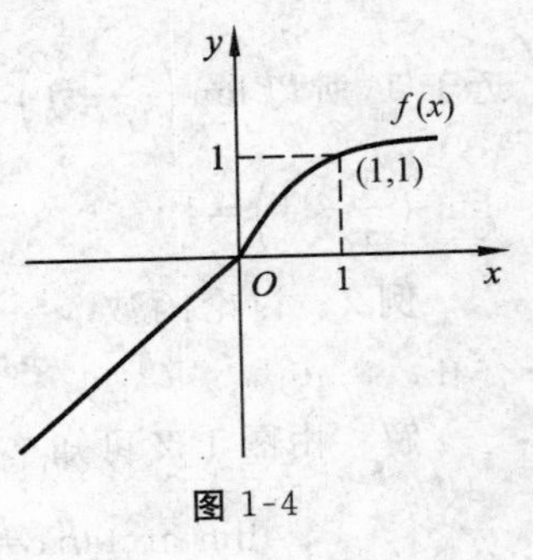

图 1-4

解 由图 1-4 可知

$$\lim_{x\to 0^+}f(x)=\lim_{x\to 0^+}\sqrt{x}=0,\ \lim_{x\to 0^-}f(x)=\lim_{x\to 0^-}x=0,$$

故 $\lim\limits_{x\to 0}f(x)=0$.

例 6 讨论函数 $f(x)=\begin{cases}x, & x<0,\\ 1, & x\geqslant 0\end{cases}$ 当 $x\to 0$ 时的极限.

解 由图 1-5 可知

$$\lim_{x\to 0^+}f(x)=\lim_{x\to 0^+}1=1,\ \lim_{x\to 0^-}f(x)=\lim_{x\to 0^-}x=0,$$

所以 $f(x)$ 当 $x\to 0$ 时的极限不存在.

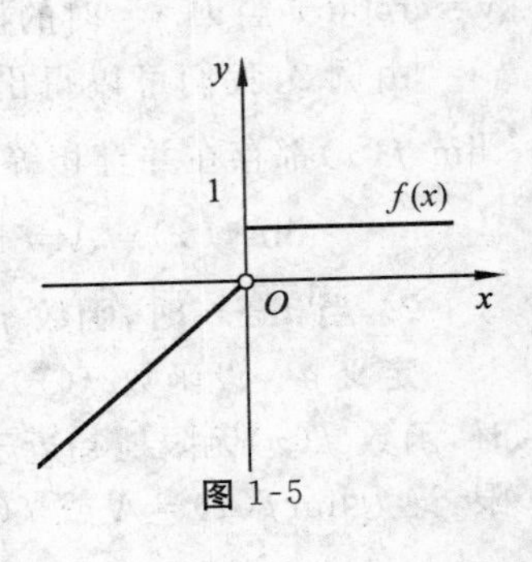

图 1-5

由例 6，我们可以得出下面结论：当且仅当 $\lim\limits_{x\to x_0^-}f(x)$ 和 $\lim\limits_{x\to x_0^+}f(x)$ 都存在并且相等为 A 时，$\lim\limits_{x\to x_0}f(x)=A$，即

$$\lim_{x\to x_0}f(x)=A\Leftrightarrow\lim_{x\to x_0^+}f(x)=\lim_{x\to x_0^-}f(x)=A.$$

例 7　设 $f(x)=\begin{cases}2x-1, & x<0,\\ 0, & x=0,\\ x+2, & x>0,\end{cases}$ 求：(1) $\lim\limits_{x\to 0}f(x)$；(2) $\lim\limits_{x\to 1}f(x)$.

解　(1) 由于 $x=0$ 是函数 $f(x)$ 的分段点(图 1-6)，且函数在它的左右两侧表达式不同，所以要根据函数在一点极限存在的充要条件讨论.

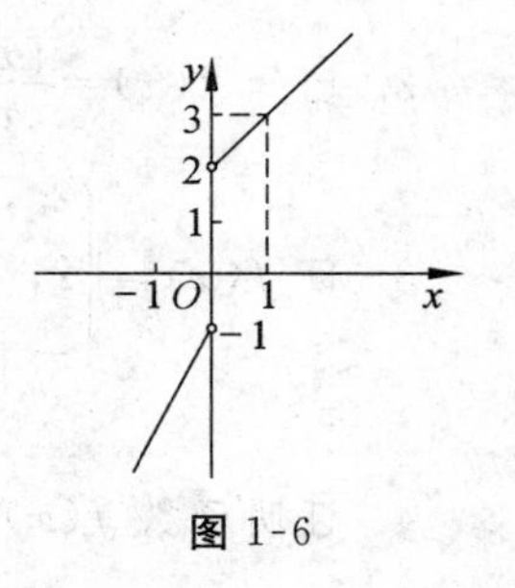

图 1-6

$\lim\limits_{x\to 0^-}f(x)=\lim\limits_{x\to 0^-}(2x-1)=-1$，

$\lim\limits_{x\to 0^+}f(x)=\lim\limits_{x\to 0^+}(x+2)=2$，

$\lim\limits_{x\to 0^-}f(x)\neq\lim\limits_{x\to 0^+}f(x)$，所以 $\lim\limits_{x\to 0}f(x)$ 不存在.

(2) 由于函数 $f(x)$ 在点 $x=1$ 附近左右的表达式相同，所以

$$\lim_{x\to 1}f(x)=\lim_{x\to 1}(x+2)=3.$$

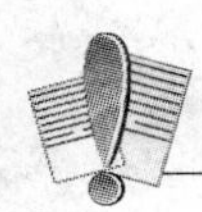

习题 1-3(A)

1. 判断下列说法是否正确：

(1) 有界数列必收敛；

(2) 若函数 $f(x)$ 在点 x_0 处无定义，则函数 $f(x)$ 在点 x_0 处极限不存在；

(3) 若 $\lim\limits_{x\to x_0^-}f(x)$ 和 $\lim\limits_{x\to x_0^+}f(x)$ 都存在，则 $\lim\limits_{x\to x_0}f(x)$ 必存在.

2. 观察下列数列当 $n\to\infty$ 时的变化趋势，写出它们的极限：

(1) $x_n=\dfrac{1}{2^n}$；　　(2) $x_n=(-1)^n n$；

(3) $x_n=\dfrac{n}{n+1}$；　　(4) $x_n=\sin\dfrac{n\pi}{2}$.

3. 作出图象求下列函数的极限：

(1) $\lim\limits_{x\to 2}(2x+1)$；　　(2) $\lim\limits_{x\to +\infty}\left(\dfrac{1}{3}\right)^x$；

(3) $\lim\limits_{x\to -1}\dfrac{x^2-x-2}{x+1}$；　　(4) $\lim\limits_{x\to -\infty}e^x$.

4. 设 $f(x)=\begin{cases}x, & x<3,\\ 3x-1, & x\geqslant 3,\end{cases}$ 作出 $f(x)$ 的图象并讨论 $x\to 3$ 时 $f(x)$ 的极限是否存在.

5. 讨论符号函数 $\operatorname{sgn}x=\begin{cases}-1, & x<0,\\ 0, & x=0,\\ 1, & x>0\end{cases}$ 当 $x\to 0$，$x\to 1$ 时是否有极限，若有，求出极限.

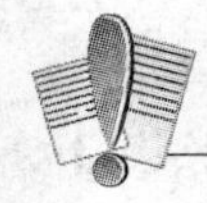

习题 1-3(B)

1. 作图观察并求出下列函数的极限：

(1) $\lim\limits_{x\to\infty}\left(2+\dfrac{1}{x}\right)$；　　(2) $\lim\limits_{x\to -\infty}2^x$；

(3) $\lim\limits_{x\to+\infty}\left(\frac{1}{10}\right)^x$;　　(4) $\lim\limits_{x\to1}\ln x$;

(5) $\lim\limits_{x\to\frac{\pi}{4}}\tan x$;　　(6) $\lim\limits_{x\to3}(x^2-6x+8)$.

2. 已知 $f(x)=\frac{|x|}{x}$ 和 $g(x)=\frac{x}{x}$,讨论 $\lim\limits_{x\to0}f(x)$,$\lim\limits_{x\to0}g(x)$ 是否存在.

3. 设 $f(x)=\begin{cases}2^x, & x<0,\\ 2, & 0\leqslant x<1,\\ -x+3, & x\geqslant1,\end{cases}$ 作图并讨论 $x\to0$,$x\to1$ 时的极限是否存在.

4. 证明函数 $f(x)=\begin{cases}x^2+1, & x<1,\\ 1, & x=1,\\ -1, & x>1\end{cases}$ 当 $x\to1$ 时极限不存在.

§1-4 极限运算法则

根据极限的定义,通过观察和分析,我们可求出一些简单函数的极限,对于一些较为复杂的函数,我们如何去求其极限呢?本节将介绍如何运用极限的四则运算法则来求函数极限.

在下面的定理中,如果不特别指出自变量 x 的趋向,即表示可以是 $x\to\infty$,$x\to+\infty$,$x\to-\infty$,$x\to x_0$,$x\to x_0^+$,$x\to x_0^-$ 中的任何一种.

定理(极限的四则运算法则) 在自变量的某个变化过程中,如果 $\lim f(x)=A$, $\lim g(x)=B$,那么

(1) $\lim[f(x)\pm g(x)]=\lim f(x)\pm\lim g(x)=A\pm B$;

(2) $\lim[f(x)\cdot g(x)]=\lim f(x)\cdot\lim g(x)=A\cdot B$;

(3) 若 $B\neq0$,则 $\lim\frac{f(x)}{g(x)}=\frac{\lim f(x)}{\lim g(x)}=\frac{A}{B}$.

说明 法则(1)、(2)可推广到有限个函数的情况.

推论 如果 $\lim f(x)=A$,那么

(1) $\lim kf(x)=k\lim f(x)=kA$,k 为常数;

(2) $\lim f^n(x)=[\lim f(x)]^n=A^n$,$n$ 为正整数.

说明 推论(2)中,只要 x 使函数有意义,可以把正整数 n 推广到实数范围内,即

$$\lim f^\alpha(x)=[\lim f(x)]^\alpha=A^\alpha,\ \alpha\in\mathbf{R}.$$

例 1 求 $\lim\limits_{x\to2}(2x^2-x+1)$.

解 $\lim\limits_{x\to2}(2x^2-x+1)=\lim\limits_{x\to2}2x^2-\lim\limits_{x\to2}x+\lim\limits_{x\to2}1$

$$=2(\lim_{x\to2}x)^2-\lim_{x\to2}x+1=2\cdot2^2-2+1=7.$$

例 2 求 $\lim\limits_{x\to2}\frac{2x^2-x+5}{3x+1}$.

解 因为 $\lim\limits_{x\to2}(3x+1)\neq0$,所以

$$\lim_{x\to 2}\frac{2x^2-x+5}{3x+1}=\frac{\lim\limits_{x\to 2}(2x^2-x+5)}{\lim\limits_{x\to 2}(3x+1)}=\frac{2(\lim\limits_{x\to 2}x)^2-\lim\limits_{x\to 2}x+\lim\limits_{x\to 2}5}{3(\lim\limits_{x\to 2}x)+\lim\limits_{x\to 2}1}=\frac{2\cdot 2^2-2+5}{3\cdot 2+1}=\frac{11}{7}.$$

例 3　求$\lim\limits_{x\to 3}\dfrac{x-3}{x^2-9}$.

解　因为$\lim\limits_{x\to 3}(x^2-9)=0$，所以不能直接用四则运算法则. 但 $x\to 3$ 的过程中，$x\neq 3$，因此

$$\lim_{x\to 3}\frac{x-3}{x^2-9}=\lim_{x\to 3}\frac{x-3}{(x-3)(x+3)}=\lim_{x\to 3}\frac{1}{x+3}=\frac{\lim\limits_{x\to 3}1}{\lim\limits_{x\to 3}(x+3)}=\frac{1}{6}.$$

例 4　求$\lim\limits_{x\to 0}\dfrac{\sqrt{1+x}-1}{x}$.

解　因为$\lim\limits_{x\to 0}x=0$，所以不能直接用四则运算法则. 但通过根式有理化可将分母的极限为零的因子消去，因此

$$\lim_{x\to 0}\frac{\sqrt{1+x}-1}{x}=\lim_{x\to 0}\frac{(\sqrt{1+x}-1)(\sqrt{1+x}+1)}{x(\sqrt{1+x}+1)}=\lim_{x\to 0}\frac{x}{x(\sqrt{1+x}+1)}$$

$$=\lim_{x\to 0}\frac{1}{\sqrt{1+x}+1}=\frac{1}{2}.$$

说明　以上两个均为“$\frac{0}{0}$”型极限，可通过因式分解、根式有理化消去分母上的零因子.

例 5　求$\lim\limits_{x\to 1}\left(\dfrac{1}{1-x}-\dfrac{3}{1-x^3}\right)$.

解　$$\lim_{x\to 1}\left(\frac{1}{1-x}-\frac{3}{1-x^3}\right)=\lim_{x\to 1}\frac{1+x+x^2-3}{(1-x)(1+x+x^2)}=-\lim_{x\to 1}\frac{(1-x)(x+2)}{(1-x)(1+x+x^2)}$$

$$=-\lim_{x\to 1}\frac{x+2}{1+x+x^2}=-1.$$

说明　这是“$\infty-\infty$”型极限，通过通分转化.

例 6　求$\lim\limits_{x\to\infty}\dfrac{x^2-1}{2x^2-x-1}$.

解　$$\lim_{x\to\infty}\frac{x^2-1}{2x^2-x-1}=\lim_{x\to\infty}\frac{1-\frac{1}{x^2}}{2-\frac{1}{x}-\frac{1}{x^2}}=\frac{1}{2}.$$

例 7　$\lim\limits_{x\to\infty}\dfrac{3x^2+x-1}{2x^3-3x+2}$.

解　$$\lim_{x\to\infty}\frac{3x^2+x-1}{2x^3-3x+2}=\lim_{x\to\infty}\frac{\frac{3}{x}+\frac{1}{x^2}-\frac{1}{x^3}}{2-\frac{3}{x^2}+\frac{2}{x^3}}=\frac{0}{2}=0.$$

注　以下结论在极限的反问题中常用.

若 $\lim g(x)=0$，且 $\lim\dfrac{f(x)}{g(x)}$存在，则必有 $\lim f(x)=0$.

例 8　设$\lim\limits_{x\to 1}\dfrac{x^2+bx+c}{x^2-1}=2$，求 b,c 的值.

解　因为$\lim\limits_{x\to 1}(x^2-1)=0$，而分式极限又存在，所以分子$\lim\limits_{x\to 1}(x^2+bx+c)$也必须为零，即

$1+b+c=0$,得 $c=-1-b$. 所以

$$\lim_{x\to 1}\frac{x^2+bx+c}{x^2-1}=\lim_{x\to 1}\frac{x^2+bx-1-b}{x^2-1}=\lim_{x\to 1}\frac{(x^2-1)+b(x-1)}{x^2-1}=\lim_{x\to 1}\frac{x+1+b}{x+1}=\frac{2+b}{2}=2,$$

所以 $b=2$,$c=-3$.

从上述各例中,我们发现在应用四则运算法则求极限时,首先要判断是否满足法则中的条件.如果不满足,根据函数的特点作适当的恒等变换,使之符合条件,然后再使用极限的运算法则求出结果.

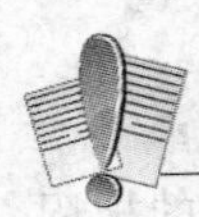

习题 1-4(A)

1. 判断下列说法是否正确:

(1) 设 $\lim\limits_{x\to x_0}[f(x)+g(x)]$,$\lim\limits_{x\to x_0}f(x)$ 都存在,则极限 $\lim\limits_{x\to x_0}g(x)$ 一定存在;

(2) 设 $\lim\limits_{x\to x_0}[f(x)+g(x)]$ 存在,则 $\lim\limits_{x\to x_0}f(x)$,$\lim\limits_{x\to x_0}g(x)$ 一定都存在;

(3) 设 $\lim\limits_{x\to x_0}f(x)g(x)$,$\lim\limits_{x\to x_0}f(x)$ 都存在,则极限 $\lim\limits_{x\to x_0}g(x)$ 一定存在;

(4) 设 $\lim\limits_{x\to x_0}f(x)g(x)$,$\lim\limits_{x\to x_0}f(x)$ 都存在,且 $\lim\limits_{x\to x_0}f(x)\neq 0$,则极限 $\lim\limits_{x\to x_0}g(x)$ 一定存在.

2. 求下列各极限:

(1) $\lim\limits_{x\to 2}\dfrac{x^2+5}{x-3}$;

(2) $\lim\limits_{x\to 1}\dfrac{x^2-2x+1}{x^2-1}$;

(3) $\lim\limits_{h\to 0}\dfrac{(x+h)^2-x^2}{h}$;

(4) $\lim\limits_{x\to 0}\dfrac{4x^3-2x^2+x}{3x^2+2x}$;

(5) $\lim\limits_{x\to\infty}\left(2-\dfrac{1}{x}+\dfrac{1}{x^2}\right)$;

(6) $\lim\limits_{x\to 3}\dfrac{x-3}{\sqrt{x+1}-2}$;

(7) $\lim\limits_{x\to\infty}\dfrac{x^2+x}{x^2-3x-1}$;

(8) $\lim\limits_{n\to\infty}\left(1+\dfrac{1}{2}+\dfrac{1}{4}+\cdots+\dfrac{1}{2^n}\right)$.

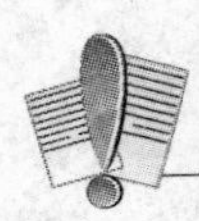

习题 1-4(B)

1. 计算下列极限:

(1) $\lim\limits_{x\to 1}\dfrac{x^2-3}{x^2+1}$;

(2) $\lim\limits_{x\to 4}\dfrac{x^2-6x+8}{x^2-5x+4}$;

(3) $\lim\limits_{x\to -2}\dfrac{x^3+8}{x+2}$;

(4) $\lim\limits_{x\to\infty}\dfrac{1-x^2}{2x^2-1}$;

(5) $\lim\limits_{x\to\infty}\left(1+\dfrac{1}{x}\right)\left(2-\dfrac{1}{x^2}\right)$;

(6) $\lim\limits_{x\to\infty}\left(\dfrac{x^3}{x^2-1}-\dfrac{x^2+1}{x+1}\right)$;

(7) $\lim\limits_{x\to 4}\dfrac{\sqrt{x+5}-3}{x-4}$;

(8) $\lim\limits_{x\to+\infty}(\sqrt{x+1}-\sqrt{x})$;

(9) $\lim\limits_{n\to\infty}\dfrac{1+2+3+\cdots+(n-1)}{n^2}$;

(10) $\lim\limits_{n\to\infty}\left[\dfrac{1+3+5+\cdots+(2n-1)}{n+1}-\dfrac{2n+1}{2}\right]$;

(11) $\lim\limits_{x\to1}\dfrac{\sqrt{5x-4}-\sqrt{x}}{x-1}$；　　(12) $\lim\limits_{x\to0}\dfrac{x^2}{1-\sqrt{1+x^2}}$.

2. 已知$\lim\limits_{x\to3}\dfrac{x^2-2x+k}{x-3}$存在，确定 k 的值，并求此极限.

3. $\lim\limits_{x\to-1}\dfrac{x^3-ax^2-x+4}{x+1}=l$($l$ 为有限值)，确定 a，l 的值.

§1-5　函数的连续性

许多变化都有渐变和突变的过程，在数学上则用函数的连续和间断来描述这两种变化. 连续性是函数的重要性质之一，它不仅是函数研究的重要内容之一，也为计算极限提供了新的方法. 在现实生活中有很多变量都是连续变化的，如气温的变化，植物的生长，河水的流动等. 本节将运用极限的概念对它加以描述和研究，并在此基础上解决更多的极限计算问题.

一、函数在一点处连续

1. 变量的增量

设变量 u 从它的一个初值 u_1 变到终值 u_2，终值与初值的差 u_2-u_1 就叫做变量 u 的增量，记作 Δu，即 $\Delta u=u_2-u_1$.

设函数 $y=f(x)$ 在点 x_0 的某一个邻域内有定义，当自变量 x 在这邻域内从 x_0 变到 $x_0+\Delta x$ 时，函数 y 相应地从 $f(x_0)$ 变到 $f(x_0+\Delta x)$. 因此，函数 y 对应的增量为

$$\Delta y=f(x_0+\Delta x)-f(x_0).$$

2. 连续的定义

所谓"函数连续变化"，在直观上来看，就是它的图象是连续不断的.

例如，函数 $g(x)=x+1$ 在点 $x=1$ 处是连续的；而函数 $f_1(x)=\ln|1-x|$，$f_2(x)=\dfrac{x^2-1}{x-1}$，$f_3(x)=\begin{cases}x+1, & x>1,\\ x-1, & x\leqslant1\end{cases}$ 在点 $x=1$ 处是不连续的(可作图观察).

一般地，对于函数在某一点处连续有以下的定义：

定义 1　如果函数 $y=f(x)$ 在点 x_0 的某一邻域内有定义，$\lim\limits_{x\to x_0}f(x)$存在并且$\lim\limits_{x\to x_0}f(x)=f(x_0)$，那么称**函数 $y=f(x)$ 在点 x_0 处连续**，x_0 称为函数 $y=f(x)$ 的**连续点**.

注意　从定义 1 可以看出，$y=f(x)$ 在点 x_0 处连续必须同时满足以下三个条件：

(1) 函数 $y=f(x)$ 在点 x_0 的某一邻域内有定义；

(2) 极限$\lim\limits_{x\to x_0}f(x)$存在；

(3) 极限值等于函数值，$\lim\limits_{x\to x_0}f(x)=f(x_0)$.

例 1　研究函数 $f(x)=x^2+x+1$ 在点 $x=2$ 处的连续性.

解　(1) 函数 $f(x)=x^2+x+1$ 在点 $x=2$ 的某一邻域内有定义；

(2) $\lim\limits_{x\to2}f(x)=\lim\limits_{x\to2}(x^2+x+1)=7$；

(3) $\lim\limits_{x\to2}f(x)=7=f(2)$.

因此,函数 $f(x)=x^2+1$ 在 $x=2$ 处连续.

为了应用方便,还要介绍函数 $y=f(x)$ 在点 x_0 处连续的等价定义:

定义 1′ 设函数 $y=f(x)$ 在点 x_0 的某一邻域内有定义,如果当自变量 x 在 x_0 处的增量 Δx 趋近于零时,函数 $y=f(x)$ 的相应增量 $\Delta y=f(x_0+\Delta x)-f(x_0)$ 也趋近于零,也就是说,有 $\lim\limits_{\Delta x\to 0}\Delta y=0$(或 $\lim\limits_{\Delta x\to 0}[f(x_0+\Delta x)-f(x_0)]=0$),那么称函数 $y=f(x)$ 在点 x_0 处**连续**,x_0 称为函数 $y=f(x)$ 的连续点.

相应于函数 $f(x)$ 在 x_0 处的左、右极限的概念,有如下定义:

定义 2 设函数 $y=f(x)$ 在点 x_0 及其左半(或右半)邻域内有定义,如果 $\lim\limits_{x\to x_0^-}f(x)=f(x_0)$(或 $\lim\limits_{x\to x_0^+}f(x)=f(x_0)$),那么称函数 $y=f(x)$ 在点 x_0 处**左连续**(或**右连续**).

例如,前面提到过的 $f_3(x)=\begin{cases}x+1, & x>1,\\ x-1, & x\leqslant 1\end{cases}$ 在 $x=1$ 处只是左连续.

不难知道,$y=f(x)$ 在点 x_0 处连续$\Leftrightarrow y=f(x)$ 在点 x_0 处既左连续又右连续.

例 2 讨论函数 $f(x)=\begin{cases}x+1, & x>1,\\ 3x-1, & x\leqslant 1\end{cases}$ 在 $x=1$ 处的连续性.

解 函数 $f(x)$ 在点 $x=1$ 的某一邻域内有定义,且

$$\lim_{x\to 1^-}f(x)=\lim_{x\to 1^-}(3x-1)=2=f(1),$$

$$\lim_{x\to 1^+}f(x)=\lim_{x\to 1^+}(x+1)=2=f(1),$$

即 $f(x)$ 在点 $x=1$ 处既左连续又右连续,故 $f(x)$ 在点 $x=1$ 处连续.

二、连续函数及其运算

1. 连续函数的定义

定义 3 如果函数 $y=f(x)$ 在开区间 (a,b) 内每一点都连续,那么称**函数 $y=f(x)$ 在区间 (a,b) 内连续**,或称函数 $y=f(x)$ 为区间 (a,b) 内的**连续函数**,区间 (a,b) 称为函数 $y=f(x)$ 的**连续区间**.

如果函数 $y=f(x)$ 在闭区间 $[a,b]$ 上有定义,在开区间 (a,b) 内连续,且在右端点 b 处左连续,在左端点 a 处右连续,那么称**函数 $y=f(x)$ 在闭区间 $[a,b]$ 上连续**.

在几何上,连续函数的图象是一条连续不间断的曲线.

因为基本初等函数的图象在其定义区间(即包含在定义域内的区间)内是连续不间断的曲线,所以有以下结论:

基本初等函数在其定义区间内都是连续的.

2. 连续函数的运算

定理 1 如果函数 $f(x)$ 和 $g(x)$ 在 x_0 处连续,那么它们的和、差、积、商(分母在 x_0 处不等于零)也都在 x_0 处连续,即

$$\lim_{x\to x_0}[f(x)\pm g(x)]=f(x_0)\pm g(x_0),$$

$$\lim_{x\to x_0}[f(x)g(x)]=f(x_0)g(x_0),$$

$$\lim_{x\to x_0}\frac{f(x)}{g(x)}=\frac{f(x_0)}{g(x_0)},g(x_0)\neq 0.$$

下面证明 $f(x)\pm g(x)$ 的连续性：

因为 $f(x)$ 和 $g(x)$ 在点 x_0 处连续，所以它们在点 x_0 的某一邻域内有定义，从而 $f(x)\pm g(x)$ 在点 x_0 的某一邻域内也有定义，再由连续性和极限运算法则，有

$$\lim_{x\to x_0}[f(x)\pm g(x)]=\lim_{x\to x_0}f(x)\pm\lim_{x\to x_0}g(x)=f(x_0)\pm g(x_0).$$

根据连续性的定义，$f(x)\pm g(x)$ 在点 x_0 处连续.

同样可证明后两个结论.

注意　和、差、积的情况可以推广到有限个函数的情形.

3. 复合函数的连续性

定理 2　如果函数 $u=\varphi(x)$ 在点 x_0 处连续，且 $\varphi(x_0)=u_0$，而函数 $y=f(u)$ 在点 u_0 处连续，那么复合函数 $y=f[\varphi(x)]$ 在点 x_0 处也连续.（证明从略）

推论　如果 $\lim\limits_{x\to x_0}\varphi(x)$ 存在且为 u_0，而函数 $y=f(u)$ 在点 u_0 处连续，则 $\lim\limits_{x\to x_0}f[\varphi(x)]=f[\lim\limits_{x\to x_0}\varphi(x)]=f(u_0)$.

例 3　求 $\lim\limits_{x\to 1}\ln\dfrac{x^2-1}{x-1}$.

解　$\lim\limits_{x\to 1}\ln\dfrac{x^2-1}{x-1}=\ln\lim\limits_{x\to 1}\dfrac{x^2-1}{x-1}=\ln 2$.

4. 初等函数的连续性

根据初等函数的定义，由基本初等函数的连续性以及本节有关定理可得下列重要结论：

一切初等函数在其定义区间内都是连续的.

这个结论不仅给我们提供了判断一个函数是不是连续函数的依据，而且为我们提供了计算初等函数极限的一种方法.

如果 $f(x)$ 是初等函数，且 x_0 是 $f(x)$ 的定义区间内的点，则 $\lim\limits_{x\to x_0}f(x)=f(x_0)$.

例 4　求 $\lim\limits_{x\to 0}\sqrt{1-x+x^2}$.

解　初等函数 $f(x)=\sqrt{1-x+x^2}$ 在点 $x_0=0$ 处是有定义的，所以

$$\lim_{x\to 0}\sqrt{1-x+x^2}=\sqrt{1}=1.$$

例 5　求 $\lim\limits_{x\to\frac{\pi}{2}}\ln\sin x$.

解　初等函数 $f(x)=\ln\sin x$ 在点 $x_0=\dfrac{\pi}{2}$ 处是有定义的，所以

$$\lim_{x\to\frac{\pi}{2}}\ln\sin x=\ln\sin\frac{\pi}{2}=0.$$

例 6　求 $\lim\limits_{x\to 0}\dfrac{\sqrt{1+x^2}-1}{x^2}$.

解　$\lim\limits_{x\to 0}\dfrac{\sqrt{1+x^2}-1}{x^2}=\lim\limits_{x\to 0}\dfrac{(\sqrt{1+x^2}-1)(\sqrt{1+x^2}+1)}{x^2(\sqrt{1+x^2}+1)}=\lim\limits_{x\to 0}\dfrac{1}{\sqrt{1+x^2}+1}=\dfrac{1}{2}$.

三、函数的间断点

1. 间断点的概念

定义 4 设函数 $f(x)$ 在点 x_0 的某去心邻域内有定义. 在此前提下，如果函数 $f(x)$ 有下列三种情形之一：

(1) 在 x_0 处没有定义，

(2) 虽然在 x_0 处有定义，但 $\lim\limits_{x \to x_0} f(x)$ 不存在，

(3) 虽然在 x_0 处有定义且 $\lim\limits_{x \to x_0} f(x)$ 存在，但 $\lim\limits_{x \to x_0} f(x) \neq f(x_0)$，

则函数 $f(x)$ 在点 x_0 处不连续，而点 x_0 称为函数 $f(x)$ 的**不连续点**或**间断点**.

2. 间断点的分类

根据函数间断的不同情形，把间断点分成如下两类：

设 x_0 是函数 $y=f(x)$ 的间断点，若 $y=f(x)$ 在 x_0 处的左、右极限都存在，则称 x_0 是函数 $y=f(x)$ 的**第一类间断点**. 在第一类间断点中，如果左、右极限存在但不相等，这种间断点称为**跳跃间断点**；如果左、右极限存在且相等（即极限存在），这类间断点称为**可去间断点**.

凡不是第一类间断点的间断点都称为**第二类间断点**.

例如，$x=2$ 是函数 $y=\dfrac{x^2-4}{x-2}$ 的第一类间断点中的可去间断点，$x=0$ 是函数 $y=\dfrac{1}{x}$ 的第二类间断点.

例 7 讨论函数 $f(x)=\begin{cases} x-5, & -2 \leqslant x < 0, \\ -x+1, & 0 \leqslant x \leqslant 2 \end{cases}$ 在点 $x=0$ 与 $x=1$ 处的连续性.

解 (1) 讨论 $f(x)$ 在 $x=0$ 处的连续性：

函数 $f(x)$ 在点 $x=0$ 的邻域内有定义，且 $\lim\limits_{x \to 0^-} f(x)=\lim\limits_{x \to 0^-}(x-5)=-5 \neq f(0)$，$\lim\limits_{x \to 0^+} f(x)=\lim\limits_{x \to 0^+}(-x+1)=1=f(0)$，左、右极限存在，但是不等，所以 $f(x)$ 在点 $x=0$ 处不连续，$x=0$ 是函数 $f(x)$ 的第一类跳跃型间断点.

(2) 讨论 $f(x)$ 在 $x=1$ 处的连续性：

函数 $f(x)$ 在点 $x=1$ 的邻域内有定义，且 $\lim\limits_{x \to 1} f(x)=\lim\limits_{x \to 1}(-x+1)=0=f(1)$，所以 $f(x)$ 在点 $x=1$ 处连续.

例 8 讨论函数 $f(x)=\dfrac{x-1}{x(x-1)}$ 的连续性，若有间断点，指出其类型.

解 函数 $f(x)$ 的定义域为 $(-\infty,0) \cup (0,1) \cup (1,+\infty)$，故 $x=0$ 与 $x=1$ 是它的两个间断点. 由于

$$\lim_{x \to 0} f(x)=\lim_{x \to 0}\frac{x-1}{x(x-1)}=\lim_{x \to 0}\frac{1}{x}=\infty,$$

$$\lim_{x \to 1} f(x)=\lim_{x \to 1}\frac{x-1}{x(x-1)}=\lim_{x \to 1}\frac{1}{x}=1,$$

所以 $x=0$ 与 $x=1$ 分别是 $f(x)$ 的第二类间断点、第一类可去型间断点.

一般地，初等函数的间断点出现在没有定义的点处，而分段函数的间断点还可能出现在分段点处.

四、闭区间上连续函数的性质

闭区间上的连续函数有一些重要性质，这些性质在直观上比较明显. 因此，下面不加证明直接给出下面的定理.

定理3(最大值和最小值定理)　如果函数 $y=f(x)$ 在闭区间 $[a,b]$ 上连续，那么函数 $y=f(x)$ 在 $[a,b]$ 上一定有最大值和最小值.

注意　如果函数在开区间内连续或在闭区间上有间断点，那么函数在该区间上就不一定有最大值或最小值.

例如，在开区间 $(1, 2)$ 内考察函数 $y=3x$，无最大值和最小值.

又如，函数 $y=f(x)=\begin{cases}-x+1, & 0\leqslant x<1,\\ 1, & x=1,\\ -x+3, & 1<x\leqslant 2\end{cases}$ 在闭区间 $[0, 2]$ 上无最大值和最小值.

定理4(介值定理)　设函数 $f(x)$ 在闭区间 $[a,b]$ 上连续，m 与 M 分别是 $f(x)$ 在闭区间 $[a, b]$ 上的最小值和最大值，u 是介于 m 与 M 之间的任一实数：$m\leqslant u\leqslant M$，则在 $[a, b]$ 上至少存在一点 ξ，使得 $f(\xi)=u$.

定理4的直观几何意义：介于两条水平直线 $y=m$ 和 $y=M$ 之间的任一条直线 $y=u$，与 $y=f(x)$ 的图象至少有一个交点.

定理5(零点定理)　设函数 $f(x)$ 在闭区间 $[a,b]$ 上连续，且 $f(a)$ 与 $f(b)$ 异号，那么在开区间 (a, b) 内至少有一点 ξ，使得 $f(\xi)=0$.

定理5的直观几何意义：一条连续曲线 $y=f(x)$，若其上的点的纵坐标由负值变到正值，或由正值变到负值，则曲线 $y=f(x)$ 至少要经过 x 轴一次.

例9　证明方程 $x^3-9x+1=0$ 在区间 $(0, 1)$ 内至少有一个根.

证明　函数 $f(x)=x^3-9x+1$ 在闭区间 $[0, 1]$ 上连续，又 $f(0)=1>0$，$f(1)=-7<0$. 根据零点定理，在 $(0,1)$ 内至少有一点 ξ，使得 $f(\xi)=0$，即 $\xi^3-9\xi+1=0(0<\xi<1)$.

这等式说明方程 $x^3-9x+1=0$ 在区间 $(0, 1)$ 内至少有一个根是 ξ.

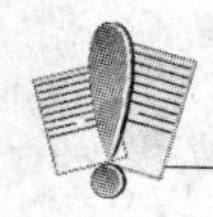

习题 1-5(A)

1. 判断下列各式是否正确：

(1) 若 $f(x)$ 在点 x_0 处连续，则 $\lim\limits_{x\to x_0}f(x)$ 存在；

(2) 若 $\lim\limits_{x\to x_0}f(x)$ 存在，则 $f(x)$ 在点 x_0 处连续；

(3) 初等函数在其定义域内都是连续的；

(4) 函数 $y=f(x)$ 在 $[a,b)$ 上连续，则函数 $y=f(x)$ 在 $[a,b)$ 上必定取得最大值和最小值.

2. 已知函数 $f(x)=\begin{cases}x^2+1, & x\leqslant 1,\\ 3-x, & x>1,\end{cases}$ 讨论函数在点 $x=1$ 处是否连续.

3. 求函数 $f(x)=\dfrac{x^3-2x^2-x+2}{x^2+x-6}$ 的连续区间，并求 $\lim\limits_{x\to 0}f(x)$，$\lim\limits_{x\to 2}f(x)$，$\lim\limits_{x\to -3}f(x)$，指出

间断点类型.

4. 计算下列极限：

(1) $\lim\limits_{x\to 0}\sqrt{x^2-2x+9}$； (2) $\lim\limits_{x\to 0}\ln(3+6x-x^2)$；

(3) $\lim\limits_{x\to 2}\ln\dfrac{x^2-x-2}{x^2+x-6}$； (4) $\lim\limits_{x\to\infty}e^{\frac{1}{x}}$.

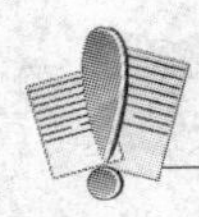

习题 1-5(B)

1. 求下列极限：

(1) $\lim\limits_{x\to\frac{\pi}{4}}(\sin 2x)^3$； (2) $\lim\limits_{x\to 1}\left(\dfrac{x-1}{\sin x}\right)^3$；

(3) $\lim\limits_{x\to\frac{\pi}{6}}\ln(2\cos 2x)$； (4) $\lim\limits_{x\to 0}\dfrac{\sqrt{x+1}-1}{x}$；

(5) $\lim\limits_{x\to+\infty}(\sqrt{x^2+x}-\sqrt{x^2-x})$； (6) $\lim\limits_{x\to 0}\dfrac{\sqrt{1+x}-\sqrt{1-x}}{x}$.

2. 下列函数在指出的点处间断，说明这些间断点属于哪一类间断点：

(1) $y=\dfrac{x^2-1}{x^2-3x+2}$，$x=1$，$x=2$； (2) $y=\dfrac{x}{\tan x}$，$x=\dfrac{k\pi}{2}(k=0,\pm1,\pm2,\cdots)$；

(3) $y=\cos^2\dfrac{1}{x}$，$x=0$； (4) $y=\begin{cases}x, & |x|\leqslant 1,\\ 1, & |x|>1,\end{cases}$ $x=-1$.

3. 证明方程 $x^4-4x+2=0$ 至少有一个根介于1和2之间.

4. 证明方程 $x=a\sin x+b$（其中 $a>0$，$b>0$）至少有一个正根，并且它不超过 $a+b$.

5. 设函数 $f(x)=\begin{cases}e^x, & x<0,\\ a+x, & x\geqslant 0,\end{cases}$ 应当如何选择数 a，才能使得 $f(x)$ 在 $(-\infty,+\infty)$ 上连续?

6. 研究下列函数的连续性，并画出函数的图象：

$$f(x)=\begin{cases}x^2, & 0\leqslant x\leqslant 1,\\ 2-x, & 1<x<2,\\ x+1, & 2\leqslant x\leqslant 3.\end{cases}$$

§1-6 两个重要极限

本节将运用极限存在准则来讨论重要的极限，进而运用这两个极限来求其他一些函数的极限.

首先介绍一个极限存在准则：

极限存在准则（夹逼定理） 如果函数 $f(x)$，$g(x)$ 及 $h(x)$ 满足下列条件：

(1) $g(x)\leqslant f(x)\leqslant h(x)$，

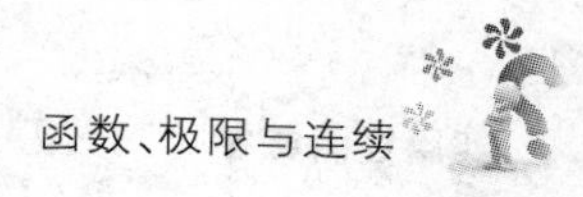

(2) $\lim\limits_{x\to x_0} g(x)=A$，$\lim\limits_{x\to x_0} h(x)=A$，
那么$\lim\limits_{x\to x_0} f(x)$存在，且$\lim\limits_{x\to x_0} f(x)=A$.

一、极限 $\lim\limits_{x\to 0}\frac{\sin x}{x}=1$

当 $x\to 0$ 时，让我们来观察一下函数$\frac{\sin x}{x}$的变化趋势：

x/rad	±0.50	±0.10	±0.05	±0.04	±0.03	±0.02	…
$\frac{\sin x}{x}$	0.9585	0.9983	0.9996	0.9997	0.9998	0.9999	…

从上表可以看出：$\lim\limits_{x\to 0}\frac{\sin x}{x}=1$.

简要证明：参看图1-7中单位圆，设圆心角$\angle AOB=x\left(0<x<\frac{\pi}{2}\right)$.

显然 $BC<AB<AD$，因此 $\sin x<x<\tan x$.

用 $\sin x$ 除上式，得 $1<\frac{x}{\sin x}<\frac{1}{\cos x}$，变换该式从而得 $\cos x<\frac{\sin x}{x}<1$（此不等式当 $x<0$ 时也成立）.

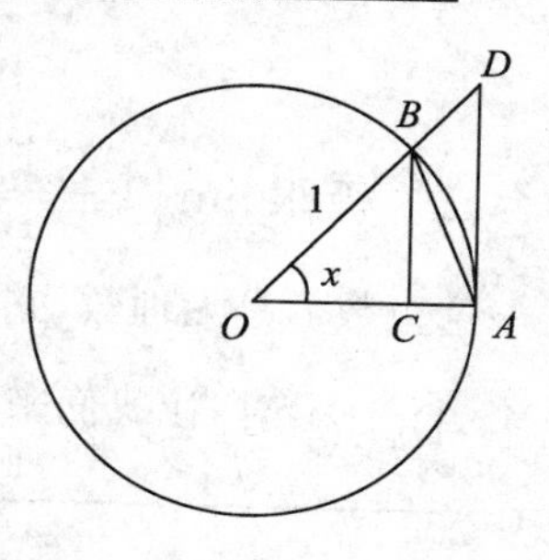

图1-7

因为$\lim\limits_{x\to 0}\cos x=1$，根据夹逼定理，$\lim\limits_{x\to 0}\frac{\sin x}{x}=1$.

这个极限在形式上具有以下特点：

(1) 它是"$\frac{0}{0}$"不定型.

(2) 在分式中同时出现三角函数和 x 的幂.

如果$\lim\limits_{x\to a}\varphi(x)=0$（$a$ 可以是有限数 x_0，$\pm\infty$或∞），那么得到的结果是：

$$\lim_{x\to a}\frac{\sin[\varphi(x)]}{\varphi(x)}=\lim_{\varphi(x)\to 0}\frac{\sin[\varphi(x)]}{\varphi(x)}=1.$$

极限本身及上述推广的结果在极限计算及理论推导中有着广泛的应用.

例1　求$\lim\limits_{x\to 0}\frac{\tan x}{x}$.

解　$\lim\limits_{x\to 0}\frac{\tan x}{x}=\lim\limits_{x\to 0}\left(\frac{\sin x}{x}\cdot\frac{1}{\cos x}\right)=\lim\limits_{x\to 0}\frac{\sin x}{x}\cdot\lim\limits_{x\to 0}\frac{1}{\cos x}=1.$

例2　求$\lim\limits_{x\to 0}\frac{\sin 2x}{x}$.

解　$\lim\limits_{x\to 0}\frac{\sin 2x}{x}=\lim\limits_{x\to 0}\left(2\cdot\frac{\sin 2x}{2x}\right)=2\lim\limits_{x\to 0}\frac{\sin 2x}{2x}$，令 $2x=t$，则 $x\to 0$ 时，$t\to 0$，所以

$$\lim_{x\to 0}\frac{\sin 2x}{x}=2\lim_{t\to 0}\frac{\sin t}{t}=2.$$

例3　求$\lim\limits_{x\to 0}\frac{\tan 3x}{\sin 5x}$.

解 $\lim\limits_{x\to 0}\dfrac{\tan 3x}{\sin 5x}=\lim\limits_{x\to 0}\left(\dfrac{3}{5}\cdot\dfrac{\tan 3x}{3x}\cdot\dfrac{5x}{\sin 5x}\right)=\dfrac{3}{5}\lim\limits_{x\to 0}\dfrac{\tan 3x}{3x}\cdot\lim\limits_{x\to 0}\dfrac{5x}{\sin 5x}=\dfrac{3}{5}$.

例 4 求$\lim\limits_{x\to 0}\dfrac{1-\cos x}{x^2}$.

解 $\lim\limits_{x\to 0}\dfrac{1-\cos x}{x^2}=\lim\limits_{x\to 0}\dfrac{2\sin^2\dfrac{x}{2}}{x^2}=\dfrac{1}{2}\lim\limits_{x\to 0}\left(\dfrac{\sin\dfrac{x}{2}}{\dfrac{x}{2}}\right)^2=\dfrac{1}{2}$.

例 5 求$\lim\limits_{x\to 0}\dfrac{3x}{\arcsin x}$.

解 设 $\arcsin x=t$，则 $x=\sin t$，且 $x\to 0$ 时 $t\to 0$，所以

$$\lim_{x\to 0}\frac{3x}{\arcsin x}=\lim_{t\to 0}\frac{3\sin t}{t}=3.$$

二、极限$\lim\limits_{x\to\infty}\left(1+\dfrac{1}{x}\right)^x=\mathrm{e}$

这个数 e 是无理数，它的值是 $\mathrm{e}=2.718281828\cdots$.

当 $x\to\infty$时，让我们来观察一下函数$\left(1+\dfrac{1}{x}\right)^x$的变化趋势：

x	2	10	1000	10000	100000	…
$\left(1+\frac{1}{x}\right)^x$	2.25	2.594	2.717	2.7181	2.7182	…

x	−10	−100	−1000	−10000	−100000	…
$\left(1+\frac{1}{x}\right)^x$	2.88	2.732	2.720	2.7183	2.71828	…

从上表可以得出：$\lim\limits_{x\to\infty}\left(1+\dfrac{1}{x}\right)^x=\mathrm{e}$.

该极限的证明略.

令$\dfrac{1}{x}=t$，当 $x\to\infty$时，$t\to 0$，从而有$\lim\limits_{t\to 0}(1+t)^{\frac{1}{t}}=\mathrm{e}$.

上述两个公式可以看成是一个重要极限的两种不同形式，但它们在形式上具有共同特点：1^∞，因此称之为“1^∞”不定型. 它有以下的推广形式：

如果$\lim\limits_{x\to a}\varphi(x)=0$（$a$ 可以是有限数 x_0，$\pm\infty$或∞），那么得到的结果是

$$\lim_{x\to a}[1+\varphi(x)]^{\frac{1}{\varphi(x)}}=\lim_{\varphi(x)\to 0}[1+\varphi(x)]^{\frac{1}{\varphi(x)}}=\mathrm{e}.$$

如果$\lim\limits_{x\to a}\varphi(x)=\infty$（$a$ 可以是有限数 x_0，$\pm\infty$或∞），那么得到的结果是

$$\lim_{x\to a}\left[1+\frac{1}{\varphi(x)}\right]^{\varphi(x)}=\lim_{\varphi(x)\to\infty}\left[1+\frac{1}{\varphi(x)}\right]^{\varphi(x)}=\mathrm{e}.$$

例 6 求$\lim\limits_{x\to\infty}\left(1+\dfrac{1}{x}\right)^{3x}$.

解 $\lim\limits_{x\to\infty}\left(1+\dfrac{1}{x}\right)^{3x}=\lim\limits_{x\to\infty}\left[\left(1+\dfrac{1}{x}\right)^x\right]^3=\mathrm{e}^3$.

例 7 求$\lim\limits_{x\to 0}(1-3x)^{\frac{1}{x}}$.

解　$\lim\limits_{x\to 0}(1-3x)^{\frac{1}{x}}=\lim\limits_{x\to 0}\{[1+(-3x)]^{\frac{1}{-3x}}\}^{-3}=\mathrm{e}^{-3}$.

例 8　求$\lim\limits_{x\to 0}(1+\tan x)^{\cot x}$.

解　$\lim\limits_{x\to 0}(1+\tan x)^{\cot x}=\lim\limits_{x\to 0}(1+\tan x)^{\frac{1}{\tan x}}=\mathrm{e}$.

例 9　求$\lim\limits_{x\to\infty}\left(\dfrac{x+2}{x+1}\right)^{2x}$.

解　$\lim\limits_{x\to\infty}\left(\dfrac{x+2}{x+1}\right)^{2x}=\lim\limits_{x\to\infty}\left(1+\dfrac{1}{x+1}\right)^{2(x+1)-2}$

$=\lim\limits_{x\to\infty}\left[\left(1+\dfrac{1}{x+1}\right)^{(x+1)}\right]^{2}\cdot\lim\limits_{x\to\infty}\left[\left(1+\dfrac{1}{x+1}\right)\right]^{-2}=\mathrm{e}^{2}\cdot 1=\mathrm{e}^{2}$.

例 10　求$\lim\limits_{x\to 0}\dfrac{\ln(1+x)}{x}$.

解　$\lim\limits_{x\to 0}\dfrac{\ln(1+x)}{x}=\lim\limits_{x\to 0}\ln(1+x)^{\frac{1}{x}}=\ln\lim\limits_{x\to 0}(1+x)^{\frac{1}{x}}=\ln\mathrm{e}=1$.

思考　$\lim\limits_{x\to 0}\dfrac{\mathrm{e}^{x}-1}{x}=?$

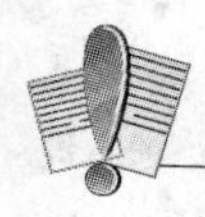

习题 1-6(A)

1. 判断下列各式是否正确：

(1) 两个重要极限是指$\lim\limits_{x\to\infty}\dfrac{\sin x}{x}=1$，$\lim\limits_{x\to\infty}(1+x)^{\frac{1}{x}}=\mathrm{e}$；

(2) $\lim\limits_{x\to 1}\dfrac{\sin(x-1)}{x^{2}-1}=1$；

(3) $\lim\limits_{x\to 0}(1-x)^{\frac{1}{x}}=\mathrm{e}$.

2. 思考计算$\lim\limits_{x\to\infty}x\sin\dfrac{1}{x}$与$\lim\limits_{x\to 0}\dfrac{\sin x}{x}$的结果分别为多少？

3. 计算下列极限：

(1) $\lim\limits_{x\to 0}\dfrac{\tan 3x}{x}$；　(2) $\lim\limits_{x\to 2}\dfrac{x-2}{\sin(x^{2}-4)}$；

(3) $\lim\limits_{x\to 0}(1-2x)^{\frac{3}{x}}$；　(4) $\lim\limits_{x\to\infty}\left(\dfrac{x}{1+x}\right)^{x}$.

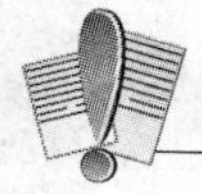

习题 1-6(B)

1. 计算下列极限：

(1) $\lim\limits_{x\to\infty}x\sin\dfrac{2}{x}$；　(2) $\lim\limits_{x\to 0}\dfrac{\arctan 3x}{x}$；

(3) $\lim\limits_{x\to 0}\dfrac{\sin 2x}{\sin 5x}$；　(4) $\lim\limits_{x\to 0}\dfrac{\tan x-\sin x}{x^{3}}$；

(5) $\lim\limits_{x\to 0}\dfrac{1-\cos 2x}{x\sin x}$；　(6) $\lim\limits_{x\to 1}\dfrac{x^{2}-1}{\sin(x^{3}-1)}$.

2. 计算下列极限：

(1) $\lim\limits_{x\to 0}(1+5x)^{\frac{1}{x}}$；

(2) $\lim\limits_{x\to\infty}\left(1-\dfrac{1}{x}\right)^{kx}$（$k$ 为正整数）；

(3) $\lim\limits_{t\to 0}(1-t^2)^{\frac{1}{t}}$；

(4) $\lim\limits_{x\to\infty}\left(\dfrac{2-2x}{3-2x}\right)^{2x}$；

(5) $\lim\limits_{x\to\infty}\left(\dfrac{x}{1+x}\right)^{-2x}$；

(6) $\lim\limits_{x\to\frac{\pi}{2}}(\sin x)^{2\sec^2 x}$.

§1-7 无穷小与无穷大

当我们研究函数的变化趋势时，经常遇到下面两种情况：(1) 函数的绝对值无限减小；(2) 函数的绝对值无限增大. 本节专门讨论这两种情况.

一、无穷小

1. 无穷小的定义

定义 1 如果函数 $f(x)$ 当 $x\to x_0$（或 $x\to\infty$）时的极限为零，那么称函数 $f(x)$ 为 $x\to x_0$（或 $x\to\infty$）时的**无穷小**.

例如，函数 $\dfrac{1}{x}$ 为当 $x\to\infty$ 时的无穷小，函数 $x-1$ 为当 $x\to 1$ 时的无穷小.

注意 (1) 无穷小是以零为极限的变量，不能把很小的数（如 0.001^{1000}，-0.0001^{10000}）看作无穷小. 零是唯一的一个可以看作无穷小的常数.

(2) 无穷小是相对于自变量的变化趋势而言的，如：当 $x\to\infty$ 时，$\dfrac{1}{x}$ 是无穷小，而当 $x\to 2$ 时，$\dfrac{1}{x}$ 就不是无穷小.

2. 无穷小的性质

在自变量的同一变化过程中，无穷小具有以下性质：

性质 1 有限个无穷小的代数和仍为无穷小.

性质 2 有限个无穷小的乘积仍为无穷小.

性质 3 有界函数与无穷小的乘积仍为无穷小.

推论 常数与无穷小的乘积仍为无穷小.

以上性质均可以用极限的运算法则推出.

例 1 求 $\lim\limits_{x\to 0}x\sin\dfrac{1}{x}$.

解 因为 $\lim\limits_{x\to 0}x=0$，且 $\left|\sin\dfrac{1}{x}\right|\leqslant 1$，所以由无穷小的性质 3 知 $\lim\limits_{x\to 0}x\sin\dfrac{1}{x}=0$.

3. 无穷小与函数极限的关系

函数、函数极限与无穷小三者之间有着密切的联系，它们有如下的定理：

定理 1 在自变量的同一变化过程 $x\to x_0$（或 $x\to\infty$）中，函数 $f(x)$ 具有极限 A 的充分

必要条件是$f(x)=A+\alpha$，其中α是当$x\to x_0$（或$x\to\infty$）时的无穷小.

证明　以$x\to x_0$为例.

必要性：设$\lim\limits_{x\to x_0}f(x)=A$，令$\alpha=f(x)-A$，则$f(x)=A+\alpha$，且

$$\lim_{x\to x_0}\alpha=\lim_{x\to x_0}(f(x)-A)=\lim_{x\to x_0}f(x)-A=0.$$

充分性：设$f(x)=A+\alpha$，其中A是常数，$\lim\limits_{x\to x_0}\alpha=0$，于是

$$\lim_{x\to x_0}f(x)=\lim_{x\to x_0}(A+\alpha)=A+\lim_{x\to x_0}\alpha=A.$$

类似地可证明$x\to\infty$时的情形.

二、无穷大

定义2　如果当$x\to x_0$（或$x\to\infty$）时，对应的函数的绝对值$|f(x)|$无限增大，那么称函数$f(x)$为当$x\to x_0$（或$x\to\infty$）时的**无穷大**，记为$\lim\limits_{x\to x_0}f(x)=\infty$（或$\lim\limits_{x\to\infty}f(x)=\infty$）.

注意　(1) 无穷大是变量，不能把绝对值很大的数（如100^{1000}，-1000^{10000}）看作无穷大.

(2) 无穷大也是相对于自变量的变化趋势而言的，如：当$x\to\infty$时，x是无穷大，而当$x\to 2$时，x就不是无穷大.

(3) 当$x\to x_0$（或$x\to\infty$）时为无穷大的函数$f(x)$，按函数极限定义来说，极限是不存在的.但为了便于叙述函数的这一性态，我们也说“函数的极限是无穷大”，并记作

$$\lim_{x\to x_0}f(x)=\infty\text{（或}\lim_{x\to\infty}f(x)=\infty\text{）}.$$

例如，$\lim\limits_{x\to\infty}x=\infty$，$\lim\limits_{x\to 0}\dfrac{1}{x}=\infty$.

(4) 在无穷大的定义中，对于x_0左右附近的x，对应函数$f(x)$的值恒为正（或负）的，则称$f(x)$为$x\to x_0$时的正无穷大（或负无穷大），记为

$$\lim_{x\to x_0}f(x)=+\infty\text{（或}\lim_{x\to x_0}f(x)=-\infty\text{）}.$$

例如，$\lim\limits_{x\to 0^+}\ln x=-\infty$，$\lim\limits_{x\to+\infty}\ln x=+\infty$.

三、无穷大与无穷小之间的关系

定理2　在自变量的同一变化过程中，如果$f(x)$为无穷大，则$\dfrac{1}{f(x)}$为无穷小；反之，如果$f(x)$为无穷小，且$f(x)\neq 0$，则$\dfrac{1}{f(x)}$为无穷大.

例2　求$\lim\limits_{x\to 1}\dfrac{x+2}{x-1}$.

解　因为$\lim\limits_{x\to 1}\dfrac{x-1}{x+2}=0$，即$\dfrac{x-1}{x+2}$是当$x\to 1$时的无穷小，根据无穷大与无穷小的关系，它的倒数$\dfrac{x+2}{x-1}$是当$x\to 1$时的无穷大，即$\lim\limits_{x\to 1}\dfrac{x+2}{x-1}=\infty$.

说明　由无穷大和无穷小的关系，可得分式极限的以下三种情况：

有理函数的极限$\lim\dfrac{P(x)}{Q(x)}$，

(1) 当 $\lim Q(x)\neq 0$ 且 $\lim P(x)=0$ 时，$\lim\dfrac{P(x)}{Q(x)}=0$；

(2) 当 $\lim Q(x)=0$ 且 $\lim P(x)\neq 0$ 时，$\lim\dfrac{P(x)}{Q(x)}=\infty$；

(3) 当 $\lim Q(x)=\lim P(x)=0$ 时，$\lim\dfrac{P(x)}{Q(x)}$为“$\dfrac{0}{0}$”型未定式，应作进一步讨论(通常要约去零因子).

例 3 求$\lim\limits_{x\to\infty}\dfrac{3x^3+x^2+2}{4x^3+2x^2-3}$.

解 分子、分母同时除以 x^3，然后取极限：

$$\lim_{x\to\infty}\frac{3x^3+x^2+2}{4x^3+2x^2-3}=\lim_{x\to\infty}\frac{3+\dfrac{1}{x}+\dfrac{2}{x^3}}{4+\dfrac{2}{x}-\dfrac{3}{x^3}}=\frac{3}{4}.$$

例 4 求$\lim\limits_{x\to\infty}\dfrac{3x^2-2x-1}{2x^3-x^2+5}$.

解 分子、分母同时除以 x^3，然后取极限：

$$\lim_{x\to\infty}\frac{3x^2-2x-1}{2x^3-x^2+5}=\lim_{x\to\infty}\frac{\dfrac{3}{x}-\dfrac{2}{x^2}-\dfrac{1}{x^3}}{2-\dfrac{1}{x}+\dfrac{5}{x^3}}=\frac{0}{2}=0.$$

例 5 求$\lim\limits_{x\to\infty}\dfrac{2x^3-x^2+5}{3x^2-2x-1}$.

解 因为$\lim\limits_{x\to\infty}\dfrac{3x^2-2x-1}{2x^3-x^2+5}=0$，所以$\lim\limits_{x\to\infty}\dfrac{2x^3-x^2+5}{3x^2-2x-1}=\infty$.

分析例 3～例 5 的特点和结果，我们可得当自变量趋向于无穷大时有理分式的极限：

$$\lim_{x\to\infty}\frac{a_0x^n+a_1x^{n-1}+\cdots+a_n}{b_0x^m+b_1x^{m-1}+\cdots+b_m}=\begin{cases}0, & n<m,\\ \dfrac{a_0}{b_0}, & n=m,\\ \infty, & n>m.\end{cases}$$

其中 $a_0\neq 0,b_0\neq 0,m,n\in\mathbf{N}_+$.

例 6 求$\lim\limits_{x\to\infty}\dfrac{(2x+1)^3(x-3)^2}{x^5+4}$.

解 因为 $m=n=5,a_0=2^3\cdot 1^2=8,b_0=1$，所以

$$\lim_{x\to\infty}\frac{(2x+1)^3(x-3)^2}{x^5+4}=8.$$

四、无穷小的比较

已知两个无穷小的和与积仍为无穷小，但两个无穷小的商却会出现不同的结果. 例如，当 $x\to 0$ 时，$x^2,3x,\sin x$ 都是无穷小，但是 $\lim\limits_{x\to 0}\dfrac{x^2}{3x}=0$，$\lim\limits_{x\to 0}\dfrac{3x}{x^2}=\infty$，$\lim\limits_{x\to 0}\dfrac{\sin x}{x}=1$.

两个无穷小比值的极限的各种不同情况，反映了不同的无穷小趋于零的“快慢”程度. 在 $x\to 0$ 的过程中，$x^2\to 0$ 比 $3x\to 0$“快些”，反过来 $3x\to 0$ 比 $x^2\to 0$“慢些”，而 $\sin x\to 0$ 与

$x\to 0$"快慢相仿".

下面，我们就无穷小之比的极限存在或为无穷大时，来说明两个无穷小之间的比较.

定义 3　设 α 及 β 都是在同一个自变量的同一变化过程中的无穷小.

(1) 如果 $\lim\dfrac{\beta}{\alpha}=0$，就说 β 是比 α 高阶的无穷小，记为 $\beta=o(\alpha)$；

(2) 如果 $\lim\dfrac{\beta}{\alpha}=\infty$，就说 β 是比 α 低阶的无穷小；

(3) 如果 $\lim\dfrac{\beta}{\alpha}=C\neq 0$，就说 β 与 α 是同阶无穷小.

特别地，如果 $\lim\dfrac{\beta}{\alpha}=1$(即 $C=1$ 的情形)，就说 β 与 α 是等价无穷小，记为 $\alpha\sim\beta$.

下面举一些例子：

因为 $\lim\limits_{n\to\infty}\dfrac{\frac{1}{n}}{\frac{1}{n^2}}=\infty$，所以当 $n\to\infty$ 时，$\dfrac{1}{n}$ 是比 $\dfrac{1}{n^2}$ 低阶的无穷小.

因为 $\lim\limits_{x\to 3}\dfrac{x^2-9}{x-3}=6$，所以当 $x\to 3$ 时，x^2-9 与 $x-3$ 是同阶无穷小.

因为 $\lim\limits_{x\to 0}\dfrac{\tan x}{x}=1$，所以当 $x\to 0$ 时，$\tan x$ 与 x 是等价无穷小，即 $\tan x\sim x(x\to 0)$.

关于等价无穷小，有如下有关定理：

定理 3　设 $\alpha,\alpha',\beta,\beta'$ 是在自变量的同一个变化过程中的无穷小，$\alpha\sim\alpha'$，$\beta\sim\beta'$，且 $\lim\dfrac{\beta'}{\alpha'}$ 存在，则 $\lim\dfrac{\beta}{\alpha}=\lim\dfrac{\beta'}{\alpha'}$.

证明略.

定理表明，求两个无穷小之比的极限时，分子及分母都可用等价无穷小来代替. 因此，如果用来代替的无穷小选取得适当，则可使计算简化.

经常用到的一些等价无穷小：

当 $x\to 0$ 时，$\sin x\sim x$，$\tan x\sim x$，$\arcsin x\sim x$，$\arctan x\sim x$，$\ln(1+x)\sim x$，$1-\cos x\sim\dfrac{1}{2}x^2$，$e^x-1\sim x$，$\sqrt[n]{1+x}-1\sim\dfrac{1}{n}x$.

例 7　求 $\lim\limits_{x\to 0}\dfrac{\tan 3x}{\sin 4x}$.

解　当 $x\to 0$ 时，$\tan 3x\sim 3x$，$\sin 4x\sim 4x$，所以 $\lim\limits_{x\to 0}\dfrac{\tan 3x}{\sin 4x}=\lim\limits_{x\to 0}\dfrac{3x}{4x}=\dfrac{3}{4}$.

例 8　求 $\lim\limits_{x\to 0}\dfrac{\sin x}{x^3+3x}$.

解　当 $x\to 0$ 时，$\sin x\sim x$，无穷小 x^3+3x 与它本身显然是等价的，所以

$$\lim_{x\to 0}\frac{\sin x}{x^3+3x}=\lim_{x\to 0}\frac{x}{x^3+3x}=\lim_{x\to 0}\frac{1}{x^2+3}=\frac{1}{3}.$$

例 9　求 $\lim\limits_{x\to 0}\dfrac{x\ln(1+x)\cdot(e^x-1)}{(1-\cos x)\cdot\sin 2x}$.

解 因为当 $x\to 0$ 时，$\ln(1+x)\sim x$，$e^x-1\sim x$，$1-\cos x\sim \frac{1}{2}x^2$，$\sin 2x\sim 2x$，所以

$$\lim_{x\to 0}\frac{x\ln(1+x)\cdot(e^x-1)}{(1-\cos x)\cdot\sin 2x}=\lim_{x\to 0}\frac{x\cdot x\cdot x}{\frac{1}{2}x^2\cdot 2x}=1.$$

例 10 用等价无穷小的代换，求 $\lim\limits_{x\to 0}\frac{\tan x-\sin x}{x^3}$.

解 因为 $\tan x-\sin x=\tan x(1-\cos x)$，而当 $x\to 0$ 时，$\tan x\sim x$，$1-\cos x\sim\frac{1}{2}x^2$，所以

$$\lim_{x\to 0}\frac{\tan x-\sin x}{x^3}=\lim_{x\to 0}\frac{\frac{1}{2}x^3}{x^3}=\frac{1}{2}.$$

在运算时要注意正确地使用等价无穷小的代换，例 10 的错误代换如下：

$\lim\limits_{x\to 0}\frac{\tan x-\sin x}{x^3}=\lim\limits_{x\to 0}\frac{x-x}{x^3}=0$，为什么是错误的？请读者思考.

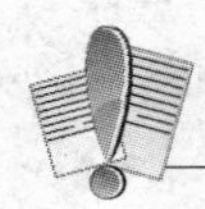

习题 1-7(A)

1. 判断下列说法及运算是否正确：

(1) 10^{-10000} 是无穷小；

(2) $\frac{1}{x}$ 是无穷小；

(3) 无穷小的倒数是无穷大；

(4) 任意多个无穷小的和是无穷小；

(5) $\lim\limits_{x\to 0}\frac{\sin x-\tan x}{x^2\sin x}=\lim\limits_{x\to 0}\frac{x-x}{x^2\cdot x}=0$；

(6) $\lim\limits_{x\to 0}\frac{1-\cos x}{\tan x}=\lim\limits_{x\to 0}\frac{\frac{1}{2}x}{x}=\infty$.

2. 当 $x\to 0$ 时，$2x-x^2$ 与 x^2-x^3 相比，哪一个是高阶无穷小？

3. 当 $x\to 1$ 时，无穷小 $1-x$ 和 $\frac{1}{2}(1-x^2)$ 是否同阶？是否等价？

4. 计算下列极限：

(1) $\lim\limits_{x\to 2}\frac{x^3+2x^2}{(x-2)^2}$； (2) $\lim\limits_{x\to\infty}\frac{2x}{x^2+1}$；

(3) $\lim\limits_{x\to\infty}(2x^3-x+1)$； (4) $\lim\limits_{x\to\infty}\frac{(2x+1)^5(x-3)^2}{x^7+4}$.

5. 计算下列极限：

(1) $\lim\limits_{x\to 0}x^2\sin\frac{1}{x}$； (2) $\lim\limits_{x\to\infty}\frac{\arctan x}{x}$.

6. 利用等价无穷小的性质求下列极限：

(1) $\lim\limits_{x\to 0}\frac{\sin 3x}{e^{2x}-1}$； (2) $\lim\limits_{x\to 0}\frac{\ln(1+3x)}{\arctan 3x}$；

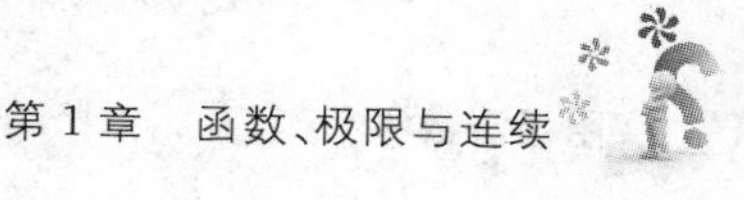

(3) $\lim\limits_{\Delta x\to 0}\dfrac{\sin 3\Delta x}{\Delta x}$；　(4) $\lim\limits_{x\to 0}\dfrac{\sin 3x\cdot(\sqrt{1-2x}-1)}{\arcsin x\cdot\ln(1+6x)}$.

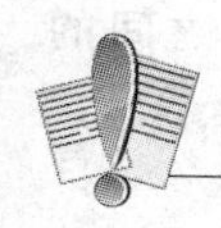

习题 1-7(B)

1. 指出下列函数在自变量相应变化过程中是无穷小，还是无穷大：

(1) $y=2x+1\left(x\to-\dfrac{1}{2}\right)$；　(2) $y=\dfrac{1}{x^2-1}(x\to 1)$；

(3) $y=\ln x(x\to 1)$；　(4) $y=\mathrm{e}^x(x\to+\infty)$.

2. 求下列极限：

(1) $\lim\limits_{x\to\infty}\dfrac{1}{x^2}\cos x$；　(2) $\lim\limits_{x\to 2}\dfrac{x+2}{x-2}$；

(3) $\lim\limits_{x\to\infty}\dfrac{3x^3+x^2+2x}{5x^3+3x-1}$；　(4) $\lim\limits_{x\to\infty}\dfrac{x-1}{x^2+1}$；

(5) $\lim\limits_{x\to\infty}\dfrac{x^3+3x+1}{2x^2-5}$；　(6) $\lim\limits_{x\to\infty}\dfrac{(5x^2+3x-1)^5}{(3x+1)^{10}}$.

3. 利用等价无穷小的性质求下列极限：

(1) $\lim\limits_{x\to 0}\dfrac{\tan 3x}{\ln(1+2x)}$；　(2) $\lim\limits_{x\to 0}\dfrac{\sin(x^n)}{(\sin x)^m}$（$n$, m 为正整数，$n>m$）；

(3) $\lim\limits_{x\to 0}\dfrac{\arcsin 2x\cdot(\mathrm{e}^{-x}-1)}{\ln(1-x^2)}$；　(4) $\lim\limits_{\Delta x\to 0}\dfrac{\mathrm{e}^{x+\Delta x}-\mathrm{e}^x}{\Delta x}$；

(5) $\lim\limits_{x\to 0}\dfrac{\arctan x^2\cdot\sin 4x}{(\sqrt{1-3x}-1)(1-\cos 2x)}$；　(6) $\lim\limits_{x\to 0}\dfrac{\sin x-\tan x}{(\mathrm{e}^{x^2}-1)(\sqrt{1+\sin x}-1)}$.

本章内容小结

一、知识点小结

本章是为学习以后几章内容作准备的，后几章遇到的函数主要是初等函数. 极限是描述数列和函数变化趋势的重要概念，是从近似认识精确、从有限认识无限、从量变到质变的一种数学方法，它是今后各章的基本思想和方法. 连续概念是函数的一种特性. 函数在某点存在极限与在该点连续是有区别的，一切初等函数在其定义区间内都是连续的.

1. 几个重要概念如下：函数的概念，基本初等函数、复合函数和初等函数的概念，经济中常见的函数，函数极限的定义，无穷小与无穷大的概念，函数极限的运算法则，两个重要极限，函数连续性的概念以及闭区间上连续函数的性质.

2. 函数是微积分研究的对象. 要熟练掌握函数定义域的求法和函数值的计算. 应熟悉常见的基本初等函数的图象，利用图象了解它们的性质，从而理解复合函数和初等函数的概念.

3. 经济中常见的函数：利息与贴现函数，需求与供给函数，成本函数，收入函数，利润函数.

4. 极限的概念是本章内容的重点，应理解它的定义以及各种求极限的方法.

5. 无穷小和无穷大是两类具有特殊变化趋势的函数，不指出自变量的变化过程，笼统地说某个函数是无穷小或无穷大是没有意义的，同时要理解无穷小和无穷大两者之间的关系.

6. 熟记几个常用的基本极限：

(1) $\lim\limits_{x\to x_0}c=c$（$c$ 为常数）；　　(2) $\lim\limits_{x\to x_0}x=x_0$；

(3) $\lim\limits_{x\to\infty}\dfrac{1}{x}=0$；　　(4) $\lim\limits_{x\to\infty}\dfrac{1}{x^{\alpha}}=0$（$\alpha$ 为正实数）；

(5) 当 $a_0\neq0,b_0\neq0,m\in\mathbf{N}_+,n\in\mathbf{N}_+$ 时，

$$\lim_{x\to\infty}\frac{a_0x^n+a_1x^{n-1}+\cdots+a_n}{b_0x^m+b_1x^{m-1}+\cdots+b_m}=\begin{cases}0, & n<m,\\ \dfrac{a_0}{b_0}, & n=m,\\ \infty, & n>m.\end{cases}$$

7. 掌握求极限的几种方法：

(1) 利用函数的连续性求极限；

(2) 利用极限的四则运算法则求极限；

(3) 利用无穷小的性质求极限；

(4) 利用无穷大与无穷小的倒数关系求极限；

(5) 利用两个重要极限求极限；

(6) 利用变量代换求极限；

(7) 利用等价无穷小的替换求极限.

8. 连续是函数的一个重要性态，应注意函数在一点连续的两个定义的内在联系，掌握函数在区间连续的概念，并能判断函数的间断点. 了解闭区间上连续函数的性质.

自 测 题 一

一、填空题

1. 函数 $f(x)=\dfrac{x}{\ln(x-1)}+\sqrt{x^2-3x-4}$ 的定义域为________.

2. 设 $f(x+1)=x^2+2x-5$，则 $f(x)=$________.

3. $\lim\limits_{x\to1}(\ln x-x^2-1)=$________.

4. $\lim\limits_{x\to-3}\dfrac{x^2-x-12}{x^2+4x+3}=$________.

5. $\lim\limits_{x\to1}\dfrac{x}{x-1}=$________.

6. $\lim\limits_{x\to\infty}\dfrac{(2x-1)^{10}}{(3x^2-1)^5}=$________.

7. 设 $f(x)=\begin{cases}x-1, & x<1,\\ 2x+1, & 1\leqslant x\leqslant2,\\ x^2+1, & x>2,\end{cases}$ 则

$\lim\limits_{x\to1}f(x)=$____________，$\lim\limits_{x\to2}f(x)=$____________，$\lim\limits_{x\to3}f(x)=$____________.

8. 当 $x\to$____________时，$f(x)=\dfrac{(x-1)(x+2)}{(x-1)(x+3)}$是无穷大；当 $x\to$____________时，$f(x)=\dfrac{(x-1)(x+2)}{(x-1)(x+3)}$是无穷小.

9. 设 $f(x)=x\sin\dfrac{1}{x}$，$g(x)=\dfrac{\sin x}{x}$，则$\lim\limits_{x\to0}f(x)=$____________，$\lim\limits_{x\to\infty}f(x)=$____________，$\lim\limits_{x\to0}g(x)=$____________，$\lim\limits_{x\to\infty}g(x)=$____________.

二、选择题

1. 函数 $f(x)$在点 x_0 连续是$\lim\limits_{x\to x_0}f(x)$存在的　（　　）

A. 必要条件　B. 充分条件

C. 充分必要条件　D. 既非充分也非必要条件

2. 若 $\lim\limits_{x\to x_0^-}f(x)=\lim\limits_{x\to x_0^+}f(x)=A$，则下列说法正确的是　（　　）

A. $f(x)$在点 x_0 处有定义　B. $f(x)$在点 x_0 处连续

C. $\lim\limits_{x\to x_0}f(x)=A$　D. $f(x_0)=A$

3. 设 $f(x)=\dfrac{|x-2|}{x-2}$，则$\lim\limits_{x\to2}f(x)=$　（　　）

A. -1　B. 1　C. 不存在　D. 0

4. 下列说法正确的是　（　　）

A. 初等函数是由基本函数经复合得到的

B. 无穷小的倒数是无穷大

C. 函数 $f(x)$在 x_0 处存在极限，必在 x_0 处有定义

D. 函数 $y=\ln x^5$，$y=5\ln x$ 是相等的

5. 函数 $f(x)=\ln\cos(3x+1)$的复合过程是　（　　）

A. $y=\ln u,u=\cos v,v=3x+1$　B. $y=u,u=\ln\cos v,v=3x+1$

C. $y=\ln u,u=\cos(3x+1)$　D. $y=\ln u,u=v,v=\cos(3x+1)$

6. 设 $f(x)=\dfrac{e^x-1}{x}$，则 $x=0$ 是函数 $f(x)$的　（　　）

A. 连续点　B. 可去间断点

C. 跳跃型间断点　D. 第二类间断点

7. $x\to0^+$时，下列变量是无穷小的是　（　　）

A. $\ln x$　B. $\dfrac{\sin x}{x}$　C. $\dfrac{\cos x}{x}$　D. $\dfrac{x}{\cos x}$

8. $\lim\limits_{x\to0}\dfrac{(e^{-x}-1)\ln(1-x)}{\sin^2x}=$　（　　）

A. 1　B. -1　C. 0　D. ∞

三、综合题

1. 求下列极限：

(1) $\lim\limits_{x\to1}\dfrac{x^2+x+3}{x+1}$；　(2) $\lim\limits_{x\to0}\dfrac{\sqrt{x+4}-2}{x}$；

(3) $\lim\limits_{x\to 1}\dfrac{x^2+4x-5}{x^2-1}$；

(4) $\lim\limits_{x\to\infty}\dfrac{2x^3+1}{3x^4+x^2-5}$；

(5) $\lim\limits_{x\to\infty}\dfrac{2x^3+x-1}{3x^2+x+1}$；

(6) $\lim\limits_{x\to\infty}\dfrac{4x^2+4x+3}{3x^2+5x-6}$；

(7) $\lim\limits_{x\to 0}x\left(\sin\dfrac{1}{x}-\dfrac{1}{\sin 2x}\right)$；

(8) $\lim\limits_{x\to 0}\dfrac{\tan 6x}{\sin 3x}$；

(9) $\lim\limits_{x\to 0}(1-2x)^{\frac{1}{x}}$；

(10) $\lim\limits_{x\to\infty}\left(\dfrac{x-1}{x+1}\right)^{2x}$；

(11) $\lim\limits_{x\to 0}\left(\dfrac{1}{\sin x}-\dfrac{1}{\tan x}\right)$；

(12) $\lim\limits_{x\to 0}\dfrac{\sqrt[3]{1-4x}-1}{\tan 4x}$.

2. 设 $f(x)=\begin{cases} e^x-1, & x\leqslant 0, \\ 3x+1, & 0<x<1, \\ (x+1)^2, & x\geqslant 1,\end{cases}$ 求 $\lim\limits_{x\to 0}f(x)$，$\lim\limits_{x\to 1}f(x)$.

3. 设 $f(x)=\begin{cases} x\sin\dfrac{1}{x}, & x>0, \\ a+x^2, & x\leqslant 0,\end{cases}$ 要使 $f(x)$ 在 $(-\infty,+\infty)$ 内连续，应怎样选择数 a？

4. 设 $f(x)=\begin{cases} 3x+2, & x\leqslant -1, \\ \dfrac{\ln(x+2)}{x+1}+a, & -1<x<0, \\ -2+x+b, & x\geqslant 0\end{cases}$ 在 $(-\infty,+\infty)$ 内连续，求 a,b 的值.

5. 验证方程 $x^3-4x^2+1=0$ 在区间 $(0,1)$ 内至少有一个根.

6. 求函数 $f(x)=\dfrac{1}{1-e^{\frac{x}{1-x}}}$ 的间断点，并对间断点进行分类.

第 2 章

导数与微分

导数和微分是微分学中两个重要的概念. 导数反映的是函数相对于自变量的变化率，微分反映了自变量有微小变化时函数本身相应变化的主要部分.

本章将从讨论一些非均匀变化现象的变化率和分析函数增量的近似表达的数学模型入手，抽象概括出导数和微分的概念，进而研究基本初等函数的导数和微分公式，以及常用的求导数和微分的法则与方法.

§2-1　导数的概念

一、两个实例

当我们观察某一变量的变化状况时，首先总是注意这个变化是急剧的还是缓慢的，这就提出了怎样衡量变量变化快慢的问题，即如何把变化快慢数量化.

有这样一类变化，当我们在不同时刻去观察时，它的快慢程度总是一致的，也就是说它的变化是均匀的. 例如，质点的匀速直线运动，它的位移 $s(t)-s(0)$ 与所经过时间 t 的比，就是质点的运动速度，所以 $v=\frac{s(t)-s(0)}{t}=$ 常数. 但是，实际问题中变量变化的快慢并不总是均匀的. 请看下面的实例：

实例 1　变速直线运动的瞬时速度.

现在考察质点的自由落体运动. 真空中，质点在时刻 $t=0$ 到时刻 t 这一时间段内下落的路程 s 由公式 $s=\frac{1}{2}gt^2$ 来确定. 因为不同的时刻 t 在相同的时间段内下落的距离不等，所以运动不是匀速的，速度时刻在变化. 现在来求 $t=1$ s 这一时刻质点的速度.

当 Δt 很小时，从 1 s 到 1 s$+\Delta t$ 这段时间内，质点运动的速度变化不大，可以以这段时间内的平均速度作为质点在 $t=1$ s 时速度的近似. 一般来讲，Δt 越小，这种近似就越精确. 现在我们来计算一下 t 从 1 s 分别到 1.1 s、1.01 s、1.001 s、1.0001 s、1.00001 s 各段时间内的平均速度，取 $g=9.8$ m/s^2，所得数据如下表：

Δt(s)	Δs(m)	$\frac{\Delta s}{\Delta t}$(m/s)
0.1	1.029	10.29
0.01	0.09849	9.849

续表

Δt(s)	Δs(m)	$\frac{\Delta s}{\Delta t}$(m/s)
0.001	0.0098049	9.8049
0.0001	0.000980049	9.80049
0.00001	0.00009800049	9.800049

从表中可以看出，平均速度$\frac{\Delta s}{\Delta t}$随着 Δt 变化而变化，Δt 越小，$\frac{\Delta s}{\Delta t}$就越接近于一个定值——9.8 m/s. 考察下列各式：

$$\Delta s=\frac{1}{2}g(1+\Delta t)^2-\frac{1}{2}g\cdot 1^2=\frac{1}{2}g[2\Delta t+(\Delta t)^2],$$

$$\frac{\Delta s}{\Delta t}=\frac{1}{2}\cdot\frac{2\Delta t+(\Delta t)^2}{\Delta t}=\frac{1}{2}g(2+\Delta t).$$

当 Δt 越来越接近于 0 时，$\frac{\Delta s}{\Delta t}$越来越接近于 1 s 时的“速度”. 现在取 $\Delta t\to 0$ 的极限，得

$$\lim_{\Delta t\to 0}\frac{\Delta s}{\Delta t}=\lim_{\Delta t\to 0}\frac{1}{2}g(2+\Delta t)=g=9.8\ (\mathrm{m/s}).$$

我们有理由认为这正是 $t=1$ s 时的速度. 称质点在 $t=1$ s 时的速度为质点在 $t=1$ s 时的**瞬时速度**.

一般地，设质点的位移规律是 $s=f(t)$，在时刻 t 时，时间有改变量 Δt，位移相应的改变量为 $\Delta s=f(t+\Delta t)-f(t)$，在时间段 t 到 $t+\Delta t$ 内的平均速度为

$$\bar{v}=\frac{\Delta s}{\Delta t}=\frac{f(t+\Delta t)-f(t)}{\Delta t}.$$

对平均速度取 $\Delta t\to 0$ 的极限，得

$$v(t)=\lim_{\Delta t\to 0}\frac{\Delta s}{\Delta t}=\lim_{\Delta t\to 0}\frac{f(t+\Delta t)-f(t)}{\Delta t},$$

称 $v(t)$ 为质点在时刻 t 时的瞬时速度.

从变化率的观点来看，平均速度 $\bar{v}$ 表示 s 关于 t 在时间段 t 到 $t+\Delta t$ 内的平均变化率，而瞬时速度 $v(t)$ 则表示 s 关于 t 在时间 t 时的变化率.

实例 2 曲线的切线的斜率.

关于曲线在某一点的切线，我们在初中平面几何中学过：和圆周交于一点的直线被称为圆的切线. 这一说法对圆来说是对的，但对其他曲线来说就未必成立.

现在研究一般曲线在某一点处的切线. 设方程为 $y=f(x)$的曲线为 l（图 2-1）. 其上一点 A 的坐标为 $(x_0, f(x_0))$. 在曲线上点 A 附近另取一点 B，它的坐标是 $(x_0+\Delta x, f(x_0+\Delta x))$. 直线 AB 是曲线 l 的割线，它的倾斜角记作 β. 由图 2-1 中的 Rt$\triangle ACB$，可知割线 AB 的斜率：

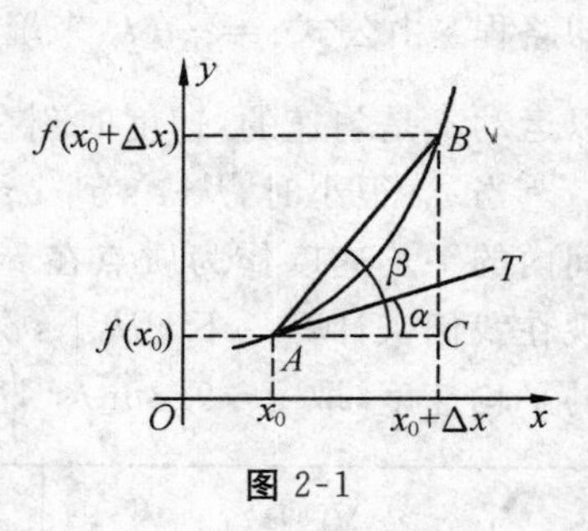

图 2-1

$$\tan\beta=\frac{CB}{AC}=\frac{\Delta y}{\Delta x}=\frac{f(x_0+\Delta x)-f(x_0)}{\Delta x}.$$

在数量上，它表示当自变量从 x 变到 $x+\Delta x$ 时，函数 $f(x)$ 关于变量 x 的平均变化率（增长率或减小率）.

现在让点 B 沿着曲线趋向于点 A，此时 $\Delta x \to 0$，过点 A 的割线 AB 如果也能趋向于一个极限位置——直线 AT，我们就称在点 A 处存在切线 AT. 记 AT 的倾斜角为 α，则 α 为 β 的极限. 若 $\alpha \neq 90°$，根据正切函数的连续性，可得到切线 AT 的斜率为

$$\tan\alpha=\lim_{\Delta x\to 0}\tan\beta=\lim_{\Delta x\to 0}\frac{f(x_0+\Delta x)-f(x_0)}{\Delta x}.$$

在数量上，它表示函数 $f(x)$ 在点 x_0 处的变化率.

在实践中经常会遇到类似上述两个实例的问题，虽然表达问题的函数形式 $y=f(x)$ 和自变量 x 的具体内容不同，但本质都是要求函数 y 关于自变量 x 在某一点 x 处的变化率. 所有这类问题的基本分析方法都与上述两个实例相同：

(1) 自变量 x 作微小变化 Δx，求出函数在自变量这个段内的平均变化率 $\bar{y}=\frac{\Delta y}{\Delta x}$ 作为点 x 处变化率的近似；

(2) 对 $\bar{y}$ 求 $\Delta x\to 0$ 的极限 $\lim\limits_{\Delta x\to 0}\frac{\Delta y}{\Delta x}$，若它存在，这个极限即为 y 在点 x 处变化率的精确值.

二、导数的定义

1. 函数在一点处可导的概念

现在我们把这种分析方法应用到一般的函数，得到函数导数的概念.

定义　设函数 $y=f(x)$ 在 x_0 的某个邻域内有定义，对应于自变量 x 在 x_0 处有改变量 Δx（$x_0+\Delta x$ 仍在上述邻域内），函数 $y=f(x)$ 有相应的改变量

$$\Delta y=f(x_0+\Delta x)-f(x_0),$$

若这两个改变量的比

$$\frac{\Delta y}{\Delta x}=\frac{f(x_0+\Delta x)-f(x_0)}{\Delta x}$$

当 $\Delta x\to 0$ 时存在极限，即 $\lim\limits_{\Delta x\to 0}\frac{\Delta y}{\Delta x}$ 存在，我们就称**函数 $y=f(x)$ 在点 x_0 处可导**，并把这一极限称为**函数 $y=f(x)$ 在点 x_0 处的导数**，记作

$$y'\Big|_{x=x_0} \text{ 或 } f'(x_0) \text{ 或 } \frac{\mathrm{d}y}{\mathrm{d}x}\Big|_{x=x_0} \text{ 或 } \frac{\mathrm{d}[f(x)]}{\mathrm{d}x}\Big|_{x=x_0},$$

即

$$y'\Big|_{x=x_0}=f'(x_0)=\lim_{\Delta x\to 0}\frac{f(x_0+\Delta x)-f(x_0)}{\Delta x}. \tag{1}$$

比值 $\frac{\Delta y}{\Delta x}$ 表示函数 $y=f(x)$ 在 x_0 到 $x_0+\Delta x$ 之间的平均变化率，导数 $y'\big|_{x=x_0}$ 则表示了函数在点 x_0 处的变化率，它反映了函数 $y=f(x)$ 在点 x_0 处变化的快慢.

如果当 $\Delta x\to 0$ 时 $\frac{\Delta y}{\Delta x}$ 的极限不存在，我们就称函数 $y=f(x)$ 在点 x_0 处不可导或导数不存在.

在定义中，若设 $x=x_0+\Delta x$，则(1)式可写成

$$f'(x_0)=\lim_{x\to x_0}\frac{f(x)-f(x_0)}{x-x_0}. \tag{2}$$

根据导数的定义，可得到求函数在点 x_0 处导数的步骤如下：

第一步　求函数的改变量 $\Delta y=f(x_0+\Delta x)-f(x_0)$；

第二步　求比值 $\dfrac{\Delta y}{\Delta x}=\dfrac{f(x_0+\Delta x)-f(x_0)}{\Delta x}$；

第三步　求极限 $f'(x_0)=\lim\limits_{\Delta x\to 0}\dfrac{\Delta y}{\Delta x}$.

例 1　求函数 $y=f(x)=x^2$ 在点 $x=2$ 处的导数.

解　$\Delta y=f(2+\Delta x)-f(2)=(2+\Delta x)^2-2^2=4\Delta x+(\Delta x)^2$,

$\dfrac{\Delta y}{\Delta x}=\dfrac{4\Delta x+(\Delta x)^2}{\Delta x}=4+\Delta x$,

$\lim\limits_{\Delta x\to 0}\dfrac{\Delta y}{\Delta x}=\lim\limits_{\Delta x\to 0}(4+\Delta x)=4$,

所以 $y'|_{x=2}=4$.

在第一章中，我们已经学过左、右极限的概念，因此可以用左、右极限相应地定义左、右导数，即当左极限 $\lim\limits_{\Delta x\to 0^-}\dfrac{f(x_0+\Delta x)-f(x_0)}{\Delta x}$ 存在时，称其极限值为函数 $y=f(x)$ 在点 x_0 处的左导数，记作 $f'_-(x_0)$. 同理，当右极限 $\lim\limits_{\Delta x\to 0^+}\dfrac{f(x_0+\Delta x)-f(x_0)}{\Delta x}$ 存在时，称其极限值为函数 $y=f(x)$ 在点 x_0 处的右导数，记作 $f'_+(x_0)$.

根据极限与左、右极限之间的关系，立即可得：

$f'(x_0)$ 存在 $\Leftrightarrow f'_-(x_0)$ 和 $f'_+(x_0)$ 同时存在，且 $f'_-(x_0)=f'_+(x_0)$.

2. 导函数的概念

如果函数 $y=f(x)$ 在开区间 (a,b) 内每一点处都可导，就称函数 $y=f(x)$ 在开区间 (a,b) 内可导. 这时，对开区间 (a,b) 内每一个确定的值 x_0 都对应着一个确定的导数 $f'(x_0)$，这样就在开区间 (a,b) 内构成了一个新的函数，我们把这一新的函数称为 $f(x)$ 的**导函数**，记作 $f'(x)$ 或 y' 或 $\dfrac{\mathrm{d}y}{\mathrm{d}x}$.

根据导数的定义，可得出导函数

$$f'(x)=y'=\lim_{\Delta x\to 0}\frac{\Delta y}{\Delta x}=\lim_{\Delta x\to 0}\frac{f(x+\Delta x)-f(x)}{\Delta x}. \tag{3}$$

导函数也简称为导数. 今后，如不特别指明求某一点处的导数，就是指求导函数. 但要注意：函数 $y=f(x)$ 的导函数 $f'(x)$ 与函数 $y=f(x)$ 在点 x_0 处的导数 $f'(x_0)$ 是有区别的，$f'(x)$ 是 x 的函数，而 $f'(x_0)$ 是一个数值；但它们又是有联系的，$f(x)$ 在点 x_0 处的导数 $f'(x_0)$ 就是导函数 $f'(x)$ 在点 x_0 处的函数值. 这样，如果知道了导函数 $f'(x)$，要求 $f(x)$ 在点 x_0 处的导数，只要把 $x=x_0$ 代入 $f'(x)$ 中去求函数值就可以了.

下面，我们根据导数的定义来求常数和几个基本初等函数的导数.

例 2　求函数 $y=c$（c 为常数）的导数.

解　因为 $\Delta y=c-c=0$，$\dfrac{\Delta y}{\Delta x}=\dfrac{0}{\Delta x}=0$，所以 $y'=\lim\limits_{\Delta x\to 0}\dfrac{\Delta y}{\Delta x}=0$，即

$$(c)'=0(\text{常数的导数恒等于零}).$$

例 3　求函数 $y=x^n(n\in\mathbf{N},x\in\mathbf{R})$的导数.

解　因为 $\Delta y=(x+\Delta x)^n-x^n=nx^{n-1}\Delta x+C_n^2x^{n-2}(\Delta x)^2+\cdots+(\Delta x)^n$,

$$\frac{\Delta y}{\Delta x}=nx^{n-1}+C_n^2x^{n-2}\Delta x+\cdots+(\Delta x)^{n-1},$$

从而有

$$y'=\lim_{\Delta x\to 0}\frac{\Delta y}{\Delta x}=\lim_{\Delta x\to 0}[nx^{n-1}+C_n^2x^{n-2}\Delta x+\cdots+(\Delta x)^{n-1}]=nx^{n-1},$$

即

$$(x^n)'=nx^{n-1}.$$

可以证明,一般的幂函数 $y=x^\alpha(\alpha\in\mathbf{R},x>0)$的导数为

$$(x^\alpha)'=\alpha x^{\alpha-1}.$$

例如:

$$(\sqrt{x})'=(x^{\frac{1}{2}})'=\frac{1}{2}x^{-\frac{1}{2}}=\frac{1}{2\sqrt{x}};$$

$$\left(\frac{1}{x}\right)'=(x^{-1})'=-x^{-2}=-\frac{1}{x^2}.$$

例 4　求函数 $y=\sin x(x\in\mathbf{R})$的导数.

解　$$\lim_{\Delta x\to 0}\frac{\Delta y}{\Delta x}=\lim_{\Delta x\to 0}\frac{\sin(x+\Delta x)-\sin x}{\Delta x}=\lim_{\Delta x\to 0}\frac{2\cos\left(x+\frac{\Delta x}{2}\right)\sin\frac{\Delta x}{2}}{\Delta x}$$

$$=\lim_{\Delta x\to 0}\cos\left(x+\frac{\Delta x}{2}\right)\cdot\frac{\sin\frac{\Delta x}{2}}{\frac{\Delta x}{2}}=\cos x,$$

即

$$(\sin x)'=\cos x.$$

用类似的方法可以求得 $y=\cos x(x\in\mathbf{R})$的导数为

$$(\cos x)'=-\sin x.$$

例 5　求函数 $y=\log_a x$ 的导数$(a>0,a\neq 1,x>0)$.

解　$$\lim_{\Delta x\to 0}\frac{\Delta y}{\Delta x}=\lim_{\Delta x\to 0}\frac{\log_a(x+\Delta x)-\log_a x}{\Delta x}=\lim_{\Delta x\to 0}\frac{1}{\Delta x}\log_a\frac{x+\Delta x}{x}$$

$$=\lim_{\Delta x\to 0}\frac{1}{x}\cdot\frac{x}{\Delta x}\log_a\left(1+\frac{\Delta x}{x}\right)=\frac{1}{x}\lim_{\Delta x\to 0}\log_a\left(1+\frac{\Delta x}{x}\right)^{\frac{x}{\Delta x}}=\frac{1}{x\ln a},$$

即

$$(\log_a x)'=\frac{1}{x\ln a}.$$

特别地,当 $a=\mathrm{e}$ 时,由上式得到自然对数函数的导数:$(\ln x)'=\frac{1}{x}$.

三、导数的几何意义

在实例 2 中,我们可以得到结论:方程为 $y=f(x)$的曲线 l 在点 $A(x_0,f(x_0))$处存在非垂直切线与 $y=f(x)$在 x_0 处存在极限$\lim\limits_{\Delta x\to 0}\frac{f(x_0+\Delta x)-f(x_0)}{\Delta x}$是等价的,且极限就是 l 在 A 处切线的斜率. 根据导数的定义,这正好表示函数 $y=f(x)$在 x_0 处可导,且极限就是导数值

$f'(x_0)$. 由此可得结论：

方程为 $y=f(x)$ 的曲线在点 $A(x_0,f(x_0))$ 处存在非垂直切线 AT(图 2-1)的充分必要条件是 $f(x)$ 在 x_0 处存在导数 $f'(x_0)$，且切线 AT 的斜率 $k=f'(x_0)$.

这个结论一方面给出了导数的几何意义——函数 $y=f(x)$ 在 x_0 处的导数 $f'(x_0)$ 就是函数对应的图象在点 $(x_0,f(x_0))$ 处切线的斜率，另一方面也可立即得到切线的方程为

$$y-f(x_0)=f'(x_0)(x-x_0). \tag{4}$$

过切点 $A(x_0,f(x_0))$ 且垂直于切线的直线，称为曲线 $y=f(x)$ 在点 $A(x_0,f(x_0))$ 处的法线，则当切线非水平(即 $f'(x_0)\neq 0$)时的法线方程为

$$y-f(x_0)=-\frac{1}{f'(x_0)}(x-x_0). \tag{5}$$

例 6 求曲线 $y=\sin x$ 在点 $\left(\frac{\pi}{6},\frac{1}{2}\right)$ 处的切线方程和法线方程.

解 $(\sin x)'|_{x=\frac{\pi}{6}}=\cos x|_{x=\frac{\pi}{6}}=\frac{\sqrt{3}}{2}$，根据公式(4)，(5)即得所求的切线方程和法线方程分别为

$$y-\frac{1}{2}=\frac{\sqrt{3}}{2}\left(x-\frac{\pi}{6}\right),$$

$$y-\frac{1}{2}=-\frac{2\sqrt{3}}{3}\left(x-\frac{\pi}{6}\right).$$

例 7 求曲线 $y=\ln x$ 上平行于直线 $y=2x$ 的切线方程.

解 设切点为 $A(x_0,y_0)$，则曲线在点 A 处的切线的斜率

$$y'(x_0)=(\ln x)'|_{x=x_0}=\frac{1}{x_0}.$$

因为切线平行于直线 $y=2x$，所以 $\frac{1}{x_0}=2$，即 $x_0=\frac{1}{2}$. 又切点位于曲线上，所以

$$y_0=\ln\frac{1}{2}=-\ln 2,$$

故所求的切线方程为

$$y+\ln 2=2\left(x-\frac{1}{2}\right),$$

即

$$y=2x-1-\ln 2.$$

四、可导和连续的关系

如果函数 $y=f(x)$ 在点 x_0 处可导，则存在极限

$$\lim_{\Delta x\to 0}\frac{\Delta y}{\Delta x}=f(x_0),$$

所以

$$\frac{\Delta y}{\Delta x}=f'(x_0)+\alpha\left(\lim_{\Delta x\to 0}\alpha=0\right)$$

或

$$\Delta y=f'(x_0)\Delta x+\alpha\Delta x\left(\lim_{\Delta x\to 0}\alpha=0\right),$$

所以

$$\lim_{\Delta x\to 0}\Delta y=\lim_{\Delta x\to 0}[f'(x_0)\Delta x+\alpha\Delta x]=0.$$

这表明函数 $y=f(x)$ 在点 x_0 处连续.

但函数 $y=f(x)$ 在点 x_0 处连续却不一定在点 x_0 处可导. 例如，$y=|x|$（图 2-2）和 $y=\sqrt[3]{x}$（图 2-3）在点 $x=0$ 处都连续但却不可导（前者是因为在 $x=0$ 处左、右极限分别为 -1 和 1，所以导数不存在；后者是因为 $k=\tan\alpha$ 不存在，但是在点(0,0)处存在垂直于 x 轴的切线）.

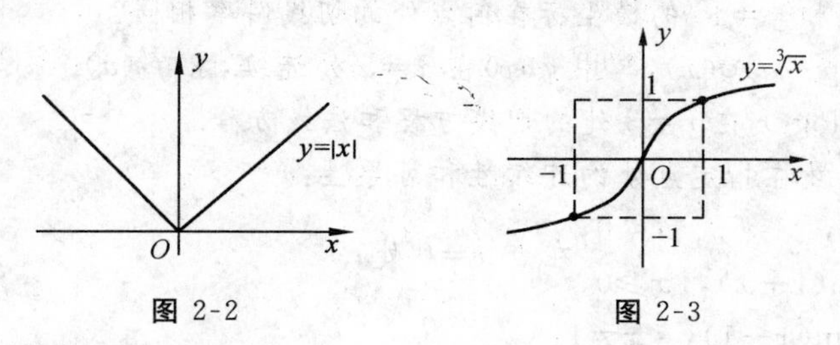

图 2-2　　　　图 2-3

通过以上讨论，我们得到以下结论：

如果函数 $y=f(x)$ 在点 x_0 处可导，则函数 $y=f(x)$ 在点 x_0 处连续；如果函数 $y=f(x)$ 在点 x_0 处连续，则不能断定函数 $y=f(x)$ 在点 x_0 处可导.

例 8　设函数 $f(x)=\begin{cases}x^2, & x\geqslant 0,\\ x+1, & x<0,\end{cases}$ 讨论函数 $f(x)$ 在点 $x=0$ 处的连续性和可导性.

解　因为
$$\lim_{x\to 0^-}f(x)=\lim_{x\to 0^-}(x+1)=1\neq f(0)=0,$$
所以 $f(x)$ 在点 x_0 处不连续. 由以上定理可知，$f(x)$ 在点 x_0 处不可导.

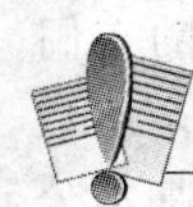

习题 2-1(A)

1. (1) $f'(x_0)=[f(x_0)]'$ 是否成立？

(2) 若函数 $y=f(x)$ 在点 x_0 处的导数不存在，问曲线 $y=f(x)$ 在点 $(x_0, f(x_0))$ 处的切线是否存在？

(3) 函数 $y=f(x)$ 在点 x_0 处可导与连续的关系是什么？

2. 物体做直线运动的方程为 $s=3t^2-5t$，求：

(1) 物体从时刻 t_0 到 $t_0+\Delta t$ 的平均速度；

(2) 物体在时刻 t_0 的瞬时速度.

3. 根据导数的定义，求下列函数在指定点处的导数：

(1) $y=2x^2-3x+1, x=-1$；

(2) $y=\sqrt{x}-1, x=4$.

4. 设函数 $f(x)=\begin{cases}x+2, & 0\leqslant x<1,\\ 3x-1, & x\geqslant 1,\end{cases}$ 问 $f(x)$ 在 $x=1$ 处是否可导？为什么？

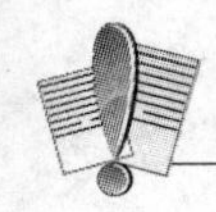

习题 2-1(B)

1. 根据导数的定义，求下列函数的导数：

(1) $y=x^3$；　　　　(2) $y=\dfrac{2}{x}$.

2. 已知一抛物线 $y=x^2$，求：

(1) 该抛物线在 $x=1$ 和 $x=4$ 处的切线的斜率；

(2) 该抛物线上何点处的切线与 x 轴正向成 $45°$ 角.

3. 曲线 $y=x^3$ 和 $y=x^2$ 的横坐标在何点处的切线斜率相同？

4. 设 $f(x)=(x-a)\varphi(x)$，其中 $\varphi(x)$ 在 $x=a$ 处连续，求 $f'(a)$.

5. 求曲线 $y=\log_3 x$ 在 $x=3$ 处的切线方程和法线方程.

6. 讨论下列函数在指定点处的连续性和可导性：

(1) $f(x)=\begin{cases} x, & x<0, \\ \ln(1+x), & x\geqslant 0 \end{cases}$ 在点 $x=0$ 处；

(2) $f(x)=\begin{cases} \sin(x-1), & x\neq 1, \\ 0, & x=1 \end{cases}$ 在点 $x=1$ 处.

§2-2 导数的基本公式与求导四则运算法则

上一节我们以实际问题为背景给出了函数导数的概念，并用导数的定义求得一些基本初等函数的导数. 从前面的例题中可以看出，对一般的函数，用定义求它的导数将是极为复杂、困难的，也是没有必要的. 因此，我们总是希望找到一些基本公式与运算法则，借助它们简化求导数的计算. 本节和后几节将建立一系列的求导法则和方法，以已经得到的五个函数的导数为基础，导出所有基本初等函数的导数. 所有基本初等函数的导数称为导数的基本公式. 有了导数的基本公式，再利用求导法则和方法，原则上就可以求出全部初等函数的导数. 因此，求初等函数的导数，必须做到：第一，熟记导数基本公式；第二，熟记并掌握求导法则和方法.

一、导数的基本公式

1. $(c)'=0$.

2. $(x^\alpha)'=\alpha x^{\alpha-1}$.

3. $(a^x)'=a^x\ln a$.

4. $(e^x)'=e^x$.

5. $(\log_a x)'=\dfrac{1}{x\ln a}$.

6. $(\ln x)'=\dfrac{1}{x}$.

7. $(\sin x)'=\cos x$.

8. $(\cos x)'=-\sin x$.

9. $(\tan x)'=\sec^2 x$.

10. $(\cot x)'=-\csc^2 x$.

11. $(\sec x)'=\sec x\tan x$.

12. $(\csc x)'=-\csc x\cot x$.

13. $(\arcsin x)'=\dfrac{1}{\sqrt{1-x^2}}$.

14. $(\arccos x)'=-\dfrac{1}{\sqrt{1-x^2}}$.

15. $(\arctan x)'=\dfrac{1}{1+x^2}$.

16. $(\text{arccot}\, x)'=-\dfrac{1}{1+x^2}$.

二、导数的四则运算法则

设 $u=u(x)$，$v=v(x)$ 都是可导的函数，则有：

1. 和差法则

$$(u\pm v)'=u'\pm v'.$$

2. 乘法法则

$$(uv)'=u'v+uv'.$$

特别地，$(cu)'=cu'$（c 是常数）.

3. 除法法则

$$\left(\frac{u}{v}\right)'=\frac{u'v-uv'}{v^2}(v\neq 0).$$

注意　法则1,2都可以推广到有限多个函数的情形，即若 $u_1,u_2,\cdots,u_n$ 均为可导函数，则

$$(u_1\pm u_2\pm\cdots\pm u_n)'=u_1'\pm u_2'\pm\cdots\pm u_n';$$
$$(u_1u_2\cdots u_n)'=u_1'u_2\cdots u_n+u_1u_2'\cdots u_n+\cdots+u_1u_2\cdots u_n'.$$

以上三个法则都可以用导数的定义和极限的运算法则来验证.下面给出法则2的验证过程.

证明　设 $\Delta u=u(x+\Delta x)-u(x),\Delta v=v(x+\Delta x)-v(x)$，则

$$u(x+\Delta x)=u(x)+\Delta u,v(x+\Delta x)=v(x)+\Delta v,$$

于是

$$(uv)'=\lim_{\Delta x\to 0}\frac{u(x+\Delta x)v(x+\Delta x)-u(x)v(x)}{\Delta x}$$
$$=\lim_{\Delta x\to 0}\frac{[u(x)+\Delta u][v(x)+\Delta v]-u(x)v(x)}{\Delta x},$$

即

$$(uv)'=\lim_{\Delta x\to 0}\left[\frac{\Delta u}{\Delta x}v(x)+u(x)\frac{\Delta v}{\Delta x}+\frac{\Delta u}{\Delta x}\Delta v\right].$$

由于 $v(x)$ 在 x 处可导，因此，$v(x)$ 在 x 处连续，当 $\Delta x\to 0$ 时有 $\Delta v\to 0$，所以

$$\lim_{\Delta x\to 0}\left[\frac{\Delta u}{\Delta x}v(x)\right]=u'(x)v(x),$$
$$\lim_{\Delta x\to 0}\left[\frac{\Delta v}{\Delta x}u(x)\right]=u(x)v'(x),$$
$$\lim_{\Delta x\to 0}\left[\frac{\Delta u}{\Delta x}\Delta v\right]=0.$$

代入上式即得所证法则.

例1　设函数 $f(x)=2x^2-3x+\sin\frac{\pi}{7}+\ln 2$，求 $f'(x),f'(1)$.

解　注意到 $\sin\frac{\pi}{7},\ln 2$ 都是常数，则有

$$f'(x)=\left(2x^2-3x+\sin\frac{\pi}{7}+\ln 2\right)'$$
$$=(2x^2)'-(3x)'+\left(\sin\frac{\pi}{7}\right)'+(\ln 2)'$$
$$=2(x^2)'-3(x)'+0+0$$
$$=4x-3,$$

从而　$f'(1)=4\times 1-3=1.$

例2　设函数 $y=\tan x$，求 y'（见导数基本公式9）.

解
$$y'=(\tan x)'=\left(\frac{\sin x}{\cos x}\right)'$$
$$=\frac{(\sin x)'\cos x-\sin x(\cos x)'}{\cos^2 x}$$
$$=\frac{\cos^2 x+\sin^2 x}{\cos^2 x}=\frac{1}{\cos^2 x},$$

即 $(\tan x)'=\sec^2 x$.

同理可验证导数基本公式 10：$(\cot x)'=-\csc^2 x$.

例 3 设函数 $y=\sec x$，求 y'（见导数基本公式 11）.

解 $y'=(\sec x)'=\left(\frac{1}{\cos x}\right)'=\frac{0-1\cdot(\cos x)'}{\cos^2 x}=\frac{\sin x}{\cos^2 x}$,

即 $(\sec x)'=\tan x\sec x$.

同理可验证导数基本公式 12：$(\csc x)'=-\cot x\csc x$.

例 4 设函数 $f(x)=x+x^2+x^3\sec x$，求 $f'(x)$.

解 $f'(x)=1+2x+(x^3)'\sec x+x^3(\sec x)'$
$=1+2x+3x^2\sec x+x^3\tan x\sec x$.

例 5 设函数 $y=\frac{1+\tan x}{\tan x}-2\log_2 x+x\sqrt{x}$，求 y'.

解 改写 $y=1+\cot x-2\log_2 x+x^{\frac{3}{2}}$，由此求得

$y'=-\csc^2 x-\frac{2}{x\ln 2}+\frac{3}{2}\sqrt{x}$.

例 6 设函数 $g(x)=\frac{(x^2-1)^2}{x^2}$，求 $g'(x)$.

解 改写 $g(x)=x^2-2+x^{-2}$，由此求得

$g'(x)=2x-2x^{-3}=\frac{2}{x^3}(x^4-1)$.

例 7 设函数 $f(x)=\frac{\arctan x}{1+\sin x}$，求 $f'(x)$.

解
$$f'(x)=\frac{(\arctan x)'(1+\sin x)-\arctan x(1+\sin x)'}{(1+\sin x)^2}$$
$$=\frac{\frac{1}{1+x^2}(1+\sin x)-\arctan x\cdot\cos x}{(1+\sin x)^2}$$
$$=\frac{(1+\sin x)-(1+x^2)\cdot\arctan x\cdot\cos x}{(1+x^2)(1+\sin x)^2}.$$

例 8 求曲线 $y=x^3-2x$ 上的垂直于直线 $x+y=0$ 的切线方程.

解 设所求切线切曲线于点 (x_0,y_0)，由于 $y'=3x^2-2$，直线 $x+y=0$ 的斜率为 -1，故所求切线的斜率为 $3x_0^2-2$，且 $3x_0^2-2=1$，由此得两解：$\begin{cases}x_1=1,\\y_1=-1,\end{cases}\begin{cases}x_2=-1,\\y_2=1.\end{cases}$

所以所求的切线方程有两条：$y+1=x-1$，$y-1=x+1$，即 $y=x\pm 2$.

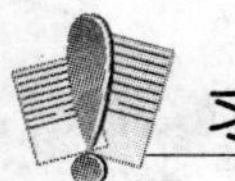

习题 2-2(A)

1. 判断下列说法或式子是否正确：

(1) $(uv)'=u'v'$；

(2) $\left(\frac{u}{v}\right)'=\frac{u'}{v'}$；

(3) 若 $f(x)$ 在 x_0 处可导，$g(x)$ 在 x_0 处不可导，则 $f(x)+g(x)$ 在 x_0 处必不可导；

(4) 若 $f(x)$ 和 $g(x)$ 在 x_0 处不可导，则 $f(x)+g(x)$ 在 x_0 处也不可导.

2. 求下列各函数的导数：

(1) $y=\ln x+3\cos x-5x$；

(2) $y=x^2(1+\sqrt[3]{x})$；

(3) $y=\frac{\sin x}{x}$；

(4) $y=x\arctan x\cdot\csc x$.

3. 求 $y=\sin x\cos x$ 在 $x=\frac{\pi}{6}$ 和 $x=\frac{\pi}{4}$ 处的导数.

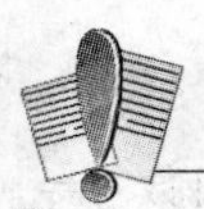

习题 2-2(B)

1. 求下列函数的导数：

(1) $y=\log_3 x-5\arccos x+2\sqrt[3]{x^2}$；

(2) $y=\frac{x^2-3x+3}{\sqrt{x}}$；

(3) $y=\sqrt{x\sqrt{x\sqrt{x}}}$；

(4) $y=\sqrt{x}\arcsin x$；

(5) $\rho=\frac{\varphi}{1-\cos\varphi}$；

(6) $u=\frac{\arcsin v}{\arccos v}$；

(7) $y=\frac{1}{1+\sqrt{x}}-\frac{1}{1-\sqrt{x}}$；

(8) $y=x\cos x\cdot\ln x$；

(9) $s=t\csc t-3\sec t$；

(10) $s=\frac{1-\ln t}{1+\ln t}$.

2. 求下列函数在指定点处的导数值：

(1) $y=x^5+3\sin x, x=0, x=\frac{\pi}{2}$；

(2) $f(x)=2x^2+3\operatorname{arccot}x, x=0, x=1$.

3. 曲线 $y=x^{\frac{3}{2}}$ 上哪一点处的切线与直线 $y=3x-1$ 平行？

§2-3 复合函数的导数

我们先来看下面的例子：

已知函数 $y=\sin 2x$，求 y'.

可能有人这样解题：

$$y'=(\sin 2x)'=\cos 2x.$$

这个结果对吗？让我们换一种方法求导：

$$y'=(\sin 2x)'=(2\sin x\cos x)'=2(\cos^2 x-\sin^2 x)=2\cos 2x.$$

到底哪个结果正确？后者有把握是对的，那前者肯定错了！那么错在哪儿呢？事实上，$y=\sin 2x$ 是由 $y=\sin u$，$u=2x$ 复合而成的复合函数，前者实际上是求中间变量 $u=2x$ 的导数，而不是求对自变量 x 的导数. 但题目要求的是对变量的导数，因此出了错. 这个例子启发我们，在讨论复合函数的导数时，由于出现了中间变量，求导时一定要弄清楚是函数对中间变量求导，还是函数对自变量求导.

对一般的复合函数，通常不能由现有的求导方法求得其导数，故我们需要引入复合函数的求导法则.

下面我们来推导复合函数的求导方法.

设函数 $u=\varphi(x)$ 在点 x_0 处可导，函数 $y=f(u)$ 在对应点 $u_0=\varphi(x_0)$ 处可导，求函数 $y=f[\varphi(x)]$ 在点 x_0 处的导数.

设 x 在点 x_0 处有改变量 Δx，则对应的 u 有改变量 Δu，y 也有改变量 Δy. 因为 $u=\varphi(x)$ 在点 x_0 处可导，所以在点 x_0 处连续. 因此，当 $\Delta x\to 0$ 时，$\Delta u\to 0$. 若 $\Delta u\neq 0$，由

$$\frac{\Delta y}{\Delta x}=\frac{\Delta y}{\Delta u}\cdot\frac{\Delta u}{\Delta x},\ \lim_{\Delta x\to 0}\frac{\Delta y}{\Delta u}=\lim_{\Delta u\to 0}\frac{\Delta y}{\Delta u}=f'(u_0),\ \lim_{\Delta x\to 0}\frac{\Delta u}{\Delta x}=\varphi'(x_0),$$

得

$$\{f[\varphi(x)]\}'=\lim_{\Delta x\to 0}\frac{\Delta y}{\Delta x}=\lim_{\Delta x\to 0}\frac{\Delta y}{\Delta u}\cdot\lim_{\Delta x\to 0}\frac{\Delta u}{\Delta x}=f'(u_0)\cdot\varphi'(x_0),$$

即

$$y'_x\Big|_{x=x_0}=y'_u\Big|_{u=u_0}\cdot u'_x\Big|_{x=x_0}$$

或

$$\frac{\mathrm{d}y}{\mathrm{d}x}\Big|_{x=x_0}=\frac{\mathrm{d}y}{\mathrm{d}u}\Big|_{u=u_0}\cdot\frac{\mathrm{d}u}{\mathrm{d}x}\Big|_{x=x_0}.$$

可以证明当 $\Delta u=0$ 时，上述公式仍然成立.

复合函数的求导法则 设函数 $u=\varphi(x)$ 在 x 处有导数 $u'_x=\varphi'(x)$，函数 $y=f(u)$ 在点 x 的对应点 u 处也有导数 $y'_u=f'(u)$，则复合函数 $y=f[\varphi(x)]$ 在点 x 处有导数，且

$$y'_x=y'_u\cdot u'_x \text{或} \frac{\mathrm{d}y}{\mathrm{d}x}=\frac{\mathrm{d}y}{\mathrm{d}u}\cdot\frac{\mathrm{d}u}{\mathrm{d}x}.$$

这个法则可以推广到两个以上的中间变量的情形. 如果

$$y=y(u),\ u=u(v),\ v=v(x),$$

且在各对应点处的导数存在，则

$$y'_x=y'_u\cdot u'_v\cdot v'_x \text{或} \frac{\mathrm{d}y}{\mathrm{d}x}=\frac{\mathrm{d}y}{\mathrm{d}u}\cdot\frac{\mathrm{d}u}{\mathrm{d}v}\cdot\frac{\mathrm{d}v}{\mathrm{d}x}.$$

通常称这个公式为复合函数求导的**链式法则**.

在对复合函数求导时,关键在于选取适当的中间变量,通常是把要计算的函数与基本初等函数进行比较,从而把复合函数分解成基本初等函数与复合中间变量或分解成基本初等函数与常数的和、差、积、商,化繁为简,逐层求导.求导时,要按照复合次序,由最外层开始,向内层一层一层地对中间变量求导,直到对自变量求导为止.

例1　求函数 $y=\sin 2x$ 的导数.

解　令 $y=\sin u, u=2x$,则

$$y'_x=y'_u\cdot u'_x=\cos u\cdot 2=2\cos 2x.$$

例2　求函数 $y=(3x+5)^2$ 的导数.

解　令 $y=u^2, u=3x+5$,则

$$y'_x=y'_u\cdot u'_x=2u\cdot 3=6(3x+5).$$

例3　求函数 $y=\ln\sin^2 x$ 的导数.

解　令 $y=\ln u, u=v^2, v=\sin x$,则

$$y'_x=y'_u\cdot u'_v\cdot v'_x=\frac{1}{u}\cdot 2v\cdot\cos x=\frac{1}{\sin^2 x}\cdot 2\sin x\cdot\cos x=2\cot x.$$

上述几例详细地写出了中间变量及复合关系,熟练之后就不必写出中间变量,只要分析清楚函数的复合关系,心里记着而不必写出分解过程,中间变量代表什么就直接写什么,具体做法是逐步、反复地利用链式求导法则.以例2来说,只是默想着用 u 去代替 $3x+5$ 而不必把它写出来,运用复合函数的链式求导法则,得

$$y'=2(3x+5)\cdot(3x+5)'=6(3x+5).$$

这里,y'_x 可简单地写成 y',右下角的 x 不必再写出,因为 y 本来就是 x 的函数,又没有明确写出中间变量,所以不写 x 不会引起误解.

例4　求函数 $y=\sqrt{a^2-x^2}$ 的导数.

解　把 a^2-x^2 看作中间变量,得

$$\begin{aligned}y'&=\left[(a^2-x^2)^{\frac{1}{2}}\right]'=\frac{1}{2}(a^2-x^2)^{\frac{1}{2}-1}\cdot(a^2-x^2)'\\&=\frac{1}{2\sqrt{a^2-x^2}}\cdot(-2x)=-\frac{x}{\sqrt{a^2-x^2}}.\end{aligned}$$

例5　求函数 $y=\ln(1+x^2)$ 的导数.

解　$y'=[\ln(1+x^2)]'=\dfrac{1}{1+x^2}\cdot(1+x^2)'=\dfrac{2x}{1+x^2}.$

例6　求函数 $y=\sin^2\left(2x+\dfrac{\pi}{3}\right)$ 的导数.

解

$$\begin{aligned}y'&=\left[\sin^2\left(2x+\frac{\pi}{3}\right)\right]'=2\sin\left(2x+\frac{\pi}{3}\right)\cdot\left[\sin\left(2x+\frac{\pi}{3}\right)\right]'\\&=2\sin\left(2x+\frac{\pi}{3}\right)\cdot\cos\left(2x+\frac{\pi}{3}\right)\cdot\left(2x+\frac{\pi}{3}\right)'\\&=2\sin\left(2x+\frac{\pi}{3}\right)\cdot\cos\left(2x+\frac{\pi}{3}\right)\cdot 2=2\sin\left(4x+\frac{2\pi}{3}\right).\end{aligned}$$

本例中我们用了两次中间变量,遇到这种多层复合的情况,只要按照前面的方法一步一

步地做下去，每一步用一个中间变量，使外层函数成为这个中间变量的基本初等函数，一层一层地拆复合，直到求出对自变量的导数.

例 7 求函数 $y=\cos\sqrt{x^2+1}$ 的导数.

解 $y'=-\sin\sqrt{x^2+1}\cdot(\sqrt{x^2+1})'$

$$=-\sin\sqrt{x^2+1}\cdot\frac{1}{2}(x^2+1)^{-\frac{1}{2}}\cdot(x^2+1)'$$

$$=-\frac{\sin\sqrt{x^2+1}}{2\sqrt{x^2+1}}\cdot 2x=-\frac{x\sin\sqrt{x^2+1}}{\sqrt{x^2+1}}.$$

例 8 求函数 $y=\ln(x+\sqrt{x^2+1})$的导数.

解 $y'=\dfrac{1}{x+\sqrt{x^2+1}}\cdot(x+\sqrt{x^2+1})'$

$$=\frac{1}{x+\sqrt{x^2+1}}\cdot[1+(\sqrt{x^2+1})']$$

$$=\frac{1}{x+\sqrt{x^2+1}}\cdot\left[1+\frac{1}{2\sqrt{x^2+1}}\cdot(x^2+1)'\right]$$

$$=\frac{1}{x+\sqrt{x^2+1}}\cdot\left(1+\frac{x}{\sqrt{x^2+1}}\right)=\frac{1}{\sqrt{x^2+1}}.$$

例 9 已知 $y=\ln|x|(x\neq 0)$，求 y'.

解 当 $x>0$ 时，$y=\ln x$，据基本求导公式，$y'=\dfrac{1}{x}$；

当 $x<0$ 时，$y=\ln|x|=\ln(-x)$，所以 $y'=[\ln(-x)]'=\dfrac{1}{-x}\cdot(-x)'=\dfrac{1}{x}$.

综合得
$$(\ln|x|)'=\frac{1}{x}.$$

这也是常用的导数公式，必须熟记.

例 10 设 $f(x)$是可导的非零函数，$y=\ln|f(x)|$，求 y'.

解 由例 9 的结果立即可得 $y'=\dfrac{1}{f(x)}\cdot f'(x)$.

例 11 设函数 $f(x)=\sin nx\cdot\cos^n x$，求 $f'(x)$.

解 $f'(x)=(\sin nx)'\cdot\cos^n x+\sin nx\cdot(\cos^n x)'$

$$=\cos nx\cdot(nx)'\cdot\cos^n x+\sin nx\cdot n\cdot\cos^{n-1}x\cdot(\cos x)'$$

$$=n\cos^{n-1}x(\cos nx\cos x-\sin nx\sin x)$$

$$=n\cos^{n-1}x\cos(n+1)x.$$

例 12 设 $f(u)$，$g(u)$都是可导函数，$y=f(\sin^2 x)+g(\cos^2 x)$，求 y'.

解 $y'=[f(\sin^2 x)]'+[g(\cos^2 x)]'$

$$=f'(\sin^2 x)\cdot(\sin^2 x)'+g'(\cos^2 x)\cdot(\cos^2 x)'$$

$$=f'(\sin^2 x)\cdot 2\sin x\cdot(\sin x)'+g'(\cos^2 x)\cdot 2\cos x\cdot(\cos x)'$$

$$=f'(\sin^2 x)\cdot\sin 2x-g'(\cos^2 x)\cdot\sin 2x$$

$$=[f'(\sin^2 x)-g'(\cos^2 x)]\sin 2x.$$

注意 这里的记号“f'”，“g'”是表示 f，g 对中间变量求导，而不是对 x 求导.

例13　设函数 $y=x^{\alpha}(\alpha\in\mathbf{R},x>0)$，利用公式 $(\mathrm{e}^{x})'=\mathrm{e}^{x}$ 证明求导基本公式：$y'=\alpha x^{\alpha-1}$.

解　因为 $x^{\alpha}=(\mathrm{e}^{\ln x})^{\alpha}=\mathrm{e}^{\alpha\ln x}$，所以

$$(x^{\alpha})'=(\mathrm{e}^{\alpha\ln x})'=\mathrm{e}^{\alpha\ln x}\cdot(\alpha\ln x)'=\mathrm{e}^{\alpha\ln x}\cdot\alpha\cdot\frac{1}{x}=x^{\alpha}\cdot\alpha\cdot\frac{1}{x}=\alpha x^{\alpha-1}.$$

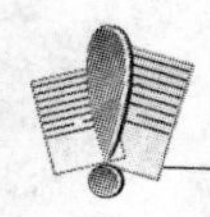

习题 2-3(A)

1. 判断下面的计算是否正确：

(1) $(2^{\sin^2 2x})'=2^{\sin^2 2x}\cdot\ln2\cdot2\cos2x=\cdots$；

(2) $(x+\sqrt{x+\sqrt{x}})'=(1+\sqrt{x+\sqrt{x}})(x+\sqrt{x})'=\cdots$；

(3) $(\ln\cos\sqrt{2x})'=\dfrac{\sqrt{2}}{\cos\sqrt{2x}}\cdot\dfrac{1}{2\sqrt{x}}=\cdots$；

(4) $\left(\mathrm{en}\dfrac{2}{x}-\ln2\right)'=\dfrac{x}{2}-\dfrac{1}{2}=\cdots$.

2. 求下列函数的导数：

(1) $y=\tan\left(2x+\dfrac{\pi}{6}\right)$；

(2) $y=(3x^3-2x^2+x-5)^5$；

(3) $y=\ln(\sin2x+2^x)$；

(4) $y=\cos[\cos(\cos x)]$；

(5) $y=\sqrt{x+\sqrt{x}}$；

(6) $y=\ln(\sec x+\tan x)$；

(7) $y=f(2^{\sin x})$（其中 $f(u)$ 可导）；

(8) $y=\sin^2x\cos x^2$.

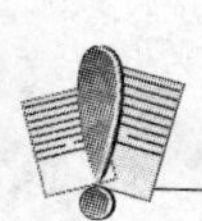

习题 2-3(B)

1. 求下列函数的导数：

(1) $y=\dfrac{1}{\sqrt{1-x^2}}$；

(2) $y=\sqrt[5]{(x^4-3x^2+2)^3}$；

(3) $y=3^{-x}\cdot\cos3x$；

(4) $y=\ln(3x+3^x)$；

(5) $y=\sin^2(2x-1)$；

(6) $y=2^{\tan\frac{1}{x}}$；

(7) $y=\ln(x+\sqrt{x^2+a^2})$；

(8) $y=\ln\sqrt{\dfrac{x}{1+x^2}}$；

(9) $y=\dfrac{x}{\sqrt{x^2-1}}$；

(10) $y=\cot(2x+1)\sec3x$；

(11) $y=\sqrt{1+\cos2x}$；

(12) $y=\arctan\sqrt{x^2+1}$；

(13) $y=\sin^2(\csc2x)$；

(14) $y=\ln\left|\tan\dfrac{x}{2}\right|$；

(15) $y=\dfrac{\sin^2x}{\sin x^2}$；

(16) $y=\arcsin\dfrac{1}{x}$.

2. 求下列函数在指定点处的导数值：

(1) $y=\cos 2x+x\tan 3x, x=\frac{\pi}{4}$；　　(2) $y=\cot^2\sqrt{x^2+1}, x=0$；

(3) $y=\ln\frac{\sqrt{x+1}-1}{\sqrt{x+1}+1}, x=1$.

3. 设 $f(x)$是可导函数，$f(x)>0$，求下列导数：

(1) $y=\ln f(2x)$；　　(2) $y=[f(e^x)]^2$.

§2-4 隐函数与参数式函数的导数

一、隐函数的导数

如果变量 x, y 之间的对应规律是把 y 直接表示成 x 的解析式，即我们熟知的 $y=f(x)$ 形式的显函数，如 $y=x^2+1$，$y=\sin x$ 等，它们的导数可由前面的方法求得. 但在实际中，有时 x, y 之间的对应关系是以方程 $F(x,y)=0$ 的形式表示因变量如何与自变量对应的，其函数关系被隐含在这个方程中，如 $x^2+y^2=a^2$ 在 $y\geqslant 0$ 范围内隐含函数关系式 $y=\sqrt{a^2-x^2}$ $(|x|\leqslant a)$，把这个函数称为由方程 $x^2+y^2=a^2$ 在 $y\geqslant 0$ 范围内所确定的隐函数. 一般地，如果能从方程 $F(x,y)=0$ 确定 y 为 x 的函数 $y=f(x)$，则称 $y=f(x)$为由方程 $F(x,y)=0$ 所确定的隐函数.

注意　由方程确定的隐函数未必可解出显函数表达形式. 例如，方程

$$x^2-y^3-\sin y=0\left(0\leqslant y\leqslant\frac{\pi}{2}, x\geqslant 0\right),$$

因为在 $x\geqslant 0$ 时，y 是 x 的单调增加函数，对于每一个 $x\in\left[0,\sqrt{\left(\frac{\pi}{2}\right)^3+1}\right]$，必定唯一地对应一个 y，但却不能解出 y 成为 x 的显函数表达式.

如果已知隐函数可导，如何求出它的导数呢？我们通过例题来探讨隐函数的求导方法.

例 1　求由方程 $x^2+y^2=4$ 所确定的隐函数的导数.

解　在等式的两边同时对 x 求导，注意现在方程中的 y 是 x 的函数，所以 y^2 是 x 的复合函数，于是得

$$2x+2y\cdot y'=0,$$

解得

$$y'=-\frac{x}{y},$$

其中分母中的 y 是 x 的函数.

其实这个隐函数是可以解出成为显函数的，读者不妨解出后再求导，看看结果是否相同.

上述过程的实质是：视 $F(x,y)=0$ 为 x 的恒等式，把 y 看成是 x 的函数，把 y 的函数看成是 x 的复合函数，利用复合函数求导法则对等式两边各项求关于 x 的导数，最后解出的 y' 即为所求隐函数的导数，求出的隐函数的导数通常是一个含有 x, y 的表达式.

例 2　求方程 $x^2-y^3-\sin y=0\left(0\leqslant y\leqslant\frac{\pi}{2}, x\geqslant 0\right)$所确定的隐函数的导数.

解　在方程两边关于 x 求导,视其中的 y 为 x 的函数,y 的函数为 x 的复合函数,得

$$2x-3y^2\cdot y'-\cos y\cdot y'=0,$$

解得

$$y'=\frac{2x}{3y^2+\cos y}.$$

例 3　求证:过椭圆 $\frac{x^2}{a^2}+\frac{y^2}{b^2}=1$ 上一点 $M(x_0,y_0)$ 的切线方程为 $\frac{xx_0}{a^2}+\frac{yy_0}{b^2}=1$.

证明　先根据导数的几何意义,求出椭圆上点 $M(x_0,y_0)$ 处切线的斜率.

对方程两边关于 x 求导数,得

$$\frac{2x}{a^2}+\frac{2y}{b^2}\cdot y'=0,$$

解得

$$y'=-\frac{b^2x}{a^2y},$$

即椭圆在点 $M(x_0,y_0)$ 处切线的斜率为 $k=y'|_{(x_0,y_0)}=-\frac{b^2x_0}{a^2y_0}$.

应用直线的点斜式,即得椭圆在点 $M(x_0,y_0)$ 处的切线方程为

$$y-y_0=-\frac{b^2x_0}{a^2y_0}(x-x_0),$$

即所求的切线方程为

$$\frac{x_0x}{a^2}+\frac{y_0y}{b^2}=1.$$

下面利用隐函数的求导方法来验证基本求导公式中的指数函数、反三角函数的导数公式.

例 4　设函数 $y=a^x(a>0,a\neq1)$,证明 $y'=a^x\ln a$.

证明　函数 $y=a^x$ 的反函数为 $x=\log_a y$,或者说,$y=a^x$ 是由方程 $x=\log_a y$ 所确定的隐函数.

对方程 $x=\log_a y$ 的两边关于 x 求导,得

$$1=\frac{1}{y\ln a}\cdot y',$$

所以

$$y'=y\ln a.$$

以 $y=a^x$ 回代,即得

$$(a^x)'=a^x\ln a.$$

当 $a=\mathrm{e}$ 时,上式即为

$$(\mathrm{e}^x)'=\mathrm{e}^x.$$

例 5　设函数 $y=\arcsin x(|x|<1)$,证明 $y'=\frac{1}{\sqrt{1-x^2}}$.

证明　函数 $y=\arcsin x$ 的反函数为 $x=\sin y$,$y\in\left(-\frac{\pi}{2},\frac{\pi}{2}\right)$,或者说 $y=\arcsin x$ 是由方程 $x=\sin y$ 所确定的隐函数.

对方程 $x=\sin y$ 两边关于 x 求导,得 $1=\cos y\cdot y'$,$y'=\frac{1}{\cos y}$,因为 $y\in\left(-\frac{\pi}{2},\frac{\pi}{2}\right)$,$\cos y>0$,所以

$$y'=\frac{1}{\sqrt{1-\sin^2y}}=\frac{1}{\sqrt{1-x^2}},$$

即
$$(\arcsin x)'=\frac{1}{\sqrt{1-x^2}}.$$

类似地可证得$(\arccos x)'=-\frac{1}{\sqrt{1-x^2}}$.

例 6 求函数 $y=x^x$ 的导数.

解 这个函数既不是幂函数,也不是指数函数,所以不能用这两种函数的求导公式来求导数.我们可以对方程两边取自然对数,把函数关系隐含在方程 $F(x,y)=0$ 中,然后用隐函数求导方法得到所求的导数.

两边取对数,得 $\ln y=x\ln x$,两边对 x 求导,得
$$\frac{1}{y}y'=\ln x+1,$$
所以
$$y'=y(\ln x+1)=x^x(\ln x+1).$$

可以把例 6 的函数推广到 $y=u(x)^{v(x)}$ 的形式,称这类函数为幂指函数,如 $y=(\sin x)^{\tan x}$,$y=(\ln x)^{\cos x}$ 等都是幂指函数.例 6 中使用的方法,也可以推广:为了求 $y=f(x,y)$ 的导数 y',两边先取对数,然后用隐函数求导的方法得到 y',通常称这种求导数的方法为**对数求导法**.根据对数能把积商转化为对数的和差、幂转化为指数与底的对数的积的特点,我们不难想象,对幂指函数或多项乘积函数求导时,用对数求导法可能会比较简单.

例 7 利用对数求导法求函数 $y=(\sin x)^x$ 的导数.

解 两边取对数,得 $\ln y=x\ln\sin x$,两边对 x 求导,得
$$\frac{1}{y}\cdot y'=\ln\sin x+x\cdot\frac{1}{\sin x}\cdot\cos x,$$
故
$$y'=y(\ln\sin x+x\cot x),$$
即
$$y'=(\sin x)^x(\ln\sin x+x\cot x).$$

注意 例 7 也能用下面的方法求导:把 $y=(\sin x)^x$ 改变为 $y=e^{x\ln\sin x}$,则
$$y'=(e^{x\ln\sin x})'=e^{x\ln\sin x}\cdot(x\ln\sin x)'=e^{x\ln\sin x}(\ln\sin x+x\cot x),$$
即
$$y'=(\sin x)^x(\ln\sin x+x\cot x)$$
这种方法的基本思想仍然是化幂为积,但可以避免涉及隐函数.因此,这两种方法各有其优点,采用哪一种方法可由读者根据具体问题适当选择.

例 8 设函数 $y=(3x-1)^{\frac{5}{3}}\sqrt{\frac{x-1}{x-2}}$,求 y'.

解 函数表现为多项式积商的形式,拟采用对数求导法.

对等式两边取对数,得
$$\ln y=\frac{5}{3}\ln(3x-1)+\frac{1}{2}\ln(x-1)-\frac{1}{2}\ln(x-2),$$
两边对 x 求导,得
$$\frac{1}{y}\cdot y'=\frac{5}{3}\cdot\frac{3}{3x-1}+\frac{1}{2}\cdot\frac{1}{x-1}-\frac{1}{2}\cdot\frac{1}{x-2},$$
所以
$$y'=(3x-1)^{\frac{5}{3}}\sqrt{\frac{x-1}{x-2}}\left[\frac{5}{3x-1}+\frac{1}{2(x-1)}-\frac{1}{2(x-2)}\right].$$

二、参数式函数的导数

在平面解析几何中，我们学过曲线的参数方程，它的一般形式为

$$\begin{cases} x=\varphi(t), \\ y=\psi(t) \end{cases} (t\text{ 为参数}, a\leqslant t\leqslant b). \tag{1}$$

如果画出曲线，那么在一定的范围内，可以通过图象上点的横纵坐标对应来确定 y 为 x 的函数 $y=f(x)$，这种函数关系式是通过参数 t 联系起来的，称 $y=f(x)$ 是由参数方程所确定的函数，或称原方程组为函数 $y=f(x)$ 的参数式.

对参数方程，有的参数方程可以消去参数 t，得到函数 $y=f(x)$，有的参数方程无法消去参数 t，如 $\begin{cases} x=2t+t^3, \\ y=t+\sin t, \end{cases}$ 这就有必要推导参数方程所表示的函数的求导法则.

当 $\varphi'(t)$，$\psi'(t)$ 都存在，且 $\varphi'(t)\neq 0$ 时，可以证明由参数方程(1)所确定的函数 $y=f(x)$ 的求导公式为

$$y'=\frac{\mathrm{d}y}{\mathrm{d}x}=\frac{\frac{\mathrm{d}y}{\mathrm{d}t}}{\frac{\mathrm{d}x}{\mathrm{d}t}}=\frac{y_t'}{x_t'}.$$

这就是由参数方程(1)所确定的函数 y 对 x 的求导公式，求导的结果一般是参数 t 的一个解析式.

例 9　求由方程 $\begin{cases} x=a\cos t, \\ y=a\sin t \end{cases}$ $(0<t<\pi)$ 所确定的函数 $y=f(x)$ 的导数 y'.

解　$y'=\frac{y_t'}{x_t'}=\frac{a\cos t}{-a\sin t}=-\cot t(0<t<\pi)$.

题中的参数方程表示半径为 a 的圆 $x^2+y^2=a^2$，在例 1 中已经求过 y'，读者可以比较一下结果是否相同，同时也有助于理解求导得到的参数 t 的解析式的含义.

例 10　求摆线 $\begin{cases} x=a(t-\sin t), \\ y=a(1-\cos t) \end{cases}$ (a 为常数)上对应于 $t=\frac{\pi}{2}$ 的点 M_0 处的切线方程.

解　摆线上对应于 $t=\frac{\pi}{2}$ 的点 M_0 的坐标为 $\left(\frac{(\pi-2)a}{2}, a\right)$，又

$$\frac{\mathrm{d}y}{\mathrm{d}x}=\frac{[a(1-\cos t)]'}{[a(t-\sin t)]'}=\frac{\sin t}{1-\cos t}=\cot\frac{t}{2},$$

$$\left.\frac{\mathrm{d}y}{\mathrm{d}x}\right|_{t=\frac{\pi}{2}}=1,$$

即摆线在 M_0 处的切线斜率为 1，故所求的切线方程为

$$y-a=1\cdot\left(x-\frac{(\pi-2)a}{2}\right),$$

即

$$x-y+\left(2-\frac{\pi}{2}\right)a=0.$$

例 11　以初速度 v_0、发射角 α 发射炮弹，已知炮弹的运动规律是

$$\begin{cases} x=(v_0\cos\alpha)t, \\ y=(v_0\sin\alpha)t-\frac{1}{2}gt^2 \end{cases} (0\leqslant t\leqslant t_0, g\text{ 为重力加速度}).$$

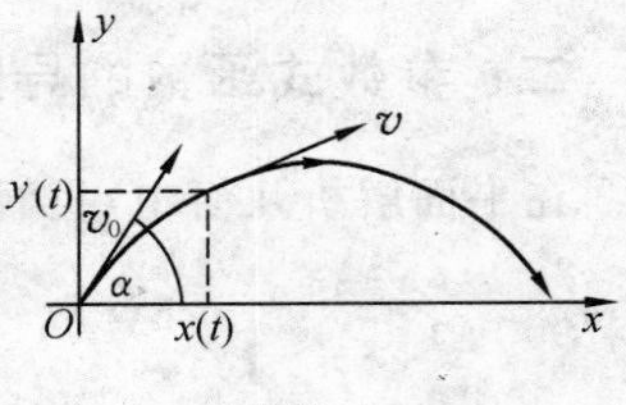

图 2-4

(1) 求炮弹任一时刻 t 的运动方向；

(2) 求炮弹任一时刻 t 的速率(图 2-4).

解 (1) 炮弹任一时刻 t 的运动方向就是指炮弹运动轨迹在时刻 t 的切线方向，而切线方向可由切线的斜率反映.因此，求炮弹的运动方向，即要求轨迹的切线的斜率.

根据参数方程的求导公式，得

$$\frac{\mathrm{d}y}{\mathrm{d}x}=\frac{\left[(v_0\sin\alpha)t-\frac{1}{2}gt^2\right]'}{[(v_0\cos\alpha)t]'}=\frac{v_0\sin\alpha-gt}{v_0\cos\alpha}=\tan\alpha-\frac{g}{v_0\cos\alpha}t.$$

(2) 炮弹的运动速度是一个向量 $\boldsymbol{v}(\boldsymbol{v}_x,\boldsymbol{v}_y)$，

$$\boldsymbol{v}_x=\frac{\mathrm{d}x}{\mathrm{d}t}=v_0\cos\alpha,\boldsymbol{v}_y=\frac{\mathrm{d}y}{\mathrm{d}t}=v_0\sin\alpha-gt.$$

设 t 时的速率为 $v(t)$，则

$$v(t)=\sqrt{\boldsymbol{v}_x^2+\boldsymbol{v}_y^2}=\sqrt{(v_0\cos\alpha)^2+(v_0\sin\alpha-gt)^2}=\sqrt{v_0^2-2v_0gt\sin\alpha+g^2t^2}.$$

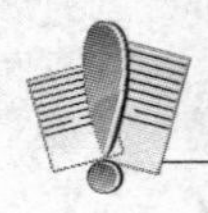

习题 2-4(A)

1. 判断下面的计算是否正确：

(1) 求方程 $x^3+y^3-3axy=0$ 所确定的隐函数 y 的导数 y'.

解：两边对 x 求导，得 $3x^2+3y^2-3a(y-xy')=0$，故 $y'=\dfrac{x^2+y^2-ay}{ax}$.

(2) 用对数求导法求 $y=x^{\sin x}$ 的导数.

解：$y=x^{\sin x}$ 两边取对数，得 $\ln y=\sin x\ln x$.

两边对 x 求导后解出 y'，得 $y'=\cos x\ln x+\dfrac{\sin x}{x}$.

(3) 设 $\begin{cases}x=\mathrm{e}^t\cos t,\\ y=\mathrm{e}^t\sin t,\end{cases}$ 求 y'_x.

解：由参数式函数的求导公式得

$$y'_x=\frac{(\mathrm{e}^t\sin t)'_t}{(\mathrm{e}^t\cos t)'_t}=\frac{\mathrm{e}^t\sin t+\mathrm{e}^t\cos t}{\mathrm{e}^t\cos t-\mathrm{e}^t\sin t}=\frac{\sin t+\cos t}{\cos t-\sin t}.$$

2. 解下列各题：

(1) 求由方程 $xy-\mathrm{e}^x+\mathrm{e}^y=0$ 所确定的隐函数的导数 y' 和 $y'|_{(x=0,y=0)}$；

(2) 求函数 $y=\sqrt{\dfrac{(x-1)(x-2)}{(x-3)(x-4)}}$ 的导数；

(3) 设 $y=\left(1+\dfrac{1}{x}\right)^x$，求 y'；

(4) 求曲线 $\begin{cases}x=2\sin t,\\ y=\cos 2t\end{cases}$ 在 $t=\dfrac{\pi}{4}$ 处的切线方程.

习题 2-4(B)

1. 求由下列方程确定的隐函数的导数或在指定点的导数：

(1) $\sqrt{x}+\sqrt{y}=\sqrt{a}(a>0)$；　(2) $\arctan\frac{y}{x}=\ln\sqrt{x^2+y^2}$；

(3) $x^2+2xy-y^2=2x, y'|_{(x=2,y=0)}$；　(4) $2^x+2y=2^{x+y}, y'|_{(x=0,y=1)}$.

2. 求曲线 $x^3+y^5+2xy=0$ 在点$(-1,-1)$处的切线方程.

3. 用对数求导法求下列函数的导数：

(1) $y=(1+\cos x)^{\frac{1}{x}}$；　(2) $y=(x-1)^{\frac{2}{3}}\sqrt{\frac{x-2}{x-3}}$；

(3) $y=(\sin x)^{\cos x}, x\in\left(0,\frac{\pi}{2}\right)$；　(4) $y=\sqrt{x\sin x\sqrt{e^x}}$.

4. 求曲线 $y=x^{x^2}$ 在点$(1,1)$处的切线方程和法线方程.

5. 求下列参数式函数的导数或在指定点的导数：

(1) $\begin{cases}x=t\cos t,\\ y=t\sin t;\end{cases}$　(2) $\begin{cases}x=t-\text{atctan}t,\\ y=\ln(1+t^2),\end{cases} y'_x|_{t=1}$；

(3) $\begin{cases}x=a\cos^3 t,\\ y=b\sin^3 t\end{cases}$ (a,b 是正常数).

6. 已知曲线 $\begin{cases}x=t^2+at+b,\\ y=ce^t-e\end{cases}$ 在 $t=1$ 时过原点，且曲线在原点处的切线平行于直线 $2x-y+1=0$，求 a,b,c 的值.

§2-5　高阶导数

若函数 $y=f(x)$的导函数 $y'=f'(x)$是可导的，则可以对导函数 $y'=f'(x)$继续求导，对 $y=f(x)$而言则是多次求导了，这就是本节将要学习的高阶导数问题.

一、高阶导数的概念

在运动学中，不但需要了解物体运动的速度，有时还要了解物体运动速度的变化，即加速度问题. 所谓加速度，从变化率的角度来看，就是速度关于时间的变化率，也即速度的导数.

例如，自由落体下落的距离 s 与时间 t 的关系为 $s=\frac{1}{2}gt^2$，在任意时刻 t 的速度 $v(t)$和加速度 $a(t)$分别为

$$v(t)=\frac{ds}{dt}=\left(\frac{1}{2}gt^2\right)'=gt,$$

$$a(t)=\frac{dv}{dt}=(gt)'=g.$$

如果加速度直接用距离 $s(t)$ 表示，将得到 $a(t)=\frac{\mathrm{d}v}{\mathrm{d}t}=\frac{\mathrm{d}}{\mathrm{d}t}\left(\frac{\mathrm{d}s}{\mathrm{d}t}\right)$. 对 $s(t)$ 而言，"$\frac{\mathrm{d}}{\mathrm{d}t}\left(\frac{\mathrm{d}}{\mathrm{d}t}\right)$"是导数的导数. 这种求导数的导数问题在运动学中经常会遇到，在其他工程技术中也经常会遇到同样的问题. 也就是说，我们对一个可导函数求导之后，还需要研究其导函数的导数问题. 为此给出如下定义：

定义 设函数 $y=f(x)$ 存在导函数 $f'(x)$，若导函数 $f'(x)$ 的导数 $[f'(x)]'$ 存在，则称 $[f'(x)]'$ 为原来函数 $y=f(x)$ 的二阶导数，记作 y'' 或 $f''(x)$ 或 $\frac{\mathrm{d}^2y}{\mathrm{d}x^2}$，$\frac{\mathrm{d}^2f(x)}{\mathrm{d}x^2}$，即

$$y''=(y')'=\frac{\mathrm{d}}{\mathrm{d}x}\left(\frac{\mathrm{d}y}{\mathrm{d}x}\right)=\frac{\mathrm{d}^2y}{\mathrm{d}x^2}.$$

若二阶导函数 $f''(x)$ 的导数存在，则称 $f''(x)$ 的导数 $[f''(x)]'$ 为 $y=f(x)$ 的三阶导数，记作 y''' 或 $f'''(x)$.

一般地，若 $y=f(x)$ 的 $n-1$ 阶导函数存在导数，则称函数的 $n-1$ 阶导函数的导数为 $y=f(x)$ 的 n 阶导数，记作 $y^{(n)}$ 或 $f^{(n)}(x)$ 或 $\frac{\mathrm{d}^ny}{\mathrm{d}x^n}$ 或 $\frac{\mathrm{d}^nf(x)}{\mathrm{d}x^n}$，即

$$y^{(n)}=[y^{(n-1)}]' \text{ 或 } f^{(n)}(x)=[f^{(n-1)}(x)]' \text{ 或 } \frac{\mathrm{d}^ny}{\mathrm{d}x^n}=\frac{\mathrm{d}}{\mathrm{d}x}\left(\frac{\mathrm{d}^{n-1}y}{\mathrm{d}x^{n-1}}\right).$$

因此，函数 $y=f(x)$ 的 n 阶导数是由 $y=f(x)$ 连续依次地对 x 求 n 次导数得到的.

函数的二阶和二阶以上的导数称为函数的高阶导数. 函数 $y=f(x)$ 的 n 阶导数在 x_0 处的导数值记作 $y^{(n)}(x_0)$ 或 $f^{(n)}(x_0)$ 或 $\left.\frac{\mathrm{d}^ny}{\mathrm{d}x^n}\right|_{x=x_0}$ 等.

例 1 求函数 $y=3x^3+2x^2+x+1$ 的四阶导数 $y^{(4)}$.

解 $y'=(3x^3+2x^2+x+1)'=9x^2+4x+1$,

$y''=(y')'=(9x^2+4x+1)'=18x+4$,

$y'''=(y'')'=(18x+4)'=18$,

$y^{(4)}=(y''')'=(18)'=0$.

例 2 求函数 $y=a^x$ 的 n 阶导数.

解 $y'=(a^x)'=a^x\ln a$,

$y''=(y')'=(a^x\ln a)'=\ln a\cdot(a^x)'=a^x(\ln a)^2$,

$y'''=(y'')'=[a^x(\ln a)^2]'=(\ln a)^2\cdot(a^x)'=a^x(\ln a)^3$.

依此类推，最后可得 $y^{(n)}=(a^x)^{(n)}=a^x(\ln a)^n$.

例 3 若 $f(x)$ 存在二阶导数，求函数 $y=f(\ln x)$ 的二阶导数.

解 $y'=f'(\ln x)\cdot(\ln x)'=\frac{f'(\ln x)}{x}$,

$$y''=\left[\frac{f(\ln x)}{x}\right]'=\frac{f''(\ln x)\cdot\frac{1}{x}\cdot x-f'(\ln x)\cdot 1}{x^2}$$

$$=\frac{f''(\ln x)-f'(\ln x)}{x^2}.$$

例 4 求函数 $y=\sin x$ 的 n 阶导数 $y^{(n)}$.

解 $y'=(\sin x)'=\cos x$，为了得到 n 阶导数的规律，改写 $y'=\cos x=\sin\left(x+\frac{\pi}{2}\right)$,

$$y''=\left[\sin\left(x+\frac{\pi}{2}\right)\right]'=\sin\left[\left(x+\frac{\pi}{2}\right)+\frac{\pi}{2}\right]\cdot\left(x+\frac{\pi}{2}\right)'=\sin\left(x+2\cdot\frac{\pi}{2}\right),$$

$$y'''=\left[\sin\left(x+2\cdot\frac{\pi}{2}\right)\right]'=\sin\left[\left(x+2\cdot\frac{\pi}{2}\right)+\frac{\pi}{2}\right]\cdot\left(x+2\cdot\frac{\pi}{2}\right)'=\sin\left(x+3\cdot\frac{\pi}{2}\right).$$

依此类推，最后可得 $y^{(n)}=(\sin x)^{(n)}=\sin\left(x+n\cdot\frac{\pi}{2}\right).$

例5 设隐函数 $f(x)$ 由方程 $y=\sin(x+y)$ 确定，求 y''.

解 在 $y=\sin(x+y)$ 两端对 x 求导，得

$$y'=\cos(x+y)\cdot(x+y)'=\cos(x+y)(1+y'), \tag{1}$$

解得

$$y'=\frac{\cos(x+y)}{1-\cos(x+y)}. \tag{2}$$

再将(1)式两端对 x 求导，并注意现在 y,y' 都是 x 的函数，得

$$\begin{aligned}y''&=-\sin(x+y)\cdot(1+y')^2+\cos(x+y)\cdot(1+y')'\\&=-\sin(x+y)\cdot(1+y')^2+\cos(x+y)\cdot y'',\end{aligned}$$

解得

$$y''=\frac{\sin(x+y)}{\cos(x+y)-1}\cdot(1+y')^2. \tag{3}$$

将(2)式代入(3)式，得

$$y''=\frac{\sin(x+y)}{\cos(x+y)-1}\cdot\left[1+\frac{\cos(x+y)}{1-\cos(x+y)}\right]^2=\frac{\sin(x+y)}{[\cos(x+y)-1]^3}.$$

例6 设函数 $f(x)$ 的参数式为 $\begin{cases}x=a(t-\sin t),\\ y=a(1-\cos t)\end{cases}$ $(t\neq 2n\pi,n\in\mathbf{Z})$，求 y 的二阶导数 $\frac{\mathrm{d}^2y}{\mathrm{d}x^2}$.

解 $\frac{\mathrm{d}y}{\mathrm{d}x}=\frac{y'_t}{x'_t}=\frac{[a(1-\cos t)]'}{[a(t-\sin t)]'}=\frac{\sin t}{1-\cos t}=\cot\frac{t}{2}\,(t\neq 2n\pi,n\in\mathbf{Z}).$

因为 $\frac{\mathrm{d}^2y}{\mathrm{d}x^2}=\frac{\mathrm{d}}{\mathrm{d}x}\left(\frac{\mathrm{d}y}{\mathrm{d}x}\right)$，所以求二阶导数相当于求由参数方程 $\begin{cases}x=a(t-\sin t),\\ y'=\cot\frac{t}{2}\end{cases}$ 确定的函数 $y'(x)$ 的导数，继续应用参数式函数的求导法则，得到

$$\frac{\mathrm{d}^2y}{\mathrm{d}x^2}=\frac{(y')'_t}{x'_t}=\frac{\left(\cot\frac{t}{2}\right)'}{[a(t-\sin t)]'}=\frac{-\frac{1}{2}\csc^2\frac{t}{2}}{a(1-\cos t)}=\frac{1}{a(1-\cos t)^2}\,(t\neq 2n\pi,n\in\mathbf{Z}).$$

二、导数的物理含义

函数 $y=f(x)$ 的导数表示函数 y 在某点关于自变量 x 的变化率，很多物理量的变化规律都归结为函数形式，如做直线运动的物体，位移 s 与时间 t 之间的关系表示成位移函数 $s=s(t)$；物体位移是由于力的作用，因此力做功 W 与时间 t 之间也有关系 $W=W(t)$；非均匀的线材的质量 H 与线材长度 s 有关系 $H=H(s)$……建立了物理量之间的函数关系后，普遍关心变化率的问题，而变化率就是导数，因此导数是研究物理问题的基本工具. 特别地，在物理上这种变化率通常会导出一个新的物理概念，这样就使一些导数有了明确的物理含义. 下面举几个简单的例子.

1. 速度与加速度

设物体做直线运动，位移函数 $s=s(t)$，速度函数 $v(t)$ 和加速度函数 $a(t)$ 分别为

$$v(t)=\frac{\mathrm{d}s}{\mathrm{d}t},a(t)=\frac{\mathrm{d}^2 s}{\mathrm{d}t^2}.$$

若设位移函数为 $s=2t^3-\frac{1}{2}gt^2$(g 为重力加速度,取 $g=9.8\ \mathrm{m/s^2}$),求 $t=2$ s 时的速度和加速度. 则

$$v(2)=\frac{\mathrm{d}}{\mathrm{d}t}\bigg|_{t=2}=\left(2t^3-\frac{1}{2}gt^2\right)'\bigg|_{t=2}=(6t^2-gt)|_{t=2}=24-19.6=4.4(\mathrm{m/s}),$$

$$a(2)=\frac{\mathrm{d}^2 s}{\mathrm{d}t^2}\bigg|_{t=2}=\left(2t^3-\frac{1}{2}gt^2\right)''\bigg|_{t=2}=(6t^2-gt)'|_{t=2}=(12t-g)|_{t=2}$$

$$=24-9.8=14.2(\mathrm{m/s^2}).$$

又如,做微小摆动的单摆,记 s 为偏离平衡位置的位移,则 $s(t)=A\sin(\omega t+\varphi)$(其中 A,ω 为与重力加速度、物体质量有关的常数,φ 为以弧度计算的初始偏移角度),则

$$v(t)=[A\sin(\omega t+\varphi)]'=A\omega\cos(\omega t+\varphi),$$

$$a(t)=[A\sin(\omega t+\varphi)]''=-A\omega^2\sin(\omega t+\varphi).$$

2. 线密度

设非均匀的线材其质量 H 与线材长度 s 有关系 $H=H(s)$,则在 $s=s_0$ 处的线密度(即单位长度的质量)$\mu(s_0)=H'(s)|_{s=s_0}$.

如图 2-5 所示形状的柱形铁棒,铁的密度为 $7.8\ \mathrm{g/cm^3}$,$d=2$ cm,$D=10$ cm,$l=50$ cm,从小端开始计长,求中点处的线密度. 因为长为 s 处的截面积的直径 $d(s)=\frac{Ds-ds+ld}{l}$,所以长为 s 的柱形体的体积为

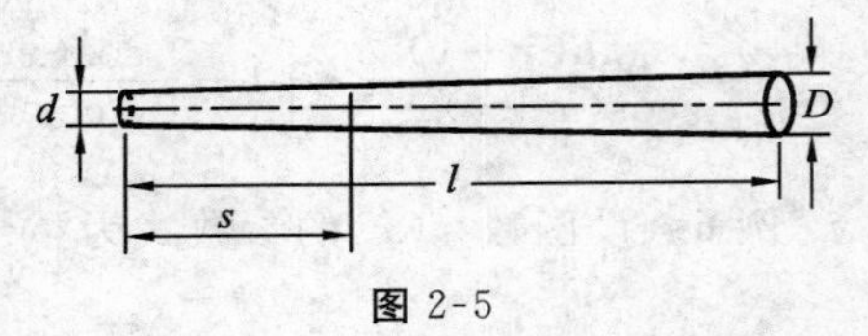

图 2-5

$$V(s)=\frac{1}{3}\pi s\left[\left(\frac{d}{2}\right)^2+\frac{d}{2}\cdot\frac{Ds-ds+ld}{2l}+\left(\frac{Ds-ds+ld}{2l}\right)^2\right]=\frac{\pi}{3}\left(\frac{4}{625}s^3+\frac{6}{25}s^2+3s\right).$$

故质量函数为

$$H(s)=7.8V(s)=\frac{2.6\pi}{625}(4s^3+150s^2+1875s),$$

密度函数为

$$\mu(s)=H'(s)=\frac{2.6\pi}{625}(12s^2+300s+1875),$$

中点处的线密度为

$$\mu(s)|_{s=25}=2.6\pi(12+12+3)=70.2\pi(\mathrm{g/cm}).$$

3. 功率

单位时间内做的功称为功率,若做功函数为 $W=W(t)$,则 $t=t_0$ 时的功率 $N(t_0)=W'(t_0)$. 已知能在 2 s 时间内把质量为 1100 kg 的汽车从静止状态加速到 36 km/h,若汽车启动后做匀加速直线运动,求发动机的最大输出功率.

因为 36 km/h=10 m/s,所以加速度 $a=5\ \mathrm{m/s^2}$,汽车的位移函数为

$$s(t)=\frac{1}{2}at^2=2.5t^2(0\leqslant t\leqslant 2).$$

据牛顿第二运动定律 $F=ma$,汽车受推力为 $F=1100\times 5=5500(\mathrm{N})$,所以推力做功函

数为

$$W(t)=Fs=5500\times 2.5t^2(\mathrm{J}).$$

功率函数 $N(t)=W'(t)=5500\times 5t$，当 $t=2$ s 时达到最大输出功率为

$$N_{\max}=5500\times 5\times 2=55000(\mathrm{W})\approx 74.8(\text{马力}).$$

4. 电流

电流是单位时间内通过导体界面的电量，即电量关于时间的变化率，记 $q(t)$ 为通过截面的电量，$I(t)$ 为截面上的电流，则 $I(t)=q'(t)$.

现设通过截面的电荷量 $q(t)=20\sin\left(\frac{25}{\pi}t+\frac{\pi}{2}\right)(\mathrm{C})$，则通过该截面的电流为

$$I(t)=\left[20\sin\left(\frac{25}{\pi}t+\frac{\pi}{2}\right)\right]'=20\times\frac{25}{\pi}\cos\left(\frac{25}{\pi}t+\frac{\pi}{2}\right)=\frac{500}{\pi}\cos\left(\frac{25}{\pi}t+\frac{\pi}{2}\right)(\mathrm{A}).$$

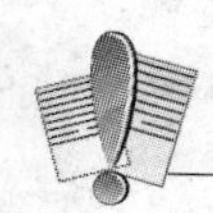

习题 2-5(A)

1. 判断下面计算是否正确：

(1) 求由方程 $x^2+y^2=1$ 所确定的隐函数 $y=y(x)$ 的二阶导数.

解：方程两边分别对 x 求导，得 $2x+2yy'=0$，故 $y'=-\frac{x}{y}(y\neq 0)$.

再将上式两边分别对 x 求导，有 $y''=-\frac{y-xy'}{y^2}(y\neq 0)$.

(2) 设 $\begin{cases}x=2t,\\ y=t,\end{cases}$ 求 $\frac{\mathrm{d}^2y}{\mathrm{d}x^2}$.

解：$\frac{\mathrm{d}y}{\mathrm{d}x}=\frac{1}{2}$，$\frac{\mathrm{d}^2y}{\mathrm{d}x^2}=\left(\frac{1}{2}\right)'=0$.

(3) 设 $y=x\mathrm{e}^{x^2}$，求 y''.

解：$y'=\mathrm{e}^{x^2}+x\mathrm{e}^{x^2}\cdot 2x=\mathrm{e}^{x^2}(1+2x^2)$，

$y''=\mathrm{e}^{x^2}(1+2x^2)'=\mathrm{e}^{x^2}\cdot 4x=4x\mathrm{e}^{x^2}$.

2. 已知 $y^{(n-2)}=\sin^2 x$，求 $y^{(n)}$.

3. 求下列函数的二阶导数：

(1) 由方程 $x^2+2xy+y^2-4x+4y-2=0$ 所确定的函数 $y=y(x)$；

(2) $y=\ln f(x^2)$（$f''(x)$ 存在）；

(3) 参数方程 $\begin{cases}x=1+t^2,\\ y=1+t^3\end{cases}$ 所确定的函数 $y=y(x)$.

4. 已知一物体的运动规律为 $s(t)=\frac{1}{4}t^4+2t^2-2$，求 $t=1$ s 时的速度和加速度.

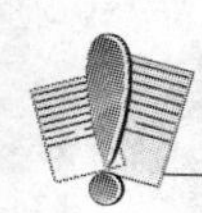

习题 2-5(B)

1. 已知 $y=-x^2-x+1$，求 y''，y'''.

2. 如果 $f(x)=(x+10)^5$，求 $f'''(x)$.

3. 求下列各函数的二阶导数：

(1) $y=x\cos x$；　　(2) $y=\dfrac{x}{\sqrt{1-x^2}}$；

(3) $y=\dfrac{\arcsin x}{\sqrt{1-x^2}}$；　　(4) $y=f(e^x)$，其中 $f(x)$ 存在二阶导数.

4. 设 $y^{(n-4)}=x^3\ln x$，求 $y^{(n)}$.

5. 验证函数 $y=e^x\cos x$ 满足 $y^{(4)}+4y=0$.

6. 求下列各隐函数的二阶导数：

(1) $xy^3=y+x$；　　(2) $y=1+xe^y$；

(3) $y^2+2\ln y=x^4$.

7. 求下列各参数方程所确定的函数的二阶导数：

(1) $\begin{cases}x=1-t^2,\\ y=1-t^3;\end{cases}$　　(2) $\begin{cases}x=a\cos t,\\ y=a\sin t.\end{cases}$

8. 设质点做直线运动，其运动规律给定如下，求质点在指定时刻的速度和加速度：

(1) $s(t)=t^3-3t+2, t=2$；

(2) $s(t)=A\cos\dfrac{\pi t}{3}, t=1, A$ 为常数.

9. 设通过某截面的电荷 $q(t)=A\cos(\omega t+\varphi)$，其中 A,ω,φ 为常数，求通过该截面的电流 $I(t)$.

§2-6　微　　分

一、微分的概念

1. 微分的定义

对已给函数 $y=f(x)$，在很多情况下，给自变量 x 以改变量 Δx，要准确得到函数 y 相应的改变量 Δy 并不十分简单. 例如，简单的函数 $y=x^n(n\in\mathbf{N})$，对应于 x 的改变量 Δx，y 的改变量

$$\Delta y=nx^{n-1}\Delta x+\frac{n(n-1)}{2}x^{n-2}(\Delta x)^2+\cdots+(\Delta x)^n \tag{1}$$

就已经比较复杂了. 因此，我们总是希望能有一种简单的方法，为此先看一个具体例子：

一块正方形金属薄片，由于温度的变化，其边长由 x_0 变化到 $x_0+\Delta x$，问其面积改变了多少(图 2-6)？

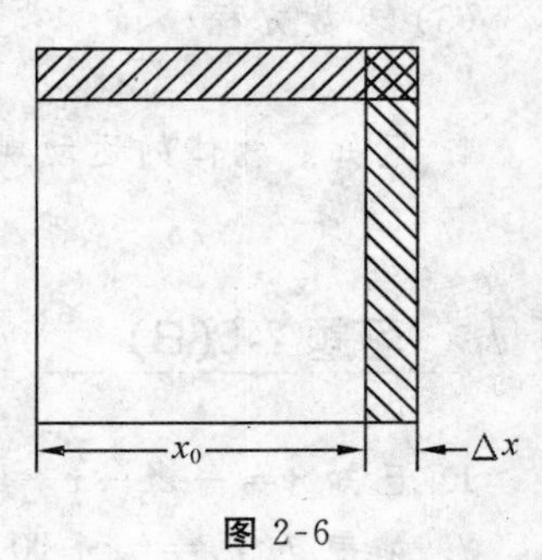

图 2-6

此薄片边长为 x_0 时的面积为 $A=x_0^2$，当边长由 x_0 变化到 $x_0+\Delta x$ 时，面积的改变量为

$$\Delta A=(x_0+\Delta x)^2-x_0^2=2x_0\Delta x+(\Delta x)^2.$$

它由两部分构成：第一部分是 $2x_0\Delta x$，它是 Δx 的线性函数(即是 Δx 的一次方)，在图 2-6 上表示增大的两块长条矩形部分(图中单斜线部分)；第二部分是 $(\Delta x)^2$，在图 2-6 上表示增大

的右上角的小正方形块(图中双斜线部分),当 $\Delta x\to 0$ 时,它是比 Δx 更高阶的无穷小,当 $|\Delta x|$ 很小时可忽略不计.因此,可以只留下 Δx 的主要部分,即 Δx 的线性部分,认为

$$\Delta A\approx 2x_0\Delta x.$$

对于(1)式表示的函数改变量,当 $\Delta x\to 0$ 时也可以忽略比 Δx 更高阶的无穷小,只留下 Δy 的主要部分,即 Δx 的线性部分得到

$$\Delta y\approx nx^{n-1}\Delta x.$$

如果函数改变量的主要部分能表示为 Δx 的线性函数,则为计算函数改变量的近似值提供了极大的方便.因此,对于一般的函数,我们给出下面的定义:

定义　如果函数 $y=f(x)$ 在点 x_0 处的改变量 Δy 可以表示为 Δx 的线性函数 $A\Delta x$(A 是与 Δx 无关,与 x_0 有关的常数)与一个比 Δx 更高阶的无穷小之和 $\Delta y=A\Delta x+o(\Delta x)$,则称函数 $y=f(x)$ 在点 x_0 处**可微**,且称 $A\Delta x$ 为函数 $y=f(x)$ 在点 x_0 处的**微分**,记作 $\mathrm{d}y|_{x=x_0}$,即

$$\mathrm{d}y|_{x=x_0}=A\Delta x.$$

函数的微分 $A\Delta x$ 是 Δx 的线性函数,且与函数的改变量 Δy 相差一个比 Δx 更高阶的无穷小.当 $\Delta x\to 0$ 时,它是 Δy 的主要部分,所以也称微分 $\mathrm{d}y$ 是函数改变量 Δy 的线性主部.当 $|\Delta x|$ 很小时,就可以用微分 $\mathrm{d}y$ 作为改变量 Δy 的近似值:

$$\Delta y\approx \mathrm{d}y.$$

下面我们讨论何时函数 $y=f(x)$ 在点 x_0 处是可微的.

如果函数 $y=f(x)$ 在点 x_0 处可微,按定义有 $\Delta y=A\Delta x+o(\Delta x)$,上式两端同时除以 Δx,取 $\Delta x\to 0$ 时的极限,得

$$\lim_{\Delta x\to 0}\frac{\Delta y}{\Delta x}=\lim_{\Delta x\to 0}\left[A+\frac{o(\Delta x)}{\Delta x}\right]=A.$$

这表明若 $y=f(x)$ 在点 x_0 处可微,则在点 x_0 处必定可导,且 $A=f'(x_0)$.

反之,如果函数 $y=f(x)$ 在点 x_0 处可导,即 $\lim\limits_{\Delta x\to 0}\frac{\Delta y}{\Delta x}=f'(x_0)$ 存在,根据极限与无穷小的关系,上式可写成 $\frac{\Delta y}{\Delta x}=f'(x_0)+\alpha$,其中 α 为 $\Delta x\to 0$ 时的无穷小,从而

$$\Delta y=f'(x_0)\Delta x+\alpha\Delta x.$$

这里 $f'(x_0)$ 是不依赖于 Δx 的常数,$\alpha\Delta x$ 当 $\Delta x\to 0$ 时是比 Δx 更高阶的无穷小.按微分的定义,可见 $y=f(x)$ 在点 x_0 处是可微的,且微分为 $f'(x_0)\Delta x$.

由此可得重要结论:函数 $y=f(x)$ 在点 x_0 处可微的充分必要条件是函数 $y=f(x)$ 在点 x_0 处可导,且

$$\mathrm{d}y|_{x=x_0}=f'(x_0)\Delta x.$$

由于自变量 x 的微分 $\mathrm{d}x=(x)'\Delta x=\Delta x$,所以 $y=f(x)$ 在点 x_0 处的微分常记为

$$\mathrm{d}y|_{x=x_0}=f'(x_0)\mathrm{d}x.$$

对函数 y,通常 $\Delta y\neq \mathrm{d}y$,彼此相差一个比 Δx 更高阶的无穷小,当 $\Delta x\to 0$ 时,Δy 可以用 $\mathrm{d}y$ 来代替.

如果函数 $y=f(x)$ 在某区间内每一点处都可微,则称函数在该区间内是**可微函数**,函数在区间内任一点 x 处的微分为

$$\mathrm{d}y=f'(x)\mathrm{d}x.$$

由上式可得 $f'(x)=\frac{\mathrm{d}y}{\mathrm{d}x}$，这是导数记号$\frac{\mathrm{d}y}{\mathrm{d}x}$的来历，同时也表明导数是函数的微分 $\mathrm{d}y$ 与自变量的微分 $\mathrm{d}x$ 的商，故导数也称为**微商**.

例 1 求函数 $y=x^2$ 在点 $x=1$ 处，对应于自变量的改变量 Δx 分别为 0.1 和 0.01 时的改变量 Δy 及微分 $\mathrm{d}y$.

解 $\Delta y=(x+\Delta x)^2-x^2=2x\Delta x+(\Delta x)^2, \mathrm{d}y=(x^2)'\Delta x=2x\Delta x.$

在点 $x=1$ 处，当 $\Delta x=0.1$ 时，

$\Delta y=2\times1\times0.1+0.1^2=0.21$，

$\mathrm{d}y=2\times1\times0.1=0.2$.

当 $\Delta x=0.01$ 时，

$\Delta y=2\times1\times0.01+0.01^2=0.0201$，

$\mathrm{d}y=2\times1\times0.01=0.02$.

例 2 将单摆的摆长 l 由 100 cm 增长 1 cm，求周期 T 的改变量(精确到小数点后 4 位).

解 摆长 l 的单摆的摆动周期 $T=2\pi\sqrt{\frac{l}{g}}$(g 取 980 cm/s^2 为重力加速度). 当摆长 l 改变 $\Delta l=1$ 时，因为 1 相对于原摆长 100 很小，故 T 的改变量

$$\Delta T\approx \mathrm{d}T\big|_{l=100}=\left(2\pi\sqrt{\frac{l}{g}}\right)'\Bigg|_{l=100}\Delta l=\frac{\pi}{10\sqrt{g}}\times1\approx0.0100(\mathrm{s}).$$

若直接计算 ΔT，结果也是 0.0100，但计算 $\mathrm{d}T$ 比较简便.

例 3 求函数 $y=x\ln x$ 的微分.

解 $y'=(x\ln x)'=1+\ln x, \mathrm{d}y=(x\ln x)'\mathrm{d}x=(1+\ln x)\mathrm{d}x.$

2. 微分的几何意义

为了直观理解函数的微分，下面说明微分的几何意义.

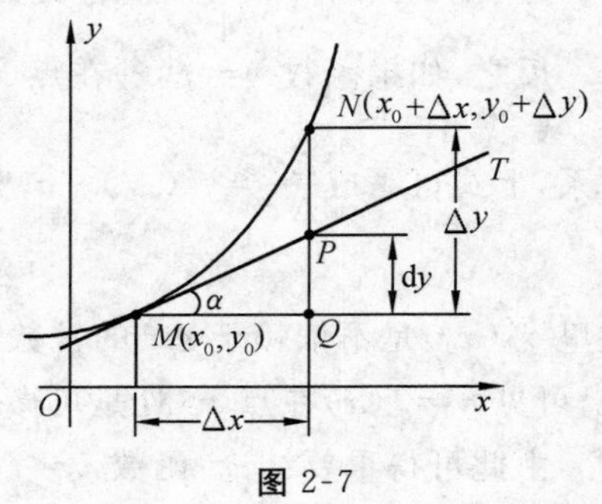

图 2-7

设函数 $y=f(x)$ 的图象如图 2-7 所示，点 $M(x_0, y_0)$，$N(x_0+\Delta x, y_0+\Delta y)$ 在图象上，过 M，N 分别作 x 轴，y 轴的平行线，相交于点 Q，则有向线段 $MQ=\Delta x$，$QN=\Delta y$. 过点 M 再作曲线的切线 MT，交 QN 于点 P，设其倾斜角为 α，则有向线段

$$QP=MQ\tan\alpha=\Delta x f'(x_0)=\mathrm{d}y.$$

因此，函数 $y=f(x)$ 在点 x_0 处的微分 $\mathrm{d}y$，在几何上表示函数图象在点 $M(x_0, y_0)$ 处切线的纵坐标的相应改变量.

由图 2-7 还可以看出：

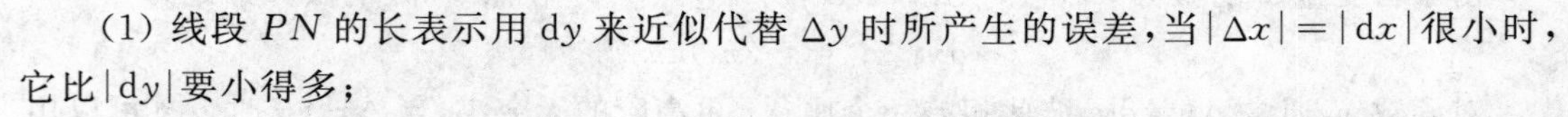

(1) 线段 PN 的长表示用 $\mathrm{d}y$ 来近似代替 Δy 时所产生的误差，当 $|\Delta x|=|\mathrm{d}x|$ 很小时，它比 $|\mathrm{d}y|$ 要小得多；

(2) 近似式 $\Delta y\approx \mathrm{d}y$ 表示当 $\Delta x\to0$ 时，可以以 PQ 近似代替 NQ，即以图象在 M 处的切线来近似代替曲线本身，即在一点的附近可以用“直”代“曲”. 这就是以微分近似代替函数改变量之所以简便的本质所在，这个重要思想以后还要多次用到.

二、微分的基本公式与运算法则

根据微分和导数的关系式 $dy=f'(x)dx$，易知求函数 $y=f(x)$ 在某一点 x_0 处的微分只要求出导数，再乘以自变量的微分 dx 就行了. 因此，微分的计算方法和导数的计算方法在原则上就没有什么差别. 由导数的基本公式和运算法则，就可以直接得到微分的基本公式与运算法则.

1. 微分的基本公式

(1) $d(c)=0$；

(2) $d(x^\alpha)=\alpha x^{\alpha-1}dx$；

(3) $d(a^x)=a^x\ln a\,dx$；

(4) $d(e^x)=e^x dx$；

(5) $d(\log_a x)=\dfrac{1}{x\ln a}dx$；

(6) $d(\ln x)=\dfrac{1}{x}dx$；

(7) $d(\sin x)=\cos x\,dx$；

(8) $d(\cos x)=-\sin x\,dx$；

(9) $d(\tan x)=\sec^2 x\,dx$；

(10) $d(\cot x)=-\csc^2 x\,dx$；

(11) $d(\sec x)=\sec x\tan x\,dx$；

(12) $d(\csc x)=-\csc x\cot x\,dx$；

(13) $d(\arcsin x)=\dfrac{1}{\sqrt{1-x^2}}dx$；

(14) $d(\arccos x)=-\dfrac{1}{\sqrt{1-x^2}}dx$；

(15) $d(\arctan x)=\dfrac{1}{1+x^2}dx$；

(16) $d(\text{arccot}\,x)=-\dfrac{1}{1+x^2}dx$.

2. 微分的四则运算法则

(1) $d(u\pm v)=du\pm dv$；

(2) $d(uv)=vdu+udv$，特别地，$d(cu)=cdu$（c 为常数）；

(3) $d\left(\dfrac{u}{v}\right)=\dfrac{vdu-udv}{v^2}(v\neq 0)$.

3. 复合函数的微分法则

设 $y=f(u)$，$u=\varphi(x)$，则复合函数 $y=f[\varphi(x)]$ 的微分为

$$dy=y'_x dx=f'(u)\varphi'(x)dx=f'(u)du.$$

注意　最后得到的结果与 u 是自变量时的形式是相同的，这说明对于函数 $y=f(u)$，不论 u 是自变量还是中间变量，y 的微分都有 $f'(u)du$ 的形式. 这个性质称为一阶微分形式的不变性. 这个性质为求复合函数的微分提供了方便.

例 4　求 $d[\ln(\sin 2x)]$.

解　$d[\ln(\sin 2x)]=\dfrac{1}{\sin 2x}d(\sin 2x)=\dfrac{1}{\sin 2x}\cdot\cos 2x\cdot d(2x)=2\cot 2x\,dx$.

例 5　已知函数 $f(x)=\sin\left(\dfrac{1-\ln x}{x}\right)$，求 $d[f(x)]$.

解　$$d[f(x)]=d\left[\sin\left(\frac{1-\ln x}{x}\right)\right]=\cos\left(\frac{1-\ln x}{x}\right)d\left(\frac{1-\ln x}{x}\right)$$

$$=\cos\left(\frac{1-\ln x}{x}\right)\frac{d(1-\ln x)\cdot x-(1-\ln x)\cdot dx}{x^2}$$

$$=\cos\left(\frac{1-\ln x}{x}\right)\frac{-\frac{1}{x}\cdot xdx-(1-\ln x)\cdot dx}{x^2}$$

$$=\frac{\ln x-2}{x^2}\cos\left(\frac{1-\ln x}{x}\right)\mathrm{d}x.$$

例 6 证明参数式函数的求导公式.

证明 设函数 $y=y(x)$ 的参数方程形式为 $\begin{cases}x=\varphi(t),\\ y=\psi(t),\end{cases}$ 其中 $\varphi(t),\psi(y)$ 可导,则

$$\mathrm{d}x=\varphi'(t)\mathrm{d}t,\mathrm{d}y=\psi'(t)\mathrm{d}t.$$

导数 $\frac{\mathrm{d}y}{\mathrm{d}x}$ 是 y 和 x 的微分之商,所以当 $\varphi'(t)\neq 0$ 时,

$$\frac{\mathrm{d}y}{\mathrm{d}x}=\frac{\psi'(t)\mathrm{d}t}{\varphi'(t)\mathrm{d}t}=\frac{\psi'(t)}{\varphi'(t)}.$$

例 7 用求微分的方法,求由方程 $4x^2-xy-y^2=0$ 所确定的隐函数 $y=y(x)$ 的微分与导数.

解 对方程两端分别求微分,有

$$8x\mathrm{d}x-(y\mathrm{d}x+x\mathrm{d}y)-2y\mathrm{d}y=0,\text{即}(x+2y)\mathrm{d}y=(8x-y)\mathrm{d}x.$$

当 $x+2y\neq 0$ 时,可得

$$\mathrm{d}y=\frac{8x-y}{x+2y}\mathrm{d}x,$$

即

$$y'=\frac{\mathrm{d}y}{\mathrm{d}x}=\frac{8x-y}{x+2y}.$$

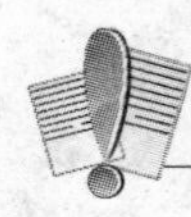

习题 2-6(A)

1. 判断下列说法是否正确:

(1) 函数 $f(x)$ 在点 x_0 处可导与可微是等价的;

(2) 函数 $f(x)$ 在点 x_0 处的导数值与微分值只与 $f(x)$ 和 x_0 有关;

(3) 函数 $f(x)$ 在点 x_0 处可微,则 $\Delta y-\mathrm{d}y$ 是 Δy 的高阶无穷小.

2. 求下列函数的微分:

(1) $y=x^3a^x$; (2) $y=\frac{\sin x}{\ln x}$;

(3) $y=\cos(2-x^2)$; (4) $y=\arctan\sqrt{1-\ln x}$.

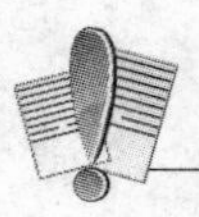

习题 2-6(B)

1. 设函数 $y=x^3$,计算在 $x=2$ 处,Δx 分别等于 $-0.1,0.01$ 时的改变量 Δy 及微分 $\mathrm{d}y$.

2. 求下列函数的微分:

(1) $y=\frac{x}{1-x}$; (2) $y=\ln\left(\sin\frac{x}{2}\right)$;

(3) $y=\arcsin\sqrt{1-x^2}$; (4) $y=\mathrm{e}^{-x}\cos(3-x)$;

(5) $y=\sin^2[\ln(3x+1)]$; (6) $y=(1+x)^{\sec x}$.

3. 用微分求由方程 $x+y=\arctan(x-y)$ 所确定的函数 $y=f(x)$ 的微分和导数.

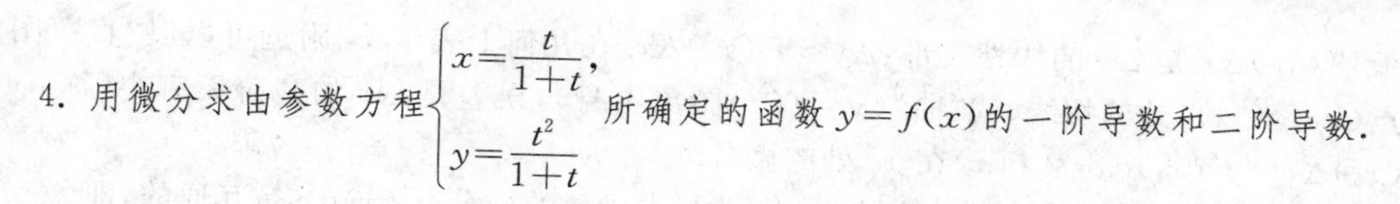

4. 用微分求由参数方程$\begin{cases} x=\dfrac{t}{1+t}, \\ y=\dfrac{t^2}{1+t} \end{cases}$所确定的函数 $y=f(x)$的一阶导数和二阶导数.

本章内容小结

数学中研究变量时，既要了解彼此的对应规律——函数关系，各量的变化趋势——极限，还要对各量在变化过程某一时刻的相互动态关系——各量变化快慢及一个量相对于另一个量的变化率等，作准确的数量分析，作为本章主要内容的导数和微分，就是用来刻画这种相互动态关系的.

在这一章中，我们学习了导数和微分的概念，求导数和微分的方法和运算法则.

1. 导数的概念和运算.

导数的概念极为重要，应准确理解. 领会导数的基本思想，掌握它的基本分析方法是会应用导数的前提. 要动态地考察函数 $y=f(x)$在某点 x_0 附近变量间的关系. 由于存在变化"均匀与不均匀"或图形"曲与直"等不同变化性态，如果孤立地考察一点 x_0，除了能求得函数值 $f(x_0)$外，是难以反映这些变化性态的，所以要在小范围区间$[x_0,x_0+\Delta x]$内研究函数的变化情况. 再结合极限，就得出点变化率的概念. 有了点变化率的概念，在小范围内就可以以"均匀"代"不均匀"、以"直"代"曲"，使得函数 $y=f(x)$在某点 x_0 附近变量间关系的动态研究得到简化，运用这一基本思想和分析方法，可以解决实际中的大量问题.

本章内容的重点是导数、微分的概念，但大量的工作则是求导运算，目的在于加深对导数的理解，并提高运算能力. 求导运算的对象分为两类：一类是初等函数，另一类是非初等函数. 由于初等函数是由基本初等函数和常数经过有限次四则运算与复合运算得到的，所以求出初等函数的导数必须熟记导数基本公式及求导法则，特别是复合函数的求导法则. 在本章中遇到的非初等函数，包括由方程确定的隐函数和用参数方程形式表示的函数. 对这两类函数的求导，前者总是先在方程两边同时对自变量求导，然后解出所求的导数，后者则有现成公式可用.

2. 导数的几何意义与物理含义.

(1) 导数的几何意义.

函数 $y=f(x)$在点 x_0 处的导数 $f'(x_0)$，在几何上表示函数的图象在点$(x_0,f(x_0))$处的切线的斜率.

(2) 导数的物理含义.

在物理领域中，大量运用导数来表示一个物理量相对于另一个物理量的变化率，而且这种变化率本身常常是一个物理概念. 由于具体物理量含义不同，导数的含义也不同，所得的物理概念也就各异. 常见的是速度——位移关于时间的变化率，加速度——速度关于时间的变化率，密度——质量关于容量的变化率，功率——功关于时间的变化率，电流——电荷量关于时间的变化率.

3. 微分的概念与运算.

函数 $y=f(x)$在点 x_0 处可微，表示 $f(x)$在点 x_0 附近的一种变化性态：随着自变量 x 的改变量 Δx 的变化，始终成立 $\Delta y=f(x_0+\Delta x)-f(x_0)=f'(x_0)\Delta x+o(\Delta x)$. 这在数值上

表示 $f'(x_0)\Delta x$ 是 Δy 的线性主部：$\Delta y \approx f'(x_0)\Delta x$. 在几何上表示 x_0 附近可以以“直”(图象在点$(x_0, f(x_0))$处的切线)代“曲”($y=f(x)$图象本身)，误差是 Δx 的高阶无穷小，称 $dy=f'(x_0)\Delta x=f'(x_0)dx$ 为 $f(x)$ 在 x_0 处的微分.

在运算上，求函数 $y=f(x)$的导数 $f'(x)$与求函数的微分 $f'(x)dx$ 是互通的，即

$$y'=\frac{dy}{dx}=f'(x)\Leftrightarrow dy=f'(x)dx.$$

因此，可以先求导数然后乘以 dx 计算微分，也可以利用微分公式与微分法则进行计算.

4. 可导、可微与连续的关系.

函数 $y=f(x)$在点 x_0 处可导$\Rightarrow$函数 $y=f(x)$在点 x_0 处连续；

函数 $y=f(x)$在点 x_0 处可微$\Rightarrow$函数 $y=f(x)$在点 x_0 处连续；

函数 $y=f(x)$在点 x_0 处可导$\Leftrightarrow$函数 $y=f(x)$在点 x_0 处可微；

而函数 $y=f(x)$在点 x_0 处连续不能得出它在点 x_0 处可导或可微.

自测题二

一、选择题

1. 设函数 $f(x)$在点 x_0 处可导，则 $f'(x_0)=$ (　　)

A. $\lim\limits_{\Delta x\to 0}\frac{f(x_0-\Delta x)-f(x_0)}{\Delta x}$　　B. $\lim\limits_{\Delta x\to 0}\frac{f(x_0-\Delta x)-f(x_0)}{2\Delta x}$

C. $\lim\limits_{\Delta x\to 0}\frac{f(x_0)-f(x_0-\Delta x)}{\Delta x}$　　D. $\lim\limits_{\Delta x\to 0}\frac{f(x_0+\Delta x)-f(x_0-\Delta x)}{\Delta x}$

2. 函数 $f(x)$在点 x_0 处连续是函数在该点可导的 (　　)

A. 充分条件　　B. 必要条件

C. 充要条件　　D. 非充分条件也非必要条件

3. 设 $f(u)$可导，$y=f(\ln^2 x)$，则 $y'=$ (　　)

A. $f'(\ln^2 x)$　　B. $2\ln x f'(\ln^2 x)$

C. $\frac{2\ln x}{x}f'(\ln^2 x)$　　D. $\frac{2\ln x}{x}[f(\ln x)]'$

4. 设函数 $f(x)$在点 x_0 处的导数不存在，则曲线 $y=f(x)$ (　　)

A. 在点$(x_0, f(x_0))$处的切线必不存在　　B. 在点$(x_0, f(x_0))$处的切线可能存在

C. 在点 x_0 处间断　　D. $\lim\limits_{x\to x_0}f(x)$不存在

5. 设 $f(x)$在点 x_0 处可导，且 $f(x_0)=1$，则$\lim\limits_{x\to x_0}f(x)=$ (　　)

A. 1　　B. x_0　　C. $f'(x_0)$　　D. 不存在

6. 设 $y=e^{f(x)}$，其中 $f(x)$为可导函数，则 $y''=$ (　　)

A. $e^{f(x)}$　　B. $e^{f(x)}f''(x)$

C. $e^{f(x)}[f'(x)+f''(x)]$　　D. $e^{f(x)}[(f'(x))^2+f''(x)]$

7. 设 $y=\frac{\varphi(x)}{x}$，$\varphi(x)$可导，则 $dy=$ (　　)

A. $\frac{x d[\varphi(x)]-\varphi(x)dx}{x^2}$　　B. $\frac{\varphi'(x)-\varphi(x)}{x^2}dx$

C. $-\frac{d[\varphi(x)]}{x^2}$　　D. $\frac{xd[\varphi(x)]-d[\varphi(x)]}{x^2}$

8. 直线 l 与 x 轴平行，且与曲线 $y=x-e^x$ 相切，则切点坐标为　（　）

A. $(1,1)$　　B. $(-1,1)$　　C. $(0,-1)$　　D. $(0,1)$

二、填空题

1. 过曲线 $y=\frac{4+x}{4-x}$上一点$(2,3)$处的法线的斜率为________.

2. 已知函数 $y=\ln\sin^2 x$，则 $y'=$________，$y'|_{x=\frac{\pi}{6}}=$________.

3. 设 $f(x)=x(x-1)(x-2)(x-3)(x-4)$，则 $f'(0)=$________.

4. 设 $y=y(x)$是由方程 $xy+\ln y=0$ 确定的函数，则 $dy=$________.

5. 若 $f'(x_0)=0$，则曲线 $y=f(x)$在点 x_0 处的切线方程为________，法线方程为________.

6. 已知函数 $y=xe^x$，则 $y''=$________.

7. 某物体沿直线运动，其运动规律为 $s=f(t)$，则在时间间隔$[t,t+\Delta t]$内，物体经过的路程 $\Delta s=$________，平均速度为 $\bar{v}=$________，在时刻 t 的速度 $v=$________.

三、综合题

1. 设 $f(x)=\begin{cases}x^2, & x\leqslant 1,\\ ax+b, & x>1,\end{cases}$要使函数 $f(x)$在 $x=1$ 处连续且可导，则 a,b 各等于多少？

2. 求下列函数的导数 y'：

(1) $y=\ln\cos x^2$；　　(2) $y=\ln[\ln(\ln x)]$；

(3) $y=\arccos\frac{1-x}{\sqrt{2}}$；　　(4) $y=\frac{\sqrt{x^2+a^2}-\sqrt{x^2-a^2}}{\sqrt{x^2+a^2}+\sqrt{x^2-a^2}}$；

(5) $y=e^{\tan\frac{1}{x}}$；　　(6) $y=(\tan x)^{\sin x}$；

(7) $y=\sqrt[3]{\frac{x-5}{\sqrt[3]{x^2+2}}}$；　　(8) $\sqrt{x}+\sqrt{y}=\sqrt{a}$；

(9) $\begin{cases}x=\sqrt[3]{1-\sqrt{t}},\\ y=\sqrt{1-\sqrt[3]{t}};\end{cases}$　　(10) $y=e^{\sin x}\cos(\sin x)$.

3. 求下列各函数的二阶导数 y''：

(1) $y=x\sqrt{1+x^2}$；　　(2) $y=(1+x^2)\arctan x$；

(3) $\begin{cases}x=2t-t^2,\\ y=3t-t^2;\end{cases}$　　(4) $x^2-xy+y^2=1$.

4. 求下列各函数的微分 dy：

(1) $y=\frac{x}{\sqrt{1-x^2}}$；　　(2) $y=\arcsin\frac{x}{a}$；

(3) $y=\frac{\arctan 2x}{1+x^2}$；　　(4) $y=\frac{x\ln x}{1-x}+\ln(1-x)$.

5. 一物体的运动方程是 $s=e^{-kt}\sin\omega t$（k,ω 为常数），求物体的速度和加速度.

第 3 章

导数的应用

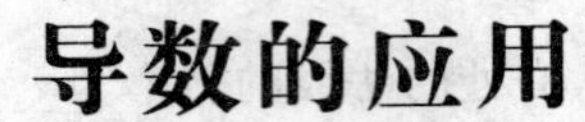

上一章里，我们从实际问题中因变量对自变量的变化率出发，引进了导数的概念，并讨论了导数的计算方法. 本章中，我们将应用导数来计算未定式的极限（罗必塔法则）、研究函数及曲线的某些性态（单调性、极值、凹凸性和拐点等），并利用这些知识解决有关最大、最小值等实际问题. 为此，首先介绍微分中值定理，它既是微分学的理论基础，也是导数应用的理论基础.

§3-1 微分中值定理

本节将介绍微分中的两个重要定理：罗尔定理、拉格朗日中值定理. 这样就可以不求极限而直接将函数和它的导数之间建立起联系.

一、罗尔定理

定理 1（罗尔定理） 设函数 $f(x)$ 满足下列三个条件：

(1) 在闭区间 $[a,b]$ 上连续，

(2) 在开区间 (a,b) 内可导，

(3) $f(a)=f(b)$，

则在开区间 (a,b) 内至少存在一点 ξ，使得

$$f'(\xi)=0.$$

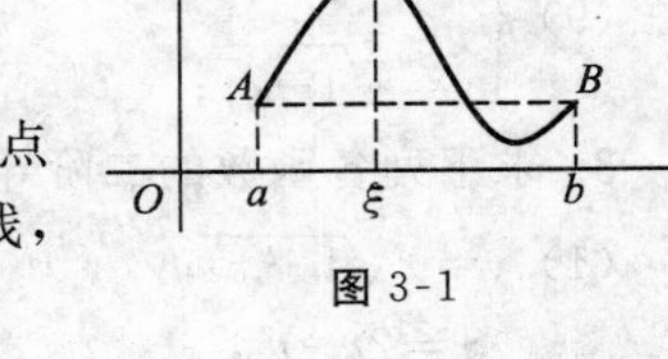

图 3-1

罗尔定理在几何直观上是很明显的：在高度相同的两个点间的一段连续曲线上，除端点外各点都有不垂直于 x 轴的切线，那么至少有一点处的切线是水平的（如图 3-1 中的点 P）.

注意 罗尔定理要求函数同时满足三个条件，否则结论不一定成立.

例 1 验证函数 $f(x)=x^2+x-6$ 在区间 $[-2,1]$ 上罗尔定理成立，并求出 ξ.

解 $f(x)=x^2+x-6$ 在区间 $[-2,1]$ 上连续，$f'(x)=2x+1$ 在 $(-2,1)$ 内存在，$f(-2)=f(1)=-4$，所以 $f(x)$ 满足罗尔定理的三个条件.

令 $f'(x)=2x+1=0$，得 $x=-\dfrac{1}{2}$. 所以存在 $\xi=-\dfrac{1}{2}$，$\xi\in(-2,1)$ 使得 $f'(\xi)=0$.

由罗尔定理可知，如果函数 $y=f(x)$ 满足定理的三个条件，则方程 $f'(x)=0$ 在区间 (a,b)

内至少有一个实根.这个结论常被用来证明某些方程的根的存在性,如下例.

例2　如果方程 $ax^3+bx^2+cx=0$ 有正根 x_0,证明方程 $3ax^2+2bx+c=0$ 必定在 $(0,x_0)$ 内有根.

证明　设 $f(x)=ax^3+bx^2+cx$,则 $f(x)$ 在 $[0,x_0]$ 上连续,$f'(x)=3ax^2+2bx+c$ 在 $(0,x_0)$ 内存在,且 $f(0)=f(x_0)=0$,所以 $f(x)$ 在 $[0,x_0]$ 上满足罗尔定理的条件.

由罗尔定理的结论知,在 $(0,x_0)$ 内至少存在一点 ξ,使 $f'(\xi)=3a\xi^2+2b\xi+c=0$,即 ξ 为方程 $3ax^2+2bx+c=0$ 的根.

二、拉格朗日中值定理

定理2(拉格朗日中值定理)　设函数 $f(x)$ 满足下列条件:

(1) 在闭区间 $[a,b]$ 上连续,

(2) 在开区间 (a,b) 内可导,

则在开区间 (a,b) 内至少存在一点 ξ,使得

$$f'(\xi)=\frac{f(b)-f(a)}{b-a}.$$

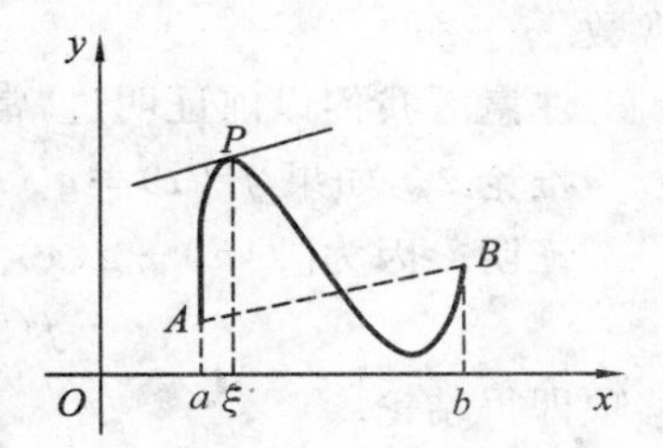

图 3-2

这个定理在几何直观上也很明显,等式 $f'(\xi)=\frac{f(b)-f(a)}{b-a}$ 的右端是连结端点 $A(a,f(a))$,$B(b,f(b))$ 的线段所在直线的斜率,由图3-2容易看出,如果函数 $f(x)$ 在 $[a,b]$ 上连续,除端点外如果各点都有不垂直于 x 轴的切线,那么在 (a,b) 内至少有一点 $P(\xi,f(\xi))$ 处的切线与直线 AB 平行.

与罗尔定理比较可以发现:拉格朗日中值定理是罗尔定理把端点连线由水平向斜线的推广.或者说,罗尔定理是拉格朗日中值定理当端点连线为水平时的特例.

注意　拉格朗日中值定理要求函数同时满足两个条件,否则结论不一定成立.

例3　验证 $f(x)=x^2$ 在区间 $[1,2]$ 上拉格朗日中值定理成立,并求 ξ.

解　显然 $f(x)=x^2$ 在区间 $[1,2]$ 上连续,$f'(x)=2x$ 在 $(1,2)$ 内存在,所以拉格朗日中值定理成立.令 $\frac{f(2)-f(1)}{2-1}=f'(x)$,即 $2x=3$,得 $x=\frac{3}{2}$.所以 $\xi=\frac{3}{2}$.

例4　设 $a>b>0$,证明:不等式 $\frac{a-b}{a}<\ln\frac{a}{b}<\frac{a-b}{b}$ 成立.

证明　改写欲求证的不等式为 $\frac{1}{a}<\frac{\ln a-\ln b}{a-b}<\frac{1}{b}$.　(1)

构造函数 $f(x)=\ln x$,因为 $f(x)=\ln x$ 在 $[b,a]$ 上连续,$f'(x)=\frac{1}{x}$ 在 (b,a) 内存在,由拉格朗日中值定理得,至少存在一点 $\xi\in(b,a)$,使得 $\frac{\ln a-\ln b}{a-b}=f'(\xi)$,即 $\frac{\ln a-\ln b}{a-b}=\frac{1}{\xi}$,显然 $b<\xi<a$,则 $\frac{1}{a}<\frac{1}{\xi}<\frac{1}{b}$,所以(1)式成立.原不等式得证.

拉格朗日中值定理可以改写成另外的形式,如:

$f(b)-f(a)=f'(\xi)(b-a)$ 或 $f(b)=f(a)+f'(\xi)(b-a)$(ξ 介于 a,b 之间);

$f(x)=f(x_0)+f'(\xi)(x-x_0)$($\xi$ 介于 x_0,x 之间);

$f(x+\Delta x)-f(x)=f'(\xi)\Delta x$ 或 $\Delta y=f'(\xi)\Delta x$（ξ 介于 $x,x+\Delta x$ 之间）.

从拉格朗日中值定理可以推出一些很有用的结论.

推论 1 如果 $f'(x)\equiv 0, x\in(a,b)$，则 $f(x)\equiv C(x\in(a,b), C\in\mathbf{R})$，即在 (a,b) 内 $f(x)$ 是常数函数.

证明 任取 $x_1,x_2\in(a,b)$，不妨设 $x_1<x_2$. 因为 $[x_1,x_2]\subset(a,b)$，显然 $f(x)$ 在 $[x_1,x_2]$ 上连续，在 (x_1,x_2) 内可导. 于是由拉格朗日中值定理有

$$f(x_2)-f(x_1)=f'(\xi)(x_2-x_1), x_1<\xi<x_2.$$

又因为对 (a,b) 内的一切 x 都有 $f'(x)=0$，而 $\xi\in(x_1,x_2)\subset(a,b)$，所以 $f'(\xi)=0$，于是得 $f(x_2)-f(x_1)=0$，即 $f(x_2)=f(x_1)$.

既然对于 (a,b) 内的任意 x_1,x_2 都有 $f(x_2)=f(x_1)$，那么说明 $f(x)$ 在 (a,b) 内是一个常数.

注意 我们以前证明过"常数的导数等于零"，推论 1 说明它的逆命题也是真命题.

推论 2 如果 $f'(x)\equiv g'(x), x\in(a,b)$，则 $f(x)=g(x)+C(x\in(a,b), C\in\mathbf{R})$.

证明 因为 $[f(x)-g(x)]'=f'(x)-g'(x)\equiv 0, x\in(a,b)$，据推论 1，得

$$f(x)-g(x)=C(x\in(a,b), C\in\mathbf{R}),$$

移项即得结论.

前面我们知道"两个函数相等，则它们的导数也相等". 现在又知道"如果两个函数的导数相等，那么它们至多只相差一个常数".

在例 1、例 3 中，都要求求出拉格朗日中值定理及其特例——罗尔定理中的那个 ξ，读者不要误以为 ξ 总是可以求得的. 事实上，在绝大部分情况下，可以验证 ξ 的存在性却很难求得其值，但就是这个存在性，确立了中值定理在微分学中的重要地位. 本来函数 $y=f(x)$ 与导数 $f'(x)$ 之间的关系是通过极限建立的，因此导数 $f'(x_0)$ 只能近似反映 $f(x)$ 在 x_0 附近的性态，如 $f(x)\approx f(x_0)+f'(x_0)(x-x_0)$. 中值定理却通过中间值处的导数，证明了函数 $f(x)$ 与导数 $f'(x)$ 之间可以直接建立精确等式关系，即只要 $f(x)$ 在 x,x_0 之间连续、可导，且在点 x,x_0 也连续，那么一定存在中间值 ξ，使 $f(x)=f(x_0)+f'(\xi)(x-x_0)$. 这样就为由导数的性质来推断函数的性质，由函数的局部性质来研究函数的整体性质架起了桥梁.

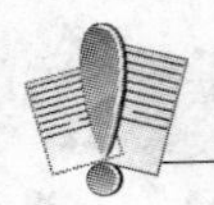

习题 3-1(A)

1. 判断下列结论是否正确：

(1) 设函数 $f(x)$ 在 $[a,b]$ 上有定义，在 (a,b) 内可导，$f(a)=f(b)$，则至少存在一点 $\xi\in(a,b)$，使 $f'(\xi)=0$；

(2) 若函数 $f(x)$ 在 $[a,b]$ 上连续，在 (a,b) 内可导，但 $f(a)\neq f(b)$，则在 (a,b) 内不存在 ξ，使 $f'(\xi)=0$.

2. 验证函数 $f(x)=x^2-5x+2$ 在区间 $[0,5]$ 上罗尔定理的正确性，并求出 ξ 的值.

3. 验证函数 $f(x)=\sqrt{x}$ 在区间 $[1,4]$ 上拉格朗日中值定理的正确性，并求出 ξ 的值.

习题 3-1(B)

1. 验证罗尔定理对函数 $y=\ln\sin x$ 在区间 $\left[\frac{\pi}{6},\frac{5\pi}{6}\right]$ 上的正确性，并求出 ξ 的值.

2. 验证拉格朗日中值定理对函数 $y=4x^3+x-2$ 在区间 $[0,1]$ 上的正确性，并求出 ξ 的值.

3. 不用求出函数 $f(x)=(x-1)(x-2)(x-3)(x-4)$ 的导数说明方程 $f'(x)=0$ 有几个实根，并指出它们所在的区间.

4. 利用格朗日中值定理证明下列不等式：

(1) 设 $a>b>0, n>1$，证明：$nb^{n-1}(a-b)<a^n-b^n<na^{n-1}(a-b)$；

(2) 设 $x>0$，证明：$\frac{x}{1+x}<\ln(1+x)<x$；

(3) $|\sin x-\sin y|\leqslant|x-y|$.

§3-2　罗必塔法则

在极限的讨论中已经看到：若当 $x\to x_0$ 时，两个函数 $f(x)$，$g(x)$ 都是无穷小或无穷大，则求极限 $\lim\limits_{x\to x_0}\frac{f(x)}{g(x)}$ 时不能直接用商的极限运算法则，其结果可能存在，也可能不存在，即使存在，其值也因式而异. 因此，常把两个无穷小之比或无穷大之比的极限，称为 $\frac{0}{0}$ 型或 $\frac{\infty}{\infty}$ 型未定式(也称为 $\frac{0}{0}$ 型或 $\frac{\infty}{\infty}$ 型未定型)极限. 对这类极限，一般可以用下面介绍的罗必塔法则，它的特点是在求极限时以导数为工具.

一、$\frac{0}{0}$ 型未定式

定理 1(罗必塔法则 1)　设函数 $f(x)$ 和 $g(x)$ 满足：

(1) $\lim\limits_{x\to x_0}f(x)=0$，$\lim\limits_{x\to x_0}g(x)=0$；

(2) 函数 $f(x)$ 和 $g(x)$ 在点 x_0 的某邻域内(点 x_0 可除外)可导，且 $g'(x)\neq 0$；

(3) $\lim\limits_{x\to x_0}\frac{f'(x)}{g'(x)}=A$($A$ 可以是有限数，也可为 ∞，$\pm\infty$).

则

$$\lim_{x\to x_0}\frac{f(x)}{g(x)}=\lim_{x\to x_0}\frac{f'(x)}{g'(x)}=A.$$

在具体使用罗必塔法则时，一般应先验证定理的条件(1)，如果是 $\frac{0}{0}$ 型未定式，则可以形式地做下去，只要最终能得到结果就达到求极限的目的了.

例 1　求 $\lim\limits_{x\to 0}\frac{\sin ax}{\sin bx}(b\neq 0)$.

解 $\lim\limits_{x\to 0}\dfrac{\sin ax}{\sin bx}=\lim\limits_{x\to 0}\dfrac{a\cos ax}{b\cos bx}=\dfrac{a}{b}$.

例 2 求$\lim\limits_{x\to 1}\dfrac{x^3-3x+2}{x^3-x^2-x+1}$.

解 $\lim\limits_{x\to 1}\dfrac{x^3-3x+2}{x^3-x^2-x+1}=\lim\limits_{x\to 1}\dfrac{3x^2-3}{3x^2-2x-1}=\lim\limits_{x\to 1}\dfrac{6x}{6x-2}=\dfrac{3}{2}$.

注意,如果应用罗必塔法则后的极限仍然是$\dfrac{0}{0}$型未定式,那么只要相关导数存在,就可以继续使用罗必塔法则,直至能求出极限;其次,上式中的$\lim\limits_{x\to 1}\dfrac{6x}{6x-2}$已不是未定式,不能对它使用罗必塔法则,否则要导致错误结果.

例 3 求$\lim\limits_{x\to 0}\dfrac{x-\sin x}{x^3}$.

解 $\lim\limits_{x\to 0}\dfrac{x-\sin x}{x^3}=\lim\limits_{x\to 0}\dfrac{1-\cos x}{3x^2}=\lim\limits_{x\to 0}\dfrac{\sin x}{6x}=\dfrac{1}{6}$.

二、$\dfrac{\infty}{\infty}$型未定式

定理 2(罗必塔法则 2) 设函数 $f(x)$和 $g(x)$满足:

(1) $\lim\limits_{x\to x_0}f(x)=\infty,\lim\limits_{x\to x_0}g(x)=\infty$;

(2) 函数 $f(x)$和 $g(x)$在点 x_0 的某邻域内(点 x_0 可除外)可导,且 $g'(x)\neq 0$;

(3) $\lim\limits_{x\to x_0}\dfrac{f'(x)}{g'(x)}=A$($A$ 可以是有限数,也可为∞,$\pm\infty$).

则
$$\lim_{x\to x_0}\frac{f(x)}{g(x)}=\lim_{x\to x_0}\frac{f'(x)}{g'(x)}=A.$$

例 4 求$\lim\limits_{x\to\frac{\pi}{2}}\dfrac{\tan 3x}{\tan x}$.

解
$$\lim_{x\to\frac{\pi}{2}}\frac{\tan 3x}{\tan x}=\lim_{x\to\frac{\pi}{2}}\frac{3\sec^2 3x}{\sec^2 x}=\lim_{x\to\frac{\pi}{2}}\frac{3\cos^2 x}{\cos^2 3x}=\lim_{x\to\frac{\pi}{2}}\frac{6\cos x(-\sin x)}{2\cos 3x(-3\sin 3x)}$$
$$=\lim_{x\to\frac{\pi}{2}}\frac{\sin 2x}{\sin 6x}=\lim_{x\to\frac{\pi}{2}}\frac{2\cos 2x}{6\cos 6x}=\frac{1}{3}.$$

例 5 求 $\lim\limits_{x\to+\infty}\dfrac{\ln x}{x^n}$ $(n>0)$.

解 $\lim\limits_{x\to+\infty}\dfrac{\ln x}{x^n}=\lim\limits_{x\to+\infty}\dfrac{\frac{1}{x}}{nx^{n-1}}=\lim\limits_{x\to+\infty}\dfrac{1}{nx^n}=0$.

例 6 求 $\lim\limits_{x\to+\infty}\dfrac{x^n}{e^{\lambda x}}$ (n 为正整数,$\lambda>0$).

解 相继应用罗必塔法则 n 次,得
$$\lim_{x\to+\infty}\frac{x^n}{e^{\lambda x}}=\lim_{x\to+\infty}\frac{nx^{n-1}}{\lambda e^{\lambda x}}=\lim_{x\to+\infty}\frac{n(n-1)x^{n-2}}{\lambda^2 e^{\lambda x}}=\cdots=\lim_{x\to+\infty}\frac{n!}{\lambda^n e^{\lambda x}}=0.$$

三、其他类型的未定式

在对函数 $f(x)$和 $g(x)$求 $x\to x_0$,$x\to\infty$,$x\to\pm\infty$时的极限时,除$\dfrac{0}{0}$型与$\dfrac{\infty}{\infty}$型未定式之

外，还有下列一些其他类型的未定式：

(1) $0\cdot\infty$ 型：$f(x)$ 与 $g(x)$ 中的一个函数极限为 0，另一个函数的极限为 ∞，求 $f(x)\cdot g(x)$ 的极限；

(2) $\infty-\infty$ 型：$f(x)$ 与 $g(x)$ 的极限都为 ∞，求 $f(x)-g(x)$ 的极限；

(3) 1^{∞} 型：$f(x)$ 的极限为 1，$g(x)$ 的极限为 ∞，求 $f(x)^{g(x)}$ 的极限；

(4) 0^0 型：$f(x)$ 与 $g(x)$ 的极限都为 0，求 $f(x)^{g(x)}$ 的极限；

(5) ∞^0 型：$f(x)$ 的极限为 ∞，$g(x)$ 的极限为 0，求 $f(x)^{g(x)}$ 的极限.

这些类型的未定式，可按下述方法处理：对(1)、(2)两种类型，可利用适当变换将它们化为 $\frac{0}{0}$ 型或 $\frac{\infty}{\infty}$ 型未定式，再用罗必塔法则求极限；对(3)、(4)、(5)三种类型未定式，直接用 $\lim f(x)^{g(x)}=\lim e^{g(x)\ln f(x)}=e^{\lim g(x)\ln f(x)}$ 化为 $0\cdot\infty$ 型.

例 7　求 $\lim\limits_{x\to 0}x\cot 3x$.

解　这是 $0\cdot\infty$ 型未定式，把 $\cot 3x$ 写成 $\frac{1}{\tan 3x}$，可将其化为 $\frac{0}{0}$ 型未定式.

$$\lim_{x\to 0}x\cot 3x=\lim_{x\to 0}\frac{x}{\tan 3x}=\lim_{x\to 0}\frac{1}{3\sec^2 3x}=\lim_{x\to 0}\frac{\cos^2 3x}{3}=\frac{1}{3}.$$

例 8　求 $\lim\limits_{x\to 1^+}\left(\frac{x}{x-1}-\frac{1}{\ln x}\right)$.

解　这是 $\infty-\infty$ 型未定式，通过通分将其化为 $\frac{0}{0}$ 型未定式.

$$\lim_{x\to 1^+}\left(\frac{x}{x-1}-\frac{1}{\ln x}\right)=\lim_{x\to 1^+}\frac{x\ln x-x+1}{(x-1)\ln x}=\lim_{x\to 1^+}\frac{\ln x}{\ln x+1-\frac{1}{x}}=\lim_{x\to 1^+}\frac{\frac{1}{x}}{\frac{1}{x}+\frac{1}{x^2}}=\frac{1}{2}.$$

例 9　求 $\lim\limits_{x\to 0^+}x^{\sin x}$.

解　这是 0^0 型未定式，利用恒等关系将其转化为 $0\cdot\infty$ 型，再将其转化为 $\infty-\infty$ 型.

$$\lim_{x\to 0^+}x^{\sin x}=\lim_{x\to 0^+}e^{\sin x\ln x}=e^{\lim\limits_{x\to 0^+}\frac{\ln x}{\csc x}}=e^{\lim\limits_{x\to 0^+}\frac{\frac{1}{x}}{-\csc x\cot x}}=e^{\lim\limits_{x\to 0^+}\frac{\sin^2 x}{-x\cos x}}=e^{\lim\limits_{x\to 0^+}\frac{x^2}{-x\cos x}}=1.$$

注意　罗必塔法则与其他求极限法(如无穷小的等价代换等)的混合使用，往往能简化运算.

例 10　验证极限 $\lim\limits_{x\to 0}\frac{x+\sin x}{x}$ 存在，但不能用罗必塔法则求出.

解　$\lim\limits_{x\to\infty}\frac{x+\sin x}{x}=\lim\limits_{x\to\infty}\left(1+\frac{\sin x}{x}\right)=1+\lim\limits_{x\to\infty}\frac{\sin x}{x}=1.$

原极限是 $\frac{\infty}{\infty}$ 型未定式，由　·

$$\lim_{x\to\infty}\frac{(x+\sin x)'}{(x)'}=\lim_{x\to\infty}\frac{1+\cos x}{1}=\lim_{x\to\infty}(1+\cos x),$$

最后的极限不存在，所以所给的极限无法用罗必塔法则求出.

在使用罗必塔法则时，应注意以下几点：

(1) 每次使用罗必塔法则时，必须检验极限是否属于 $\frac{0}{0}$ 型或 $\frac{\infty}{\infty}$ 型未定式，如果不是这种未定式就不能使用该法则；

(2) 如果有可约因子或有非零极限的乘积因子，则可先约去或直接提出，然后再利用罗必塔法则，以简化演算步骤；

(3) 罗必塔法则与其他求极限法(如无穷小的等价代换等)的混合使用，往往能简化运算；

(4) 当 $\lim \frac{f'(x)}{g'(x)}$ 不存在时，并不能断定 $\lim \frac{f(x)}{g(x)}$ 不存在，此时应考虑使用其他方法求极限.

实际上，有些题用罗必塔法则反而繁琐，而使用其他方法则显得简单明了(如计算 $\lim\limits_{x\to 0}\frac{\tan x-\sin x}{x^3}$)，读者可自行验证. 有些题用罗必塔法则求不出极限. 但是罗必塔法则仍然是求 $\frac{0}{0}$ 型或 $\frac{\infty}{\infty}$ 型未定式极限的一种主要的方法.

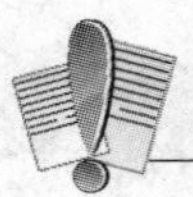

习题 3-2(A)

1. 用罗必塔法则求下列极限：

(1) $\lim\limits_{x\to 0}\frac{\ln(1+x)}{x}$； (2) $\lim\limits_{x\to 0^+}\frac{\ln\sin 3x}{\ln\sin x}$；

(3) $\lim\limits_{x\to +\infty}\frac{\ln(\ln 3x)}{x}$； (4) $\lim\limits_{x\to 0}\tan x\cot 2x$；

(5) $\lim\limits_{x\to \infty}\left(1+\frac{a}{x}\right)^x$； (6) $\lim\limits_{x\to 0^+}\left(\frac{1}{x}\right)^{\tan x}$.

2. 验证极限 $\lim\limits_{x\to 0}\frac{x^2\sin\frac{1}{x}}{\sin x}$ 存在，但不能用罗必塔法则求出.

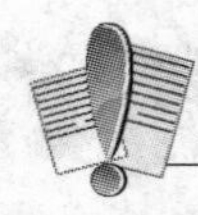

习题 3-2(B)

1. 用罗必塔法则求下列极限：

(1) $\lim\limits_{x\to 0}\frac{e^x-e^{-x}}{\sin x}$； (2) $\lim\limits_{x\to a}\frac{\ln x-\ln a}{x-a}(a>0)$；

(3) $\lim\limits_{x\to \pi}\frac{\sin 3x}{\sin 7x}$； (4) $\lim\limits_{x\to 0}\frac{1}{x}\arcsin 3x$；

(5) $\lim\limits_{x\to 0^+}\frac{\ln\tan 7x}{\ln\tan 2x}$； (6) $\lim\limits_{x\to \frac{\pi}{2}}\frac{\tan x}{\tan 5x}$；

(7) $\lim\limits_{x\to +\infty}\frac{\ln\left(1+\frac{1}{x}\right)}{\operatorname{arccot} x}$； (8) $\lim\limits_{x\to 0}\frac{\sec x-\cos x}{\ln(1+x^2)}$；

(9) $\lim\limits_{x\to 1^-}\ln x\ln(1-x)$； (10) $\lim\limits_{x\to 0}x^2 e^{\frac{1}{x^2}}$；

(11) $\lim\limits_{x\to 2^+}\dfrac{\ln(x-2)}{\ln(e^x-e^2)}$；　　(12) $\lim\limits_{x\to 0}\left(\cot x-\dfrac{1}{x}\right)$；

(13) $\lim\limits_{x\to 0^+}(\sin x)^{\tan x}$；　　(14) $\lim\limits_{x\to 0^+}x^{\ln(1+x)}$.

§ 3-3　函数的单调性、极值与最值

本节我们将以导数为工具，研究函数的单调性及相关的极值、最值问题，学习如何确定函数的增减区间，如何判定极值和最值.

一、函数的单调性

定理 1　设函数 $f(x)$在闭区间$[a,b]$上连续，在开区间(a,b)内可导.

(1) 若在(a,b)内 $f'(x)>0$，则函数 $f(x)$在$[a,b]$上单调增加；

(2) 若在(a,b)内 $f'(x)<0$，则函数 $f(x)$在$[a,b]$上单调减少.

证明　设 x_1,x_2 是$[a,b]$内任意两点，不妨设 $x_1<x_2$，利用拉格朗日中值定理有

$$f(x_2)-f(x_1)=f'(\xi)(x_2-x_1)(x_1<\xi<x_2).$$

若 $f'(x)>0$，则必有 $f'(\xi)>0$，又 $x_2-x_1>0$，所以 $f(x_2)-f(x_1)>0$，即 $f(x_2)>f(x_1)$.

由于 x_1,x_2 是$[a,b]$内任意两点，所以 $f(x)$在$[a,b]$上单调增加.

同理可证，若 $f'(x)<0$，则函数 $f(x)$在$[a,b]$上单调减少.

有时，函数在整个考察范围上并不单调，这时，就需要把考察范围划分为若干个单调区间. 如图 3-3 所示，在考察范围$[a,b]$上，函数 $f(x)$并不单调，但可以划分$[a,b]$为$[a,x_1]$，$[x_1,x_2]$，$[x_2,b]$三个区间，$f(x)$在$[a,x_1]$，$[x_2,b]$上单调增加，而在$[x_1,x_2]$上单调减少.

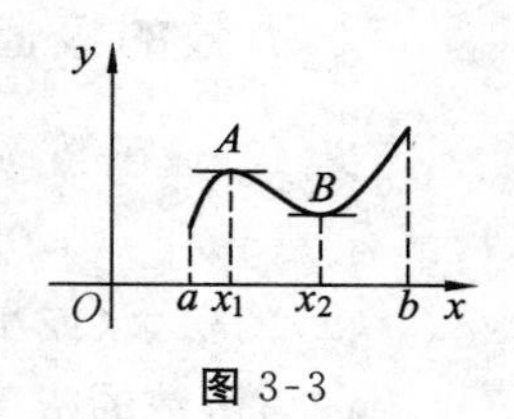

图 3-3

注意，如果函数 $f(x)$在$[a,b]$上可导，那么在单调区间的分界点处的导数为零，即$f'(x_1)=f'(x_2)=0$(在图 3-3 上表现为在点 A,B 处有水平切线). 一般地，称导数 $f'(x)$在区间内部的零点为函数 $f(x)$的驻点. 这就启发我们，对可导函数，为了确定函数的单调区间，只要求出考察范围内的驻点. 另外，如果函数在考察范围内有若干个不可导点，而函数在考察范围内由这些不可导点所分割的每个子区间内都是可导的，由于函数在经过不可导点时也可能会改变单调性(如 $y=|x|$在 x 从小到大经过不可导点 $x=0$ 时由单调减少变为单调增加)，所以还需要找出全部不可导点. 综上，我们得到确定函数$f(x)$的单调区间的做法：首先确定函数 $f(x)$的考察范围 I(除指定范围外，一般是指函数的定义域)内部的全部驻点和不可导点；其次，用这些驻点和不可导点将考察区间 I 分成若干个子区间；最后，在每个子区间上用定理 1 判断函数 $f(x)$的单调性. 为了清楚，最后一步常用列表方式给出.

例 1　讨论函数 $f(x)=\dfrac{x^2}{3}-\sqrt[3]{x^2}$的单调性.

解　考察范围 $I=\mathbf{R}$.

$f'(x)=\dfrac{2x}{3}-\dfrac{2}{3\sqrt[3]{x}}$，令 $f'(x)=0$，得驻点为 $x_1=-1$，$x_2=1$，此外 $f(x)$有不可导点为

$x_3=0$.

划分考察区间 **R** 为 4 个子区间：$(-\infty,-1)$，$(-1,0)$，$(0,1)$，$(1,+\infty)$.

列表确定在每个子区间内导数的符号，用定理 1 判断函数的单调性. 列表如下：

x	$(-\infty,-1)$	$(-1,0)$	$(0,1)$	$(1,+\infty)$
$f'(x)$	$-$	$+$	$-$	$+$
$f(x)$	↘	↗	↘	↗

（注：符号"↗"表示函数单调增加，"↘"表示函数单调减少）

所以 $f(x)$ 在 $(-\infty,-1)$ 和 $(0,1)$ 内是单调减少的，在 $(-1,0)$ 和 $(0,1)$ 内是单调增加的.

应用函数的单调性，还可证明一些不等式.

例 2 证明：$x>0$ 时，$1+\frac{1}{2}x>\sqrt{1+x}$.

证明 构造函数 $f(x)=1+\frac{1}{2}x-\sqrt{1+x}$，则 $f'(x)=\frac{1}{2}-\frac{1}{2\sqrt{1+x}}=\frac{1}{2}\left(1-\frac{1}{\sqrt{1+x}}\right)$.

当 $x>0$ 时，$0<\frac{1}{\sqrt{1+x}}<1$，所以 $f'(x)>0$，则 $f(x)$ 在 $(0,+\infty)$ 内单调增加，所以有 $f(x)>f(0)$. 又 $f(0)=1-1=0$，即 $1+\frac{1}{2}x-\sqrt{1+x}>0(x>0)$，移项即得结论.

二、函数的极值

定义 1 设函数 $f(x)$ 在 $U(x_0,\delta)(\delta>0)$ 内有定义，若对于任意一点 $x\in\mathring{U}(x_0,\delta)(\delta>0)$，都有 $f(x)<f(x_0)$（或 $f(x)>f(x_0)$），则称 $f(x_0)$ 是函数 $f(x)$ 的**极大（或小）值**，x_0 称为函数 $f(x)$ 的**极大（或小）值点**. 函数的极大值和极小值统称为函数的**极值**，极大值点和极小值点统称为函数的**极值点**.

由定义可以看出，极值是一个局部概念. 在函数整个考察范围内往往有多个极值，极大值未必是最大值，极小值也未必是最小值. 从图 3-4 可直观地看出，x_0,x_2,x_4 都是极大值点，x_1,x_3,x_5 是极小值点.

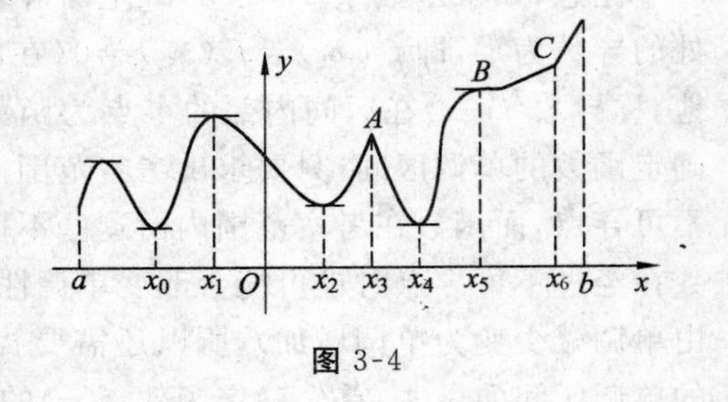

图 3-4

从图 3-4 可以看出，若函数在极值点处可导（如 x_0,x_1,x_2,x_4），则图象上对应点处的切线是水平的，由此函数在这类极值点处的导数为 0（在图 3-4 上，$f'(x_0)=f'(x_1)=f'(x_2)=f'(x_4)=0$），即这类极值点必定是驻点. 注意图象在点 x_3 处所对应的点 A 处无切线，因此 x_3 是函数的不可导点，但函数在 x_3 处取得了极小值. 这说明不可导点也可能是函数的极值点.

定理 2（极值的必要条件） 设函数 $f(x)$ 在其考察范围 I 内是连续的，x_0 不是 I 的端点. 若函数在点 x_0 处取得极值，则 x_0 或者是函数的不可导点，或者是可导点；当 x_0 是 $f(x)$ 的可导点时，x_0 必定是函数的驻点，即 $f'(x_0)=0$.

注意 $f(x)$ 的驻点不一定是 $f(x)$ 的极值点. 如图 3-6 上的点 x_5，尽管图象在点 B 处有水平切线，即 x_5 是驻点（$f'(x_5)=0$），但函数在点 x_5 处并无极值. 此外，$f(x)$ 的不可导点也未必是极值点，如在图 3-4 的点 C 处，图象无切线，因此函数在点 x_6 处是不可导的，但 x_6 并非极值点. 这样就需要给出判断这两类点是否为极值点的方法.

定理 3（极值的第一充分条件）　设函数 $f(x)$ 在点 x_0 处连续，在 $\mathring{U}(x_0,\delta)(\delta>0)$ 内可导. 当 x 由小到大经过 x_0 时，如果

(1) $f'(x)$ 由正变负，那么 x_0 是 $f(x)$ 的极大值点；

(2) $f'(x)$ 由负变正，那么 x_0 是 $f(x)$ 的极小值点；

(3) $f'(x)$ 不改变符号，那么 x_0 不是 $f(x)$ 的极值点.

证明　(1) 任取一点 $x\in\mathring{U}(x_0,\delta)(\delta>0)$，在以 x 和 x_0 为端点的闭区间上，对函数 $f(x)$ 使用拉格朗日中值定理，得

$$f(x)-f(x_0)=f'(\xi)(x-x_0)(\xi \text{在} x \text{和} x_0 \text{之间}).$$

当 $x<x_0$ 时，$x<\xi<x_0$，由已知条件 $f'(\xi)>0$，所以

$$f(x)-f(x_0)=f'(\xi)(x-x_0)<0, \text{即} f(x)<f(x_0);$$

当 $x>x_0$ 时，$x_0<\xi<x$，由已知条件 $f'(\xi)<0$，所以

$$f(x)-f(x_0)=f'(\xi)(x-x_0)<0, \text{即} f(x)<f(x_0).$$

综上，对点 x_0 附近的任意 x 都有 $f(x)<f(x_0)$. 由极值的定义，x_0 是 $f(x)$ 的极大值点. 类似地可以证明(2)、(3).

定理 4（极值的第二充分条件）　设 x_0 为函数 $f(x)$ 的驻点，且在点 x_0 处二阶导数 $f''(x_0)\neq 0$，则 x_0 必定是函数 $f(x)$ 的极值点，且

(1) 若 $f''(x_0)<0$，则 $f(x)$ 在 x_0 处取得极大值；

(2) 若 $f''(x_0)>0$，则 $f(x)$ 在 x_0 处取得极小值.

比较两个判定方法，定理 3 适用于驻点和不可导点，而定理 4 只适用于对驻点的判断. 所以，一般我们推荐使用定理 3 求极值.

根据定理 3 和定理 4，把求函数 $f(x)$ 的极值的步骤归纳如下：

(1) 确定函数的考察范围；

(2) 求出函数的导数 $f'(x)$，令 $f'(x)=0$，求出所有的驻点和不可导点；

(3) 利用定理 3(或定理 4)判定上述驻点或不可导点是否为函数的极值点，并求出极值. 这一步常采用列表方式.

例 3　求函数 $y=x^2e^{-x}$ 的极值.

解法 1　(1) 函数的考察范围为 $(-\infty,+\infty)$；

(2) $y'=2xe^{-x}-x^2e^{-x}=xe^{-x}(2-x)$，令 $y'=0$，得驻点为 $x_1=0,x_2=2$，无不可导点；

(3) 利用定理 3，判定驻点是否为函数的极值点. 列表如下：

x	$(-\infty,0)$	0	$(0,2)$	2	$(2,+\infty)$
y'	$-$	0	$+$	0	$-$
y	↘	极小值 0	↗	极大值 $\frac{4}{e^2}$	↘

解法 2　(1)、(2)同解法 1.

$y''=e^{-x}(x^2-4x+2)$，$y''|_{x_1=0}=2>0$，$y''|_{x_2=2}=-2e^{-2}<0$，由定理 4 知，$x_1=0$ 为极小

值点，$x_2=2$ 为极大值点.

例 4 求函数 $f(x)=x^{\frac{2}{3}}-(x^2-1)^{\frac{1}{3}}$ 的极值.

解 (1) 函数的考察范围为$(-\infty,+\infty)$；

(2) $f'(x)=\frac{2}{3}x^{-\frac{1}{3}}-\frac{1}{3}(x^2-1)^{-\frac{2}{3}}\cdot 2x=\frac{2}{3}\cdot\frac{(x^2-1)^{\frac{2}{3}}-x^{\frac{4}{3}}}{x^{\frac{1}{3}}(x^2-1)^{\frac{2}{3}}}$，令 $f'(x)=0$，得驻点为

$x_1=-\frac{\sqrt{2}}{2}$，$x_2=\frac{\sqrt{2}}{2}$，另有不可导点为 $x_3=-1$，$x_4=0$，$x_5=1$.

(4) 利用定理 3，判定驻点或不可导点是否为函数的极值点.列表如下：

x	$(-\infty,-1)$	-1	$\left(-1,-\frac{\sqrt{2}}{2}\right)$	$-\frac{\sqrt{2}}{2}$	$\left(-\frac{\sqrt{2}}{2},0\right)$	0
$f'(x)$	$+$	不存在	$+$	0	$-$	不存在
$f(x)$	↗	无极值	↗	极大值$\sqrt[3]{4}$	↘	极小值 1
x	$\left(0,\frac{\sqrt{2}}{2}\right)$	$\frac{\sqrt{2}}{2}$	$\left(\frac{\sqrt{2}}{2},1\right)$	1	$(1,+\infty)$	
$f'(x)$	$+$	0	$-$	不存在	$-$	
$f(x)$	↗	极大值$\sqrt[3]{4}$	↘	无极值	↘	

三、函数的最大值与最小值

设函数 $f(x)$的考察范围为 I，x_0 是 I 上一点.若对于任意的 $x\in I$，都有 $f(x)\leqslant f(x_0)$(或 $f(x)\geqslant f(x_0)$)，则称 $f(x_0)$为 $f(x)$在 I 上的**最大(或小)值**，把 x_0 称为函数 $f(x)$的**最大(或小)值点**.函数的最大值和最小值统称为**最值**，最大值点和最小值点统称为**最值点**.

最值与极值不同，极值是一个仅与一点附近的函数值有关的局部概念，最值却是一个与函数考察范围 I 有关的整体概念，随着 I 的变化，最值的存在性及数值可能发生变化.因此，一个函数的极值可以有若干个，但函数的最大值、最小值如果存在，只能是唯一的.

两者之间也有一定的关系.如果最值点不是 I 的边界点，那么它必定是极值点.这样就为求极值提供了方法.

设函数 $f(x)$在 $I=[a,b]$上连续(最大、最小值一定存在)，则可按下列步骤求出最值：

(1) 求出函数 $f(x)$在(a,b)内的所有可能的极值点:驻点和不可导点；

(2) 计算函数 $f(x)$在驻点、不可导点及端点 a,b 处的函数值；

(3) 比较这些函数值，其中最大的即为函数的最大值，最小的即为函数的最小值.

例 5 求函数 $f(x)=x^4-2x^2+5$ 在区间 $I=[-2,3]$上的最大值和最小值.

解 因为函数 $f(x)$在区间$[-2,3]$上连续，所以在该区间上必定存在最大值和最小值.

(1) $f'(x)=4x^3-4x=4x(x+1)(x-1)=0$，得驻点 $x_1=-1$，$x_2=0$，$x_3=1$，函数无不可导点；

(2) 计算函数 $f(x)$在驻点、区间两端点处的函数值：

$$f(-2)=13,f(-1)=4,f(0)=5,f(1)=4,f(3)=68;$$

(3) 比较这些值，即得函数在$[-2,3]$上的最大值为 68，最大值点为 3，最小值为 4，最小

值点为$-1,1$.

在实际问题中遇到的函数未必都是闭区间上的连续函数，此时首先要判断在考察范围内函数有没有最值. 这个问题并不简单，一般可按下述原则处理：若实际问题归结出的函数$f(x)$在考察范围I上是可导的，且已事先可断定最大值(或最小值)必定在I的内部达到，而在I的内部函数$f(x)$仅有唯一驻点x_0，那么可断定$f(x)$的最大值(或最小值)就在点x_0处取得.

例 6　要做一个容积为V的圆柱形水桶，问怎样设计才能使所用材料最省？

解　要使所用材料最省，就是它的表面积最小. 设水桶的底面半径为r，高为h，则水桶的表面积为$S=2\pi r^2+2\pi rh$. 由体积$V=\pi r^2 h$，得$h=\dfrac{V}{\pi r^2}$，所以

$$S=2\pi r^2+\frac{2V}{r},r\in(0,+\infty).$$

由问题的实际意义可知，$S=2\pi r^2+\dfrac{2V}{r}$在$r\in(0,+\infty)$内必定有最小值. 令$S'=4\pi r-\dfrac{2V}{r^2}=\dfrac{2(2\pi r^3-V)}{r^2}=0$，有唯一驻点$r=\sqrt[3]{\dfrac{V}{2\pi}}\in(0,+\infty)$. 因此，它一定是使$S$达到最小值的点，此时对应的高$h=\dfrac{V}{\pi r^2}=2\sqrt[3]{\dfrac{V}{2\pi}}=2r$.

所以当水桶的高和底面直径相等时，所用材料最省.

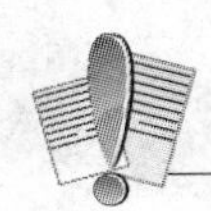

习题 3-3(A)

1. 判断下列说法是否正确：

(1) 如果$f'(x_0)=0$，则x_0一定是函数$f(x)$的极值点；

(2) 如果$f(x)$在点x_0处取得极值，则一定有$f'(x_0)=0$；

(3) 函数的不可导点一定是函数的极值点.

2. 求下列函数的单调区间并求极值：

(1) $y=x^3(1-x)$；　　(2) $y=\dfrac{x}{1+x^2}$.

3. 利用单调性证明：当$x>0$时，$\ln(1+x)>\dfrac{x}{1+x}$.

4. 求下列函数在给定区间上的最值：

(1) $y=x^5-5x^4+5x^3+1,x\in[-1,2]$；　　(2) $y=x+\cos x,x\in[0,2\pi]$.

5. 从周长为l的一切矩形中，找出面积最大者，求出最大面积.

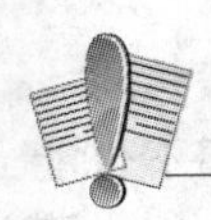

习题 3-3(B)

1. 求下列函数的单调区间：

(1) $y=x-e^x$；　　(2) $y=(x-1)(x+1)^3$；

(3) $y=\sqrt{2x-x^2}$；　　(4) $y=\frac{1}{x^3-2x^2-3x}$.

2. 利用单调性，证明下列不等式：

(1) 当 $x>0$ 时，$1+\frac{x}{2}>\sqrt{1+x}$；

(2) 当 $x>0$ 时，$\ln(1+x)>\frac{\arctan x}{1+x}$；

(3) 当 $0<x<\frac{\pi}{2}$ 时，$\sin x+\tan x>2x$.

3. 求下列函数的极值：

(1) $y=x^3-3x^2+7$；　　(2) $y=\arctan x-\frac{1}{2}\ln(1+x^2)$；

(3) $y=x-\ln(1+x)$；　　(4) $y=e^x\cos x, x\in\left[0,\frac{\pi}{2}\right]$.

4. 求下列函数在给定区间上的最值：

(1) $y=\ln(1+x^2), x\in[-1,2]$；　　(2) $y=2\tan x-\tan^2 x, x\in\left[0,\frac{\pi}{2}\right)$；

(3) $y=\sqrt[3]{(x^2-2x)^2}, x\in[0,3]$；　　(4) $y=\frac{a^2}{x}+\frac{b^2}{1-x}(a>b>0), x\in(0,1)$.

5. 将数 8 分为两数之和，使它们的立方和最小.

6. 将半径为 r 的圆形铁皮截去一个扇形后做成一个圆锥形漏斗，问截去扇形的圆心角多大时，余下扇形做成的漏斗容积最大？

7. 设用某仪器进行测量时，读得 n 次实测数据为 $x_1, x_2, x_3, \cdots, x_n$. 问以怎样的数 x 表达所要测量的真值，才能使它与这 n 个数之差的平方和为最小.

§3-4　函数图形的凹凸与拐点

函数的曲线是函数变化形态的几何表示，而曲线的凹凸性则是反映函数增减快慢这个特性的. 图 3-5 是某种商品的销售曲线 $y=f(x)$，其中 y 表示销售总量，x 表示时间. 曲线始终是上升的，说明随着时间的推移，销售总量不断增加. 但在不同时间段情况有所区别，在$(0,x_0)$段，曲线上升的趋势由缓慢逐渐加快；而在$(x_0,+\infty)$段，曲线上升的趋势又逐渐转向缓慢. 这表示在时间 x_0 以前，即销售量没有达到 $f(x_0)$时，市场需求旺盛，销售量越来越多；在时间 x_0 以后，也即销售量超过 $f(x_0)$后，市场需求趋于平稳，且逐渐进入饱和状态. 其中$(x_0,f(x_0))$是销售量由加快转向平稳的转折点.

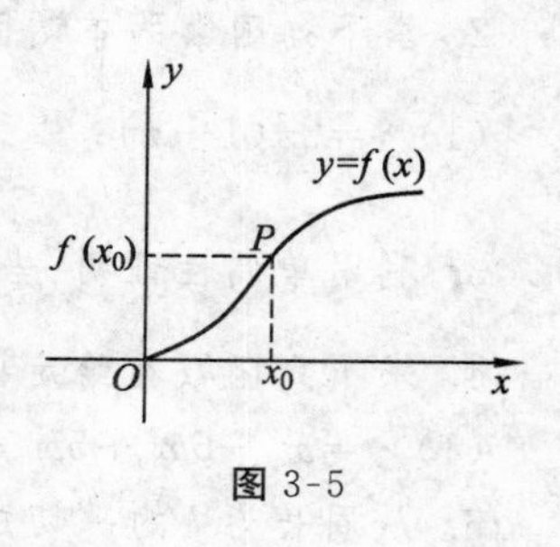

图 3-5

作为经营者来说，掌握这种销售动向，对决策产量、投入等是必要的. 这就需要我们不仅能分析函数的增减区间，而且要会判断函数何时越增（或减）越快，何时又越增（或减）越慢. 这种越增（或减）越快或越增（或减）越慢的现象，反映在图象上，就是本节要学的曲线的凹凸性.

一、曲线的凹凸性及其判别法

观察图 3-6 中的曲线 $y=f(x)$. 在 (a,c) 段，曲线上各点的切线都位于曲线的下方，在 (c,b) 段，曲线上各点的切线都位于曲线的上方. 在数学上以曲线的凹凸性来区分这种不同的现象.

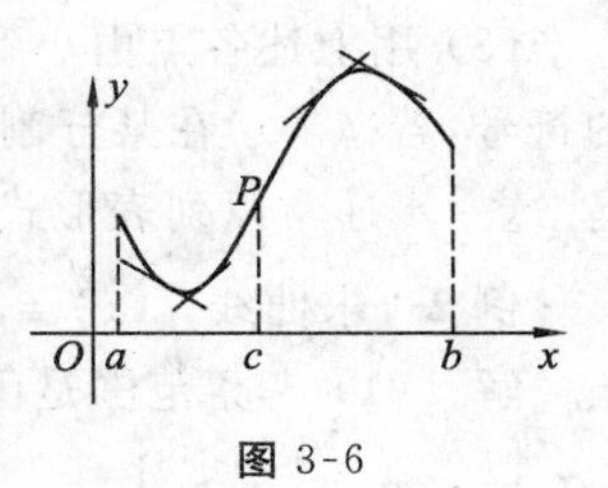

图 3-6

定义 1　若在区间 (a,b) 内，曲线 $y=f(x)$ 的各点处切线都位于曲线的下方，则称此曲线在 (a,b) 内是**凹的**；若曲线 $y=f(x)$ 的各点处切线都位于曲线的上方，则称此曲线在 (a,b) 内是**凸的**.

据此定义，在图 3-6 中，曲线在 (a,c) 段是凹的，在 (c,b) 段则是凸的. 在凹弧段曲线上各点的切线的斜率将随着 x 的增加而增加，因此 $f'(x)$ 是 x 的递增函数，即有 $f''(x)>0$；在凸弧段曲线上各点的切线的斜率将随着 x 的增加而减小，因此 $f'(x)$ 是 x 的递减函数，即有 $f''(x)<0$. 于是，我们得到曲线凹凸性的判定方法.

定理 1(曲线凹凸性的判定定理)　设函数 $y=f(x)$ 在区间 (a,b) 内 $f''(x)$ 存在，

(1) 若在区间 (a,b) 内 $f''(x)>0$，则曲线 $y=f(x)$ 在 (a,b) 内是凹的；

(2) 若在区间 (a,b) 内 $f''(x)<0$，则曲线 $y=f(x)$ 在 (a,b) 内是凸的.

这个定理告诉我们，要定出曲线的凹凸区间，只要在函数的考察范围内，定出 $f''(x)$ 的同号区间及相应的符号. 而要定出 $f''(x)$ 的同号区间，首先要找出 $f''(x)$ 可能改变符号的那些转折点，这些点(必须在考察范围的内部)应该是 $f''(x)$ 的零点以及不存在的点. 然后用上述各点由小到大将考察区间分成若干个子区间，在每个子区间内确定 $f''(x)$ 的符号，并根据定理 1 得出相应的结论. 这一步通常以列表形式表示.

例 1　判定曲线 $f(x)=\cos x$ 在 $[0,2\pi]$ 内的凹凸性.

解　(1) 函数 $f(x)=\cos x$ 的考察范围是 $[0,2\pi]$；

(2) $f'(x)=-\sin x$，$f''(x)=-\cos x$，令 $f''(x)=0$，得 $x_1=\dfrac{\pi}{2}$，$x_2=\dfrac{3\pi}{2}\in(0,2\pi)$，无 $f''(x)$ 不存在的点；

(3) 列表：

x	$\left(0,\frac{\pi}{2}\right)$	$\left(\frac{\pi}{2},\frac{3\pi}{2}\right)$	$\left(\frac{3\pi}{2},2\pi\right)$
$f''(x)$	$-$	$+$	$-$
$f(x)$	⌒	⌣	⌒

(注：符号"⌣"表示曲线是凹的，符号"⌒"表示曲线是凸的)

二、拐点及其求法

定义 2　若连续曲线 $y=f(x)$ 上的点 P 是凹的曲线弧与凸的曲线弧的分界点，则称点 P 是曲线 $y=f(x)$ 的**拐点**.

由于拐点是曲线上凹的曲线弧与凸的曲线弧的分界点，所以若曲线对应的函数有二阶导数，则拐点两侧近旁 $f''(x)$ 必然异号. 于是可得拐点的求法：

(1) 确定函数 $y=f(x)$ 的考察范围;

(2) 求出 $f''(x)$ 在考察范围内部的零点及 $f''(x)$ 不存在的点;

(3) 用上述各点由小到大将考察区间分成若干个子区间,在每个子区间内确定 $f''(x)$ 的符号,若 $f''(x)$ 在某分割点 x^* 两侧异号,则 $(x^*, f(x^*))$ 是曲线 $y=f(x)$ 的拐点,否则不是.这一步通常以列表形式表示.

例 2 求曲线 $f(x)=3-(x-2)^{\frac{1}{3}}$ 的凹凸区间及拐点.

解 (1) 考察范围是函数的定义域 $(-\infty,+\infty)$;

(2) $f'(x)=-\dfrac{1}{3}(x-2)^{-\frac{2}{3}}$, $f''(x)=\dfrac{2}{9}(x-2)^{-\frac{5}{3}}$,在 $(-\infty,+\infty)$ 内无 $f''(x)$ 的零点,$f''(x)$ 不存在的点为 $x=2$;

(3) 列表:

x	$(-\infty,2)$	2	$(2,+\infty)$
$f''(x)$	$-$	不存在	$+$
$f(x)$	$\frown$	拐点(2,3)	$\smile$

三、函数的渐近线

当函数的考察范围是无限区间或者函数是无界的时候,函数的图象会无限延伸.我们会关心当自变量无限大(或小)时的函数的变化特性.函数图象的渐近线是反映这种特性的方式之一.所谓渐近线,在中学里已经有过接触.例如,双曲线 $\dfrac{x^2}{a^2}-\dfrac{y^2}{b^2}=1(a>0,b>0)$ 有两条渐近线 $y=\pm\dfrac{b}{a}x$,这样就容易看出双曲线在无限延展时的状态.

定义 3 若曲线 C 上的动点 P 沿着曲线无限地远离原点时,点 P 与某一固定直线 L 的距离趋近于零,则称直线 L 为曲线 C 的渐近线.

注意 只有当函数的考察范围是无限区间或者函数是无界的时候,函数才有可能有渐近线,即使有渐近线,也有水平、垂直和斜渐近线之分.下面将主要讨论函数的水平渐近线和垂直渐近线.

1. 水平渐近线

定义 4 设曲线对应的函数为 $y=f(x)$,若当 $x\to-\infty$ 或 $x\to+\infty$ 时,有 $f(x)\to b$(b 为常数),则称曲线有水平渐近线 $y=b$.

例 3 求曲线 $y=\dfrac{x^2}{1+x^2}$ 的水平渐近线.

解 因为 $\lim\limits_{x\to\infty}\dfrac{x^2}{1+x^2}=\lim\limits_{x\to\infty}\dfrac{1}{1+\dfrac{1}{x^2}}=1$,所以当曲线向左右两端无限延伸时,均以 $y=1$ 为水平渐近线.

2. 垂直渐近线

定义 5 设曲线对应的函数为 $y=f(x)$,若当 $x\to a^-$ 或 $x\to a^+$(a 为常数)时,有 $f(x)\to-\infty$ 或 $f(x)\to+\infty$,则称曲线有垂直渐近线.

例 4　求曲线 $y=\dfrac{x+1}{x-1}$的渐近线.

解　因为 $\lim\limits_{x\to 1^-}\dfrac{x+1}{x-1}=-\infty$，$\lim\limits_{x\to 1^+}\dfrac{x+1}{x-1}=+\infty$，所以当 x 从左右两侧趋向于 1 时，曲线分别向下、上无限延伸，且以 $x=1$ 为其垂直渐近线.

又 $\lim\limits_{x\to\infty}\dfrac{x+1}{x-1}=1$，所以当曲线向左右两端无限延伸时，均以 $y=1$ 为其水平渐近线.

四、函数的分析作图法

作函数图象的基本方法就是描点法，但对于一些不常见的函数，因为对函数的整体性质不甚了解，取点容易盲目，描点也带有盲目性，大大影响了作图的准确性. 现在我们已经能利用导数来确定函数的单调区间与极值、曲线的凹凸性和拐点，还会求曲线的渐近线，这样一方面可以取极值点、拐点等关键点作为描点的基础，减少取点的盲目性；另一方面因为对函数的变化有了整体的了解，可以结合单调性、凹凸性等，描绘较为准确的图象，这就为以分析函数为基础的描点法创造了条件.

函数的分析作图法的步骤如下：

(1) 确定函数的考察范围(一般就是函数的定义域)，判断函数有无奇偶性、周期性，确定作图范围；

(2) 求函数的一阶导数，确定函数的单调区间与极值点；

(3) 求函数的二阶导数，确定函数的凹凸区间与拐点；

(4) 若考察范围是无限区间或者函数是无界的，考察函数有无渐近线；

(5) 根据上述分析，最后以描点法作出函数图象.

其中第(2)、(3)两步常常以列表方式给出. 若关键点太少，可以再适当计算一些特殊点的函数值，如曲线与坐标轴的交点等.

例 4　描绘函数 $y=\mathrm{e}^{-x^2}$ 的图象.

解　(1) 函数的定义域是$(-\infty,+\infty)$，函数是偶函数，所以关于 y 轴对称，只要作出函数在 $x\in[0,+\infty)$内的图象，再关于 y 轴作对称，即得全部图象；

(2) $y'=-2x\mathrm{e}^{-x^2}$，令 $y'=0$，得驻点 $x=0$，无不可导点；

(3) $y''=2(2x^2-1)\mathrm{e}^{-x^2}$，令 $y''=0$，得 $x=\dfrac{\sqrt{2}}{2}\in[0,+\infty)$，列表：

x	$\left(-\frac{\sqrt{2}}{2},0\right)$	0	$\left(0,\frac{\sqrt{2}}{2}\right)$	$\frac{\sqrt{2}}{2}$	$\left(\frac{\sqrt{2}}{2},+\infty\right)$
y'	+	0	−	−	−
y''	−	−	−	0	+
y	↗	极大值 1	↘	拐点 $\left(\frac{\sqrt{2}}{2},\frac{\sqrt{e}}{e}\right)$	↘

(注：符号“↗”表示曲线弧上升且是凸的，“↘”表示曲线弧下降且是凸的，“↘”表示曲线弧下降且是凹的，“↗”表示曲线弧上升且是凹的)

(4) 当 $x\to+\infty$时，有 $y\to 0$，所以图象有水平渐近线 $y=0$；

(5) 根据上述讨论结果，作出函数在$[0,+\infty)$上的图形，并利用对称性，画出全部图形

(图 3-7). 所得图象称为概率曲线.

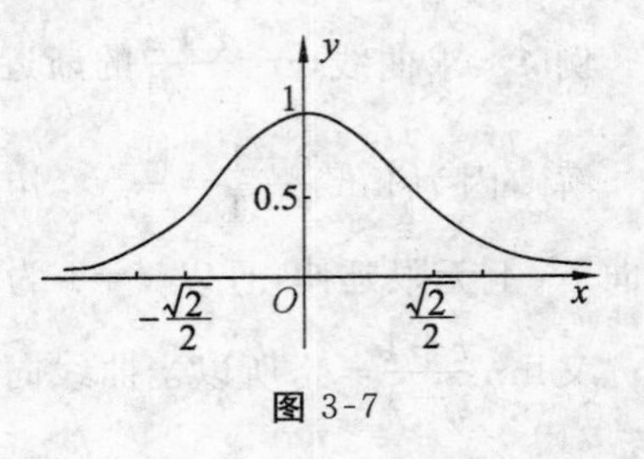

图 3-7

例 5 描绘函数 $y=\frac{x^2}{x^2-1}$ 的图象.

解 (1) 函数的定义域是 $(-\infty,-1)\cup(-1,1)\cup(1,+\infty)$，它是偶函数，所以只要作出函数在 $[0,1)\cup(1,+\infty)$ 范围内的图象；

(2) $y'=\frac{-2x}{(x^2-1)^2}$，令 $y'=0$，得驻点 $x=0$，无不可导点；

(3) $y''=\frac{2+6x^2}{(x^2-1)^3}$，$y''$ 无零点，也无二阶导数不存在的点，列表：

x	$(-1,0)$	0	$(0,1)$	$(1,+\infty)$
y'	$+$	0	$-$	$-$
y''	$-$	$-$	$-$	$+$
y	↗	极大值 0	↘	↘

(4) $\lim\limits_{x\to+\infty}\frac{x^2}{x^2-1}=1$，所以 $y=1$ 是水平渐近线；

$\lim\limits_{x\to1^-}\frac{x^2}{x^2-1}=-\infty$，$\lim\limits_{x\to1^+}\frac{x^2}{x^2-1}=+\infty$，图象有垂直渐近线 $x=1$，且在 $x=1$ 的左右两侧分别向下、上无限延伸；

(5) 因为关键点太少，故加取特殊点 $x=0.5,0.75,1.75,2\in[0,1)\cup(1,+\infty)$，$y(0.5)\approx-0.33$，$y(0.75)\approx-1.29$，$y(1.75)\approx1.49$，$y(2)\approx1.33$.

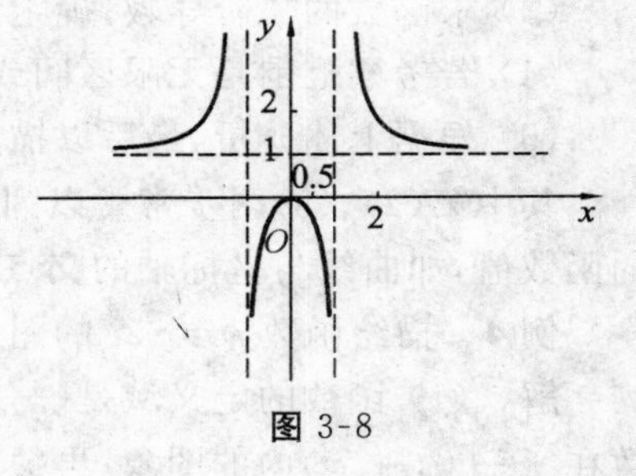

图 3-8

再根据上述讨论的结果，描绘出函数的图形(图 3-8).

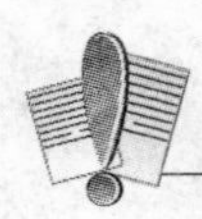

习题 3-4(A)

1. 判断下列说法是否正确：

(1) 如果曲线 $y=f(x)$ 在 $x>x_0$ 时是凸的，在 $x<x_0$ 时是凹的，那么点 $(x_0,f(x_0))$ 必定是曲线的拐点；

(2) 如果 $f''(x_0)$ 不存在，那么曲线 $y=f(x)$ 有拐点 $(x_0,f(x_0))$.

2. 确定下列函数的凹凸区间与拐点：

(1) $y=x^3-5x^2+3x+5$；

(2) $y=xe^{-x}$.

3. 描绘函数 $y=2x^3-3x^2$ 的图象.

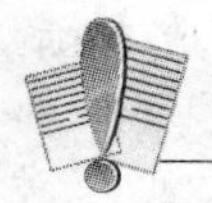

习题 3-4(B)

1. 确定下列函数的凹凸区间与拐点：

(1) $y=x^4-2x^3$；　　(2) $y=\mathrm{e}^{\arctan x}$；

(3) $y=\ln(x^2+1)$；　　(4) $y=a-\sqrt[3]{x-b}$.

2. 描绘下列函数的图象：

(1) $y=\dfrac{1}{x}+9x^2$；　　(2) $y=\dfrac{2x-1}{(x-1)^2}$.

3. 问 a,b 为何值时，点$(1,3)$为曲线 $y=ax^3+bx^2$ 的拐点？

4. 试确定曲线 $y=ax^3+bx^2+cx+d$ 中的 a,b,c,d，使得曲线在 $x=-2$ 处有水平切线，点$(1,-10)$为拐点，且点$(-2,44)$在曲线上.

§3-5　导数在经济中的应用

导数是函数关于自变量的变化率，在经济学中，也存在变化率的问题，因此导数在经济学中也有着广泛的应用.

一、边际与边际分析

在经济学中，习惯上用平均和边际这两个概念来描述一个经济变量 y 对于另外一个变量 x 的变化. 平均概念表示 y 在自变量 x 的某一个范围内的平均值，平均值随 x 的范围不同而不同. 边际概念表示当 x 的改变量 Δx 趋于0时 y 的相应改变量 Δy 与 Δx 的比值$\dfrac{\Delta y}{\Delta x}$的变化，即当 x 在某一给定值附近有微小变化时 y 的瞬时变化.

若设某经济指标 y 与影响指标值的因素 x 之间成立函数关系式 $y=f(x)$，则称导数 $f'(x)$为 $f(x)$的**边际函数**，记作 My. 随着 y,x 含义不同，边际函数的含义也不一样.

设生产某产品 q 单位时所需要的总成本函数为 $C=C(q)$，则称 $MC=C'(q)$为**边际成本**. 边际成本的经济含义是：当产量为 q 时，再生产一个单位产品所增加的总成本为 $C'(q)$.

类似可定义其他概念，如：

设销售某产品 q 单位时的总收入函数为 $R=R(q)$，则称 $MR=R'(q)$为**边际收入**.

设销售某产品 q 单位时的利润函数为 $L=L(q)$，则称 $ML=L'(q)$为**边际利润**.

设生产某产品投入资源 q 单位时的产量函数为 $P=P(q)$，则称 $MP=P'(q)$为**边际产量**.

设销售某产品单价为 p 单位时的总销售量函数为 $Q=Q(p)$，则称 $MQ=Q'(p)$为**边际销量**.

根据导数反映变化率的特征，在因素值 $x=x_0$ 时的边际函数值 $My|_{x=x_0}$，表示因素值在 x_0 处每变化一个单位时，指标 y 的变化量. 经济工作者就根据这个变化量来控制因素，决定在经济运营中是增加还是减少因素.

例 1 某种产品的总成本 C(万元)与产量 q(万件)之间的函数关系式(即总成本函数)为

$$C=C(q)=100+6q-0.4q^2+0.02q^3,$$

求生产水平为 $q=10$(万件)时的平均成本和边际成本,并从降低成本角度看,继续提高产量是否合适?

解 当 $q=10$ 时的总成本为

$$C(10)=100+6\times10-0.4\times10^2+0.02\times10^3=140(\text{万元}),$$

所以平均成本(单位成本)为 $C(10)\div10=140\div10=14$ (元/件),

边际成本 $MC=C'(q)=6-0.8q+0.06q^2$,

$$MC|_{q=10}=6-0.8\times10+0.06\times10^2=4(\text{元/件}).$$

因此,在生产水平为 10 万件时,每增加 1 个产品总成本增加 4 元,远低于当前的单位成本,从降低成本角度看,应该继续提高产量.

例 2 某公司总利润 L(元)与日产量 q(t)之间的函数关系式(即利润函数)为 $L(q)=250q-5q^2$,试求每天生产 20 t、25 t、35 t 时的边际利润,并说明经济含义.

解 边际利润 $ML=L'(q)=250-10q$,

$ML|_{q=20}=250-10\times20=50$,

$ML|_{q=25}=250-10\times25=0$,

$ML|_{q=35}=250-10\times35=-100$.

上面的结果表明,当日产量在 20 t 时,每天增加 1 t 产量,总利润可增加 50 元;当日产量在 25 t 时,再增加产量,总利润已经不会增加;而当日产量在 35 t 时,每天产量再增加 1 t 反而使总利润减少 100 元. 由此可见,该公司应该把日产量定在 25 t,此时的总利润最大,为 $L(25)=250\times25-5\times25^2=3125$(元).

二、相对变化率——弹性

若设某经济指标 y 与影响指标值的因素 x 之间成立函数关系式 $y=f(x)$,当因素由 x 改变成 $x+\Delta x$ 时,指标改变量为 $\Delta y=f(x+\Delta x)-f(x)$. 值 $\frac{\Delta x}{x}\times100$ 表示因素以百分率表示的相对变化,即因素变化了 x 的百分之几;$\frac{\Delta y}{y}\times100$ 表示指标以百分率表示的相对变化,即指标变化了 y 的百分之几. 称这两个相对变化之比 $\frac{\Delta y}{y}:\frac{\Delta x}{x}$ 为指标 y 在 x,$x+\Delta x$ 之间的平均弹性,它表示相对变化的平均变化率(简称平均相对变化率),即因素每变化 x 的百分之一,对应的指标平均变化了 y 的百分之几.

例 3 求函数 $y=x^2$ 在 6,8 之间的平均弹性.

解 $\Delta x=8-6=2$,$\Delta y=8^2-6^2=28$,$\frac{\Delta x}{x}=\frac{2}{6}=33.3\%$,$\frac{\Delta y}{y}=\frac{28}{36}=77.7\%$,

所以平均弹性为 $\frac{\Delta y}{y}:\frac{\Delta x}{x}=\frac{77.7}{33.3}=2.33$,结果表示 x 在 6,8 之间,x 每增加 6 的 1%,y 平均增加 36 的 2.33%.

现设 $f(x)$ 可导,对平均弹性取 $\Delta x\to0$ 的极限,得

$$\lim_{\Delta x \to 0} \frac{\frac{\Delta y}{y}}{\frac{\Delta x}{x}} = f'(x) \cdot \frac{x}{y},$$

称这个极限为指标 y 对因素 x 的**弹性函数**(简称**弹性**),记作$\frac{Ey}{Ex}$,即

$$\frac{Ey}{Ex} = \lim_{\Delta x \to 0} \frac{\frac{\Delta y}{y}}{\frac{\Delta x}{x}} = y' \cdot \frac{x}{y}.$$

$y=f(x)$在 $x=x_0$ 时的弹性表示 y 在 $x=x_0$ 时的相对变化的变化率(简称**相对变化率**),即此时因素 x 每变化 x_0 的百分之一,指标 y 变化了 $f(x_0)$的百分之几.

在经济工作中,指标的弹性函数有广泛的应用,它通常用以衡量投入比所发生的效益比是否合算. 例如,前述成本函数 $C=C(q)$的弹性函数$\frac{EC}{Eq}$表示产量 q 每提高一个百分点时成本 C 提高的百分比,产量函数 $P=P(q)$的弹性函数$\frac{EP}{Eq}$表示投入资源 q 每提高一个百分点时产量 P 增加的百分比,收入函数为 $R=R(q)$的弹性函数$\frac{ER}{Eq}$表示产量 q 每改变一个百分点时收入 R 改变的百分比,如此等等,这些都是经济工作者在运营中经常要掌握的资讯.

例 4　某种商品的需求量 Q(百件)与价格 p(千元)的关系式为

$$Q(p)=15e^{-\frac{p}{3}}, \quad p\in[0,10],$$

求当价格为 9 千元时的需求弹性,并解释其实际意义.

解　$\frac{EQ}{Ep}=Q'(p)\cdot\frac{p}{Q(p)}=-5e^{-\frac{p}{3}}\cdot\frac{p}{15e^{-\frac{p}{3}}}=-\frac{p}{3}.$

当 $p=9$ 时,$\left.\frac{EQ}{Ep}\right|_{p=9}=-\frac{9}{3}=-3.$

上述结果表明当价格为 9 千元时,价格上涨 1%,商品的需求量将减少 3%;反之,价格下降 1%,商品的需求量将增加 3%.

在市场经济中,企业经营者关心的是商品涨价或降价对总收入的影响程度,利用需求弹性概念可以知道涨价未必增收,降价未必减收.

例 5　设某商品的需求量 Q(万件)与销售单价 p(元/件)之间有函数关系式:

$$Q=Q(p)=60-3p(0<p<20),$$

求 $p=10,15$ 时,需求量 Q 对单价 p 的弹性,并解释其实际含义.

解　$Q(10)=60-3\times10=30$(万件),$Q(15)=60-3\times15=15$(万件),

$\frac{EQ}{Ep}=Q'(p)\cdot\frac{p}{Q(p)}=\frac{-3p}{60-3p}=\frac{p}{p-20},$

$\left.\frac{EQ}{Ep}\right|_{p=10}=\frac{10}{10-20}=-1,\quad \left.\frac{EQ}{Ep}\right|_{p=15}=\frac{15}{15-20}=-3.$

其实际含义表示,单价在 10(元/件)时,若再提价(或降价)1%,则销售量将减少(或增加)$Q(10)$的 1%;单价在 15(元/件)时,若再提价(或降价)1%,则销售量将减少(或增加)$Q(15)$的 3%.

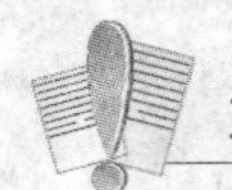

习题 3-5(A)

1. 判断下列说法是否正确：生产某种产品q(万件)的成本为$C=C(q)=200+0.05q^2$(万元)，则生产90万件产品时，再多生产1万件产品，成本将增加9万元.

2. 某产品的销售量Q与单价p之间有关系式$Q=\frac{1-p}{p}$，求$p=\frac{1}{2}$时销量Q关于单价p的弹性.

3. 某种产品的收入R(元)是产量q(kg)的函数$R(q)=800q-\frac{1}{4}q^2(q\geqslant0)$. 求：

(1) 生产200 kg时该产品的总收入；

(2) 生产200 kg到300 kg时总收入的平均变化率；

(3) 生产200 kg时该产品的边际收入.

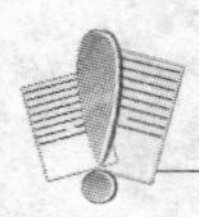

习题 3-5(B)

1. 某产品生产q件时的总成本C为q的函数$C=C(q)=1000+0.012q^2$(元)，求生产1000件产品时的边际成本，并说明其经济含义.

2. 某公司产品的成本函数和收入函数依次为$C(q)=3000+200q+\frac{1}{5}q^2$，$R(q)=350q+\frac{1}{20}q^2$，其中$q$为产品的产量，求边际成本、边际收入和边际利润.(提示：利润=收入−成本)

3. 设某商品的需求量Q对单价p的函数关系式为$Q=f(p)=1600\left(\frac{1}{4}\right)^p$，试求需求量$Q$关于单价$p$的弹性.

4. 生产某商品q kg的利润为$L(q)=-\frac{1}{3}q^3+6q^2-11q-40$(万元)，问生产多少千克时能使得利润最大？

本章内容小结

本章由微分中值定理、罗必塔法则求未定式极限、函数单调性和极值的判定、函数最值的求法和应用、函数凹凸性和拐点的判定、描绘函数图象及边际弹性等内容组成.

1. 微分中值定理.

微分中值定理是讨论函数单调性、极值、凹凸性等的基础. 应明确罗尔定理、拉格朗日中值定理的条件、结论及几何意义.

2. 用罗必塔法则求未定式极限.

罗必塔法则是导数应用的体现，是求极限的重要方法. 在使用时应注意以下几个问题：

(1) 使用之前要先检查是否是$\frac{0}{0}$或$\frac{\infty}{\infty}$型未定式；

(2) 只要是这两种不定式,可以连续使用法则;

(3) 如果含有某些非零因子,可以单独对它们求极限,不必参与罗必塔法则求导运算,以简化运算;

(4) 使用时结合等价无穷小的代换,以简化运算;

(5) 对其他类型的未定式,以适当方式转化为$\frac{0}{0}$或$\frac{\infty}{\infty}$型未定式;

(6) 有些$\frac{0}{0}$或$\frac{\infty}{\infty}$型未定式,用罗必塔法则求不出极限,此时应使用其他方法.

3. 函数的单调性与极值,曲线的凹凸性与拐点.

判定函数$y=f(x)$的单调区间和图象的凹凸区间的基本思想和步骤是雷同的.只是判断的依据不同,前者依据一阶导数y'的符号,后者则依据二阶导数y''的符号.y'与单调性、y''与凹凸性的关系,最好从几何方面记忆.在具体使用中,要注意不要漏掉不可导点.

4. 函数的最值及应用.

函数的最值与极值在概念上有本质的区别,但在具体求最值时通常与求驻点(或不可导点)相联系.求函数在考察范围I内的最值,是通过比较驻点、不可导点及I的端点处的函数值的大小而得到的,并不需要判定驻点是否是极值点.对于实际应用题,应首先以数学模型思想建立优化目标与优化对象之间的函数关系,确定其考察范围.在实际问题中,经常使用最值存在且驻点唯一,则驻点即为最值点的判定方法.

5. 描绘函数图象.

函数的分析作图法,是本章学习内容的综合应用,通过这方面的练习,可以发现掌握本章知识的薄弱环节和存在的问题,以便再进行有针对性的演练,达到掌握本章内容的目的.

6. 导数在经济上的应用.

函数$y=f(x)$反映某种经济现象,则边际函数My是经济量y关于x的绝对变化率,即x变化一个单位时引起的y的改变量;弹性函数$\frac{Ey}{Ex}=y'\cdot\frac{x}{y}$是经济量$y$关于$x$的相对变化的变化率,即$x$变化$1\%$时引起的$y$改变的百分比.

自测题三

一、填空题

1. 在拉格朗日中值定理中,$f(x)$满足________时,即为罗尔定理.

2. 函数$f(x)=x^3$在$[0,1]$上满足拉格朗日中值定理的条件,则$\xi=$________.

3. 函数$f(x)=2x^3+3x^2-12x+1$在区间________上为单调减少函数.

4. $\lim\limits_{x\to 0}\frac{\ln(1+\sin^2 x)}{x^2}=$________.

5. 设$x_1=1$,$x_2=2$均为函数$y=a\ln x+bx^2+3x$的极值点,则$a=$________,$b=$________.

6. 函数$y=x+\sqrt{1-x}$在$[-5,1]$上的最大值是________.

7. 函数$f(x)=x-\sin x$在$\left[-\frac{\pi}{2},\frac{\pi}{2}\right]$上的拐点为________.

8. 曲线 $f(x)=\frac{x}{x^2-1}$的水平渐近线为__________,垂直渐近线为__________.

二、选择题

1. 罗尔定理中条件是结论成立的 ( )

A. 必要非充分条件　B. 充分非必要条件

C. 充分必要条件　D. 既非充分也非必要条件

2. 设函数 $f(x)=(x+1)^{\frac{2}{3}}$,则点 $x=-1$ 是 $f(x)$的 ( )

A. 间断点　B. 驻点　C. 可微点　D. 极值点

3. 曲线 $y=e^{-x^2}$ ( )

A. 没有拐点　B. 有一个拐点　C. 有两个拐点　D. 有三个拐点

4. 下列函数对应的曲线在定义域上是凹的是 ( )

A. $y=e^{-x}$　B. $y=\ln(1+x^2)$　C. $y=x^2-x^3$　D. $y=\sin x$

5. 下面结论正确的是 ( )

A. 若 x_0 是函数的极值点,则必有 $f'(x_0)=0$

B. 若 $f'(x_0)=0$,则 x_0 一定是函数的极值点

C. 可导函数的极值点必定是函数的驻点

D. 可导函数的驻点必定是函数的极值点

6. 函数 $y=2x^3-6x^2-18x-7,x\in[1,4]$的最大值为 ( )

A. -61　B. -29　C. -47　D. -9

7. 函数 $y=x-\ln(1+x^2)$的极值为 ( )

A. 0　B. $1-\ln 2$　C. $-1-\ln 2$　D. 不存在

8. 计算$\lim\limits_{x\to a}\frac{\sin x-\sin a}{x-a}$的结果为 ( )

A. $\cos a$　B. $-\cos a$　C. -1　D. 1

三、综合题

1. 求极限:

(1) $\lim\limits_{x\to 0}\frac{x-\sin x}{x^3}$;　(2) $\lim\limits_{x\to+\infty}x\ln\left(1+\frac{1}{x}\right)$;

(3) $\lim\limits_{x\to 0^+}\sqrt[x]{1-2x}$;　(4) $\lim\limits_{x\to 0}\frac{e^{\sin^3 x}-1}{x(1-\cos x)}$;

(5) $\lim\limits_{x\to 0^+}\left[\frac{1}{x}-\frac{1}{\ln(1+x)}\right]$;　(6) $\lim\limits_{x\to 0^+}\frac{\ln\cos 3x}{\ln\cos x}$.

2. 研究下列函数的单调性并求极值:

(1) $y=x-\frac{3}{2}x^{\frac{2}{3}}$;　(2) $y=\frac{\ln x^2}{x}$;

(3) $y=x-2\sin x,x\in[0,2\pi]$;　(4) $y=2\sin x+\cos 2x,x\in(0,\pi)$.

3. 确定下列函数的凹凸性并求拐点:

(1) $y=e^x\cos x,x\in(0,2\pi)$;　(2) $y=x^3(1+x)$.

4. 证明下列不等式:

(1) $e^x>ex(x>1)$;　(2) $x^2>\ln(1+x^2)(x\neq 0)$.

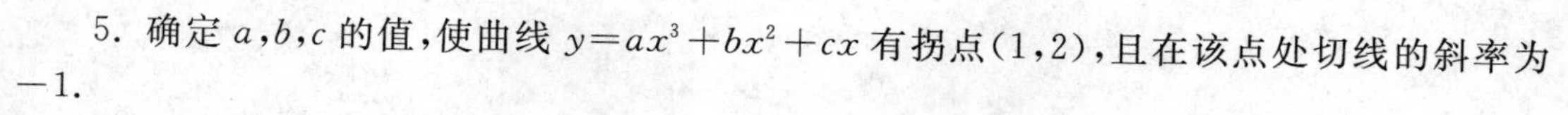

5. 确定 a,b,c 的值，使曲线 $y=ax^3+bx^2+cx$ 有拐点(1，2)，且在该点处切线的斜率为 -1.

6. 在函数 $y=xe^{-x}$ 的定义域内求一个区间，使函数在该区间内单调递增，且其图象在该区间内是凸的.

7. 一租赁公司有40套设备要出租，当租金定为每月200元/套时，设备可以全部租出；当每套每月租金提价10元时，出租的数量就会减少1套，对已出租的设备的维护费用为每月20元/套. 问租金定为多少时，公司的利润最大？最大利润是多少？

8. 某企业每月生产 q(百件)产品的总成本为 $C=C(q)=q^2+2q+100$(千元)，每月的销量为 q(百件)，若每百件的销售价格为4万元，试写出利润函数 $L(q)$，并求出利润是0时的月产量.

9. 作函数 $y=\frac{x}{x+1}$ 的图象.

第4章 不定积分

前面讨论的导数与微分、导数的应用，是已知两个变量之间的变化规律，求一个变量关于另一个变量的变化率.也有很多实际问题，不是要寻找某一个已知函数的导数，而是反过来，要寻找一个函数，使得它的导数恰好等于某一个已知函数，即求原函数，由此产生了积分学.在积分学中，有两个基本概念：不定积分和定积分.本章研究不定积分的概念、性质和基本积分方法.

§4-1 不定积分的概念与性质

一、原函数

引进两个问题：

问题1 设曲线 $y=f(x)$ 经过原点，曲线上任一点处存在切线，且切线斜率都等于切点处横坐标的两倍，求该曲线方程.

解 由导数的几何意义得

$$y'=2x, \tag{1}$$

不难验证 $y=x^2+C$（C 为任意常数）满足(1)式.又因为原点在曲线上，故 $x=0$ 时 $y=0$，代入(1)式得 $C=0$.因此所求曲线的方程为 $y=x^2$.

问题2 设生产某产品的边际成本函数为 $2q+3$（q 是产量），固定成本为5，试求成本函数.

解 根据导数的经济意义得

$$C'(q)=2q+3, \tag{2}$$

容易验证 $C(q)=q^2+3q+5$（即固定成本为5）满足(2)式.

以上讨论的问题，虽然研究的对象不同，但就其本质而言是相同的，都是已知某函数的导数 $F'(x)=f(x)$，求函数 $F(x)$.

定义1 设函数 $f(x)$，如果有函数 $F(x)$，使得

$$F'(x)=f(x) \text{ 或 } \mathrm{d}[F(x)]=f(x)\mathrm{d}x,$$

那么 $F(x)$ 称为 $f(x)$ 的一个**原函数**.

例如，$F(x)=\sin x$ 是 $f(x)=\cos x$ 的原函数，因为 $(\sin x)'=\cos x$ 或 $\mathrm{d}(\sin x)=\cos x\mathrm{d}x$；在上面两个问题中，因为 $(x^2)'=2x$，所以 x^2 是 $2x$ 的一个原函数；因为 $(q^2+3q+5)'=$

$2q+3$,所以 q^2+3q+5 是 $2q+3$ 的一个原函数.

二、不定积分

一个函数的原函数并不是唯一的.如果 $F(x)$是 $f(x)$的一个原函数,即 $F'(x)=f(x)$,那么对与 $F(x)$相差一个常数的函数 $G(x)=F(x)+C$,仍有 $G'(x)=f(x)$,所以 $G(x)$也是 $f(x)$的原函数.反过来,设 $G(x)$是 $f(x)$的任意一个原函数,那么

$F'(x)=G'(x)=f(x)$,$F'(x)-G'(x)=0$,$F(x)-G(x)=C$(C 为常数),

即 $G(x)=F(x)+C$.也即 $G(x)$与 $F(x)$仅相差一个常数.

总结正反两个方面可得两个结论:

(1) 若 $f(x)$存在原函数,则有无限个原函数;

(2) 若 $F(x)$是 $f(x)$的一个原函数,则 $f(x)$的全部原函数为 $F(x)+C$(C 为常数).

1. 不定积分的定义

如果函数 $f(x)$有一个原函数 $F(x)$,那么它就有无穷多个原函数,并且所有的原函数刚好组成函数族 $F(x)+C$(C 为常数).

定义 2　函数 $f(x)$的所有原函数的全体叫做函数 $f(x)$的**不定积分**,记作 $\int f(x)\mathrm{d}x$,即

$$\int f(x)\mathrm{d}x = F(x)+C\ (C\text{ 为常数}).$$

其中 $f(x)$称为**被积函数**,$f(x)\mathrm{d}x$ 称为**被积表达式**,x 称为**积分变量**,符号"$\int$"称为**积分号**,C 为**积分常数**.

应当注意,积分号"$\int$"是一种运算符号,它表示对已知函数求全部原函数,所以在求不定积分的结果中不能漏写 C.由不定积分的定义可见,求不定积分是求导运算的逆运算.

例 1　由导数的基本公式,写出下列函数的不定积分:

(1) $\int \sin x\mathrm{d}x$;　　(2) $\int \frac{\mathrm{d}x}{1+x^2}$.

解　(1)因为$(-\cos x)'=\sin x$,所以$-\cos x$ 是 $\sin x$ 的一个原函数,所以

$$\int \sin x\mathrm{d}x = -\cos x + C.$$

(2) 因为$(\arctan x)'=\frac{1}{1+x^2}$或$(-\mathrm{arccot}x)'=\frac{1}{1+x^2}$,所以得

$$\int \frac{\mathrm{d}x}{1+x^2} = \arctan x + C_1 = -\mathrm{arccot}x + C_2.$$

例 2　根据不定积分的定义验证:

$$\int \frac{2x}{1+x^2}\mathrm{d}x = \ln(1+x^2)+C.$$

证明　由于$[\ln(1+x^2)]'=\frac{2x}{1+x^2}$,所以 $\int \frac{2x}{1+x^2}\mathrm{d}x = \ln(1+x^2)+C$.

为了叙述简便,以后在不混淆的情况下,不定积分简称**积分**,求不定积分的方法和运算简称**积分法**和**积分运算**.

由于积分和求导互为逆运算,所以它们有如下关系(式中的 $F(x)$是被积函数 $f(x)$的一

个原函数)：

(1) $\left[\int f(x)\mathrm{d}x\right]'=[F(x)+C]'=f(x)$ 或 $\mathrm{d}\left[\int f(x)\mathrm{d}x\right]=\mathrm{d}[F(x)+C]=f(x)\mathrm{d}x$；

(2) $\int F'(x)\mathrm{d}x=\int f(x)\mathrm{d}x=F(x)+C$ 或 $\int \mathrm{d}[F(x)]=\int f(x)\mathrm{d}x=F(x)+C$.

例 3 写出下列各式的结果：

(1) $\left[\int \mathrm{e}^{ax}\cos(\ln x)\mathrm{d}x\right]'$；　　(2) $\mathrm{d}\left[\int(\arcsin x)^2\mathrm{d}x\right]$；

(3) $\int(\sqrt{a^2+x^2})'\mathrm{d}x$；　　(4) $\int \mathrm{d}\left(\frac{1}{2}\sin 2x\right)$.

解 (1) 由积分和微分是互为逆运算的关系，可知 $\left[\int \mathrm{e}^{ax}\cos(\ln x)\mathrm{d}x\right]'=\mathrm{e}^{ax}\cos(\ln x)$；

(2) 根据上面关系，可知 $\mathrm{d}\left[\int(\arcsin x)^2\mathrm{d}x\right]=(\arcsin x)^2\mathrm{d}x$；

(3) 根据上面关系，可知 $\int(\sqrt{a^2+x^2})'\mathrm{d}x=\sqrt{a^2+x^2}+C$；

(4) 根据上面关系，可知 $\int \mathrm{d}\left(\frac{1}{2}\sin 2x\right)=\frac{1}{2}\sin 2x+C$.

2. 不定积分的几何意义

$f(x)$的一个原函数 $F(x)$的图形叫做函数 $f(x)$的积分曲线，它的方程为 $y=F(x)$. 因 $F'(x)=f(x)$，故积分曲线上任意一点$(x,F(x))$处的切线的斜率恰好等于函数 $f(x)$在 x 处的函数值. 把这条积分曲线沿 y 轴的方向平移一段长度 C 时，我们就得到另一条积分曲线 $y=F(x)+C$. 函数 $f(x)$的每一条积分曲线都可因此获得，所以不定积分的图形就是这样获得的全部积分曲线所成的曲线族. 又因无论常数 C 取什么值，都有 $[F(x)+C]'=f(x)$，所以如果在每一条积分曲线上横坐标相同的点处作切线，这些切线是彼此平行的.

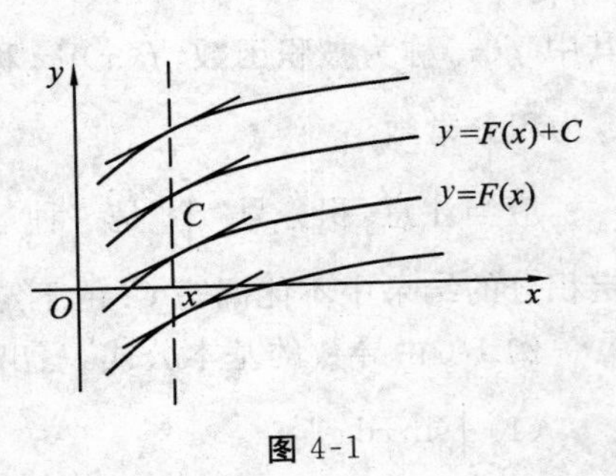

图 4-1

三、不定积分的基本公式

根据积分和微分的互逆关系，可以由基本初等函数的求导公式推得积分的基本公式.

(1) $\int \mathrm{d}x=x+C$；　　(2) $\int x^a\mathrm{d}x=\frac{1}{a+1}x^{a+1}+C(a\neq-1)$；

(3) $\int\frac{1}{x}\mathrm{d}x=\ln|x|+C$；　　(4) $\int \mathrm{e}^x\mathrm{d}x=\mathrm{e}^x+C$；

(5) $\int a^x\mathrm{d}x=\frac{a^x}{\ln a}+C$；　　(6) $\int\cos x\mathrm{d}x=\sin x+C$；

(7) $\int\sin x\mathrm{d}x=-\cos x+C$；　　(8) $\int\frac{1}{\sin^2 x}\mathrm{d}x=\int\csc^2 x\mathrm{d}x=-\cot x+C$；

(9) $\int\frac{1}{\cos^2 x}\mathrm{d}x=\int\sec^2 x\mathrm{d}x=\tan x+C$；　　(10) $\int\sec x\tan x\mathrm{d}x=\sec x+C$；

(11) $\int \csc x \cot x \mathrm{d}x = -\csc x + C$；　(12) $\int \frac{1}{1+x^2}\mathrm{d}x = \arctan x + C$；

(13) $\int \frac{1}{\sqrt{1-x^2}}\mathrm{d}x = \arcsin x + C$.

以上各不定积分是基本积分公式，它是求不定积分的基础，必须熟记、会用.

例 4　求不定积分：

(1) $\int \frac{1}{x^3}\mathrm{d}x$；　(2) $\int \frac{1}{\sqrt{x}}\mathrm{d}x$.

解　先把被积函数化为幂函数的形式，再利用基本积分公式(2)，得

(1) $\int \frac{1}{x^3}\mathrm{d}x = \int x^{-3}\mathrm{d}x = \frac{1}{-3+1}x^{-3+1} + C = -\frac{1}{2}x^{-2} + C = -\frac{1}{2x^2} + C$；

(2) $\int \frac{1}{\sqrt{x}}\mathrm{d}x = \int x^{-\frac{1}{2}}\mathrm{d}x = \frac{1}{-\frac{1}{2}+1}x^{-\frac{1}{2}+1} + C = 2x^{\frac{1}{2}} + C$.

四、不定积分的性质

性质 1　两个函数的和的积分等于各个函数的积分的和，即

$$\int [f(x) + g(x)]\mathrm{d}x = \int f(x)\mathrm{d}x + \int g(x)\mathrm{d}x.$$

证明　要证明这个等式的正确性，只要证明右边的导数等于左边的被积函数就行了.

$$\left[\int f(x)\mathrm{d}x + \int g(x)\mathrm{d}x\right]' = \left[\int f(x)\mathrm{d}x\right]' + \left[\int g(x)\mathrm{d}x\right]' = f(x) + g(x).$$

性质 1 可推广到有限多个函数代数和的情况，即

$$\int [f_1(x) \pm f_2(x) \pm \cdots \pm f_n(x)]\mathrm{d}x = \int f_1(x)\mathrm{d}x \pm \int f_2(x)\mathrm{d}x \pm \cdots \pm \int f_n(x)\mathrm{d}x.$$

性质 2　被积函数中的不为零的常数因子可以提到积分号外，即

$$\int kf(x)\mathrm{d}x = k\int f(x)\mathrm{d}x \text{（}k\text{ 为不等于零的常数）}.$$

证明　类似性质 1 的证法，有

$$\left[k\int f(x)\mathrm{d}x\right]' = k\left[\int f(x)\mathrm{d}x\right]' = kf(x).$$

利用不定积分的性质和基本积分表，我们可以求一些简单函数的不定积分.

例 5　求 $\int (3x + 5\cos x)\mathrm{d}x$.

解　$\int (3x + 5\cos x)\mathrm{d}x = \int 3x\mathrm{d}x + \int 5\cos x\mathrm{d}x = 3\int x\mathrm{d}x + 5\int \cos x\mathrm{d}x$

$$= \frac{3}{2}x^2 + C_1 + 5\sin x + C_2$$

$$= \frac{3}{2}x^2 + 5\sin x + (C_1 + C_2)$$

$$= \frac{3}{2}x^2 + 5\sin x + C.$$

其中 $C = C_1 + C_2$，即各积分常数可以合并. 因此，求代数和的不定积分时，只需在最后写出一

个积分常数 C 即可.

例 6 求 $\int \frac{(1-x)^3}{x^2}\mathrm{d}x$.

解 把被积函数变形,化为代数和形式,再分别积分.

$$\begin{aligned}\int \frac{(1-x)^3}{x^2}\mathrm{d}x &= \int \frac{1-3x+3x^2-x^3}{x^2}\mathrm{d}x = \int\left(\frac{1}{x^2}-\frac{3}{x}+3-x\right)\mathrm{d}x \\ &= \int \frac{\mathrm{d}x}{x^2}-3\int \frac{1}{x}\mathrm{d}x+3\int \mathrm{d}x-\int x\mathrm{d}x \\ &= -\frac{1}{x}-3\ln|x|+3x-\frac{1}{2}x^2+C.\end{aligned}$$

例 7 求不定积分 $\int \mathrm{e}^x\left(2^x+\frac{\mathrm{e}^{-x}}{\sqrt{1-x^2}}\right)\mathrm{d}x$.

解

$$\begin{aligned}\int \mathrm{e}^x\left(2^x+\frac{\mathrm{e}^{-x}}{\sqrt{1-x^2}}\right)\mathrm{d}x &= \int \mathrm{e}^x 2^x\mathrm{d}x+\int \frac{1}{\sqrt{1-x^2}}\mathrm{d}x \\ &= \int (2\mathrm{e})^x\mathrm{d}x+\int \frac{1}{\sqrt{1-x^2}}\mathrm{d}x \\ &= \frac{(2\mathrm{e})^x}{\ln 2\mathrm{e}}+\arcsin x+C \\ &= \frac{(2\mathrm{e})^x}{1+\ln 2}+\arcsin x+C.\end{aligned}$$

例 8 求不定积分 $\int \frac{x^4}{1+x^2}\mathrm{d}x$.

解

$$\begin{aligned}\int \frac{x^4}{1+x^2}\mathrm{d}x &= \int \frac{(x^4-1)+1}{1+x^2}\mathrm{d}x = \int\left(x^2-1+\frac{1}{1+x^2}\right)\mathrm{d}x \\ &= \int x^2\mathrm{d}x-\int \mathrm{d}x+\int \frac{1}{1+x^2}\mathrm{d}x \\ &= \frac{1}{3}x^3-x+\arctan x+C.\end{aligned}$$

例 9 求不定积分 $\int \frac{\cos 2x}{\sin^2 x\cos^2 x}\mathrm{d}x$.

解

$$\begin{aligned}\int \frac{\cos 2x}{\sin^2 x\cos^2 x}\mathrm{d}x &= \int \frac{\cos^2 x-\sin^2 x}{\sin^2 x\cos^2 x}\mathrm{d}x = \int\left(\frac{1}{\sin^2 x}-\frac{1}{\cos^2 x}\right)\mathrm{d}x \\ &= \int \csc^2 x\mathrm{d}x-\int \sec^2 x\mathrm{d}x = -\cot x-\tan x+C.\end{aligned}$$

例 10 某商场销售某商品的边际收入是 $32q-q^2$(万元/千件),其中 q 是销售量(千件),求收入函数及收入最大时的销售量.

解 设收入函数为 $R(q)$,由题设 $R'(q)=32q-q^2$,得

$$\begin{aligned}R(q) &= \int R'(q)\mathrm{d}q = \int (32q-q^2)\mathrm{d}q = \int 32q\mathrm{d}q-\int q^2\mathrm{d}q \\ &= \frac{32}{2}q^2-\frac{1}{3}q^3+C = 16q^2-\frac{1}{3}q^3+C.\end{aligned}$$

由销售量为 0 时收入为 0,即 $q=0$,可知 $C=0$,故所求收入函数为

$$R(q)=16q^2-\frac{1}{3}q^3\text{(万元)}.$$

又收入最大时的销售量是使 $R'(q)=32q-q^2=0$ 的 q 值，由此解得

$$q=32(q=0\text{ 舍去}),$$

即获得最大收入时的销售量为 32(千件).

从本例可以看到，在实际问题中需要的常常不是不定积分，而是某一个原函数，但为了确定这个原函数，必须先求出不定积分，然后根据条件确定积分常数.

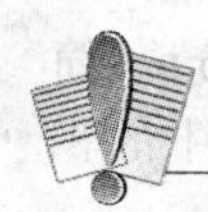

习题 4-1(A)

1. 什么叫 $f(x)$ 的原函数？什么叫 $f(x)$ 的不定积分？$f(x)$ 的不定积分的几何意义是什么？请举例说明.

2. 判断下列函数 $F(x)$ 是否是 $f(x)$ 的原函数，为什么？

(1) $F(x)=-\frac{1}{x}, f(x)=-\frac{1}{x^2}$；

(2) $F(x)=2x^2, f(x)=\frac{2x^3}{3}$；

(3) $F(x)=\frac{1}{3}e^{3x}+\pi, f(x)=e^{3x}$；

(4) $F(x)=-\frac{1}{3}\cos 3x, f(x)=\sin 3x$.

3. 问 $\int \sin x\cos x\mathrm{d}x=\frac{1}{2}\sin^2 x+C$ 与 $\int \sin x\cos x\mathrm{d}x=-\frac{1}{2}\cos^2 x+C$ 是否矛盾，为什么？

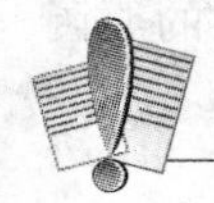

习题 4-1(B)

1. 求下列不定积分：

(1) $\int(2-\sqrt{x})x\mathrm{d}x$；　(2) $\int\sqrt{x\sqrt{x\sqrt{x}}}\mathrm{d}x$；

(3) $\int\frac{x+1}{\sqrt{x}}\mathrm{d}x$；　(4) $\int\frac{x-9}{\sqrt{x}+3}\mathrm{d}x$；

(5) $\int e^x\left(5-\frac{2e^{-x}}{\sqrt{1-x^2}}\right)\mathrm{d}x$；　(6) $\int\frac{3\cdot 2^x+4\cdot 3^x}{2^x}\mathrm{d}x$；

(7) $\int\sec x(\sec x-\tan x)\mathrm{d}x$；　(8) $\int\frac{1}{\sin^2 x\cos^2 x}\mathrm{d}x$；

(9) $\int\frac{3x^4+3x^2+1}{x^2+1}\mathrm{d}x$；　(10) $\int\frac{\cos 2x}{\sin x-\cos x}\mathrm{d}x$.

2. 已知一条曲线在任一点的切线斜率等于该点横坐标的倒数，且曲线过点$(e^3,5)$，求此曲线方程.

3. 某商品的边际成本是 $C'(q)=1000-20q+q^2$，其中 q 是产品的单位数，固定成本是 7000 元，且单位售价固定在 3400 元. 试求：

(1) 成本函数,收入函数,利润函数;

(2) 销售量是多少时可得最大利润,最大利润是多少.

§4-2 换元积分法

利用基本积分表与积分的基本性质,我们所能解决的不定积分问题是非常有限的.因此,有必要进一步来研究求不定积分的方法.本节要讲一种基本的积分法,即换元积分法,简称换元法.换元法的目的是要通过适当的变量代换,使所求积分简化为基本积分表中的积分.根据换元方式的不同,换元积分法可分为第一类换元积分法和第二类换元积分法.

一、第一类换元积分法

我们首先看一个例子,求 $\int \cos 3x \mathrm{d}x$, 因为被积函数是复合函数,在基本积分表中查不到,我们把积分式作如下变换:

$$\int \cos 3x \mathrm{d}x = \frac{1}{3}\int \cos 3x \mathrm{d}(3x) \xlongequal{\text{令 } 3x = u} \frac{1}{3}\int \cos u \mathrm{d}u$$

$$= \frac{1}{3}\sin u + C \xlongequal{u = 3x \text{ 回代}} \frac{1}{3}\sin 3x + C.$$

从计算结果来分析,容易证明 $\frac{1}{3}\sin 3x$ 是 $\cos 3x$ 的一个原函数,也就是说上述计算是正确的.

对于一般情况,可以有如下的定理:

定理 1 设 $f(u)$ 具有原函数 $F(u)$, $u=\varphi(x)$ 可导,则 $F[\varphi(x)]$ 是 $f[\varphi(x)]\varphi'(x)$ 的原函数,即有换元公式

$$\int f[\varphi(x)]\varphi'(x)\mathrm{d}x = F[\varphi(x)] + C.$$

证明 因为 $F(u)$ 是 $f(u)$ 的一个原函数,所以 $F'(u)=f(u)$.

由复合函数的微分法得

$$\mathrm{d}\{F[\varphi(x)]\} = F'(u) \cdot \varphi'(x)\mathrm{d}x = f[\varphi(x)]\varphi'(x)\mathrm{d}x,$$

所以
$$\int f[\varphi(x)]\varphi'(x)\mathrm{d}x = F[\varphi(x)] + C.$$

从这个定理我们看到:在积分表达式中作变量代换 $u=\varphi(x)$ ($\mathrm{d}[\varphi(x)]=\varphi'(x)\mathrm{d}x$),变原积分为 $\int f(u)\mathrm{d}u$, 利用已知 $f(u)$ 的原函数是 $F(u)$ 得到积分,因此通常称为**第一类换元积分法**.

运用定理 1 的关键是将积分式中 $\varphi'(x)\mathrm{d}x$ 凑成某一个函数 $\varphi(x)$ 的微分,即 $\varphi'(x)\mathrm{d}x=\mathrm{d}[\varphi(x)]$. 因此,也叫凑微分.

例 1 求 $\int (ax+b)^{99}\mathrm{d}x$.

解 因为 $\mathrm{d}x=\frac{1}{a}\mathrm{d}(ax+b)$, 所以

$$\int (ax+b)^{99}\mathrm{d}x = \frac{1}{a}\int (ax+b)^{99}\mathrm{d}(ax+b) \xlongequal{\text{令 } ax+b=u} \frac{1}{a}\int u^{99}\mathrm{d}u$$

$$= \frac{1}{100a}u^{100} + C \xlongequal{u=ax+b\text{ 回代}} \frac{1}{100a}(ax+b)^{100} + C.$$

例 2　求 $\int \sin(3x+1)\mathrm{d}x$.

解　因为 $\mathrm{d}x=\frac{1}{3}\mathrm{d}(3x+1)$，所以

$$\int \sin(3x+1)\mathrm{d}x = \frac{1}{3}\int \sin(3x+1)\mathrm{d}(3x+1) \xlongequal{\text{令 } 3x+1=u} \frac{1}{3}\int \sin u\mathrm{d}u$$

$$= -\frac{1}{3}\cos u + C \xlongequal{3x+1=u\text{ 回代}} -\frac{1}{3}\cos(3x+1) + C.$$

例 3　$\int \frac{\mathrm{d}x}{2x+1}$.

解　因为 $\mathrm{d}x=\frac{1}{2}\mathrm{d}(2x+1)$，所以

$$\int \frac{\mathrm{d}x}{2x+1} = \frac{1}{2}\int \frac{\mathrm{d}(2x+1)}{2x+1} \xlongequal{\text{令 } 2x+1=u} \frac{1}{2}\int \frac{\mathrm{d}u}{u}$$

$$= \frac{1}{2}\ln|u| + C \xlongequal{u=2x+1\text{ 回代}} \frac{1}{2}\ln|2x+1| + C.$$

由以上例子可以看出，凑微分法是积分计算中应用广泛且十分有效的一种方法. 我们若能记住以下一些常用的微分式子，对使用凑微分法是十分有益的.

$\mathrm{d}x=\frac{1}{a}\mathrm{d}(ax)$；　　$x\mathrm{d}x=\frac{1}{2}\mathrm{d}(x^2)$；

$\frac{1}{x}\mathrm{d}x=\mathrm{d}(\ln|x|)$；　　$\frac{1}{\sqrt{x}}\mathrm{d}x=2\mathrm{d}(\sqrt{x})$；

$\frac{1}{x^2}\mathrm{d}x=-\mathrm{d}\left(\frac{1}{x}\right)$；　　$\frac{1}{1+x^2}\mathrm{d}x=\mathrm{d}(\arctan x)$；

$\frac{1}{\sqrt{1-x^2}}\mathrm{d}x=\mathrm{d}(\arcsin x)$；　　$\mathrm{e}^x\mathrm{d}x=\mathrm{d}(\mathrm{e}^x)$；

$\sin x\mathrm{d}x=-\mathrm{d}(\cos x)$；　　$\cos x\mathrm{d}x=\mathrm{d}(\sin x)$；

$\sec^2 x\mathrm{d}x=\mathrm{d}(\tan x)$；　　$\csc^2 x\mathrm{d}x=-\mathrm{d}(\cot x)$；

$\sec x\tan x\mathrm{d}x=\mathrm{d}(\sec x)$；　　$\csc x\cot x\mathrm{d}x=-\mathrm{d}(\csc x)$.

在应用凑微分法熟练之后，可以省略 $\varphi(x)=u$ 一步，直接写出结果.

例 4　求 $\int \frac{\ln x}{x}\mathrm{d}x$.

解　$\int \frac{\ln x}{x}\mathrm{d}x = \int \ln x\mathrm{d}(\ln x) = \frac{1}{2}(\ln x)^2 + C.$

例 5　求 $\int \frac{x}{\sqrt{a^2-x^2}}\mathrm{d}x$.

解　$\int \frac{x}{\sqrt{a^2-x^2}}\mathrm{d}x = -\frac{1}{2}\int \frac{1}{\sqrt{a^2-x^2}}\mathrm{d}(a^2-x^2) = -\sqrt{a^2-x^2} + C.$

例 6 求$\int xe^{x^2}dx$.

解 $\int xe^{x^2}dx = \frac{1}{2}\int e^{x^2}d(x^2) = \frac{1}{2}e^{x^2} + C.$

例 7 求$\int \frac{1}{x^2}\sin\frac{1}{x}dx$.

解 $\int \frac{1}{x^2}\sin\frac{1}{x}dx = -\int \sin\frac{1}{x}d\left(\frac{1}{x}\right) = \cos\frac{1}{x} + C.$

例 8 求$\int \frac{1}{\sqrt{a^2-x^2}}dx(a>0)$.

解 $\int \frac{1}{\sqrt{a^2-x^2}}dx = \int \frac{1}{a\sqrt{1-\left(\frac{x}{a}\right)^2}}dx = \int \frac{1}{\sqrt{1-\left(\frac{x}{a}\right)^2}}d\left(\frac{x}{a}\right) = \arcsin\frac{x}{a} + C.$

例 9 求$\int \frac{1}{a^2+x^2}dx$.

解 $\int \frac{1}{a^2+x^2}dx = \frac{1}{a^2}\int \frac{1}{1+\left(\frac{x}{a}\right)^2}dx = \frac{1}{a}\int \frac{1}{1+\left(\frac{x}{a}\right)^2}d\left(\frac{x}{a}\right) = \frac{1}{a}\arctan\left(\frac{x}{a}\right) + C.$

例 10 求$\int \frac{1}{a^2-x^2}dx$.

解
$$\begin{aligned}\int \frac{1}{a^2-x^2}dx &= \frac{1}{2a}\int\left(\frac{1}{a+x}+\frac{1}{a-x}\right)dx \\ &= \frac{1}{2a}\left[\int\frac{1}{a+x}d(a+x) - \int\frac{1}{a-x}d(a-x)\right] = \frac{1}{2a}\ln\left|\frac{a+x}{a-x}\right| + C.\end{aligned}$$

例 11 求$\int \tan x dx$.

解 $\int \tan x dx = \int \frac{\sin x}{\cos x}dx = -\int \frac{1}{\cos x}d(\cos x) = -\ln|\cos x| + C.$

类似可得$\int \cot x dx = \ln|\sin x| + C$.

例 12 求$\int \sec x dx$.

解 $\int \sec x dx = \int \frac{1}{\cos x}dx = \int \frac{\cos x}{\cos^2 x}dx = \int \frac{d(\sin x)}{1-\sin^2 x}$,

利用例 10 的结论得

$$\int \sec x dx = \frac{1}{2}\ln\left|\frac{1+\sin x}{1-\sin x}\right| + C = \frac{1}{2}\ln\left(\frac{1+\sin x}{\cos x}\right)^2 + C = \ln|\sec x + \tan x| + C.$$

类似可得$\int \csc x dx = \ln|\csc x - \cot x| + C$.

例 13 求$\int \sin^2 x\cos x dx$.

解 $\int \sin^2 x\cos x dx = \int \sin^2 x d(\sin x) = \frac{1}{3}\sin^3 x + C.$

例 14 求$\int \sin^4 x dx$.

解　$\int \sin^4 x\mathrm{d}x = \int \left(\frac{1-\cos 2x}{2}\right)^2 \mathrm{d}x = \frac{1}{4}\int\left(1-2\cos 2x+\frac{1+\cos 4x}{2}\right)\mathrm{d}x$

$$= \frac{1}{8}\int(3-4\cos 2x+\cos 4x)\mathrm{d}x = \frac{3}{8}x-\frac{1}{4}\sin 2x+\frac{1}{32}\sin 4x+C.$$

例 15　求 $\int \sin 5x\cos 2x\mathrm{d}x$.

解　容易验证，对任意 A,B 成立 $\sin A\cos B=\frac{1}{2}[\sin(A+B)+\sin(A-B)]$，所以

$$\begin{aligned}\int \sin 5x\cos 2x\mathrm{d}x &= \frac{1}{2}\int(\sin 7x+\sin 3x)\mathrm{d}x\\ &= \frac{1}{2}\cdot\frac{1}{7}\int\sin 7x\mathrm{d}(7x)+\frac{1}{2}\cdot\frac{1}{3}\int\sin 3x\mathrm{d}(3x)\\ &= -\frac{1}{14}\cos 7x-\frac{1}{6}\cos 3x+C.\end{aligned}$$

例 16　求 $\int\frac{x}{1+x}\mathrm{d}x$.

解　$\int\frac{x}{1+x}\mathrm{d}x = \int\frac{1+x-1}{1+x}\mathrm{d}x = \int\left(1-\frac{1}{1+x}\right)\mathrm{d}x = x-\ln|1+x|+C.$

例 17　求 $\int\frac{\arctan\sqrt{x}}{\sqrt{x}(1+x)}\mathrm{d}x$.

解　$\int\frac{\arctan\sqrt{x}}{\sqrt{x}(1+x)}\mathrm{d}x = 2\int\frac{\arctan\sqrt{x}}{1+(\sqrt{x})^2}\mathrm{d}(\sqrt{x})$

$$= 2\int\arctan\sqrt{x}\mathrm{d}(\arctan\sqrt{x}) = \arctan^2\sqrt{x}+C.$$

例 18　求 $\int\frac{2x+5}{x^2+4x+5}\mathrm{d}x$.

解　$\int\frac{2x+5}{x^2+4x+5}\mathrm{d}x = \int\frac{(2x+4)+1}{x^2+4x+5}\mathrm{d}x = \int\frac{\mathrm{d}(x^2+4x+5)}{x^2+4x+5}+\int\frac{1}{x^2+4x+5}\mathrm{d}x$

$$\begin{aligned}&= \ln(x^2+4x+5)+\int\frac{1}{(x+2)^2+1}\mathrm{d}(x+2)\\ &= \ln(x^2+4x+5)+\arctan(x+2)+C.\end{aligned}$$

二、第二类换元积分法

第一类换元积分法是先凑微分，但是有些积分不容易凑出微分. 下面要学习的第二类换元法是令 $x=\varphi(t)$（$\mathrm{d}x=\varphi'(t)\mathrm{d}t$），把对 x 的积分 $\int f(x)\mathrm{d}x$ 变成对 t 的积分 $\int f[\varphi(t)]\varphi'(t)\mathrm{d}t$.

定理 2　设 $x=\varphi(t)$ 是单调、可导的函数，并且 $\varphi'(t)\neq 0$，又设 $f[\varphi(t)]\varphi'(t)$ 具有原函数 $\Phi(t)$，则 $\int f(x)\mathrm{d}x \xlongequal{\text{令 } x=\varphi(t)} \int f[\varphi(t)]\varphi'(t)\mathrm{d}t = \Phi(t)+C \xlongequal{t=\varphi^{-1}(x)\text{ 回代}} \Phi[\varphi^{-1}(x)]+C.$

例 19　求 $\int\frac{1}{1+\sqrt{x}}\mathrm{d}x$.

解　令 $\sqrt{x}=t$，则 $x=t^2$（即代换掉难处理的项 $\sqrt{x}$），$\mathrm{d}x=2t\mathrm{d}t$. 于是有

$$\int \frac{1}{1+\sqrt{x}}\mathrm{d}x = 2\int \frac{t\mathrm{d}t}{1+t} = 2\int\left(1-\frac{1}{1+t}\right)\mathrm{d}t$$

$$=2[t-\ln(1+t)]+C \xlongequal{t=\sqrt{x}\text{回代}} 2\sqrt{x}-2\ln(1+\sqrt{x})+C.$$

例 20 求 $\int \frac{1}{\sqrt{x}(1+\sqrt[4]{x})^3}\mathrm{d}x$.

解 令 $\sqrt[4]{x}=t$，则 $x=t^4$（即代换掉难处理的项 $\sqrt{x}$ 和 $\sqrt[4]{x}$），$\mathrm{d}x=4t^3\,\mathrm{d}t$. 于是有

$$\int \frac{1}{\sqrt{x}(1+\sqrt[4]{x})^3}\mathrm{d}x = 4\int \frac{t\mathrm{d}t}{(1+t)^3} = 4\int\left[\frac{1}{(1+t)^2}-\frac{1}{(1+t)^3}\right]\mathrm{d}t$$

$$=-\frac{4}{1+t}+\frac{2}{(1+t)^2}+C \xlongequal{t=\sqrt[4]{x}\text{回代}} \frac{2}{(1+\sqrt[4]{x})^2}-\frac{4}{1+\sqrt[4]{x}}+C.$$

例 21 求 $\int \frac{1}{x}\sqrt{\frac{1+x}{x}}\mathrm{d}x$.

解 令 $\sqrt{\frac{1+x}{x}}=t$，则 $x=\frac{1}{t^2-1}$（即代换掉难处理的项 $\sqrt{\frac{1+x}{x}}$），$\mathrm{d}x=-\frac{2t}{(t^2-1)^2}\mathrm{d}t$. 于是有

$$\int \frac{1}{x}\sqrt{\frac{1+x}{x}}\mathrm{d}x = -2\int \frac{t^2}{t^2-1}\mathrm{d}t = -2\int \frac{(t^2-1)+1}{t^2-1}\mathrm{d}t = -2\int\left(1+\frac{1}{t^2-1}\right)\mathrm{d}t$$

$$=-2t-2\int \frac{1}{t^2-1}\mathrm{d}t = -2t-\ln\left|\frac{t-1}{t+1}\right|+C$$

$$=-2\sqrt{\frac{1+x}{x}}-\ln\left|\frac{\sqrt{\frac{1+x}{x}}-1}{\sqrt{\frac{1+x}{x}}+1}\right|+C.$$

例 22 求 $\int \sqrt{a^2-x^2}\mathrm{d}x\ (a>0)$.

解 令 $x=a\sin t\left(-\frac{\pi}{2}<t<\frac{\pi}{2}\right)$，则 $\mathrm{d}x=a\cos t\mathrm{d}t$，$\sqrt{a^2-x^2}=a\cos t$. 于是有

$$\int \sqrt{a^2-x^2}\,\mathrm{d}x = a^2\int \cos^2 t\mathrm{d}t = \frac{a^2}{2}\int(1+\cos 2t)\mathrm{d}t = a^2\left(\frac{t}{2}+\frac{\sin 2t}{4}\right)+C.$$

为了能方便地进行变量的回代，根据 $\sin t=\frac{x}{a}$ 作一个直角三角形，称为辅助三角形，利用边角关系来实现替换. 如图 4-2 所示，得

$$t=\arcsin\frac{x}{a},\ \cos t=\frac{\sqrt{a^2-x^2}}{a},$$

$$\sin 2t=2\sin t\cos t=\frac{2x\sqrt{a^2-x^2}}{a^2}.$$

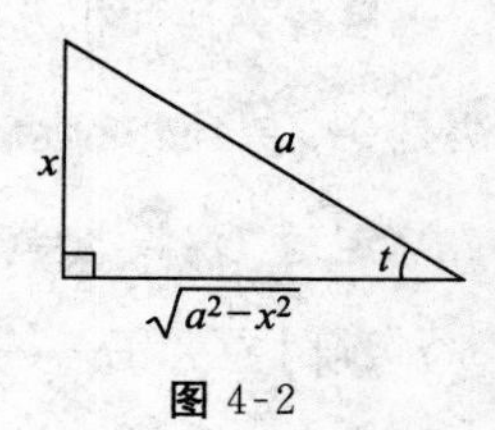

图 4-2

于是有 $$\int \sqrt{a^2-x^2}\mathrm{d}x = \frac{a^2}{2}\arcsin\frac{x}{a}+\frac{x\sqrt{a^2-x^2}}{2}+C.$$

例 23 求 $\int \frac{\mathrm{d}x}{\sqrt{x^2+a^2}}$.

解　令 $x=a\tan t$，则 $dx=a\sec^2 t dt$，$\sqrt{a^2+x^2}=a\sec t$. 于是有

$$\int\frac{dx}{\sqrt{x^2+a^2}}=\int\frac{a\sec^2 t dt}{a\sec t}=\int\sec t dt=\ln|\sec t+\tan t|+C.$$

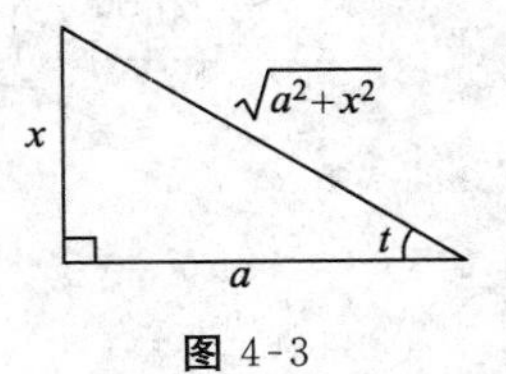

图 4-3

类似于上例，根据 $\tan t=\frac{x}{a}$ 作辅助三角形，如图 4-3 所示，得

$$\int\frac{dx}{\sqrt{x^2+a^2}}=\ln\left|\frac{x+\sqrt{x^2+a^2}}{a}\right|+C$$

$$=\ln|x+\sqrt{x^2+a^2}|+C_1(C_1=C-\ln a).$$

例 24　求 $\int\frac{dx}{\sqrt{x^2-a^2}}$.

解　令 $x=a\sec t$，则 $dx=a\sec t\tan t dt$，$\sqrt{a^2-x^2}=a\tan t$. 于是有

$$\int\frac{dx}{\sqrt{x^2-a^2}}=\int\frac{a\sec t\tan t dt}{a\tan t}=\int\sec t dt$$

$$=\ln|\sec t+\tan t|+C.$$

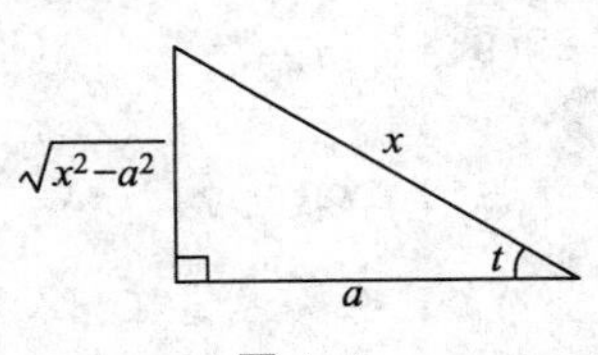

图 4-4

仍然应用辅助三角形，如图 4-4 所示，得

$$\int\frac{dx}{\sqrt{x^2-a^2}}=\ln|x+\sqrt{x^2-a^2}|+C_1(C_1=C-\ln a).$$

上面例 22 至例 24 中，都以三角式代换来消去二次根式，称这种方法为三角代换法，它也是积分中常用的代换方法之一. 一般地，根据被积函数的根式类型，常用的变形如下：

(1) 被积函数中含有 $\sqrt{a^2-x^2}$，令 $x=a\sin t$ 或 $x=a\cos t$；

(2) 被积函数中含有 $\sqrt{a^2+x^2}$，令 $x=a\tan t$ 或 $x=a\cot t$；

(3) 被积函数中含有 $\sqrt{x^2-a^2}$，令 $x=a\sec t$ 或 $x=a\csc t$.

但要说明的是不可拘泥于上述规定，应视被积函数的具体情况，尽可能选取简单的代换. 例如，对 $\int\frac{dx}{\sqrt{a^2-x^2}}$，$\int x\sqrt{x^2+a^2}dx$ 用凑微分法显然比用三角代换更简捷.

上述例题的部分结果，在求其他积分时经常遇到. 因此，通常将它们作为公式直接引用. 除了前面已经列出的 13 个基本积分公式外，下面 8 个结果也作为基本积分公式使用：

(14) $\int\tan x dx=-\ln|\cos x|+C$；

(15) $\int\cot x dx=\ln|\sin x|+C$；

(16) $\int\sec x dx=\ln|\sec x+\tan x|+C$；

(17) $\int\csc x dx=\ln|\csc x-\cot x|+C$；

(18) $\int\frac{1}{a^2+x^2}dx=\frac{1}{a}\arctan\left(\frac{x}{a}\right)+C$；

(19) $\int\frac{1}{a^2-x^2}dx=\frac{1}{2a}\ln\left|\frac{a+x}{a-x}\right|+C(a\neq 0)$；

(20) $\int\frac{1}{\sqrt{a^2-x^2}}dx=\arcsin\left(\frac{x}{a}\right)+C(a>0)$；

(21) $\int \frac{1}{\sqrt{x^2 \pm a^2}} dx = \ln | x + \sqrt{x^2 \pm a^2} | + C.$

习题 4-2(A)

1. 填空：

(1) $d(3x) = (\quad) dx$；

(2) $dx = (\quad) d(5x+1)$；

(3) $d(x^3) = (\quad) dx$；

(4) $x dx = (\quad) d(ax^2+b)$；

(5) $\frac{1}{\sqrt{x}} dx = (\quad) d(\sqrt{x})$；

(6) $x^2 dx = (\quad) d(x^3)$；

(7) $e^x dx = (\quad) d(e^x)$；

(8) $\sin x dx = (\quad) d(\cos x)$；

(9) $\frac{1}{x} dx = (\quad) d(2\ln|x|)$；

(10) $\frac{1}{x^2} dx = (\quad) d\left(\frac{1}{x}+1\right)$；

(11) $d(\arcsin x) = (\quad) dx$；

(12) $\frac{1}{1+x^2} dx = d(\quad)$.

2. 下列做法错在何处？请改正之：

(1) $\int e^{3x} dx = e^{3x} + C$；

(2) $\int (x+1)^6 dx = \frac{1}{7}(x+1)^7$；

(3) $\int \sin\sqrt{x} d(\sqrt{x}) = \cos\sqrt{x} + C$；

(4) $\int e^{-x} dx = e^{-x} + C$；

(5) $\int x^2 \sin(x^3+1) dx = \frac{1}{3}\int (x^3+1) d(x^3+1)$；

(6) $\int \sin x \cos x dx = \int \sin x d(\sin x) = -\cos x + C$；

(7) $\int \frac{1}{1+\sqrt{x}} dx = \int \frac{1}{1+u} du = \ln|1+u| + C = \ln(1+\sqrt{x})$（其中令$\sqrt{x} = u$）；

(8) $\int \sqrt{1-x^2} dx = \int \cos u du = \sin u + C = \sin x + C$（其中令 $x = \sin u$）.

3. 求下列不定积分：

(1) $\int (2x+1)^6 d(2x+1)$；

(2) $\int \sqrt{2x+1} d(2x+1)$；

(3) $\int \frac{1}{3x+5} d(3x+5)$；

(4) $\int \frac{1}{1+9x^2} d(3x)$；

(5) $\int \frac{1}{\sqrt{\cos x}} d(\cos x)$；

(6) $\int \frac{1}{\cos^2 2x} d(2x)$；

(7) $\int \frac{1}{\sqrt{1-9x^2}} d(3x)$；

(8) $\int e^{-3x} d(3x)$；

(9) $\int \cos 2x d(2x)$；

(10) $\int \sin 5x d(5x)$.

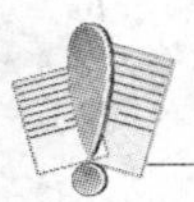

习题 4-2(B)

1. 求下列不定积分：

(1) $\int(2x+1)^3\mathrm{d}x$；

(2) $\int\sqrt[3]{3-5x}\mathrm{d}x$；

(3) $\int\frac{\sqrt[3]{\ln x}}{x}\mathrm{d}x$；

(4) $\int\frac{1}{x^2}\mathrm{e}^{\frac{1}{x}}\mathrm{d}x$；

(5) $\int\mathrm{e}^{\sin x}\cos x\mathrm{d}x$；

(6) $\int\frac{\cos\sqrt{x}}{\sqrt{x}}\mathrm{d}x$；

(7) $\int\frac{1}{\sqrt{9-x^2}}\mathrm{d}x$；

(8) $\int\frac{1}{\sqrt{3+2x-x^2}}\mathrm{d}x$；

(9) $\int\frac{1}{9+25x^2}\mathrm{d}x$；

(10) $\int\frac{1}{5+4x+4x^2}\mathrm{d}x$；

(11) $\int\frac{2x+2}{x^2+2x+2}\mathrm{d}x$；

(12) $\int\frac{\sin x\cos x}{1+\sin^4 x}\mathrm{d}x$；

(13) $\int\frac{\sin(\ln x)}{x}\mathrm{d}x$；

(14) $\int\frac{1}{x\ln x\ln(\ln x)}\mathrm{d}x$；

(15) $\int\frac{2x-1}{\sqrt{1-x^2}}\mathrm{d}x$；

(16) $\int\frac{x-a}{\sqrt{a^2-x^2}}\mathrm{d}x$；

(17) $\int\sin^4 x\cos^5 x\mathrm{d}x$；

(18) $\int\cos 3x\cos x\mathrm{d}x$；

(19) $\int\sin 5x\sin 3x\mathrm{d}x$

(20) $\int\tan^3 x\sec^4 x\mathrm{d}x$；

(21) $\int\frac{\sin^4 x}{\cos^2 x}\mathrm{d}x$；

(22) $\int\frac{1}{x^2-4}\mathrm{d}x$；

(23) $\int\frac{1}{\cos^2 x\sqrt{1+\tan x}}\mathrm{d}x$；

(24) $\int\frac{\ln\tan x}{\sin x\cos x}\mathrm{d}x$；

(25) $\int\frac{\sec^2 x}{2+\tan^2 x}\mathrm{d}x$；

(26) $\int\frac{1}{4x^2+4x-3}\mathrm{d}x$.

2. 求下列不定积分：

(1) $\int\frac{1}{1+\sqrt[3]{1+x}}\mathrm{d}x$；

(2) $\int\frac{\sqrt{1+x}}{1+\sqrt{1+x}}\mathrm{d}x$；

(3) $\int\frac{1}{\sqrt{x}(1+\sqrt[3]{x})}\mathrm{d}x$；

(4) $\int\frac{1}{\sqrt{2x+1}-\sqrt[4]{2x+1}}\mathrm{d}x$；

(5) $\int\sqrt{9-x^2}\mathrm{d}x$；

(6) $\int t\sqrt{25-t^2}\mathrm{d}t$；

(7) $\int\frac{1}{x\sqrt{x^2-1}}\mathrm{d}x$；

(8) $\int\frac{1}{x^2\sqrt{x^2-9}}\mathrm{d}x$；

(9) $\int\frac{\sqrt{x^2-2x}}{x-1}\mathrm{d}x$；

(10) $\int\frac{x^2}{\sqrt{9-x^2}}\mathrm{d}x$；

(11) $\int \frac{1}{\sqrt{1+e^x}}dx$；　　　　(12) $\int \frac{e^x-1}{e^x+1}dx$.

§4-3　分部积分法

分部积分法是另一种基本的积分方法，它常用于被积分函数是两种不同类型函数乘积的积分. 例如，类似于$\int x\ln^2 x dx$，$\int e^x \sin x dx$，$\int a^x x^n dx$的积分. 分部积分法是在乘积微分法则基础上推导出来的.

设函数$u=u(x)$，$v=v(x)$均具有连续导数，则由两个函数乘积的微分法则可得

$$d(uv)=udv+vdu \text{ 或 } udv=d(uv)-vdu,$$

两边积分得

$$\int udv=\int d(uv)-\int vdu=uv-\int vdu,$$

称这个公式为**分部积分公式**.

分部积分公式把计算积分$\int udv$化为计算积分$\int vdu$，适用于前者不易计算，而后者容易计算的情形，从而起到化难为易的作用.

例 1　求$\int x\cos x dx$.

解　令$u=x$，$\cos x dx=d(\sin x)=dv$，根据积分公式得到

$$\int x\cos x dx=\int x d(\sin x)=x\sin x-\int \sin x dx=x\sin x+\cos x+C.$$

该例如果令$u=\cos x$，$xdx=d\left(\frac{x^2}{2}\right)=dv$，则

$$\int x\cos x dx=\int \cos x d\left(\frac{x^2}{2}\right)=\frac{x^2}{2}\cos x+\int \frac{x^2}{2}\sin x dx.$$

上式右端的新积分$\int \frac{x^2}{2}\sin x dx$比左端的原积分$\int x\cos x dx$更难积出. 因此，这样选取$u$，$v$是不合适的. 由此可见，应用分部积分法是否有效，关键是正确选择u，v. 一般来说，选择u，v可依据以下两个原则：

(1) 由$\varphi(x)dx=dv$，使v容易求出；

(2) 等式右端积分$\int vdu$比原积分$\int udv$更容易计算.

例 2　$\int x\ln x dx$.

解　令$u=\ln x$，$xdx=d\left(\frac{x^2}{2}\right)=dv$，则

$$\int x\ln x dx=\int \ln x d\left(\frac{x^2}{2}\right)=\frac{x^2}{2}\ln x-\frac{1}{2}\int x dx=\frac{x^2}{2}\ln x-\frac{x^2}{4}+C.$$

例 3　$\int xe^x dx$.

解　令 $u=x$，$e^x dx=d(e^x)=dv$，则

$$\int xe^x dx=\int xd(e^x)=xe^x-\int e^x dx=xe^x-e^x+C=e^x(x-1)+C.$$

例 4　$\int x^2e^x dx$.

解　令 $u=x^2$，$e^x dx=d(e^x)=dv$，则

$$\int x^2e^x dx=\int x^2d(e^x)=x^2e^x-2\int xe^x dx.$$

对于 $\int xe^x dx$，上题已有结论 $\int xe^x dx=e^x(x-1)+C$，所以

$$\int x^2e^x dx=x^2e^x-2\int xe^x dx=x^2e^x-2xe^x+2e^x+C=e^x(x^2-2x+2)+C.$$

例 5　$\int \arctan x dx$.

解　令 $u=\arctan x$，$dx=dv$，则

$$\begin{aligned}\int \arctan x dx&=x\arctan x-\int\frac{xdx}{1+x^2}=x\arctan x-\frac{1}{2}\int\frac{1}{1+x^2}d(1+x^2)\\&=x\arctan x-\frac{1}{2}\ln(1+x^2)+C.\end{aligned}$$

例 6　$\int \arccos x dx$.

解　令 $u=\arccos x$，$dx=dv$，则

$$\begin{aligned}\int \arccos x dx&=x\arccos x+\int\frac{xdx}{\sqrt{1-x^2}}\\&=x\arccos x-\frac{1}{2}\int\frac{1}{\sqrt{1-x^2}}d(1-x^2)\\&=x\arccos x-\sqrt{1-x^2}+C.\end{aligned}$$

例 7　$\int e^x \sin x dx$.

解　令 $u=e^x$，$\sin x dx=d(-\cos x)=dv$，则

$$\int e^x\sin x dx=-\int e^x d(\cos x)=-e^x\cos x+\int e^x\cos x dx.$$

对于 $\int e^x\cos x dx$，再次使用分部积分法，仍然将 e^x 视为 u，$\cos x dx=d(\sin x)$ 视为 dv，则

$$\int e^x\sin x dx=-e^x\cos x+\int e^x d(\sin x)=-e^x\cos x+e^x\sin x-\int e^x\sin x dx,$$

所以

$$2\int e^x\sin x dx=-e^x\cos x+e^x\sin x+C_1,$$

即

$$\int e^x\sin x dx=\frac{e^x}{2}(\sin x-\cos x)+C\left(C=\frac{C_1}{2}\right).$$

注　此例亦可将 $\sin x$ 选作 u，$e^x dx=d(e^x)=dv$，读者可自行验证.

从上述这些例题可以看出，当被积函数具有表列形式时，使用分部积分法一般都能奏效，而且 u，v 的选择是有规律可循的，见下表：

被积表达式($P_n(x)$为多项式)	$u(x)$	dv
$P_n(x)\cdot\sin ax dx, P_n(x)\cdot\cos ax dx, P_n(x)\cdot e^{ax}dx$	$P_n(x)$	$\sin ax dx$, $\cos ax dx$, $e^{ax}dx$
$P_n(x)\cdot\ln x dx, P_n(x)\cdot\arcsin x dx, P_n(x)\cdot\arctan x dx$	$\ln x, \arcsin x, \arctan x$	$P_n(x)dx$
$e^{ax}\cdot\sin bx dx, e^{ax}\cdot\cos bx dx$	$e^{ax}, \sin bx, \cos bx$ 均可选作 $u(x)$,余下作为 dv	

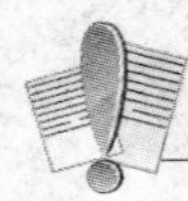

习题 4-3(A)

1. 对 $\int x\cos x dx$ (例 1)使用分部积分法时,若选择 $u=\cos x, dv=xdx$ 来计算合适吗?为什么?

2. 下面做法在计算时虽然正确,但出现循环而得不到结果,你能发现问题所在吗?

$$\int e^x\cos x dx=\int \cos x d(e^x)=e^x\cos x-\int e^x d(\cos x)$$
$$=e^x\cos x-\left[e^x\cos x-\int \cos x d(e^x)\right]=\int e^x\cos x dx.$$

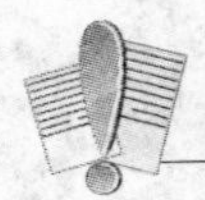

习题 4-3(B)

求下列不定积分:

(1) $\int x\cos 2x dx$;　　(2) $\int \frac{x}{e^x}dx$;

(3) $\int (x^2+1)\ln x dx$;　　(4) $\int x^2\arctan x dx$;

(5) $\int \ln(x+\sqrt{1+x^2})dx$;　　(6) $\int \arcsin x dx$;

(7) $\int \cos(\ln x)dx$;　　(8) $\int x\cot^2 x dx$;

(9) $\int e^x\sin 2x dx$;　　(10) $\int x^3 e^{x^2} dx$;

(11) $\int \sin\sqrt{x}dx$;　　(12) $\int e^{\sqrt{x}}dx$;

(13) $\int \frac{x\arcsin x}{\sqrt{1-x^2}}dx$;　　(14) $\int \cos^2\sqrt{x}dx$.

§4-4　积分表的使用

在实际问题中所遇到的初等函数积分，如果都一一进行计算，那将是一件很艰苦、繁杂的工作，为了应用上的方便，把常用的一些函数的积分汇集成表，这种表称为积分表. 本书附录列出了一份简易积分表，以供查阅. 该表是按被积函数的类型加以分类编排的. 求积分时，可根据被积函数的类型，在积分表内查得其结果. 如果所求积分与表中公式不完全相同，就需要将所求的积分经过简单变形，然后再使用公式. 下面举例说明积分表的使用方法.

例 1　查表求 $\int \frac{x^2 \mathrm{d}x}{(2+3x)^2}$.

解　被积函数含有 $a+bx$ 形式的因式，属于简易积分表(一)类公式(8)，将 $a=2,b=3$ 代入公式得

$$\int \frac{x^2 \mathrm{d}x}{(2+3x)^2} = \frac{1}{27}\left(2+3x-4\ln|2+3x|-\frac{4}{2+3x}\right)+C.$$

例 2　查表求 $\int \frac{x\mathrm{d}x}{\sqrt{3+2x+x^2}}\mathrm{d}x$.

解　被积函数含有因式 $\sqrt{3+2x+x^2}$，属于简易积分表(九)类公式(75)，将 $a=3,b=2,c=1$ 代入公式得

$$\int \frac{x\mathrm{d}x}{\sqrt{3+2x+x^2}}\mathrm{d}x = \sqrt{3+2x+x^2}-\ln|2x+2+2\sqrt{3+2x+x^2}|+C.$$

例 3　查表求 $\int \frac{\mathrm{d}x}{x^2\sqrt{9x^2+4}}$.

解　这个积分在简易积分表中不能直接查到，要进行变量代换，令 $3x=t$，则 $x=\frac{1}{3}t$，$\mathrm{d}x=\frac{1}{3}\mathrm{d}t$，于是有

$$\int \frac{\mathrm{d}x}{x^2\sqrt{9x^2+4}} = \int \frac{1}{\frac{t^2}{9}\sqrt{t^2+4}}\cdot\frac{1}{3}\mathrm{d}t = 3\int \frac{\mathrm{d}t}{t^2\sqrt{t^2+2^2}}.$$

上式右端积分的被积函数中含有 $\sqrt{t^2+2^2}$，在积分表(五)类中，查到公式(39)，当 $a=2$ (x 相当于 t)时，得

$$\int \frac{\mathrm{d}t}{t^2\sqrt{t^2+2^2}} = -\frac{\sqrt{t^2+4}}{4t}+C = -\frac{\sqrt{9x^2+4}}{12x}+C.$$

代入原积分中，得

$$\int \frac{\mathrm{d}x}{x^2\sqrt{9x^2+4}} = 3\int \frac{\mathrm{d}t}{t^2\sqrt{t^2+2^2}} = -\frac{\sqrt{9x^2+4}}{4x}+C.$$

例 4　查表求 $\int \frac{1}{\sqrt{4x^2-4x-8}}\mathrm{d}x$.

解　这个积分在简易积分表中不能直接查到，但经过配方后它与积分表中第(六)类公

式(42)$\int\frac{1}{\sqrt{x^2-a^2}}\mathrm{d}x=\ln|x+\sqrt{x^2-a^2}|+C$类似,将所求积分变形:

$$\int\frac{1}{\sqrt{4x^2-4x-8}}\mathrm{d}x=\int\frac{\mathrm{d}x}{\sqrt{(2x-1)^2-9}}$$

$$=\frac{1}{2}\int\frac{\mathrm{d}(2x-1)}{\sqrt{(2x-1)^2-9}}\xlongequal{2x-1=u}\frac{1}{2}\int\frac{\mathrm{d}u}{\sqrt{u^2-9}},$$

现在应用公式(42),并以$u=2x-1$回代,得

$$\int\frac{1}{\sqrt{4x^2-4x-8}}\mathrm{d}x=\frac{1}{2}\ln|2x-1+\sqrt{4x^2-4x-8}|+C.$$

一般地,查简易积分表可以方便地求出函数的积分,但是在学习高等数学阶段,最好不要依赖它,以利于学习和掌握积分的基本公式和方法.

虽然我们已经掌握了不少积分方法,而且可以证明初等函数在其定义域内一定存在不定积分,但在浩瀚的初等函数大海中,不定积分能以有限形式表示出来的,只是这大海里的一滴水.绝大部分初等函数的原函数不能以有限形式表示.例如,

$$\int e^{-x^2}\mathrm{d}x,\int\frac{\sin x}{x}\mathrm{d}x,\int\frac{\mathrm{d}x}{\ln x},\int\sqrt{1-k^2\cos^2 t}\,\mathrm{d}t\ (0<k<1)$$

等都属于这种类型.在目前阶段,我们只能称这些积分是"积不出"的.进一步的学习可以看到,这些所谓"积不出"的不定积分,在数学发展史上曾起过重大作用,在现实中也有着广泛应用.

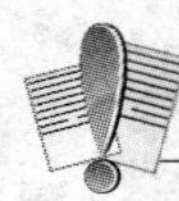

习题 4-4

利用简易积分表求下列不定积分:

(1) $\int\frac{\mathrm{d}x}{x(5+2x)}$; (2) $\int\frac{\mathrm{d}x}{2x^2+5x+3}$;

(3) $\int\frac{x^2}{\sqrt{2+3x}}\mathrm{d}x$; (4) $\int x^2\arccos\frac{3x}{2}\mathrm{d}x$;

(5) $\int\sqrt{4x^2+5}\,\mathrm{d}x$; (6) $\int e^{-x}\sin 5x\,\mathrm{d}x$;

(7) $\int\frac{\mathrm{d}x}{25-4x^2}$; (8) $\int\sqrt{x^2-4x+8}\,\mathrm{d}x$;

(9) $\int x^2\ln^3 x\,\mathrm{d}x$; (10) $\int\frac{\mathrm{d}x}{5-2\cos x}$.

本章内容小结

本章的主要内容是:介绍原函数与不定积分的概念,推出不定积分的基本公式和运算性质,讨论和研究了如何计算不定积分的有关方法.

一、原函数与不定积分的概念

原函数与不定积分的概念是积分学中一个最基本的概念,也是学习本章的理论基础.从

计算上讲，求不定积分和求导数恰好相反，互为逆运算．本节重点讨论原函数和不定积分的定义及有关的基本性质，同时也为下一章定积分的学习做好了准备．

1．原函数的有关概念．

(1) 若 $F'(x)=f(x)$ 或 $\mathrm{d}[F(x)]=f(x)\mathrm{d}x$，则称 $F(x)$ 是 $f(x)$ 的一个原函数；

(2) 若 $f(x)$ 有一个原函数 $F(x)$，则一定有无限多个原函数，其中的每一个都表示为 $F(x)+C$；

(3) $f(x)$ 在其连续区间上一定存在原函数．

2．不定积分的概念．

(1) $f(x)$ 的原函数的全体 $F(x)+C$，称为 $f(x)$ 的不定积分，记作

$$\int f(x)\mathrm{d}x = F(x)+C.$$

(2) 不定积分与求导是互逆运算，它们有如下关系：

$\left[\int f(x)\mathrm{d}x\right]' = f(x)$ 或 $\mathrm{d}\left[\int f(x)\mathrm{d}x\right] = \mathrm{d}[f(x)]$——先积后导(微)，不积不导；

$\int F'(x)\mathrm{d}x = F(x)+C$ 或 $\int \mathrm{d}[F(x)] = F(x)+C$——先导(微)后积，加上常数．

二、积分的基本公式和性质

积分的基本公式和基本性质是求不定积分的主要依据．求每一个积分，基本都要运用积分的基本性质，并最终归结为积分基本公式的形式．由此可见，熟练掌握积分的基本公式和基本性质是掌握本节内容的关键．

三、求积分的基本方法

积分方法有直接积分法、换元积分法和分部积分法．

1．直接积分法是求积分的最基本方法，它是其他积分法的基础．

$$\begin{aligned}\int f(x)\mathrm{d}x &\xlongequal{\text{代数或三角变形}} \int[f_1(x)\pm f_2(x)\pm\cdots\pm f_n(x)]\mathrm{d}x\\ &\xlongequal{\text{运算法则}} \int f_1(x)\mathrm{d}x \pm \int f_2(x)\mathrm{d}x \pm\cdots\pm \int f_n(x)\mathrm{d}x\\ &\xlongequal{\text{基本积分公式}} F_1(x)\pm F_2(x)\pm\cdots\pm F_n(x)+C.\end{aligned}$$

2．换元积分法包括第一类换元积分法(凑微分法)和第二类换元积分法，它们的区别是换元的方式．

(1) 第一类换元法(凑微分法)：

$$\begin{aligned}\int f[\varphi(x)]\varphi'(x)\mathrm{d}x &= \int f[\varphi(x)]\mathrm{d}[\varphi(x)] \xlongequal{\text{令 }\varphi(x)=u} \int f(u)\mathrm{d}u = F(u)+C\\ &\xlongequal{u=\varphi(x)\text{ 回代}} F[\varphi(x)]+C.\end{aligned}$$

凑微分的关键是把被积表达式凑成两部分：一部分为 $\mathrm{d}[\varphi(x)]$，另一部分为 $\varphi(x)$ 的函数 $f[\varphi(x)]$．

(2) 第二类换元积分法：

$$\int f(x)\mathrm{d}x \xlongequal{\text{令 }x=\varphi(t)} \int f[\varphi(t)]\varphi'(t)\mathrm{d}t = \Phi(t)+C \xlongequal{t=\varphi^{-1}(x)\text{ 回代}} \Phi[\varphi^{-1}(x)]+C.$$

第二类换元积分法一般适用于被积函数中含有根式的情形，常用的代换有三角代换和

有理代换.

比较两类换元法可以看出,在使用凑微分法时,新变量 u 可以不引入,而作第二类换元时,新变量 t 必须引入,且对应的回代过程也不能省,所以凑微分法相对更简捷,使用也更广泛些.

3. 分部积分法.

$$\begin{aligned}\int u(x)\mathrm{d}[v(x)] &= \int \mathrm{d}[u(x)v(x)] - \int v(x)\mathrm{d}[u(x)] \\ &= u(x)v(x) - \int v(x)\mathrm{d}[u(x)].\end{aligned}$$

使用分部积分法的关键是恰当地选择 u,v,把不易计算的积分 $\int u(x)\mathrm{d}[v(x)]$,通过公式转化为比较容易计算的积分 $\int v(x)\mathrm{d}[u(x)]$,达到化难为易的目的.当被积函数含有对数函数、指数函数、三角函数以及反三角函数时,都可以考虑应用分部积分法.

4. 简易积分表及其应用.

分析积分表的结构,使学生熟悉表中所列的各种被积函数的类型.如果所求积分与积分表中的公式不完全相同,则需要进行适当的变换化为表中公式的形式,然后进行计算.

自 测 题 四

一、填空题

1. $\mathrm{d}\left(\int \mathrm{e}^{-x^2}\mathrm{d}x\right) =$ ________;$\int \mathrm{d}\left(\ln\left|\dfrac{a+\sqrt{a^2-x^2}}{x}\right|\right) =$ ________.

2. $\int \dfrac{2\cdot 3^x - 3\cdot 2^x}{3^x}\mathrm{d}x =$ ________.

3. $\int \dfrac{x+\sqrt{x}+1}{x^2}\mathrm{d}x =$ ________.

4. $\int \dfrac{x}{1+x^4}\mathrm{d}x =$ ________.

5. $\int \dfrac{x^4}{1+x^2}\mathrm{d}x =$ ________.

6. $\int \sec x(\sec x - \tan x)\mathrm{d}x =$ ________.

7. 已知 $\int f(x)\mathrm{d}x = x^2 + C$,则 $\int \dfrac{1}{x^2} f\left(\dfrac{1}{x}\right)\mathrm{d}x =$ ________.

8. 已知 $f(x) = \mathrm{e}^{-x}$,则 $\int \dfrac{f'(\ln x)}{x}\mathrm{d}x =$ ________.

9. 已知 $\int f(x)\mathrm{d}x = x + \csc^2 x + C$,则 $f(x) =$ ________.

10. 已知函数 $f(x)$ 的二阶导数 $f''(x)$ 连续,则 $\int x f''(x)\mathrm{d}x =$ ________.

二、选择题

1. 已知 $f(x)=\dfrac{1}{x}$，则$\int f'(x)\mathrm{d}x=$　（　　）

A. $\dfrac{1}{x}$　　B. $\dfrac{1}{x}+C$　　C. $\ln x$　　D. $\ln x+C$

2. 设 $\left[\int f(x)\mathrm{d}x\right]'=\cos x$，则 $f(x)=$　（　　）

A. $\cos x$　　B. $\cos x+C$　　C. $\sin x$　　D. $\sin x+C$

3. 已知 $\int f(x)\mathrm{d}x=x\mathrm{e}^{2x}+C$，则 $f(x)=$　（　　）

A. $2x\mathrm{e}^{2x}$　　B. $2\mathrm{e}^{2x}$　　C. $\mathrm{e}^{2x}(1+x)$　　D. $\mathrm{e}^{2x}(1+2x)$

4. $\int x^2\sqrt{1+x^3}\,\mathrm{d}x=$　（　　）

A. $\dfrac{2}{3}(1+x^3)^{\frac{3}{2}}+C$　　B. $\dfrac{2}{9}(1+x^3)^{\frac{3}{2}}+C$

C. $\dfrac{1}{3}(1+x^3)^{\frac{3}{2}}+C$　　D. $\dfrac{2}{9}(1+x^3)^{\frac{3}{2}}$

5. $\int\dfrac{1}{\sqrt{1+9x^2}}\mathrm{d}x=$　（　　）

A. $\ln|3x+\sqrt{1+9x^2}|+C$　　B. $\ln|3x-\sqrt{1+9x^2}|+C$

C. $\dfrac{1}{3}\ln|x+\sqrt{1+9x^2}|+C$　　D. $\dfrac{1}{3}\ln|3x+\sqrt{1+9x^2}|+C$

6. 设 $\sec^2 x$ 是 $f(x)$的一个原函数，则 $\int xf(x)\mathrm{d}x=$　（　　）

A. $x\sec^2 x+\tan x+C$　　B. $x\sec^2 x-\tan x+C$

C. $x\tan x+\tan x+C$　　D. $x\tan x-\tan x+C$

7. 设 $\int f(x)\mathrm{d}x=F(x)+C$，则$\int \mathrm{e}^{-x}f(\mathrm{e}^{-x})\mathrm{d}x=$　（　　）

A. $F(\mathrm{e}^{-x})+C$　　B. $-F(-\mathrm{e}^{-x})+C$

C. $-F(\mathrm{e}^{-x})+C$　　D. $\dfrac{1}{x}F(\mathrm{e}^{-x})+C$

8. $\int\ln\dfrac{x}{3}\mathrm{d}x=$　（　　）

A. $x\ln\dfrac{x}{3}-3x+C$　　B. $x\ln\dfrac{x}{3}-6x+C$

C. $x\ln\dfrac{x}{3}-x+C$　　D. $x\ln\dfrac{x}{3}+x+C$

三、综合题

1. 求下列函数的积分：

(1) $\int\dfrac{\sin^2 x-1}{\cos x}\mathrm{d}x$；　　(2) $\int\dfrac{x}{3+x^2}\mathrm{d}x$；

(3) $\int\dfrac{x-1}{(x+2)^2}\mathrm{d}x$；　　(4) $\int\dfrac{\cos(\sqrt{x}-1)}{\sqrt{x}}\mathrm{d}x$；

(5) $\int \frac{1}{x\sqrt{1-\ln x}}\mathrm{d}x$；

(6) $\int \frac{1}{x\ln\sqrt{x}}\mathrm{d}x$；

(7) $\int \frac{\arcsin^2 x}{\sqrt{1-x^2}}\mathrm{d}x$；

(8) $\int x^3\sqrt{1+x^2}\mathrm{d}x$；

(9) $\int \frac{\mathrm{d}x}{(2+x)\sqrt{1+x}}$；

(10) $\int \frac{\mathrm{d}x}{2+\sqrt{x-1}}$；

(11) $\int \frac{\mathrm{d}x}{x^2\sqrt{1-x^2}}$；

(12) $\int \frac{\sqrt{1-x^2}}{x}\mathrm{d}x$；

(13) $\int \frac{\sqrt{a^2-x^2}\mathrm{d}x}{x^2}(a>0)$；

(14) $\int \frac{\mathrm{d}x}{x\sqrt{x^2+4}}$；

(15) $\int x\sin^2\frac{x}{2}\mathrm{d}x$；

(16) $\int \mathrm{e}^{2x}\sin x\mathrm{d}x$；

(17) $\int \mathrm{e}^{\sin x}\sin x\cos x\mathrm{d}x$；

(18) $\int \frac{x}{\sin^2 x}\mathrm{d}x$；

(19) $\int \frac{\mathrm{d}x}{x^2-5x+6}$；

(20) $\int \frac{\mathrm{d}x}{1+\cos^2 x}$；

(21) $\int \frac{\mathrm{d}x}{\mathrm{e}^x+\mathrm{e}^{-x}}$；

(22) $\int \frac{\ln x}{(x-1)^2}\mathrm{d}x$；

(23) $\int \frac{x^2\arctan x}{1+x^2}\mathrm{d}x$；

(24) $\int \frac{(x+1)\arcsin x}{\sqrt{1-x^2}}\mathrm{d}x$；

(25) $\int \frac{\sin^2 x}{1+\sin^2 x}\mathrm{d}x$；

(26) $\int \frac{\mathrm{d}x}{\tan x(1+\sin x)}$.

2. 已知某产品的边际收入 $R'(q)=18-\frac{1}{2}q$，且当 $q=0$ 时 $R=0$，求总收入函数.

3. 设某函数当 $x=1$ 时有极小值，当 $x=-1$ 时极大值为 4，又知这个函数的导数具有形状 $y'=3x^2+bx+c$，求此函数并作图.

4. 设某函数的图象上有一拐点 $P(2,4)$，在拐点 P 处曲线的切线斜率为 -3，又知这个函数的二阶导数具有形状 $y''=6x+c$，求此函数并作图.

第 5 章

定积分及其应用

本章将讨论积分学中另一个重要的概念——定积分.定积分和不定积分既有区别又有联系,通过牛顿-莱布尼兹公式将两者联系在一起.

§5-1　定积分的概念

本节从两个实例出发,抽象出定积分的概念,并介绍了定积分的几何意义和性质.

一、两个实例

1. 曲边梯形的面积

设 $f(x)$ 为闭区间 $[a,b]$ 上的连续函数,且 $f(x)\geqslant 0$.由曲线 $y=f(x)$,直线 $x=a$,$x=b$ 以及 x 轴所围成的平面图形(图 5-1),称为 $f(x)$ 在 $[a,b]$ 上的曲边梯形.

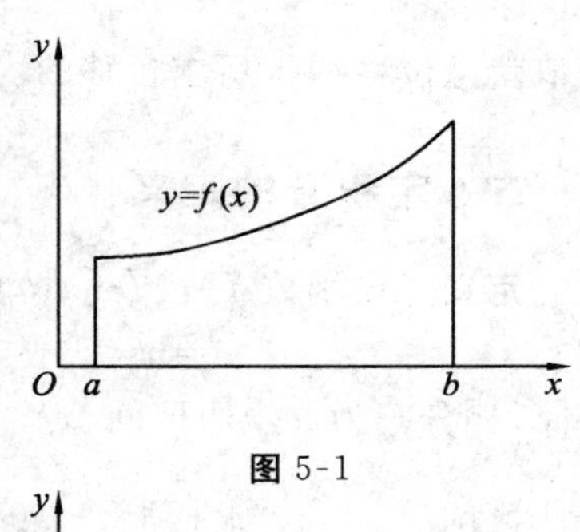

图 5-1

下面讨论怎样计算曲边梯形的面积.

我们设想:先将曲边梯形用平行于 y 轴的直线任意分为 n 个小曲边梯形,对每个小曲边梯形的面积用较相近的小矩形的面积作为其近似值;再用这 n 个小矩形的面积之和作为曲边梯形面积 A 的近似值,显然,分得越细近似程度越精确;最后我们很自然地以小矩形面积之和的极限作为曲边梯形的面积 A.上述思路分成以下四个步骤:

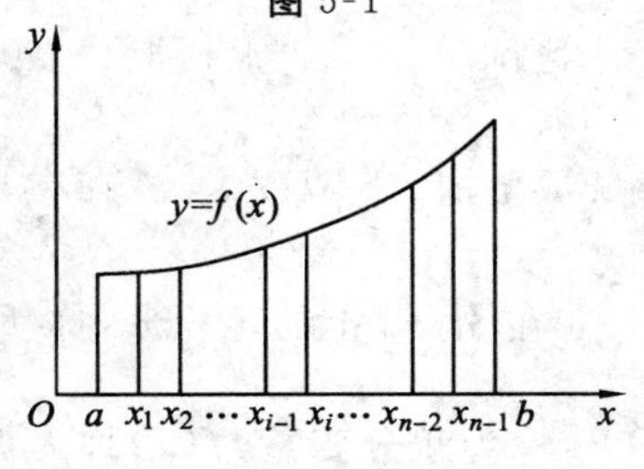

图 5-2

(1) 化整为微:在区间 $[a,b]$ 中任意插入 $n-1$ 个分点 $a=x_0<x_1<x_2<\cdots<x_{i-1}<x_i<\cdots<x_{n-1}<x_n=b$,将 $[a,b]$ 分割为 n 个小区间 $[x_0,x_1]$,$[x_1,x_2]$,$\cdots$,$[x_{i-1},x_i]$,$\cdots$,$[x_{n-1},x_n]$,它们的长度记为 $\Delta x_i=x_i-x_{i-1}(i=1,2,\cdots,n)$.过每一个分点 x_i 作平行于 y 轴的直线,把原曲边梯形分为 n 个小曲边梯形(图 5-2),它们的面积分别记为 $\Delta A_1,\Delta A_2,\cdots,\Delta A_n$.

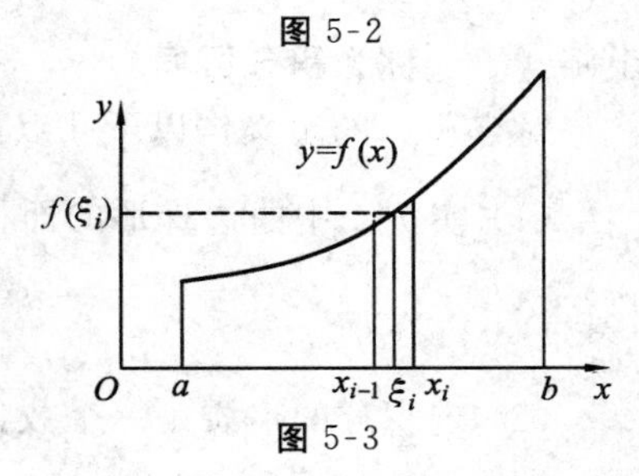

图 5-3

(2) 近似替代:在每一个小区间 $[x_{i-1},x_i]$ 上任取一点 ξ_i,以 Δx_i 为底,$f(\xi_i)$ 为高的小矩形的面积为 $f(\xi_i)\Delta x_i$,

用它作为第 i 个小曲边梯形面积 A_i 的近似值(图 5-3),即 $\Delta A_i \approx f(\xi_i)x_i(i=1,2,\cdots,n)$.

(3) 积微为整:将每一个小曲边梯形面积的近似值相加,得 $A=\sum\limits_{i=1}^{n}\Delta A_i \approx \sum\limits_{i=1}^{n} f(\xi_i)\Delta x_i$.

(4) 取极限:区间$[a,b]$分得越细精确度就越高,为保证每个 Δx_i 都无限小,取 $\lambda=\max\{\Delta x_i\}(i=1,2,\cdots,n)$,则当 $\lambda\to 0$ 时其极限就是 A,即曲边梯形的面积可以表示为 $A=\lim\limits_{\lambda\to 0}\sum\limits_{i=1}^{n} f(\xi_i)\Delta x_i$.

2. 变速直线运动的位移

设物体做变速直线运动,已知运动的速度为连续函数 $v=v(t)$,求物体在时间间隔$[0,T]$内的位移 s.

类似于求曲边梯形面积的做法,我们通过如下步骤求位移 s 的表达式.

(1) 化整为微:在$[0,T]$中任意插入 $n-1$ 个分点 $0=t_0<t_1<t_2<\cdots<t_{i-1}<t_i<\cdots<t_n=T$,将$[0,T]$分割为 n 个小区间$[t_{i-1},t_i]$,其长度记为 $\Delta t_i=t_i-t_{i-1}(i=1,2,\cdots,n)$.

(2) 近似替代:在每一个小时间间隔$[t_{i-1},t_i]$内任取一时刻 ξ_i,由于 Δt_i 很小,因此可以将物体运动看成是速度为 $v(\xi_i)$ 的匀速直线运动,作出物体在$[t_{i-1},t_i]$内位移的近似值 $\Delta s_i \approx v(\xi_i)\Delta t_i$.

(3) 积微为整:将每一个 Δs_i 的近似值相加,得 $s=\sum\limits_{i=1}^{n}\Delta s_i \approx \sum\limits_{i=1}^{n} v(\xi_i)\Delta t_i$.

(4) 取极限:$[0,T]$分得越细越精确,记 $\lambda=\max\{\Delta t_i\}(i=1,2,\cdots,n)$,则当 $\lambda\to 0$ 时,其极限值就是位移 s,即所求位移的表示式为 $s=\lim\limits_{\lambda\to 0}\sum\limits_{i=1}^{n} v(\xi_i)\Delta t_i$.

二、定积分的定义

定义 设函数 $f(x)$在$[a,b]$上有定义并且有界,在$[a,b]$中任意插入 $n-1$ 个分点:

$$a=x_0<x_1<x_2<\cdots<x_{i-1}<x_i<\cdots<x_{n-1}<x_n=b,$$

将$[a,b]$分割为 n 个小区间$[x_{i-1},x_i]$,记其长度为 $\Delta x_i=x_i-x_{i-1}(i=1,2,\cdots,n)$,并在每一个小区间$[x_{i-1},x_i]$上任取一点 ξ_i,作和式 $\sum\limits_{i=1}^{n} f(\xi_i)\Delta x_i$,记 $\lambda=\max\{\Delta x_i\}(i=1,2,\cdots,n)$. 若当 $\lambda\to 0$ 时,$\sum\limits_{i=1}^{n} f(\xi_i)\Delta x_i$ 存在与$[a,b]$ 的分法及 ξ_i 的取法无关的极限值,则称此极限值为 $f(x)$ 在$[a,b]$ 上的**定积分**,称 $f(x)$ 在$[a,b]$ 上**可积**,记为$\int_a^b f(x)\mathrm{d}x=\lim\limits_{\lambda\to 0}\sum\limits_{i=1}^{n} f(\xi_i)\Delta x_i$,其中,$x$ 称为**积分变量**,$f(x)$称为**被积函数**,并称"$\int$"为**积分号**,a 和 b 分别称为积分的**下限**和**上限**,$[a,b]$称为**积分区间**.

对定积分的定义作以下几点说明:

(1) 实例 1 中曲边梯形的面积 $A=\int_a^b f(x)\mathrm{d}x$,实例 2 中变速直线运动物体的位移 $s=\int_0^T v(t)\mathrm{d}t$;

(2) 定积分的本质是一个数,这个数仅与被积函数 $f(x)$、积分区间$[a,b]$有关,而与积

分变量的选择无关，所以$\int_a^b f(x)\mathrm{d}x=\int_a^b f(t)\mathrm{d}t=\int_a^b f(u)\mathrm{d}u$.

(3) 定积分的存在性：当 $f(x)$ 在 $[a,b]$ 上连续或只有有限个第一类间断点时，$f(x)$ 在 $[a,b]$ 上的定积分存在（也称可积）.

三、定积分的几何意义

在实例 1 中已经知道，当 $[a,b]$ 上的连续函数 $f(x)\geqslant 0$ 时，定积分 $\int_a^b f(x)\mathrm{d}x$ 表示由曲线 $y=f(x)$，直线 $x=a$，$x=b$ 以及 x 轴所围成的曲边梯形的面积 A，即 $\int_a^b f(x)\mathrm{d}x=A$. 若 $f(x)\leqslant 0$，则 $-f(x)\geqslant 0$（图 5-4），此时围成的曲边梯形的面积是

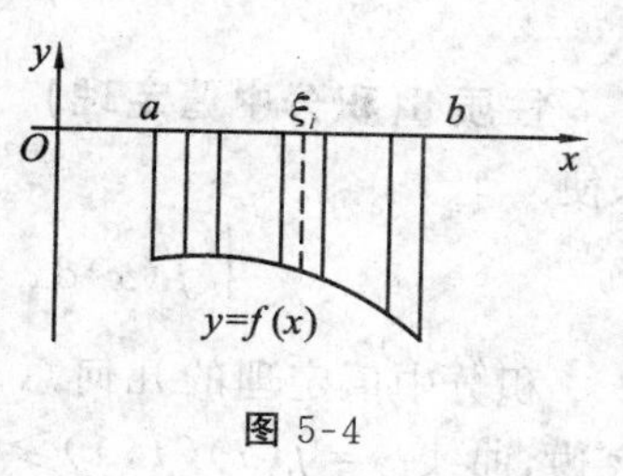

图 5-4

$$A=\lim_{\lambda\to 0}\sum_{i=1}^{n}[-f(\xi_i)]\Delta x_i=-\lim_{\lambda\to 0}\sum_{i=1}^{n}f(\xi_i)\Delta x_i=-\int_a^b f(x)\mathrm{d}x,$$

从而有 $\int_a^b f(x)\mathrm{d}x=-A$. 若 $[a,b]$ 上的连续函数 $f(x)$ 的符号不定，如图 5-5 所示，则定积分 $\int_a^b f(x)\mathrm{d}x$ 的几何意义表示由曲线 $y=f(x)$，直线 $x=a$，$x=b$ 以及 x 轴所围成的曲边梯形面积的代数和，即 $\int_a^b f(x)\mathrm{d}x=-A_1+A_2$.

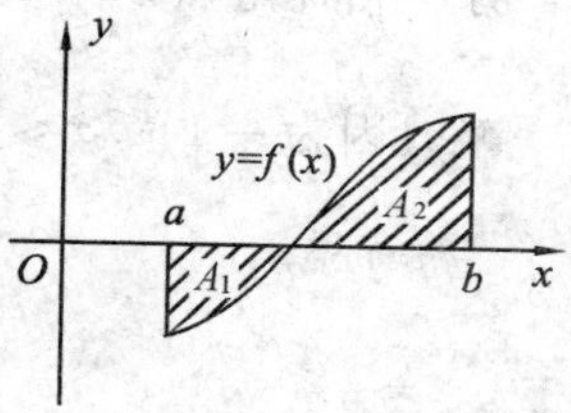

图 5-5

根据定积分的几何意义，有些定积分直接可以从几何中的面积公式得到. 例如：

$\int_a^b \mathrm{d}x=b-a$，表示高为 1、底为 $b-a$ 的矩形的面积为 $b-a$；

$\int_0^1\sqrt{1-x^2}\,\mathrm{d}x=\frac{\pi}{4}$，表示圆 $x^2+y^2=1$ 在 $[0,1]$ 上与 x 轴所围图形的面积为 $\frac{\pi}{4}$.

四、定积分的性质

性质 1　若 $f(x)$ 在 $[a,b]$ 上可积，则 $|f(x)|$ 也在 $[a,b]$ 上可积.

性质 2　$\int_a^a f(x)\mathrm{d}x=0$，$\int_a^b \mathrm{d}x=b-a$.

性质 3　$\int_a^b f(x)\mathrm{d}x=-\int_b^a f(x)\mathrm{d}x$.

性质 4　$\int_a^b [f(x)\pm g(x)]\mathrm{d}x=\int_a^b f(x)\mathrm{d}x\pm\int_a^b g(x)\mathrm{d}x$；

$\int_a^b kf(x)\mathrm{d}x=k\int_a^b f(x)\mathrm{d}x$（$k$ 为常数）.

联合这两个等式得到定积分的线性性质：

$$\int_a^b [k_1 f(x)\pm k_2 g(x)]\mathrm{d}x=k_1\int_a^b f(x)\mathrm{d}x\pm k_2\int_a^b g(x)\mathrm{d}x\ (k_1,k_2\text{ 为常数}).$$

性质 5　$\int_a^b f(x)\mathrm{d}x=\int_a^c f(x)\mathrm{d}x+\int_c^b f(x)\mathrm{d}x$（$a,b,c$ 为任意常数）.

性质 6 如果在$[a,b]$上有 $f(x)\leqslant g(x)$，则 $\int_a^b f(x)\mathrm{d}x \leqslant \int_a^b g(x)\mathrm{d}x$.

例如，因为 $0\leqslant x\leqslant \frac{\pi}{4}$时，$\sin x\leqslant\cos x$，所以 $\int_0^{\frac{\pi}{4}}\sin x\mathrm{d}x \leqslant \int_0^{\frac{\pi}{4}}\cos x\mathrm{d}x$.

性质 7 设函数 $m\leqslant f(x)\leqslant M, x\in[a,b]$，则

$$m(b-a)\leqslant\int_a^b f(x)\mathrm{d}x\leqslant M(b-a).$$

性质 8(积分中值定理) 设函数 $f(x)$在 $[a,b]$上连续，则在 a,b 之间至少存在一个 ξ，使

$$\int_a^b f(x)\mathrm{d}x = f(\xi)(b-a).$$

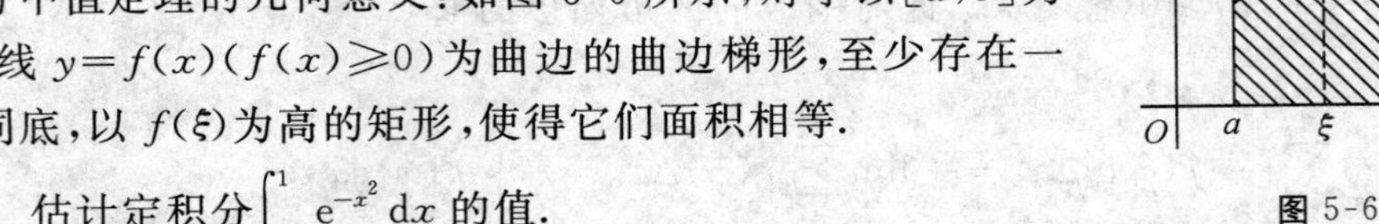

图 5-6

积分中值定理的几何意义：如图 5-6 所示，对于以$[a,b]$为底边，曲线 $y=f(x)(f(x)\geqslant 0)$为曲边的曲边梯形，至少存在一个与其同底，以 $f(\xi)$为高的矩形，使得它们面积相等.

例 估计定积分$\int_{-1}^1 \mathrm{e}^{-x^2}\mathrm{d}x$ 的值.

解 因为 $-1\leqslant x\leqslant 1$，所以 $-1\leqslant -x^2\leqslant 0$，从而$\frac{1}{\mathrm{e}}\leqslant \mathrm{e}^{-x^2}\leqslant 1$. 由性质 7 知

$$\frac{2}{\mathrm{e}}\leqslant\int_{-1}^1 \mathrm{e}^{-x^2}\mathrm{d}x\leqslant 2.$$

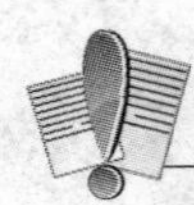

习题 5-1(A)

1. 填空题：

(1) 由曲线 $y=x^2$ 与直线 $x=1, x=3$ 及 x 轴所围成的曲边梯形的面积，用定积分表示为__________.

(2) 在定积分 $\int_{-2}^2(\cos x+\sin x)\mathrm{d}x$ 中，积分上限是__________，积分下限是__________，积分区间是__________.

2. 判断下列定积分的符号：

(1) $\int_0^2\sin x\mathrm{d}x$；　　(2) $\int_{-\frac{\pi}{2}}^0\sin 2x\mathrm{d}x$.

3. 估计下列定积分的值：

(1) $\int_{\frac{\pi}{4}}^{\frac{\pi}{2}}\frac{1}{1+\cos^2 x}\mathrm{d}x$；　　(2) $\int_{-1}^2\mathrm{e}^{x^2}\mathrm{d}x$.

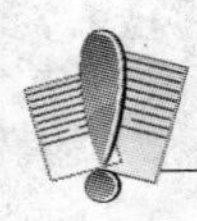

习题 5-1(B)

1. 利用定积分的几何意义直接写出下列各式的结果：

(1) $\int_0^1 x\mathrm{d}x$；　　(2) $\int_{2\pi}^{4\pi}\sin x\mathrm{d}x$；　　(3) $\int_0^1\sqrt{1-x^2}\mathrm{d}x$.

2. 比较下列定积分的大小：

(1) $\int_1^2 \ln x \mathrm{d}x$ 与 $\int_1^2 \ln^2 x \mathrm{d}x$；　　(2) $\int_3^4 \ln x \mathrm{d}x$ 与 $\int_3^4 \ln^2 x \mathrm{d}x$；

(3) $\int_1^2 f(x)\mathrm{d}x$ 与 $\int_1^2 f(y)\mathrm{d}y$.

3. 证明下列不等式：

(1) $\frac{2}{5} \leqslant \int_1^2 \frac{x}{x^2+1}\mathrm{d}x \leqslant \frac{1}{2}$；　　(2) $1 \leqslant \int_0^1 \mathrm{e}^{x^2}\mathrm{d}x \leqslant \mathrm{e}$.

§5-2　微积分基本公式

本节将介绍一种计算定积分的有效方法——牛顿-莱布尼兹公式.

一、微积分基本定理

1. 积分上限函数

设函数 $f(t)$在$[a,b]$上可积，则对每个 $x\in[a,b]$都有一个确定的值 $\int_a^x f(t)\mathrm{d}t$ 与之对应，因此，它是定义在$[a,b]$上的函数，记作 $\Phi(x)$，即

$$\Phi(x) = \int_a^x f(t)\mathrm{d}t, x \in [a,b].$$

称函数 $\Phi(x)$为**积分上限函数**，或称**变上限函数**. 积分上限函数 $\Phi(x)$是 x 的函数，与积分变量无关.

2. 微积分基本定理

定理 1(微积分基本定理)　设函数 $f(x)$在$[a,b]$上连续，则积分上限函数 $\Phi(x) = \int_a^x f(t)\mathrm{d}t$ 在$[a,b]$上可导，且 $\Phi'(x) = \left[\int_a^x f(t)\mathrm{d}t\right]' = f(x), x \in [a,b]$.

证明　任取 $x\in[a,b]$，改变量 Δx 满足 $x+\Delta x\in[a,b]$，$\Phi(x)$对应的改变量

$$\begin{aligned}\Delta\Phi(x) = \Phi(x+\Delta x) - \Phi(x) &= \int_a^{x+\Delta x} f(t)\mathrm{d}t - \int_a^x f(t)\mathrm{d}t \\ &= \left[\int_a^x f(t)\mathrm{d}t + \int_x^{x+\Delta x} f(t)\mathrm{d}t\right] - \int_a^x f(t)\mathrm{d}t = \int_x^{x+\Delta x} f(t)\mathrm{d}t.\end{aligned}$$

由定积分的性质 8 可知，$\Delta\Phi(x) = f(\xi)\Delta x$，即$\frac{\Delta\Phi(x)}{\Delta x} = f(\xi)$（$\xi$ 介于 x 和 $x+\Delta x$ 之间）. 当 $\Delta x\to 0$ 时，$\xi\to x$，而 $f(x)$在区间$[a,b]$上连续，所以$\lim\limits_{\Delta x\to 0} f(\xi) = f(x)$，于是

$$\lim_{\Delta x\to 0}\frac{\Delta\Phi(x)}{\Delta x} = f(x),$$

即 $\Phi(x)$在 x 处可导，且 $\Phi'(x) = f(x)$，$x\in[a,b]$.

由定理 1 可知，

定理 2(原函数存在定理)　如果 $f(x)$在$[a,b]$上连续，则在$[a,b]$上的原函数一定存在，且其中的一个原函数为 $\Phi(x) = \int_a^x f(t)\mathrm{d}t$.

例 1 求下列函数的导数：

(1) $\Phi(x)=\int_0^x e^{2t}dt$； (2) $\Phi(x)=\int_a^{e^x}\frac{\ln t}{t}dt(a>0)$；

(3) $\Phi(x)=\int_{x^2}^1\frac{\sin\sqrt{\theta}}{\theta}d\theta(x>0)$.

解 (1) $\frac{d}{dx}\int_0^x e^{2t}dt=e^{2x}$.

(2) 令 $u=e^x$，记 $\Phi(u)=\int_a^u\frac{\ln t}{t}dt$. 根据复合函数求导法则，有

$$\frac{d}{dx}\int_a^{e^x}\frac{\ln t}{t}dt=\frac{d}{du}\left(\int_a^u\frac{\ln t}{t}dt\right)\frac{du}{dx}=\frac{\ln e^x}{e^x}e^x=x.$$

(3) $\frac{d}{dx}\int_{x^2}^1\frac{\sin\sqrt{\theta}}{\theta}d\theta=-\frac{d}{dx}\int_1^{x^2}\frac{\sin\sqrt{\theta}}{\theta}d\theta=-\frac{\sin x}{x^2}\cdot 2x=-\frac{2\sin x}{x}$.

例 2 求 $\lim\limits_{x\to 0}\frac{\int_0^x\cos t^2dt}{x}$.

解 注意到当 $x\to 0$ 时，分子和分母都趋近于 0，应用罗必塔法则可得

$$\lim_{x\to 0}\frac{\int_0^x\cos t^2dt}{x}=\lim_{x\to 0}\frac{\cos x^2}{1}=1.$$

二、牛顿-莱布尼兹公式

定理 3(牛顿-莱布尼兹公式) 设 $f(x)$ 在区间 $[a,b]$ 上连续，$F(x)$ 是 $f(x)$ 在 $[a,b]$ 上的一个原函数，则 $\int_a^b f(x)dx=F(x)\big|_a^b=F(b)-F(a)$.

上述公式称为**牛顿-莱布尼兹公式**，也称为**微积分基本公式**. 式中 $F(x)\big|_a^b$ 也可写成 $[F(x)]_a^b$.

证明 由定理 1，$\Phi(x)=\int_a^x f(t)dt$ 是 $f(x)$ 在 $[a,b]$ 上的一个原函数，又因为 $F(x)$ 也是 $f(x)$ 在 $[a,b]$ 上的一个原函数，由原函数的性质，得 $\Phi(x)=F(x)+C(x\in[a,b]$，C 为常数).

显然有 $\Phi(b)=F(b)+C$，$\Phi(a)=F(a)+C$，则 $\Phi(b)-\Phi(a)=F(b)-F(a)$，注意到 $\Phi(a)=0$，所以有

$$\int_a^b f(x)dx=\Phi(b)-\Phi(a)=F(b)-F(a).$$

牛顿-莱布尼兹公式表明：计算定积分只要先用不定积分求出一个原函数，再将上、下限分别代入求差即可.

例 3 求定积分：

(1) $\int_1^2 x^2dx$； (2) $\int_{-4}^{-2}\frac{1}{x}dx$； (3) $\int_0^{\pi}|\cos x|dx$.

解 (1) 因为 $\frac{x^3}{3}$ 是 x^2 的一个原函数，由定理 3，得

$$\int_1^2 x^2dx=\frac{x^3}{3}\bigg|_1^2=\frac{8}{3}-\frac{1}{3}=\frac{7}{3}.$$

(2) 因为 $\ln|x|$ 是 $\dfrac{1}{x}$ 的一个原函数，由定理 3，得

$$\int_{-4}^{-2}\frac{1}{x}\mathrm{d}x=\ln|x|\Big|_{-4}^{-2}=\ln2-\ln4=\ln\frac{1}{2}.$$

(3) $\displaystyle\int_0^{\pi}|\cos x|\mathrm{d}x=\int_0^{\frac{\pi}{2}}|\cos x|\mathrm{d}x+\int_{\frac{\pi}{2}}^{\pi}|\cos x|\mathrm{d}x=\int_0^{\frac{\pi}{2}}\cos x\mathrm{d}x-\int_{\frac{\pi}{2}}^{\pi}\cos x\mathrm{d}x$

$$=\sin x\Big|_0^{\frac{\pi}{2}}+\sin x\Big|_{\frac{\pi}{2}}^{\pi}=1-0+0-(-1)=2.$$

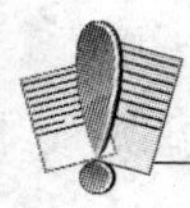

习题 5-2(A)

1. 计算下列各导数：

(1) $\dfrac{\mathrm{d}}{\mathrm{d}x}\displaystyle\int_0^{a}\sqrt{1+t}\,\mathrm{d}t$；　　(2) $\dfrac{\mathrm{d}}{\mathrm{d}x}\displaystyle\int_0^{2x}\sqrt{1+t}\,\mathrm{d}t$；

(3) $\dfrac{\mathrm{d}}{\mathrm{d}x}\displaystyle\int_x^{x^2}\cos t\mathrm{e}^t\mathrm{d}t$.

2. 计算下列各定积分：

(1) $\displaystyle\int_1^{\sqrt{3}}\frac{x^2}{x^2+1}\mathrm{d}x$；　　(2) $\displaystyle\int_1^{3}|2-x|\mathrm{d}x$.

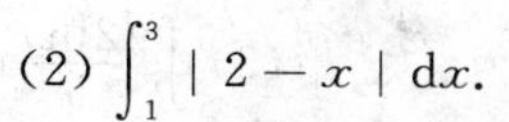

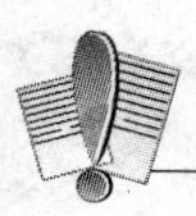

习题 5-2(B)

1. 求下列定积分：

(1) $\displaystyle\int_1^{2}x^3\mathrm{d}x$；　　(2) $\displaystyle\int_0^{\frac{1}{2}}\frac{1}{\sqrt{1-x^2}}\mathrm{d}x$；

(3) $\displaystyle\int_1^{4}\sqrt{x}(\sqrt{x}-1)\mathrm{d}x$；　　(4) $\displaystyle\int_0^{2\pi}|\cos x|\mathrm{d}x$.

2. 求下列导数：

(1) $\dfrac{\mathrm{d}}{\mathrm{d}x}\displaystyle\int_a^{x^3}\sqrt{1+t^2}\,\mathrm{d}t$；　　(2) $\dfrac{\mathrm{d}}{\mathrm{d}x}\displaystyle\int_{x^2}^{x^3}\frac{\cos t}{t}\mathrm{d}t$.

3. 求由方程 $\displaystyle\int_0^{y}\cos t\mathrm{d}t+\int_0^{x}\mathrm{e}^t\mathrm{d}t=0$ 所确定的隐函数 $y=y(x)$ 的导数.

4. 求 $\displaystyle\lim_{x\to0}\frac{\left(\int_0^{x}\mathrm{e}^{t^2}\mathrm{d}t\right)^2}{\int_0^{x}\mathrm{e}^{2t^2}\mathrm{d}t}$.

§5-3 定积分的换元积分法与分部积分法

牛顿-莱布尼兹公式告诉我们,求定积分的问题可以归结为求原函数的问题,从而可以把求不定积分的方法移植到定积分的计算中来.

一、定积分的换元积分法

定理 1 设(1) $f(x)$在$[\alpha,\beta]$上连续;(2) $\varphi'(x)$在$[a,b]$上连续;(3) $\varphi(a)=\alpha,\varphi(b)=\beta$.则

$$\int_a^b f[\varphi(x)]\mathrm{d}[\varphi(x)]=\int_\alpha^\beta f(u)\mathrm{d}u(u=\varphi(x)).$$

定理 2 设(1) $f(x)$在$[a,b]$上连续;(2) $\varphi'(t)$在$[\alpha,\beta]$上连续,且$\varphi(t)$单调,$t\in(\alpha,\beta)$;(3) $\varphi(\alpha)=a,\varphi(\beta)=b$.则

$$\int_a^b f(x)\mathrm{d}x=\int_\alpha^\beta f[\varphi(t)]\varphi'(t)\mathrm{d}t(x=\varphi(t)).$$

例 1 计算下列定积分:

(1) $\int_0^{\frac{\pi}{2}}\sin x\cos x\mathrm{d}x$;　　(2) $\int_1^{\mathrm{e}}\frac{2\ln x}{x}\mathrm{d}x$.

解 (1) 令$u=\sin x$,则$\mathrm{d}u=\cos x\mathrm{d}x$.当$x=0$时,$u=0$;当$x=\frac{\pi}{2}$时,$u=1$.

应用定理1,有$\int_0^{\frac{\pi}{2}}\sin x\cos x\mathrm{d}x=\int_0^1 u\mathrm{d}u=\frac{u^2}{2}\Big|_0^1=\frac{1}{2}$.

实际上,在应用凑微分时,可以直接以原变量、原积分限求解.做法如下:

(1) $\int_0^{\frac{\pi}{2}}\sin x\cos x\mathrm{d}x=\int_0^{\frac{\pi}{2}}\sin x\mathrm{d}(\sin x)=\frac{1}{2}\sin^2 x\Big|_0^{\frac{\pi}{2}}=\frac{1}{2}$.

(2) $\int_1^{\mathrm{e}}\frac{2\ln x}{x}\mathrm{d}x=\int_1^{\mathrm{e}}2\ln x\mathrm{d}(\ln x)=\ln^2 x\big|_1^{\mathrm{e}}=1-0=1$.

以上两种做法说明了"换元换限,上(下)限对上(下)限,不换元则限不变"的原则.

例 2 计算下列定积分:

(1) $\int_0^4\frac{\mathrm{d}x}{1+\sqrt{x}}$;　　(2) $\int_0^1\sqrt{1-x^2}\mathrm{d}x$.

解 (1) 设$\sqrt{x}=t$,即$x=t^2(t\geqslant0)$,$\mathrm{d}x=2t\mathrm{d}t$,当$x=0$时,$t=0$;当$x=4$时,$t=2$.应用定理2,有

$$\int_0^4\frac{\mathrm{d}x}{1+\sqrt{x}}=\int_0^2\frac{2t\mathrm{d}t}{1+t}=2\int_0^2\left(1-\frac{1}{1+t}\right)\mathrm{d}t=2(t-\ln|1+t|)\big|_0^2=2(2-\ln 3).$$

(2) 令$x=\sin t$,$\mathrm{d}x=\cos t\mathrm{d}t$,当$x=0$时,$t=0$;当$x=1$时,$t=\frac{\pi}{2}$.应用定理2,有

$$\int_0^1\sqrt{1-x^2}\mathrm{d}x=\int_0^{\frac{\pi}{2}}\cos^2 t\mathrm{d}t=\int_0^{\frac{\pi}{2}}\frac{1+\cos 2t}{2}\mathrm{d}t=\frac{1}{2}\left(t+\frac{\sin 2t}{2}\right)\Big|_0^{\frac{\pi}{2}}=\frac{\pi}{4}.$$

例 3 设函数$f(x)$在闭区间$[-a,a]$上连续,证明:

(1) 当$f(x)$为奇函数时,$\int_{-a}^a f(x)\mathrm{d}x=0$;

(2) 当 $f(x)$ 为偶函数时，$\int_{-a}^{a} f(x)\mathrm{d}x = 2\int_{0}^{a} f(x)\mathrm{d}x$.

证明 $\int_{-a}^{a} f(x)\mathrm{d}x = \int_{-a}^{0} f(x)\mathrm{d}x + \int_{0}^{a} f(x)\mathrm{d}x$.

对 $\int_{-a}^{0} f(x)\mathrm{d}x$ 换元：令 $x=-t$，则 $\mathrm{d}x=-\mathrm{d}t$. 当 $x=-a$ 时，$t=a$；当 $x=0$ 时，$t=0$. 于是

$$\int_{-a}^{0} f(x)\mathrm{d}x = \int_{a}^{0} f(-t)\mathrm{d}(-t) = \int_{0}^{a} f(-t)\mathrm{d}t,$$

从而 $\int_{-a}^{a} f(x)\mathrm{d}x = \int_{0}^{a} f(-t)\mathrm{d}t + \int_{0}^{a} f(t)\mathrm{d}t = \int_{0}^{a}[f(-x)+f(x)]\mathrm{d}x$.

(1) 当 $f(x)$ 为奇函数时，有 $f(-x)+f(x)=0$，所以 $\int_{-a}^{a} f(x)\mathrm{d}x = 0$；

(2) 当 $f(x)$ 为偶函数时，有 $f(-x)+f(x)=2f(x)$，所以 $\int_{-a}^{a} f(x)\mathrm{d}x = 2\int_{0}^{a} f(x)\mathrm{d}x$.

例 4 计算下列定积分：

(1) $\int_{-\pi}^{\pi} (2x^4 + \sin x)\sin x\mathrm{d}x$；　　(2) $\int_{-1}^{1} \frac{x^2\sin^5 x + 3}{1+x^2}\mathrm{d}x$.

解 (1) 因为 $2x^4\sin x$ 是 $[-\pi,\pi]$ 上的奇函数，$\sin^2 x$ 是 $[-\pi,\pi]$ 上的偶函数，所以

$$\begin{aligned}\int_{-\pi}^{\pi} (2x^4 + \sin x)\sin x\mathrm{d}x &= \int_{-\pi}^{\pi} 2x^4\sin x\mathrm{d}x + \int_{-\pi}^{\pi}\sin^2 x\mathrm{d}x \\ &= 2\int_{0}^{\pi}\sin^2 x\mathrm{d}x = \int_{0}^{\pi}(1-\cos 2x)\mathrm{d}x \\ &= \left(x-\frac{1}{2}\sin 2x\right)\Big|_{0}^{\pi} = \pi.\end{aligned}$$

(2) 因为 $\frac{x^2\sin^5 x}{1+x^2}$ 是 $[-1,1]$ 上的奇函数，而 $\frac{3}{1+x^2}$ 是 $[-1,1]$ 上的偶函数，所以

$$\int_{-1}^{1}\frac{x^2\sin^5 x+3}{1+x^2}\mathrm{d}x = 6\int_{0}^{1}\frac{1}{1+x^2}\mathrm{d}x = 6\arctan x\Big|_{0}^{1} = \frac{3\pi}{2}.$$

二、定积分的分部积分法

定理 3(定积分的分部积分公式) 设 $u'(x)$，$v'(x)$ 在区间 $[a,b]$ 上连续，则

$$\int_{a}^{b} u(x)v'(x)\mathrm{d}x = [u(x)v(x)]_{a}^{b} - \int_{a}^{b} v(x)u'(x)\mathrm{d}x,$$

或简写为

$$\int_{a}^{b} u\mathrm{d}v = [uv]_{a}^{b} - \int_{a}^{b} v\mathrm{d}u.$$

例 5 计算下列定积分：

(1) $\int_{1}^{2\mathrm{e}} \ln x\mathrm{d}x$；　　(2) $\int_{0}^{1} x\mathrm{e}^x\mathrm{d}x$.

例 (1) $\int_{1}^{2\mathrm{e}} \ln x\mathrm{d}x = x\ln x\Big|_{1}^{2\mathrm{e}} - \int_{1}^{2\mathrm{e}} x\mathrm{d}(\ln x) = 2\mathrm{e}\ln(2\mathrm{e}) - x\Big|_{1}^{2\mathrm{e}} = 2\mathrm{e}\ln(2\mathrm{e}) - 2\mathrm{e} + 1$.

(2) $\int_{0}^{1} x\mathrm{e}^x\mathrm{d}x = \int_{0}^{1} x\mathrm{d}(\mathrm{e}^x) = x\mathrm{e}^x\Big|_{0}^{1} - \int_{0}^{1}\mathrm{e}^x\mathrm{d}x = \mathrm{e} - \mathrm{e}^x\Big|_{0}^{1} = \mathrm{e} - (\mathrm{e}-1) = 1$.

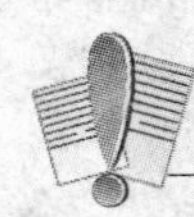

习题 5-3(A)

1. 计算下列定积分：

(1) $\int_1^2 \frac{x}{1+x^2}\mathrm{d}x$；

(2) $\int_1^{e} \frac{1}{x(1+\ln^2 x)}\mathrm{d}x$；

(3) $\int_0^8 \frac{1}{\sqrt{1+x}+1}\mathrm{d}x$；

(4) $\int_{\frac{\sqrt{2}}{2}}^1 \sqrt{1-x^2}\mathrm{d}x$；

(5) $\int_0^{\frac{1}{2}} \arccos x\mathrm{d}x$；

(6) $\int_0^{\pi} x\sin x\mathrm{d}x$.

2. 求下列定积分：

(1) $\int_{-\pi}^{\pi} (5x^3+x)\cos x\mathrm{d}x$；

(2) $\int_{-1}^{1} \frac{x^2\sin^3 x+1}{1+x^2}\mathrm{d}x$.

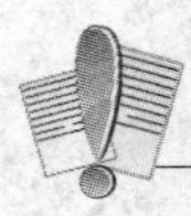

习题 5-3(B)

1. 计算下列定积分：

(1) $\int_0^1 \frac{x}{1+x^2}\mathrm{d}x$；

(2) $\int_0^2 x\mathrm{e}^{-x^2}\mathrm{d}x$；

(3) $\int_1^{e^{\frac{1}{2}}} \frac{1}{x\sqrt{1-\ln^2 x}}\mathrm{d}x$；

(4) $\int_3^8 \frac{1}{\sqrt{x+1}-1}\mathrm{d}x$；

(5) $\int_{\sqrt{2}}^2 \frac{1}{\sqrt{x^2-1}}\mathrm{d}x$.

2. 计算下列定积分：

(1) $\int_1^{2e} x\ln x\mathrm{d}x$；

(2) $\int_0^{\frac{1}{2}} \arcsin x\mathrm{d}x$；

(3) $\int_0^{\frac{\pi}{3}} x^2\cos x\mathrm{d}x$.

3. 求下列定积分：

(1) $\int_{-\pi}^{\pi} (3x^3+x+1)\cos x\mathrm{d}x$；

(2) $\int_{-\frac{1}{2}}^{\frac{1}{2}} \frac{x\sin^2 x-2}{1-x^2}\mathrm{d}x$.

4. 证明：$\int_0^{\frac{\pi}{2}} (\sin^m x+\cos^n x)\mathrm{d}x=\int_0^{\frac{\pi}{2}} (\sin^n x+\cos^m x)\mathrm{d}x (m,n\in\mathbf{N}_+)$.

§5-4　广义积分

定积分定义中的被积函数要求在有限闭区间上有界.在实际问题中,我们经常会遇到无限区间上的积分和无界函数的积分问题.

一、无穷区间上的广义积分

例 1　如图 5-7 所示,求曲线 $y=x^{-2}$,x 轴及直线 $x=1$ 右边所围成的“开口曲边梯形”

的面积.

解　因为这个图形不是封闭的曲边梯形，在 x 轴正方向是开口的. 也就是说，这时的积分区间是无限区间 $[1,+\infty)$，所以不能直接用前面所学的定积分来计算它的面积.

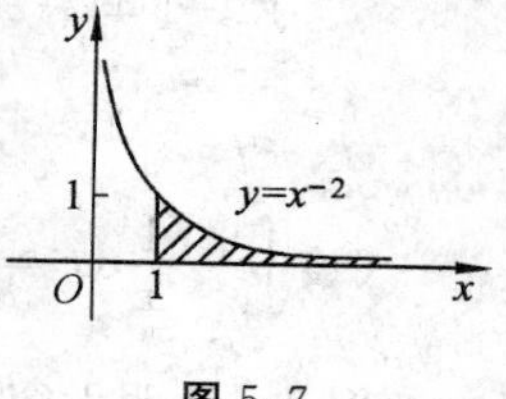

图 5-7

为了借助常义积分来求这个图形的面积，我们任取一个大于1的数 b，则在区间 $[1,b]$ 上由曲线 $y=x^{-2}$ 所围成的曲边梯形的面积为

$$\int_1^b x^{-2}\mathrm{d}x=(-x^{-1})\big|_1^b=1-\frac{1}{b}.$$

当 b 改变时，曲边梯形面积也随之改变，且随着 b 趋于无穷大而趋于一个确定的极限，即

$$\lim_{b\to+\infty}\int_1^b x^{-2}\mathrm{d}x=\lim_{b\to+\infty}\left(1-\frac{1}{b}\right)=1.$$

这个极限值就表示了所求的"开口曲边梯形"的面积.

一般来说，对于已知在无限区域上的变化率的量，求在无限区域上的累积问题，都可以采用先截取区间为有限区间，求出积分后再求其极限的方法来处理. 下面对这个过程给出明确的定义：

定义1　设函数 $f(x)$ 在 $[a,+\infty)$ 内有定义，对任意 $A\in[a,+\infty)$，$f(x)$ 在 $[a,A]$ 上可积$\left(\text{即}\int_a^A f(x)\mathrm{d}x\text{存在}\right)$，称 $\lim\limits_{A\to+\infty}\int_a^A f(x)\mathrm{d}x$ 为函数 $f(x)$ 在 $[a,+\infty)$ 上的无穷区间广义积分（简称**无穷积分**），记为 $\int_a^{+\infty}f(x)\mathrm{d}x$，即

$$\int_a^{+\infty}f(x)\mathrm{d}x=\lim_{A\to+\infty}\int_a^A f(x)\mathrm{d}x.$$

若等式右边的极限存在，则称无穷积分 $\int_a^{+\infty}f(x)\mathrm{d}x$ 收敛，否则就称为发散.

同样可以定义：

$\int_{-\infty}^b f(x)\mathrm{d}x=\lim\limits_{B\to-\infty}\int_B^b f(x)\mathrm{d}x$（极限号下的积分存在）；

$\int_{-\infty}^{+\infty}f(x)\mathrm{d}x=\lim\limits_{B\to-\infty}\int_B^a f(x)\mathrm{d}x+\lim\limits_{A\to+\infty}\int_a^A f(x)\mathrm{d}x$（两个极限号下的积分都存在 $a\in(-\infty,+\infty)$）.

它们也称为无穷积分. 如果等式右边的极限都存在，则称无穷积分收敛，否则就称发散.

例2　计算下列广义积分：

(1) $\int_1^{+\infty}x\mathrm{e}^{-x^2}\mathrm{d}x$；　　(2) $\int_{-\infty}^{-1}\frac{1}{x^2}\mathrm{d}x$；

(3) $\int_{-\infty}^{+\infty}\frac{1}{1+x^2}\mathrm{d}x$；　　(4) $\int_1^{+\infty}\frac{1}{x}\mathrm{d}x$.

解　(1) $\int_1^{+\infty}x\mathrm{e}^{-x^2}\mathrm{d}x=\lim\limits_{A\to+\infty}\int_1^A x\mathrm{e}^{-x^2}\mathrm{d}x=\lim\limits_{A\to+\infty}\left[-\frac{1}{2}\int_1^A\mathrm{e}^{-x^2}\mathrm{d}(-x^2)\right]$

$$=-\frac{1}{2}\lim_{A\to+\infty}\left(\mathrm{e}^{-A^2}-\frac{1}{\mathrm{e}}\right)=\frac{1}{2\mathrm{e}}\text{（收敛）}.$$

(2) $\int_{-\infty}^{-1}\frac{1}{x^2}\mathrm{d}x=\lim\limits_{B\to-\infty}\int_B^{-1}\frac{1}{x^2}\mathrm{d}x=\lim\limits_{B\to-\infty}\frac{1}{-x}\Big|_B^{-1}=\lim\limits_{B\to-\infty}\left(1+\frac{1}{B}\right)=1$（收敛）.

(3) $\int_{-\infty}^{+\infty}\frac{1}{1+x^2}dx=\lim\limits_{B\to-\infty}\int_B^0\frac{1}{1+x^2}dx+\lim\limits_{A\to+\infty}\int_0^A\frac{1}{1+x^2}dx$

$$=-\lim_{B\to-\infty}\arctan B+\lim_{A\to+\infty}\arctan A=\frac{\pi}{2}+\frac{\pi}{2}=\pi(\text{收敛}).$$

(4) $\int_1^{+\infty}\frac{1}{x}dx=\lim\limits_{A\to+\infty}\int_1^A\frac{1}{x}dx=\lim\limits_{A\to+\infty}\ln x\,|_1^A=\lim\limits_{A\to+\infty}\ln A=+\infty$(发散).

例 3 证明无穷积分 $\int_1^{+\infty}\frac{1}{x^p}dx\ (p>0)$ 当 $p>1$ 时收敛,当 $0<p\leqslant 1$ 时发散.

证明 当 $p=1$ 时,$\int_1^{+\infty}\frac{1}{x}dx=+\infty$,即 $\int_1^{+\infty}\frac{1}{x^p}dx$ 发散;

当 $0<p<1$ 时,$1-p>0$,所以

$$\int_1^{+\infty}\frac{1}{x^p}dx=\lim_{A\to+\infty}\int_1^A\frac{1}{x^p}dx=\lim_{A\to+\infty}\left(\frac{x^{1-p}}{1-p}\right)\Bigg|_1^A=\frac{1}{1-p}\lim_{A\to+\infty}(A^{1-p}-1)=+\infty,$$

即 $\int_1^{+\infty}\frac{1}{x^p}dx$ 发散;

当 $p>1$ 时,$1-p<0$,所以

$$\int_1^{+\infty}\frac{1}{x^p}dx=\lim_{A\to+\infty}\int_1^A\frac{1}{x^p}dx=\lim_{A\to+\infty}\left(\frac{x^{1-p}}{1-p}\right)\Bigg|_1^A=\frac{1}{1-p}\lim_{A\to+\infty}(A^{1-p}-1)=\frac{1}{p-1},$$

即 $\int_1^{+\infty}\frac{1}{x^p}dx$ 收敛.

综合可知,$\int_1^{+\infty}\frac{1}{x^p}dx(p>0)$ 当 $p>1$ 时收敛,当 $0<p\leqslant 1$ 时发散.

二、无界函数的广义积分

例 4 如图 5-8 所示,若求以 $y=\frac{1}{\sqrt{x}}$ 为曲顶、$[\varepsilon,1](\varepsilon>0)$ 为底的单曲边梯形的面积 $S(\varepsilon)$,则

$$S(\varepsilon)=\int_\varepsilon^1\frac{1}{\sqrt{x}}dx=2\sqrt{x}\Big|_\varepsilon^1=2(1-\sqrt{\varepsilon}).$$

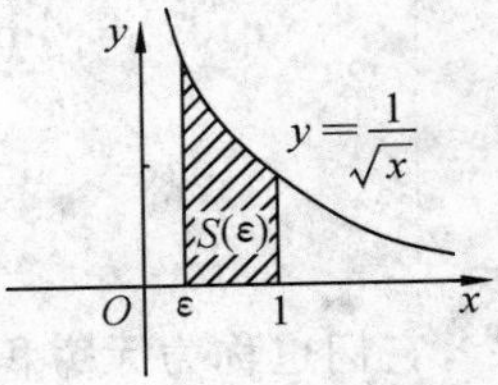

现在若要求由 $x=1$,$y=\frac{1}{\sqrt{x}}$ 和 x 轴、y 轴所“界定”的“区域”的面积 S,因为函数 $y=\frac{1}{\sqrt{x}}$ 在 $x=0$ 处没有意义,且在 $(0,1]$ 上无界,与例 1 类似,它已经不是通常意义的积分了(函数是无界的). 不过,我们可以这样处理:通过 $S(\varepsilon)$,令 $\varepsilon\to0^+$ 来获取面积,即

图 5-8

$$S=\lim_{\varepsilon\to0^+}\int_\varepsilon^1\frac{1}{\sqrt{x}}dx=\lim_{\varepsilon\to0^+}2\sqrt{x}\Big|_\varepsilon^1=\lim_{\varepsilon\to0^+}2(1-\sqrt{\varepsilon})=2.$$

一般来说,对于已知一个量在区间 $(a,b]$ 上的变化率,且靠近端点 a 时,变化率趋于无穷,求在该区间上的累积量,都可以采用先将区间 $(a,b]$ 改写为 $[a+\varepsilon,b](\varepsilon>0)$,求出积分后再求其极限的方法来处理. 下面对这个过程给出明确的定义:

定义 2 设函数 $f(x)$ 在 $(a,b]$ 上有定义,$\lim\limits_{x\to a^+}f(x)=\infty$. 对任意 $\varepsilon(\varepsilon>0,a+\varepsilon<b)$,$f(x)$

在$[a+\varepsilon,b]$上可积，即$\int_{a+\varepsilon}^{b}f(x)\mathrm{d}x$存在，则称$\lim\limits_{\varepsilon\to0^+}\int_{a+\varepsilon}^{b}f(x)\mathrm{d}x$为无界函数$f(x)$在$(a,b]$上的广义积分，记作

$$\int_a^b f(x)\mathrm{d}x=\lim_{\varepsilon\to0^+}\int_{a+\varepsilon}^{b}f(x)\mathrm{d}x.$$

若等式右边的极限存在，则称无界函数广义积分$\int_a^b f(x)\mathrm{d}x$收敛，否则就称为发散. 无界函数广义积分也称为**瑕积分**，其中a称为**瑕点**.

瑕点也可以是区间的右端点b或区间内部的点. 类似地，可以有如下定义：

$$\int_a^b f(x)\mathrm{d}x=\lim_{\varepsilon\to0^+}\int_a^{b-\varepsilon}f(x)\mathrm{d}x(b\text{为瑕点}),$$

$$\int_a^b f(x)\mathrm{d}x=\lim_{\varepsilon_1\to0^+}\int_a^{c-\varepsilon_1}f(x)\mathrm{d}x+\lim_{\varepsilon_2\to0^+}\int_{c+\varepsilon_2}^{b}f(x)\mathrm{d}x\ (c\in(a,b)\text{为瑕点}).$$

若等式右端的极限都存在，则瑕积分收敛，否则就是发散.

例 5　计算下列瑕积分：

(1) $\int_0^1\frac{1}{\sqrt{1-x^2}}\mathrm{d}x$；　　(2) $\int_1^2\frac{x}{\sqrt{x-1}}\mathrm{d}x$；　　(3) $\int_0^2\frac{1}{\sqrt[3]{x-1}}\mathrm{d}x$.

解　(1) $\int_0^1\frac{1}{\sqrt{1-x^2}}\mathrm{d}x=\lim\limits_{\varepsilon\to0^+}\int_0^{1-\varepsilon}\frac{1}{\sqrt{1-x^2}}\mathrm{d}x=\lim\limits_{\varepsilon\to0^+}\arcsin(1-\varepsilon)=\arcsin1=\frac{\pi}{2}$.

(2) $$\int_1^2\frac{x}{\sqrt{x-1}}\mathrm{d}x=\lim_{\varepsilon\to0^+}\int_{1+\varepsilon}^{2}\frac{x}{\sqrt{x-1}}\mathrm{d}x\xlongequal{\sqrt{x-1}=t,x=1+t^2,\mathrm{d}x=2t\mathrm{d}t}\lim_{\varepsilon\to0^+}2\int_{\sqrt{\varepsilon}}^{1}(1+t^2)\mathrm{d}t$$

$$=\lim_{\varepsilon\to0^+}2\left(t+\frac{t^3}{3}\right)\Bigg|_{\sqrt{\varepsilon}}^{1}=2\lim_{\varepsilon\to0^+}\left(\frac{4}{3}-\sqrt{\varepsilon}-\frac{\sqrt{\varepsilon^3}}{3}\right)=\frac{8}{3}.$$

(3) $$\int_0^2\frac{1}{\sqrt[3]{x-1}}\mathrm{d}x=\lim_{\varepsilon_1\to0^+}\int_0^{1-\varepsilon_1}\frac{1}{\sqrt[3]{x-1}}\mathrm{d}x+\lim_{\varepsilon_2\to0^+}\int_{1+\varepsilon_2}^{2}\frac{1}{\sqrt[3]{x-1}}\mathrm{d}x$$

$$=\lim_{\varepsilon_1\to0^+}\frac{3}{2}(x-1)^{\frac{2}{3}}\Bigg|_0^{1-\varepsilon_1}+\lim_{\varepsilon_2\to0^+}\frac{3}{2}(x-1)^{\frac{2}{3}}\Bigg|_{1+\varepsilon_2}^{2}$$

$$=\frac{3}{2}\lim_{\varepsilon_1\to0^+}(\sqrt[3]{\varepsilon_1^2}-1)+\frac{3}{2}\lim_{\varepsilon_2\to0^+}(1-\sqrt[3]{\varepsilon_2^2})=-\frac{3}{2}+\frac{3}{2}=0.$$

例 6　证明$\int_0^1\frac{1}{x^p}\mathrm{d}x$当$0<p<1$时收敛，当$p\geqslant1$时发散.

证明　当$p=1$时，$\int_0^1\frac{1}{x}\mathrm{d}x=\lim\limits_{\varepsilon\to0^+}\int_\varepsilon^1\frac{1}{x}\mathrm{d}x=\lim\limits_{\varepsilon\to0^+}-\ln\varepsilon=+\infty$，即$\int_0^1\frac{1}{x^p}\mathrm{d}x$发散；

当$0<p<1$时，$1-p>0$，所以

$$\int_0^1\frac{1}{x^p}\mathrm{d}x=\lim_{\varepsilon\to0^+}\int_\varepsilon^1\frac{1}{x^p}\mathrm{d}x=\lim_{\varepsilon\to0^+}\left(\frac{x^{1-p}}{1-p}\right)\Bigg|_\varepsilon^1=\frac{1}{1-p}\lim_{\varepsilon\to0^+}(1-\varepsilon^{1-p})=\frac{1}{1-p},$$

即$\int_0^1\frac{1}{x^p}\mathrm{d}x$收敛；

当$p>1$时，$1-p<0$，所以

$$\int_0^1\frac{1}{x^p}\mathrm{d}x=\lim_{\varepsilon\to0^+}\int_\varepsilon^1\frac{1}{x^p}\mathrm{d}x=\lim_{\varepsilon\to0^+}\left(\frac{x^{1-p}}{1-p}\right)\Bigg|_\varepsilon^1=\frac{1}{1-p}\lim_{\varepsilon\to0^+}(1-\varepsilon^{1-p})=+\infty,$$

即$\int_0^1\frac{1}{x^p}\mathrm{d}x$发散.

综合可知，$\int_0^1 \frac{1}{x^p}\mathrm{d}x$ 当 $0<p<1$ 时收敛，当 $p\geqslant 1$ 时发散.

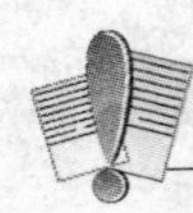

习题 5-4(A)

计算下列广义积分：

(1) $\int_0^{+\infty} x\mathrm{e}^{-x^2}\mathrm{d}x$；

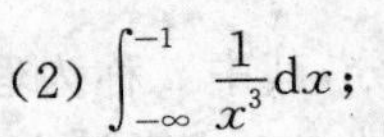

(2) $\int_{-\infty}^{-1} \frac{1}{x^3}\mathrm{d}x$；

(3) $\int_{-\infty}^{+\infty} \frac{2}{1+x^2}\mathrm{d}x$；

(4) $\int_1^{+\infty} \frac{1}{\sqrt{x}}\mathrm{d}x$；

(5) $\int_0^2 \frac{1}{\sqrt{4-x^2}}\mathrm{d}x$；

(6) $\int_2^4 \frac{x}{\sqrt{x-2}}\mathrm{d}x$.

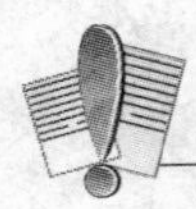

习题 5-4(B)

计算下列广义积分：

(1) $\int_1^{+\infty} \frac{1}{x^2}\mathrm{d}x$；

(2) $\int_{-\infty}^{0} \frac{1}{1-x}\mathrm{d}x$；

(3) $\int_{-\infty}^{+\infty} x\mathrm{e}^{\frac{x^2}{2}}\mathrm{d}x$；

(4) $\int_1^{+\infty} \frac{1}{\sqrt[3]{x}}\mathrm{d}x$；

(5) $\int_1^{\mathrm{e}} \frac{1}{x\sqrt{1-\ln^2 x}}\mathrm{d}x$；

(6) $\int_3^9 \frac{x}{\sqrt{x-3}}\mathrm{d}x$；

(7) $\int_0^2 \frac{1}{\sqrt[5]{x-1}}\mathrm{d}x$.

§5-5 定积分的应用

本节介绍积分在经济和几何中的一些应用.

一、积分在经济中的应用

积分在经济分析中有着广泛的应用，利用定积分可以求经济函数、经济指标改变量，分析消费者剩余、国民收入分配等问题. 下面就具体介绍这些应用.

1. 已知边际函数求原经济函数

由边际分析可知，对一已知经济函数 $F(x)$（如需求函数 $q(p)$、总成本函数 $C(q)$、总收入函数 $R(q)$、总利润函数 $L(q)$ 等），它的边际函数就是它的导函数 $F'(x)$. 若已知某经济函数 $F(x)$ 的边际函数为 $F'(x)$，则通过求不定积分可得原经济函数

$$F(x)=\int F'(x)\mathrm{d}x, \tag{1}$$

其中右端不定积分中出现的任意常数 C，由其他已知条件确定. 也可由牛顿-莱布尼兹公式，

用变上限积分表示有

$$F(x)=\int_{0}^{x}F'(x)\mathrm{d}x+F(0). \tag{2}$$

(1) 需求函数.

需求量 q 是价格 p 的函数 $q=q(p)$. 一般地，价格 $p=0$ 时需求量最大. 设最大需求量为 q_0，即 $q_0=q(0)$.

若已知边际需求为 $q'(p)$，则由公式(1)求得总需求函数为

$$q(p)=\int q'(p)\mathrm{d}p,$$

其中积分常数 C 由初始条件 $q_0=q(0)$ 确定.

也可由公式(2)得

$$q(p)=\int_{0}^{p}q'(p)\mathrm{d}p+q_0.$$

(2) 总成本函数.

设产量为 q 时的边际成本为 $C'(q)$，固定成本为 C_0，则由公式(1)得总成本函数为

$$C(q)=\int C'(q)\mathrm{d}q,$$

其中积分常数 C 由 $C(0)=C_0$ 确定.

也可由公式(2)得总成本函数为

$$C(q)=\int_{0}^{q}C'(q)\mathrm{d}q+C_0,$$

其中 C_0 为固定成本，$\int_{0}^{q}C'(q)\mathrm{d}q$ 称为变动成本.

(3) 总收入函数.

设产销量为 q 时的边际收入为 $R'(q)$，则由公式(1)得总收入函数为

$$R(q)=\int R'(q)\mathrm{d}q,$$

其中积分常数 C 由 $R(0)=0$ 确定(一般地假定产销量为 0 时总收入为 0).

也可由公式(2)得总收入函数为

$$R(q)=\int_{0}^{q}R'(q)\mathrm{d}q.$$

(4) 利润函数.

设某产品产销量为 q 时的边际收入为 $R'(q)$，边际成本为 $C'(q)$，则边际利润为 $L'(q)=R'(q)-C'(q)$，总收入函数为 $R(q)=\int R'(q)\mathrm{d}q$，总成本函数为 $C(q)=\int_{0}^{q}C'(q)\mathrm{d}q+C_0$，其中 $C_0=C(0)$ 为固定成本，利润

$$\begin{aligned}L(q)&=R(q)-C(q)\\&=\int_{0}^{q}R'(q)\mathrm{d}q-\left[\int_{0}^{q}C'(q)\mathrm{d}q+C_0\right]\\&=\int_{0}^{q}R'(q)\mathrm{d}q-\int_{0}^{q}C'(q)\mathrm{d}q-C_0\\&=\int_{0}^{q}[R'(q)-C'(q)]\mathrm{d}q-C_0\end{aligned}$$

$$=\int_0^q L'(q)\mathrm{d}q - C_0,$$

其中$\int_0^q L'(q)\mathrm{d}q$称为产销量为$q$时的毛利,毛利减去固定成本即为纯利.

例 1 已知对某商品的需求量q是价格p的函数,且边际需求$q'(p)=-4$,该商品的最大需求量为80,求需求量与价格的函数关系.

解 解法 1 $q(p)=\int q'(p)\mathrm{d}p=\int -4\mathrm{d}p=-4p+C$($C$为积分常数).

再由$q(0)=80$代入,得$C=80$.于是所求函数为$q(p)=-4p+80$.

解法 2 $q(p)=\int_0^p q'(p)\mathrm{d}p+q(0)=\int_0^p(-4)\mathrm{d}p+80=-4p+80$.

例 2 已知某产品的边际收入$R'(q)=25-2q$,边际成本$C'(q)=13-4q$,固定成本为$C_0=10$,求当$q=5$时的毛利和纯利.

解 解法 1 边际利润$L'(q)=R'(q)-C'(q)=(25-2q)-(13-4q)=12+2q$,

当$q=5$时的毛利为$\int_0^5 L'(q)\mathrm{d}q=\int_0^5(12+2q)\mathrm{d}q=(12q+q^2)\big|_0^5=85$,

当$q=5$时的纯利为$L(5)=\int_0^5 L'(q)\mathrm{d}q-C_0=85-10=75$.

解法 2 总收入$R(5)=\int_0^5 R'(q)\mathrm{d}q=\int_0^5(25-2q)\mathrm{d}q=(25q-q^2)\big|_0^5=100$,

总成本

$$C(5)=\int_0^5 C'(q)\mathrm{d}q+C_0=\int_0^5(13-4q)\mathrm{d}q+10$$
$$=(13q-2q^2)\big|_0^5+10=25,$$

纯利$L(5)=R(5)-C(5)=100-25=75$,
毛利$L(5)+C_0=75+10=85$.

2. 由边际函数求经济指标的改变量

牛顿-莱布尼兹公式也可用来求经济函数的改变量,即

$$\Delta F=F(b)-F(a)=\int_a^b F'(x)\mathrm{d}x.$$

例 3 已知生产某产品q单位时的边际收入为$R'(q)=100-2q$(元/单位),求生产40个单位时的总收入及平均收入,并求再增加生产10个单位时所增加的总收入.

解 由公式$R(q)=\int_0^q R'(q)\mathrm{d}q$,得

$$R(40)=\int_0^{40}(100-2q)\mathrm{d}q=(100q-q^2)\big|_0^{40}=2400(\text{元}).$$

平均收入为$\dfrac{R(40)}{40}=\dfrac{2400}{40}=60$(元).

在生产40个单位后再生产10个单位所增加的总收入为

$$\Delta R=R(50)-R(40)=\int_{40}^{50}R'(q)\mathrm{d}q$$
$$=\int_{40}^{50}(100-2q)\mathrm{d}q=(100q-q^2)\big|_{40}^{50}=100(\text{元}).$$

3. 由边际函数求最优化问题

已知边际函数 $F'(x)$，结合求函数极值的方法，可讨论经济问题中的一些最优化问题.

例 4　假设某产品的边际收入函数为 $R'(q)=9-q$（万元/万台），边际成本函数为 $C'(q)=4+\frac{q}{4}$（万元/万台），其中 q 以万台为单位.

(1) 试求产量由 4 万台增加到 5 万台时利润的变化量.

(2) 当产量为多少时利润最大？

(3) 已知固定成本为 1 万元，求总成本函数和利润函数.

解　(1) 首先求出边际利润

$$L'(q)=R'(q)-C'(q)=(9-q)-\left(4+\frac{q}{4}\right)=5-\frac{5}{4}q,$$

从而

$$\Delta L=L(5)-L(4)=\int_4^5 L'(q)\mathrm{d}q=\int_4^5\left(5-\frac{5}{4}q\right)\mathrm{d}q=\left(5q-\frac{5}{8}q^2\right)\Big|_4^5=-\frac{5}{8}.$$

由此可见，在 4 万台的基础上再生产 1 万台，利润不但未增加反而减少.

(2) 令 $L'(q)=0$，解得 $q=4$（万台），即产量为 4 万台时利润最大. 由此可见，问题(1)中利润减少的原因.

(3) 总成本函数

$$C(q)=\int_0^q C'(q)\mathrm{d}q+C_0=\int_0^q\left(4+\frac{q}{4}\right)\mathrm{d}q+1=4q+\frac{q^2}{8}+1,$$

利润函数

$$L(q)=\int_0^q L'(q)\mathrm{d}q-C_0=\int_0^q\left(5-\frac{5}{4}q\right)\mathrm{d}q-1=5q-\frac{5}{8}q^2-1.$$

4. 其他应用

(1) 消费者剩余.

消费者剩余是经济学中的重要概念. 它的具体定义是：消费者对某种商品所愿意付出的代价超过他实际付出的代价的余额，即

消费者剩余＝愿意付出的金额－实际付出的金额.

可见，消费者剩余可以衡量消费者所得到的额外满足.

假定消费者愿意为某种商品所付出的价格 p 是由其需求曲线

$$p=D(q)$$

决定的，其中 q 为需求量，它是价格的减函数，如图所示.

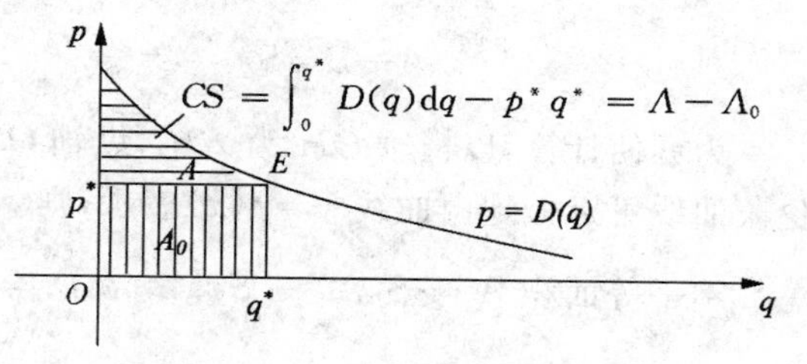

图 5-9　消费者剩余示意图

这表明市场经济中某个消费者对价格为 p^* 的某种商品购买量为 q^* 时，他所愿意付出的金额为曲边梯形面积 A，而实际上付出的金额为矩形面积 A_0. 可见，这个消费者愿意付出的金额超过他实际付出的金额为

$$A-A_0.$$

由定积分的几何意义可以得到

$$A=\int_0^{q^*}D(q)\mathrm{d}q,$$

$$A_0=p^*q^*.$$

于是当市场价格为 p^* 时消费者剩余(简记为 CS)

$$CS=\int_0^{q^*}D(q)\mathrm{d}q-p^*q^*. \tag{3}$$

例 5 如果需求曲线为 $D(q)=18-3q^2$，并已知需求量为 2 个单位，试求消费者剩余 CS.

解 首先由需求量 q^* 为 2 个单位可知市场价格

$$p^*=D(q^*)=18-3\times 2^2=6.$$

再由公式(3)得消费者剩余为

$$\begin{aligned}CS&=\int_0^2 D(q)\mathrm{d}q-6\times 2\\&=\int_0^2(18-3q^2)\mathrm{d}q-12\\&=(18q-q^3)\big|_0^2-12\\&=36-8-12=16.\end{aligned}$$

(2) 国民收入分配.

为了研究国民收入在国民之间的分配，避免贫富过分悬殊，美国统计学家劳伦茨提出了著名的劳伦茨(M. O. Lorenz)曲线，如图 5-10 所示. 横轴 OH 表示人口(按收入由低到高分组)的累计百分比，纵轴 OM 表示收入的累计百分比.

当收入分配完全平等时，人口累计百分比等于收入累计百分比，劳伦茨曲线为通过原点、倾角为 45°的直线 OL，称为完全平等线.

当收入分配完全不平等时，极少部分(例如 1%)的人口却几乎占有全部(100%)的收入，劳伦茨曲线为折线 OHL，称为完全不平等线.

实际上，一般国家的收入分配，既不是完全平等，也不是完全不平等，而是在两者之间，劳伦茨曲线为一条凹曲线 ODL. 称曲线 ODL 与直线 OL 所围图形的面积 A 为不平等面积，它反映了国民收入分配不平等的程度. 称折线 OHL 与曲线 OL 所围图形的面积 $A+B$ 为完全不平等面积，显然

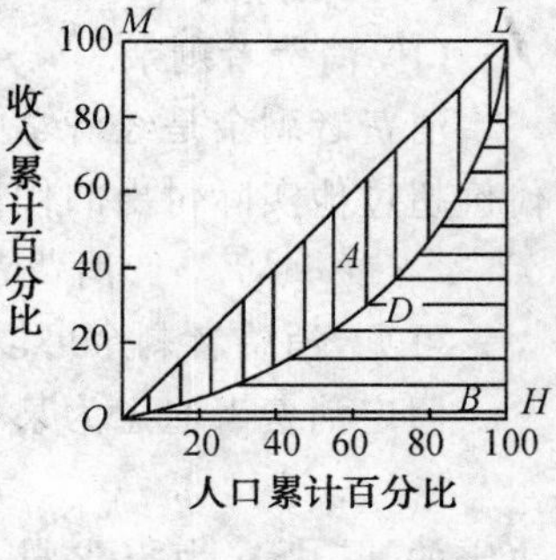

$$A+B=S_{\triangle OHL}=\frac{1}{2}.$$

图 5-10 劳伦茨曲线

为方便计算，以横轴 OH 为 x 轴，纵轴 OM 为 y 轴，再假定某国某一时期国民收入的劳伦茨曲线可近似地由曲线 $y=f(x)$ 表示，则

不平等面积 $A=S_{\triangle OHL}-S_{曲边梯形OHLDO}=\dfrac{1}{2}-\displaystyle\int_0^1 f(x)\mathrm{d}x$.

即不平等面积 A=完全不平等面积 $(A+B)-B=\dfrac{1}{2}-\displaystyle\int_0^1 f(x)\mathrm{d}x$.

不平等面积 A 与完全不平等面积$(A+B)$的比

$$\frac{A}{A+B}$$

表示一个国家国民收入在国民之间分配的不平等程度. 在经济学上，$\frac{A}{A+B}$称为基尼系数，记作 G. 显然，当收入分配完全平等时，$G=0$；当收入分配完全不平等时，$G=1$. 该系数可取 0 和 1 之间的任何值. 收入分配越是趋向平等，劳伦茨曲线的弧度越小，基尼系数也越小；反之，收入分配越是趋向不平等，劳伦茨曲线的弧度越大，那么基尼系数也越大.

由上述分析可知，基尼系数

$$G=\frac{A}{A+B}=\frac{\frac{1}{2}-\int_0^1 f(x)\,\mathrm{d}x}{\frac{1}{2}}=1-2\int_0^1 f(x)\,\mathrm{d}x.$$

例 6　某国某年国民收入在国民之间的分配的劳伦茨曲线可近似地由 $y=x^2, x\in[0,1]$表示，试求该国的基尼系数.

解　如图 5-11，由公式得

$$A=\frac{1}{2}-\int_0^1 f(x)\,\mathrm{d}x=\frac{1}{2}-\int_0^1 x^2\,\mathrm{d}x$$
$$=\frac{1}{2}-\frac{1}{3}x^3\Big|_0^1=\frac{1}{2}-\frac{1}{3}=\frac{1}{6}.$$

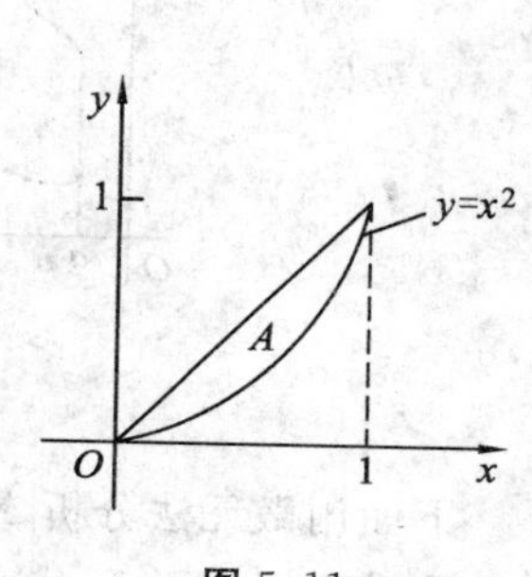

图 5-11

从而，基尼系数

$$G=\frac{A}{A+B}=\frac{\frac{1}{6}}{\frac{1}{2}}=\frac{1}{3}=0.3\dot{3}.$$

二、利用定积分求平面图形的面积

下面介绍定积分在几何中的应用——利用定积分求平面图形的面积.

在用定积分计算某个量时，关键是如何把所求的量表示成定积分的形式，常用的方法就是微元法.

再看曲边梯形的面积：

设函数 $y=f(x)$在区间$[a,b]$上连续且 $f(x)\geqslant 0$. 前面我们已讨论过以曲线 $y=f(x)$为曲边、$[a,b]$为底的曲边梯形面积 A 的计算方法. 它分四个步骤：化整为微，近似替代，积微为整，求极限. 因为区间的分割、ξ_i 的选取都有任意性，故我们可简述过程：用$[x,x+\mathrm{d}x]$表示一个小区间，并取以这个小区间的左端点 x 处的函数值 $f(x)$为高、$\mathrm{d}x$ 为宽的小矩形面积 $f(x)\mathrm{d}x$ 就是区间$[x,x+\mathrm{d}x]$上的小曲边梯形面积 ΔA 的近似值.

如图 5-12 中的阴影部分所示，有 $\Delta A\approx f(x)\,\mathrm{d}x$，其中 $f(x)\mathrm{d}x$称为面积微元，记作 $\mathrm{d}A$，即 $\mathrm{d}A=f(x)\,\mathrm{d}x$. 因此 $A=\sum\Delta A\approx\sum f(x)\,\mathrm{d}x$，从而 $A=\int_a^b f(x)\,\mathrm{d}x$.

这种求曲边梯形面积的方法可以推广到利用积分计算某个量 U 上，具体步骤如下：

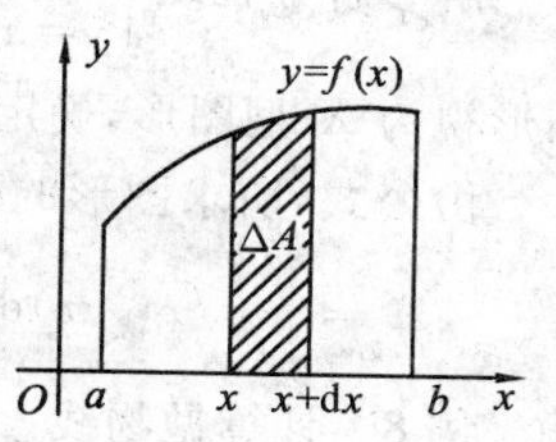

图 5-12

(1) 确定积分变量 x，求出积分区间$[a,b]$；

(2) 在区间$[a,b]$上任取一小区间$[x,x+\mathrm{d}x]$，并在该区间上找到所求量U的微元$\mathrm{d}U=f(x)\mathrm{d}x$；

(3) 所求量U的积分表达式为$U=\int_a^b f(x)\mathrm{d}x$，求出它的值.

这种方法称为积分的**微元法**.

(1) X-型平面图形的面积.

由上下两条曲线$y=f_1(x)$与$y=f_2(x)$及左右两条直线$x=a$与$x=b$所围成的平面图形称为**X-型图形**. 注意构成图形的两条直线，有时也可能蜕化为点.

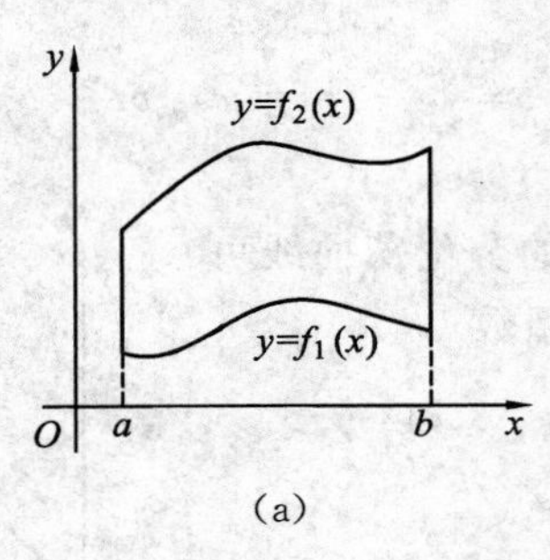

(a)

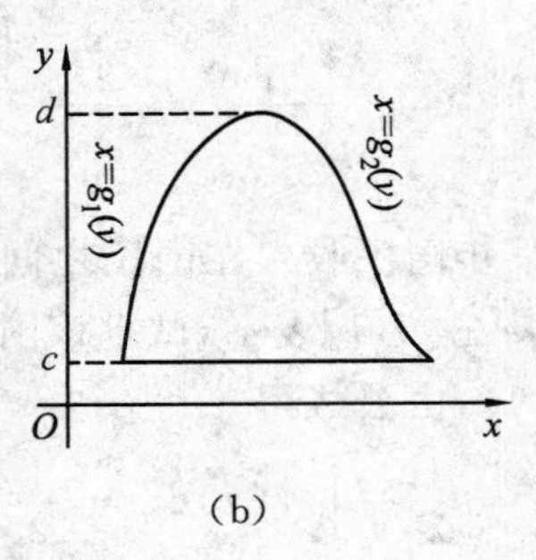

(b)

图 5-13

下面用微元法分析X-型图形的面积.

取横坐标x为积分变量，$x\in[a,b]$. 在区间$[a,b]$上任取一微段$[x,x+\mathrm{d}x]$，该微段上的图形的面积ΔA可以用高为$f_2(x)-f_1(x)$、底为$\mathrm{d}x$的矩形的面积近似代替. 因此

$$\mathrm{d}A=[f_2(x)-f_1(x)]\mathrm{d}x,$$

从而

$$A=\int_a^b[f_2(x)-f_1(x)]\mathrm{d}x. \tag{1}$$

(2) Y-型平面图形的面积.

由左右两条曲线$x=g_1(y)$与$x=g_2(y)$及上下两条直线$y=c$与$y=d$所围成的平面图形称为**Y-型图形**. 注意构成图形的两条直线，有时也可能蜕化为点.

类似X-型图形，用微元法分析Y-型图形，可以得到它的面积为

$$A=\int_c^d[g_2(y)-g_1(y)]\mathrm{d}y. \tag{2}$$

对于非X-型、Y-型平面图形，我们可以进行适当的分割，划分成若干个X-型和Y-型平面图形，然后去求面积.

例 7 计算曲线$y=\sqrt{x}$，$y=x$所围成的图形的面积A.

解 解方程组$\begin{cases}y=\sqrt{x},\\ y=x,\end{cases}$得交点为$(0,0)$、$(1,1)$. 将该平面图形视为$X$-型图形，确定积分变量为$x$，积分区间为$[0,1]$.

由公式，所求图形的面积为

$$A=\int_0^1(\sqrt{x}-x)\mathrm{d}x=\left(\frac{2}{3}x^{\frac{3}{2}}-\frac{1}{2}x^2\right)\Big|_0^1=\frac{1}{6}.$$

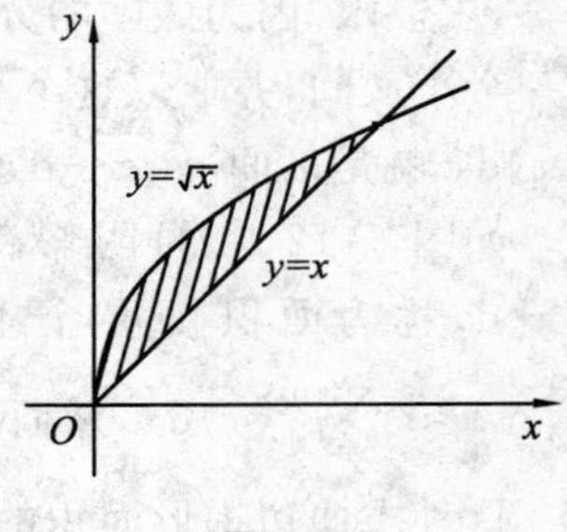

图 5-14

例 8 计算抛物线$y^2=2x$与直线$y=x-4$所围成的图形的面积A.

解　解方程组$\begin{cases} y^2=2x, \\ y=x-4, \end{cases}$得交点为$(2,-2)$、$(8,4)$.

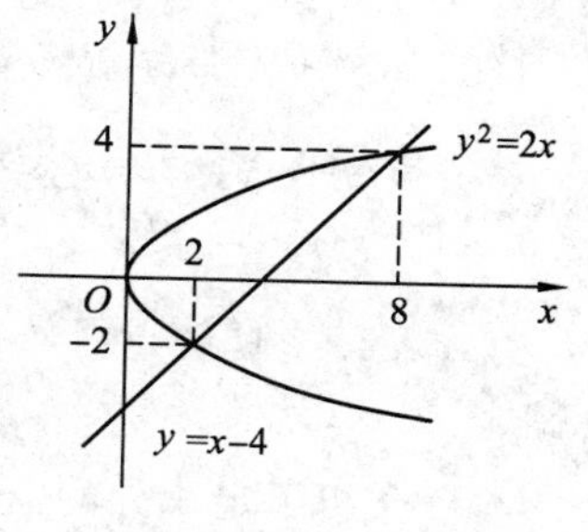

图 5-15

将该平面图形视为Y-型图形，确定积分变量为y，积分区间为$[-2,4]$.

由公式(2)，所求图形的面积为

$$A=\int_{-2}^{4}\left(y+4-\frac{1}{2}y^2\right)\mathrm{d}y=\left(\frac{1}{2}y^2+4y-\frac{1}{6}y^3\right)\Big|_{-2}^{4}=18.$$

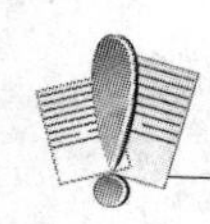

习题 5-5(A)

1. 某商品需求量q是价格p的函数，最大需求量为 1000(单位). 已知边际需求为$q'(p)=-\dfrac{20}{p+1}$，试求需求与价格的函数关系.

2. 已知边际成本$C'(q)=2\mathrm{e}^{0.2q}$，固定成本为 90，求总成本函数.

3. 已知边际收入为$R'(q)=3-0.2q$，q为销售量. 求总收入函数$R(q)$，并确定最高收入是多少.

4. (1) 求由直线$y=x$，$y=4x$，$y=2$所围成的平面图形的面积；

(2) 求由抛物线$y^2=2x$与直线$y=-2x+2$所围成的平面图形的面积；

(3) 求由曲线$y=\mathrm{e}^x$与直线$y=\mathrm{e}$所围成的平面图形的面积.

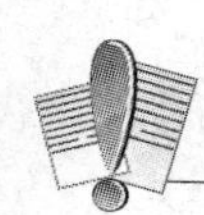

习题 5-5(B)

1. 已知边际成本$C'(q)=25+30q-9q^2$，固定成本为 55，试求总成本函数$C(q)$，平均成本与变动成本.

2. 已知某产品的平均成本变化率(即边际平均成本)为$\overline{C}'(q)=\dfrac{1}{2}q+\dfrac{5000}{q^2}-10$，当产品为 100 t 时平均成本为 1500 元，边际收入为$R'(q)=100q-10$，求利润函数$L(q)$.

3. 已知某商品某周生产q个单位时总成本变化率为$C'(q)=0.4q-12$(元/单位)，固定成本为 500 元，求总成本$C(q)$. 如果这种商品的销售单价是 20 元，每周生产产品全部卖出，求总利润$L(q)$，并问每周生产多少单位时才能获得最大利润?

4. 如果需求曲线$D(q)=50-0.025q^2$，并已知需求量为 20 个单位，试求消费者剩余CS.

5. 假定某国某年的劳伦茨曲线近似地由$y=x^3$，$x\in[0,1]$表示，试求该国的基尼系数.

6. 求下列平面图形的面积：

(1) 曲线$x=y^2-a(a>0)$与y轴所围成的图形；

(2) 曲线$y=x^3$与直线$y=x$所围成的图形；

(3) 曲线$y=x^2$与$y=2-x^2$所围成的图形；

(4) 曲线$y=\mathrm{e}^x$，$y=\mathrm{e}^{-x}$与直线$x=1$所围成的图形；

(5) 曲线$y=\ln x$与y轴及直线$y=\ln 2$，$y=\ln 7$所围成的图形；

(6) 曲线 $y=\frac{1}{x}$ 与直线 $y=x,x=2$ 所围成的图形;

(7) 抛物线 $y=3-x^2$ 与直线 $y=2x$ 所围成的图形.

本章内容小结

本章介绍了定积分的概念和性质、牛顿-莱布尼兹公式、定积分的换元法和分部积分法,简单介绍了广义积分和积分的应用.

1. 定积分的概念和微积分基本公式.

(1) 通过求曲边梯形的面积、变速直线运动的路程两个实例,引入定积分的概念,即

$$\int_a^b f(x)\mathrm{d}x=\lim_{\lambda\to 0}\sum_{i=1}^{n}f(\xi_i)\Delta x_i.$$

(2) 导出牛顿-莱布尼兹公式:若 $f(x)$ 在 $[a,b]$ 上连续,则

$$\int_a^b f(x)\mathrm{d}x=F(x)\Big|_a^b=F(b)-F(a),F(x)\text{ 是 }f(x)\text{ 的一个原函数}.$$

2. 定积分的计算.

(1) 直接积分法:利用基本积分公式和定积分的线性性质计算积分.

(2) 定积分的换元法:若 f,φ,φ' 在相关区间内连续.

第一类:令 $u=\varphi(x),\varphi(a)=\alpha,\varphi(b)=\beta$,则

$$\int_a^b f[\varphi(x)]\mathrm{d}[\varphi(x)]=\int_\alpha^\beta f(u)\mathrm{d}u.$$

第二类:令 $x=\varphi(t),\varphi(\alpha)=a,\varphi(\beta)=b$,则

$$\int_a^b f(x)\mathrm{d}x=\int_\alpha^\beta f[\varphi(t)]\varphi'(t)\mathrm{d}t.$$

(3) 定积分的分部积分法:$\int_a^b u\mathrm{d}v=uv\Big|_a^b-\int_a^b v\mathrm{d}u$.

3. 广义积分.

(1) 无穷区间广义积分(无穷积分):

$$\int_a^{+\infty}f(x)\mathrm{d}x=\lim_{A\to+\infty}\int_a^A f(x)\mathrm{d}x,$$

$$\int_{-\infty}^b f(x)\mathrm{d}x=\lim_{B\to-\infty}\int_B^b f(x)\mathrm{d}x,$$

$$\int_{-\infty}^{+\infty}f(x)\mathrm{d}x=\int_{-\infty}^{c}f(x)\mathrm{d}x+\int_c^{+\infty}f(x)\mathrm{d}x\ (\text{其中 }c\in(-\infty,+\infty)\text{ 为常数}).$$

(2) 无界函数广义积分(瑕积分):

$$\int_a^b f(x)\mathrm{d}x=\lim_{\varepsilon\to 0^+}\int_{a+\varepsilon}^b f(x)\mathrm{d}x(a\text{ 为瑕点}),$$

$$\int_a^b f(x)\mathrm{d}x=\lim_{\varepsilon\to 0^+}\int_a^{b-\varepsilon} f(x)\mathrm{d}x(b\text{ 为瑕点}),$$

$$\int_a^b f(x)\mathrm{d}x=\int_a^c f(x)\mathrm{d}x+\int_c^b f(x)\mathrm{d}x\ (c\in(a,b)\text{ 为瑕点}).$$

4. 定积分的应用.

在经济中，利用积分求经济函数、经济指标改变量，分析消费者剩余、国民收入分配等问题；在几何中，利用微元法的思想求平面图形的面积.

自测题五

一、填空题

1. 已知 $\int_1^4 f(x)\mathrm{d}x = 5$，$\int_3^4 f(x)\mathrm{d}x = 2$，则 $\int_1^3 f(x)\mathrm{d}x =$ ________.

2. $\int_a^b f(x)\mathrm{d}x + \int_b^a f(x)\mathrm{d}x =$ ________.

3. 已知 $\int_a^b \frac{f(x)}{f(x)-g(x)}\mathrm{d}x = 1$，则 $\int_a^b \frac{g(x)}{f(x)-g(x)}\mathrm{d}x =$ ________.

4. 设 $f(x)$ 为连续函数，则 $\int_{-1}^1 \frac{x^5[f(-x)+f(x)]}{2+\cos x}\mathrm{d}x =$ ________.

5. $\lim\limits_{x\to 0}\frac{\int_0^x \sin t\mathrm{d}t}{5x} =$ ________.

6. $\int_2^4 \frac{1}{1-x^2}\mathrm{d}x =$ ________.

7. $\int_0^{2\pi} |\sin x|\mathrm{d}x =$ ________.

8. $\int_1^{+\infty} \frac{x}{1+x^4}\mathrm{d}x =$ ________.

9. 已知某产品产量为 q 件时的边际成本 $C'(q)=4+0.04q$，固定成本为 300 元，则平均成本函数 $\overline{C}(q)=$ ________. 若销售单价为 20 元，则利润函数 $L(q)=$ ________.

二、选择题

1. $\frac{\mathrm{d}}{\mathrm{d}x}\int_a^b \arcsin x\mathrm{d}x =$　　(　　)

A. $\arcsin x$　　B. $\frac{1}{1+x^2}$　　C. 0　　D. $\arcsin b-\arcsin a$

2. 若 $\int_0^k (1-3x^2)\mathrm{d}x = 0$，则 k 不能等于　　(　　)

A. 2　　B. 0　　C. 1　　D. -1

3. 以下各式错误的是

A. $\int_a^a f(x)\mathrm{d}x = 0$　　B. $\int_a^b f(x)\mathrm{d}x = \int_a^b f(t)\mathrm{d}t$

C. $\int_a^b f'(x)\mathrm{d}x = f(b)-f(a)$　　D. $\int_a^b f(x)\mathrm{d}x = 2\int_{2a}^{2b} f(2t)\mathrm{d}t$

4. 定积分 $\int_{\frac{1}{n}}^n \left(1-\frac{1}{t^2}\right)f\left(t+\frac{1}{t}\right)\mathrm{d}t =$　　(　　)

A. 0　　B. $f\left(n+\frac{1}{n}\right)$　　C. 1　　D. $f\left(1-\frac{1}{n^2}\right)$

5. 已知 $\int_{-e}^{0}\frac{\cos x}{\sin^2 x+4}dx=m$,则 $\int_{-e}^{e}\frac{\cos x}{\sin^2 x+4}dx=$ ( )

A. 0 B. $-2m$ C. $2m$ D. $e+2m$

6. 下列式子正确的是 ( )

A. $\int_0^1 e^x dx \leqslant \int_0^1 e^{x^2} dx$ B. $\int_0^1 e^x dx \geqslant \int_0^1 e^{x^2} dx$

C. $\int_0^1 e^x dx = \int_0^1 e^{x^2} dx$ D. 以上都不对

三、综合题

1. 求下列定积分或广义积分:

(1) $\int_0^1 \frac{x^3}{x^2+1}dx$; (2) $\int_1^e x\ln 2x dx$;

(3) $\int_0^{\pi} x\sin \pi x dx$; (4) $\int_0^1 x\sqrt{1+x^2}dx$;

(5) $\int_0^1 e^x(e^x-1)^3 dx$; (6) $\int_{-2}^{3}|x^2-1|dx$;

(7) $\int_1^2 \frac{\sqrt{x^2-1}}{x}dx$; (8) $\int_0^1 x\sqrt{4+5x}dx$;

(9) $\int_{\frac{\sqrt{2}}{2}}^{1}\frac{\sqrt{1-x^2}}{x^2}dx$; (10) $\int_0^{e-1}\ln(x+1)dx$;

(11) $\int_0^{+\infty}\frac{4x}{x^2+4}dx$; (12) $\int_0^e \frac{\ln x}{x}dx$.

2. 求函数 $F(x)=\int_0^x \frac{2t+1}{1+t^2}dt$ 在 $[0,1]$ 上的最大值和最小值.

3. 求由抛物线 $y^2=\frac{1}{2}x$ 与直线 $x-y-1=0$ 所围成的图形的面积.

4. 设某产品的总成本 C(单位:万元)的变化率是产量 q(单位:百台)的函数 $\frac{d[C(q)]}{dq}=6+\frac{q}{2}$,且总收入函数 R(单位:万元)的变化率也是 q 的函数 $\frac{d[R(q)]}{dq}=12-q$,求:

(1) 产量从 1 百台增加到 3 百台时总成本与总收入各增加多少;

(2) 产量为多少时总利润 $L(q)$ 最大;

(3) 已知固定成本 $C(0)=5$(万元)时总成本、总利润与产量 q 的函数关系式.

第 6 章

行 列 式

§6-1　二阶与三阶行列式

求解二元线性方程组$\begin{cases}5x_1-2x_2=4, & ①\\ 2x_1+3x_2=13. & ②\end{cases}$

解　根据消元法，我们有

①×3+②×2 得 $19x_1=38$，即 $x_1=2$.

①×2−②×5 得 $-19x_2=-57$，即 $x_2=3$.

上述求解过程是我们在中学数学课程中已经学习过的，我们还可以归纳出对于一般二元线性方程组的求解过程.

用消元法解二元线性方程组

$$\begin{cases}a_{11}x_1+a_{12}x_2=b_1,\\ a_{21}x_1+a_{22}x_2=b_2.\end{cases} \tag{1}$$

为消去未知数 x_2，以 a_{22} 与 a_{12} 分别乘上面两方程的两端，然后两个方程相减，得

$$(a_{11}a_{22}-a_{12}a_{21})x_1=b_1a_{22}-a_{12}b_2.$$

类似地，消去 x_1，得

$$(a_{11}a_{22}-a_{12}a_{21})x_2=a_{11}b_2-b_1a_{21}.$$

当 $a_{11}a_{22}-a_{12}a_{21}\neq 0$ 时，求得方程组(1)的解为

$$x_1=\frac{b_1a_{22}-a_{12}b_2}{a_{11}a_{22}-a_{12}a_{21}},x_2=\frac{a_{11}b_2-b_1a_{21}}{a_{11}a_{22}-a_{12}a_{21}}. \tag{2}$$

(2)式中的分子、分母都是四个数分两对相乘再相减而得，其中分母 $a_{11}a_{22}-a_{12}a_{21}$ 是由方程组(1)的四个系数确定的，把这四个数按它们在方程组(1)中的位置排成二行二列（横排称行、竖排称列）的数表

$$\begin{matrix}a_{11} & a_{12}\\ a_{21} & a_{22}\end{matrix} \tag{3}$$

表达式 $a_{11}a_{22}-a_{12}a_{21}$ 称为数表(3)所确定的**二阶行列式**，并记作

$$\begin{vmatrix}a_{11} & a_{12}\\ a_{21} & a_{22}\end{vmatrix}. \tag{4}$$

数 $a_{ij}(i=1,2;j=1,2)$ 称为行列式(4)的**元素**. 元素 a_{ij} 的第一个下标 i 称为**行标**，表明

该元素位于第 i 行;第二个下标 j 称为**列标**,表明该元素位于第 j 列.

上述二阶行列式的定义可用对角线法则来记忆.参看图 6-1,把 a_{11} 到 a_{22} 的实连线称为主对角线,a_{21} 到 a_{12} 的虚连线称为副对角线,于是二阶行列式便是主对角线上的两元素之积减去副对角线上两元素之积所得的差.

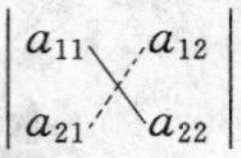

$$\begin{vmatrix} a_{11} & a_{12} \\ a_{21} & a_{22} \end{vmatrix}$$

图 6-1

利用二阶行列式的概念,(2)式中 x_1,x_2 的分子也可写成二阶行列式,即

$$b_1a_{22}-a_{12}b_2=\begin{vmatrix} b_1 & a_{12} \\ b_2 & a_{22} \end{vmatrix},a_{11}b_2-b_1a_{21}=\begin{vmatrix} a_{11} & b_1 \\ a_{21} & b_2 \end{vmatrix}.$$

若记

$$D=\begin{vmatrix} a_{11} & a_{12} \\ a_{21} & a_{22} \end{vmatrix},\ D_1=\begin{vmatrix} b_1 & a_{12} \\ b_2 & a_{22} \end{vmatrix},\ D_2=\begin{vmatrix} a_{11} & b_1 \\ a_{21} & b_2 \end{vmatrix},$$

那么(2)式可写成

$$x_1=\frac{D_1}{D}=\frac{\begin{vmatrix} b_1 & a_{12} \\ b_2 & a_{22} \end{vmatrix}}{\begin{vmatrix} a_{11} & a_{12} \\ a_{21} & a_{22} \end{vmatrix}},\ x_2=\frac{D_2}{D}=\frac{\begin{vmatrix} a_{11} & b_1 \\ a_{21} & b_2 \end{vmatrix}}{\begin{vmatrix} a_{11} & a_{12} \\ a_{21} & a_{22} \end{vmatrix}}.$$

注意这里的分母 D 是由方程组(1)的系数所确定的二阶行列式(称系数行列式),x_1 的分子 D_1 是用常数项 b_1,b_2 替换 D 中 x_1 的系数 a_{11},a_{21} 所得的二阶行列式,x_2 的分子 D_2 是常数项 b_1,b_2 替换 D 中 x_2 的系数 a_{12},a_{22} 所得的二阶行列式.

同样,我们可以定义三阶行列式.

设有 9 个数排成三行三列的数表

$$\begin{matrix} a_{11} & a_{12} & a_{13} \\ a_{21} & a_{22} & a_{23} \\ a_{31} & a_{32} & a_{33} \end{matrix} \tag{5}$$

记

$$\begin{vmatrix} a_{11} & a_{12} & a_{13} \\ a_{21} & a_{22} & a_{23} \\ a_{31} & a_{32} & a_{33} \end{vmatrix}=a_{11}a_{22}a_{33}+a_{12}a_{23}a_{31}+a_{13}a_{21}a_{32}-a_{11}a_{23}a_{32}-a_{12}a_{21}a_{33}-a_{13}a_{22}a_{31}. \tag{6}$$

(6)式称为数表(5)所确定的**三阶行列式**.

上述定义表明三阶行列式含 6 项,每项均为不同行不同列的三个元素的乘积再冠以正负号,其规律遵循图 6-2 所示的对角线法则:图中的三条实线看作是平行于主对角线的连线,三条虚线看作是平行于副对角线的连线,实线上三元素的乘积冠正号,虚线上三元素的乘积冠负号.

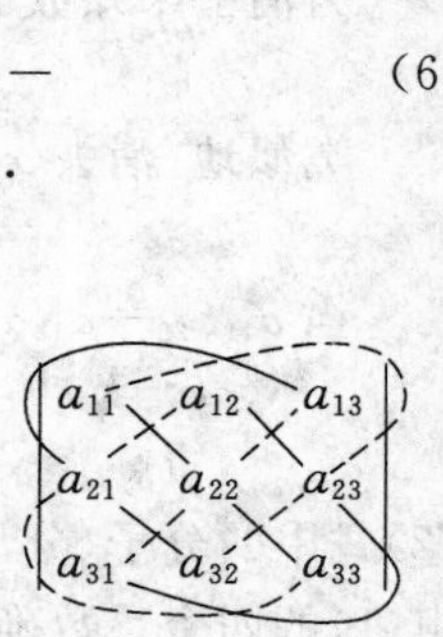

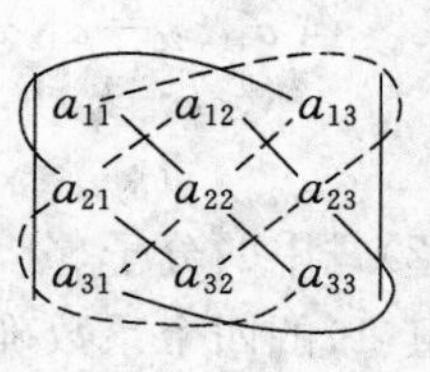

图 6-2

例 1 解二元线性方程组 $\begin{cases} 2x_1+5x_2=1, \\ 3x_1+7x_2=2. \end{cases}$

解 因为

$$D=\begin{vmatrix} 2 & 5 \\ 3 & 7 \end{vmatrix}=14-15=-1\neq 0,$$

$$D_1=\begin{vmatrix} 1 & 5 \\ 2 & 7 \end{vmatrix}=7-10=-3,$$

$$D_2=\begin{vmatrix}2&1\\3&2\end{vmatrix}=4-3=1,$$

所以 $x_1=\dfrac{D_1}{D}=\dfrac{-3}{-1}=3,x_2=\dfrac{D_2}{D}=\dfrac{1}{-1}=-1.$

例 2 计算三阶行列式：

$$D=\begin{vmatrix}1&2&-4\\-2&2&1\\-3&4&-2\end{vmatrix}.$$

解 按对角线法则，有

$$\begin{aligned}D&=1\times2\times(-2)+2\times1\times(-3)+(-4)\times(-2)\times4-1\times1\times4-\\&\quad 2\times(-2)\times(-2)-(-4)\times2\times(-3)\\&=-4-6+32-4-8-24=-14.\end{aligned}$$

例 3 计算三阶三角形行列式：

$$D=\begin{vmatrix}a_{11}&0&0\\a_{21}&a_{22}&0\\a_{31}&a_{32}&a_{33}\end{vmatrix}.$$

解 按对角线法则，有 $D=a_{11}a_{22}a_{33}$.

例 4 设 $D=\begin{vmatrix}a_{11}&a_{12}&a_{13}\\a_{21}&a_{22}&a_{23}\\a_{31}&a_{32}&a_{33}\end{vmatrix}$，其转置行列式为 $D^{\mathrm{T}}=\begin{vmatrix}a_{11}&a_{21}&a_{31}\\a_{12}&a_{22}&a_{32}\\a_{13}&a_{23}&a_{33}\end{vmatrix}$，求证 $D=D^{\mathrm{T}}$.

证明 按对角线法则，有

$$D^{\mathrm{T}}=a_{11}a_{22}a_{33}+a_{13}a_{21}a_{32}+a_{12}a_{23}a_{31}-a_{13}a_{22}a_{31}-a_{12}a_{21}a_{33}-a_{11}a_{23}a_{32}=D.$$

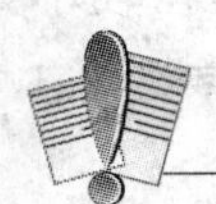

习题 6-1(A)

1. 计算下列二阶行列式：

(1) $\begin{vmatrix}2&1\\5&3\end{vmatrix}$； (2) $\begin{vmatrix}0&3\\5&4\end{vmatrix}$； (3) $\begin{vmatrix}-3&5\\6&-8\end{vmatrix}$； (4) $\begin{vmatrix}2&1\\4&2\end{vmatrix}$.

2. 计算下列三阶行列式：

(1) $\begin{vmatrix}2&4&1\\0&0&0\\-5&6&3\end{vmatrix}$； (2) $\begin{vmatrix}8&-1&0\\11&2&0\\6&4&0\end{vmatrix}$；

(3) $\begin{vmatrix}2&3&5\\2&3&5\\7&6&1\end{vmatrix}$； (4) $\begin{vmatrix}2&3&5\\4&6&10\\9&7&1\end{vmatrix}$.

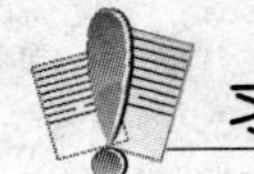

习题 6-1(B)

1. 解二元线性方程组：

(1) $\begin{cases}2x_1+6x_2=8,\\3x_1-4x_2=-1;\end{cases}$　　(2) $\begin{cases}7x_1+4x_2=26,\\2x_1-5x_2=-11.\end{cases}$

2. 计算下列三阶行列式：

(1) $\begin{vmatrix}2&6&1\\1&1&1\\-5&2&3\end{vmatrix}$；　　(2) $\begin{vmatrix}8&-1&4\\6&2&3\\3&4&1\end{vmatrix}$；

(3) $\begin{vmatrix}a&b&c\\x&y&z\\a&b&c\end{vmatrix}$；　　(4) $\begin{vmatrix}x&y&z\\2x&2y&2z\\a&b&c\end{vmatrix}$；

(5) $\begin{vmatrix}2&y&x\\0&1&z\\0&0&3\end{vmatrix}$；　　(6) $\begin{vmatrix}0&-1&4\\6&0&3\\3&4&0\end{vmatrix}$.

§6-2　n 阶行列式

一、逆序数

考虑由前 n 个自然数组成的数字不重复的排列 $j_1j_2\cdots j_n$ 中，若有较大的数排在较小的数的前面，则称它们构成一个**逆序**，并称逆序的总数为排列 $j_1j_2\cdots j_n$ 的**逆序数**，记作$N(j_1j_2\cdots j_n)$.

容易知道，由 1,2 这两个数字组成的逆序数为 $N(1\ \ 2)=0,N(2\ \ 1)=1$.

由 1,2,3 这三个数字组成的全排列有 123,231,312,321,213,132. 它们的逆序数分别为

$N(1\ \ 2\ \ 3)=0,N(2\ \ 3\ \ 1)=2,N(3\ \ 1\ \ 2)=2,$

$N(3\ \ 2\ \ 1)=3,N(2\ \ 1\ \ 3)=1,N(1\ \ 3\ \ 2)=1.$

一般地，逆序数为奇数的排列叫做**奇排列**，逆序数为偶数的排列叫做**偶排列**. 下面来看一下逆序数与三阶行列式的关系. 由定义知

$$\begin{vmatrix}a_{11}&a_{12}&a_{13}\\a_{21}&a_{22}&a_{23}\\a_{31}&a_{32}&a_{33}\end{vmatrix}=a_{11}a_{22}a_{33}+a_{12}a_{23}a_{31}+a_{13}a_{21}a_{32}-a_{11}a_{23}a_{32}-a_{12}a_{21}a_{33}-a_{13}a_{22}a_{31}. \quad (1)$$

容易看出：

(1) (1)式右边的每一项都恰是三个元素的乘积，这三个元素位于不同的行、不同的列. 因此，(1)式右端的任一项除正负号外可以写成 $a_{1p_1}a_{2p_2}a_{3p_3}$. 这里第一个下标(行标)排成标准次序 123，而第二个下标(列标)排成 $p_1p_2p_3$，它是 1,2,3 三个数的某个排列. 这样的排列

共有 6 种，对应(1)式右端共含 6 项.

(2) 各项的正负号与列标的排列对照：

带正号的三项列标排列是：123，231，312；

带负号的三项列标排列是：132，213，321.

经计算可知前三个排列都是偶排列，而后三个排列都是奇排列. 因此，各项所带的正负号可以表示为$(-1)^2$，其中 t 为列标排列的逆序数.

总之，三阶行列式可以写成

$$\begin{vmatrix} a_{11} & a_{12} & a_{13} \\ a_{21} & a_{22} & a_{23} \\ a_{31} & a_{32} & a_{33} \end{vmatrix} = \sum (-1)^t a_{1p_1} a_{2p_2} a_{3p_3},$$

其中 t 为排列 $p_1 p_2 p_3$ 的逆序数，$t=N(p_1 p_2 p_3)$，$\sum$ 表示对 1，2，3 三个数的所有排列 $p_1 p_2 p_3$ 取和.

二、n 阶行列式的定义

仿照三阶行列式，可以把行列式推广到一般情形.

定义　设有 n^2 个数，排成 n 行 n 列的数表：

$$\begin{matrix} a_{11} & a_{12} & \cdots & a_{1n} \\ a_{21} & a_{22} & \cdots & a_{2n} \\ \cdots & \cdots & \cdots & \cdots \\ a_{n1} & a_{n2} & \cdots & a_{nn} \end{matrix}$$

作出表中位于不同行不同列的 n 个数的乘积，并冠以符号 $(-1)^t$，得到形如

$$(-1)^t a_{1p_1} a_{2p_2} \cdots a_{np_n} \tag{2}$$

的项，其中 $p_1 p_2 \cdots p_n$ 为自然数 $1,2,\cdots,n$ 的一个排列，t 为这个排列的逆序数. 由于这样的排列共有 $n!$ 个，因而形如(2)式的项共有 $n!$ 项. 所有这 $n!$项的代数和

$$\sum (-1)^t a_{1p_1} a_{2p_2} \cdots a_{np_n}$$

称为 n **阶行列式**，记作

$$D=\begin{vmatrix} a_{11} & a_{12} & \cdots & a_{1n} \\ a_{21} & a_{22} & \cdots & a_{2n} \\ \cdots & \cdots & \cdots & \cdots \\ a_{n1} & a_{n2} & \cdots & a_{nn} \end{vmatrix},$$

即 $D=\begin{vmatrix} a_{11} & a_{12} & \cdots & a_{1n} \\ a_{21} & a_{22} & \cdots & a_{2n} \\ \cdots & \cdots & \cdots & \cdots \\ a_{n1} & a_{n2} & \cdots & a_{nn} \end{vmatrix} = \sum (-1)^t a_{1p_1} a_{2p_2} \cdots a_{np_n}.$

其中 $t=N(p_1 p_2 \cdots p_n)$，数 $a_{ij}\,(i,j=1,2,\cdots,n)$称为行列式 D 的**元素**.

有时也用 D_n 表示 n 阶行列式.

注意　在 $\sum (-1)^t a_{1p_1} a_{2p_2} \cdots a_{np_n}$ 中连加号 $\sum$ 后面共有 $n!$项，每一项后面 $a_{1p_1} a_{2p_2} \cdots$

a_{np_n}为行列式 D 的 n 个元素相乘，这 n 个元素在行列式 D 中每行有且只有一个，同时每列有且只有一个.

按此定义与用对角线法则定义的二阶、三阶行列式显然是一致的. 当 $n=1$ 时，一阶行列式$|a|=a$，注意不要与绝对值记号相混淆.

现在我们有了 n 阶行列式的定义，自然就要想到它的计算问题. 注意到 n 阶行列式是由排成 n 行 n 列的数表中位于不同行不同列的元素的乘积作为一项的所有项的代数和. 因此，对角线法只适用于二阶和三阶行列式的计算，而不适用于四阶以上的行列式. 为了得出一般行列式的计算方法我们需要研究行列式的性质. 先看下面的特殊例题.

例 1 证明下三角形行列式

$$D=\begin{vmatrix} a_{11} & 0 & \cdots & 0 \\ a_{21} & a_{22} & \cdots & 0 \\ \cdots & \cdots & \cdots & \cdots \\ a_{n1} & a_{n2} & \cdots & a_{nn} \end{vmatrix}=a_{11}a_{22}\cdots a_{nn}.$$

证明 证法 1 由于当 $j>i$ 时，$a_{ij}=0$，故 D 中可能不为 0 的元素 a_{ij}，其下标应有 $p_i\leqslant i$，即 $p_1\leqslant 1, p_2\leqslant 2, \cdots, p_n\leqslant n$. 在所有排列 $p_1p_2\cdots p_n$ 中，能满足上述关系的排列只有一个自然排列 $12\cdots n$，所以 D 中可能不为 0 的项只有一项 $(-1)^t a_{11}a_{22}\cdots a_{nn}$. 此项的符号 $(-1)^t=(-1)^0=1$，所以

$$D=a_{11}a_{22}\cdots a_{nn}.$$

证法 2 D 中可能不为 0 的项有 n 个元素相乘，这 n 个元素在行列式 D 中每行有且只有一个，同时每列有且只有一个，故第一行只能取第一个元素 a_{11}；则第二行的第一个元素不能再取，只能取第二个元素 a_{22}……依此类推，第 n 行只能取元素 a_{nn}. 所以

$$D=\begin{vmatrix} a_{11} & 0 & \cdots & 0 \\ a_{21} & a_{22} & \cdots & 0 \\ \cdots & \cdots & \cdots & \cdots \\ a_{n1} & a_{n2} & \cdots & a_{nn} \end{vmatrix}=(-1)^t a_{11}a_{22}\cdots a_{nn},$$

其中逆序数 $t=N(12\cdots n)=0$，所以

$$D=\begin{vmatrix} a_{11} & 0 & \cdots & 0 \\ a_{21} & a_{22} & \cdots & 0 \\ \cdots & \cdots & \cdots & \cdots \\ a_{n1} & a_{n2} & \cdots & a_{nn} \end{vmatrix}=a_{11}a_{22}\cdots a_{nn}.$$

例 2 计算对角行列式 D 的值：

$$D=\begin{vmatrix} a_{11} & 0 & \cdots & 0 \\ 0 & a_{22} & \cdots & 0 \\ \cdots & \cdots & \cdots & \cdots \\ 0 & 0 & \cdots & a_{nn} \end{vmatrix}.$$

解 对角行列式 D 是下三角形行列式的特殊情形，所以

$$D=a_{11}a_{22}\cdots a_{nn}.$$

例 3　计算第 k 行各元素均为 0 的行列式 D 的值：

$$D=\begin{vmatrix} a_{11} & a_{12} & \cdots & a_{1n} \\ a_{21} & a_{22} & \cdots & a_{2n} \\ \cdots & \cdots & \cdots & \cdots \\ a_{n1} & a_{n2} & \cdots & a_{nn} \end{vmatrix}, \text{其中 } a_{kj}=0(j=1,2,\cdots,n).$$

解

$$D=\begin{vmatrix} a_{11} & a_{12} & \cdots & a_{1n} \\ a_{21} & a_{22} & \cdots & a_{2n} \\ \cdots & \cdots & \cdots & \cdots \\ a_{n1} & a_{n2} & \cdots & a_{nn} \end{vmatrix}=\sum (-1)^t a_{1p_1}a_{2p_2}\cdots a_{kp_k}\cdots a_{np_n}$$

$$=\sum (-1)^t a_{1p_1}a_{2p_2}\cdots 0\cdots a_{np_k}=\sum 0=0.$$

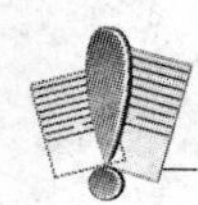

习题 6-2

1. 求下列各排列的逆序数：

(1) $N(2\ \ 1)$；

(2) $N(2\ \ 3\ \ 1)$；

(3) $N(4\ \ 2\ \ 1\ \ 3)$；

(4) $N(5\ \ 2\ \ 1\ \ 4\ \ 3)$.

2. 在五阶行列式 D 中，下列各项前面应取什么符号：

(1) $a_{15}a_{24}a_{33}a_{42}a_{51}$；

(2) $a_{55}a_{22}a_{33}a_{44}a_{11}$.

3. 计算下列 n 阶行列式：

(1) $\begin{vmatrix} -1 & 0 & \cdots & 0 \\ -1 & -1 & \cdots & 0 \\ \cdots & \cdots & \cdots & \cdots \\ -1 & -1 & \cdots & -1 \end{vmatrix}$；

(2) $\begin{vmatrix} -1 & 5 & \cdots & 5 \\ 0 & -1 & \cdots & 5 \\ \cdots & \cdots & \cdots & \cdots \\ 0 & 0 & \cdots & -1 \end{vmatrix}$；

(3) $\begin{vmatrix} n & 0 & \cdots & 0 \\ 0 & n-1 & \cdots & 0 \\ \cdots & \cdots & \cdots & \cdots \\ 0 & 0 & \cdots & 1 \end{vmatrix}$.

§6-3　行列式的性质

一、对换

为了研究 n 阶行列式的性质，先介绍对换以及它与排列的奇偶性的关系.

在排列中，将任意两个元素对调，其余的元素不动，这种作出新排列的手续叫做**对换**. 将相邻两个元素对换，叫做**相邻对换**.

定理 1　一个排列中的任意两个元素对换，排列改变奇偶性.

证明从略.

例如，$N(3\ 1\ 2)=2$，$N(3\ 2\ 1)=3$，而 $N(2\ 3\ 1\ 4)=2$，$N(1\ 3\ 2\ 4)=1$.

由定理1可得到下面的定理.

定理2 n 阶行列式也可定义为

$$D=\begin{vmatrix} a_{11} & a_{12} & \cdots & a_{1n} \\ a_{21} & a_{22} & \cdots & a_{2n} \\ \cdots & \cdots & \cdots & \cdots \\ a_{n1} & a_{n2} & \cdots & a_{nn} \end{vmatrix}=\sum (-1)^t a_{p_1 1} a_{p_2 2} \cdots a_{p_n n}.$$

其中 t 为行标排列 $p_1 p_2 \cdots p_n$ 的逆序数，即 $t=N(p_1 p_2 \cdots p_n)$.

证明从略.

二、行列式的性质

记

$$D=\begin{vmatrix} a_{11} & a_{12} & \cdots & a_{1n} \\ a_{21} & a_{22} & \cdots & a_{2n} \\ \cdots & \cdots & \cdots & \cdots \\ a_{1n} & a_{2n} & \cdots & a_{nn} \end{vmatrix}, D^{\mathrm{T}}=\begin{vmatrix} a_{11} & a_{21} & \cdots & a_{n1} \\ a_{12} & a_{22} & \cdots & a_{n2} \\ \cdots & \cdots & \cdots & \cdots \\ a_{1n} & a_{2n} & \cdots & a_{nn} \end{vmatrix},$$

行列式 D^{T} 称为行列式 D 的**转置行列式**.

性质1 行列式与它的转置行列式相等.

证明 记行列式 D 的转置行列式为

$$D^{\mathrm{T}}=\begin{vmatrix} b_{11} & b_{12} & \cdots & b_{1n} \\ b_{21} & b_{22} & \cdots & b_{2n} \\ \cdots & \cdots & \cdots & \cdots \\ b_{n1} & b_{n2} & \cdots & b_{nn} \end{vmatrix},$$

即 $b_{ij}=a_{ji}(i,j=1,2,\cdots,n)$，按行列式的定义，有

$$D^{\mathrm{T}}=\sum (-1)^t b_{1p_1} b_{2p_2} \cdots b_{np_n}=\sum (-1)^t a_{p_1 1} a_{p_2 2} \cdots a_{p_n n}, t=N(p_1 p_2 \cdots p_n).$$

而由定理2，有

$$D=\sum (-1)^t a_{p_1 1} a_{p_2 2} \cdots a_{p_n n}, t=N(p_1 p_2 \cdots p_n),$$

故

$$D^{\mathrm{T}}=D.$$

由此性质可知，行列式中的行与列具有同等的地位，行列式中凡是对行成立的性质对列也同样成立，反之亦然.

性质2 互换行列式的两行(或列)，行列式变号.

证明 只证明互换行列式的两行的情形，互换行列式的两列的情形请读者自己完成.

设行列式

$$D_1=\begin{vmatrix} b_{11} & b_{12} & \cdots & b_{1n} \\ b_{21} & b_{22} & \cdots & b_{2n} \\ \cdots & \cdots & \cdots & \cdots \\ b_{n1} & b_{n2} & \cdots & b_{nn} \end{vmatrix}$$

是由行列式 D 变换 i,j 两行得到的，即当 $k\neq i,j$ 时，$b_{kp}=a_{kp}$；当 $k=i,j$ 时，$b_{ip}=a_{jp}$，$b_{jp}=$

a_{ip}，于是

$$\begin{aligned} D_1 &= \sum (-1)^t b_{1p_1} \cdots b_{ip_i} \cdots b_{jp_j} \cdots b_{np_n} \\ &= \sum (-1)^t a_{1p_1} \cdots a_{jp_i} \cdots a_{ip_j} \cdots b_{np_n} \\ &= \sum (-1)^t a_{1p_1} \cdots a_{ip_j} \cdots a_{jp_i} \cdots a_{np_n}. \end{aligned}$$

其中 $1\cdots i\cdots j\cdots n$ 为自然排列，$t=N(p_1\cdots p_i\cdots p_j\cdots p_n)$，即 t 为排列 $p_1\cdots p_i\cdots p_j\cdots p_n$ 的逆序数．设 $t_1=N(p_1\cdots p_j\cdots p_i\cdots p_n)$，即 t_1 为排列 $p_1\cdots p_j\cdots p_i\cdots p_n$ 的逆序数，则 $(-1)^t=-(-1)^{t_1}$，故

$$\begin{aligned} D_1 &= \sum -(-1)^{t_1} a_{1p_1} \cdots a_{ip_j} \cdots a_{jp_i} \cdots a_{np_n} \\ &= -\sum (-1)^{t_1} a_{1p_1} \cdots a_{ip_j} \cdots a_{jp_i} \cdots a_{np_n} \\ &= -D. \end{aligned}$$

以 r_i 表示行列式的第 i 行，以 c_i 表示第 i 列．交换 i,j 两行记作 $r_i\leftrightarrow r_j$，交换 i,j 两列记作 $c_i\leftrightarrow c_j$．

推论 如果行列式有两行(或列)完全相同，则此行列式等于零．

证明 把这两行互换，有 $D=-D$，故 $D=0$．

例1 计算：$D=\begin{vmatrix} 0 & 0 & 1 & 0 \\ 0 & 1 & 0 & 0 \\ 1 & 0 & 0 & 0 \\ 0 & 0 & 0 & 1 \end{vmatrix}$．

解 $D=\begin{vmatrix} 0 & 0 & 1 & 0 \\ 0 & 1 & 0 & 0 \\ 1 & 0 & 0 & 0 \\ 0 & 0 & 0 & 1 \end{vmatrix} \xlongequal{r_1\leftrightarrow r_3} -\begin{vmatrix} 1 & 0 & 0 & 0 \\ 0 & 1 & 0 & 0 \\ 0 & 0 & 1 & 0 \\ 0 & 0 & 0 & 1 \end{vmatrix}=-1.$

例2 已知 $D=\begin{vmatrix} 0 & 0 & 0 & 1 \\ 0 & 0 & a & 0 \\ 0 & 2 & 0 & 0 \\ 3 & 0 & 0 & a \end{vmatrix}=1$，求 a 的值．

解 $D=\begin{vmatrix} 0 & 0 & 0 & 1 \\ 0 & 0 & a & 0 \\ 0 & 2 & 0 & 0 \\ 3 & 0 & 0 & a \end{vmatrix} \xlongequal{c_1\leftrightarrow c_4} -\begin{vmatrix} 1 & 0 & 0 & 0 \\ 0 & 0 & a & 0 \\ 0 & 2 & 0 & 0 \\ a & 0 & 0 & 3 \end{vmatrix} \xlongequal{c_2\leftrightarrow c_3} (-1)^2\begin{vmatrix} 1 & 0 & 0 & 0 \\ 0 & a & 0 & 0 \\ 0 & 0 & 2 & 0 \\ a & 0 & 0 & 3 \end{vmatrix}=6a.$

又由条件知 $D=\begin{vmatrix} 0 & 0 & 0 & 1 \\ 0 & 0 & a & 0 \\ 0 & 2 & 0 & 0 \\ 3 & 0 & 0 & a \end{vmatrix}=1$，所以 $6a=1$，$a=\dfrac{1}{6}$．

性质3 行列式的某一行(或列)中所有的元素都乘以同一数 k，等于用数 k 乘此行列式．

第 i 行(或列)乘以 k，记作 $r_i\times k$(或 $c_i\times k$)．

证明 只证明行列式的某行乘以同一数 k 的情形,行列式的某列乘以同一数 k 的情形请读者自己完成.

$$\text{设}\quad D=\begin{vmatrix} a_{11} & a_{12} & \cdots & a_{1n} \\ \cdots & \cdots & \cdots & \cdots \\ a_{i1} & a_{i2} & \cdots & a_{in} \\ \cdots & \cdots & \cdots & \cdots \\ a_{n1} & a_{n2} & \cdots & a_{nn} \end{vmatrix},D_1=\begin{vmatrix} a_{11} & a_{12} & \cdots & a_{1n} \\ \cdots & \cdots & \cdots & \cdots \\ ka_{i1} & ka_{i2} & \cdots & ka_{in} \\ \cdots & \cdots & \cdots & \cdots \\ a_{n1} & a_{n2} & \cdots & a_{nn} \end{vmatrix},$$

则 $D_1=\sum(-1)^t a_{1p_1}a_{2p_2}\cdots ka_{ip_i}\cdots a_{np_n}=k\sum(-1)^t a_{1p_1}a_{2p_2}\cdots a_{ip_i}\cdots a_{np_n}=kD.$

推论 行列式中某一行(或列)的所有元素的公因子可以提到行列式符号的外面.

第 i 行(或列)提出公因子 k,记作 $r_i\div k$(或 $c_i\div k$).

性质4 行列式中如果有两行(或列)元素成比例,则此行列式等于零.

性质5 若行列式的某一列(或行)的元素都是两数之和,如第 i 列的元素都是两数之和:

$$D=\begin{vmatrix} a_{11} & a_{12} & \cdots & (a_{1i}+a'_{1i}) & \cdots & a_{1n} \\ a_{21} & a_{22} & \cdots & (a_{2i}+a'_{2i}) & \cdots & a_{2n} \\ \cdots & \cdots & \cdots & \cdots & \cdots & \cdots \\ a_{n1} & a_{n2} & \cdots & (a_{ni}+a'_{ni}) & \cdots & a_{nn} \end{vmatrix},$$

则 D 等于下列两个行列式之和:

$$D=\begin{vmatrix} a_{11} & a_{12} & \cdots & a_{1i} & \cdots & a_{1n} \\ a_{21} & a_{22} & \cdots & a_{2i} & \cdots & a_{2n} \\ \cdots & \cdots & \cdots & \cdots & \cdots & \cdots \\ a_{n1} & a_{n2} & \cdots & a_{ni} & \cdots & a_{nn} \end{vmatrix}+\begin{vmatrix} a_{11} & a_{12} & \cdots & a'_{1i} & \cdots & a_{1n} \\ a_{21} & a_{22} & \cdots & a'_{2i} & \cdots & a_{2n} \\ \cdots & \cdots & \cdots & \cdots & \cdots & \cdots \\ a_{n1} & a_{n2} & \cdots & a'_{ni} & \cdots & a_{nn} \end{vmatrix}.$$

例3 已知 $D=\begin{vmatrix} a_{11} & a_{12} & a_{13} & a_{14} \\ a_{21} & a_{22} & a_{23} & a_{24} \\ a_{31} & a_{32} & a_{33} & a_{34} \\ a_{41} & a_{42} & a_{43} & a_{44} \end{vmatrix}=1$,求 $D_1=\begin{vmatrix} a_{11} & 3a_{12}+2a_{13} & a_{13} & a_{14} \\ a_{21} & 3a_{22}+2a_{23} & a_{23} & a_{24} \\ a_{31} & 3a_{32}+2a_{33} & a_{33} & a_{34} \\ a_{41} & 3a_{42}+2a_{43} & a_{43} & a_{44} \end{vmatrix}$ 的值.

解 $D_1=\begin{vmatrix} a_{11} & 3a_{12}+2a_{13} & a_{13} & a_{14} \\ a_{21} & 3a_{22}+2a_{23} & a_{23} & a_{24} \\ a_{31} & 3a_{32}+2a_{33} & a_{33} & a_{34} \\ a_{41} & 3a_{42}+2a_{43} & a_{43} & a_{44} \end{vmatrix}=\begin{vmatrix} a_{11} & 3a_{12} & a_{13} & a_{14} \\ a_{21} & 3a_{22} & a_{23} & a_{24} \\ a_{31} & 3a_{32} & a_{33} & a_{34} \\ a_{41} & 3a_{42} & a_{43} & a_{44} \end{vmatrix}+\begin{vmatrix} a_{11} & 2a_{13} & a_{13} & a_{14} \\ a_{21} & 2a_{23} & a_{23} & a_{24} \\ a_{31} & 2a_{33} & a_{33} & a_{34} \\ a_{41} & 2a_{43} & a_{43} & a_{44} \end{vmatrix}$

$=3\times1+0=3.$

性质6 把行列式的某一列(或行)的各元素乘以同一数然后加到另一列(或行)对应的元素上去,行列式的值不变.

证明 设 $D=\begin{vmatrix} a_{11} & \cdots & a_{1i} & \cdots & a_{1j} & \cdots & a_{1n} \\ a_{21} & \cdots & a_{2i} & \cdots & a_{2j} & \cdots & a_{2n} \\ \cdots & \cdots & \cdots & \cdots & \cdots & \cdots & \cdots \\ a_{n1} & \cdots & a_{ni} & \cdots & a_{nj} & \cdots & a_{nn} \end{vmatrix}$,则

$$D=\begin{vmatrix} a_{11} & \cdots & a_{1i} & \cdots & a_{1j} & \cdots & a_{1n} \\ a_{21} & \cdots & a_{2i} & \cdots & a_{2j} & \cdots & a_{2n} \\ \cdots & \cdots & \cdots & \cdots & \cdots & \cdots & \cdots \\ a_{n1} & \cdots & a_{ni} & \cdots & a_{nj} & \cdots & a_{nn} \end{vmatrix}+0$$

$$=\begin{vmatrix} a_{11} & \cdots & a_{1i} & \cdots & a_{1j} & \cdots & a_{1n} \\ a_{21} & \cdots & a_{2i} & \cdots & a_{2j} & \cdots & a_{2n} \\ \cdots & \cdots & \cdots & \cdots & \cdots & \cdots & \cdots \\ a_{n1} & \cdots & a_{ni} & \cdots & a_{nj} & \cdots & a_{nn} \end{vmatrix}+\begin{vmatrix} a_{11} & \cdots & ka_{1j} & \cdots & a_{1j} & \cdots & a_{1n} \\ a_{21} & \cdots & ka_{2j} & \cdots & a_{2j} & \cdots & a_{2n} \\ \cdots & \cdots & \cdots & \cdots & \cdots & \cdots & \cdots \\ a_{n1} & \cdots & ka_{nj} & \cdots & a_{nj} & \cdots & a_{nn} \end{vmatrix}$$

$$=\begin{vmatrix} a_{11} & \cdots & a_{1i}+ka_{1j} & \cdots & a_{1j} & \cdots & a_{1n} \\ a_{21} & \cdots & a_{2i}+ka_{2j} & \cdots & a_{2j} & \cdots & a_{2n} \\ \cdots & \cdots & \cdots & \cdots & \cdots & \cdots & \cdots \\ a_{n1} & \cdots & a_{ni}+ka_{nj} & \cdots & a_{nj} & \cdots & a_{nn} \end{vmatrix}.$$

证毕.

即以数 k 乘第 j 列加到第 i 列上(记作 c_i+kc_j),有

$$\begin{vmatrix} a_{11} & \cdots & a_{1i} & \cdots & a_{1j} & \cdots & a_{1n} \\ a_{21} & \cdots & a_{2i} & \cdots & a_{2j} & \cdots & a_{2n} \\ \cdots & \cdots & \cdots & \cdots & \cdots & \cdots & \cdots \\ a_{n1} & \cdots & a_{ni} & \cdots & a_{nj} & \cdots & a_{nn} \end{vmatrix}\xlongequal{c_i+kc_j}\begin{vmatrix} a_{11} & \cdots & (a_{1i}+ka_{1j}) & \cdots & a_{1j} & \cdots & a_{1n} \\ a_{21} & \cdots & (a_{2i}+ka_{2j}) & \cdots & a_{2j} & \cdots & a_{2n} \\ \cdots & \cdots & \cdots & \cdots & \cdots & \cdots & \cdots \\ a_{n1} & \cdots & (a_{ni}+ka_{nj}) & \cdots & a_{nj} & \cdots & a_{nn} \end{vmatrix}(i\neq j).$$

(注:以数 k 乘第 j 行加到第 i 行上,记作 r_i+kr_j)

性质2、3、6介绍了行列式关于行和列的三种运算,即 $r_i\leftrightarrow r_j$,$r_i\times k$,r_i+kr_j 和 $c_i\leftrightarrow c_j$,$c_i\times k$,c_i+kc_j. 利用这些运算可简化行列式的计算,特别是利用运算 r_i+kr_j(或 c_i+kc_j)可以把行列式中许多元素化为0. 计算行列式常用的一种方法就是利用运算 r_i+kr_j 把行列式化为上三角形行列式,从而算得行列式的值. 请看下例:

例4 计算:$D=\begin{vmatrix} 1 & 2 & 3 & 4 \\ -1 & 0 & 3 & 4 \\ -1 & -2 & 0 & 4 \\ -1 & -2 & -3 & 0 \end{vmatrix}$.

解 $D=\begin{vmatrix} 1 & 2 & 3 & 4 \\ -1 & 0 & 3 & 4 \\ -1 & -2 & 0 & 4 \\ -1 & -2 & -3 & 0 \end{vmatrix}\xlongequal{r_2+r_1,r_3+r_1,r_4+r_1}\begin{vmatrix} 1 & 2 & 3 & 4 \\ 0 & 2 & 6 & 8 \\ 0 & 0 & 3 & 8 \\ 0 & 0 & 0 & 4 \end{vmatrix}=\begin{vmatrix} 1 & 0 & 0 & 0 \\ 2 & 2 & 0 & 0 \\ 3 & 6 & 3 & 0 \\ 4 & 8 & 8 & 4 \end{vmatrix}=24.$

例 5 计算：

$$D=\begin{vmatrix} 3 & 1 & -1 & 2 \\ -5 & 1 & 3 & -4 \\ 2 & 0 & 1 & -1 \\ 1 & -5 & 3 & -3 \end{vmatrix}.$$

解

$$D\xlongequal{c_1\leftrightarrow c_2}-\begin{vmatrix} 1 & 3 & -1 & 2 \\ 1 & -5 & 3 & -4 \\ 0 & 2 & 1 & -1 \\ -5 & 1 & 3 & -3 \end{vmatrix}\xlongequal[r_4+5r_1]{r_2-r_1}-\begin{vmatrix} 1 & 3 & -1 & 2 \\ 0 & -8 & 4 & -6 \\ 0 & 2 & 1 & -1 \\ 0 & 16 & -2 & 7 \end{vmatrix}\xlongequal{r_2\leftrightarrow r_3}$$

$$\begin{vmatrix} 1 & 3 & -1 & 2 \\ 0 & 2 & 1 & -1 \\ 0 & -8 & 4 & -6 \\ 0 & 16 & -2 & 7 \end{vmatrix}\xlongequal[r_4-8r_2]{r_3+4r_2}\begin{vmatrix} 1 & 3 & -1 & 2 \\ 0 & 2 & 1 & -1 \\ 0 & 0 & 8 & -10 \\ 0 & 0 & -10 & 15 \end{vmatrix}\xlongequal{r_4+\frac{5}{4}r_3}\begin{vmatrix} 1 & 3 & -1 & 2 \\ 0 & 2 & 1 & -1 \\ 0 & 0 & 8 & -10 \\ 0 & 0 & 0 & \frac{5}{2} \end{vmatrix}=40.$$

例 6 计算：

$$D=\begin{vmatrix} 3 & 1 & 1 & 1 \\ 1 & 3 & 1 & 1 \\ 1 & 1 & 3 & 1 \\ 1 & 1 & 1 & 3 \end{vmatrix}.$$

解 这个行列式的特点是各列 4 个数之和都是 6，今把第 2，3，4 行同时加到第一行，提出公因子 6，然后各行减去第一行：

$$D\xlongequal{r_1+r_2+r_3+r_4}\begin{vmatrix} 6 & 6 & 6 & 6 \\ 1 & 3 & 1 & 1 \\ 1 & 1 & 3 & 1 \\ 1 & 1 & 1 & 3 \end{vmatrix}\xlongequal{r_1\div 6}6\begin{vmatrix} 1 & 1 & 1 & 1 \\ 1 & 3 & 1 & 1 \\ 1 & 1 & 3 & 1 \\ 1 & 1 & 1 & 3 \end{vmatrix}\xlongequal[\substack{r_3-r_1\\ r_4-r_1}]{r_2-r_1}6\begin{vmatrix} 1 & 1 & 1 & 1 \\ 0 & 2 & 0 & 0 \\ 0 & 0 & 2 & 0 \\ 0 & 0 & 0 & 2 \end{vmatrix}=48.$$

例 6 中的行列式每行元素之和相同，这种类型的行列式的计算都可仿照本例的做法.

上述诸例都是利用运算 r_i+kr_j 把行列式化为上三角形行列式，用归纳法不难证明（这里不证）任何 n 阶行列式总能利用运算 r_i+kr_j 化为上三角形或下三角形行列式（这时要先把 $a_{1n}\cdots a_{n-1,n}$ 化为 0）. 类似地，利用列运算 c_i+kc_j 也可以把行列式化为上三角形行列式或下三角形行列式.

例 7 设 $D_1=\begin{vmatrix} a_{11} & \cdots & a_{1k} \\ \cdots & \cdots & \cdots \\ a_{k1} & \cdots & a_{kk} \end{vmatrix}$，$D_2=\begin{vmatrix} b_{11} & \cdots & b_{1n} \\ \cdots & \cdots & \cdots \\ b_{n1} & \cdots & b_{nn} \end{vmatrix}$，

$$D=\begin{vmatrix} a_{11} & \cdots & a_{1k} & & & \\ \cdots & \cdots & \cdots & & 0 & \\ a_{k1} & \cdots & a_{kk} & & & \\ c_{11} & \cdots & c_{1k} & b_{11} & \cdots & b_{1n} \\ \cdots & \cdots & \cdots & \cdots & \cdots & \cdots \\ c_{n1} & \cdots & c_{nk} & b_{n1} & \cdots & b_{nn} \end{vmatrix}.$$

证明：$D=D_1D_2$.

证明 对 D_1 作运算 r_i+kr_j，把 D_1 化为下三角形行列式，设为

$$D_1=\begin{vmatrix} p_{11} & & 0 \\ \vdots & \ddots & \\ p_{k1} & \cdots & p_{kk} \end{vmatrix}=p_{11}\cdots p_{kk}.$$

对 D_2 作运算 c_i+kc_j，把 D_2 化为下三角形行列式，设为

$$D_2=\begin{vmatrix} q_{11} & & 0 \\ \vdots & \ddots & \\ q_{n1} & \cdots & q_{nn} \end{vmatrix}=q_{11}\cdots q_{nn}.$$

于是，对 D 的前 k 行作运算 r_i+kr_j，再对后 n 列作运算 c_i+kc_j，把 D 化为下三角形行列式

$$D=\begin{vmatrix} p_{11} & & & & & \\ \vdots & \ddots & & & 0 & \\ p_{k1} & \cdots & p_{kk} & & & \\ c_{11} & \cdots & c_{1k} & q_{11} & & \\ \vdots & & \vdots & \vdots & \ddots & \\ c_{n1} & \cdots & c_{nk} & q_{n1} & \cdots & q_{nn} \end{vmatrix},$$

故

$$D=p_{11}\cdots p_{kk}\cdot q_{11}\cdots q_{nn}=D_1D_2.$$

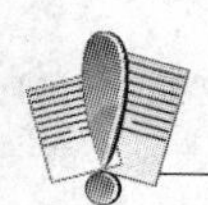

习题 6-3(A)

计算下列行列式：

(1) $\begin{vmatrix} 1 & 1 & 1 & 1 \\ 1 & -1 & 1 & 1 \\ 1 & 1 & -1 & 1 \\ 1 & 1 & 1 & 1 \end{vmatrix}$；　　(2) $\begin{vmatrix} 0 & 0 & 1 & 1 \\ 0 & 1 & 0 & 1 \\ 0 & 0 & 0 & 1 \\ 1 & 0 & 0 & 2 \end{vmatrix}$；

(3) $\begin{vmatrix} a & 1 & 1 & 1 \\ 1 & a & 1 & 1 \\ 1 & 1 & a & 1 \\ 1 & 1 & 1 & a \end{vmatrix}$；　　(4) $\begin{vmatrix} 0 & 1 & 2 & -1 \\ -1 & 0 & 1 & 2 \\ 2 & -1 & 0 & 1 \\ 1 & 2 & -1 & 0 \end{vmatrix}$；

(5) $\begin{vmatrix} a & b & c & d \\ -a & b & c & d \\ -a & -b & c & d \\ -a & -b & -c & d \end{vmatrix}$；　　(6) $\begin{vmatrix} x & y & x+y \\ y & x+y & x \\ x+y & x & y \end{vmatrix}$.

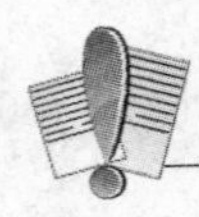

习题 6-3(B)

1. 计算下列行列式：

(1) $\begin{vmatrix} 1 & 1 & 1 & 1 \\ 1 & -1 & 1 & 1 \\ 1 & 1 & -1 & 1 \\ 1 & 1 & 1 & -1 \end{vmatrix}$；　　(2) $\begin{vmatrix} 2 & -5 & 1 & 2 \\ -3 & 7 & -1 & 4 \\ 5 & -9 & 2 & 7 \\ 4 & -6 & 1 & 2 \end{vmatrix}$；

(3) $\begin{vmatrix} a & b & b & b \\ b & a & b & b \\ b & b & a & b \\ b & b & b & a \end{vmatrix}$；　　(4) $\begin{vmatrix} 2 & 1 & 4 & 1 \\ 3 & -1 & 2 & 1 \\ 1 & 2 & 3 & 2 \\ 5 & 0 & 6 & 2 \end{vmatrix}$；

(5) $\begin{vmatrix} -ab & ac & ae \\ bd & -cd & de \\ bf & cf & -ef \end{vmatrix}$；　　(6) $D_n=\begin{vmatrix} x & a & \cdots & a \\ a & x & \cdots & a \\ \cdots & \cdots & \cdots & \cdots \\ a & a & \cdots & x \end{vmatrix}$.

2. 证明：$\begin{vmatrix} p+q & q+r & r+p \\ p_1+q_1 & q_1+r_1 & r_1+p_1 \\ p_2+q_2 & q_2+r_2 & r_2+p_2 \end{vmatrix}=2\begin{vmatrix} p & q & r \\ p_1 & q_1 & r_1 \\ p_2 & q_2 & r_2 \end{vmatrix}$.

§6-4　行列式的展开

本节我们讨论行列式的另一个重要性质.

一般来说，低阶行列式的计算比高阶行列式的计算要简便，于是，我们自然考虑用低阶行列式来表示高阶行列式的问题. 为此，先引进余子式和代数余子式的概念.

在 n 阶行列式中，把元素 a_{ij} 所在的第 i 行和第 j 列划去后，留下来的 $n-1$ 阶行列式叫做元素 a_{ij} 的**余子式**，记作 M_{ij}. 记 $A_{ij}=(-1)^{i+j}M_{ij}$，称为**代数余子式**.

例如，四阶行列式

$$D=\begin{vmatrix} a_{11} & a_{12} & a_{13} & a_{14} \\ a_{21} & a_{22} & a_{23} & a_{24} \\ a_{31} & a_{32} & a_{33} & a_{34} \\ a_{41} & a_{42} & a_{43} & a_{44} \end{vmatrix}$$

中，元素 a_{32} 的余子式和代数余子式分别为

$$M_{32}=\begin{vmatrix} a_{11} & a_{13} & a_{14} \\ a_{21} & a_{23} & a_{24} \\ a_{41} & a_{43} & a_{44} \end{vmatrix},$$

$$A_{32}=(-1)^{3+2}M_{32}=-M_{32}.$$

例 1 已知 $D=\begin{vmatrix} 1 & -1 & 0 & 1 \\ 4 & 3 & 2 & 0 \\ -2 & 7 & 8 & 3 \\ 5 & 6 & 9 & 4 \end{vmatrix}$，写出 D 的元素 a_{23} 的余子式 M_{23} 与代数余子式 A_{23}，并计算 A_{23} 的值.

解 $M_{23}=\begin{vmatrix} 1 & -1 & 1 \\ -2 & 7 & 3 \\ 5 & 6 & 4 \end{vmatrix}$，$A_{23}=(-1)^{2+3}M_{23}=-\begin{vmatrix} 1 & -1 & 1 \\ -2 & 7 & 3 \\ 5 & 6 & 4 \end{vmatrix}=60.$

对于三阶行列式 $D=\begin{vmatrix} a_{11} & a_{12} & a_{13} \\ a_{21} & a_{22} & a_{23} \\ a_{31} & a_{32} & a_{33} \end{vmatrix}$，容易求得第一行各元素的代数余子式：

元素 a_{11} 的代数余子式 $A_{11}=(-1)^{1+1}\begin{vmatrix} a_{22} & a_{23} \\ a_{32} & a_{33} \end{vmatrix}=a_{22}a_{33}-a_{23}a_{32}$，

元素 a_{12} 的代数余子式 $A_{12}=(-1)^{1+2}\begin{vmatrix} a_{21} & a_{23} \\ a_{31} & a_{33} \end{vmatrix}=-(a_{21}a_{33}-a_{23}a_{31})=a_{23}a_{31}-a_{21}a_{33}$，

元素 a_{13} 的代数余子式 $A_{13}=(-1)^{1+3}\begin{vmatrix} a_{21} & a_{22} \\ a_{31} & a_{32} \end{vmatrix}=a_{21}a_{32}-a_{22}a_{31}$.

可以得到三阶行列式 $D=\begin{vmatrix} a_{11} & a_{12} & a_{13} \\ a_{21} & a_{22} & a_{23} \\ a_{31} & a_{32} & a_{33} \end{vmatrix}$ 的值与这些代数余子式之间有以下的关系：

$$\begin{aligned} D=\begin{vmatrix} a_{11} & a_{12} & a_{13} \\ a_{21} & a_{22} & a_{23} \\ a_{31} & a_{32} & a_{33} \end{vmatrix} &= a_{11}a_{22}a_{33}+a_{13}a_{21}a_{32}+a_{12}a_{23}a_{31}-a_{13}a_{22}a_{31}-a_{12}a_{21}a_{33}-a_{11}a_{23}a_{32} \\ &= a_{11}(a_{22}a_{33}-a_{23}a_{32})+a_{12}(a_{23}a_{31}-a_{21}a_{33})+a_{13}(a_{21}a_{32}-a_{22}a_{31}) \\ &= a_{11}A_{11}+a_{12}A_{12}+a_{13}A_{13}. \end{aligned}$$

进一步分析还能得到三阶行列式 $D=\begin{vmatrix} a_{11} & a_{12} & a_{13} \\ a_{21} & a_{22} & a_{23} \\ a_{31} & a_{32} & a_{33} \end{vmatrix}$ 的值与代数余子式之间还有另外类似的关系：

$$\begin{aligned} D=\begin{vmatrix} a_{11} & a_{12} & a_{13} \\ a_{21} & a_{22} & a_{23} \\ a_{31} & a_{32} & a_{33} \end{vmatrix} &= a_{21}A_{21}+a_{22}A_{22}+a_{23}A_{23}=a_{31}A_{31}+a_{32}A_{32}+a_{33}A_{33} \\ &= a_{11}A_{11}+a_{21}A_{21}+a_{31}A_{31}=a_{12}A_{12}+a_{22}A_{22}+a_{32}A_{32}=a_{13}A_{13}+a_{23}A_{23}+a_{33}A_{33}. \end{aligned}$$

总之,三阶行列式 $D=\begin{vmatrix} a_{11} & a_{12} & a_{13} \\ a_{21} & a_{22} & a_{23} \\ a_{31} & a_{32} & a_{33} \end{vmatrix}$ 的值等于任意一行(或列)各元素与其代数余子式乘积之和.

一般地,n 阶行列式与三阶行列式类似,n 阶行列式的值与它的代数余子式之间有以下的关系:

定理 n 阶行列式等于它的任一行(或列)的各元素与其对应的代数余子式乘积之和,即

$$D=\begin{vmatrix} a_{11} & a_{12} & \cdots & a_{1n} \\ a_{21} & a_{22} & \cdots & a_{2n} \\ \cdots & \cdots & \cdots & \cdots \\ a_{n1} & a_{n2} & \cdots & a_{nn} \end{vmatrix}=a_{i1}A_{i1}+a_{i2}A_{i2}+\cdots+a_{in}A_{in}\ (i=1,2,\cdots,n)$$

或 $$D=\begin{vmatrix} a_{11} & a_{12} & \cdots & a_{1n} \\ a_{21} & a_{22} & \cdots & a_{2n} \\ \cdots & \cdots & \cdots & \cdots \\ a_{n1} & a_{n2} & \cdots & a_{nn} \end{vmatrix}=a_{1j}A_{1j}+a_{2j}A_{2j}+\cdots+a_{nj}A_{nj}\ (j=1,2,\cdots,n)$$

证明从略.

这个定理叫做行列式按行(或列)展开法则. 利用这一法则并结合行列式的性质,可以简化行列式的计算.

例 2 已知五阶行列式 D 中第二行的元素分别为 4、5、3、2、9,它们的余子式的值分别为 5、6、7、8、0,试计算五阶行列式 D 的值.

解 根据代数余子式 A_{ij} 与余子式 M_{ij} 之间的关系

$$A_{ij}=(-1)^{i+j}M_{ij},$$

可得五阶行列式 D 中第二行的各元素的代数余子式的值分别为

$A_{21}=(-1)^{2+1}M_{21}=-5, A_{22}=(-1)^{2+2}M_{22}=6, A_{23}=(-1)^{2+3}M_{23}=-7,$

$A_{24}=(-1)^{2+4}M_{24}=8, A_{25}=(-1)^{2+5}M_{25}=0,$

所以由定理,五阶行列式 D 按第二行展开,有

$$\begin{aligned} D &= a_{21}A_{21}+a_{22}A_{22}+a_{23}A_{23}+a_{24}A_{24}+a_{25}A_{25} \\ &= 4\times(-5)+5\times6+3\times(-7)+2\times8+9\times0=5. \end{aligned}$$

在具体计算行列式时,考虑到零元素与其代数余子式的乘积等于零,于是在应用定理计算行列式的值时,应该按零元素比较多的一行(或列)展开,以减少计算量.

例 3 计算行列式 $D=\begin{vmatrix} 1 & -1 & 0 & 0 \\ 4 & 3 & 0 & 0 \\ -2 & 7 & 8 & -3 \\ 5 & 6 & 9 & 0 \end{vmatrix}$.

解 (先按第四列展开)

$$D=\begin{vmatrix}1&-1&0&0\\4&3&0&0\\-2&7&8&-3\\5&6&9&0\end{vmatrix}=0\times A_{14}+0\times A_{24}+(-3)\times A_{34}+0\times A_{44}$$

$$=-3\times A_{34}=-3\times(-1)^{3+4}\begin{vmatrix}1&-1&0\\4&3&0\\5&6&9\end{vmatrix}=3\times\begin{vmatrix}1&-1&0\\4&3&0\\5&6&9\end{vmatrix}$$

(再按三阶行列式的第三列展开)

$$=3\times 9\times A_{33}=27\times(-1)^{3+3}\begin{vmatrix}1&-1\\4&3\end{vmatrix}=27\times 7=189.$$

例4 计算$n(n\geqslant 2)$阶行列式

$$D=\begin{vmatrix}a&0&0&\cdots&0&1\\0&a&0&\cdots&0&0\\0&0&a&\cdots&0&0\\\cdots&\cdots&\cdots&\cdots&\cdots&\cdots\\1&0&0&\cdots&0&a\end{vmatrix}.$$

解 按第一行展开,得

$$D=a\begin{vmatrix}a&0&\cdots&0&0\\0&a&\cdots&0&0\\\cdots&\cdots&\cdots&\cdots&\cdots\\0&0&\cdots&0&a\end{vmatrix}+(-1)^{1+n}\begin{vmatrix}0&a&0&\cdots&0\\0&0&a&\cdots&0\\\cdots&\cdots&\cdots&\cdots&\cdots\\0&0&0&\cdots&a\\1&0&0&\cdots&0\end{vmatrix},$$

再将上式等号右边的第二个行列式按第一列展开,则可得到

$$D=a^n+(-1)^{1+n}(-1)^{(n-1)+1}a^{n-2}=a^n-a^{n-2}=a^{n-2}(a^2-1).$$

例5 计算:

$$D_{2n}=\underbrace{\begin{vmatrix}a&&&&&&&b\\&a&&&0&&b&\\&&\ddots&&&\cdot^{\cdot^{\cdot}}&&\\&&&a&b&&&\\0&&&&&&0&\\&&&c&d&&&\\&&\cdot^{\cdot^{\cdot}}&&&\ddots&&\\&c&&&0&&d&\\c&&&&&&&d\end{vmatrix}}_{2n\text{列}}.$$

解 按第一行展开,有

$$D_{2n}=a\begin{vmatrix} a & & 0 & & & b & 0 \\ & \ddots & & & \iddots & & \vdots \\ & & a & b & & & \\ & 0 & & & 0 & & \vdots \\ & & c & d & & & \\ & \iddots & & & \ddots & & \vdots \\ c & & 0 & & & d & 0 \\ 0 & \cdots & & \cdots & \cdots & 0 & d \end{vmatrix}+b(-1)^{1+2n}\begin{vmatrix} 0 & a & & 0 & & & b \\ \vdots & & \ddots & & & \iddots & \\ & & & a & b & & \\ \vdots & & 0 & & & 0 & \\ & & & c & d & & \\ \vdots & & \iddots & & & \ddots & \\ 0 & c & & 0 & & & d \\ c & 0 & \cdots & & \cdots & \cdots & 0 \end{vmatrix}$$

（两个行列式中间部分各为 $2(n-1)$ 列）

$$=adD_{2(n-1)}-bc(-1)^{2n-1+1}D_{2(n-1)}=(ad-bc)D_{2(n-1)},$$

以此作递推公式，即可得

$$D_{2n}=(ad-bc)D_{2(n-1)}=(ad-bc)^2D_{2(n-2)}$$

$$=\cdots=(ad-bc)^{n-1}D_2=(ad-bc)^{n-1}\begin{vmatrix} a & b \\ c & d \end{vmatrix}=(ad-bc)^n.$$

例 6 证明范德蒙德(Vandermonde)行列式

$$D_n=\begin{vmatrix} 1 & 1 & \cdots & 1 \\ x_1 & x_2 & \cdots & x_x \\ x_1^2 & x_2^2 & \cdots & x_n^2 \\ \cdots & \cdots & \cdots & \cdots \\ x_1^{n-1} & x_2^{n-1} & \cdots & x_n^{n-1} \end{vmatrix}=\prod_{n\geqslant i\geqslant j\geqslant 1}(x_i-x_j), \tag{1}$$

其中记号“$\prod$”表示全体同类因子的乘积.

证明 用数学归纳法.因为

$$D_2=\begin{vmatrix} 1 & 1 \\ x_1 & x_2 \end{vmatrix}=x_2-x_1=\prod_{2\geqslant i\geqslant j\geqslant 1}(x_i-x_j),$$

所以当 $m=2$ 时(1)式成立.现在假设(1)式对于 $n-1$ 阶范德蒙德行列式成立，要证(1)式对 n 阶范德蒙德行列式也成立.

为此，设法把 D_n 降阶：从第 n 行开始，后面一行减去前面一行的 x_1 倍，有

$$D_n=\begin{vmatrix} 1 & 1 & 1 & \cdots & 1 \\ 0 & x_2-x_1 & x_3-x_1 & \cdots & x_n-x_1 \\ 0 & x_2(x_2-x_1) & x_3(x_3-x_1) & \cdots & x_n(x_n-x_1) \\ \cdots & \cdots & \cdots & \cdots & \cdots \\ 0 & x_2^{\ n-2}(x_2-x_1) & x_3^{\ n-2}(x_3-x_1) & \cdots & x_n^{\ n-2}(x_n-x_1) \end{vmatrix}.$$

按第一列展开，并把每列的公因子 $(x_i-x_1)(\pi=2,3,\cdots,n)$ 提出，就有

$$D_n=(x_2-x_1)(x_3-x_1)\cdots(x_n-x_1)\begin{vmatrix} 1 & 1 & \cdots & 1 \\ x_2 & x_3 & \cdots & x_n \\ \cdots & \cdots & \cdots & \cdots \\ x_2^{\ n-2} & x_3^{\ n-2} & \cdots & x_n^{\ n-2} \end{vmatrix}.$$

上式右端的行列式是 $n-1$ 阶范德蒙德行列式，按归纳法假设，它等于所有 (x_i-x_j) 因子的

乘积，其中 $n\geqslant i>j\geqslant 2$，故

$$D_n=(x_2-x_1)(x_3-x_1)\cdots(x_n-x_1)\prod_{n\geqslant j\geqslant 2}(x_j-x_j)=\prod_{n\geqslant i>j\geqslant 1}(x_i-x_j).$$

证毕.

例 5 和例 6 都是计算 n 阶行列式. 计算 n 阶行列式，常要使用数学归纳法，不过在比较简单的情形，可省略归纳法的叙述格式，但归纳法的主要步骤是不可省略的. 这主要步骤是：导出递推公式（例 5 中导出 $D_{2n}=(ad-bc)D_{2(n-1)}$）及检验 $n=1$ 时结论成立（例 5 中最后用到 $\begin{vmatrix} a & b \\ c & d \end{vmatrix}=ad-bc$）.

例 7　计算 n 阶行列式

$$D_n=\begin{vmatrix} 4 & 1 & & & \\ 3 & 4 & 1 & & \\ & \ddots & \ddots & \ddots & \\ & & 3 & 4 & 1 \\ & & & 3 & 4 \end{vmatrix}.$$

解　按第一列展开，有

$$D_n=4\begin{vmatrix} 4 & 1 & & & \\ 3 & 4 & 1 & & \\ & \ddots & \ddots & \ddots & \\ & & 3 & 4 & 1 \\ & & & 3 & 4 \end{vmatrix}-3\begin{vmatrix} 1 & 0 & & & \\ 3 & 4 & 1 & & \\ & \ddots & \ddots & \ddots & \\ & & 3 & 4 & 1 \\ & & & 3 & 4 \end{vmatrix},$$

其中第一个行列式即为 D_{n-1}，第二个行列式按第一行展开即为 D_{n-2}，于是

$$D_n=4D_{n-1}-3D_{n-2}.$$

将此公式变形为

$$D_n-D_{n-1}=3(D_{n-1}-D_{n-2}),$$

由此递推公式可得

$$D_n-D_{n-1}=3^2(D_{n-2}-D_{n-3})=\cdots=3^{(n-2)}(D_2-D_1)=3^{n-2}\left(\begin{vmatrix} 4 & 1 \\ 3 & 4 \end{vmatrix}-4\right)=3^n.$$

因此

$$\begin{aligned} D_n &=D_{n-1}+3^n=(D_{n-2}+3^{n-1})+3^n=\cdots=(D_1+3^2)+\cdots+3^{n-1}+3^n \\ &=4+3^2+\cdots+3^{n-1}+3^n=1+3+3^2+\cdots 3^n=\frac{1}{2}(3^{n+1}-1). \end{aligned}$$

例 7 的计算中两次用行列式的按行（列）展开的性质.

由定理，还可得下述重要推论.

推论　行列式某一行（或列）的元素与另一行（或列）的对应元素的代数余子式乘积之和等于零，即

$$a_{i1}A_{j1}+a_{i2}A_{j2}+\cdots+a_{in}A_{jn}=0,i\neq j$$

或

$$a_{1i}A_{1j}+a_{2i}A_{2j}+\cdots+a_{ni}A_{jn}=0,i\neq j.$$

证明　把行列式 $D=\det(a_{ij})$ 按第 j 行展开，有

$$a_{j1}A_{j1}+a_{j2}A_{j2}+\cdots+a_{jn}A_{jn}=\begin{vmatrix} a_{11} & \cdots & a_{1n} \\ \cdots & \cdots & \cdots \\ a_{i1} & \cdots & a_{in} \\ \cdots & \cdots & \cdots \\ a_{j1} & \cdots & a_{jn} \\ \cdots & \cdots & \cdots \\ a_{n1} & \cdots & a_{nn} \end{vmatrix}.$$

在上式中把 a_{jk} 换成 $a_{ik}(k=1,2,\cdots,n)$，可得

$$a_{i1}A_{j1}+a_{i2}A_{j2}+\cdots+a_{in}A_{jn}=\begin{vmatrix} a_{11} & \cdots & a_{1n} \\ \cdots & \cdots & \cdots \\ a_{i1} & \cdots & a_{in} \\ \cdots & \cdots & \cdots \\ a_{i1} & \cdots & a_{in} \\ \cdots & \cdots & \cdots \\ a_{n1} & \cdots & a_{nn} \end{vmatrix}.$$

当 $i\neq j$ 时，上式右端行列式中有两行对应元素相同，故行列式等于零，即得 $a_{i1}A_{j1}+a_{i2}A_{j2}+\cdots+a_{in}A_{jn}=0(i\neq j)$.

上述证法若按列进行，即可得 $a_{1i}A_{1j}+a_{2i}A_{2j}+\cdots+a_{ni}A_{nj}=0(i\neq j)$.

证毕.

综合定理及其推论，有如下关于代数余子式的重要性质：

$$\sum_{k=1}^{n}a_{ki}A_{kj}=D\delta_{ij}=\begin{cases}D, & i=j,\\ 0, & i\neq j\end{cases} \text{或} \sum_{k=1}^{n}a_{ik}A_{jk}=D\delta_{ij}=\begin{cases}D, & i=j,\\ 0, & i\neq j.\end{cases}$$

其中 $\delta_{ij}=\begin{cases}1, & i=j,\\ 0, & i\neq j.\end{cases}$

习题 6-4

1. 计算下列行列式：

(1) $\begin{vmatrix} a & 1 & 0 & 0 \\ -1 & b & 1 & 0 \\ 0 & -1 & c & 1 \\ 0 & 0 & -1 & d \end{vmatrix}$；　　(2) $\begin{vmatrix} 1 & 2 & 0 & 0 \\ 0 & 1 & 2 & 0 \\ 0 & 0 & 1 & 2 \\ 2 & 0 & 0 & 1 \end{vmatrix}$；

(3) $\begin{vmatrix} 1 & 2 & 1 & 3 \\ 0 & 0 & 1 & 1 \\ 0 & 0 & -1 & 1 \\ 1 & 1 & 1 & -1 \end{vmatrix}$；　　(4) $\begin{vmatrix} a & 0 & 0 & b \\ 0 & a & b & 0 \\ 0 & b & a & 0 \\ b & 0 & 0 & a \end{vmatrix}$；

(5) $\begin{vmatrix} 0 & 0 & 1 & 0 \\ 0 & 2 & 0 & 0 \\ 3 & 0 & 5 & 0 \\ 7 & 6 & 10 & 4 \end{vmatrix}$；　　(6) $\begin{vmatrix} 2 & 1 & 0 & 0 & 0 \\ 1 & 2 & 1 & 0 & 0 \\ 0 & 1 & 2 & 1 & 0 \\ 0 & 0 & 1 & 2 & 1 \\ 0 & 0 & 0 & 1 & 2 \end{vmatrix}$.

2. 计算 $n(n\geqslant 2)$ 阶行列式：

(1) $\begin{vmatrix} 0 & -1 & 1 & \cdots & 1 & 1 \\ 0 & 0 & -1 & \cdots & 1 & 1 \\ \cdots & \cdots & \cdots & \cdots & \cdots & \cdots \\ 0 & 0 & 0 & \cdots & 0 & -1 \\ 5 & 5 & 5 & \cdots & 5 & 5 \end{vmatrix}$；　　(2) $\begin{vmatrix} 1 & 1 & 0 & \cdots & 0 & 0 \\ 0 & 1 & 1 & \cdots & 0 & 0 \\ \cdots & \cdots & \cdots & \cdots & \cdots & \cdots \\ 0 & 0 & 0 & \cdots & 1 & 1 \\ 1 & 0 & 0 & \cdots & 0 & 1 \end{vmatrix}$.

§6-5 克莱姆法则

在第一节中，我们知道当系数行列式 $D=\begin{vmatrix} a_{11} & a_{12} \\ a_{21} & a_{22} \end{vmatrix}=a_{11}a_{22}-a_{12}a_{21}\neq 0$ 时，二元线性方程组 $\begin{cases} a_{11}x_1+a_{12}x_2=b_1, \\ a_{21}x_1+a_{22}x_2=b_2 \end{cases}$ 的解为

$$x_1=\frac{D_1}{D}=\frac{\begin{vmatrix} b_1 & a_{12} \\ b_2 & a_{22} \end{vmatrix}}{\begin{vmatrix} a_{11} & a_{12} \\ a_{21} & a_{22} \end{vmatrix}},\ x_2=\frac{D_2}{D}=\frac{\begin{vmatrix} a_{11} & b_1 \\ a_{21} & b_2 \end{vmatrix}}{\begin{vmatrix} a_{11} & a_{12} \\ a_{21} & a_{22} \end{vmatrix}},$$

而对于三元线性方程组 $\begin{cases} a_{11}x_1+a_{12}x_2+a_{13}x_3=b_1, \\ a_{21}x_1+a_{22}x_2+a_{23}x_3=b_2, \\ a_{31}x_1+a_{32}x_2+a_{33}x_3=b_3, \end{cases}$ 当系数行列式 $D=\begin{vmatrix} a_{11} & a_{12} & a_{13} \\ a_{21} & a_{22} & a_{23} \\ a_{31} & a_{32} & a_{33} \end{vmatrix}\neq 0$ 时，我们记

$$D_1=\begin{vmatrix} b_1 & a_{12} & a_{13} \\ b_2 & a_{22} & a_{23} \\ b_3 & a_{32} & a_{33} \end{vmatrix}, D_2=\begin{vmatrix} a_{11} & b_1 & a_{13} \\ a_{21} & b_2 & a_{23} \\ a_{31} & b_3 & a_{33} \end{vmatrix}, D_3=\begin{vmatrix} a_{11} & a_{12} & b_1 \\ a_{21} & a_{22} & b_2 \\ a_{31} & a_{32} & b_3 \end{vmatrix},$$

则不难得到三元线性方程组 $\begin{cases} a_{11}x_1+a_{12}x_2+a_{13}x_3=b_1, \\ a_{21}x_1+a_{22}x_2+a_{23}x_3=b_2, \\ a_{31}x_1+a_{32}x_2+a_{33}x_3=b_3 \end{cases}$ 的解为

$$x_1=\frac{D_1}{D},\ x_2=\frac{D_2}{D},\ x_3=\frac{D_3}{D}.$$

一般地，含有 n 个未知数 $x_1,x_2,\cdots,x_n$ 的 n 个线性方程的方程组

$$\begin{cases} a_{11}x_1+a_{12}x_2+\cdots+a_{1n}x_n=b_1, \\ a_{21}x_1+a_{22}x_2+\cdots+a_{2n}x_n=b_2, \\ \cdots\quad\cdots\quad\cdots\quad\cdots \\ a_{n1}x_1+a_{n2}x_2+\cdots+a_{nn}x_n=b_n \end{cases} \tag{1}$$

与二、三元线性方程组相类似，它的解可用 n 阶行列式表示，即有

克莱姆法则 如果线性方程组(1)的系数行列式不等于零，即

$$D=\begin{vmatrix} a_{11} & \cdots & a_{1n} \\ \cdots & \cdots & \cdots \\ a_{n1} & \cdots & a_{nn} \end{vmatrix}\neq 0,$$

那么方程组(1)有唯一解

$$x_1=\frac{D_1}{D},x_2=\frac{D_2}{D},\cdots,x_n=\frac{D_n}{D},$$

其中 $D_j(j=1,2,\cdots,n)$ 是把系数行列式 D 中第 j 列的元素用方程组右端的常数项代替后所得到的 n 阶行列式，即

$$D_j=\begin{vmatrix} a_{11} & \cdots & a_{1j-1} & b_1 & a_{1j+1} & \cdots & a_{1n} \\ \cdots & \cdots & \cdots & \cdots & \cdots & \cdots & \cdots \\ a_{n1} & \cdots & a_{nj-1} & b_n & a_{nj+1} & \cdots & a_{nn} \end{vmatrix}.$$

证明从略.

例 1 解二元线性方程组 $\begin{cases} 2x_1+3x_2=7, \\ 3x_1+4x_2=9. \end{cases}$

解 因为

$$D=\begin{vmatrix} 2 & 3 \\ 3 & 4 \end{vmatrix}=8-9=-1\neq 0,D_1=\begin{vmatrix} 7 & 3 \\ 9 & 4 \end{vmatrix}=28-27=1,D_2=\begin{vmatrix} 2 & 7 \\ 3 & 9 \end{vmatrix}=18-21=-3,$$

所以 $x_1=\dfrac{D_1}{D}=\dfrac{1}{-1}=-1,x_2=\dfrac{D_2}{D}=\dfrac{-3}{-1}=3$，即原方程的解为 $\begin{cases} x_1=-1, \\ x_2=3. \end{cases}$

例 2 解线性方程组 $\begin{cases} x_1-2x_2+3x_3=0, \\ x_1-2x_2-\ x_3=0, \\ 3x_1+\ x_2+2x_3=7. \end{cases}$

解 因为

$$D=\begin{vmatrix} 1 & -2 & 3 \\ 1 & -2 & -1 \\ 3 & 1 & 2 \end{vmatrix}\xlongequal[r_3-3r_1]{r_2-r_1}\begin{vmatrix} 1 & -2 & 3 \\ 0 & 0 & -4 \\ 0 & 7 & -7 \end{vmatrix}\xlongequal{r_2\leftrightarrow r_3}-\begin{vmatrix} 1 & -2 & 3 \\ 0 & 7 & -7 \\ 0 & 0 & -4 \end{vmatrix}=28\neq 0,$$

$$D_1=\begin{vmatrix} 0 & -2 & 3 \\ 0 & -2 & -1 \\ 7 & 1 & 2 \end{vmatrix}\xlongequal{r_2-r_1}\begin{vmatrix} 0 & -2 & 3 \\ 0 & 0 & -4 \\ 7 & 1 & 2 \end{vmatrix}\xlongequal[r_1\leftrightarrow r_2]{r_2\leftrightarrow r_3}\begin{vmatrix} 7 & 1 & 2 \\ 0 & -2 & 3 \\ 0 & 0 & -4 \end{vmatrix}=56,$$

$$D_2=\begin{vmatrix} 1 & 0 & 3 \\ 1 & 0 & -1 \\ 3 & 7 & 2 \end{vmatrix}\xlongequal[r_3-3r_1]{r_2-r_1}\begin{vmatrix} 1 & -2 & 3 \\ 0 & 0 & -4 \\ 0 & 7 & -7 \end{vmatrix}\xlongequal{r_2\leftrightarrow r_3}-\begin{vmatrix} 1 & -2 & 3 \\ 0 & 7 & -7 \\ 0 & 0 & -4 \end{vmatrix}=28,$$

$$D_3=\begin{vmatrix}1 & -2 & 0\\1 & -2 & 0\\3 & 1 & 7\end{vmatrix}=0,$$

所以 $x_1=\frac{D_1}{D}=\frac{56}{28}=2, x_2=\frac{D_2}{D}=\frac{28}{28}=1, x_3=\frac{D_3}{D}=\frac{0}{28}=0$,即原方程组的解为 $\begin{cases}x_1=2,\\x_2=1,\\x_3=0.\end{cases}$

例 3 解线性方程组

$$\begin{cases}2x_1+x_2-5x_3+x_4=8,\\x_1-3x_2-6x_4=9,\\2x_2-x_3+2x_4=-5,\\x_1+4x_2-7x_3+6x_4=0.\end{cases}$$

解

$$D=\begin{vmatrix}2 & 1 & -5 & 1\\1 & -3 & 0 & -6\\0 & 2 & -1 & 2\\1 & 4 & -7 & 6\end{vmatrix}\xlongequal[r_4-r_2]{r_1-2r_2}\begin{vmatrix}0 & 7 & -5 & 13\\1 & -3 & 0 & -6\\0 & 2 & -1 & 2\\0 & 7 & -7 & 12\end{vmatrix}$$

$$=-\begin{vmatrix}7 & -5 & 13\\2 & -1 & 2\\7 & -7 & 12\end{vmatrix}\xlongequal[c_3+2c_2]{c_1+2c_2}-\begin{vmatrix}-3 & -5 & 3\\0 & -1 & 0\\-7 & -7 & -2\end{vmatrix}=\begin{vmatrix}-3 & 3\\-7 & -2\end{vmatrix}=27,$$

$$D_1=\begin{vmatrix}8 & 1 & -5 & 1\\9 & -3 & 0 & -6\\-5 & 2 & -1 & 2\\0 & 4 & -7 & 6\end{vmatrix}=81,\ D_2=\begin{vmatrix}2 & 8 & -5 & 1\\1 & 9 & 0 & -6\\0 & -5 & -1 & 2\\1 & 0 & -7 & 6\end{vmatrix}=-108,$$

$$D_3=\begin{vmatrix}2 & 1 & 8 & 1\\1 & -3 & 9 & -6\\0 & 2 & -5 & 2\\1 & 4 & 0 & 6\end{vmatrix}=-27,\ D_4=\begin{vmatrix}2 & 1 & -5 & 8\\1 & -3 & 0 & 9\\0 & 2 & -1 & -5\\1 & 4 & -7 & 0\end{vmatrix}=27,$$

于是得

$$x_1=3, x_2=-4, x_3=-1, x_4=1.$$

克莱姆法则有重大的理论价值,撇开求解公式,克莱姆法则可叙述为下面的重要定理.

定理 1 如果线性方程组(1)的系数行列式 $D\neq 0$,则方程组(1)一定有解,且解是唯一的.

定理 1 的逆否定理为:

定理 1′ 如果线性方程组(1)无解或有两个不同的解,则它的系数行列式必为零.

线性方程组(1)右端的常数项 $b_1, b_2, \cdots, b_n$ 不全为零时,线性方程组(1)叫做**非齐次线性方程组**,当 $b_1, b_2, \cdots, b_n$ 全为零时,线性方程组(1)叫做**齐次线性方程组**.

对于齐次线性方程组

$$\begin{cases} a_{11}x_1+a_{12}x_2+\cdots+a_{1n}x_n=0, \\ a_{21}x_1+a_{22}x_2+\cdots+a_{2n}x_n=0, \\ \cdots \quad \cdots \quad \cdots \quad \cdots \\ a_{n1}x_1+a_{n2}x_2+\cdots+a_{nn}x_n=0, \end{cases} \tag{2}$$

$x_1=x_2=\cdots=x_n=0$ 一定是它的解，这个解叫做齐次线性方程组(2)的**零解**. 如果一组不全为零的数是(2)的解，则它叫做齐次线性方程组(2)的**非零解**. 齐次线性方程组(2)一定有零解，但不一定有非零解.

把定理 1 应用于齐次线性方程组(2)，可得下面的定理.

定理 2 如果齐次线性方程组(2)的系数行列式 $D\neq 0$，则齐次线性方程组(2)没有非零解.

定理 2′ 如果齐次线性方程组(2)有非零解，则它的系数行列式必为零.

定理 2(或定理 2′)说明系数行列式 $D=0$ 是齐次线性方程组有非零解的必要条件. 以后我们还将证明这个条件也是充分的.

例 4 已知齐次线性方程组 $\begin{cases} x_1-2x_2+3x_3=0, \\ x_1-2x_2-x_3=0, \\ 3x_1+x_2+2x_3=0, \end{cases}$ 判断它有无非零解.

解 因为系数行列式

$$D=\begin{vmatrix} 1 & -2 & 3 \\ 1 & -2 & -1 \\ 3 & 1 & 2 \end{vmatrix} \xlongequal[r_3-3r_1]{r_2-r_1} \begin{vmatrix} 1 & -2 & 3 \\ 0 & 0 & -4 \\ 0 & 7 & -7 \end{vmatrix} \xlongequal{r_2\leftrightarrow r_3} -\begin{vmatrix} 1 & -2 & 3 \\ 0 & 7 & -7 \\ 0 & 0 & -4 \end{vmatrix}=28\neq 0,$$

所以此齐次线性方程组没有非零解.

例 5 已知齐次线性方程组 $\begin{cases} kx+y+z=0, \\ x+ky+z=0, \\ x+y+kz=0 \end{cases}$ 有非零解，求 k 的值.

解 因为齐次线性方程组 $\begin{cases} kx+y+z=0, \\ x+ky+z=0, \\ x+y+kz=0 \end{cases}$ 有非零解，所以系数行列式 $D=0$.

$$D=\begin{vmatrix} k & 1 & 1 \\ 1 & k & 1 \\ 1 & 1 & k \end{vmatrix} \xlongequal{r_1+r_2+r_3} \begin{vmatrix} k+2 & k+2 & k+2 \\ 1 & k & 1 \\ 1 & 1 & k \end{vmatrix} =(k+2)\begin{vmatrix} 1 & 1 & 1 \\ 1 & k & 1 \\ 1 & 1 & k \end{vmatrix}$$

$$\xlongequal[r_3-r_1]{r_2-r_1}(k+2)\begin{vmatrix} 1 & 1 & 1 \\ 0 & k-1 & 0 \\ 0 & 0 & k-1 \end{vmatrix}=(k+2)(k-1)^2=0,$$

所以 $k=-2$ 或 $k=1$.

不难验证，当 $k=-2$ 或 $k=1$ 时，齐次线性方程组 $\begin{cases} kx+y+z=0, \\ x+ky+z=0, \\ x+y+kz=0 \end{cases}$ 确有非零解.

例 6 已知齐次线性方程组 $\begin{cases} x_2+x_3+2x_4=0, \\ x_1+2x_3+x_4=0, \\ x_1+2x_2+x_4=0, \\ 2x_1+x_2+x_3=0, \end{cases}$ 判断它有无非零解.

解 因为系数行列式

$$D=\begin{vmatrix} 0 & 1 & 1 & 2 \\ 1 & 0 & 2 & 1 \\ 1 & 2 & 0 & 1 \\ 2 & 1 & 1 & 0 \end{vmatrix} \xlongequal[r_1+r_4]{r_2+r_3} \begin{vmatrix} 2 & 2 & 2 & 2 \\ 2 & 2 & 2 & 2 \\ 1 & 2 & 0 & 1 \\ 2 & 1 & 1 & 0 \end{vmatrix}=0,$$

所以此齐次线性方程组有非零解.

实际上,齐次线性方程组

$$\begin{cases} x_2+x_3+2x_4=0, & ① \\ x_1+2x_3+x_4=0, & ② \\ x_1+2x_2+x_4=0, & ③ \\ 2x_1+x_2+x_3=0 & ④ \end{cases}$$

中,将③式加到②式,④式加到①式,得等价的齐次线性方程组

$$\begin{cases} 2x_1+2x_2+2x_3+2x_4=0, \\ 2x_1+2x_2+2x_3+2x_4=0, \\ x_1+2x_2+x_4=0, \\ 2x_1+x_2+x_3=0. \end{cases}$$

注意到前两个方程相同,故齐次线性方程组退化为

$$\begin{cases} 2x_1+2x_2+2x_3+2x_4=0, & ① \\ x_1+2x_2+\quad+x_4=0, & ② \\ 2x_1+x_2+x_3=0, & ③ \end{cases}$$

该方程组不仅有非零解,而且有无数个解.

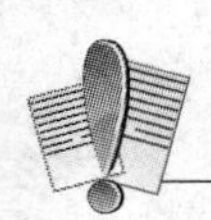

习题 6-5

1. 用克莱姆法则解线性方程组:

(1) $\begin{cases} 3x+5y=21, \\ 2x-7y=-17; \end{cases}$ (2) $\begin{cases} 3x_1+x_2=0, \\ 5x_1-7x_2=-26; \end{cases}$

(3) $\begin{cases} x_1-x_2+x_3=1, \\ x_1-2x_2-x_3=0, \\ 3x_1+x_2+2x_3=7; \end{cases}$ (4) $\begin{cases} x_1-3x_2+7x_3=5, \\ 2x_1+4x_2-3x_3=3, \\ -3x_1+7x_2+2x_3=6; \end{cases}$

(5) $\begin{cases} x_1-x_2+2x_4=-5, \\ 3x_1+2x_2-x_3-2x_4=6, \\ 4x_1+3x_2-x_3-x_4=0, \\ 2x_1-x_3=0. \end{cases}$

2. 已知齐次线性方程组 $\begin{cases} x_1+2x_2+3x_3-x_4=0, \\ 3x_1+2x_2+\ x_3+x_4=0, \\ 5x_1+5x_2+2x_3 \qquad =0, \\ 2x_1+3x_2+\ x_3-x_4=0, \end{cases}$ 判断它有无非零解.

3. 已知齐次线性方程组 $\begin{cases} kx+y+z=0, \\ x+ky-z=0, \\ 2x-y+z=0 \end{cases}$ 有非零解，求 k 的值.

本章内容小结

1. 本章的重点是计算行列式，熟练掌握计算行列式的各种方法和技巧. 而行列式的计算主要是利用行列式的性质. 因此，本章的重点在于掌握行列式的性质及其运用.

2. 排列及其逆序数主要是在行列式定义和计算中用到，要清楚排列逆序的定义和计算方法.

3. 二阶行列式和三阶行列式是最简单的行列式，要熟练掌握二阶行列式和三阶行列式的对角线法则.

4. n 阶行列式的定义及其等价定义.

5. 行列式的性质是本章重点，要熟练掌握利用行列式的性质进行 n 阶行列式的计算.

6. 行列式的按行(或列)展开的方法.

7. 利用克莱姆法则解线性方程组.

自测题六

一、选择题

1. 若行列式 $\begin{vmatrix} 2 & -1 & 0 \\ 1 & x & -2 \\ 3 & -1 & 2 \end{vmatrix}=0$，则 x 的值为 （　）

A. -2　　B. 2　　C. -1　　D. 1

2. n 阶行列式 $\begin{vmatrix} 0 & 0 & \cdots & 0 & 1 \\ 0 & 0 & \cdots & 1 & 0 \\ \cdots & \cdots & \cdots & \cdots & \cdots \\ 0 & 1 & \cdots & 0 & 0 \\ 1 & 0 & \cdots & 0 & 0 \end{vmatrix}$ 的值为 （　）

A. $(-1)^n$　　B. $(-1)^{\frac{1}{2}n(n-1)}$　　C. $(-1)^{\frac{1}{2}n(n+1)}$　　D. 1

3. 行列式 $\begin{vmatrix} 0 & a & 0 & 0 \\ b & c & 0 & 0 \\ 0 & 0 & d & e \\ 0 & 0 & 0 & f \end{vmatrix}$ 的值等于 （　）

A. $abcdef$　　B. $-abdf$　　C. $abdf$　　D. cdf

4. 计算$\begin{vmatrix} a_1 & 0 & b_1 & 0 \\ 0 & c_1 & 0 & d_1 \\ a_2 & 0 & b_2 & 0 \\ 0 & c_2 & 0 & d_2 \end{vmatrix}$等于 ( )

A. $a_1c_1b_2d_2-a_2b_1c_2d_1$

B. $(a_2b_2-a_1b_1)(c_2d_2-c_1d_1)$

C. $a_1a_2b_1b_2c_1c_2d_1d_2$

D. $(a_1b_2-a_2b_1)(c_1d_2-c_2d_1)$

5. 设行列式$D=\begin{vmatrix} a_1 & b_1 & c_1 \\ a_2 & b_2 & c_2 \\ a_3 & b_3 & c_3 \end{vmatrix}$，则$\begin{vmatrix} c_1 & b_1+2c_1 & a_1+2b_1+3c_1 \\ c_2 & b_2+2c_2 & a_2+2b_2+3c_2 \\ c_3 & b_3+2c_3 & a_3+2b_3+3c_3 \end{vmatrix}=$ ( )

A. $-D$ B. D C. $2D$ D. $-2D$

6. 若行列式$\begin{vmatrix} a_{11} & a_{12} & a_{13} \\ a_{21} & a_{22} & a_{23} \\ a_{31} & a_{32} & a_{33} \end{vmatrix}=d$，则$\begin{vmatrix} 3a_{31} & 3a_{32} & 3a_{33} \\ 2a_{21} & 2a_{22} & 2a_{23} \\ -a_{11} & -a_{12} & -a_{13} \end{vmatrix}=$ ( )

A. $-6d$ B. $6d$ C. $4d$ D. $-4d$

二、填空题

1. 四阶行列式$\begin{vmatrix} 10 & 8 & 5 & 1 \\ 9 & 6 & 2 & 0 \\ 7 & 3 & 0 & 0 \\ 4 & 0 & 0 & 0 \end{vmatrix}=$________.

2. 四阶行列式$\begin{vmatrix} 1 & 2 & 1 & 0 \\ 0 & 2 & 0 & 0 \\ 3 & 0 & 0 & 0 \\ 0 & 0 & 0 & -1 \end{vmatrix}=$________.

3. 在四阶行列式D中，项$a_{41}a_{12}a_{33}a_{24}$前面应取的符号是________.

4. 已知行列式$D=-5$，则$D^{\mathrm{T}}=$________.

5. 若在n阶行列式中等于零的元素个数超过n^2-n+1个，则这个行列式的值等于________.

6. n阶行列式A的值为c，若将A的第一列移到最后一列，其余各列依次保持原来的次序向左移动，则得到的行列式的值为________.

7. n阶行列式A的值为c，若将A的所有元素改变符号，得到的行列式的值为________.

8. 已知齐次线性方程组$\begin{cases} 2x+3y=0, \\ 3x+ky=0, \\ 4x-5y+z=0 \end{cases}$有非零解，则$k=$________.

三、计算题

1. 利用对角线法则计算下列三阶行列式：

(1) $\begin{vmatrix} 2 & 0 & 1 \\ 1 & -4 & -1 \\ -1 & 8 & 3 \end{vmatrix}$； (2) $\begin{vmatrix} a & b & c \\ b & c & a \\ c & a & b \end{vmatrix}$；

(3) $\begin{vmatrix} 1 & 1 & 1 \\ a & b & c \\ a^2 & b^2 & c^2 \end{vmatrix}$；

(4) $\begin{vmatrix} 3 & 1 & 1 \\ 297 & 101 & 99 \\ 5 & -3 & 2 \end{vmatrix}$.

2. 计算下列各行列式：

(1) $\begin{vmatrix} 4 & 1 & 2 & 4 \\ 1 & 2 & 0 & 0 \\ 1 & 1 & 4 & 0 \\ 1 & 0 & 0 & 0 \end{vmatrix}$；

(2) $\begin{vmatrix} 3 & 1 & -1 & 2 \\ -5 & 1 & 3 & -4 \\ 2 & 0 & 1 & -1 \\ 1 & -5 & 3 & -3 \end{vmatrix}$；

(3) $\begin{vmatrix} 4 & 1 & 1 & 1 \\ 1 & 4 & 1 & 1 \\ 1 & 1 & 4 & 1 \\ 1 & 1 & 1 & 4 \end{vmatrix}$；

(4) $\begin{vmatrix} 2 & 1 & -1 & 2 \\ -4 & 2 & 3 & 4 \\ 2 & 0 & 1 & -1 \\ 1 & 5 & 3 & -3 \end{vmatrix}$；

(5) $\begin{vmatrix} a^2 & ab & b^2 \\ 2a & a+b & 2b \\ 1 & 1 & 1 \end{vmatrix}$；

(6) $\begin{vmatrix} 2 & 4 & 6 & 8 & 10 \\ 1 & -1 & 0 & 0 & 0 \\ 0 & 2 & -2 & 0 & 0 \\ 0 & 0 & 3 & -3 & 0 \\ 0 & 0 & 0 & 4 & -4 \end{vmatrix}$；

(7) $\begin{vmatrix} 1 & 1 & 1 & 1 \\ a & b & c & d \\ a^2 & b^2 & c^2 & d^2 \\ a^4 & b^4 & c^4 & d^4 \end{vmatrix}$；

(8) $D=\begin{vmatrix} 1 & -1 & 2 & -3 & 1 \\ -3 & 3 & -7 & 9 & -5 \\ 2 & 0 & 4 & -2 & 1 \\ 3 & -5 & 7 & -14 & 6 \\ 4 & -4 & 10 & -10 & 2 \end{vmatrix}$；

(9) 计算 $n(n\geqslant 2)$ 阶行列式 $\begin{vmatrix} a & 0 & 0 & \cdots & 0 & 1 \\ 0 & a & 0 & \cdots & 0 & 0 \\ \cdots & \cdots & \cdots & \cdots & \cdots & \cdots \\ 0 & 0 & 0 & \cdots & a & 0 \\ 2 & 0 & 0 & \cdots & 0 & a \end{vmatrix}$.

3. 用克莱姆法则解方程组：

$$\begin{cases} x_1+x_2+x_3+x_4=5, \\ x_1+2x_2-x_3+4x_4=-2, \\ 2x_1-3x_2-x_3-5x_4=-2, \\ 3x_1+x_2+2x_3+11x_4=0. \end{cases}$$

4. 问 λ,μ 取何值时，齐次线性方程组 $\begin{cases} \lambda x_1+x_2+x_3=0, \\ x_1+\mu x_2+x_3=0, \\ x_1+2\mu x_2+x_3=0 \end{cases}$ 有非零解？

5. 问 λ 取何值时，齐次线性方程组 $\begin{cases} (1-\lambda)x_1-2x_2+4x_3=0, \\ 2x_1+(3-\lambda)x_2+x_3=0, \\ x_1+x_2+(1-\lambda)x_3=0 \end{cases}$ 有非零解？

第7章

矩　阵

§7-1　矩阵的概念与运算

一、矩阵的概念

1. 矩阵的定义

定义1　由 $m\times n$ 个数 $a_{ij}(i=1,2,\cdots,m;j=1,2,\cdots,n)$ 排列成的 m 行 n 列的数表

$$\begin{bmatrix} a_{11} & a_{12} & \cdots & a_{1n} \\ a_{21} & a_{22} & \cdots & a_{2n} \\ \cdots & \cdots & \cdots & \cdots \\ a_{m1} & a_{m2} & \cdots & a_{mn} \end{bmatrix}$$

称为 m 行 n 列**矩阵**，简称 $m\times n$ **矩阵**. $a_{ij}\ (i=1,2,\cdots,m;j=1,2,\cdots,n)$ 称为矩阵的**元素**，简称**元**. 数 a_{ij} 位于矩阵的第 i 行第 j 列，称为矩阵的 (i,j) 元.

元素是实数的矩阵称为实矩阵，元素是复数的矩阵称为复矩阵. 本书中除特别说明外，都指实矩阵.

矩阵通常用大写字母 $\boldsymbol{A},\boldsymbol{B},\boldsymbol{C},\cdots$ 来表示. 例如，上述定义中的矩阵可表示为

$$\boldsymbol{A}=\begin{bmatrix} a_{11} & a_{12} & \cdots & a_{1n} \\ a_{21} & a_{22} & \cdots & a_{2n} \\ \cdots & \cdots & \cdots & \cdots \\ a_{m1} & a_{m2} & \cdots & a_{mn} \end{bmatrix},$$

或简写为 $\boldsymbol{A}=(a_{ij})_{m\times n}$.

2. 一些特殊的矩阵

(1) 行矩阵：只有一行的矩阵 $\boldsymbol{A}=\begin{bmatrix} a_1 & a_2 & \cdots & a_n \end{bmatrix}$.

(2) 列矩阵：只有一列的矩阵 $\boldsymbol{B}=\begin{bmatrix} b_1 \\ b_2 \\ \vdots \\ b_m \end{bmatrix}$.

(3) 零矩阵：元素全为零的矩阵，记为 $\boldsymbol{O}$.

(4) 负矩阵:矩阵 $\begin{bmatrix} -a_{11} & -a_{12} & \cdots & -a_{1n} \\ -a_{21} & -a_{22} & \cdots & -a_{2n} \\ \cdots & \cdots & \cdots & \cdots \\ -a_{m1} & -a_{m2} & \cdots & -a_{mn} \end{bmatrix}$ 称为 $\boldsymbol{A}=\begin{bmatrix} a_{11} & a_{12} & \cdots & a_{1n} \\ a_{21} & a_{22} & \cdots & a_{2n} \\ \cdots & \cdots & \cdots & \cdots \\ a_{m1} & a_{m2} & \cdots & a_{mn} \end{bmatrix}$ 的负矩阵,记为 $-\boldsymbol{A}$.

(5) 方阵:行数和列数均为 n 的矩阵 $\boldsymbol{A}$ 称为 n 阶方阵,记为 $\boldsymbol{A}_n$,即

$$\boldsymbol{A}_n=\begin{bmatrix} a_{11} & a_{12} & \cdots & a_{1n} \\ a_{21} & a_{22} & \cdots & a_{2n} \\ \cdots & \cdots & \cdots & \cdots \\ a_{n1} & a_{n2} & \cdots & a_{nn} \end{bmatrix}.$$

在 n 阶方阵 $\boldsymbol{A}_n$ 中,从左上角到右下角的对角线称为主对角线.

(6) 对角矩阵:除主对角线上的元素外,其余元素全为零的方阵称为对角矩阵,即

$$\boldsymbol{A}_n=\begin{bmatrix} a_{11} & 0 & \cdots & 0 \\ 0 & a_{22} & \cdots & 0 \\ \cdots & \cdots & \cdots & \cdots \\ 0 & 0 & \cdots & a_{nn} \end{bmatrix}.$$

(7) 单位矩阵:主对角线上的元素全为 1,其余元素全为零的方阵称为单位矩阵,记为 $\boldsymbol{E}_n$,即

$$\boldsymbol{E}_n=\begin{bmatrix} 1 & 0 & \cdots & 0 \\ 0 & 1 & \cdots & 0 \\ \cdots & \cdots & \cdots & \cdots \\ 0 & 0 & \cdots & 1 \end{bmatrix}.$$

(8) 数量矩阵:矩阵 $k\boldsymbol{E}_n=\begin{bmatrix} k & 0 & \cdots & 0 \\ 0 & k & \cdots & 0 \\ \cdots & \cdots & \cdots & \cdots \\ 0 & 0 & \cdots & k \end{bmatrix}$.

(9) 三角矩阵:主对角线下方元素全为零的矩阵

$$\begin{bmatrix} a_{11} & a_{12} & \cdots & a_{1n} \\ 0 & a_{22} & \cdots & a_{2n} \\ \cdots & \cdots & \cdots & \cdots \\ 0 & 0 & \cdots & a_{nn} \end{bmatrix}$$

称为上三角矩阵;主对角线上方元素全为零的矩阵

$$\begin{bmatrix} a_{11} & 0 & \cdots & 0 \\ a_{21} & a_{22} & \cdots & 0 \\ \cdots & \cdots & \cdots & \cdots \\ a_{n1} & a_{n2} & \cdots & a_{nn} \end{bmatrix}$$

称为下三角矩阵.上三角矩阵和下三角矩阵统称为三角矩阵.

二、矩阵的运算

1. 矩阵的相等

定义 2 两个矩阵的行数、列数均相等时，称它们是同型矩阵. 如果矩阵 $\boldsymbol{A}=(a_{ij})$ 与 $\boldsymbol{B}=(b_{ij})$ 是同型矩阵，并且它们对应的元素都相等，即

$$a_{ij}=b_{ij}\,(i=1,2,\cdots,m;j=1,2,\cdots,n),$$

那么就称矩阵 $\boldsymbol{A}$ 与 $\boldsymbol{B}$ 相等，记为 $\boldsymbol{A}=\boldsymbol{B}$.

2. 矩阵的加法

定义 3 设

$$\boldsymbol{A}=(a_{ij})_{m\times n}=\begin{bmatrix} a_{11} & a_{12} & \cdots & a_{1n} \\ a_{21} & a_{22} & \cdots & a_{2n} \\ \cdots & \cdots & \cdots & \cdots \\ a_{m1} & a_{m2} & \cdots & a_{mn} \end{bmatrix},\boldsymbol{B}=(b_{ij})_{m\times n}=\begin{bmatrix} b_{11} & b_{12} & \cdots & b_{1n} \\ b_{21} & b_{22} & \cdots & b_{2n} \\ \cdots & \cdots & \cdots & \cdots \\ b_{m1} & b_{m2} & \cdots & b_{mn} \end{bmatrix}$$

是两个 $m\times n$ 矩阵，则

$$\boldsymbol{C}=(c_{ij})_{m\times n}=(a_{ij}+b_{ij})_{m\times n}=\begin{bmatrix} a_{11}+b_{11} & a_{12}+b_{12} & \cdots & a_{1n}+b_{1n} \\ a_{21}+b_{21} & a_{22}+b_{22} & \cdots & a_{2n}+b_{2n} \\ \cdots & \cdots & \cdots & \cdots \\ a_{m1}+b_{m1} & a_{m2}+b_{m2} & \cdots & a_{mn}+b_{mn} \end{bmatrix}$$

称为矩阵 $\boldsymbol{A}$ 与 $\boldsymbol{B}$ 的和，记为 $\boldsymbol{C}=\boldsymbol{A}+\boldsymbol{B}$.

说明 (1) 矩阵的加法就是矩阵对应元素相加，当然，相加的矩阵必须是同型的；

(2) 根据负矩阵的定义，我们定义矩阵的减法如下：$\boldsymbol{A}-\boldsymbol{B}=\boldsymbol{A}+(-\boldsymbol{B})$.

容易验证矩阵的加法满足以下规律：

(1) 交换律：$\boldsymbol{A}+\boldsymbol{B}=\boldsymbol{B}+\boldsymbol{A}$；

(2) 结合律：$(\boldsymbol{A}+\boldsymbol{B})+\boldsymbol{C}=\boldsymbol{A}+(\boldsymbol{B}+\boldsymbol{C})$.

例 1 设 $\boldsymbol{A}=\begin{bmatrix} 0 & 1 & 2 \\ 3 & 4 & 5 \\ -6 & 7 & 8 \end{bmatrix}$，$\boldsymbol{B}=\begin{bmatrix} 1 & x_1 & x_2 \\ -1 & -2 & 3 \\ 5 & 6 & 7 \end{bmatrix}$，$\boldsymbol{C}=\begin{bmatrix} 1 & 0 & 5 \\ 2 & y_1 & 8 \\ -1 & 13 & y_2 \end{bmatrix}$，

已知 $\boldsymbol{C}=\boldsymbol{A}+\boldsymbol{B}$，求 $\boldsymbol{B}$ 与 $\boldsymbol{C}$ 及 x_1,x_2,y_1,y_2.

解 因为 $\boldsymbol{C}=\boldsymbol{A}+\boldsymbol{B}$，所以

$$\begin{bmatrix} 1 & 0 & 5 \\ 2 & y_1 & 8 \\ -1 & 13 & y_2 \end{bmatrix}=\begin{bmatrix} 1 & x_1+1 & x_2+2 \\ 2 & 2 & 8 \\ -1 & 13 & 15 \end{bmatrix}.$$

由矩阵相等可知

$$\begin{cases} x_1+1=0, \\ x_2+2=5, \\ y_1=2, \\ y_2=15, \end{cases}$$

解之得 $x_1=-1,x_2=3,y_1=2,y_2=15$. 进而

$$B=\begin{bmatrix}1&-1&3\\-1&-2&3\\5&6&7\end{bmatrix},C=\begin{bmatrix}1&0&5\\2&2&8\\-1&13&15\end{bmatrix}.$$

3. 数与矩阵相乘

定义 4 设 $A=(a_{ij})_{m\times n}=\begin{bmatrix}a_{11}&a_{12}&\cdots&a_{1n}\\a_{21}&a_{22}&\cdots&a_{2n}\\\cdots&\cdots&\cdots&\cdots\\a_{m1}&a_{m2}&\cdots&a_{mn}\end{bmatrix}$,$\lambda$ 为任意实数,则

$$C=(c_{ij})_{m\times n}=(\lambda a_{ij})_{m\times n}=\begin{bmatrix}\lambda a_{11}&\lambda a_{12}&\cdots&\lambda a_{1n}\\\lambda a_{21}&\lambda a_{22}&\cdots&\lambda a_{1n}\\\cdots&\cdots&\cdots&\cdots\\\lambda a_{m1}&\lambda a_{m2}&\cdots&\lambda a_{mn}\end{bmatrix}$$

称为数 λ 与矩阵 A 的乘积,记为 λA,且规定 $\lambda A=A\lambda$.

数乘矩阵满足以下规律(设 A,B 为 $m\times n$ 矩阵,λ,μ 为实数):

(1) $(\lambda\mu)A=\lambda(\mu A)$;

(2) $(\lambda+\mu)A=\lambda A+\mu A$;

(3) $\lambda(A+B)=\lambda A+\lambda B$.

例 2 设 $A=\begin{bmatrix}1&0\\3&-1\end{bmatrix}$,$B=\begin{bmatrix}1&2\\3&4\end{bmatrix}$,求 $3A+2B$.

解 因为

$$3A=\begin{bmatrix}3&0\\9&-3\end{bmatrix},2B=\begin{bmatrix}2&4\\6&8\end{bmatrix},$$

所以

$$3A+2B=\begin{bmatrix}5&4\\15&5\end{bmatrix}.$$

4. 矩阵的乘法

定义 5 设

$$A=(a_{ij})_{m\times s}=\begin{bmatrix}a_{11}&a_{12}&\cdots&a_{1s}\\a_{21}&a_{22}&\cdots&a_{2s}\\\cdots&\cdots&\cdots&\cdots\\a_{m1}&a_{m2}&\cdots&a_{ms}\end{bmatrix},B=(b_{ij})_{s\times n}=\begin{bmatrix}b_{11}&b_{12}&\cdots&b_{1n}\\b_{21}&b_{22}&\cdots&b_{2n}\\\cdots&\cdots&\cdots&\cdots\\b_{s1}&b_{s2}&\cdots&b_{sn}\end{bmatrix},$$

那么规定矩阵 A 与矩阵 B 的乘积是一个 $m\times n$ 矩阵 $C=(c_{ij})_{m\times n}$,其中

$$C_{ij}=a_{i1}b_{1j}+a_{i2}b_{2j}+\cdots+a_{is}b_{sj}=\sum_{k=1}^{s}a_{ik}b_{kj}\ (i=1,2,\cdots,m;\ j=1,2,\cdots,n),$$

并把此乘积记作

$$C=AB.$$

说明 (1) 只有当第一个矩阵 A(左矩阵)的列数等于第二个矩阵 B(右矩阵)的行数时,两个矩阵才能相乘,并且 AB 的行数等于左矩阵 A 的行数,列数等于右矩阵 B 的列数;

(2) 乘积矩阵 AB 中的(i,j)元等于矩阵 A 的第 i 行与矩阵 B 的第 j 列对应的元素乘积之和.

例 3 求矩阵

$$A=\begin{bmatrix}1 & 0 & 3 & -1\\2 & 1 & 0 & 2\end{bmatrix},B=\begin{bmatrix}4 & 1 & 0\\-1 & 1 & 3\\2 & 0 & 1\\1 & 3 & 4\end{bmatrix}$$

的乘积 AB.

解 因为 A 是 2×4 矩阵,B 是 4×3 矩阵,A 的列数等于 B 的行数,所以矩阵 A 与 B 可以相乘,其乘积 $AB=C$ 是一个 2×3 矩阵. 按矩阵乘法的定义有

$$C=AB=\begin{bmatrix}1 & 0 & 3 & -1\\2 & 1 & 0 & 2\end{bmatrix}\begin{bmatrix}4 & 1 & 0\\-1 & 1 & 3\\2 & 0 & 1\\1 & 3 & 4\end{bmatrix}=\begin{bmatrix}9 & -2 & -1\\9 & 9 & 11\end{bmatrix}.$$

例 4 设 $A=\begin{bmatrix}-2 & 4\\1 & -2\end{bmatrix},B=\begin{bmatrix}2 & 4\\-3 & -6\end{bmatrix}$,求 AB,BA.

解

$$AB=\begin{bmatrix}-2 & 4\\1 & -2\end{bmatrix}\begin{bmatrix}2 & 4\\-3 & -6\end{bmatrix}=\begin{bmatrix}-16 & -32\\8 & 16\end{bmatrix},$$

$$BA=\begin{bmatrix}2 & 4\\-3 & -6\end{bmatrix}\begin{bmatrix}-2 & 4\\1 & -2\end{bmatrix}=\begin{bmatrix}0 & 0\\0 & 0\end{bmatrix}=O.$$

说明 (1) 在例 3 中,A 是 2×4 矩阵,B 是 4×3 矩阵,乘积 AB 有意义而 BA 却没有意义. 而在例 4 中,AB 与 BA 都有意义,但 $AB\neq BA$,即在一般情况下,矩阵的乘法不满足交换律. (2) 例 4 还表明,矩阵 $A\neq O,B\neq O$,但却有 $AB=O$,即 $AB=O$ 不能得出 $A=O$ 或 $B=O$.

矩阵乘法满足以下规律:

(1) $(AB)C=A(BC)$;

(2) $\lambda(AB)=(\lambda A)B$,λ 为实数;

(3) $A(B+C)=AB+AC,(B+C)A=BA+CA$.

对于单位矩阵 E,容易验证

$$E_mA_{m\times n}=A_{m\times n},A_{m\times n}E_n=A_{m\times n},$$

或简写成

$$EA=AE=A.$$

可见单位矩阵 E 在矩阵乘法中的作用类似于数 1.

有了矩阵的乘法,就可以定义矩阵的幂. 设 A 是 n 阶方阵,定义

$$A^1=A,A^2=A^1A^1,\cdots,A^{k+1}=A^kA^1,$$

其中 k 为正整数. 这就是说,A^k 就是 k 个 A 连乘. 显然只有方阵,它的幂才有意义. 由于矩阵乘法满足结合律,所以矩阵的幂满足以下运算规律:

$$A^kA^l=A^{k+l},(A^k)^l=A^{kl},$$

其中 k,l 为正整数. 又因矩阵乘法一般不满足交换律,所以对于两个 n 阶矩阵 A 与 B,一般说来 $(AB)^k\neq A^kB^k$.

5. 矩阵的转置

定义 6 把矩阵 A 的行换成同序数的列得到一个新矩阵,叫做 A 的转置矩阵,记作 A^T.

例如,矩阵 $A=\begin{bmatrix}1&2&0\\3&-1&1\end{bmatrix}$的转置矩阵为 $A^{T}=\begin{bmatrix}1&3\\2&-1\\0&1\end{bmatrix}$.

矩阵的转置也是一种运算,它满足下述规律(假设运算都是可行的):

(1) $(A^{T})^{T}=A$;

(2) $(A+B)^{T}=A^{T}+B^{T}$;

(3) $(\lambda A)^{T}=\lambda A^{T}$;

(4) $(AB)^{T}=B^{T}A^{T}$.

规律(4)可以推广为任意有限个矩阵相乘的情况,即$(A_1A_2\cdots A_n)^{T}=A_n^{T}\cdots A_2^{T}A_1^{T}$.

例 5 已知

$$A=\begin{bmatrix}2&0&-1\\1&3&2\end{bmatrix},B=\begin{bmatrix}1&7&-1\\4&2&3\\2&0&1\end{bmatrix},$$

求$(AB)^{T}$.

解 解法 1

$$(AB)^{T}=\left(\begin{bmatrix}2&0&-1\\1&3&2\end{bmatrix}\begin{bmatrix}1&7&-1\\4&2&3\\2&0&1\end{bmatrix}\right)^{T}=\begin{bmatrix}0&17\\14&13\\-3&10\end{bmatrix}.$$

解法 2

$$(AB)^{T}=B^{T}A^{T}=\begin{bmatrix}1&4&2\\7&2&0\\-1&3&1\end{bmatrix}\begin{bmatrix}2&1\\0&3\\-1&2\end{bmatrix}=\begin{bmatrix}0&17\\14&13\\-3&10\end{bmatrix}.$$

设 A 为 n 阶方阵,如果满足 $A^{T}=A$,即

$$a_{ij}=a_{ji}(i,j=1,2,\cdots,n),$$

那么 A 称为**对称矩阵**.对称矩阵的特点是:它的元素以主对角线为对称轴对应相等.

例如,$\begin{bmatrix}4&1\\1&1\end{bmatrix}$,$\begin{bmatrix}2&1&2\\1&-3&-5\\2&-5&7\end{bmatrix}$等都是对称矩阵.

例 6 试证:对于任意方阵 A,都有 $A+A^{T}$ 是对称矩阵.

证明 因为$(A+A^{T})^{T}=A^{T}+(A^{T})^{T}=A^{T}+A=A+A^{T}$,所以 $A+A^{T}$ 是对称矩阵.

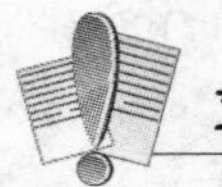

习题 7-1(A)

1. 设 $A=\begin{bmatrix}1&-1&2\\3&0&2\end{bmatrix}$,$B=\begin{bmatrix}4&2\\3&-1\\0&1\end{bmatrix}$,求(1) $A-2B^{T}$;(2) $(AB)^{T}$.

2. 设 $A=\begin{bmatrix}3&7&4\\-3&4&4\\-2&0&3\end{bmatrix}$,$B=\begin{bmatrix}3&x_1&x_2\\x_1&4&x_3\\x_2&x_3&3\end{bmatrix}$,$C=\begin{bmatrix}0&y_1&y_2\\-y_1&0&y_3\\-y_2&-y_3&0\end{bmatrix}$,且 $A=B+C$,求 B,

C及x_1,x_2,x_3,y_1,y_2,y_3.

3. 设$A=\begin{bmatrix}3&1&1\\2&1&2\\1&1&2\end{bmatrix}$,$B=\begin{bmatrix}1&1&1\\-1&2&0\\1&0&1\end{bmatrix}$,求$AB-BA$.

4. 计算:

(1) $\begin{bmatrix}4&3&1\\0&-1&3\\5&7&0\end{bmatrix}\begin{bmatrix}7&-1\\0&1\\1&0\end{bmatrix}$; (2) $\begin{bmatrix}1\\2\\3\end{bmatrix}\begin{bmatrix}-1&2\end{bmatrix}$;

(3) $\begin{bmatrix}x&y\end{bmatrix}\begin{bmatrix}9&-12\\-12&16\end{bmatrix}\begin{bmatrix}x\\y\end{bmatrix}$.

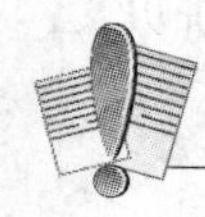

习题7-1(B)

1. 设$A=\begin{bmatrix}-1&2&1\\0&-1&2\end{bmatrix}$,$B=\begin{bmatrix}1&0&3\\2&1&-1\end{bmatrix}$,$C=\begin{bmatrix}3&1&2\\-1&-2&4\\0&0&2\end{bmatrix}$,求$AC+BC$.

2. 设$A=\begin{bmatrix}1&0&0\\0&-2&0\\0&0&3\end{bmatrix}$,$B=\begin{bmatrix}5&0&0\\0&-4&0\\0&0&2\end{bmatrix}$,求$(2A-AB)^{\mathrm{T}}$.

3. 已知$\begin{bmatrix}a&b&c&d\\1&4&9&2\end{bmatrix}\begin{bmatrix}1&0&2&0\\0&0&1&1\\0&1&0&0\\0&0&1&0\end{bmatrix}=\begin{bmatrix}1&0&6&6\\1&9&8&4\end{bmatrix}$,求$a,b,c,d$.

4. 设$A=\begin{bmatrix}-1&2&5\\0&-3&4\end{bmatrix}$,$B=\begin{bmatrix}2&x\\y&6\\-10&z\end{bmatrix}$,试确定$x,y,z$,使$2A+B^{\mathrm{T}}=O$.

5. 设$A=\begin{bmatrix}1&0&2\\-1&2&4\\3&1&1\end{bmatrix}$,$B=\begin{bmatrix}2&1\\-1&3\\0&3\end{bmatrix}$,求$(3E_3-A^{\mathrm{T}})B$.

6. 试证明:设A,B都是n阶矩阵,且A为对称矩阵,则$B^{\mathrm{T}}AB$是对称矩阵.

§7-2 逆矩阵

一、逆矩阵的定义

定义1 对于n阶矩阵A,如果有一个n阶矩阵B,使

$$AB=BA=E,$$

则称矩阵A是可逆的,并把矩阵B称为A的**逆矩阵**,记为$B=A^{-1}$.

二、逆矩阵的性质

性质1 矩阵 $\boldsymbol{A}$ 是可逆的，那么 $\boldsymbol{A}$ 的逆矩阵是唯一的.

证明 设 $\boldsymbol{B},\boldsymbol{C}$ 都是 $\boldsymbol{A}$ 的逆矩阵，则有

$$\boldsymbol{B}=\boldsymbol{B}\boldsymbol{E}=\boldsymbol{B}(\boldsymbol{A}\boldsymbol{C})=(\boldsymbol{B}\boldsymbol{A})\boldsymbol{C}=\boldsymbol{E}\boldsymbol{C}=\boldsymbol{C},$$

所以 $\boldsymbol{A}$ 的逆矩阵是唯一的.

性质2 若 $\boldsymbol{A}$ 可逆，则 $\boldsymbol{A}^{-1}$ 亦可逆，且 $(\boldsymbol{A}^{-1})^{-1}=\boldsymbol{A}$.

证明 因为 $\boldsymbol{A}\boldsymbol{A}^{-1}=\boldsymbol{A}^{-1}\boldsymbol{A}=\boldsymbol{E}$，由矩阵可逆的定义可知，$\boldsymbol{A}^{-1}$ 可逆，且 $(\boldsymbol{A}^{-1})^{-1}=\boldsymbol{A}$.

性质3 若 $\boldsymbol{A}$ 可逆，数 $\lambda\neq0$，则 $\lambda\boldsymbol{A}$ 可逆，且 $(\lambda\boldsymbol{A})^{-1}=\frac{1}{\lambda}\boldsymbol{A}^{-1}$.

证明 因为 $(\lambda\boldsymbol{A})\left(\frac{1}{\lambda}\boldsymbol{A}^{-1}\right)=\lambda\cdot\frac{1}{\lambda}(\boldsymbol{A}\boldsymbol{A}^{-1})=\boldsymbol{A}\boldsymbol{A}^{-1}=\boldsymbol{E}=\boldsymbol{A}^{-1}\boldsymbol{A}=\left(\frac{1}{\lambda}\boldsymbol{A}^{-1}\right)(\lambda\boldsymbol{A})$，所以 $\lambda\boldsymbol{A}$ 可逆，且 $(\lambda\boldsymbol{A})^{-1}=\frac{1}{\lambda}\boldsymbol{A}^{-1}$.

性质4 若 $\boldsymbol{A},\boldsymbol{B}$ 为同阶矩阵且均可逆，则 $\boldsymbol{A}\boldsymbol{B}$ 可逆，且 $(\boldsymbol{A}\boldsymbol{B})^{-1}=\boldsymbol{B}^{-1}\boldsymbol{A}^{-1}$.

证明 因为 $\boldsymbol{A},\boldsymbol{B}$ 为同阶矩阵且均可逆，所以

$$\boldsymbol{A}\boldsymbol{A}^{-1}=\boldsymbol{A}^{-1}\boldsymbol{A}=\boldsymbol{E},\boldsymbol{B}\boldsymbol{B}^{-1}=\boldsymbol{B}^{-1}\boldsymbol{B}=\boldsymbol{E}.$$

因为

$$(\boldsymbol{A}\boldsymbol{B})(\boldsymbol{B}^{-1}\boldsymbol{A}^{-1})=\boldsymbol{A}(\boldsymbol{B}\boldsymbol{B}^{-1})\boldsymbol{A}^{-1}=\boldsymbol{A}\boldsymbol{E}\boldsymbol{A}^{-1}=\boldsymbol{A}\boldsymbol{A}^{-1}=\boldsymbol{E},$$

$$(\boldsymbol{B}^{-1}\boldsymbol{A}^{-1})(\boldsymbol{A}\boldsymbol{B})=\boldsymbol{B}^{-1}(\boldsymbol{A}^{-1}\boldsymbol{A})\boldsymbol{B}=\boldsymbol{B}^{-1}\boldsymbol{E}\boldsymbol{B}=\boldsymbol{B}^{-1}\boldsymbol{B}=\boldsymbol{E},$$

所以 $\boldsymbol{A}\boldsymbol{B}$ 可逆，且 $(\boldsymbol{A}\boldsymbol{B})^{-1}=\boldsymbol{B}^{-1}\boldsymbol{A}^{-1}$.

我们可将性质4推广至有限个矩阵相乘的情形，即设 $\boldsymbol{A}_1,\boldsymbol{A}_2,\cdots,\boldsymbol{A}_n$ 均为同阶矩阵且可逆，则 $\boldsymbol{A}_1\boldsymbol{A}_2\cdots\boldsymbol{A}_n$ 可逆，且

$$(\boldsymbol{A}_1\boldsymbol{A}_2\cdots\boldsymbol{A}_n)^{-1}=\boldsymbol{A}_n^{-1}\cdots\boldsymbol{A}_2^{-1}\boldsymbol{A}_1^{-1}.$$

性质5 设 $\boldsymbol{A},\boldsymbol{B}$ 为同阶方阵，则 $|\boldsymbol{A}\boldsymbol{B}|=|\boldsymbol{A}||\boldsymbol{B}|$.

三、矩阵可逆的判定及求法

定理1 若矩阵 $\boldsymbol{A}$ 可逆，则 $|\boldsymbol{A}|\neq0$.

证明 因为 $\boldsymbol{A}$ 可逆，所以存在 $\boldsymbol{A}^{-1}$，使 $\boldsymbol{A}\boldsymbol{A}^{-1}=\boldsymbol{E}$，所以 $|\boldsymbol{A}||\boldsymbol{A}^{-1}|=1$，故 $|\boldsymbol{A}|\neq0$.

定义2 对于 n 阶方阵

$$\boldsymbol{A}=\begin{bmatrix}a_{11} & a_{12} & \cdots & a_{1n}\\ a_{21} & a_{22} & \cdots & a_{2n}\\ \cdots & \cdots & \cdots & \cdots\\ a_{n1} & a_{n2} & \cdots & a_{nn}\end{bmatrix},$$

称 n 阶方阵

$$\begin{bmatrix}A_{11} & A_{21} & \cdots & A_{n1}\\ A_{12} & A_{22} & \cdots & A_{n2}\\ \cdots & \cdots & \cdots & \cdots\\ A_{1n} & A_{2n} & \cdots & A_{nn}\end{bmatrix}$$

为矩阵 $\boldsymbol{A}$ 的**伴随矩阵**，记为 $\boldsymbol{A}^*$，其中的元素 A_{ij} 为行列式 $|\boldsymbol{A}|$ 中元素 a_{ij} 的代数余子式.

由行列式的性质可得

$$\begin{cases} a_{i1}A_{i1}+a_{i2}A_{i2}+\cdots+a_{in}A_{in}=|\boldsymbol{A}|, i=1,2,\cdots,n, \\ a_{j1}A_{i1}+a_{j2}A_{i2}+\cdots+a_{jn}A_{in}=0, \quad j\neq i, \end{cases}$$

于是由矩阵乘法可得

$$\boldsymbol{A}\boldsymbol{A}^*=|\boldsymbol{A}|\boldsymbol{E}.$$

同理，

$$\boldsymbol{A}^*\boldsymbol{A}=|\boldsymbol{A}|\boldsymbol{E}.$$

例1 设

$$\boldsymbol{A}=\begin{bmatrix} 1 & -2 & 5 \\ -3 & 0 & 4 \\ 2 & 1 & 6 \end{bmatrix},$$

求 $\boldsymbol{A}^*$.

解 因为

$$A_{11}=\begin{vmatrix} 0 & 4 \\ 1 & 6 \end{vmatrix}=-4, A_{12}=-\begin{vmatrix} -3 & 4 \\ 2 & 6 \end{vmatrix}=26, A_{13}=\begin{vmatrix} -3 & 0 \\ 2 & 1 \end{vmatrix}=-3,$$

$$A_{21}=-\begin{vmatrix} -2 & 5 \\ 1 & 6 \end{vmatrix}=17, A_{22}=\begin{vmatrix} 1 & 5 \\ 2 & 6 \end{vmatrix}=-4, A_{23}=-\begin{vmatrix} 1 & -2 \\ 2 & 1 \end{vmatrix}=-5,$$

$$A_{31}=\begin{vmatrix} -2 & 5 \\ 0 & 4 \end{vmatrix}=-8, A_{32}=-\begin{vmatrix} 1 & 5 \\ -3 & 4 \end{vmatrix}=-19, A_{33}=\begin{vmatrix} 1 & -2 \\ -3 & 0 \end{vmatrix}=-6,$$

所以

$$\boldsymbol{A}^*=\begin{bmatrix} -4 & 17 & -8 \\ 26 & -4 & -19 \\ -3 & -5 & -6 \end{bmatrix}.$$

定理2 若 $|\boldsymbol{A}|\neq 0$，则矩阵 $\boldsymbol{A}$ 可逆，且 $\boldsymbol{A}^{-1}=\frac{1}{|\boldsymbol{A}|}\boldsymbol{A}^*$.

证明 因为

$$\boldsymbol{A}\boldsymbol{A}^*=\boldsymbol{A}^*\boldsymbol{A}=|\boldsymbol{A}|\boldsymbol{E},$$

又因为 $|\boldsymbol{A}|\neq 0$，所以有

$$\boldsymbol{A}\left(\frac{1}{|\boldsymbol{A}|}\boldsymbol{A}^*\right)=\frac{1}{|\boldsymbol{A}|}(\boldsymbol{A}\boldsymbol{A}^*)=\boldsymbol{E},$$

$$\left(\frac{1}{|\boldsymbol{A}|}\boldsymbol{A}^*\right)\boldsymbol{A}=\frac{1}{|\boldsymbol{A}|}(\boldsymbol{A}^*\boldsymbol{A})=\boldsymbol{E},$$

从而矩阵 $\boldsymbol{A}$ 可逆，且

$$\boldsymbol{A}^{-1}=\frac{1}{|\boldsymbol{A}|}\boldsymbol{A}^*.$$

说明 当 $|\boldsymbol{A}|=0$ 时，矩阵 $\boldsymbol{A}$ 称为奇异矩阵；当 $|\boldsymbol{A}|\neq 0$ 时，矩阵 $\boldsymbol{A}$ 称为非奇异矩阵. 综合定理1及定理2：矩阵 $\boldsymbol{A}$ 是可逆矩阵的充分必要条件是 $|\boldsymbol{A}|\neq 0$，即可逆矩阵就是非奇异矩阵.

推论 若 $\boldsymbol{AB}=\boldsymbol{E}$（或 $\boldsymbol{BA}=\boldsymbol{E}$），则 $\boldsymbol{B}=\boldsymbol{A}^{-1}$.

证明 （以 $\boldsymbol{AB}=\boldsymbol{E}$ 为例）因为 $|\boldsymbol{A}||\boldsymbol{B}|=1$，所以 $|\boldsymbol{A}|\neq 0$，因而 $\boldsymbol{A}^{-1}$ 存在，于是

$$B=EB=(A^{-1}A)B=A^{-1}(AB)=A^{-1}E=A^{-1}.$$

例 2 求

$$A=\begin{bmatrix}1&2&3\\2&2&1\\3&4&3\end{bmatrix}$$

的逆矩阵.

解 因为$|A|=2\neq0$,所以A^{-1}存在.计算得

$A_{11}=2,A_{21}=6,A_{31}=-4,A_{12}=-3,A_{22}=-6,A_{32}=5,A_{13}=2,A_{23}=2,A_{33}=-2$,

$$A^{*}=\begin{bmatrix}2&6&-4\\-3&-6&5\\2&2&-2\end{bmatrix},$$

所以

$$A^{-1}=\begin{bmatrix}1&3&-2\\-\frac{3}{2}&-3&\frac{5}{2}\\1&1&-1\end{bmatrix}.$$

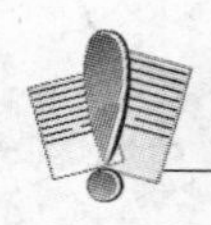

习题 7-2(A)

1. 判断下列矩阵 A,B 是否互为逆矩阵:

(1) $A=\begin{bmatrix}1&-1\\1&1\end{bmatrix},B=\begin{bmatrix}1&1\\-1&1\end{bmatrix}$; (2) $A=\begin{bmatrix}1&1&2\\1&2&2\\1&2&3\end{bmatrix},B=\begin{bmatrix}2&-1&0\\1&1&-1\\-2&0&1\end{bmatrix}$.

2. 判断下列矩阵是否可逆,若可逆,求它的逆矩阵:

(1) $\begin{bmatrix}1&1\\-1&-1\end{bmatrix}$; (2) $\begin{bmatrix}5&7\\8&11\end{bmatrix}$; (3) $\begin{bmatrix}1&0&2\\2&-1&3\\4&1&8\end{bmatrix}$.

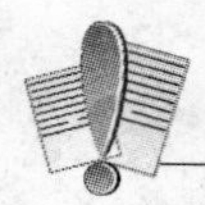

习题 7-2(B)

1. 求下列矩阵的逆矩阵:

(1) $\begin{bmatrix}1&0&2\\0&1&-1\\2&-1&-1\end{bmatrix}$; (2) $\begin{bmatrix}2&2&3\\1&-1&0\\-1&2&1\end{bmatrix}$; (3) $\begin{bmatrix}2&1&0&0\\0&2&1&0\\0&0&2&1\\0&0&0&2\end{bmatrix}$.

2. 已知矩阵 $A=\begin{bmatrix}1&0&-1\\0&1&2\end{bmatrix}$, $B=\begin{bmatrix}0&0&1\\0&-1&2\end{bmatrix}$,求$(BA^{\mathrm{T}})^{-1}$.

§7-3 矩阵的秩与初等变换

一、矩阵的秩

1. 矩阵的 k 阶子式

定义 1 在 $m\times n$ 矩阵中，任意取 k 行 k 列（$k\leqslant m,k\leqslant n$），位于这些行与列交叉处的元素按原来的相对位置所构成的行列式，称为矩阵的 k **阶子式**.

例如，矩阵 $\boldsymbol{A}=\begin{bmatrix}1 & 2 & -2\\ 1 & -3 & -3\\ 3 & 1 & 1\end{bmatrix}$ 中，第 1，2 两行和第 2，3 两列相交处的元素构成的 2 阶子式是 $\begin{vmatrix}2 & -2\\ -3 & -3\end{vmatrix}$，$\boldsymbol{A}$ 的 3 阶子式是 $|\boldsymbol{A}|$.

说明 (1) $m\times n$ 矩阵 $\boldsymbol{A}_{m\times n}$ 的 k 阶子式共有 $C_m^kC_n^k$ 个；

(2) n 阶方阵 $\boldsymbol{A}_n$ 的 n 阶子式即为 $|\boldsymbol{A}_n|$.

2. 矩阵的秩

定义 2 矩阵 $\boldsymbol{A}$ 的不为零的最高阶子式的阶数 r 称为矩阵 $\boldsymbol{A}$ 的**秩**，记为 $r(\boldsymbol{A})$.

例 1 求矩阵 $\boldsymbol{A}=\begin{bmatrix}1 & 2 & 3\\ 2 & 3 & -5\\ 4 & 7 & 1\end{bmatrix}$ 的秩.

解 容易看出 $\boldsymbol{A}$ 的一个 2 阶子式 $\begin{vmatrix}1 & 2\\ 2 & 3\end{vmatrix}\neq 0$，$\boldsymbol{A}$ 的 3 阶子式只有一个 $|\boldsymbol{A}|$，经计算 $|\boldsymbol{A}|=0$，所以 $r(\boldsymbol{A})=2$.

由矩阵秩的定义易得下面的结论：

定理 1 $r(\boldsymbol{A})=r$ 的充要条件是 $\boldsymbol{A}$ 有一个 r 阶子式不为零，而所有的 $r+1$ 阶子式全为零.

二、矩阵的初等变换

定义 3 下面的三种变换称为矩阵的初等行变换：

(1) 对调矩阵两行；

(2) 以数 $k(\neq 0)$ 乘以某一行中所有元素；

(3) 把某一行所有元素的 k 倍加到另一行对应的元素上.

说明 (1) 称(1)为对换变换，以 r_i 表示行列式的第 i 行，交换 i,j 两行记作 $r_i\leftrightarrow r_j$. 例如，第 1 行与第 3 行对调，记作

$$\begin{bmatrix}a_{11} & a_{12} & a_{13}\\ a_{21} & a_{22} & a_{23}\\ a_{31} & a_{32} & a_{33}\end{bmatrix}\xrightarrow{r_1\leftrightarrow r_3}\begin{bmatrix}a_{31} & a_{32} & a_{33}\\ a_{21} & a_{22} & a_{23}\\ a_{11} & a_{12} & a_{13}\end{bmatrix}.$$

称(2)为倍乘变换，第 i 行乘以 k，记作 $r_i\times k$. 例如，第 2 行乘以非零常数 k，记作

$$\begin{bmatrix} a_{11} & a_{12} & a_{13} \\ a_{21} & a_{22} & a_{23} \\ a_{31} & a_{32} & a_{33} \end{bmatrix} \xrightarrow{r_2 \times k} \begin{bmatrix} a_{11} & a_{12} & a_{13} \\ ka_{21} & ka_{22} & ka_{23} \\ a_{31} & a_{32} & a_{33} \end{bmatrix}.$$

称(3)为倍加变换，以数 k 乘第 j 行加到第 i 行上，记作 $r_i + kr_j$. 例如，第 1 行乘以数 k 加到第 2 行上，记作

$$\begin{bmatrix} a_{11} & a_{12} & a_{13} \\ a_{21} & a_{22} & a_{23} \\ a_{31} & a_{32} & a_{33} \end{bmatrix} \xrightarrow{r_2 + kr_1} \begin{bmatrix} a_{11} & a_{12} & a_{13} \\ a_{21}+ka_{11} & a_{22}+ka_{12} & a_{23}+ka_{13} \\ a_{31} & a_{32} & a_{33} \end{bmatrix}.$$

(2) 把定义中的"行"换成"列"，即得矩阵的初等列变换的定义. 矩阵的初等行变换和初等列变换统称为**初等变换**.

下面我们不加证明地给出关于矩阵初等变换的几个结论：

定理 2 矩阵的初等行(或列)变换不改变矩阵的秩.

这个定理告诉我们，矩阵 $\boldsymbol{A}$ 经过初等行(或列)变换变成矩阵 $\boldsymbol{B}$，则有 $r(\boldsymbol{A}) = r(\boldsymbol{B})$.

定理 3 任何 $m \times n$ 非零矩阵 $\boldsymbol{A}$ 都可以经过初等行变换化成以下形式的 $m \times n$ 矩阵

$$\begin{bmatrix} \otimes & \times & \times & \times & \times & \times & \times \\ 0 & \otimes & \times & \times & \times & \times & \times \\ 0 & 0 & \otimes & \times & \times & \times & \times \\ \cdots & \cdots & \cdots & \cdots & \cdots & \cdots & \cdots \\ 0 & 0 & 0 & 0 & 0 & 0 & \otimes \\ 0 & 0 & 0 & 0 & 0 & 0 & 0 \end{bmatrix},$$

称此矩阵为**阶梯矩阵**. 其中符号$\otimes$表示第一个非零元素，符号$\times$表示零或非零元素.

阶梯矩阵的特点：

(1) 矩阵的零行在矩阵的最下方；

(2) 各行第一个非零元素之前的零元素个数随行的序数的增加而增加.

定理 4 阶梯矩阵的秩等于其非零行的行数.

说明 我们知道对于阶数较低的矩阵利用矩阵秩的定义可以求其秩，但是对于阶数较高的矩阵用矩阵秩的定义去求其秩就比较麻烦. 定理 1～3 告诉我们一个求矩阵秩更为常用的方法：将矩阵 $\boldsymbol{A}$ 经过初等行变换变成阶梯矩阵 $\boldsymbol{B}$，此时有 $r(\boldsymbol{A}) = r(\boldsymbol{B})$.

例 2 求矩阵 $\boldsymbol{A} = \begin{bmatrix} 1 & 3 & -1 & -2 \\ 2 & -1 & 2 & 3 \\ 3 & 2 & 1 & 1 \\ 1 & -4 & 3 & 5 \end{bmatrix}$ 的秩.

解 对矩阵 $\boldsymbol{A}$ 实施行初等变换使其化为阶梯矩阵如下：

$$\boldsymbol{A} = \begin{bmatrix} 1 & 3 & -1 & -2 \\ 2 & -1 & 2 & 3 \\ 3 & 2 & 1 & 1 \\ 1 & -4 & 3 & 5 \end{bmatrix}$$

$$\xrightarrow{r_2+(-2)r_1, r_3+(-3)r_1, r_4+(-1)r_1}\begin{bmatrix}1 & 3 & -1 & -2\\0 & -7 & 4 & 7\\0 & -7 & 4 & 7\\0 & -7 & 4 & 7\end{bmatrix}$$

$$\xrightarrow{r_3+(-1)r_2, r_4+(-1)r_2}\begin{bmatrix}1 & 3 & -1 & -2\\0 & -7 & 4 & 7\\0 & 0 & 0 & 0\\0 & 0 & 0 & 0\end{bmatrix},$$

由定理 4 知 $r(\boldsymbol{A})=2$.

定理 5 方阵 $\boldsymbol{A}$ 可逆的充分必要条件是 $\boldsymbol{A}$ 经过一系列初等变换可化为单位矩阵.

说明 (1) n 阶方阵 $\boldsymbol{A}$ 可逆,则 $r(\boldsymbol{A})=n$;(2) 方阵 $\boldsymbol{A}$ 可逆的充分必要条件是 $\boldsymbol{A}$ 经过一系列初等行(或列)变换可化为单位矩阵.

三、初等矩阵

定义 4 将单位矩阵实施一次初等变换所得到的矩阵称为**初等矩阵**.

对应于三种初等行变换有三种类型的初等矩阵.

(1) 初等对换矩阵:

$$\boldsymbol{E}(i,j)=\begin{bmatrix}1 &&&&&&&\\ & \ddots &&&&&&\\ && 1 &&&&&\\ &&& 0 & \cdots & 1 &&&\\ &&& \vdots && \vdots &&&\\ &&& 1 & \cdots & 0 &&&\\ &&&&&& \ddots &&\\ &&&&&&& 1 &\\ &&&&&&& 0 & 1\end{bmatrix},$$

$\boldsymbol{E}(i,j)$是由单位矩阵第 i,j 行对调所得;

(2) 初等倍乘矩阵:

$$\boldsymbol{E}(i(k))=\begin{bmatrix}1 &&&&&\\ & \ddots &&&&\\ && 1 &&&\\ &&& k &&\\ &&&& 1 &\\ &&&&& \ddots &\\ &&&&&& 1\end{bmatrix},$$

$\boldsymbol{E}(i(k))$是由单位矩阵第 i 行乘以 k 所得,其中 $k\neq 0$;

(3) 初等倍加矩阵:

$$E(j+i(k))=\begin{bmatrix}1 & & & & & & \\ & \ddots & & & & & \\ & & 1 & & & & \\ & & & 1 & & & \\ & & & \vdots & \ddots & & \\ & & & k & \cdots & 1 & \\ & & & & & & \ddots \\ & & & & & & & 1\end{bmatrix},$$

$E(j+i(k))$是由单位矩阵第 i 行乘以 k 加到第 j 行所得.

可以证明,对 $m\times n$ 矩阵 A 进行初等行变换等价于矩阵 A 左乘相应的初等矩阵,即:

(1) 矩阵 A 的第 i,j 行对调等价于 $E(i,j)A$;

(2) 矩阵 A 的第 i 行乘以 k 等价于 $E(i(k))A$;

(3) 矩阵 A 的第 i 行乘以 k 加到第 j 行等价于 $E(j+i(k))A$.

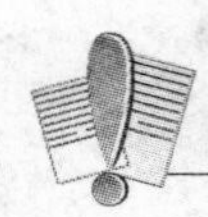

习题 7-3(A)

1. 判断下列命题是否成立:

(1) 若 A 有一个 r 阶非零子式,则 $r(A)=r$;

(2) 若 $r(A)\geqslant r$,则 A 中必有一个 r 阶非零子式;

(3) 设 A 是 3×4 矩阵,且所有元素都不为零,则 $r(A)=3$;

(4) 若 A 至少有一个非零元素,则 $r(A)\geqslant 0$.

2. 写出三阶初等矩阵 $E(1,2)$, $E(3(5))$, $E(2+1(-1))$.

3. 求下列各矩阵的秩:

(1) $\begin{bmatrix}1 & -2 & 3\\ -1 & -3 & 4\\ 1 & 1 & 2\end{bmatrix}$;　　(2) $\begin{bmatrix}1 & 3 & -1 & -2\\ 2 & -1 & 2 & 3\\ 3 & 2 & 1 & 1\\ 1 & -4 & 3 & 5\end{bmatrix}$.

4. 求 λ 的值,使得矩阵 $A=\begin{bmatrix}1 & 2 & 4\\ 2 & \lambda & 1\\ 1 & 1 & 0\end{bmatrix}$ 的秩有最小值.

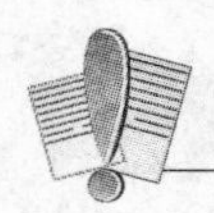

习题 7-3(B)

1. 求下列各矩阵的秩:

(1) $\begin{bmatrix}1 & 0 & 1 & 0 & 0\\ 1 & 1 & 0 & 0 & 0\\ 0 & 1 & 1 & 0 & 0\\ 0 & 0 & 1 & 1 & 0\\ 0 & 1 & 0 & 1 & 1\end{bmatrix}$;　　(2) $\begin{bmatrix}2 & 0 & 2 & 2\\ 0 & 1 & 0 & 0\\ 2 & 1 & 0 & 0\\ 0 & 1 & 0 & 0\end{bmatrix}$.

2. 已知矩阵 $A=\begin{bmatrix}1&1&2&a&3\\2&2&3&1&4\\1&0&1&1&5\\2&3&5&5&4\end{bmatrix}$ 的秩为3,求 a 的值.

3. 确定可使矩阵 $\begin{bmatrix}1&k&-1&2\\2&-1&3&5\\1&10&-6&1\end{bmatrix}$ 的秩最小的数 k.

§7-4 初等变换的几个应用

一、解线性方程组

1. 线性方程组的矩阵形式

设线性方程组的一般形式为

$$\begin{cases}a_{11}x_1+a_{12}x_2+\cdots+a_{1n}x_n=b_1,\\a_{21}x_1+a_{22}x_2+\cdots+a_{2n}x_n=b_2,\\\cdots\quad\cdots\quad\cdots\quad\cdots\\a_{m1}x_1+a_{m2}x_2+\cdots+a_{mn}x_n=b_m.\end{cases}\tag{1}$$

当 $b_1,b_2,\cdots,b_m$ 不全为0时,称(1)为**非齐次线性方程组**;当 $b_1,b_2,\cdots,b_m$ 全为0时,即

$$\begin{cases}a_{11}x_1+a_{12}x_2+\cdots+a_{1n}x_n=0,\\a_{21}x_1+a_{22}x_2+\cdots+a_{2n}x_n=0,\\\cdots\quad\cdots\quad\cdots\quad\cdots\\a_{m1}x_1+a_{m2}x_2+\cdots+a_{mn}x_n=0,\end{cases}\tag{2}$$

称为**齐次线性方程组**.令

$$A=\begin{bmatrix}a_{11}&a_{12}&\cdots&a_{1n}\\a_{21}&a_{22}&\cdots&a_{2n}\\\cdots&\cdots&\cdots&\cdots\\a_{m1}&a_{m2}&\cdots&a_{mn}\end{bmatrix},\ X=\begin{bmatrix}x_1\\x_2\\\vdots\\x_n\end{bmatrix},B=\begin{bmatrix}b_1\\b_2\\\vdots\\b_m\end{bmatrix},$$

称矩阵 A,X,B 分别为方程组的系数矩阵、未知量矩阵、常数矩阵.于是方程组(1)和(2)用矩阵形式表示为

$$AX=b,\quad AX=O.$$

另外,称由系数和常数项组成的矩阵

$$\begin{bmatrix}a_{11}&a_{12}&\cdots&a_{1n}&b_1\\a_{21}&a_{22}&\cdots&a_{2n}&b_2\\\cdots&\cdots&\cdots&\cdots&\cdots\\a_{m1}&a_{m2}&\cdots&a_{mn}&b_m\end{bmatrix}$$

为方程组(1)的**增广矩阵**,记作 $\widetilde{A}$ 或$[A,b]$.

例 1 写出线性方程组 $\begin{cases} 4x_1-5x_2+x_3=1, \\ -x_1+5x_2+x_3=2, \\ x_1+x_3=0, \\ 5x_1-x_2+3x_3=4 \end{cases}$ 的增广矩阵和矩阵形式.

解 增广矩阵

$$\widetilde{\mathbf{A}}=\begin{bmatrix} 4 & -5 & 1 & 1 \\ -1 & 5 & 1 & 2 \\ 1 & 0 & 1 & 0 \\ 5 & -1 & 3 & 4 \end{bmatrix},$$

方程组的矩阵形式为

$$\begin{bmatrix} 4 & -5 & 1 \\ -1 & 5 & 1 \\ 1 & 0 & 1 \\ 5 & -1 & 3 \end{bmatrix}\begin{bmatrix} x_1 \\ x_2 \\ x_3 \end{bmatrix}=\begin{bmatrix} 1 \\ 2 \\ 0 \\ 4 \end{bmatrix}.$$

2. 高斯消元法解线性方程组

例 2 解线性方程组 $\begin{cases} 2x_1+5x_2+3x_3-2x_4=3, \\ -3x_1-x_2+2x_3+x_4=-4, \\ -2x_1+3x_2-4x_3-7x_4=-13, \\ x_1+2x_2+4x_3+x_4=4. \end{cases}$

解 将第 1、4 个方程对调位置：

$$\begin{cases} x_1+2x_2+4x_3+x_4=4, \\ -3x_1-x_2+2x_3+x_4=-4, \\ -2x_1+3x_2-4x_3-7x_4=-13, \\ 2x_1+5x_2+3x_3-2x_4=3. \end{cases}$$

将第 1 个方程乘以适当的数加到第 2、3、4 个方程上：

$$\begin{cases} x_1+2x_2+4x_3+x_4=4, \\ 5x_2+14x_3+4x_4=8, \\ 7x_2+4x_3-5x_4=-5, \\ x_2-5x_3-4x_4=-5. \end{cases}$$

将第 2、4 个方程对调位置：

$$\begin{cases} x_1+2x_2+4x_3+x_4=4, \\ x_2-5x_3-4x_4=-5, \\ 7x_2+4x_3-5x_4=-5, \\ 5x_2+14x_3+4x_4=8. \end{cases}$$

将第 2 个方程乘以适当的数加到第 3、4 个方程上：

$$\begin{cases} x_1+2x_2+4x_3+x_4=4, \\ x_2-5x_3-4x_4=-5, \\ 39x_3+23x_4=30, \\ 39x_3+24x_4=33. \end{cases}$$

将第3个方程乘以(−1)加到第4个方程上：

$$\begin{cases} x_1+2x_2+4x_3+x_4=4, \\ x_2-5x_3-4x_4=-5, \\ 39x_3+23x_4=30, \\ x_4=3. \end{cases}$$

将 $x_4=3$ 回代至第3个方程得 $x_3=-1$；将 $x_3=-1,x_4=3$ 回代至第2个方程得 $x_2=2$；将 $x_2=2,x_3=-1,x_4=3$ 回代至第1个方程得 $x_1=1$. 于是原线性方程组的解为

$$x_1=1,x_2=2,x_3=-1,x_4=3.$$

将上述解题过程用增广矩阵的形式表示如下：

$$\widetilde{A}=\begin{bmatrix} 2 & 5 & 3 & -2 & 3 \\ -3 & -1 & 2 & 1 & -4 \\ -2 & 3 & -4 & -7 & -13 \\ 1 & 2 & 4 & 1 & 4 \end{bmatrix} \xrightarrow{r_1 \leftrightarrow r_4} \begin{bmatrix} 1 & 2 & 4 & 1 & 4 \\ -3 & -1 & 2 & 1 & -4 \\ -2 & 3 & -4 & -7 & -13 \\ 2 & 5 & 3 & -2 & 3 \end{bmatrix}$$

$$\xrightarrow{r_2+3r_1,r_3+2r_1,r_4+(-2)r_1} \begin{bmatrix} 1 & 2 & 4 & 1 & 4 \\ 0 & 5 & 14 & 4 & 8 \\ 0 & 7 & 4 & -5 & -5 \\ 0 & 1 & -5 & -4 & -5 \end{bmatrix} \xrightarrow{r_2 \leftrightarrow r_4} \begin{bmatrix} 1 & 2 & 4 & 1 & 4 \\ 0 & 1 & -5 & -4 & -5 \\ 0 & 7 & 4 & -5 & -5 \\ 0 & 5 & 14 & 4 & 8 \end{bmatrix}$$

$$\xrightarrow{r_3+(-7)r_2,r_4+(-5)r_2} \begin{bmatrix} 1 & 2 & 4 & 1 & 4 \\ 0 & 1 & -5 & -4 & -5 \\ 0 & 0 & 39 & 23 & 30 \\ 0 & 0 & 39 & 24 & 33 \end{bmatrix} \xrightarrow{r_4+(-1)r_3} \begin{bmatrix} 1 & 2 & 4 & 1 & 4 \\ 0 & 1 & -5 & -4 & -5 \\ 0 & 0 & 39 & 23 & 30 \\ 0 & 0 & 0 & 1 & 3 \end{bmatrix}.$$

将 $x_4=3$ 回代至第3个方程得 $x_3=-1$；将 $x_3=-1,x_4=3$ 回代至第2个方程得 $x_2=2$；将 $x_2=2,x_3=-1,x_4=3$ 回代至第1个方程得 $x_1=1$. 于是原线性方程组的解为

$$x_1=1,x_2=2,x_3=-1,x_4=3.$$

用高斯消元法解线性方程组的一般步骤：

(1) 将方程组表示成矩阵形式 $\boldsymbol{AX}=\boldsymbol{b}$；

(2) 将其增广矩阵 $\widetilde{\boldsymbol{A}}$ 用行初等变换化为阶梯矩阵；

(3) 逐次回代，求出解.

二、求逆矩阵

在§7-2中，我们介绍了利用伴随矩阵求逆矩阵的方法，但阶数较高的矩阵的伴随矩阵求起来很麻烦，在本节中我们介绍利用矩阵的初等变换求逆矩阵的方法.

将 n 阶方阵 $\boldsymbol{A}$ 和 n 阶单位矩阵 $\boldsymbol{E}$ 合成一个矩阵，中间用竖线隔开，即 $[\boldsymbol{A}\vdots\boldsymbol{E}]$，然后对其实施初等行变换. 当 $\boldsymbol{A}$ 变成单位矩阵时，相应地 $\boldsymbol{E}$ 就变成了 $\boldsymbol{A}^{-1}$. 用符号表示如下：

$$[\boldsymbol{A}\vdots\boldsymbol{E}] \xrightarrow{\text{初等行变换}} [\boldsymbol{E}\vdots\boldsymbol{A}^{-1}].$$

例3 用初等变换求矩阵 $\boldsymbol{A}=\begin{bmatrix} 1 & -1 & 1 \\ 3 & 0 & 3 \\ -1 & 2 & 0 \end{bmatrix}$ 的逆矩阵.

解　因为$[\boldsymbol{A}\vdots\boldsymbol{E}]=\begin{bmatrix}1&-1&1&1&0&0\\3&0&3&0&1&0\\-1&2&0&0&0&1\end{bmatrix}\xrightarrow{r_2+(-3)r_1,\ r_3+r_1}\begin{bmatrix}1&-1&1&1&0&0\\0&3&0&-3&1&0\\0&1&1&1&0&1\end{bmatrix}$

$$\xrightarrow{r_2\times\frac{1}{3}}\begin{bmatrix}1&-1&1&1&0&0\\0&1&0&-1&\frac{1}{3}&0\\0&1&1&1&0&1\end{bmatrix}\xrightarrow{r_3+(-1)r_2}\begin{bmatrix}1&-1&1&1&0&0\\0&1&0&-1&\frac{1}{3}&0\\0&0&1&2&-\frac{1}{3}&1\end{bmatrix}$$

$$\xrightarrow{r_1+(-1)r_3}\begin{bmatrix}1&-1&0&-1&\frac{1}{3}&-1\\0&1&0&-1&\frac{1}{3}&0\\0&0&1&2&-\frac{1}{3}&1\end{bmatrix}\xrightarrow{r_1+r_2}\begin{bmatrix}1&0&0&-2&\frac{2}{3}&-1\\0&1&0&-1&\frac{1}{3}&0\\0&0&1&2&-\frac{1}{3}&1\end{bmatrix},$$

所以$\boldsymbol{A}^{-1}=\begin{bmatrix}-2&\frac{2}{3}&-1\\-1&\frac{1}{3}&0\\2&-\frac{1}{3}&1\end{bmatrix}$.

三、求解矩阵方程

含未知矩阵的方程称为**矩阵方程**. 例如,$\boldsymbol{AX}=\boldsymbol{B}$,其中$\boldsymbol{X}$为未知矩阵.

这里仅讨论$\boldsymbol{A},\boldsymbol{X},\boldsymbol{B}$均为方阵,且$\boldsymbol{A}$可逆的情形. 对于$\boldsymbol{AX}=\boldsymbol{B}$,方程两边同时左乘$\boldsymbol{A}^{-1}$,得$\boldsymbol{X}=\boldsymbol{A}^{-1}\boldsymbol{B}$. 由前面的讨论知

$$[\boldsymbol{A}\vdots\boldsymbol{B}]\xrightarrow{\text{初等行变换}}[\boldsymbol{E}\vdots\boldsymbol{A}^{-1}\boldsymbol{B}].$$

例 4　解矩阵方程

$$\begin{bmatrix}1&2\\2&5\end{bmatrix}\boldsymbol{X}=\begin{bmatrix}1&-1\\2&1\end{bmatrix}.$$

解　因为$[\boldsymbol{A}\vdots\boldsymbol{B}]=\begin{bmatrix}1&2&1&-1\\2&5&0&1\end{bmatrix}\xrightarrow{r_2+(-2)r_1}\begin{bmatrix}1&2&1&-1\\0&1&0&3\end{bmatrix}$

$$\xrightarrow{r_1+(-2)r_2}\begin{bmatrix}1&0&1&-7\\0&1&0&3\end{bmatrix},$$

所以

$$\boldsymbol{X}=\begin{bmatrix}1&-7\\0&3\end{bmatrix}.$$

习题 7-4(A)

1. 求解线性方程组$\begin{cases}3x_1+4x_2-4x_3+2x_4=-3,\\6x_1+5x_2-2x_3+3x_4=-1,\\9x_1+3x_2+8x_3+5x_4=9,\\-3x_1-7x_2-10x_3+x_4=2.\end{cases}$

2. 利用初等变换求下列矩阵的逆矩阵：

(1) $\begin{bmatrix}1&2&2\\2&1&-2\\2&-2&1\end{bmatrix}$； (2) $\begin{bmatrix}1&2&3&4\\2&3&1&2\\1&1&1&-1\\1&0&-2&-6\end{bmatrix}$.

3. 试用初等变换解矩阵方程：

(1) $\begin{bmatrix}1&-2&0\\1&-2&-1\\-3&1&2\end{bmatrix}\boldsymbol{X}=\begin{bmatrix}-1&4\\2&5\\1&-3\end{bmatrix}$； (2) $\boldsymbol{X}+\begin{bmatrix}2&5\\1&3\end{bmatrix}\boldsymbol{X}=\begin{bmatrix}4&-6\\2&1\end{bmatrix}$.

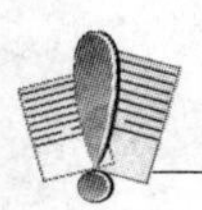

习题 7-4(B)

1. 求解线性方程组$\begin{cases}x_1-2x_2+x_3=0,\\2x_1-3x_2+x_3=-4,\\4x_1-3x_2-2x_3=-2,\\3x_1\qquad\;\;-2x_3=-42.\end{cases}$

2. 利用初等变换求下列矩阵的逆矩阵：

(1) $\begin{bmatrix}1&3&1\\2&2&1\\3&4&2\end{bmatrix}$； (2) $\begin{bmatrix}1&1&1&1\\1&2&1&1\\1&2&2&1\\1&2&2&2\end{bmatrix}$.

3. 试用初等变换解矩阵方程：

(1) $\begin{bmatrix}1&1&2\\1&2&2\\1&2&3\end{bmatrix}\boldsymbol{X}=\begin{bmatrix}2&-3\\1&5\\3&6\end{bmatrix}$；

(2) $\boldsymbol{AX}+\boldsymbol{B}=\boldsymbol{X}$，其中 $\boldsymbol{A}=\begin{bmatrix}4&1&2\\3&2&1\\5&-3&2\end{bmatrix}$，$\boldsymbol{B}=\begin{bmatrix}1&2&2\\2&1&2\\1&2&3\end{bmatrix}$.

§7-5 分块矩阵

在讨论矩阵的运算时有时需要将一个复杂的矩阵分成若干小块，使原矩阵显得结构清晰简单.

一、分块矩阵的概念

定义 将矩阵 $\boldsymbol{A}$ 用若干条纵线和横线分成许多小矩阵，每一个小矩阵称为 $\boldsymbol{A}$ 的子块，以子块为元的形式上的矩阵称为**分块矩阵**.

例如，$\boldsymbol{A}=\begin{bmatrix}1&0&0&3&-1\\0&1&0&2&1\\0&0&1&-1&0\\0&0&0&0&3\end{bmatrix}$，将矩阵分块为

$$\boldsymbol{E}_3=\begin{bmatrix}1&0&0\\0&1&0\\0&0&1\end{bmatrix},\ \boldsymbol{A}_{12}=\begin{bmatrix}3&-1\\2&1\\-1&0\end{bmatrix},\ \boldsymbol{O}=[0\ \ 0\ \ 0],\ \boldsymbol{A}_{22}=[0\ \ 3],$$

则有

$$\boldsymbol{A}=\begin{bmatrix}1&0&0&3&-1\\0&1&0&2&1\\0&0&1&-1&0\\0&0&0&0&3\end{bmatrix}=\begin{bmatrix}\boldsymbol{E}_3&\boldsymbol{A}_{12}\\\boldsymbol{O}&\boldsymbol{A}_{22}\end{bmatrix}.$$

矩阵的分块是相当任意的，可以根据不同的需要进行分块. 例如，上述矩阵也可以进行如下分块：

$$\boldsymbol{E}_2=\begin{bmatrix}1&0\\0&1\end{bmatrix},\ \boldsymbol{A}_{12}=\begin{bmatrix}0&3&-1\\0&2&1\end{bmatrix},\ \boldsymbol{O}=\begin{bmatrix}0&0\\0&0\end{bmatrix},\ \boldsymbol{A}_{22}=\begin{bmatrix}1&-1&0\\0&0&3\end{bmatrix},$$

则有

$$\boldsymbol{A}=\begin{bmatrix}1&0&0&3&-1\\0&1&0&2&1\\0&0&1&-1&0\\0&0&0&0&3\end{bmatrix}=\begin{bmatrix}\boldsymbol{E}_2&\boldsymbol{A}_{12}\\\boldsymbol{O}&\boldsymbol{A}_{22}\end{bmatrix}.$$

必要时，可以将矩阵分块成一行一块或一列一块. 例如，

$$\boldsymbol{A}=\begin{bmatrix}a_{11}&a_{12}&\cdots&a_{1n}\\a_{21}&a_{22}&\cdots&a_{2n}\\\cdots&\cdots&\cdots&\cdots\\a_{m1}&a_{m2}&\cdots&a_{mn}\end{bmatrix},$$

按行分块 $\boldsymbol{A}=\begin{bmatrix}\boldsymbol{A}_1\\\boldsymbol{A}_2\\\vdots\\\boldsymbol{A}_m\end{bmatrix}$，其中 $\boldsymbol{A}_i=[a_{i1}\ \ a_{i2}\ \ \cdots\ \ a_{in}]$，$i=1,2,\cdots,m$.

又如，

$$B=\begin{bmatrix} b_{11} & b_{12} & \cdots & b_{1n} \\ b_{21} & b_{22} & \cdots & b_{2n} \\ \cdots & \cdots & \cdots & \cdots \\ b_{m1} & b_{m2} & \cdots & b_{mn} \end{bmatrix},$$

按列分块 $B=[B_1 \quad B_2 \quad \cdots \quad B_n]$，其中 $B_j=\begin{bmatrix} b_{1j} \\ b_{2j} \\ \vdots \\ b_{mj} \end{bmatrix}$，$j=1,2,\cdots,n$.

如果 n 阶方阵 A 的非零元素都集中在主对角线附近，可以将 A 分成如下的**对角分块矩阵**（称为**准对角矩阵**）. 例如，

$$A=\begin{bmatrix} 1 & -1 & 0 & 0 & 0 & 0 \\ 3 & 0 & 0 & 0 & 0 & 0 \\ 0 & 0 & 2 & 5 & 0 & 0 \\ 0 & 0 & 4 & -1 & 0 & 0 \\ 0 & 0 & 0 & 0 & 3 & 0 \\ 0 & 0 & 0 & 0 & 0 & 7 \end{bmatrix}$$

可以分块为 $A_1=\begin{bmatrix} 1 & -1 \\ 3 & 0 \end{bmatrix}$，$A_2=\begin{bmatrix} 2 & 5 \\ 4 & -1 \end{bmatrix}$，$A_3=\begin{bmatrix} 3 & 0 \\ 0 & 7 \end{bmatrix}$，则有

$$A=\begin{bmatrix} A_1 & O & O \\ O & A_2 & O \\ O & O & A_3 \end{bmatrix}.$$

二、分块矩阵的运算

1. 分块矩阵的加法

如果将矩阵 $A_{m\times n}$，$B_{m\times n}$ 分块为

$$A=\begin{bmatrix} A_{11} & \cdots & A_{1s} \\ \cdots & \cdots & \cdots \\ A_{r1} & \cdots & A_{rs} \end{bmatrix},\ B=\begin{bmatrix} B_{11} & \cdots & B_{1s} \\ \cdots & \cdots & \cdots \\ B_{r1} & \cdots & B_{rs} \end{bmatrix},$$

且 $A_{m\times n}$，$B_{m\times n}$ 的分块方法相同，即相应的小矩阵 A_{ij}，B_{ij} 的行数、列数相等，则

$$A\pm B=\begin{bmatrix} A_{11}+B_{11} & \cdots & A_{1s}+B_{1s} \\ \cdots & \cdots & \cdots \\ A_{r1}+B_{r1} & \cdots & A_{rs}+B_{rs} \end{bmatrix}.$$

2. 数与分块矩阵的相乘

设 λ 为任意实数，如果矩阵 $A_{m\times n}$ 分块为

$$A=\begin{bmatrix} A_{11} & \cdots & A_{1s} \\ \cdots & \cdots & \cdots \\ A_{r1} & \cdots & A_{rs} \end{bmatrix},$$

则
$$\lambda\boldsymbol{A}=\begin{bmatrix}\lambda\boldsymbol{A}_{11} & \cdots & \lambda\boldsymbol{A}_{1s}\\ \cdots & \cdots & \cdots\\ \lambda\boldsymbol{A}_{r1} & \cdots & \lambda\boldsymbol{A}_{rs}\end{bmatrix}.$$

例 1 设 $\boldsymbol{A}=\begin{bmatrix}1&0&0&0\\0&1&0&0\\-1&2&1&0\\1&1&0&1\end{bmatrix}$，$\boldsymbol{B}=\begin{bmatrix}0&0&3&2\\0&0&0&1\\1&0&4&1\\0&1&2&0\end{bmatrix}$，求 $2\boldsymbol{A}$，$\boldsymbol{A}+\boldsymbol{B}$.

解 将 $\boldsymbol{A}$，$\boldsymbol{B}$ 分块如下：
$$\boldsymbol{A}=\begin{bmatrix}1&0&0&0\\0&1&0&0\\-1&2&1&0\\1&1&0&1\end{bmatrix}=\begin{bmatrix}\boldsymbol{E}_2 & \boldsymbol{O}\\ \boldsymbol{A}_{21} & \boldsymbol{E}_2\end{bmatrix},$$
$$\boldsymbol{B}=\begin{bmatrix}0&0&3&2\\0&0&0&1\\1&0&4&1\\0&1&2&0\end{bmatrix}=\begin{bmatrix}\boldsymbol{O} & \boldsymbol{B}_{12}\\ \boldsymbol{E}_2 & \boldsymbol{B}_{22}\end{bmatrix},$$
则
$$2\boldsymbol{A}=2\begin{bmatrix}2\boldsymbol{E}_2 & \boldsymbol{O}\\ 2\boldsymbol{A}_{21} & 2\boldsymbol{E}_2\end{bmatrix}=\begin{bmatrix}2&0&0&0\\0&2&0&0\\-2&4&2&0\\2&2&0&2\end{bmatrix},$$
$$\boldsymbol{A}+\boldsymbol{B}=\begin{bmatrix}\boldsymbol{E}_2 & \boldsymbol{O}\\ \boldsymbol{A}_{21} & \boldsymbol{E}_2\end{bmatrix}+\begin{bmatrix}\boldsymbol{O} & \boldsymbol{B}_{12}\\ \boldsymbol{E}_2 & \boldsymbol{B}_{22}\end{bmatrix}=\begin{bmatrix}\boldsymbol{E}_2 & \boldsymbol{B}_{12}\\ \boldsymbol{A}_{21}+\boldsymbol{E}_2 & \boldsymbol{E}_2+\boldsymbol{B}_{22}\end{bmatrix}=\begin{bmatrix}1&0&3&2\\0&1&0&1\\0&2&5&1\\1&2&2&1\end{bmatrix}.$$

3. 分块矩阵的乘法

设 $\boldsymbol{A}$ 是 $m\times l$ 矩阵，$\boldsymbol{B}$ 是 $l\times n$ 矩阵，分别分块成
$$\boldsymbol{A}=\begin{bmatrix}\boldsymbol{A}_{11} & \cdots & \boldsymbol{A}_{1t}\\ \cdots & \cdots & \cdots\\ \boldsymbol{A}_{s1} & \cdots & \boldsymbol{A}_{st}\end{bmatrix},\boldsymbol{B}=\begin{bmatrix}\boldsymbol{B}_{11} & \cdots & \boldsymbol{B}_{1r}\\ \cdots & \cdots & \cdots\\ \boldsymbol{B}_{t1} & \cdots & \boldsymbol{B}_{tr}\end{bmatrix}.$$
注意这里矩阵 $\boldsymbol{A}$ 的列分成 t 组，矩阵 $\boldsymbol{B}$ 的行也分成 t 组，并且 $\boldsymbol{A}$ 的每个列组所含的列数等于 $\boldsymbol{B}$ 的相应行组所含的行数，即 $\boldsymbol{A}_{ik}$ 的列数等于 $\boldsymbol{B}_{kj}$ 的行数（$k=1,2,\cdots,t$），则
$$\boldsymbol{AB}=\begin{bmatrix}\boldsymbol{C}_{11} & \cdots & \boldsymbol{C}_{1r}\\ \cdots & \cdots & \cdots\\ \boldsymbol{C}_{s1} & \cdots & \boldsymbol{C}_{sr}\end{bmatrix},$$
其中 $\boldsymbol{C}_{ij}=\sum\limits_{k=1}^{t}\boldsymbol{A}_{ik}\boldsymbol{B}_{kj}\ (i=1,2,\cdots,s;j=1,2,\cdots,r)$.

例 2 设矩阵

$$A=\begin{bmatrix}2&0&0&0&0&0\\0&1&2&0&0&0\\0&-1&1&0&0&0\\0&0&0&1&2&1\\0&0&0&1&-1&3\\0&0&0&1&-1&2\end{bmatrix},\ B=\begin{bmatrix}3&0&0&0&0&0\\0&2&1&0&0&0\\0&2&2&0&0&0\\0&0&0&-1&3&1\\0&0&0&2&1&0\\0&0&0&-1&1&-1\end{bmatrix},$$

求 $\boldsymbol{AB}$.

解 将 $\boldsymbol{A},\boldsymbol{B}$ 分块为同型的准对角矩阵

$$A=\begin{bmatrix}A_1&O&O\\O&A_2&O\\O&O&A_3\end{bmatrix},\ B=\begin{bmatrix}B_1&O&O\\O&B_2&O\\O&O&B_3\end{bmatrix},$$

则

$$AB=\begin{bmatrix}A_1B_1&O&O\\O&A_2B_2&O\\O&O&A_3B_3\end{bmatrix}.$$

$$A_1B_1=[2][3]=6,$$

$$A_2B_2=\begin{bmatrix}1&2\\-1&1\end{bmatrix}\begin{bmatrix}2&1\\2&2\end{bmatrix}=\begin{bmatrix}6&5\\0&1\end{bmatrix},$$

$$A_3B_3=\begin{bmatrix}1&2&1\\1&-1&3\\1&-1&2\end{bmatrix}\begin{bmatrix}-1&3&1\\2&1&0\\-1&1&-1\end{bmatrix}=\begin{bmatrix}2&6&0\\-6&5&-2\\-5&4&-1\end{bmatrix},$$

于是

$$AB=\begin{bmatrix}6&0&0&0&0&0\\0&6&5&0&0&0\\0&0&1&0&0&0\\0&0&0&2&6&0\\0&0&0&-6&5&-2\\0&0&0&-5&4&-1\end{bmatrix}.$$

4. 分块矩阵的转置

若分块矩阵

$$A=\begin{bmatrix}A_{11}&A_{12}&\cdots&A_{1s}\\A_{21}&A_{22}&\cdots&A_{2s}\\\cdots&\cdots&\cdots&\cdots\\A_{r1}&A_{r2}&\cdots&A_{rs}\end{bmatrix},$$

则

$$A^{\mathrm{T}}=\begin{bmatrix}A_{11}^{\mathrm{T}}&A_{21}^{\mathrm{T}}&\cdots&A_{r1}^{\mathrm{T}}\\A_{12}^{\mathrm{T}}&A_{22}^{\mathrm{T}}&\cdots&A_{r2}^{\mathrm{T}}\\\cdots&\cdots&\cdots&\cdots\\A_{1s}^{\mathrm{T}}&A_{2s}^{\mathrm{T}}&\cdots&A_{rs}^{\mathrm{T}}\end{bmatrix}.$$

若能把方阵 $\boldsymbol{A}$ 分块成准对角矩阵

$$\boldsymbol{A}=\begin{bmatrix}\boldsymbol{A}_{11} & \boldsymbol{O} & \boldsymbol{O}\\ \boldsymbol{O} & \boldsymbol{A}_{22} & \boldsymbol{O}\\ \boldsymbol{O} & \boldsymbol{O} & \boldsymbol{A}_{33}\end{bmatrix},$$

其中 $\boldsymbol{A}_{11},\boldsymbol{A}_{22},\boldsymbol{A}_{33}$ 为小方阵，则只要 $\boldsymbol{A}_{11},\boldsymbol{A}_{22},\boldsymbol{A}_{33}$ 都可逆，就有 $\boldsymbol{A}$ 也可逆，且

$$\boldsymbol{A}^{-1}=\begin{bmatrix}\boldsymbol{A}_{11}^{-1} & \boldsymbol{O} & \boldsymbol{O}\\ \boldsymbol{O} & \boldsymbol{A}_{22}^{-1} & \boldsymbol{O}\\ \boldsymbol{O} & \boldsymbol{O} & \boldsymbol{A}_{33}^{-1}\end{bmatrix}.$$

例 3 设矩阵

$$\boldsymbol{A}=\begin{bmatrix}1 & 2 & 0 & 0 & 0\\ 0 & 1 & 0 & 0 & 0\\ 0 & 0 & 1 & 2 & 0\\ 0 & 0 & -1 & -3 & 0\\ 0 & 0 & 0 & 0 & 4\end{bmatrix},$$

求 $\boldsymbol{A}^{-1}$.

解 将 $\boldsymbol{A}$ 分块为

$$\boldsymbol{A}=\begin{bmatrix}\boldsymbol{A}_{11} & \boldsymbol{O} & \boldsymbol{O}\\ \boldsymbol{O} & \boldsymbol{A}_{22} & \boldsymbol{O}\\ \boldsymbol{O} & \boldsymbol{O} & \boldsymbol{A}_{33}\end{bmatrix},$$

其中

$$\boldsymbol{A}_{11}=\begin{bmatrix}1 & 2\\ 0 & 1\end{bmatrix},\boldsymbol{A}_{22}=\begin{bmatrix}1 & 2\\ -1 & -3\end{bmatrix},\boldsymbol{A}_{33}=[4],$$

$$\boldsymbol{A}_{11}^{-1}=\begin{bmatrix}1 & -2\\ 0 & 1\end{bmatrix},\boldsymbol{A}_{22}^{-1}=\begin{bmatrix}3 & 2\\ -1 & -1\end{bmatrix},\boldsymbol{A}_{33}^{-1}=\frac{1}{4},$$

所以

$$\boldsymbol{A}^{-1}=\begin{bmatrix}\boldsymbol{A}_{11}^{-1} & \boldsymbol{O} & \boldsymbol{O}\\ \boldsymbol{O} & \boldsymbol{A}_{22}^{-1} & \boldsymbol{O}\\ \boldsymbol{O} & \boldsymbol{O} & \boldsymbol{A}_{33}^{-1}\end{bmatrix}=\begin{bmatrix}1 & -2 & 0 & 0 & 0\\ 0 & 1 & 0 & 0 & 0\\ 0 & 0 & 3 & 2 & 0\\ 0 & 0 & -1 & -1 & 0\\ 0 & 0 & 0 & 0 & \frac{1}{4}\end{bmatrix}.$$

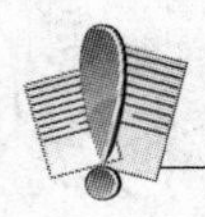

习题 7-5

1. 设 $\boldsymbol{A}=\begin{bmatrix}a & 0 & 0 & 0\\ 0 & a & 0 & 0\\ 1 & 0 & b & 0\\ 0 & 1 & 0 & b\end{bmatrix}$，$\boldsymbol{B}=\begin{bmatrix}1 & 0 & c & 0\\ 0 & 1 & 0 & c\\ 0 & 0 & d & 0\\ 0 & 0 & 0 & d\end{bmatrix}$，用分块矩阵求 $\boldsymbol{AB}$.

2. 设 $A=\begin{bmatrix}1&0&0&0\\0&2&1&0\\0&3&2&0\\0&0&0&-4\end{bmatrix}$，用分块矩阵求 A^{-1}.

本章内容小结

矩阵和线性方程组是线性代数的重要组成部分，它们是解决很多实际问题的工具之一. 本章所介绍的是关于矩阵和线性方程组的一些基本内容，其中以矩阵的运算、逆矩阵的求法、初等变换的应用及线性方程组的解法为重点.

矩阵的运算主要包括：矩阵相等、矩阵的加(减)法、数与矩阵的乘法、矩阵的乘法、矩阵的转置等，学习这部分内容要注意各种运算满足的条件.

逆矩阵的求法：(1) $A^{-1}=\frac{1}{|A|}A^*$；(2) 利用初等行变换：$[A\,\vdots\,E]\to[E\,\vdots\,A^{-1}]$.

初等变换的应用：(1) 求解线性方程组；(2) 求逆矩阵；(3) 求解矩阵方程.

一个含 n 个未知数，n 个方程的线性方程组，当系数行列式不为零时，有以下三种解法：(1) 克莱姆法则；(2) 逆矩阵；(3) 高斯消元法. 当系数行列式为零时(1)、(2)两种解法失效.

自测题七

一、填空题

1. 设 $A=(a_{ij})_{m\times n}$，$B=(b_{ij})_{s\times t}$，$C=(c_{ij})_{k\times l}$，若 $AB=C$，则 m,n,s,t,k,l 之间的关系为____________________.

2. 设 A,B 均为 n 阶方阵，若 $AB=E$，则 $A^{-1}=$________，$B^{-1}=$________.

3. 设矩阵 A 中的 r 阶子式不为零，且所有________阶子式(如果有的话)都为零，那么 $r(A)=r$.

4. 设 A,B 均为 n 阶方阵，则矩阵方程 $C+(AB^{T})XB=D$ 的解 $X=$________.

5. 若 A 是对称矩阵，则 $A^{T}-A=$________.

二、选择题

1. 若有矩阵 $A_{3\times 2}$，$B_{2\times 3}$，$C_{3\times 3}$，则下列式子可运算的是 ( )

A. AC　　B. ABC　　C. CB　　D. $AB-AC$

2. 下列结论正确的是 ( )

A. A,B 均为方阵，则 $(AB)^k=A^kB^k$

B. A,B 均为 n 阶对角矩阵，则 $AB=BA$

C. A 为方阵，且 $A^2=O$，则 $A=O$

D. A,B,C 满足 $AB=AC$，且 $A\neq O$，则 $B=C$

3. 设 A 是三角矩阵，若主对角线上元素( )，则 A 可逆. ( )

A. 全都为0　　B. 可以有0元素

C. 不全为0 　　　　D. 全不为0

4. 线性方程组 $\boldsymbol{Ax}=\boldsymbol{b}$ 的增广矩阵 $\widetilde{\boldsymbol{A}}$ 经过初等行变换化为阶梯矩阵

$$\begin{bmatrix}1 & -1 & 2 & 1 & 1\\ 0 & 1 & -1 & 3 & 2\\ 0 & 0 & 0 & 0 & 0\end{bmatrix},$$

则方程组的一般解为 （　　）

A. $\begin{cases}x_1=-x_3-4x_4-3,\\ x_2=x_3-3x_4-2\end{cases}$ 　　B. $\begin{cases}x_1=2x_3+x_4+1,\\ x_2=-x_3+3x_4+2\end{cases}$

C. $\begin{cases}x_1=-x_3-4x_4+3,\\ x_2=x_3-3x_4+2\end{cases}$ 　　D. $\begin{cases}x_1=x_3+x_4+3,\\ x_2=-x_3+3x_4+2\end{cases}$

5. 设 $\boldsymbol{A}=\begin{bmatrix}\boldsymbol{O} & \boldsymbol{A}_1\\ \boldsymbol{A}_2 & \boldsymbol{O}\end{bmatrix}$，且 $\boldsymbol{A}_1,\boldsymbol{A}_2$ 可逆，则 $\boldsymbol{A}^{-1}$ 等于 （　　）

A. $\begin{bmatrix}\boldsymbol{O} & \boldsymbol{A}_2^{-1}\\ \boldsymbol{A}_1^{-1} & \boldsymbol{O}\end{bmatrix}$ 　　B. $\begin{bmatrix}\boldsymbol{O} & \boldsymbol{A}_1^{-1}\\ \boldsymbol{A}_2^{-1} & \boldsymbol{O}\end{bmatrix}$

C. $\begin{bmatrix}\boldsymbol{A}_1^{-1} & \boldsymbol{O}\\ \boldsymbol{O} & \boldsymbol{A}_2^{-1}\end{bmatrix}$ 　　D. $\begin{bmatrix}\boldsymbol{A}_2^{-1} & \boldsymbol{O}\\ \boldsymbol{O} & \boldsymbol{A}_1^{-1}\end{bmatrix}$

三、计算题

1. 设 $\boldsymbol{A}=\begin{bmatrix}1 & 2 & 0 & 1\\ 2 & -1 & -1 & 4\\ 0 & -2 & 0 & -1\\ 1 & 4 & 3 & 1\end{bmatrix}$，$\boldsymbol{B}=\begin{bmatrix}1 & 1\\ 2 & -1\\ 0 & 1\\ 1 & -2\end{bmatrix}$，求 $(\boldsymbol{E}-\boldsymbol{A})\boldsymbol{B}$.

2. 求矩阵 $\boldsymbol{A}=\begin{bmatrix}2 & -5 & 3 & 2 & 1\\ 5 & -8 & 5 & 4 & 3\\ 1 & -7 & 4 & 2 & 0\\ 4 & -1 & 1 & 2 & 3\end{bmatrix}$ 的秩.

3. 求下列矩阵的逆矩阵：

(1) $\begin{bmatrix}1 & 2 & -1\\ 3 & 5 & 0\\ -1 & 0 & 0\end{bmatrix}$； 　　(2) $\begin{bmatrix}1 & 0 & 0 & 0\\ 0 & 2 & 1 & 0\\ 0 & 3 & 2 & 0\\ 0 & 0 & 0 & -4\end{bmatrix}$；

(3) $\begin{bmatrix}1 & m & 0 & 0 & 0\\ 0 & m & 1 & 0 & 0\\ 0 & 0 & 0 & m & 1\\ 0 & 0 & -1 & -m & 0\\ -1 & 0 & 0 & 0 & 0\end{bmatrix}$ $(m\neq 0)$.

4. 设矩阵 $\boldsymbol{A}=\begin{bmatrix}0 & 1 & 2\\ 1 & 1 & 4\\ 2 & -1 & 0\end{bmatrix}$，$\boldsymbol{B}=\begin{bmatrix}2 & 1 & 3\\ -3 & 5 & 6\end{bmatrix}$，解矩阵方程 $\boldsymbol{AX}=\boldsymbol{B}^{\mathrm{T}}$.

5. 解下列方程组：

(1) $\begin{cases} 2x_1-5x_2+3x_3+2x_4=1, \\ 5x_1-8x_2+5x_3+4x_4=3; \end{cases}$

(2) $\begin{cases} x_1+2x_2-x_3+4x_4=2, \\ 2x_1+5x_2+x_3+x_4=1, \\ x_1+x_2-4x_3+11x_4=5; \end{cases}$

(3) $\begin{cases} -3x_1-2x_2-2x_3=1, \\ x_1+x_2+x_3=-1, \\ 3x_2+x_3=-4, \\ x_1+2x_3=1; \end{cases}$

(4) $\begin{cases} -x_1-2x_2+x_3+4x_4=0, \\ 2x_1+3x_2-4x_3-5x_4=0, \\ x_1-4x_2-13x_3+14x_4=0, \\ x_1-x_2-7x_3+5x_4=0. \end{cases}$

6. 设 $\boldsymbol{A}=\begin{bmatrix} 1 & 1 & 0 & 0 \\ 0 & 1 & 0 & 0 \\ 0 & 0 & 1 & 0 \\ 0 & 0 & 2 & -1 \end{bmatrix}$，用分块法求 $\boldsymbol{A}^{-1}$ 及 $\boldsymbol{A}^2$.

第 8 章 向量组与线性方程组

§8-1 向量组与矩阵

定义 1 $n\times1$ 矩阵 $\boldsymbol{a}=\begin{bmatrix}a_1\\a_2\\\vdots\\a_n\end{bmatrix}$ 称为 n **维列向量**，$1\times n$ 矩阵 $\boldsymbol{a}^{\mathrm{T}}=(a_1,a_2,\cdots,a_n)$ 称为 n 维**行向量**，它们统称为 n **维向量**. 第 i 个数 a_i 称为**第 i 个分量**$(i=1,2,\cdots,n)$.

分量全为实数的向量称为实向量，分量为复数的向量称为复向量. 本书中除特别指明外，一般只讨论实向量. 并规定行向量与列向量都按矩阵的运算规则进行运算.

分量全为 0 的向量称为**零向量**，记为 $\mathbf{0}$.

本书中，列向量用黑体小写字母 $\boldsymbol{a},\boldsymbol{b},\boldsymbol{\alpha},\boldsymbol{\beta}$ 等表示，行向量则用 $\boldsymbol{a}^{\mathrm{T}},\boldsymbol{b}^{\mathrm{T}},\boldsymbol{\alpha}^{\mathrm{T}},\boldsymbol{\beta}^{\mathrm{T}}$ 等表示. 所讨论的向量在没有指明是行向量还是列向量时，都当作列向量.

若干个同维数的列向量(或同维数的行向量)所组成的集合叫做**向量组**. 例如，一个 $m\times n$ 矩阵 $\boldsymbol{A}=(a_{ij})$ 有 n 个 m 维列向量

$$\boldsymbol{a}_j=\begin{bmatrix}a_{1j}\\a_{2j}\\\vdots\\a_{mj}\end{bmatrix}(j=1,2,\cdots,n),$$

它们组成的向量组 $\boldsymbol{a}_1,\boldsymbol{a}_2,\cdots,\boldsymbol{a}_n$ 称为矩阵 $\boldsymbol{A}$ 的**列向量组**.

$m\times n$ 矩阵 $\boldsymbol{A}$ 又有 m 个 n 维行向量

$$\boldsymbol{a}_i^{\mathrm{T}}=(a_{i1},a_{i2},\cdots,a_{in})(i=1,2,\cdots,m),$$

它们组成的向量组 $\boldsymbol{a}_1^{\mathrm{T}},\boldsymbol{a}_2^{\mathrm{T}},\cdots,\boldsymbol{a}_m^{\mathrm{T}}$ 称为矩阵 $\boldsymbol{A}$ 的**行向量组**.

反之，由有限个向量所组成的向量组可以构成一个矩阵.

例如，m 个 n 维列向量所组成的向量组 $\boldsymbol{a}_1,\boldsymbol{a}_2,\cdots,\boldsymbol{a}_m$ 构成一个 $n\times m$ 矩阵

$$\boldsymbol{A}=(\boldsymbol{a}_1,\boldsymbol{a}_2,\cdots,\boldsymbol{a}_m);$$

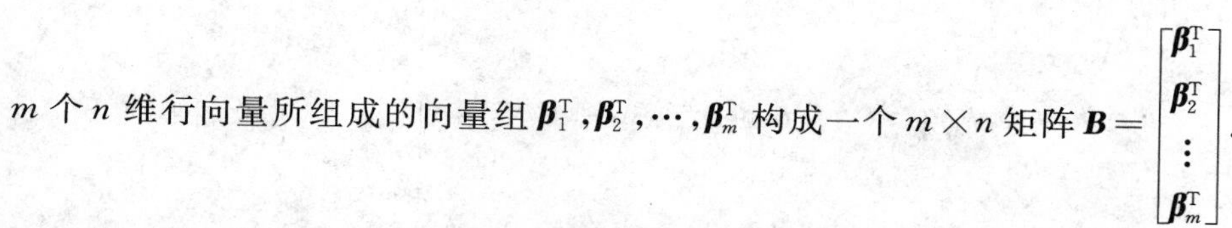

m 个 n 维行向量所组成的向量组 $\boldsymbol{\beta}_1^{\mathrm{T}},\boldsymbol{\beta}_2^{\mathrm{T}},\cdots,\boldsymbol{\beta}_m^{\mathrm{T}}$ 构成一个 $m\times n$ 矩阵 $\boldsymbol{B}=\begin{bmatrix}\boldsymbol{\beta}_1^{\mathrm{T}}\\ \boldsymbol{\beta}_2^{\mathrm{T}}\\ \vdots\\ \boldsymbol{\beta}_m^{\mathrm{T}}\end{bmatrix}$.

前一章中常把 m 个方程 n 个未知数的线性方程组写成矩阵形式:$\boldsymbol{Ax}=\boldsymbol{b}$,从而方程组可以与它的增广矩阵 $\boldsymbol{B}=(\boldsymbol{A},\boldsymbol{b})$ 一一对应. 这种对应若看成一个方程对应一个行向量,则方程组即与增广矩阵 $\boldsymbol{B}$ 的行向量组对应. 若把方程组写成向量形式

$$x_1\boldsymbol{a}_1+x_2\boldsymbol{a}_2+\cdots+x_n\boldsymbol{a}_n=\boldsymbol{b},$$

则可见方程组与 $\boldsymbol{B}$ 的列向量组 $\boldsymbol{a}_1,\boldsymbol{a}_2,\cdots,\boldsymbol{a}_n,\boldsymbol{b}$ 之间也有一一对应的关系.

定义 2　给定向量组 A: $\boldsymbol{a}_1,\boldsymbol{a}_2,\cdots,\boldsymbol{a}_m$,对于任何一组实数 $k_1,k_2,\cdots,k_m$,向量

$$k_1\boldsymbol{a}_1+k_2\boldsymbol{a}_2+\cdots+k_m\boldsymbol{a}_m$$

称为向量组 A 的一个线性组合,$k_1,k_2,\cdots,k_m$ 称为这个线性组合的系数.

给定向量组 A: $\boldsymbol{a}_1,\boldsymbol{a}_2,\cdots,\boldsymbol{a}_m$ 和向量 $\boldsymbol{b}$,如果存在一组数 $\lambda_1,\lambda_2,\cdots,\lambda_m$,使

$$\boldsymbol{b}=\lambda_1\boldsymbol{a}_1+\lambda_2\boldsymbol{a}_2+\cdots+\lambda_m\boldsymbol{a}_m,$$

则向量 $\boldsymbol{b}$ 是向量组 A 的线性组合,这时称向量 $\boldsymbol{b}$ 能由向量组 A **线性表示**.

例　设 $\boldsymbol{a}_1=\begin{bmatrix}1\\2\\3\end{bmatrix},\boldsymbol{a}_2=\begin{bmatrix}0\\1\\4\end{bmatrix},\boldsymbol{a}_3=\begin{bmatrix}2\\3\\6\end{bmatrix},\boldsymbol{b}=\begin{bmatrix}-1\\1\\5\end{bmatrix}$,试用向量组 $\boldsymbol{a}_1,\boldsymbol{a}_2,\boldsymbol{a}_3$ 线性表示向量 $\boldsymbol{b}$.

解　设存在数 x_1,x_2,x_3,使

$$x_1\boldsymbol{a}_1+x_2\boldsymbol{a}_2+x_3\boldsymbol{a}_3=\boldsymbol{b},$$

则得方程组

$$x_1\begin{bmatrix}1\\2\\3\end{bmatrix}+x_2\begin{bmatrix}0\\1\\4\end{bmatrix}+x_3\begin{bmatrix}2\\3\\6\end{bmatrix}=\begin{bmatrix}-1\\1\\5\end{bmatrix},$$

即

$$\begin{bmatrix}1&0&2\\2&1&3\\3&4&6\end{bmatrix}\begin{bmatrix}x_1\\x_2\\x_3\end{bmatrix}=\begin{bmatrix}-1\\1\\5\end{bmatrix},$$

解之得 $\begin{bmatrix}x_1\\x_2\\x_3\end{bmatrix}=\begin{bmatrix}1\\2\\-1\end{bmatrix}$. 所以有 $\boldsymbol{a}_1+2\boldsymbol{a}_2-\boldsymbol{a}_3=\boldsymbol{b}$.

向量 $\boldsymbol{b}$ 能由向量组 A 线性表示,也就是方程组

$$x_1\boldsymbol{a}_1+x_2\boldsymbol{a}_2+\cdots+x_m\boldsymbol{a}_m=\boldsymbol{b}$$

有解. 一般地,有

定理　向量 $\boldsymbol{b}$ 能由向量组 A 线性表示的充分必要条件是矩阵 $\boldsymbol{A}=(\boldsymbol{a}_1,\boldsymbol{a}_2,\cdots,\boldsymbol{a}_m)$ 的秩等于矩阵 $\boldsymbol{B}=(\boldsymbol{a}_1,\boldsymbol{a}_2,\cdots,\boldsymbol{a}_m,\boldsymbol{b})$ 的秩.

定义 3　设有两个向量组 A: $\boldsymbol{a}_1,\boldsymbol{a}_2,\cdots,\boldsymbol{a}_m$ 及 B: $\boldsymbol{b}_1,\boldsymbol{b}_2,\cdots,\boldsymbol{b}_s$,若 B 组中的每个向量都能由向量组 A 线性表示,则称向量组 B 能由向量组 A 线性表示. 若向量组 A 与向量组 B 能相互线性表示,则称这两个向量组**等价**.

把向量组 A 和 B 所构成的矩阵依次记作 $\boldsymbol{A}=(\boldsymbol{a}_1,\boldsymbol{a}_2,\cdots,\boldsymbol{a}_m)$ 及 $\boldsymbol{B}=(\boldsymbol{b}_1,\boldsymbol{b}_2,\cdots,\boldsymbol{b}_s)$,向量组 B 能由向量组 A 线性表示,即对每个向量 $\boldsymbol{b}_j\,(j=1,2,\cdots,s)$,存在数 $k_{1j},k_{2j},\cdots,k_{mj}$,使

$$\boldsymbol{b}_j=k_{1j}\boldsymbol{a}_1+k_{2j}\boldsymbol{a}_2+\cdots+k_{mj}\boldsymbol{a}_m=(\boldsymbol{a}_1,\boldsymbol{a}_2,\cdots,\boldsymbol{a}_m)\begin{bmatrix}k_{1j}\\k_{2j}\\\vdots\\k_{mj}\end{bmatrix},$$

从而 $$(\boldsymbol{b}_1,\boldsymbol{b}_2,\cdots,\boldsymbol{b}_s)=(\boldsymbol{a}_1,\boldsymbol{a}_2,\cdots,\boldsymbol{a}_m)\begin{bmatrix}k_{11}&k_{12}&\cdots&k_{1s}\\k_{21}&k_{22}&\cdots&k_{2s}\\\cdots&\cdots&\cdots&\cdots\\k_{m1}&k_{m2}&\cdots&k_{ms}\end{bmatrix}.$$

这里，矩阵 $\boldsymbol{K}_{m\times s}=(k_{ij})$ 称为这一线性表示的**系数矩阵**.

由此可知，若 $\boldsymbol{C}_{m\times n}=\boldsymbol{A}_{m\times s}\boldsymbol{B}_{s\times n}$，则矩阵 $\boldsymbol{C}$ 的列向量组能由矩阵 $\boldsymbol{A}$ 的列向量组线性表示，$\boldsymbol{B}$ 为这一表示的系数矩阵：

$$(\boldsymbol{c}_1,\boldsymbol{c}_2,\cdots,\boldsymbol{c}_n)=(\boldsymbol{a}_1,\boldsymbol{a}_2,\cdots,\boldsymbol{a}_s)\begin{bmatrix}b_{11}&b_{12}&\cdots&b_{1n}\\b_{21}&b_{22}&\cdots&b_{2n}\\\cdots&\cdots&\cdots&\cdots\\b_{s1}&b_{s2}&\cdots&b_{sn}\end{bmatrix}.$$

同时，$\boldsymbol{C}$ 的行向量组能由 $\boldsymbol{B}$ 的行向量组线性表示，$\boldsymbol{A}$ 为这一表示的系数矩阵：

$$\begin{bmatrix}\boldsymbol{\gamma}_1^{\mathrm{T}}\\\boldsymbol{\gamma}_2^{\mathrm{T}}\\\vdots\\\boldsymbol{\gamma}_m^{\mathrm{T}}\end{bmatrix}=\begin{bmatrix}a_{11}&a_{12}&\cdots&a_{1s}\\a_{21}&a_{22}&\cdots&a_{2s}\\\cdots&\cdots&\cdots&\cdots\\a_{m1}&a_{m2}&\cdots&a_{ms}\end{bmatrix}\begin{bmatrix}\boldsymbol{\beta}_1^{\mathrm{T}}\\\boldsymbol{\beta}_2^{\mathrm{T}}\\\vdots\\\boldsymbol{\beta}_s^{\mathrm{T}}\end{bmatrix}.$$

设矩阵 $\boldsymbol{A}$ 经初等行变换变成矩阵 $\boldsymbol{B}$，则 $\boldsymbol{B}$ 的每个行向量都是 $\boldsymbol{A}$ 的行向量组的线性组合，即 $\boldsymbol{B}$ 的行向量组能由 $\boldsymbol{A}$ 的行向量组线性表示. 由于初等变换可逆，则矩阵 $\boldsymbol{B}$ 亦可经初等行变换变为 $\boldsymbol{A}$，从而 $\boldsymbol{A}$ 的行向量组也能由 $\boldsymbol{B}$ 的行向量组线性表示. 于是 $\boldsymbol{A}$ 的行向量组与 $\boldsymbol{B}$ 的行向量组等价.

类似可知，若矩阵 $\boldsymbol{A}$ 经初等变换变成矩阵 $\boldsymbol{B}$，则 $\boldsymbol{A}$ 的列向量组与 $\boldsymbol{B}$ 的列向量组等价.

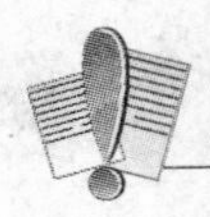

习题 8-1(A)

1. 设 $\boldsymbol{a}_1=(4,0)$，$\boldsymbol{a}_2=(-1,2)$，$\boldsymbol{a}_3=(3,2)$，求 $\boldsymbol{a}_1-2\boldsymbol{a}_2+\boldsymbol{a}_3$.

2. 设 $\boldsymbol{a}_1=\begin{bmatrix}1\\1\\0\end{bmatrix}$，$\boldsymbol{a}_2=\begin{bmatrix}-2\\1\\0\end{bmatrix}$，$\boldsymbol{a}_3=\begin{bmatrix}1\\2\\1\end{bmatrix}$，求 $3\boldsymbol{a}_1-2\boldsymbol{a}_2+\boldsymbol{a}_3$.

3. 设 $\boldsymbol{a}_1=\begin{bmatrix}1\\0\\0\end{bmatrix}$，$\boldsymbol{a}_2=\begin{bmatrix}0\\1\\0\end{bmatrix}$，$\boldsymbol{a}_3=\begin{bmatrix}0\\0\\1\end{bmatrix}$，$\boldsymbol{b}=\begin{bmatrix}7\\2\\5\end{bmatrix}$，试用向量组 $\boldsymbol{a}_1,\boldsymbol{a}_2,\boldsymbol{a}_3$ 线性表示向量 $\boldsymbol{b}$.

习题 8-1(B)

1. 设 $\boldsymbol{a}_1=\begin{bmatrix}1\\2\\3\end{bmatrix}$，$\boldsymbol{a}_2=\begin{bmatrix}0\\1\\4\end{bmatrix}$，$\boldsymbol{a}_3=\begin{bmatrix}2\\3\\6\end{bmatrix}$，求 $\boldsymbol{a}_1-2\boldsymbol{a}_2-\boldsymbol{a}_3$.

2. 设 $\boldsymbol{a}_1=\begin{bmatrix}1\\2\\3\end{bmatrix}$，$\boldsymbol{a}_2=\begin{bmatrix}0\\1\\4\end{bmatrix}$，$\boldsymbol{a}_3=\begin{bmatrix}2\\3\\6\end{bmatrix}$，$\boldsymbol{b}=\begin{bmatrix}7\\12\\25\end{bmatrix}$，试用向量组 $\boldsymbol{a}_1,\boldsymbol{a}_2,\boldsymbol{a}_3$ 线性表示向量 $\boldsymbol{b}$.

§ 8-2　向量组的线性相关性

定义　给定向量组 A：$\boldsymbol{a}_1,\boldsymbol{a}_2,\cdots,\boldsymbol{a}_m$，如果存在不全为零的数 $k_1,k_2,\cdots,k_m$，使

$$k_1\boldsymbol{a}_1+k_2\boldsymbol{a}_2+\cdots+k_m\boldsymbol{a}_m=\boldsymbol{0},$$

则称向量组 A **线性相关**，否则称它**线性无关**.

说向量组 $\boldsymbol{a}_1,\boldsymbol{a}_2,\cdots,\boldsymbol{a}_m$ 线性相关，通常是指 $m\geqslant 2$ 的情形，但定义也适用于 $m=1$ 的情形. 当 $m=1$ 时，向量组只含一个向量，对于只含一个向量 $\boldsymbol{a}$ 的向量组，当 $\boldsymbol{a}=\boldsymbol{0}$ 时是线性相关的，当 $\boldsymbol{a}\neq\boldsymbol{0}$ 时是线性无关的. 对于含两个向量 $\boldsymbol{a}_1,\boldsymbol{a}_2$ 的向量组，它线性相关的充分必要条件是 $\boldsymbol{a}_1,\boldsymbol{a}_2$ 的分量对应成比例，其几何意义是两向量共线. 三个向量线性相关的几何意义是三向量共面.

向量组 A：$\boldsymbol{a}_1,\boldsymbol{a}_2,\cdots,\boldsymbol{a}_m(m\geqslant 2)$ 线性相关，也就是在向量组 A 中至少有一个向量能由其余 $m-1$ 个向量线性表示. 这是因为：

如果向量组 A 线性相关，则有不全为 0 的数 $k_1,k_2,\cdots,k_m$ 使 $k_1\boldsymbol{a}_1+k_2\boldsymbol{a}_2+\cdots+k_m\boldsymbol{a}_m=\boldsymbol{0}$. 因 $k_1,k_2,\cdots,k_m$ 不全为 0，不妨设 $k_1\neq 0$，于是便有

$$\boldsymbol{a}_1=-\frac{1}{k_1}(k_2\boldsymbol{a}_2+\cdots+k_m\boldsymbol{a}_m),$$

即 $\boldsymbol{a}_1$ 能由 $\boldsymbol{a}_2,\cdots,\boldsymbol{a}_m$ 线性表示.

如果向量组 A 中有某个向量能由其余 $m-1$ 个向量线性表示，不妨设 $\boldsymbol{a}_m$ 能由其余 $m-1$ 个向量线性表示，即有 $\lambda_1,\lambda_2,\cdots,\lambda_{m-1}$，使 $\boldsymbol{a}_m=\lambda_1\boldsymbol{a}_1+\lambda_2\boldsymbol{a}_2+\cdots+\lambda_{m-1}\boldsymbol{a}_{m-1}$，于是

$$\lambda_1\boldsymbol{a}_1+\lambda_2\boldsymbol{a}_2+\cdots+\lambda_{m-1}\boldsymbol{a}_{m-1}+(-1)\boldsymbol{a}_m=\boldsymbol{0}.$$

因为 $\lambda_1,\lambda_2,\cdots,\lambda_{m-1},-1$ 这 m 个数不全为 0(至少 $-1\neq 0$)，所以向量组 A 线性相关.

向量组 A：$\boldsymbol{a}_1,\boldsymbol{a}_2,\cdots,\boldsymbol{a}_m$ 构成矩阵 $\boldsymbol{A}=(\boldsymbol{a}_1,\boldsymbol{a}_2,\cdots,\boldsymbol{a}_m)$，向量组 A 线性相关，就是齐次线性方程组

$$x_1\boldsymbol{a}_1+x_2\boldsymbol{a}_2+\cdots+x_m\boldsymbol{a}_m=\boldsymbol{0},\text{即 }\boldsymbol{A}\boldsymbol{x}=\boldsymbol{0}$$

有非零解. 因此有：

定理 1　向量组 $\boldsymbol{a}_1,\boldsymbol{a}_2,\cdots,\boldsymbol{a}_m$ 线性相关的充分必要条件是它所构成的矩阵 $\boldsymbol{A}=(\boldsymbol{a}_1,\boldsymbol{a}_2,\cdots,\boldsymbol{a}_m)$ 的秩小于向量个数 m；向量组线性无关的充分必要条件是 $r(\boldsymbol{A})=m$.

例 1 n 维向量组

$$e_1=\begin{bmatrix}1\\0\\\vdots\\0\end{bmatrix},e_2=\begin{bmatrix}0\\1\\\vdots\\0\end{bmatrix},\cdots,e_n=\begin{bmatrix}0\\0\\\vdots\\1\end{bmatrix}$$

称为 n 维**单位坐标向量组**,试讨论它的线性相关性.

解 n 维单位坐标向量组构成的矩阵

$$E=(e_1,e_2,\cdots,e_n)$$

是 n 阶单位矩阵. 由 $|E|=1\neq0$,知 $r(E)=n$,即 $r(E)$ 等于向量组中向量的个数,故由定理 1 知此向量组是线性无关的.

例 2 设 $a_1=\begin{bmatrix}1\\2\\3\end{bmatrix},a_2=\begin{bmatrix}0\\1\\1\end{bmatrix},a_3=\begin{bmatrix}2\\3\\5\end{bmatrix}$,试讨论向量组 a_1,a_2,a_3 及向量组 a_1,a_2 的线性相关性.

解 对矩阵 (a_1,a_2,a_3) 施行初等行变换变成行阶梯形矩阵,即可同时看出矩阵 (a_1,a_2,a_3) 及 (a_1,a_2) 的秩,利用定理 1 即可得出结论.

$$(a_1,a_2,a_3)=\begin{bmatrix}1&0&2\\2&1&3\\3&1&5\end{bmatrix}\xrightarrow[r_3-r_1]{r_3-r_2}\begin{bmatrix}1&0&2\\2&1&3\\0&0&0\end{bmatrix}\xrightarrow{r_2-2r_1}\begin{bmatrix}1&0&2\\0&1&-1\\0&0&0\end{bmatrix},$$

可见 $r(a_1,a_2,a_3)=2$,向量组 a_1,a_2,a_3 线性相关;$r(a_1,a_2)=2$,向量组 a_1,a_2 线性无关.

例 3 已知向量组 a_1,a_2,a_3 线性无关,$b_1=a_1+2a_2,b_2=a_2+2a_3,b_3=a_3+2a_1$,试证向量组 b_1,b_2,b_3 线性无关.

证明 设存在数 x_1,x_2,x_3,使

$$x_1b_1+x_2b_2+x_3b_3=\mathbf{0},$$

即

$$x_1(a_1+2a_2)+x_2(a_2+2a_3)+x_3(a_3+2a_1)=\mathbf{0},$$

亦即

$$(x_1+2x_3)a_1+(2x_1+x_2)a_2+(2x_2+x_3)a_3=\mathbf{0}.$$

因 a_1,a_2,a_3 线性无关,故有

$$\begin{cases}x_1+2x_3=0,\\2x_1+x_2=0,\\2x_2+x_3=0.\end{cases}$$

由于此方程组的系数行列式

$$\begin{vmatrix}1&0&2\\2&1&0\\0&2&1\end{vmatrix}=9\neq0,$$

故方程组只有零解 $x_1=x_2=x_3=0$,所以向量组 b_1,b_2,b_3 线性无关.

线性相关性是向量组的一个重要性质,下面先介绍与之有关的一些简单的结论.

定理 2 (1) 若向量组 A: $a_1,\cdots,a_m$ 线性相关,则向量组 B: $a_1,\cdots,a_m,a_{m+1}$ 也线性相关. 反言之,若向量组 B 线性无关,则向量组 A 也线性无关.

(2) 设 $\boldsymbol{a}_j=\begin{bmatrix}a_{1j}\\a_{2j}\\\vdots\\a_{rj}\end{bmatrix}$，$\boldsymbol{b}_j=\begin{bmatrix}a_{1j}\\a_{2j}\\\vdots\\a_{rj}\\a_{r+1,j}\end{bmatrix}$ $(j=1,2,\cdots,m)$，即向量 $\boldsymbol{a}_j$ 添上一个分量后得向量 $\boldsymbol{b}_j$. 若向量组 A：$\boldsymbol{a}_1,\boldsymbol{a}_2,\cdots,\boldsymbol{a}_m$ 线性无关，则向量组 B：$\boldsymbol{b}_1,\boldsymbol{b}_2,\cdots,\boldsymbol{b}_m$ 也线性无关. 反言之，若向量组 B 线性相关，则向量组 A 也线性相关.

(3) m 个 n 维向量组成的向量组，当维数 n 小于向量个数 m 时一定线性相关.

(4) 设向量组 A：$\boldsymbol{a}_1,\boldsymbol{a}_2,\cdots,\boldsymbol{a}_m$ 线性无关，而向量组 B：$\boldsymbol{a}_1,\cdots,\boldsymbol{a}_m,\boldsymbol{b}$ 线性相关，则向量 $\boldsymbol{b}$ 必能由向量组 A 线性表示，且表示式是唯一的.

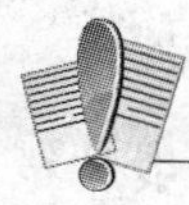

习题 8-2(A)

1. 判断下列向量组是否线性相关：

(1) $\boldsymbol{a}_1=(1,0),\boldsymbol{a}_2=(0,1),\boldsymbol{a}_3=(3,2)$；

(2) $\boldsymbol{a}_1=(1,1,0),\boldsymbol{a}_2=(0,0,1)$；

(3) $\boldsymbol{a}_1=(1,3,0),\boldsymbol{a}_2=(2,6,0),\boldsymbol{a}_3=(3,2,1)$；

(4) $\boldsymbol{a}_1=(1,0,1),\boldsymbol{a}_2=(0,0,1),\boldsymbol{a}_3=(2,0,0)$.

2. 当 t 为何值时，向量组 $\boldsymbol{a}_1=(2,0,4),\boldsymbol{a}_2=(0,0,1),\boldsymbol{a}_3=(2,t,0)$ 线性相关？

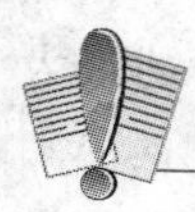

习题 8-2(B)

1. 判断下列向量组是线性相关的，还是线性无关的：

(1) $\begin{bmatrix}-1\\3\\1\end{bmatrix},\begin{bmatrix}2\\1\\0\end{bmatrix},\begin{bmatrix}1\\4\\1\end{bmatrix}$；　　(2) $\begin{bmatrix}2\\3\\0\end{bmatrix},\begin{bmatrix}0\\0\\2\end{bmatrix},\begin{bmatrix}-1\\4\\0\end{bmatrix}$.

2. 设 $\boldsymbol{a}_1,\boldsymbol{a}_2$ 线性相关，$\boldsymbol{b}_1,\boldsymbol{b}_2$ 线性相关，问 $\boldsymbol{a}_1+\boldsymbol{b}_1,\boldsymbol{a}_2+\boldsymbol{b}_2$ 是否一定线性相关？试举例说明.

3. 若向量组 $\boldsymbol{a}_1,\boldsymbol{a}_2,\boldsymbol{a}_3$ 线性无关，试证向量组 $\boldsymbol{a}_2+\boldsymbol{a}_1,\boldsymbol{a}_3+\boldsymbol{a}_2,\boldsymbol{a}_1+\boldsymbol{a}_3$ 线性无关.

4. 若向量组 $\boldsymbol{a}_1,\boldsymbol{a}_2,\boldsymbol{a}_3$ 线性无关，试证向量组 $2\boldsymbol{a}_2+\boldsymbol{a}_1,2\boldsymbol{a}_3+\boldsymbol{a}_2,2\boldsymbol{a}_1+\boldsymbol{a}_3,\boldsymbol{a}_1+\boldsymbol{a}_2+\boldsymbol{a}_3$ 线性相关.

§8-3　向量组的秩

上一节定理 1 显示，在讨论向量组的线性相关性时，矩阵的秩起了十分重要的作用. 下面把秩的概念引进向量组.

定义　设有向量组 A，如果在 A 中能选出 r 个向量 $\boldsymbol{a}_1,\boldsymbol{a}_2,\cdots,\boldsymbol{a}_r$，满足

(1) 向量组 A_0：$\boldsymbol{a}_1,\boldsymbol{a}_2,\cdots,\boldsymbol{a}_r$ 线性无关；

(2) 向量组 A 中任意 $r+1$ 个向量(如果 A 中有 $r+1$ 个向量的话)都线性相关.

那么称向量组 A_0 是向量组 A 的一个最大线性无关向量组(简称最大无关组)，最大无关组所含向量个数称为向量组 A 的秩.

只含零向量的向量组没有最大无关组，规定它的秩为 0.

联系上一章中矩阵秩的定义，并依据上一节定理 1，立即可得：

定理 1 矩阵的秩等于它的列向量组的秩，也等于它的行向量组的秩.

证明 设 $\mathbf{A}=(\boldsymbol{a}_1,\boldsymbol{a}_2,\cdots,\boldsymbol{a}_m)$，$r(\mathbf{A})=r$，并设 r 阶子式 D_r. 根据上一节定理 1，由 $D_r\neq 0$ 知 D_r 所在的 r 列线性无关. 又由 $\mathbf{A}$ 中所有 $r+1$ 阶子式均为零，知 $\mathbf{A}$ 中任意 $r+1$ 个列向量都线性相关. 因此，D_r 所在的 r 列是 $\mathbf{A}$ 的列向量组的一个最大无关组，所以列向量组的秩等于 r.

类似可证矩阵 $\mathbf{A}$ 的行向量组的秩也等于 $r(\mathbf{A})$.

今后向量组 $\boldsymbol{a}_1,\boldsymbol{a}_2,\cdots,\boldsymbol{a}_m$ 的秩也记作 $r(\boldsymbol{a}_1,\boldsymbol{a}_2,\cdots,\boldsymbol{a}_m)$.

从上述证明中可见：若 D_r 是矩阵 $\mathbf{A}$ 的一个最高阶非零子式，则 D_r 所在的 r 列即是列向量组的一个最大无关组，D_r 所在的 r 行即是行向量组的一个最大无关组.

向量组的最大无关组一般不是唯一的. 例如，上一节例 2 中

$$(\boldsymbol{a}_1,\boldsymbol{a}_2,\boldsymbol{a}_3)=\begin{bmatrix}1&0&2\\2&1&3\\3&1&5\end{bmatrix},$$

由 $r(\boldsymbol{a}_1,\boldsymbol{a}_2)=2$ 知 $\boldsymbol{a}_1,\boldsymbol{a}_2$ 线性无关，由 $r(\boldsymbol{a}_1,\boldsymbol{a}_2,\boldsymbol{a}_3)=2$ 知 $\boldsymbol{a}_1,\boldsymbol{a}_2,\boldsymbol{a}_3$ 线性相关. 因此，$\boldsymbol{a}_1,\boldsymbol{a}_2$ 是向量组 $\boldsymbol{a}_1,\boldsymbol{a}_2,\boldsymbol{a}_3$ 的一个最大无关组.

此外，由 $r(\boldsymbol{a}_1,\boldsymbol{a}_3)=2$ 及 $r(\boldsymbol{a}_2,\boldsymbol{a}_3)=2$ 可知 $\boldsymbol{a}_1,\boldsymbol{a}_3$ 和 $\boldsymbol{a}_2,\boldsymbol{a}_3$ 都是向量组 $\boldsymbol{a}_1,\boldsymbol{a}_2,\boldsymbol{a}_3$ 的最大无关组.

向量组 A 和它自己的最大无关组 A_0 是等价的. 这是因为向量组 A_0 是向量组 A 的一个部分组，故 A_0 总能由 A 线性表示(A_0 中每个向量都能由 A 表示). 又由定义的条件(2)知，对于 A 中任一向量 $\boldsymbol{a}$,$\boldsymbol{a}_2$, $r+1$ 个向量 $\boldsymbol{a}_1,\boldsymbol{a}_2,\cdots,\boldsymbol{a}_r,\boldsymbol{a}$ 线性相关，而 $\boldsymbol{a}_1,\boldsymbol{a}_2,\cdots,\boldsymbol{a}_r$ 线性无关，根据上一节定理 2(4)知 $\boldsymbol{a}$ 能由 $\boldsymbol{a}_1,\boldsymbol{a}_2,\cdots,\boldsymbol{a}_r$ 线性表示，即 A 能由 A_0 线性表示，所以向量组 A 与 A_0 等价.

例 1 全体 n 维向量构成的向量组记作 $\mathbf{R}^n$，求 $\mathbf{R}^n$ 的一个最大无关组及 $\mathbf{R}^n$ 的秩.

解 我们已经证明了 n 维单位坐标向量构成的向量组

$$E:\boldsymbol{e}_1,\boldsymbol{e}_2,\cdots,\boldsymbol{e}_n$$

是线性无关的，又根据上一节定理 2 的结论(3)，知 $\mathbf{R}^n$ 中的任意 $n+1$ 个向量都线性相关. 因此，向量组 E 是 $\mathbf{R}^n$ 的一个最大无关组，且 $\mathbf{R}^n$ 的秩等于 n.

显然，$\mathbf{R}^n$ 的最大无关组很多，任何 n 个线性无关的 n 维向量都是 $\mathbf{R}^n$ 的最大无关组.

例 2 设矩阵

$$\mathbf{A}=\begin{bmatrix}1&1&-1&-1\\2&3&3&-2\\5&7&5&-5\end{bmatrix},$$

求矩阵 $\mathbf{A}$ 的列向量组的一个最大无关组，并把不属最大无关组的列向量用最大无关组线性表示.

解 对 $\mathbf{A}$ 施行初等行变换变为行阶梯形矩阵：

$$A=\begin{bmatrix}1&1&-1&-1\\2&3&3&-2\\5&7&5&-5\end{bmatrix}\xrightarrow[r_2-2r_1]{r_3-2r_2}\begin{bmatrix}1&1&-1&-1\\0&1&5&0\\1&1&-1&-1\end{bmatrix}\xrightarrow[r_1-r_2]{r_3-r_1}\begin{bmatrix}1&0&-6&-1\\0&1&5&0\\0&0&0&0\end{bmatrix},$$

知 $r(\boldsymbol{A})=2$，故列向量组的最大无关组含 2 个向量. 而三个非零行的非零首元在 1、2 两列，故 $\boldsymbol{a}_1,\boldsymbol{a}_2$ 为列向量组的一个最大无关组. 这是因为：

$$(\boldsymbol{a}_1,\boldsymbol{a}_2)=\begin{bmatrix}1&0\\0&1\\0&0\end{bmatrix},$$

知 $r(\boldsymbol{a}_1,\boldsymbol{a}_2)=2$，故 $\boldsymbol{a}_1,\boldsymbol{a}_2$ 线性无关.

把 $\boldsymbol{a}_3,\boldsymbol{a}_4$ 用 $\boldsymbol{a}_1,\boldsymbol{a}_2$ 线性表示，即得

$$\boldsymbol{a}_3=-6\boldsymbol{a}_1+5\boldsymbol{a}_2,\boldsymbol{a}_4=-\boldsymbol{a}_1.$$

定理 2　设向量组 B 能由向量组 A 线性表示，则向量组 B 的秩不大于向量组 A 的秩.

证明　设向量组 B 的一个最大无关组为 B_0：$\boldsymbol{b}_1,\cdots,\boldsymbol{b}_r$，向量组 A 的一个最大无关组为 A_0：$\boldsymbol{a}_1,\cdots,\boldsymbol{a}_s$，要证 $r\leqslant s$.

因向量组 B_0 能由向量组 B 线性表示，向量组 B 能由向量组 A 线性表示，向量组 A 能由向量组 A_0 线性表示，故向量组 B_0 能由向量组 A_0 线性表示，即存在系数矩阵 $\boldsymbol{K}_{sr}=(k_{ij})$，使

$$(\boldsymbol{b}_1,\boldsymbol{b}_2,\cdots,\boldsymbol{b}_r)=(\boldsymbol{a}_1,\boldsymbol{a}_2,\cdots,\boldsymbol{a}_s)\begin{bmatrix}k_{11}&k_{12}&\cdots&k_{1r}\\k_{21}&k_{22}&\cdots&k_{2r}\\\cdots&\cdots&&\cdots\\k_{s1}&k_{s2}&\cdots&k_{sr}\end{bmatrix}.$$

如果 $r>s$，则方程组

$$\boldsymbol{K}_{sr}\begin{bmatrix}x_1\\x_2\\\vdots\\x_r\end{bmatrix}=\boldsymbol{0}（简记为\ \boldsymbol{Kx}=\boldsymbol{0}）$$

有非零解（因 $r(\boldsymbol{K})\leqslant s<r$），从而方程组 $(\boldsymbol{a}_1,\boldsymbol{a}_2,\cdots,\boldsymbol{a}_s)\boldsymbol{Kx}=\boldsymbol{0}$ 有非零解，即 $(\boldsymbol{b}_1,\boldsymbol{b}_2,\cdots,\boldsymbol{b}_r)\boldsymbol{x}=\boldsymbol{0}$ 有非零解，这与向量组 B_0 线性无关矛盾. 因此，$r>s$ 不能成立，所以 $r\leqslant s$.

推论 1　等价的向量组的秩相等.

证明　设向量组 A 与向量组 B 的秩依次为 s 和 r，因两个向量组等价，即两个向量组能互相线性表示，故 $s\leqslant r$ 与 $r\leqslant s$ 同时成立，所以 $s=r$.

推论 2　设 $\boldsymbol{C}_{m\times n}=\boldsymbol{A}_{m\times s}\boldsymbol{B}_{s\times n}$，则 $r(\boldsymbol{C})\leqslant r(\boldsymbol{A})$，$r(\boldsymbol{C})\leqslant r(\boldsymbol{B})$.

证明　设 $\boldsymbol{B}=(b_{ij})$，矩阵 $\boldsymbol{C}$ 和 $\boldsymbol{A}$ 用其列向量表示为

$$\boldsymbol{C}=(\boldsymbol{c}_1,\boldsymbol{c}_2,\cdots,\boldsymbol{c}_n),\boldsymbol{A}=(\boldsymbol{a}_1,\boldsymbol{a}_2,\cdots,\boldsymbol{a}_s).$$

由

$$(\boldsymbol{c}_1,\boldsymbol{c}_2,\cdots,\boldsymbol{c}_n)=(\boldsymbol{a}_1,\boldsymbol{a}_2,\cdots,\boldsymbol{a}_s)\begin{bmatrix}b_{11}&b_{12}&\cdots&b_{1n}\\b_{21}&b_{22}&\cdots&b_{2n}\\\cdots&\cdots&&\cdots\\b_{s1}&b_{s2}&\cdots&b_{sn}\end{bmatrix},$$

知矩阵 $\boldsymbol{C}$ 的列向量组能由 $\boldsymbol{A}$ 的列向量组线性表示. 因此，$r(\boldsymbol{C})\leqslant r(\boldsymbol{A})$.

因 $\boldsymbol{C}^{\mathrm{T}}=\boldsymbol{B}^{\mathrm{T}}\boldsymbol{A}^{\mathrm{T}}$，由上段证明知 $r(\boldsymbol{C}^{\mathrm{T}})\leqslant r(\boldsymbol{B}^{\mathrm{T}})$，即 $r(\boldsymbol{C})\leqslant r(\boldsymbol{B})$.

定理 2 与推论 2 是同一个原理的两种表现形式，前者以向量组的形式表现之，后者则以矩阵形式表现.

推论 3(最大无关组的等价定义) 设向量组 B 是向量组 A 的部分组，若向量组 B 线性无关，且向量组 A 能由向量组 B 线性表示，则向量组 B 是向量组 A 的一个最大无关组.

证明 设向量组 B 含 r 个向量，则它的秩为 r. 因向量组 A 能由向量组 B 线性表示，故向量组 A 的秩 $r(A)\leqslant r$，从而向量组 A 中任意 $r+1$ 个向量线性相关，所以向量组 B 满足定义 5 所规定的最大无关组的条件，它是向量组 A 的一个最大无关组.

例 3 设向量组 B 能由向量组 A 线性表示，且它们的秩相等，证明向量组 A 与向量组 B 等价.

证明 只要证明向量组 A 能由向量组 B 线性表示.

设两个向量组的秩都为 r，并设向量组 A 和向量组 B 的最大无关组依次为 A_0：$\boldsymbol{a}_1, \boldsymbol{a}_2, \cdots, \boldsymbol{a}_r$ 和 B_0：$\boldsymbol{b}_1, \boldsymbol{b}_2, \cdots, \boldsymbol{b}_r$. 因向量组 B 能由向量组 A 线性表示，故向量组 B_0 能由向量组 A_0 线性表示，即有 r 阶方阵 $\boldsymbol{K}_r$，使

$$(\boldsymbol{b}_1, \boldsymbol{b}_2, \cdots, \boldsymbol{b}_r)=(\boldsymbol{a}_1, \boldsymbol{a}_2, \cdots, \boldsymbol{a}_r)\boldsymbol{K}_r.$$

因向量组 B_0 线性无关，故 $r(\boldsymbol{b}_1, \boldsymbol{b}_2, \cdots, \boldsymbol{b}_r)=r$. 根据定理 2 的推论 2，有

$$r(\boldsymbol{K}_r)\geqslant r(\boldsymbol{b}_1, \boldsymbol{b}_2, \cdots, \boldsymbol{b}_r)=r.$$

但 $r(\boldsymbol{K}_r)\leqslant r$，因此 $r(\boldsymbol{K}_r)=r$. 于是矩阵 $\boldsymbol{K}_r$ 可逆，并有

$$(\boldsymbol{a}_1, \boldsymbol{a}_2, \cdots, \boldsymbol{a}_r)=(\boldsymbol{b}_1, \boldsymbol{b}_2, \cdots, \boldsymbol{b}_r)\boldsymbol{K}_r^{-1},$$

即向量组 A_0 能由向量组 B_0 线性表示，从而向量组 A 能由向量组 B 线性表示.

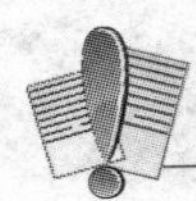

习题 8-3(A)

求出下列向量组的秩并求出它的一个最大无关组：

(1) $\boldsymbol{a}_1=(1,0), \boldsymbol{a}_2=(0,1), \boldsymbol{a}_3=(3,2)$；

(2) $\boldsymbol{a}_1=(1,1,0), \boldsymbol{a}_2=(0,0,1)$；

(3) $\boldsymbol{a}_1=(1,3,0), \boldsymbol{a}_2=(2,6,0), \boldsymbol{a}_3=(3,2,1)$；

(4) $\boldsymbol{a}_1=(1,0,1), \boldsymbol{a}_2=(0,0,1), \boldsymbol{a}_3=(2,0,0)$.

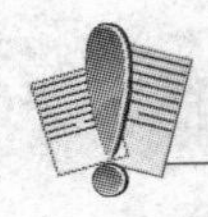

习题 8-3(B)

1. 根据下列要求举例：

(1) 由 4 个三维向量组成的向量组，其秩为 2；

(2) 由 5 个四维向量组成的向量组，其秩为 3.

2. 求下列矩阵的列向量组的一个最大无关组，并把不属最大无关组的列向量用最大无关组线性表示：

(1) $\begin{bmatrix} 25 & 31 & 17 & 43 \\ 75 & 94 & 53 & 132 \\ 75 & 94 & 54 & 134 \\ 25 & 32 & 20 & 48 \end{bmatrix}$；　(2) $\begin{bmatrix} 1 & 1 & 2 & 2 & 1 \\ 0 & 2 & 1 & 5 & -1 \\ 2 & 0 & 3 & -1 & 3 \\ 1 & 1 & 0 & 4 & -1 \end{bmatrix}$.

3. 设任一三维向量都能由向量组 $\boldsymbol{a}_1,\boldsymbol{a}_2,\boldsymbol{a}_3$ 线性表示，证明向量组 $\boldsymbol{a}_1,\boldsymbol{a}_2,\boldsymbol{a}_3$ 线性无关.

§8-4　线性方程组的解的结构

定义 1　设 V 为 n 维向量的集合，如果集合 V 非空，且集合 V 对于加法及数乘两种运算封闭，那么就称集合 V 为**向量空间**.

所谓封闭，是指在集合 V 中可以进行加法及乘数两种运算. 具体地说，就是：若 $\boldsymbol{a}\in V$，$\boldsymbol{b}\in V$，则 $\boldsymbol{a}+\boldsymbol{b}\in V$；若 $\boldsymbol{a}\in V,\lambda\in\mathbf{R}$，则 $\lambda\boldsymbol{a}\in V$.

三维向量的全体 $\mathbf{R}^3$ 就是一个向量空间. 因为任意两个三维向量之和仍然是三维向量，数 λ 乘三维向量也仍然是三维向量，它们都属于 $\mathbf{R}^3$. 我们可以用有向线段形象地表示三维向量，从而向量空间 $\mathbf{R}^3$ 可形象地看作以坐标原点为起点的有向线段的全体.

类似地，n 维向量的全体 $\mathbf{R}^n$ 也是一个向量空间. 不过当 $n>3$ 时，它没有直观的几何意义.

定义 2　设有向量空间 V_1 及 V_2，若 $V_1\subset V_2$，就称 V_1 是 V_2 的**子空间**.

例如，对任何由 n 维向量所组成的空间 V，总有 $V\subset\mathbf{R}^n$，所以这样的向量空间总是 $\mathbf{R}^n$ 的子空间.

定义 3　设 V 为向量空间，如果 r 个向量 $\boldsymbol{a}_1,\boldsymbol{a}_2,\cdots,\boldsymbol{a}_r\in V$，且满足

(1) $\boldsymbol{a}_1,\boldsymbol{a}_2,\cdots,\boldsymbol{a}_r$ 线性无关，

(2) V 中任一向量都可由 $\boldsymbol{a}_1,\boldsymbol{a}_2,\cdots,\boldsymbol{a}_r$ 线性表示，

那么向量组 $\boldsymbol{a}_1,\boldsymbol{a}_2,\cdots,\boldsymbol{a}_r$ 就称为向量空间 V 的一个**基**，r 称为向量空间 V 的**维数**，并称 V 为 r **维向量空间**.

如果向量空间 V 没有基，那么 V 的维数为 0. 0 维向量空间只含一个零向量 $\mathbf{0}$.

若把向量空间 V 看作向量组，V 的基就是向量组的最大线性无关组，V 的维数就是向量组的秩.

任何 n 个线性无关的 n 维向量都可以是向量空间 $\mathbf{R}^n$ 的一个基，且由此可知 $\mathbf{R}^n$ 的维数为 n，所以我们把 $\mathbf{R}^n$ 称为 n 维向量空间.

设有齐次线性方程组

$$\begin{cases}a_{11}x_1+a_{12}x_2+\cdots+a_{1n}x_n=0,\\a_{21}x_1+a_{22}x_2+\cdots+a_{2n}x_n=0,\\\cdots\quad\cdots\quad\cdots\quad\cdots\\a_{m1}x_1+a_{m2}x_2+\cdots+a_{mn}x_n=0,\end{cases}\tag{1}$$

记

$$\boldsymbol{A}=\begin{bmatrix}a_{11}&a_{12}&\cdots&a_{1n}\\a_{21}&a_{22}&\cdots&a_{2n}\\\cdots&\cdots&\cdots&\cdots\\a_{m1}&a_{m2}&\cdots&a_{mn}\end{bmatrix},\boldsymbol{x}=\begin{bmatrix}x_1\\x_2\\\vdots\\x_n\end{bmatrix},$$

则方程组(1)可写成向量方程

$$\boldsymbol{A}\boldsymbol{x}=\mathbf{0}.\tag{2}$$

若 $x_1=\xi_{11}, x_2=\xi_{21}, \cdots, x_n=\xi_{n1}$ 为方程组(1)的解,则

$$\boldsymbol{x}=\boldsymbol{\xi}_1=\begin{bmatrix}\xi_{11}\\ \xi_{21}\\ \vdots\\ \xi_{n1}\end{bmatrix}$$

称为方程组(1)的**解向量**,它也就是向量方程(2)的解.

根据向量方程(2),我们来讨论解向量的性质.

性质 1 若 $\boldsymbol{x}=\boldsymbol{\xi}_1, \boldsymbol{x}=\boldsymbol{\xi}_2$ 为向量方程(2)的解,则 $\boldsymbol{x}=\boldsymbol{\xi}_1+\boldsymbol{\xi}_2$ 也是向量方程(2)的解.

证明 只要验证 $\boldsymbol{x}=\boldsymbol{\xi}_1+\boldsymbol{\xi}_2$ 满足向量方程(2),即

$$\boldsymbol{A}(\boldsymbol{\xi}_1+\boldsymbol{\xi}_2)=\boldsymbol{A}\boldsymbol{\xi}_1+\boldsymbol{A}\boldsymbol{\xi}_2=\boldsymbol{0}+\boldsymbol{0}=\boldsymbol{0}.$$

性质 2 若 $\boldsymbol{x}=\boldsymbol{\xi}_1$ 为向量方程(2)的解,k 为实数,则 $\boldsymbol{x}=k\boldsymbol{\xi}_1$ 也是(2)的解.

证明 $\boldsymbol{A}(k\boldsymbol{\xi}_1)=k(\boldsymbol{A}\boldsymbol{\xi}_1)=k\,\boldsymbol{0}=\boldsymbol{0}.$

若用 S 表示方程组(1)的全体解向量组成的集合,则性质 1、2 即为

性质 1:若 $\boldsymbol{\xi}_1\in S, \boldsymbol{\xi}_2\in S$,则 $\boldsymbol{\xi}_1+\boldsymbol{\xi}_2\in S$.

性质 2:若 $\boldsymbol{\xi}_1\in S, k\in\mathbf{R}$,则 $k\boldsymbol{\xi}_1\in S$.

这就说明集合 S 对向量的线性运算是封闭的,所以集合 S 是一个向量空间,称为齐次线性方程组(1)的**解空间**.

下面我们求解空间的一个基,即解向量的最大线性无关组.

设系数矩阵 $\boldsymbol{A}$ 的秩为 r,并且不妨设 $\boldsymbol{A}$ 的前 r 个列向量线性无关,于是行的最简形矩阵为

$$\boldsymbol{B}=\begin{bmatrix}1 & \cdots & 0 & b_{11} & \cdots & b_{1,n-r}\\ \cdots & \cdots & \cdots & \cdots & \cdots & \cdots\\ 0 & \cdots & 1 & b_{r1} & \cdots & b_{r,n-r}\\ 0 & \cdots & 0 & 0 & \cdots & 0\\ \cdots & \cdots & \cdots & \cdots & \cdots & \cdots\\ 0 & \cdots & 0 & 0 & \cdots & 0\end{bmatrix},$$

与 $\boldsymbol{B}$ 对应,即有方程组

$$\begin{cases}x_1=-b_{11}x_{r+1}-\cdots-b_{1,n-r}x_n,\\ \cdots\quad\cdots\quad\cdots\quad\cdots\\ x_r=-b_{r1}x_{r+1}-\cdots-b_{r,n-r}x_n.\end{cases}\tag{3}$$

由于 $\boldsymbol{A}$ 与 $\boldsymbol{B}$ 的行向量组等价,故方程组(1)与(2)同解. 在方程组(3)中,任给 $x_{r+1}, \cdots, x_n$ 一组值,即唯一确定 $x_1, \cdots, x_r$ 的值,就得方程组(3)的一个解,也就是方程组(1)的解. 现在令 $x_{r+1}, \cdots, x_n$ 取下列 $n-r$ 组数:

$$\begin{bmatrix}x_{r+1}\\ x_{r+2}\\ \vdots\\ x_n\end{bmatrix}=\begin{bmatrix}1\\ 0\\ \vdots\\ 0\end{bmatrix},\begin{bmatrix}0\\ 1\\ \vdots\\ 0\end{bmatrix},\cdots,\begin{bmatrix}0\\ 0\\ \vdots\\ 1\end{bmatrix},$$

由方程组(3)即依次可得

$$\begin{bmatrix} x_1 \\ \vdots \\ x_r \end{bmatrix} = \begin{bmatrix} -b_{11} \\ \vdots \\ -b_{r1} \end{bmatrix}, \begin{bmatrix} -b_{12} \\ \vdots \\ -b_{r2} \end{bmatrix}, \cdots, \begin{bmatrix} -b_{1,n-r} \\ \vdots \\ -b_{r,n-r} \end{bmatrix},$$

从而求得方程组(3)的 $n-r$ 个解：

$$\boldsymbol{\xi}_1 = \begin{bmatrix} -b_{11} \\ \vdots \\ -b_{r1} \\ 1 \\ 0 \\ \vdots \\ 0 \end{bmatrix}, \boldsymbol{\xi}_2 = \begin{bmatrix} -b_{12} \\ \vdots \\ -b_{r2} \\ 0 \\ 1 \\ \vdots \\ 0 \end{bmatrix}, \cdots, \boldsymbol{\xi}_{n-r} = \begin{bmatrix} -b_{1,n-r} \\ \vdots \\ -b_{r,n-r} \\ 0 \\ 0 \\ \vdots \\ 1 \end{bmatrix}.$$

下面证明 $\boldsymbol{\xi}_1, \boldsymbol{\xi}_2, \cdots, \boldsymbol{\xi}_{n-r}$ 就是解空间 S 的一个基.

首先，由于 $(x_{r+1}, x_{r+2}, \cdots, x_n)^{\mathrm{T}}$ 所取的 $n-r$ 个 $n-r$ 维向量

$$\begin{bmatrix} 1 \\ 0 \\ \vdots \\ 0 \end{bmatrix}, \begin{bmatrix} 0 \\ 1 \\ \vdots \\ 0 \end{bmatrix}, \cdots, \begin{bmatrix} 0 \\ 0 \\ \vdots \\ 1 \end{bmatrix}$$

线性无关，所以在每个向量前面添加 r 个分量而得到的 $n-r$ 个 n 维向量 $\boldsymbol{\xi}_1, \boldsymbol{\xi}_2, \cdots, \boldsymbol{\xi}_{n-r}$ 也线性无关.

其次，证明方程组(1)的任一解

$$\boldsymbol{x} = \boldsymbol{\xi} = \begin{bmatrix} \lambda_1 \\ \vdots \\ \lambda_r \\ \lambda_{r+1} \\ \vdots \\ \lambda_n \end{bmatrix}$$

都可由 $\boldsymbol{\xi}_1, \boldsymbol{\xi}_2, \cdots, \boldsymbol{\xi}_{n-r}$ 线性表示. 为此，作向量

$$\boldsymbol{\eta} = \lambda_{r+1}\boldsymbol{\xi}_1 + \lambda_{r+2}\boldsymbol{\xi}_2 + \cdots + \lambda_n \boldsymbol{\xi}_{n-r}.$$

由于 $\boldsymbol{\xi}_1, \boldsymbol{\xi}_2, \cdots, \boldsymbol{\xi}_{n-r}$ 是方程组(1)的解，故 $\boldsymbol{\eta}$ 也是方程组(1)的解，比较 $\boldsymbol{\eta}$ 与 $\boldsymbol{\xi}$，知它们后面的 $n-r$ 个分量对应相等. 由于它们都满足方程组(3)，从而知它们的前面 r 个分量亦必对应相等(方程组(3)表明任一解的前 r 个分量由后 $n-r$ 个分量唯一地决定). 因此，$\boldsymbol{\xi} = \boldsymbol{\eta}$，即

$$\boldsymbol{\xi} = \lambda_{r+1}\boldsymbol{\xi}_1 + \lambda_{r+2}\boldsymbol{\xi}_2 + \cdots + \lambda_n \boldsymbol{\xi}_{n-r}.$$

这样就证明了 $\boldsymbol{\xi}_1, \boldsymbol{\xi}_2, \cdots, \boldsymbol{\xi}_{n-r}$ 是解空间 S 的一个基，从而知解空间的维数是 $n-r$.

根据以上证明，即得下述定理.

定理　n 元齐次线性方程组 $\boldsymbol{A}_{m\times n}\boldsymbol{x} = \boldsymbol{0}$ 的全体解所构成的集合 S 是一个向量空间，当系数矩阵的秩 $r(\boldsymbol{A}_{m\times n}) = r$ 时，解空间 S 的维数为 $n-r$.

上面的证明过程还提供了一种求解空间的基的方法. 当然，求基的方法很多，而解空间的基也不是唯一的. 例如，$(x_{r+1}, \cdots, x_n)$ 可任取 $n-r$ 个线性无关的 $n-r$ 维向量，由此即可相应地求得解空间的一个基. 又如，方程组的任何 $n-r$ 个线性无关的解向量都可作为解空

间 S 的基.

解空间 S 的基又称为方程组(1)的**基础解系**.

当 $r(\mathbf{A})=n$ 时,方程组(1)只有零解,因而没有基础解系(此时解空间 S 只含一个零向量,为 0 维向量空间). 而当 $r(\mathbf{A})=r<n$ 时,方程组(1)必有含 $n-r$ 个向量的基础解系. 设求得 $\boldsymbol{\xi}_1,\boldsymbol{\xi}_2,\cdots,\boldsymbol{\xi}_{n-r}$ 为方程组(1)的一个基础解系,则方程组(1)的解可表示为

$$\boldsymbol{x}=k_1\boldsymbol{\xi}_1+k_2\boldsymbol{\xi}_2+\cdots+k_{n-r}\boldsymbol{\xi}_{n-r},$$

其中 $k_1,k_2,\cdots,k_{n-r}$ 为任意实数. 上式称为方程组(1)的**通解**. 此时,解空间可表示为

$$S=\{\boldsymbol{x}=k_1\boldsymbol{\xi}_1+k_2\boldsymbol{\xi}_2+\cdots+k_{n-r}\boldsymbol{\xi}_{n-r}\,|\,k_1,k_2,\cdots,k_{n-r}\in\mathbf{R}\}.$$

例 1 求齐次线性方程组

$$\begin{cases} x_1+x_2-x_3-x_4=0, \\ 2x_1+3x_2+3x_3-2x_4=0, \\ 5x_1+7x_2+5x_3-5x_4=0 \end{cases}$$

的基础解系与通解.

解 对系数矩阵 $\mathbf{A}$ 作初等行变换,变为行最简形矩阵,有

$$\mathbf{A}=\begin{bmatrix} 1 & 1 & -1 & -1 \\ 2 & 3 & 3 & -2 \\ 5 & 7 & 5 & -5 \end{bmatrix} \xrightarrow[r_2-2r_1]{r_3-2r_2} \begin{bmatrix} 1 & 1 & -1 & -1 \\ 0 & 1 & 5 & 0 \\ 1 & 1 & -1 & -1 \end{bmatrix} \xrightarrow[r_1-r_2]{r_3-r_1} \begin{bmatrix} 1 & 0 & -6 & -1 \\ 0 & 1 & 5 & 0 \\ 0 & 0 & 0 & 0 \end{bmatrix},$$

解得

$$\begin{cases} x_1=6x_3+x_4, \\ x_2=-5x_3+0x_4. \end{cases}$$

令 $\begin{bmatrix} x_3 \\ x_4 \end{bmatrix}=\begin{bmatrix} 1 \\ 0 \end{bmatrix}$ 及 $\begin{bmatrix} 0 \\ 1 \end{bmatrix}$,则对应有 $\begin{bmatrix} x_1 \\ x_2 \end{bmatrix}=\begin{bmatrix} 6 \\ -5 \end{bmatrix}$ 及 $\begin{bmatrix} 1 \\ 0 \end{bmatrix}$,即得基础解系

$$\boldsymbol{\xi}_1=\begin{bmatrix} 6 \\ -5 \\ 1 \\ 0 \end{bmatrix}, \quad \boldsymbol{\xi}_2=\begin{bmatrix} 1 \\ 0 \\ 0 \\ 1 \end{bmatrix},$$

并由此写出通解

$$\begin{bmatrix} x_1 \\ x_2 \\ x_3 \\ x_4 \end{bmatrix}=c_1\begin{bmatrix} 6 \\ -5 \\ 1 \\ 0 \end{bmatrix}+c_2\begin{bmatrix} 1 \\ 0 \\ 0 \\ 1 \end{bmatrix}(c_1,c_2\in\mathbf{R}).$$

例 2 证明 $r(\mathbf{A}^{\mathrm{T}}\mathbf{A})=r(\mathbf{A})$.

证明 设 $\mathbf{A}$ 为 $m\times n$ 矩阵,$\boldsymbol{x}$ 为 n 维列向量.

若 $\boldsymbol{x}$ 满足 $\mathbf{A}\boldsymbol{x}=\mathbf{0}$,则 $\mathbf{A}^{\mathrm{T}}(\mathbf{A}\boldsymbol{x})=\mathbf{0}$,即 $(\mathbf{A}^{\mathrm{T}}\mathbf{A})\boldsymbol{x}=\mathbf{0}$;

若 $\boldsymbol{x}$ 满足 $(\mathbf{A}^{\mathrm{T}}\mathbf{A})\boldsymbol{x}=\mathbf{0}$,则 $\boldsymbol{x}^{\mathrm{T}}(\mathbf{A}^{\mathrm{T}}\mathbf{A})\boldsymbol{x}=\mathbf{0}$,即 $(\mathbf{A}\boldsymbol{x})^{\mathrm{T}}(\mathbf{A}\boldsymbol{x})=\mathbf{0}$,从而推知 $\mathbf{A}\boldsymbol{x}=\mathbf{0}$.

综上可知方程组 $\mathbf{A}\boldsymbol{x}=\mathbf{0}$ 与 $(\mathbf{A}^{\mathrm{T}}\mathbf{A})\boldsymbol{x}=\mathbf{0}$ 同解. 因此,$r(\mathbf{A}^{\mathrm{T}}\mathbf{A})=r(\mathbf{A})$.

下面讨论非齐次线性方程组.

设有非齐次线性方程组

$$\begin{cases} a_{11}x_1+a_{12}x_2+\cdots+a_{1n}x_n=b_1, \\ a_{21}x_1+a_{22}x_2+\cdots+a_{2n}x_n=b_2, \\ \cdots\quad\cdots\quad\cdots\quad\cdots \\ a_{m1}x_1+a_{m2}x_2+\cdots+a_{mn}x_n=b_m, \end{cases} \tag{4}$$

它也可写成向量方程

$$\boldsymbol{A}\boldsymbol{x}=\boldsymbol{b}. \tag{5}$$

向量方程(5)的解也就是方程组(4)的解向量，它具有如下性质：

性质 3　设 $\boldsymbol{x}=\boldsymbol{\eta}_1$ 及 $\boldsymbol{x}=\boldsymbol{\eta}_2$ 都是方程(5)的解，则 $\boldsymbol{x}=\boldsymbol{\eta}_1-\boldsymbol{\eta}_2$ 为对应的齐次线性方程组

$$\boldsymbol{A}\boldsymbol{x}=\boldsymbol{0} \tag{6}$$

的解.

证明　$\boldsymbol{A}(\boldsymbol{\eta}_1-\boldsymbol{\eta}_2)=\boldsymbol{A}\boldsymbol{\eta}_1-\boldsymbol{A}\boldsymbol{\eta}_2=\boldsymbol{b}-\boldsymbol{b}=\boldsymbol{0}$，即 $\boldsymbol{x}=\boldsymbol{\eta}_1-\boldsymbol{\eta}_2$ 满足方程(6).

性质 4　设 $\boldsymbol{x}=\boldsymbol{\eta}$ 是方程(5)的解，$\boldsymbol{x}=\boldsymbol{\xi}$ 是方程(6)的解，则 $\boldsymbol{x}=\boldsymbol{\xi}+\boldsymbol{\eta}$ 仍是方程(5)的解.

证明　$\boldsymbol{A}(\boldsymbol{\xi}+\boldsymbol{\eta})=\boldsymbol{A}\boldsymbol{\xi}+\boldsymbol{A}\boldsymbol{\eta}=\boldsymbol{0}+\boldsymbol{b}=\boldsymbol{b}$，即 $\boldsymbol{x}=\boldsymbol{\xi}+\boldsymbol{\eta}$ 满足方程(5).

由性质 3 可知，若求得方程(5)的一个解 $\boldsymbol{\eta}^*$，则方程(5)的任一解总可表示为

$$\boldsymbol{x}=\boldsymbol{\xi}+\boldsymbol{\eta}^*,$$

其中 $\boldsymbol{x}=\boldsymbol{\xi}$ 为方程(6)的解. 又若方程(6)的通解为 $\boldsymbol{x}=k_1\boldsymbol{\xi}_1+k_2\boldsymbol{\xi}_2+\cdots+k_{n-r}\boldsymbol{\xi}_{n-r}$，则方程(5)的任一解总可表示为

$$\boldsymbol{x}=k_1\boldsymbol{\xi}_1+k_2\boldsymbol{\xi}_2+\cdots+k_{n-r}\boldsymbol{\xi}_{n-r}+\boldsymbol{\eta}^*.$$

而由性质 4 可知，对任何实数 $k_1,k_2,\cdots,k_{n-r}$，上式总是方程(5)的解. 于是方程(5)的通解为

$$\boldsymbol{x}=k_1\boldsymbol{\xi}_1+k_2\boldsymbol{\xi}_2+\cdots+k_{n-r}\boldsymbol{\xi}_{n-r}+\boldsymbol{\eta}^*\ (k_1,k_2,\cdots,k_{n-r}\text{，为任意实数}),$$

其中 $\boldsymbol{\xi}_1,\boldsymbol{\xi}_2,\cdots,\boldsymbol{\xi}_{n-r}$ 是方程(6)的基础解系.

例 3　求解方程组

$$\begin{cases} x_1-x_2+x_3-2x_4=-1, \\ 2x_1-2x_2+3x_3-2x_4=1, \\ 5x_1-5x_2+7x_3-6x_4=1. \end{cases}$$

解　对增广矩阵 $\boldsymbol{B}$ 施行初等行变换：

$$\boldsymbol{B}=\begin{bmatrix} 1 & -1 & 1 & -2 & -1 \\ 2 & -2 & 3 & -2 & 1 \\ 5 & -5 & 7 & -6 & 1 \end{bmatrix} \xrightarrow[r_2-2r_1]{r_3-2r_2} \begin{bmatrix} 1 & -1 & 1 & -2 & -1 \\ 0 & 0 & 1 & 2 & 3 \\ 1 & -1 & 1 & -2 & -1 \end{bmatrix}$$

$$\xrightarrow[r_1-r_2]{r_3-r_1} \begin{bmatrix} 1 & -1 & 0 & -4 & -4 \\ 0 & 0 & 1 & 2 & 3 \\ 0 & 0 & 0 & 0 & 0 \end{bmatrix},$$

可见 $r(\boldsymbol{A})=r(\boldsymbol{B})$，故方程组有解，并有

$$\begin{cases} x_1=x_2+4x_4-4, \\ x_3=\quad -2x_4+3. \end{cases}$$

取 $x_2=x_4=1$，则 $x_1=x_3=1$，即得方程组的一个解

$$\boldsymbol{\eta}^*=\begin{bmatrix} 1 \\ 1 \\ 1 \\ 1 \end{bmatrix}.$$

在对应的齐次线性方程组$\begin{cases}x_1=x_2+4x_4,\\x_3=\quad-2x_4\end{cases}$中，取$\begin{bmatrix}x_2\\x_4\end{bmatrix}=\begin{bmatrix}1\\0\end{bmatrix}$及$\begin{bmatrix}0\\1\end{bmatrix}$，则$\begin{bmatrix}x_1\\x_3\end{bmatrix}=\begin{bmatrix}1\\0\end{bmatrix}$及$\begin{bmatrix}4\\-2\end{bmatrix}$，即得对应的齐次线性方程组的基础解系

$$\boldsymbol{\xi}_1=\begin{bmatrix}1\\1\\0\\0\end{bmatrix},\quad \boldsymbol{\xi}_2=\begin{bmatrix}4\\0\\-2\\1\end{bmatrix},$$

于是所求通解为

$$\begin{bmatrix}x_1\\x_2\\x_3\\x_4\end{bmatrix}=c_1\begin{bmatrix}1\\1\\0\\0\end{bmatrix}+c_2\begin{bmatrix}4\\0\\-2\\1\end{bmatrix}+\begin{bmatrix}1\\1\\1\\1\end{bmatrix}(c_1,c_2\in\mathbf{R}).$$

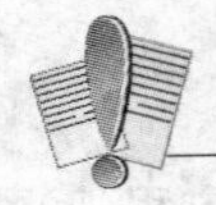

习题 8-4(A)

求下列齐次线性方程组的基础解系：

(1) $\begin{cases}x_1-2x_2+3x_3=0,\\2x_1-4x_2+6x_3=0,\\x_1\qquad\quad+6x_3=0;\end{cases}$ (2) $\begin{cases}x_1+6x_2-x_3-4x_4=0,\\-2x_1-12x_2+5x_3+17x_4=0,\\3x_1+18x_2-x_3-6x_4=0.\end{cases}$

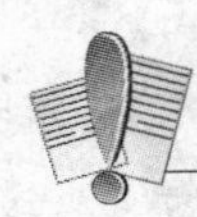

习题 8-4(B)

1. 求下列齐次线性方程组的基础解系：

(1) $\begin{cases}x_1-8x_2+10x_3+2x_4=0,\\2x_1+4x_2+5x_3-x_4=0,\\3x_1+8x_2+6x_3-2x_4=0;\end{cases}$ (2) $\begin{cases}2x_1-3x_2-2x_3+x_4=0,\\3x_1+5x_2+4x_3-2x_4=0,\\8x_1+7x_2+6x_3-3x_4=0.\end{cases}$

2. 设$\boldsymbol{a}_1,\boldsymbol{a}_2$是某个齐次线性方程组的基础解系，问$\boldsymbol{a}_1+\boldsymbol{a}_2,\boldsymbol{a}_1-\boldsymbol{a}_2$是否也是这个齐次线性方程组的基础解系？为什么？

3. 求解方程组：

(1) $\begin{cases}x_1+2x_2-3x_3+4x_4=0,\\2x_1-3x_2+x_3\qquad\quad=0,\\x_1+9x_2-10x_3+12x_4=11;\end{cases}$ (2) $\begin{cases}x_1+2x_2-x_3-x_4=0,\\x_1+2x_2\qquad\quad+x_4=4,\\-x_1-2x_2+2x_3+4x_4=5;\end{cases}$

(3) $\begin{cases}x_1-x_2+3x_3-2x_4=4,\\x_1-3x_2+2x_3-6x_4=1,\\x_1+5x_2-x_3+10x_4=6;\end{cases}$ (4) $\begin{cases}x_1+x_2+2x_3+3x_4=1,\\x_1+2x_2+3x_3-x_4=-4,\\3x_1-x_2-x_3-2x_4=-4,\\2x_1+3x_2-x_3-x_4=-6.\end{cases}$

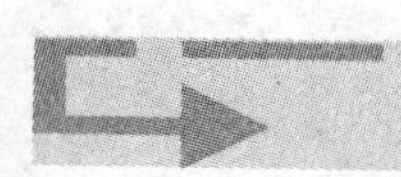

本章内容小结

1. n 维向量、向量组的概念及向量组与矩阵的对应关系.

2. 向量组的线性组合的概念,一个向量能由一个向量组线性表示. 两个向量组之间的线性表示的概念及其矩阵表达式.

3. 向量组的线性相关与线性无关的概念,以及这一概念与齐次线性方程组的联系.

4. 向量组的最大线性无关组及向量组秩的概念,向量组的秩与矩阵的秩之间的关系,可用矩阵的初等变换求向量组的秩和最大线性无关组.

5. 向量组线性相关性理论的主要结论:

(1) 向量组线性相关的充分必要条件是其中某个向量能由其余向量线性表示.

(2) 若向量组 $\boldsymbol{a}_1,\boldsymbol{a}_2,\cdots,\boldsymbol{a}_n$ 线性无关,而向量组 $\boldsymbol{a}_1,\boldsymbol{a}_2,\cdots,\boldsymbol{a}_n,\boldsymbol{b}$ 线性相关,则向量 $\boldsymbol{b}$ 能由向量组 $\boldsymbol{a}_1,\boldsymbol{a}_2,\cdots,\boldsymbol{a}_n$ 线性表示,且表示式是唯一的.

(3) 个数大于维数的向量组必线性相关.

(4) 向量组线性相关的充分必要条件是向量组的秩小于向量组所含向量的个数.

(5) 设向量组 B 能由向量组 A 线性表示,则向量组 B 的秩不大于向量组 A 的秩.

(6) 等价的向量组的秩相等.

6. 向量空间的概念及子空间、向量空间的基的概念.

7. 齐次线性方程组的基础解系的概念及系数矩阵的秩与全体解向量的秩之间的关系,非齐次线性方程组通解的结构.

自测题八

1. 问 x 取何值时,下列向量组线性相关?

$$\boldsymbol{a}_1=\begin{bmatrix}x\\1\\1\end{bmatrix},\quad \boldsymbol{a}_2=\begin{bmatrix}1\\x\\1\end{bmatrix},\quad \boldsymbol{a}_3=\begin{bmatrix}1\\1\\x\end{bmatrix}.$$

2. 设向量组 $\boldsymbol{a}_1,\boldsymbol{a}_2$ 线性无关,向量组 $\boldsymbol{a}_1+\boldsymbol{b},\boldsymbol{a}_2+\boldsymbol{b}$ 线性相关,试用 $\boldsymbol{a}_1,\boldsymbol{a}_2$ 线性表示向量 $\boldsymbol{b}$.

3. 设向量组 $\boldsymbol{a}_1,\boldsymbol{a}_2,\cdots,\boldsymbol{a}_m$ 线性无关,$k\neq0$,试证向量组 $k\boldsymbol{a}_1,k\boldsymbol{a}_2,\cdots,k\boldsymbol{a}_m$ 线性无关.

4. 设向量组 $\boldsymbol{a}_1,\boldsymbol{a}_2,\cdots,\boldsymbol{a}_m$ 线性无关,$\boldsymbol{b}_1=\boldsymbol{a}_1,\boldsymbol{b}_2=\boldsymbol{a}_1+\boldsymbol{a}_2,\cdots,\boldsymbol{b}_m=\boldsymbol{a}_1+\boldsymbol{a}_2+\cdots+\boldsymbol{a}_m$,证明向量组 $\boldsymbol{b}_1,\boldsymbol{b}_2,\cdots,\boldsymbol{b}_m$ 线性无关.

5. 设向量组 $\begin{bmatrix}m\\3\\1\end{bmatrix},\begin{bmatrix}2\\n\\3\end{bmatrix},\begin{bmatrix}1\\2\\1\end{bmatrix},\begin{bmatrix}2\\3\\1\end{bmatrix}$ 的秩为 2,求 m,n 的值.

6. 求下列向量组的秩,并求其一个最大线性无关组:

(1) $\begin{bmatrix} 1 \\ 2 \\ -1 \\ 4 \end{bmatrix}, \begin{bmatrix} 9 \\ 100 \\ 10 \\ 4 \end{bmatrix}, \begin{bmatrix} -2 \\ -4 \\ 2 \\ -8 \end{bmatrix}$;　　(2) $\begin{bmatrix} 1 \\ 2 \\ 1 \\ 3 \end{bmatrix}, \begin{bmatrix} 4 \\ -1 \\ -5 \\ -6 \end{bmatrix}, \begin{bmatrix} 1 \\ -3 \\ -4 \\ -7 \end{bmatrix}$.

7. 设向量组 $\boldsymbol{a}_1,\boldsymbol{a}_2,\cdots,\boldsymbol{a}_m$ 线性相关，且 $\boldsymbol{a}_1\neq\boldsymbol{0}$，试证存在某个向量 $\boldsymbol{a}_k$，使向量 $\boldsymbol{a}_k$ 能由向量组 $\boldsymbol{a}_1,\boldsymbol{a}_2,\cdots,\boldsymbol{a}_{k-1}$ 线性表示.

8. 求下列非齐次线性方程组的一个解及对应齐次线性方程组的基础解系：

(1) $\begin{cases} x_1+x_2=5, \\ 2x_1+x_2+x_3+2x_4=1, \\ 5x_1+3x_2+2x_3+2x_4=3; \end{cases}$　　(2) $\begin{cases} x_1-5x_2+2x_3-3x_4=11, \\ 5x_1+3x_2+6x_3-x_4=-1, \\ 2x_1+4x_2+2x_3+x_4=-6. \end{cases}$

9. 设 $\boldsymbol{\eta}_1,\boldsymbol{\eta}_2,\cdots,\boldsymbol{\eta}_m$ 是非齐次线性方程组 $\boldsymbol{Ax}=\boldsymbol{b}$ 的 m 个解，$k_1,k_2,\cdots,k_m$ 为实数，满足 $k_1+k_2+\cdots+k_m=1$，证明 $\boldsymbol{x}=k_1\boldsymbol{\eta}_1+k_2\boldsymbol{\eta}_2+\cdots+k_m\boldsymbol{\eta}_m$ 也是它的解.

第 9 章

概率论基础

概率论与数理统计是研究随机现象客观规律性的数学学科，它是现代数学的重要分支.近年来，随着科技的迅猛发展，概率论与数理统计在经济、教育、环境污染、政治及社会科学、心理学等多方面发挥着越来越大的作用.

本章主要介绍概率的基本概念、运算法则、随机变量的分布及其数字特征.

§9-1　随机事件

一、随机现象

在生产实践、科学实验和实际生活中，我们常会观察到两类不同的现象.一类是：在一定条件下，必然会出现的确定的结果，这类现象称为**确定性现象**.例如，向空中抛一物体必然落回地面；积压流动资金必然会损失利息；在一批合格的产品中任取一件，必定不是废品等，都属于这种现象.另一类是：在一定的条件下，具有多种可能发生的结果，事先不能确定哪一种结果将会发生，这类现象称为**随机现象**.例如，向上抛一枚硬币，抛掷前我们无法确定落下后哪面向上；在一个装有红、白两种球的口袋中，任意取一只球，取出的可能是红球，也可能是白球；某战士进行射击，在射击之前无法确定弹着点的确切位置等，都属于这种现象.

从表面上看，随机现象出现的结果是无法预知的，但在大量观察或多次重复试验后，其结果往往呈现出某种规律性.例如，在相同条件下，多次投掷质量均匀的一枚硬币，每次虽不知道哪一面朝上，但最终发现正面朝上的次数约占总投掷次数的一半.这种在大量重复试验或观察中所呈现的规律性称为统计规律性.概率论与数理统计就是研究和揭示随机现象统计规律性的一门数学学科，随机现象是概率论与数理统计研究的主要对象.

二、随机事件

从广泛意义上讲，对某种自然现象或社会现象的一次观测，或者进行的一次科学试验，统称为一个试验.如果一个试验具有下列特征：

(1) 可重复性——试验可以在相同条件下重复进行；

(2) 一次试验结果的随机性——在一次试验中可能出现各种不同的结果，预先无法断定；

(3) 全部试验结果的可知性——所有可能的试验结果预先是可知的.

我们把这样的试验称为**随机试验**，简称**试验**，记作 E.

随机试验 E 的每一个可能出现的基本结果称为一个**样本点**,用字母 ω 表示. 而试验 E 所有可能的基本结果的集合称为试验 E 的**样本空间**,用字母 Ω 表示. 换句话说,即样本空间就是样本点的全体构成的集合,样本空间的元素就是试验 E 的每个可能的基本结果.

通俗地讲,在一次试验中可能发生也可能不发生的结果,统称为**随机事件**,通常用英文字母 $A,B,C,\cdots$ 或 $A_1,A_2,\cdots$ 表示.

例如,已知一批产品共 30 件,其中正品 26 件,次品 4 件,进行从中一次取出 5 件观察次品数的试验,则 $A_i=\{$恰有 i 件次品$\}$ $(i=0,1,2,3,4)$,$B=\{$最多有三件次品$\}$,$C=\{$正品不超过 2 件$\}$等都是随机事件,它们在一次试验中可能发生也可能不发生.

实际上,在建立了随机试验的样本空间后,随机事件可以用样本空间的子集来表示. 例如,上述试验的样本空间 $\Omega=\{0,1,2,3,4\}$,上述随机事件可以表示为 $A_i=\{i\}(i=0,1,2,3,4)$,$B=\{0,1,2,3\}$,$C=\{3,4\}$.

因此,在理论上,我们称试验 E 所对应的样本空间 Ω 的子集为 E 的**随机事件**,简称**事件**. 在一次试验中,当这一子集中的一个样本点出现时,就称这一事件发生. 例如,在上述试验中考察随机事件 B,一次取出 5 件产品,无论取到 1 件次品、2 件次品、3 件次品,还是没有取到次品,都称在这一次试验中事件 B 发生了.

样本空间 Ω 的仅包含一个样本点 ω 的单点子集$\{\omega\}$也是一种随机事件,这种事件称为**基本事件**. 由若干个基本事件复合而成的事件称为**复合事件**. 例如,上述试验中,事件 $A_i(i=0,1,2,3,4)$都是基本事件,而事件 B,C 都是复合事件.

样本空间 Ω 包含所有的样本点,它是 Ω 自身的子集,在每次试验中它总是发生的,称为**必然事件**,仍记为 Ω. 空集$\varnothing$不包含任何样本点,它也是样本空间 Ω 的子集,在每次试验中都不发生,称为**不可能事件**. 必然事件和不可能事件在不同的试验中有不同的表达方式. 例如,在上述试验中,事件$\{$次品数不大于 4$\}$就是必然事件,事件$\{$正品数为 0$\}$就是不可能事件.

综上所述,随机事件可以有不同的表示方式:一种是直接用语言描述,同一事件可有不同的描述;另一种是用样本空间的子集表示,此时需理解它所表达的实际含义.

例 1 将一颗质量均匀的骰子随机地抛掷两次,观察两次出现的点数,则样本空间 $\Omega=\{(1,1),(1,2),\cdots,(6,6)\}$,共有 36 个样本点. 这一试验还可以考虑 $A=\{$两次出现点数之积为 4$\}=\{(1,4),(2,2),(4,1)\}$,$B=\{$两次出现点数相差大于 4$\}=\{(1,6),(6,1)\}$等事件.

例 2 在一批灯泡中,任取一只测试其使用寿命,则样本空间 $\Omega=\{t|t\geqslant 0\}$. 这一试验中还可以考虑 $A=\{$灯泡使用寿命大于 500 小时$\}=\{t|t>500\}$,$B=\{$灯泡使用寿命小于 1000 小时$\}=\{t|t<1000\}$等事件.

三、事件的关系与运算

在一个样本空间中,一般会存在多个事件,这些事件之间有什么关系? 一些较复杂的事件怎样分解成简单事件? 所有这些将对计算事件发生的概率起到重要作用,为此,我们需要了解事件之间的关系与运算.

1. 事件的关系

(1) 事件的包含与相等.

若事件 A 发生必然导致事件 B 发生,则称事件 B 包含事件 A,或称事件 A 包含在事件 B 中,记作 $B\supset A$ 或 $A\subset B$.

显然有：$\varnothing \subset A \subset \Omega$.

例如，$A=\{$灯泡使用寿命大于500小时$\}=\{t|t>500\}$，$B=\{$灯泡使用寿命大于200小时$\}=\{t|t>200\}$，则 $B \supset A$.

若 $B \supset A$ 且 $A \supset B$，则称事件 A 与事件 B **相等**，记作 $A=B$.

(2) 事件的和(或并).

称事件"A,B 中至少有一个发生"为事件 A 与事件 B 的和事件，也称 A 与 B 的并，记作 $A \cup B$ 或 $A+B$. 事件 $A \cup B$ 发生意味着：或事件 A 发生，或事件 B 发生，或事件 A 和 B 都发生.

显然有：① $A \subset A \cup B$，$B \subset A \cup B$；② 若 $A \subset B$，则 $A \cup B=B$.

(3) 事件的积(或交).

称事件"A,B 同时发生"为事件 A 与事件 B 的积事件，也称 A 与 B 的交，记作 $A \cap B$ 或者 AB. 事件 AB 意味着事件 A 发生且事件 B 也发生.

显然有：① $AB \subset A$，$AB \subset B$；② 若 $A \subset B$，则 $AB=A$.

(4) 事件的差.

称事件"A 发生而 B 不发生"为事件 A 与事件 B 的差事件，记作 $A-B$.

显然有：① $A-B \subset A$；② 若 $A \subset B$，则 $A-B=\varnothing$.

(5) 互不相容事件.

若事件 A 与事件 B 不能同时发生，即 $AB=\varnothing$，则称事件 A 与事件 B 是互不相容的两个事件，简称 A 与 B 互不相容(或互斥). 对于 n 个事件 $A_1,A_2,\cdots,A_n$，如果它们两两之间互不相容，则称事件 $A_1,A_2,\cdots,A_n$ 互不相容.

(6) 对立事件.

称事件"A 不发生"为事件 A 的对立事件(或余事件，或逆事件)，记作 $\overline{A}$.

若 $\overline{A}=B$，则 $\overline{B}=A$，即若 B 是 A 的对立事件，则 A 也是 B 的对立事件，A 与 B 互为对立事件. 一般地，若事件 A 与事件 B 中至少有一个发生，且 A 与 B 互不相容，即 $A \cup B=\Omega$，$AB=\varnothing$，则称 A 与 B 互为对立事件.

显然有：① $\overline{\overline{A}}=A$；② $\overline{\Omega}=\varnothing$，$\overline{\varnothing}=\Omega$；③ $A-B=A\overline{B}=A-AB$.

注意　若 A 与 B 互为对立事件，则 A 与 B 互不相容，但反过来不一定成立.

图9-1～图9-6可直观地表示以上事件之间的关系与运算. 图中矩形区域表示样本空间 Ω，圆域 A 与 B 分别表示事件 A 与 B.

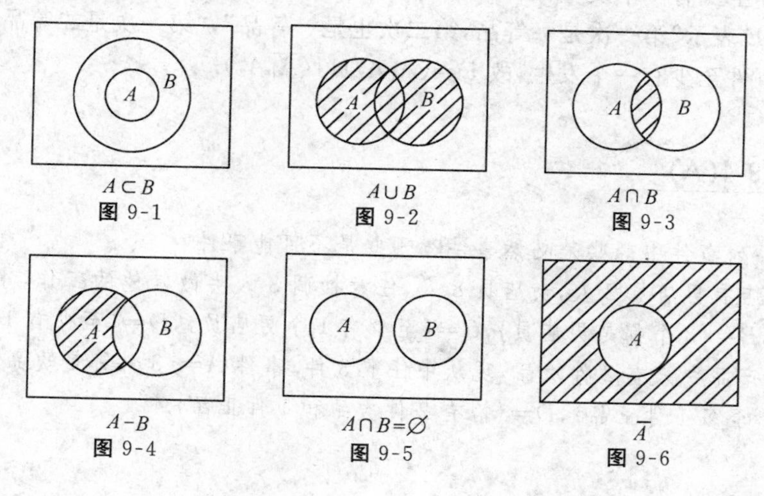

$A \subset B$
图 9-1

$A \cup B$
图 9-2

$A \cap B$
图 9-3

$A-B$
图 9-4

$A \cap B=\varnothing$
图 9-5

$\overline{A}$
图 9-6

2. 事件的运算

在进行事件的运算时，经常要用到下述运算律. 设 A,B,C 为事件，则有

(1) 交换律：$A\cup B=B\cup A, A\cap B=B\cap A$.

(2) 结合律：$A\cup(B\cup C)=(A\cup B)\cup C, A\cap(B\cap C)=(A\cap B)\cap C$.

(3) 分配律：$A\cap(B\cup C)=(A\cap B)\cup(A\cap C), A\cup(B\cap C)=(A\cup B)\cap(A\cup C)$.

(4) 对偶律(德 · 摩根公式)：$\overline{A\cup B}=\bar{A}\cap\bar{B}, \overline{A\cap B}=\bar{A}\cup\bar{B}$.

其中分配律和对偶律可以推广到有限多个事件的情形：

$$A\cap(\bigcup_{i=1}^{n}A_i)=\bigcup_{i=1}^{n}(A\cap A_i), A\cup(\bigcap_{i=1}^{n}A_i)=\bigcap_{i=1}^{n}(A\cup A_i), \overline{\bigcup_{i=1}^{n}A_i}=\bigcap_{i=1}^{n}\overline{A_i}, \overline{\bigcap_{i=1}^{n}A_i}=\bigcup_{i=1}^{n}\overline{A_i}.$$

例 3 设 A,B,C 分别表示三个事件，试表示下列事件：

(1) "A 发生，而 B 与 C 都不发生"；

(2) "A,B,C 都不发生"；

(3) "A,B,C 中恰有一个发生"；

(4) "A,B,C 中不多于 1 个发生".

解 (1) $A\bar{B}\bar{C}$ 或 $A(\overline{B\cup C})$；(2) $\bar{A}\bar{B}\bar{C}$ 或 $\overline{A\cup B\cup C}$；(3) $A\bar{B}\bar{C}\cup\bar{A}B\bar{C}\cup\bar{A}\bar{B}C$；

(4) $A\bar{B}\bar{C}\cup\bar{A}B\bar{C}\cup\bar{A}\bar{B}C\cup\bar{A}\bar{B}\bar{C}$.

例 4 一个货箱中装有 12 只同类型的产品，其中 3 只是一等品，9 只是二等品，从其中随机地抽取两次，每次任取一只，$A_i(i=1,2)$ 表示第 i 次抽取的是一等品，试用 $A_i(i=1,2)$ 表示下列事件：

(1) $B=\{$两只都是一等品$\}$；

(2) $C=\{$两只都是二等品$\}$；

(3) $D=\{$一只是一等品，另一只是二等品$\}$；

(4) $E=\{$第二次抽取的是一等品$\}$.

解 由题意，$A_i=\{$第 i 次抽取的是一等品$\}$，故 $\overline{A_i}=\{$第 i 次抽取的是二等品$\}$.

(1) 事件 B 表示 A_1,A_2 同时发生，故 $B=A_1A_2$；

(2) 事件 C 表示 $\overline{A_1},\overline{A_2}$ 同时发生，故 $C=\overline{A_1}\,\overline{A_2}$；

(3) 事件 D 表示"第一次是一等品，第二次是二等品"，"第一次是二等品，第二次是一等品"这两个事件至少有一个发生，故 $D=(A_1\overline{A_2})\cup(\overline{A_1}A_2)$；

(4) 事件 E 表示"第一次是一等品，第二次也是一等品"，"第一次是二等品，第二次是一等品"这两个事件至少有一个发生，故 $E=(A_1A_2)\cup(\overline{A_1}A_2)$.

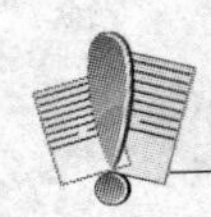

习题 9-1(A)

1. 指出下列事件中哪些是必然事件？哪些是不可能事件？

(1) 某商店有男店员 2 人，女店员 8 人，任意抽调 3 人去做其他的工作，事件 $A=\{3$ 个都是女店员$\}$，$B=\{3$ 个都是男店员$\}$，$C=\{$至少有 1 个男店员$\}$，$D=\{$至少有 1 个女店员$\}$；

(2) 一批产品中只有 2 件次品，现从中任取 3 件，事件 $A=\{3$ 件都是次品$\}$，$B=\{$至少 1 件正品$\}$，$C=\{$至多 1 件正品$\}$，$D=\{$恰有 2 件次品和 1 件正品$\}$.

2. 指出下列各组事件的包含关系：

(1) A={天晴}，B={天不下雨}；

(2) C={某动物活到 10 岁}，D={某动物活到 20 岁}；

(3) E={三人任意排成一列，甲在中间}，F={三人任意排成一列，甲不在排头}.

3. 试述下列事件的对立事件：

(1) A={抽到的 3 件产品均为正品}；

(2) B={甲、乙两人下象棋，甲胜}；

(3) C={抛掷一枚骰子，出现偶数点}.

4. 试用事件 A,B 表示下列事件：

(1) A 发生，B 不发生；

(2) A,B 至少有一个不发生；

(3) A,B 同时不发生；

(4) A 发生必然导致 B 发生，且 B 发生必然导致 A 发生.

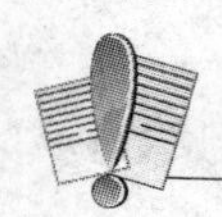

习题 9-1(B)

1. 写出下列随机试验的样本空间：

(1) 10 只产品中只有 3 只是次品，每次从中任取 1 只，取后不放回，直到 3 只次品都取出为止，观察可能抽取的次数；

(2) 逐个试制某种产品，直至得到 10 件合格品，观察可能试制的总件数；

(3) 某地铁站，每隔 5 分钟有一列车通过，乘客对于列车通过该站的时间完全不知道，观察乘客候车的时间 t；

(4) 袋中有编号为 1,2,3,4 的乒乓球 4 只，并知道编号是 1,2 的球是红色的，其他球是白色的，从中任意取两个球，① 观察取出的两个球的颜色，② 观察取出的两个球的编号.

2. 从红、黄、蓝三种颜色至少各 2 个的一批球中，任取一球，取后不放回，共取两次，试写出其样本空间，并用集合表示下列事件：A={第一次取出的球是红球}，B={两次取得不同颜色的球}.

3. 设 A,B,C 是样本空间 Ω 中的事件，其中 $\Omega=\{x|0\leqslant x\leqslant 20\}$，$A=\{x|0\leqslant x\leqslant 5\}$，$B=\{x|3\leqslant x\leqslant 10\}$，$C=\{x|7\leqslant x\leqslant 15\}$，试求下列事件：

(1) $A\cup B$；(2) $\overline{A}$；(3) $A\overline{B}$；(4) $A\cup(BC)$；(5) $A\cup(B\overline{C})$.

4. 一个工人加工了 4 个零件，设 A_i 表示第 i 个零件是合格品，试用 A_1,A_2,A_3,A_4 表示下列事件：

(1) 没有一个零件是不合格品；

(2) 至少有一个零件是不合格品；

(3) 只有一个零件是不合格品.

5. A,B,C 为一次试验中的三个事件，试用 A,B,C 表示下列事件：

(1) A,B 中至少有一个发生；

(2) A,B,C 中至少有一个不发生；

(3) A,B,C 中至多有一个发生.

6. 某仪器由三个元件组成，用 A_i 表示事件"第 i 个元件合格"$(i=1,2,3)$，试用 $A_i=(i=1,2,3)$ 表示事件 A,B,C,D，其中 $A=\{$仪器合格$\}$，$B=\{$仪器至多有一个元件不合格$\}$，$C=\{$仪器仅有一个元件合格$\}$，$D=\{$仪器至少有一个元件不合格$\}$，并指出 A,B,C,D 中哪些有包含关系，哪些有互不相容关系，哪些有对立关系.

§9-2 事件的概率

对于一个事件来说，它在一次试验中可能发生，也可能不发生. 我们常常希望知道随机事件在一次试验中发生的可能性究竟有多大，并希望寻求一个合适的数来表示这种可能性的大小，这个数量指标就称为事件的概率.

在概率的发展史上，人们根据所研究的问题的性质，提出了许多定义事件概率的方法.

一、概率的统计定义

在相同的条件下进行 n 次重复试验，事件 A 发生的次数 m 称为事件 A 发生的频数；m 与 n 的比值称为事件 A 发生的**频率**，记作 $f_n(A)$，即 $f_n(A)=\dfrac{m}{n}$.

显然，任何随机事件的频率是一个介于 0 与 1 之间的数. 历史上有很多人曾经做过抛硬币的试验，其结果如下表所示.

抛掷次数(n)	正面向上的次数(频数 m)	频率$\left(\dfrac{m}{n}\right)$
2048	1061	0.5181
4040	2048	0.5069
12000	6019	0.5016
24000	12012	0.5005

从表中数字可以看出，随着抛掷次数 n 的增大，出现正面向上的频率逐渐稳定在 0.5.

一般地，当试验次数 n 大量增加时，事件 A 发生的频率 $f_n(A)$ 总会稳定在某个常数 p 附近，这时就把 p 称为事件 A 发生的**概率**，简称事件 A 的概率，记作 $P(A)=p$.

这个定义是用统计事件发生的频率来确定的，故称之为**概率的统计定义**.

二、概率的古典定义

根据概率的统计定义，求得随机事件的概率，一般需要经过大量的重复试验，而事件发生的偶然性，使得频率稳定值的确定十分困难. 在概率论发展史上，首先被人们研究的概率模型出现在较简单的一类随机试验中，这类试验总共只有有限个不同的结果可能出现，并且每种结果出现的机会相等. 例如，抛一颗质地均匀的骰子观察点数，结果只有 6 种，而且每种结果出现的可能性相同.

理论上，具有下面两个特点的随机试验的概率模型称为**古典概型**：

(1) 只有有限个基本事件；

(2) 每个基本事件在一次试验中发生的可能性相同.

在古典概型中，若基本事件的总数为 n，事件 A 包含的基本事件数为 m，则称比值 $\frac{m}{n}$ 为事件 A 发生的概率，这个定义称为**概率的古典定义**，记为 $P(A)=\frac{m}{n}$.

古典概型又称为等可能概型. 在实际中，古典概型的例子很多，像袋中摸球、掷骰子、产品检验等，都属于这种类型.

例 1　从 0,1,2,3,4,5,6,7,8,9 这 10 个数字中任意选出 3 个不同的数字，试求 3 个数字中不含 0 和 5 的概率.

解　设 $A=\{3$ 个数字中不含 0 和 $5\}$. 从 0,1,2,3,4,5,6,7,8,9 这 10 个数字中任意选出 3 个不同的数字，共有 C_{10}^3 种选法，即基本事件总数 $n=C_{10}^3$. 3 个数字中不含 0 和 5，即从 1,2,3,4,6,7,8,9 这 8 个数字中选，选法有 C_8^3 种，故 A 包含的基本事件数为 $m=C_8^3$，则

$$P(A)=\frac{m}{n}=\frac{C_8^3}{C_{10}^3}=\frac{7}{15}.$$

例 2　已知 6 个零件中有 4 个正品、2 个次品，按下列三种方法检测 2 个零件：

(1) 每次任取 1 个，检测后放回(这类试验方法称为有返回抽样，被抽取的对象称为样品)；

(2) 每次任取 1 个，检测后不放回(这类试验方法称为无返回抽样)；

(3) 一次任取 2 个，并检测(这类试验方法称为一次抽样).

试分别求事件 $A=\{2$ 个中恰有 1 个次品$\}$ 的概率.

解　(1) 有返回抽样.

第一次和第二次都有 6 个零件可供抽取，按照乘法原理，样本空间包含的基本事件总数 $n=6\times6=36$，事件 A 包含两种情况，一种是“第一次取正品，第二次取次品”，另一种是“第一次取次品，第二次取正品”，而事件 A 包含的基本事件数 $m_A=2C_4^1\,C_2^1=16$，故按照概率的古典定义得

$$P(A)=\frac{m_A}{n}=\frac{16}{36}=\frac{4}{9}.$$

(2) 无返回抽样.

因为第一次取出的零件不放回袋中，第一次有 6 个零件可供抽取，第二次有 5 个零件可供抽取，所以样本空间包含的基本事件总数 $n=6\times5=30$. 而和返回抽样时一样，事件 A 包含的基本事件数 $m_A=2C_4^1\,C_2^1=16$，按概率的古典定义得

$$P(A)=\frac{m_A}{n}=\frac{16}{30}=\frac{8}{15}.$$

(3) 一次抽样.

被检测的 2 个零件一次取出，无先后次序，相当于从 6 个元素中任取 2 个元素，故基本事件总数为 $n=C_6^2=15$，此时事件 A 包含“两个中一个是正品，一个是次品”，它所包含的基本事件数 $m_A=C_4^1\,C_2^1=8$，按概率的古典定义计算得

$$P(A)=\frac{m_A}{n}=\frac{8}{15}.$$

一般地,可得到下列结论:

(1) 无返回抽样与一次抽样所抽出样品数相同,同一事件在两种试验中的概率相等.

(2) 比较有返回抽样与无返回抽样,同一事件在两种试验中的概率是不同的,但当被抽取的对象总数相对于抽取的样品的数较大时,两者的概率相差不大,这时无返回抽样可当成有返回抽样.

(3) 抽样问题中的基本事件的计数,常运用排列组合的知识.

三、概率的定义与性质

在概率的发展史上,除上述两种概率的定义外,还有许多其他的定义.抽去它们针对的不同问题及相应概率的计算方法的实际意义,概括出如下概率的一般定义.

定义 设Ω是随机事件E的样本空间,对于E的每个事件A赋予一个实数,记为$P(A)$,称$P(A)$为事件A的概率,如果它满足下列条件:

(1) $P(A)\geqslant 0$; (1)

(2) $P(\Omega)=1$; (2)

(3) 设$A_1,A_2,\cdots,A_n$是一列互不相容的事件,则$P(\bigcup\limits_{i=1}^{n}A_i)=\sum\limits_{i=1}^{n}P(A_i)$. (3)

由概率的定义可以推得概率的一些重要性质,此处省略它们的理论证明,有兴趣的读者可参考其他教材.

性质1 $P(\overline{A})=1-P(A)$. (4)

性质2 $0\leqslant P(A)\leqslant 1,P(\varnothing)=0$. (5)

性质3 $P(B-A)=P(B)-P(AB)$. (6)

特别地,当$A\subset B$时,$P(B-A)=P(B)-P(A)$,且$P(A)\leqslant P(B)$.

上述概率的性质很重要,希望读者掌握并会用它们进行概率的基本运算.

例3 一射手命中10环,9环,8环的概率分别为0.45,0.35,0.1,求:(1)"至少命中8环"的概率;(2)"至多命中7环"的概率.

解 设$A_i=\{$命中i环$\}(i=8,9,10)$,$B=\{$至少命中8环$\}$,$C=\{$至多命中7环$\}$.由题意$B=A_8\cup A_9\cup A_{10}$,其中A_8,A_9,A_{10}两两互不相容,且$C=\overline{B}$.

(1) 由公式(3),得

$$P(B)=P(A_8\cup A_9\cup A_{10})=P(A_8)+P(A_9)+P(A_{10})=0.45+0.35+0.1=0.9;$$

(2) 由公式(4),得

$$P(C)=P(\overline{B})=1-P(B)=1-0.9=0.1.$$

例4 设A与B互不相容,$P(A)=0.5$,$P(B)=0.3$,求$P(\overline{A}\overline{B})$.

解 $P(\overline{A}\overline{B})=P(\overline{A\cup B})=1-P(A\cup B)=1-[P(A)+P(B)]=1-(0.5+0.3)=0.2.$

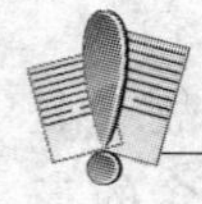

习题 9-2

1. 在9张数字卡片中,有5张正数卡片和4张负数卡片,从中任取2张,用上面的数字做乘法练习,其积为正数和负数的概率各是多少?

2. 新到价格不同的5种商品，随机放到货架上，求：

(1) 自左至右恰好按价格从大到小的顺序排列的概率；

(2) 价格最高的商品恰好在中间的概率；

(3) 价格最高和最低的商品恰好在两端的概率.

3. 若有某产品50件，其中5件是次品，现从中任取3件，求恰有一件次品的概率.

4. 已知某商品有正品(一等品和二等品)，还有次品，任取一件是一等品的概率是0.75，二等品的概率是0.24，求从这种商品中任取一件是正品和次品的概率分别是多少.

5. 假设自行车牌照号码由0～9中的任意7个数字组成，求某人的自行车牌照号码是由完全不同的数字组成的概率.

6. 盒子中装有6只同型号的灯泡，其中有2只是二等品，4只是一等品，从中任取两次，每次取1只，设 $A=\{$取到的2只都是二等品$\}$，$B=\{$取到1只一等品，1只二等品$\}$，分别用返回抽样法和无返回抽样法计算 $P(A)$，$P(B)$.

7. 汽车配件厂轮胎库中某型号轮胎20只中混有2只漏气的，现从中任取4只安装在一辆汽车上，求此汽车因轮胎漏气而返工的概率.

8. 一批产品共100只，其中5件是次品，从这批产品中随机地抽取出50件进行质量检查，如果50件中查出的次品不多于1件，则可以认为这批产品是合格的，求这批产品被认为是合格的概率.

§9-3　概率的基本公式

一、加法公式

由上一节公式(3)知，若事件 A 和 B 互不相容，则 $P(A\cup B)=P(A)+P(B)$. 但一般情况下如何求事件 A 与事件 B 的和事件的概率呢?

如图9-7所示，用面积为1的矩形表示必然事件 Ω 的概率，图中两圆形的面积分别表示事件 A，B 的概率，$A\cup B$ 所界定的面积表示事件 $A\cup B$ 的概率，显然，当 $A\cap B=\varnothing$ 时，$P(A\cup B)=P(A)+P(B)$，而当 $A\cap B\neq\varnothing$ 时，有

$$P(A\cup B)=P(A)+P(B)-P(AB).$$

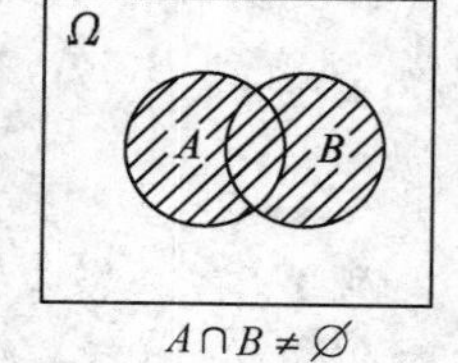

$A\cap B=\varnothing$　　$A\cap B\neq\varnothing$

图 9-7

上式称为概率的**加法公式**. 加法公式可推广到有限个事件至少有一个发生的情形. 例如，对于任意事件 A,B,C，有

$$P(A\cup B\cup C)=P(A)+P(B)+P(C)-[P(AB)+P(AC)+P(BC)]+P(ABC).$$

例1　在对某城镇居民消费情况调查中发现，拥有电脑的家庭占调查家庭的38%，拥有数码相机的占25%，至少拥有上述一种产品的占41%，求同时拥有上述两种产品的家庭所占的百分比.

解　设 $A=\{$拥有电脑$\}$，$B=\{$拥有数码相机$\}$，则

$$P(A)=38\%,P(B)=25\%,P(A\cup B)=41\%.$$

由概率的加法公式，得

$$P(AB)=P(A)+P(B)-P(A\cup B)=38\%+25\%-41\%=22\%.$$

二、条件概率与乘法公式

1. 条件概率

在实际问题中，除了要考虑事件 A 的概率，还要考虑在已知事件 B 发生的条件下，事件 A 发生的概率，称为在事件 B 发生的条件下事件 A 发生的**条件概率**，记作 $P(A|B)$，读作“在条件 B 下，事件 A 的概率”.

例如，在一批产品中任取一件，已知是合格品，问它是一等品的概率；在某人群中任选一人，被选中的人为男性，问他是色盲的概率等. 这些都是条件概率问题.

如何求条件概率？如图 9-8 所示，用面积为 1 的矩形表示必然事件 Ω 的概率，圆 B 所界定的面积表示事件 B 的概率，则在事件 B 已发生的条件下，有两种情况：一种是事件 A 发生，即 $A\cap B$；另一种是事件 A 不发生，即 $\overline{A}\cap B$. 此时 A 发生的概率 $P(A|B)$，可看成是 $A\cap B$ 界定的面积相对于 B 界定的面积所占的份额，当 $P(B)>0$ 时，有

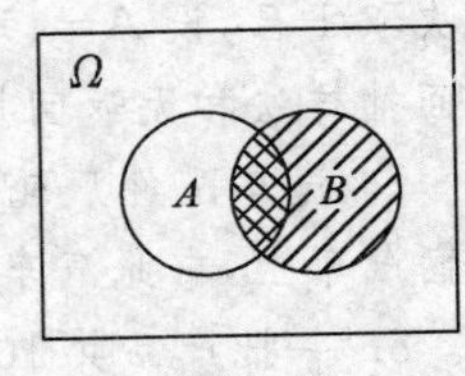

图 9-8

$$P(A|B)=\frac{P(AB)}{P(B)}.$$

上式称为**条件概率公式**.

显然，当 $P(A)>0$ 时，$P(B|A)=\dfrac{P(AB)}{P(A)}$.

计算条件概率有两个基本的方法：(1) 用条件概率公式计算；(2) 在古典概型中利用古典概型的计算方法直接计算.

例 2 在全部产品中有 4% 是废品，有 72% 为一等品. 现从其中任取一件为合格品，求它是一等品的概率.

解 设 $A=\{$任取一件为合格品$\}$，$B=\{$任取一件为一等品$\}$，则 $P(A)=96\%$，$P(B)=72\%$. 注意到 $B\subset A$，有 $P(AB)=P(B)=72\%$. 所以，所求概率

$$P(B|A)=\frac{P(AB)}{P(A)}=\frac{72\%}{96\%}=0.75.$$

例 3 在一袋中装有质地相同的 4 个红球，6 个白球，每次从中任取 1 球，取后不放回，连取 2 球，已知第一次取得白球，问第二次取得白球的概率是多少？

解 设 $A_i=\{$第 i 次取得白球$\}(i=1,2)$，根据题意，所求的概率为 $P(A_2|A_1)$.

解法 1 事件 A_1 发生后，袋中只剩 9 个球，其中有 5 只白球. 因此，在条件 A_1 下，事件 A_2 的概率就是从 10 个球中取出一个白球后，在剩下的 4 个红球、5 个白球中任取一个，取得白球的概率，所以 $P(A_2|A_1)=\dfrac{5}{9}$.

解法 2 因为 $P(A_1)=\dfrac{6}{10}=\dfrac{3}{5}$，$P(A_1A_2)=\dfrac{A_6^2}{A_{10}^2}=\dfrac{1}{3}$，所以

$$P(A_2|A_1)=\frac{P(A_1A_2)}{P(A_1)}=\frac{\frac{1}{3}}{\frac{3}{5}}=\frac{5}{9}.$$

2. 乘法公式

由条件概率公式,得

$$P(AB)=P(B)P(A|B)(P(B)>0)$$

或

$$P(AB)=P(A)P(B|A)(P(A)>0).$$

上式称为概率的**乘法公式**.

概率的乘法公式可推广到有限个事件交的情形.

设有 n 个事件 $A_1,A_2,\cdots,A_n$ 满足 $P(A_1A_2\cdots A_{n-1})>0$,则

$$P(A_1A_2\cdots A_n)=P(A_1)P(A_2|A_1)P(A_3|A_1A_2)\cdots P(A_n|A_1A_2\cdots A_{n-1}),$$

当 $n=3$ 时,$P(A_1A_2A_3)=P(A_1)P(A_2|A_1)P(A_3|A_1A_2)$.

例 4　一筐中有 8 只乒乓球,其中 4 只新球,4 只旧球,新球用过后就视为旧球,每次使用时随意取 1 只,用后放回筐中,求第三次所用球才是旧球的概率.

解　设 $A_i=\{$第 i 次用新球$\}(i=1,2,3)$,则所求概率为 $P(A_1A_2\overline{A_3})$,由乘法公式得

$$P(A_1A_2\overline{A}_3)=P(A_1)P(A_2|A_1)P(\overline{A_3}|A_1A_2)=\frac{4}{8}\times\frac{3}{8}\times\frac{6}{8}=\frac{9}{64}.$$

三、全概率公式与贝叶斯公式

定义 1　设事件 $H_1,H_2,\cdots,H_n$ 满足如下两个条件:

(1) $H_1,H_2,\cdots,H_n$ 互不相容,且 $P(H_i)>0,i=1,2,\cdots,n$;

(2) $H_1\cup H_2\cup\cdots\cup H_n=\Omega$,即 $H_1,H_2,\cdots,H_n$ 至少有一个发生.

则称 $H_1,H_2,\cdots,H_n$ 为样本空间 Ω 的一个划分.

当 $H_1,H_2,\cdots,H_n$ 为 Ω 的一个划分时,每次试验有且只有其中的一个事件发生.

设随机试验对应的样本空间为 Ω,$H_1,H_2,\cdots,H_n$ 为 Ω 的一个划分,A 是任意一个事件,则 $A=A\Omega=A(\bigcup\limits_{i=1}^{n}H_i)=\bigcup\limits_{i=1}^{n}AH_i$. 由于 $H_1,H_2,\cdots,H_n$ 互不相容,而 $AH_i\subset H_i$,故 AH_1,$AH_2,\cdots,AH_n$ 也互不相容,所以

$$P(A)=P(\bigcup_{i=1}^{n}AH_i)=\sum_{i=1}^{n}P(AH_i)=\sum_{i=1}^{n}P(H_i)P(A\mid H_i).$$

上式称为**全概率公式**.

全概率公式的直观解释是:一个事件的概率,往往可以分解为一组互不相容的事件的概率和,然后用乘法公式求解.

例 5　甲箱里有 2 个白球、1 个黑球,乙箱里有 1 个白球、5 个黑球. 今从甲箱中任取 1 球放入乙箱,然后再从乙箱中任取 1 球,求从乙箱中取得的球为白球的概率.

解　设 $A=\{$从乙箱中取得白球$\}$,$H_1=\{$从甲箱中取出 1 球为白球$\}$,$H_2=\{$从甲箱中取出 1 球为黑球$\}$,显然 H_1,H_2 为样本空间的一个划分.

根据题意,得

$$P(H_1)=\frac{2}{3},\quad P(H_2)=\frac{1}{3},\quad P(A|H_1)=\frac{2}{7},P(A|H_2)=\frac{1}{7}.$$

由全概率公式,得

$$P(A)=P(H_1)P(A|H_1)+P(H_2)P(A|H_2)=\frac{2}{3}\times\frac{2}{7}+\frac{1}{3}\times\frac{1}{7}=\frac{5}{21}.$$

例 6 某工厂三个车间共同生产一种产品，三个车间Ⅰ，Ⅱ，Ⅲ所生产的产品分别占该批产品的$\frac{1}{2}$，$\frac{1}{3}$，$\frac{1}{6}$，各车间的不合格品率依次为 0.02，0.03，0.04，试求从该批产品中任取一件为不合格品的概率.

解 设 $H_i=\{$取出的一件为第 i 个车间的产品$\}(i=1,2,3)$，$A=\{$取出的一件产品为不合格品$\}$，显然 H_1,H_2,H_3 为样本空间的一个划分，根据题意，得

$$P(H_1)=\frac{1}{2},P(H_2)=\frac{1}{3},P(H_3)=\frac{1}{6},$$

$$P(A|H_1)=0.02,P(A|H_2)=0.03,P(A|H_3)=0.04.$$

由全概率公式，得

$$\begin{aligned}P(A)&=P(H_1)P(A|H_1)+P(H_2)P(A|H_2)+P(H_3)P(A|H_3)\\&=\frac{1}{2}\times0.02+\frac{1}{3}\times0.03+\frac{1}{6}\times0.04\\&=\frac{2}{75}\approx0.027.\end{aligned}$$

下面介绍贝叶斯公式.

设 $H_1,H_2,\cdots,H_n$ 是样本空间的一个划分，A 是任一事件，且 $P(A)>0$，则

$$P(H_i\mid A)=\frac{P(AH_i)}{P(A)}=\frac{P(H_i)P(A\mid H_i)}{P(A)}=\frac{P(H_i)P(A\mid H_i)}{\sum\limits_{k=1}^{n}P(H_k)P(A\mid H_k)},i=1,2,\cdots,n.$$

上述公式称为**贝叶斯公式**. 在使用贝叶斯公式时往往先利用全概率公式求出 $P(A)$.

例 7 在例 6 的假设下，若任取一件是不合格品，分别求它是由Ⅰ，Ⅱ，Ⅲ车间生产的概率.

解 由贝叶斯公式，

$$P(H_1|A)=\frac{P(H_1)P(A|H_1)}{P(A)}=\frac{0.01}{\frac{2}{75}}=\frac{3}{8},$$

$$P(H_2|A)=\frac{P(H_2)P(A|H_2)}{P(A)}=\frac{0.01}{\frac{2}{75}}=\frac{3}{8},$$

$$P(H_3|A)=\frac{P(H_3)P(A|H_3)}{P(A)}=\frac{0.04\times\frac{1}{6}}{\frac{2}{75}}=\frac{1}{4}.$$

四、事件的独立性

条件概率反映了某一事件 B 对另一事件 A 的影响，一般来说，$P(A)$与 $P(A|B)$是不相等的. 但是在某些情况下，事件 B 发生与否对事件 A 不产生影响，即 $P(A)=P(A|B)$. 例如，两人在同一条件下打靶，一般来说，各人中靶与否并不相互影响. 又如，在放回抽样中，第一次抽取的结果对第二次抽取的结果没有影响. 也就是说，这些事件之间具有“独立性”.

定义 2 如果事件 A 发生的概率不受事件 B 发生的影响，即

$$P(AB)=P(A)P(B),$$

则称事件 A 对事件 B 是**独立**的.

由定义可推出下列结论:

(1) 若事件 A 独立于事件 B,则事件 B 也独立于事件 A,即两事件的独立性是相互的.

(2) 若事件 A 与事件 B 相互独立,则三对事件 $\overline{A}$ 与 $\overline{B}$,A 与 $\overline{B}$,$\overline{A}$ 与 B 也都是相互独立的.

(3) 事件 A 与 B 相互独立的充要条件是 $P(AB)=P(A)P(B)$.

两事件相互独立的直观意义是一事件发生的概率与另一事件是否发生互不影响.

事件的独立性可推广到有限个事件的情形:

若事件组 $A_1,A_2,\cdots,A_n$ 中的任意 k 个事件($2\leqslant k\leqslant n$)交的概率等于它们的概率积,则称事件组 $A_1,A_2,\cdots,A_n$ 是相互独立的,也就是说任一事件的概率不受其他事件发生与否的影响.此时,有

$$P(A_1\cup A_2\cup\cdots\cup A_n)=1-P(\overline{A_1\cup A_2\cup\cdots\cup A_n})=1-P(\overline{A_1}\,\overline{A_2}\cdots\overline{A_n})$$
$$=1-P(\overline{A_1})P(\overline{A_2})\cdots P(\overline{A_n}).$$

值得一提的是,若事件组相互独立,则其中任意两事件相互独立;反之,却不一定正确.

在实际问题中,事件之间是否独立,并不总是用定义或充要条件来检验的,可以根据具体情况来分析、判断.只要事件之间没有明显的联系,我们就可以认为它们是相互独立的.

例 8　甲、乙两个射手彼此独立地向同一目标射击,甲击中目标的概率为 0.9,乙击中目标的概率为 0.8,求该目标被击中的概率.

解　设 $A=\{$甲击中目标$\}$,$B=\{$乙击中目标$\}$,$C=\{$目标被击中$\}$,则 $P(A)=0.9$,$P(B)=0.8$,且 A,B 相互独立,$C=A\cup B$.

解法 1　因为 A,B 相互独立,故

$$P(C)=P(A\cup B)=P(A)+P(B)-P(AB)=P(A)+P(B)-P(A)P(B)$$
$$=0.9+0.8-0.9\times0.8=0.98.$$

解法 2

$$P(C)=1-P(\overline{C})=1-P(\overline{A\cup B})=1-P(\overline{A}\cap\overline{B})$$
$$=1-P(\overline{A})P(\overline{B})=1-[1-P(A)][1-P(B)]$$
$$=1-(1-0.9)(1-0.8)=0.98.$$

例 9　设加工某零件必须经过三道工序,第一、二、三道工序的废品率分别是 0.02,0.03,0.05,且各道工序互不影响,求加工出来的零件的废品率.

解　设 $A=\{$加工的零件是废品$\}$,$A_i=\{$第 i 道工序出现废品$\}$($i=1,2,3$),由题意知,A_i($i=1,2,3$)相互独立,且

$$P(A_1)=0.02,P(A_2)=0.03,P(A_3)=0.05,$$

显然,$A=A_1\cup A_2\cup A_3$,于是有

$$P(A)=1-P(\overline{A_1})P(\overline{A_2})P(\overline{A_3})=1-(1-0.02)(1-0.03)(1-0.05)\approx0.097.$$

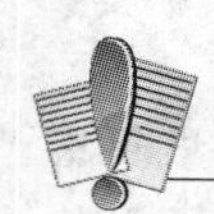

习题 9-3(A)

1. 已知事件 $A\subseteq B$,化简 $P(A\cup B)$,$P(A\cap B)$,$P(A|B)$,$P(B|A)$.

2. 学校为三年级学生开设运筹学和经济计量学两门选修课程,某班 40 名学生中,有 20 名选了运筹学,15 名选了经济计量学,同时选了这两门课程的有 8 名.在该班随意抽查 1 名

学生,求他至少选修了其中一门课程的概率和两门课程都未选修的概率.

3. 在仓库的1000台彩色电视机中,有300台是M品牌的,这300台中有189台是一级品,设$A=\{$任取的一台是一级品$\}$,$B=\{$任取一台是M品牌的$\}$,求$P(B)$,$P(A|B)$,$P(AB)$.

4. 一袋子中装有质地相同的2个白球、2个黑球,现从中每次摸出一球,摸出后不放回,设$A_i=\{$第i次摸出黑球$\}(i=1,2)$,试用A_i分别表示下列事件,并求出相应的概率.

(1) 第一次摸出黑球,第二次摸出白球;

(2) 两次摸出的都是白球;

(3) 第二次才摸到白球;

(4) 两次至少摸出一个白球.

5. 两台车床加工同种零件,已知第一台出现次品的概率为0.03,第二台出现次品的概率为0.02,加工出来的零件放在一起,又知第一台车床加工零件的数量比第二台车床多一倍.试求:

(1) 任取一个零件,该零件是合格品的概率;

(2) 若取出的一个零件是次品,求它是第二台车床加工的概率.

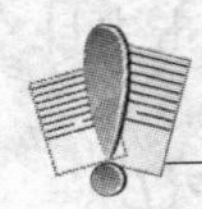

习题 9-3(B)

1. 设A,B互不相容,且$P(A)=a,P(B)=b$,试求:

(1) $P(A\cup B)$; (2) $P(AB)$; (3) $P(A\cup\overline{B})$; (4) $P(A\overline{B})$; (5) $P(\overline{A}\cap\overline{B})$.

2. 已知$P(A)=p,P(B)=q,P(A\cup B)=r$,求$P(A\overline{B})$及$P(\overline{A}\cap\overline{B})$.

3. 某单位订阅甲、乙、丙三种报纸,据调查,职工中读甲、乙、丙报的人数比例分别为40%,26%,24%,8%兼读甲、乙报,5%兼读甲、丙报,4%兼读乙、丙报,2%兼读甲、乙、丙报.现从职工中随机地抽取1人,求该职工至少读一种报纸的概率和不读报的概率各是多少.

4. 一批零件共100个,次品率为10%,不放回地连续抽取三次,每次取一个,求第三次才取到正品的概率.

5. 老师提出一个问题,由甲先答,答对的概率为0.4,如果甲答错,再由乙答,答对的概率为0.5,求问题由乙答对的概率.

6. 由长期的统计资料得知,某地区九月份下雨(记作A)的概率是$\frac{4}{15}$,刮风(记作B)的概率是$\frac{7}{15}$,既刮风又下雨的概率是$\frac{1}{10}$,求$P(A\cup B)$,$P(A|B)$,$P(B|A)$.

7. 制造一种零件,甲车床的废品率是0.04,乙车床的废品率是0.05,从它们制造的产品中各抽取一件,其中恰有一件废品的概率是多少?

8. 甲、乙两箱同型号产品分别有12件和10件,且每箱中混有一件废品,任意从甲箱中取出1件放入乙箱,然后再从乙箱中随机抽取一件,求从乙箱中取出的这一件是废品的概率.

9. 一盒螺丝钉共20个,其中19个是合格品,另一盒有20个螺母,其中18个是合格品,现从两盒中各取一个螺丝钉和螺母,求两个都是合格品的概率.

10. 三个人独立地破译一份密码，他们译出的概率分别是$\frac{1}{5}$，$\frac{1}{3}$，$\frac{1}{4}$，问能将此密码译出的概率是多少？

11. 某工厂有甲、乙、丙三个车间，它们都生产灯泡，其中三个车间的产量分别占总产量的 45%，30%，25%. 又知这三个车间的次品率分别为 4%，3%，2%，产品混在一起，试问：

(1) 从该工厂生产的灯泡中任取一个，取出的是次品的可能性有多大？

(2) 如果抽取到的是一只次品，那么这只次品是甲、乙、丙车间生产的概率分别是多大？

§9-4　随机变量及其分布

一、随机变量的概念

为便于用数学的形式来描述、解释和论证随机试验的某些规律性，我们需要按照研究的目的将试验中的随机事件数量化. 我们引入一个变量，不同的试验结果对应到该变量的不同取值，这样就可以达到数量化的目的. 例如，掷一枚骰子，出现的点数用变量 ξ 表示，则出现点数为 2 时 $\xi=2$，出现点数为 5 时 $\xi=5$. 又如，在一批灯泡中任取一只，测试它的寿命，用变量 η 表示寿命，测试某一灯泡寿命为 1000，即 $\eta=1000$. 还有很多随机试验本身结果不是数量，这时可根据需要，建立试验结果与数量的对应关系. 例如，掷一枚硬币观察正反面出现情况，可以引入变量 X，用“$X=1$”表示出现正面，“$X=0$”表示出现反面. 又如，足球比赛，记录比赛结果胜、平、负，可以引入变量 Y，用“$Y=2$”表示胜，“$Y=0$”表示负，“$Y=1$”表示平.

上述的变量 ξ,η,X,Y 的取值都具有随机性，即在试验前不能预言变量会取什么值，我们称之为随机变量.

定义 1　设 E 是随机试验，样本空间为 Ω，如果对于每一个结果（样本点）$\omega\in\Omega$ 都有一个确定的实数与之对应，这样就得到一个定义在 Ω 上的实值函数 $\xi=\xi(\omega)$，称为**随机变量**. 随机变量通常用字母 ξ,η,δ 或 X,Y,Z 等表示.

这种变量之所以称为随机变量，是因为它的取值随试验的结果而定，而试验结果的出现是随机的，因而它的取值也是随机的. 但由于试验的所有可能出现的结果是预先知道的，故对每一个随机变量，我们可知道它的取值范围，且可求得它取各个值或在某一区间取值的可能性大小，即概率.

随机变量的概念在概率论和数理统计中具有非常重要的地位，对于随机变量的理解，应注意以下几点：

(1) 随机变量实际上是把一个随机试验的可能结果与实数相对应，这种对应关系带有一定的随意性. 例如，在抛硬币试验中，也可以规定随机变量 X 取 5，10 分别表示“出现正面”，“出现反面”.

(2) 对于同一随机试验，我们根据研究的目的，可以引入多个随机变量. 例如，袋中装有 5 个白球、2 个黑球，所有球上都有编号，从中任取 3 个球，可以引入变量 ξ 表示取出的 3 个球中的白球数，还可以引入 η 表示取出的 3 个球中编号为奇数的球数.

引入随机变量后，就可以用随机变量描述事件. 例如，在抛硬币的试验中，$\{X=1\}$ 表示事件“出现正面”，且 $P(X=1)=\frac{1}{2}$.

在投骰子的试验中，$\{\xi=2\}$表示“出现 2 点”，则 $P(\xi=2)=\frac{1}{6}$；$\{\xi\geqslant4\}$表示“出现 4 点或 5 点或 6 点”，则 $P(\xi\geqslant4)=\frac{1}{2}$.

在测试灯泡寿命的试验中，$\{\eta\leqslant1000\}$表示“灯泡寿命不超过 1000 小时”，$\{1000\leqslant\eta\leqslant1500\}$表示“灯泡寿命在 1000 小时到 1500 小时之间”，等等.

研究随机变量，要把握两方面：一是随机变量的可能取值；二是它取这些值或在某一区间取值的概率. 为更清楚地理解随机变量，我们引入分布函数的概念.

定义 2 设 ξ 是一个随机变量，称函数 $F(x)=P(\xi\leqslant x)$，$x\in(-\infty,+\infty)$为 ξ 的**分布函数**，简称**分布**.

分布函数具有以下性质：

(1) $0\leqslant F(x)\leqslant1$；

(2) $P(x_1<\xi\leqslant x_2)=F(x_2)-F(x_1)$；

(3) 当 $x_1<x_2$ 时，有 $F(x_1)\leqslant F(x_2)$.

随机变量按其取值情况可以分为两类：离散型和非离散型随机变量，而非离散型随机变量中最重要且在实际中常会遇到的是连续型随机变量. 所以，我们主要就离散型和连续型随机变量做简要讨论.

二、离散型随机变量及其分布列

定义 3 如果随机变量 ξ 只取有限多个或无穷可列个值，则称 ξ 为**离散型随机变量**.

例如，某商店每天销售某种商品的件数，某车站在一小时内的候车人数，平板玻璃每单位面积上的气泡数等都是离散型随机变量.

对于离散型随机变量，我们需要知道它的所有可能取值及取每一个可能值的概率.

例 1 在 5 件商品中有 2 件次品，从中任取 2 件，用随机变量 ξ 表示其中的次品数. 试求 ξ 的取值范围及取每个值的概率.

解 随机变量 ξ 表示任取两件产品中的次品数，显然 ξ 的取值范围为$\{0,1,2\}$.

根据概率的古典定义，计算得

$$P(\xi=0)=\frac{C_3^2}{C_5^2}=0.3,\ P(\xi=1)=\frac{C_3^1C_2^1}{C_5^2}=0.6,\ P(\xi=2)=\frac{C_2^2}{C_5^2}=0.1.$$

我们把 ξ 的可能取值及取各个值的概率用表格列举出来，这样更为直观.

ξ	0	1	2
p_k	0.3	0.6	0.1

一般地，设离散型随机变量 ξ 的可能取值为 $x_1,x_2,\cdots,x_k,\cdots$，事件$\{\xi=x_k\}$的概率为

$$P(\xi=x_k)=p_k,k=1,2,\cdots,$$

则称 $P(\xi=x_1)=p_1,P(\xi=x_2)=p_2,\cdots,P(\xi=x_k)=p_k,\cdots$或

ξ	x_1	x_2	…	x_n	…
p_k	p_1	p_2	…	p_n	…

为离散型随机变量的**分布列**(或**分布律**).

随机变量的分布列显然具有下列性质:

(1) $p_k \geqslant 0(k=1,2,\cdots)$;　　(2) $\sum_k p_k = 1$.

例 2　一篮球运动员在某定点每次投篮的命中率为 0.8,假定每次投篮的条件相同,且结果互不影响.

(1) 求到投中为止所需次数的分布列;

(2) 求投篮不超过两次就命中的概率.

解　(1) 设随机变量 η 表示到投中为止,运动员所需投篮的次数,则 η 的取值范围是 $\{1,2,\cdots,n,\cdots\}$. 设 $A_k=\{$第 k 次投中$\}(k=1,2,\cdots,n,\cdots)$,根据题意 $A_1,A_2,\cdots,A_n,\cdots$是相互独立的,且 $P(A_k)=0.8, P(\overline{A_k})=0.2\ (k=1,2,\cdots,n,\cdots)$.

因为　$P(\eta=1)=P(A_1)=0.8$,

$P(\eta=2)=P(\overline{A_1}A_2)=P(\overline{A_1})P(A_2)=0.2\times 0.8$,

$\cdots$,

$P(\eta=n)=P(\overline{A}_1\overline{A}_2\cdots\overline{A}_{n-1}A_n)=P(\overline{A}_1)P(\overline{A}_2)\cdots P(\overline{A}_{n-1})P(A_n)=0.2^{n-1}\times 0.8$,

$\cdots$.

所以 η 的分布列为

η	1	2	…	n	…
p_k	0.8	0.2×0.8	…	$0.2^{n-1}\times 0.8$	…

(2) 根据题意 $A=\{$投篮不超过两次就命中$\}=\{\eta\leqslant 2\}=\{\eta=1\}\cup\{\eta=2\}$,所以

$P(A)=P(\eta\leqslant 2)=P(\{\eta=1\}\cup\{\eta=2\})=P(\eta=1)+P(\eta=2)=0.8+0.2\times 0.8=0.96$.

由上两例看出,离散型随机变量的可能取值可以是有限个也可以是无穷可列个. 知道了离散型随机变量的分布列,也就掌握了它在各个部分范围内的概率. 分布列全面描述了离散型随机变量的概率分布规律.

三、连续型随机变量及其密度函数

在实际问题中,我们经常会遇到在一个区间内取值的随机变量. 例如,前面提到的灯泡的寿命(正常使用的小时数)是随机变量,它可以取$[0,+\infty)$内的一切实数,它的取值是不可列的. 像这样的随机变量就是连续型随机变量,它们是不可能用分布列来表示取值的概率分布规律的,为此引入概率密度函数的概念.

定义 4　如果对于随机变量 ξ,存在一个非负函数 $f(x)$,使 ξ 在任意区间$(a,b]$取值的概率为

$$P(a<\xi\leqslant b)=\int_a^b f(x)\mathrm{d}x,$$

那么,ξ 就称为**连续型随机变量**,$f(x)$称为 ξ 的**概率密度函数**(简称为**概率密度**或**密度函数**).

连续型随机变量 ξ 的密度函数 $f(x)$具有以下两个性质:

(1) $f(x)\geqslant 0, x\in \mathbf{R}$;　　(2) $\int_{-\infty}^{+\infty} f(x)\mathrm{d}x = 1$.

从几何上看，密度函数就是在 x 轴上方且与 x 轴所围图形面积等于 1 的曲线，而概率 $P(a<\xi\leqslant b)$ 可以表示为密度函数 $f(x)$ 与 $x=a, x=b$ 及 x 轴所围曲边梯形的面积(图 9-9).

由密度函数的定义、性质，可推出连续型随机变量 ξ 的概率运算性质：

(1) $P(\xi=a)=0$;

(2) $P(a<\xi\leqslant b)=P(a\leqslant\xi<b)=P(a<\xi<b)=P(a\leqslant\xi\leqslant b)$;

(3) $P(a<\xi\leqslant b)=P(\xi\leqslant b)-P(\xi\leqslant a)=F(b)-F(a)$;

(4) $P(\xi>a)=1-P(\xi\leqslant a)=1-F(a)$.

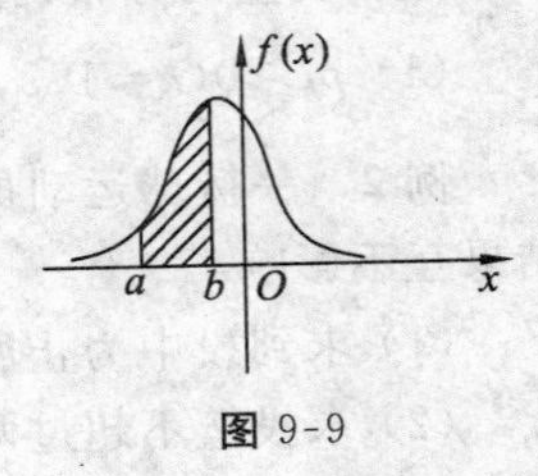

图 9-9

由(1)知连续型随机变量恰取某一值的概率为 0，所以对于连续型随机变量所表示的事件，概率为 0 的事件不一定是不可能事件. 同样，概率为 1 的事件不一定是必然事件.

例 3　设连续型随机变量 ξ 的密度函数为

$$f(x)=\begin{cases} kx+1, & 0<x<2, \\ 0, & \text{其他}. \end{cases}$$

(1) 求系数 k;　　(2) 计算 $P(1.5<\xi<2.5)$.

解　(1) 由密度函数的性质(2)，知 $\int_{-\infty}^{+\infty} f(x)\mathrm{d}x = 1$，即

$$\int_{-\infty}^{+\infty} f(x)\mathrm{d}x = \int_{-\infty}^{0} f(x)\mathrm{d}x + \int_{0}^{2} f(x)\mathrm{d}x + \int_{2}^{+\infty} f(x)\mathrm{d}x$$

$$= \int_{0}^{2} (kx+1)\mathrm{d}x = 2k+2 = 1,$$

解得 $k=-\frac{1}{2}$. 经检验，$k=-\frac{1}{2}$ 时，$f(x)\geqslant 0$ 满足密度函数的性质(1)，故 $k=-\frac{1}{2}$.

(2) $P(1.5<\xi<2.5)=\int_{1.5}^{2.5} f(x)\mathrm{d}x=\int_{1.5}^{2} f(x)\mathrm{d}x+\int_{2}^{2.5} f(x)\mathrm{d}x=\int_{1.5}^{2}\left(-\frac{1}{2}x+1\right)\mathrm{d}x=$ 0.0625.

由以上可知，对于连续型随机变量，只要知道它的密度函数，就可以通过积分求出它在各个区间取值的概率. 因此，对于连续型随机变量而言，它的密度函数就类似于离散型随机变量的分布列，全面描述了它的概率分布规律.

四、几个重要的随机变量的分布

1. 离散型随机变量的分布

(1) 两点分布(0-1 分布).

定义 5　若随机变量 ξ 只取两个可能值 0,1，且

$$P(\xi=1)=p, P(\xi=0)=q,$$

其中 $0<p<1, q=1-p$，则称 ξ 服从**两点分布**(或 0-1 分布). ξ 的分布列为

ξ	0	1
p_k	q	p

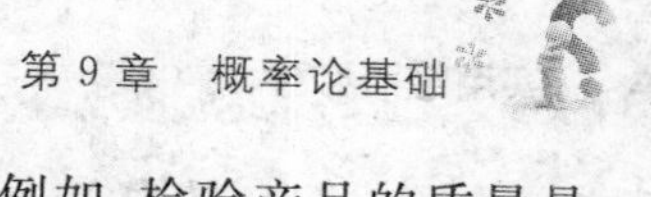

如果随机试验只出现两种结果 A 和 $\overline{A}$，则称其为**伯努利试验**. 例如，检验产品的质量是否合格，婴儿的性别是男是女，投篮是否命中等都属于伯努利试验，它们都可以用两点分布来描述.

(2) 二项分布.

定义 6　若随机变量 ξ 的可能取值为 $0,1,\cdots,n$，且分布列为

$$p_k=P(\xi=k)=C_n^k p^k q^{n-k}(k=0,1,2,3,\cdots,n).$$

其中 $p,q>0$ 且 $p+q=1$. 此时称 ξ 服从**参数为 n,p 的二项分布**，记作 $\xi\sim B(n,p)$.

显然，当 $n=1$ 时，ξ 服从 0-1 分布，即 0-1 分布实际上是二项分布的特例.

二项分布名称的由来是因为二项式 $(p+q)^n$ 展开式的第 $k+1$ 项恰好是 $P(\xi=k)=C_n^k p^k q^{n-k}$. 由此还可以看出

$$\sum_{k=0}^{n} p_k=\sum_{k=0}^{n} C_n^k p^k q^{n-k}=(p+q)^n=1,$$

$\{p_k\}$ 满足分布列的基本性质.

在相同的条件下，对同一试验重复进行 n 次，如果每次试验的结果互不影响，则称这 n 次重复试验为 **n 次独立试验**. n 次独立的伯努利试验称为 **n 重伯努利试验**. 在 n 重伯努利试验中，令 ξ 表示事件 A 发生的次数，则

$$P(\xi=k)=P_n(k)=C_n^k p^k q^{n-k},k=0,1,2,3,\cdots,n,$$

即 ξ 服从参数为 n,p 的二项分布.

二项分布是一种常用分布，如一批产品的不合格率为 p，检查 n 件产品，n 件产品中不合格品数 ξ 服从二项分布；调查 n 个人，n 个人中色盲人数 η 服从参数为 n,p 的二项分布，其中 p 为色盲率；n 部机器独立运转，每台机器出故障的概率为 p，则 n 部机器中出故障的机器数 ζ 服从二项分布.

例 4　某特效药的临床有效率为 0.95，现有 10 人服用，问至少有 8 人治愈的概率是多少?

解　设 ξ 表示 10 人中被治愈的人数，则 $\xi\sim B(10,0.95)$，所求概率为

$$\begin{aligned}P(\xi\geqslant 8)&=P(\xi=8)+P(\xi=9)+P(\xi=10)\\&=C_{10}^8(0.95)^8(0.05)^2+C_{10}^9(0.95)^9(0.05)^1+C_{10}^{10}(0.95)^{10}\\&\approx 0.9885.\end{aligned}$$

(3) 泊松分布.

定义 7　若随机变量 ξ 的可能取值为 $0,1,2,\cdots,n,\cdots$，且分布列为

$$P(\xi=k)=\frac{\lambda^k}{k!}e^{-\lambda}(\lambda>0,k=0,1,2,\cdots,n,\cdots),$$

则称 ξ 服从参数为 λ 的**泊松分布**，记作 $\xi\sim P(\lambda)$.

具有泊松分布的随机变量在实际应用中是很多的. 例如，某一时段进入某商店的顾客数，某一地区一个时间段内发生交通事故的次数，一天内 110 报警台接到的报警的次数，等等，都服从泊松分布. 泊松分布也是概率论中的一种重要分布.

二项分布与泊松分布之间有着密切的联系. 二项分布应用非常广泛，但当 n 较大时，计算很繁琐，这就需要比较简便的方法. 1837 年，法国数学家泊松(Poisson)在研究二项分布的近似计算时发现，当 n 较大、p 较小时，二项分布 $P(\xi=k)=C_n^k p^k q^{n-k}\approx\frac{\lambda^k}{k!}e^{-\lambda}(\lambda>0,k=0,$

$1,2,\cdots,n,\cdots$)，其中 $\lambda=np$. 也就是说若随机变量 ξ 服从 $B(n,p)$，n 较大，而 p 较小，在实际计算中，只要 $n>10$，$p<0.1$，就可把 ξ 近似看作是服从 $\lambda=np$ 的泊松分布来求解，而服从泊松分布的随机变量 ξ 的概率值可在附录的泊松分布表中查出.

例 5 一个工厂生产的产品次品率为 0.015，任取 100 件，求其中恰有三件次品的概率.

解 设 100 件产品中的次品数为 ξ，则 $\xi\sim B(100,0.015)$，由于 $n>10$，$p<0.1$，故可用泊松分布近似. 令 $\lambda=np=100\times0.015=1.5$，则可近似看作 $\xi\sim P(1.5)$.

查附表 2 可知，$P(\xi=3)=P(\xi\geqslant3)-P(\xi\geqslant4)=0.191153-0.065642=0.125511$.

2. 连续型随机变量的分布

(1) 均匀分布.

定义 8 若随机变量 ξ 的密度函数为

$$f(x)=\begin{cases}\dfrac{1}{b-a}, & a\leqslant x\leqslant b,\\ 0, & \text{其他}.\end{cases}$$

则称 ξ 服从区间 $[a,b]$ 上的**均匀分布**，记作 $\xi\sim[a,b]$.

如果 $[c,d]$ 是 $[a,b]$ 的一个子区间（即 $a\leqslant c<d\leqslant b$），则有

$$P(c\leqslant\xi\leqslant d)=\int_c^d f(x)\mathrm{d}x=\int_c^d\frac{1}{b-a}\mathrm{d}x=\frac{c-d}{b-a}.$$

上式表明，ξ 在 $[a,b]$ 中任一子区间取值的概率与区间的长度成正比，而与子区间的位置无关. 也就是说，ξ 在区间 $[a,b]$ 上的概率分布是均匀的，因此叫做均匀分布.

例 6 某公共汽车站每隔 10 分钟有一趟公交车通过，一乘客随机到达该车站候车，候车时间 ξ 服从 $[0,10]$ 上的均匀分布，问他至少等候 8 分钟的概率是多少？

解 因为 ξ 服从 $[0,10]$ 上的均匀分布，所以 ξ 的密度函数为

$$f(x)=\begin{cases}\dfrac{1}{10}, & 0\leqslant x\leqslant 10,\\ 0, & \text{其他}.\end{cases}$$

从而
$$P(8\leqslant\xi\leqslant10)=\int_8^{10}f(x)\mathrm{d}x=\int_8^{10}\frac{1}{10}\mathrm{d}x=0.2,$$

即乘车等候时间 8 分钟以上的概率为 0.2.

(2) 指数分布.

定义 9 若随机变量 ξ 的密度函数为

$$f(x)=\begin{cases}\lambda\mathrm{e}^{-\lambda x}, & x>0,\\ 0, & x\leqslant 0,\end{cases}$$

其中 $\lambda>0$，则称 ξ 服从参数为 λ 的**指数分布**，记作 $\xi\sim Z(\lambda)$.

指数分布常被用做各种“寿命”的分布，如电子元件的使用寿命，动物的寿命，电话的通话时间，随机服务系统中的服务时间等都通常假定服从指数分布.

例 7 设某型号的灯管的使用寿命 ξ（单位：h）服从参数 $\lambda=\dfrac{1}{2000}$ 的指数分布，试求：

(1) 任取该型号的灯管一只，能使用 1000 h 以上的概率；

(2) 在使用了 1000 h 后，还能再使用 1000 h 以上的概率.

解 由题意知，$\xi\sim E\left(\dfrac{1}{2000}\right)$.

(1) $P(\xi>1000)=\int_{1000}^{+\infty}\frac{1}{2000}\mathrm{e}^{-\frac{t}{2000}}\mathrm{d}t=\lim\limits_{t\to+\infty}(-\mathrm{e}^{-\frac{t}{2000}})-(-\mathrm{e}^{-\frac{1000}{2000}})=\mathrm{e}^{-\frac{1}{2}}\approx 0.607$,
故能使用 1000 h 以上的概率为 60.7%.

(2) 在使用了 1000 h 后，还能再使用 1000 h 以上的概率为

$$P(\xi>2000\mid\xi>1000)=\frac{P(\{\xi>2000\}\cap\{\xi>1000\})}{P(\xi>1000)}=\frac{P(\xi>2000)}{P(\xi>1000)}.$$

又因为 $P(\xi>2000)=\int_{2000}^{+\infty}\frac{1}{2000}\mathrm{e}^{-\frac{t}{2000}}\mathrm{d}t=\lim\limits_{t\to+\infty}(-\mathrm{e}^{-\frac{t}{2000}})-(-\mathrm{e}^{-\frac{2000}{2000}})=\mathrm{e}^{-1}$,

所以

$$P(\xi>2000\mid\xi>1000)=\frac{\mathrm{e}^{-1}}{\mathrm{e}^{-\frac{1}{2}}}=\mathrm{e}^{-\frac{1}{2}}\approx 0.607.$$

由此可以看出，任取一只该型号灯管能正常使用 1000 h 以上的概率与使用了 1000 h 后还能再使用 1000 h 以上的概率是相等的. 这反映出了指数分布的一个有趣特性：“无记忆性”或“无后效性”，故指数分布被风趣地称为“永远年轻”的分布.

(3) 正态分布.

正态分布是最重要、最常见的一种连续型分布. “正态分布”一词顾名思义，就是“正常状态下的分布”. 在自然界和社会领域常见的变量中，很多都具有“两头小、中间大、左右对称”的性质. 例如，一群人的身高，个子很高或很矮的都是少数，多数是中间状态，且以平均身高去作比较，比它高和比它矮的人数都差不多，这就适合用正态分布去刻画. 理论研究表明，一个变量如果受到大量的随机因素的影响，而各个因素所起的作用都很微小时，这样的变量一般都服从正态分布.

定义 10　若随机变量 ξ 的密度函数为

$$f(x)=\frac{1}{\sqrt{2\pi}\sigma}\mathrm{e}^{-\frac{(x-\mu)^2}{2\sigma^2}}\ (-\infty<x<+\infty),$$

其中 μ,σ 为常数且 $\sigma>0$，则称 ξ 服从参数为 μ,σ 的**正态分布**，记作 $\xi\sim N(\mu,\sigma^2)$.

正态分布的密度函数的图象称为正态曲线(图 9-10)，它是以 $x=\mu$ 为对称轴的“钟形”曲线，且在 $x=\mu$ 处取得最大值 $\frac{1}{\sqrt{2\pi}\sigma}$；参数 σ 决定正态曲线的形状，σ 越大，曲线越扁平，即随机变量取值越分散，σ 越小，曲线越狭高，即随机变量取值越集中.

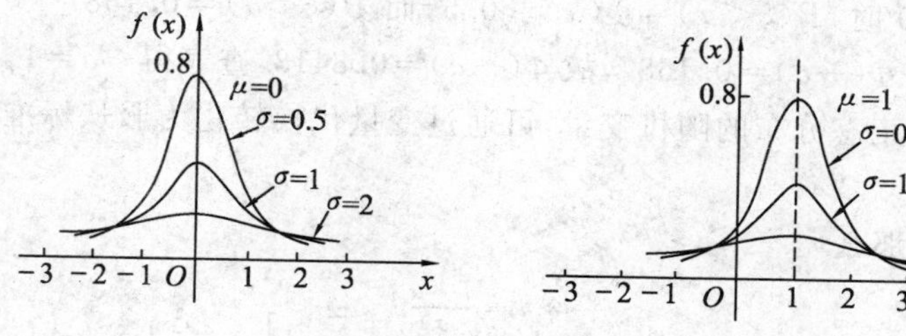

图 9-10

特别地，当 $\mu=0,\sigma=1$ 时，称随机变量 ξ 服从标准正态分布，记作 $\xi\sim N(0,1)$，其密度函数、分布函数分别记作：

$$\varphi(x)=\frac{1}{\sqrt{2\pi}}\mathrm{e}^{-\frac{x^2}{2}}\ (-\infty<x<+\infty),$$

$$\Phi(x)=\frac{1}{\sqrt{2\pi}}\int_{-\infty}^{x}\mathrm{e}^{-\frac{t^2}{2}}\mathrm{d}t.$$

显然，$\varphi(x)$的图象关于 y 轴对称，且 $\varphi(x)$在 $x=0$ 处取得最大值$\frac{1}{\sqrt{2\pi}}$(图 9-11).

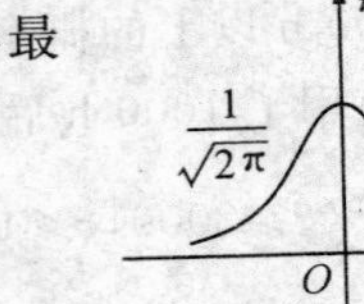

图 9-11

通常我们称 $\Phi(x)$为标准正态分布函数，它具有下列性质：

(1) $\Phi(-x)=1-\Phi(x)$；　　(2) $\Phi(0)=\frac{1}{2}$.

对于服从标准正态分布的随机变量的概率，我们可以通过查标准正态分布表(附表 3)来求得.

在计算概率时，我们需要注意：

(1) 计算 $P(\xi\leqslant x)=\Phi(x)$，当 $x\geqslant 0$ 时，可查表求得；当 $x<0$ 时，$-x>0$，可先查表求得 $\Phi(-x)$的值，再利用标准正态分布的性质(1)，求出 $P(\xi\leqslant x)=\Phi(x)=1-\Phi(-x)$.

(2) 在(1)的基础上，利用连续型随机变量的概率运算性质，可计算

$$P(a<\xi\leqslant b)=P(\xi\leqslant b)-P(\xi\leqslant a)=\Phi(b)-\Phi(a),$$
$$P(\xi>a)=1-P(\xi\leqslant a)=1-\Phi(a).$$

例 8　设 $\xi\sim N(0,1)$，求：

(1) $P(\xi=1.24)$；(2) $P(\xi\geqslant -0.09)$；(3) $P(|\xi|<1.96)$；(4) $P(-2.32\leqslant\xi\leqslant 1.2)$.

解　(1) 因为 ξ 是连续型随机变量，所以 $P(\xi=1.24)=0$.

(2) $P(\xi\geqslant -0.09)=1-\Phi(-0.09)=1-[1-\Phi(0.09)]=\Phi(0.09)=0.5359$.

(3)
$$\begin{aligned}P(|\xi|<1.96)&=P(-1.96<\xi<1.96)=\Phi(1.96)-\Phi(-1.96)\\&=\Phi(1.96)-[1-\Phi(1.96)]\\&=2\Phi(1.96)-1=2\times 0.975-1=0.95.\end{aligned}$$

(4)
$$\begin{aligned}P(-2.32\leqslant\xi\leqslant 1.2)&=\Phi(1.2)-\Phi(-2.32)=\Phi(1.2)-[1-\Phi(2.32)]\\&=0.8849-1+0.9898=0.8747.\end{aligned}$$

例 9　设 $\xi\sim N(0,1)$，求下式中的 a：

(1) $P(\xi>a)=0.0228$；　　(2) $P(\xi<a)=0.1587$.

解　(1) $P(\xi>a)=1-\Phi(a)=0.0228$，$\Phi(a)=0.9772$，查表得 $a=2$.

(2) 因为当 $x\geqslant 0$ 时，$P(\xi<x)=\Phi(x)\geqslant 0.5$，而 $P(\xi<a)=0.1587<0.5$，所以 $a<0$. $P(\xi<a)=\Phi(a)=1-\Phi(-a)=0.1587$，故 $\Phi(-a)=0.8413$，查表得 $-a=1$，即 $a=-1$.

对于服从非标准正态分布的随机变量，可通过变量代换转化为服从标准正态分布，然后再去查表计算.

设 $\xi\sim N(\mu,\sigma^2)$，那么

$$P(\xi\leqslant x)=\int_{-\infty}^{x}\frac{1}{\sqrt{2\pi}\sigma}\mathrm{e}^{-\frac{(t-\mu)^2}{2\sigma^2}}\mathrm{d}t\xlongequal{\text{令 }u=\frac{t-\mu}{\sigma}}\int_{-\infty}^{\frac{x-\mu}{\sigma}}\frac{1}{\sqrt{2\pi}}\mathrm{e}^{-\frac{u^2}{2}}\mathrm{d}u=\Phi\left(\frac{x-\mu}{\sigma}\right).$$

从而可以查表求出 $P(\xi\leqslant x)$. 类似地，$P(a<\xi\leqslant b)=P(\xi\leqslant b)-P(\xi\leqslant a)=\Phi\left(\frac{b-\mu}{\sigma}\right)-\Phi\left(\frac{a-\mu}{\sigma}\right)$. 事实上，可以证明 $\eta=\frac{\xi-\mu}{\sigma}\sim N(0,1)$，即可以把服从一般正态分布 $\xi\sim N(\mu,\sigma^2)$的

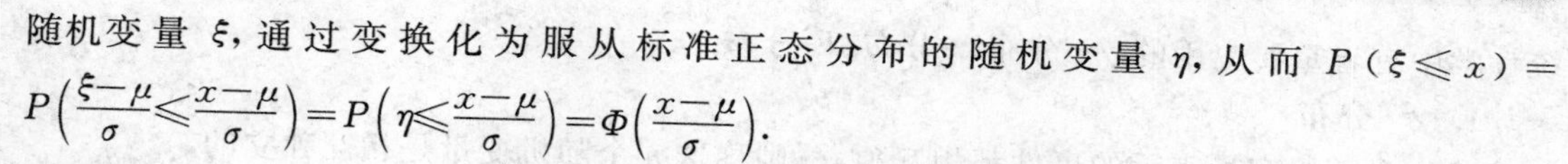

随机变量 ξ，通过变换化为服从标准正态分布的随机变量 η，从而 $P(\xi\leqslant x)=P\left(\frac{\xi-\mu}{\sigma}\leqslant\frac{x-\mu}{\sigma}\right)=P\left(\eta\leqslant\frac{x-\mu}{\sigma}\right)=\Phi\left(\frac{x-\mu}{\sigma}\right)$.

例 10　设 $\xi\sim N(\mu,\sigma^2)$，求 ξ 的取值落在区间 $(\mu-k\sigma,\mu+k\sigma)$ 的概率，其中 $k=1,2,3$.

解

$$\begin{aligned}P(\mu-k\sigma<\xi<\mu+k\sigma)&=\Phi\left(\frac{\mu+k\sigma-\mu}{\sigma}\right)-\Phi\left(\frac{\mu-k\sigma-\mu}{\sigma}\right)\\&=\Phi(k)-\Phi(-k)=\Phi(k)-[1-\Phi(k)]\\&=2\Phi(k)-1.\end{aligned}$$

由标准正态分布表可查出

$$P(\mu-\sigma<\xi<\mu+\sigma)=2\Phi(1)-1=2\times0.8413-1=0.6826,$$
$$P(\mu-2\sigma<\xi<\mu+2\sigma)=2\Phi(2)-1=2\times0.9772-1=0.9544,$$
$$P(\mu-3\sigma<\xi<\mu+3\sigma)=2\Phi(3)-1=2\times0.9987-1=0.9974.$$

此例的结果说明：虽然随机变量 ξ 的取值遍及整个实数，但是 ξ 的取值落在 $(\mu-3\sigma,\mu+3\sigma)$ 内的概率，即 $P(|\xi-\mu|<3\sigma)$ 等于 0.9974，几乎为 1. 这就是著名的"3σ"原则. 它是质量控制和管理中应用广泛的一个重要准则.

五、随机变量的函数

在实际应用中，我们常常遇到这样的情况，所关心的随机变量不能直接测量得到，而是某个能直接测量的随机变量的函数. 例如，我们能测量圆轴截面的直径 ξ，而关心的却是其截面的面积 $\eta=\frac{\pi}{4}\xi^2$. 这里随机变量 η 就是随机变量 ξ 的函数.

定义 11　设 ξ 是一随机变量，$g(x)$ 是 $\mathbf{R}$ 上的连续函数，则称 $\eta=g(\xi)$ 为**随机变量 ξ 的函数**.

类似地，若 $h(x_1,x_2,\cdots,x_n)$ 是 $\mathbf{R}^n$ 上的连续函数，则称 $h(\xi_1,\xi_2,\cdots,\xi_n)$ 是 n 个随机变量 $\xi_1,\xi_2,\cdots,\xi_n$ 的函数. 显然，随机变量的函数仍是随机变量.

例 11　设 ξ 的分布列为

ξ	-1	0	1
p_k	$\frac{1}{2}$	$\frac{1}{3}$	$\frac{1}{6}$

试求 ξ^2 的分布列.

解　令 $\eta=\xi^2$，则 $\eta\in\{0,1\}$，

$$P(\eta=0)=P(\xi=0)=\frac{1}{3},$$

$$P(\eta=1)=P(\xi^2=1)=P(\{\xi=1\}\cup\{\xi=-1\})=P(\xi=1)+P(\xi=-1)=\frac{1}{2}+\frac{1}{6}=\frac{2}{3},$$

即 ξ^2 的分布列为

ξ^2	0	1
p_k	$\frac{1}{3}$	$\frac{2}{3}$

随机变量的函数仍是随机变量，但它的分布在一般情况下很难求得. 下面我们只介绍在

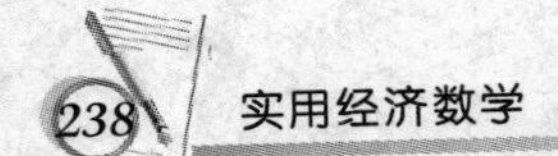

统计学中有着重要应用的 χ^2-分布、t-分布、F-分布.

1. χ^2-分布

若 n 个随机变量表示的事件都相互独立,则称这 n 个随机变量是相互独立的.

如果 n 个随机变量 $\xi_1,\xi_2,\cdots,\xi_n$ 相互独立,且均服从标准正态分布 $N(0,1)$,则称随机变量 $\chi^2=\sum_{k=1}^{n}\xi_k^2$ 服从**自由度为 n 的 χ^2-分布**,记作 $\chi^2\sim\chi^2(n)$.

当随机变量 $\chi^2\sim\chi^2(n)$时,对给定的 $\alpha(0<\alpha<1)$,称满足

$$P(\chi^2>\chi^2_\alpha(n))=\alpha$$

的 $\chi^2_\alpha(n)$是自由度为 n 的 χ^2-分布的 α 分位数. 分位数 $\chi^2_\alpha(n)$可以从附表 4 中查到. 例如, $n=10,\alpha=0.05$,那么从附表 4 中查到

$$\chi^2_{0.05}(10)=18.307.$$

2. t-分布

如果 ξ,η 是相互独立的随机变量,且 $\xi\sim N(0,1),\eta\sim\chi^2(n)$,则称随机变量 $t=\frac{\xi}{\frac{\eta}{n}}$服从**自由度为 n 的 t-分布**,记作 $t\sim t(n)$.

当随机变量 $t\sim t(n)$时,称满足 $P(t>t_\alpha(n))=\alpha$ 的 $t_\alpha(n)$是自由度为 n 的 t-分布的 α 分位数,分位数 $t_\alpha(n)$可以从附表 5 中查到. 例如,$n=10,\alpha=0.05$,那么从附表 5 中查到

$$t_{0.05}(10)=1.8125.$$

对于 t-分布,其分位数间有如下关系:$t_{1-\alpha}(n)=-t_\alpha(n)$. 例如,$t_{0.95}(10)=-t_{0.05}(10)=-1.8125$.

3. F-分布

如果 ξ,η 是相互独立的随机变量,且 $\xi\sim\chi^2(n_1),\eta\sim\chi^2(n_2)$,则称随机变量 $F=\frac{\frac{\xi}{n_1}}{\frac{\eta}{n_2}}$服从**自由度为 n_1 和 n_2 的 F-分布**,记作 $F\sim F(n_1,n_2)$.

当随机变量 $F\sim F(n_1,n_2)$时,称满足 $P(F>F_\alpha(n_1,n_2))=\alpha$ 的 $F_\alpha(n_1,n_2)$是自由度为 n_1 和 n_2 的 F-分布的 α 分位数.

对于 F-分布,其分位数间有如下关系:$F_\alpha(n_2,n_1)=\frac{1}{F_{1-\alpha}(n_1,n_2)}$.

对于数值较小的 α,分位数 $F_\alpha(n_1,n_2)$可以从附表 6 中查到. 例如,$n_1=10,n_2=5,\alpha=0.05$,从附表 6 中查到

$$F_{0.05}(10,5)=4.74,$$

而

$$F_{0.95}(10,5)=\frac{1}{F_{0.05}(5,10)}=\frac{1}{3.33}\approx 0.3.$$

习题 9-4(A)

1. 从装有 3 个红球、2 个白球的袋中任取 3 个球，η 表示所取 3 个球中白球的个数.

(1) 试求 η 的取值范围及分布列；

(2) 利用 η 的分布列，求取出的 3 个球中至少有 2 个红球的概率.

2. 已知随机变量 ξ 的分布列是

ξ	0	1	2	3	4	5
p_k	$\frac{1}{5}$	$\frac{1}{10}$	$\frac{1}{15}$	p_3	p_4	p_5

求：(1) $P(\xi\geqslant 3)$；(2) $P(\xi<2)$.

3. 判断函数 $f(x)=\sin x$ 在下列区间上能否是随机变量 ξ 的密度函数：

(1) $\left[0,\frac{\pi}{2}\right]$；　　(2) $[0,\pi]$；　　(3) $\left[-\frac{\pi}{2},\pi\right]$.

4. 设随机变量的密度函数为 $f(x)=\begin{cases}Ax^2, & |x|\leqslant 1,\\ 0, & \text{其他},\end{cases}$ 求：

(1) 常数 A；(2) $P\left(-2\leqslant\xi<\frac{1}{2}\right)$.

5. 在通常情况下，某种鸭子感染某种传染病的概率为 20%，假定在确定的时限内健康鸭子被感染的可能性互不影响，ξ 表示 25 只健康鸭子中被感染的只数，求 ξ 的分布列.

6. 某银行根据以往的资料可知，每 5 分钟内到达的客户数可以用参数为 4 的泊松分布来描述，分别求在 5 分钟内多于 5 人、多于 10 人到达的概率.

7. 某公共汽车站每隔 5 分钟有一辆汽车停靠，乘客在任一时刻到达汽车站是等可能的，求乘客候车时间多于 1 分钟而不超过 3 分钟的概率.

8. 设 $\xi\sim N(0,1)$，查表求：

(1) $P(\xi<-1)$；　(2) $P(-1<\xi\leqslant 3)$；　(3) $P(\xi>3)$；　(4) $P(|\xi|\leqslant 2)$.

9. 设 $\xi\sim N(2,3^2)$，求：

(1) $P(\xi<2.6)$；　(2) $P(\xi>-2.5)$；(3) 满足 $P(\xi<\alpha)=0.7611$ 的 α.

10. 某厂生产的螺栓长度服从正态分布 $N(8.5,0.65^2)$，规定长度在范围 8.5 ± 0.1 内为合格，求生产的螺栓是合格品的概率.

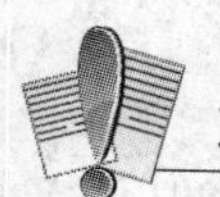

习题 9-4(B)

1. 设某一随机变量 η 的分布列为

η	-3	1	4
p_k	$\frac{1}{3}$	$\frac{1}{2}$	$\frac{1}{6}$

求：(1) $P(0<\eta\leqslant 4)$；(2) $P(0<\eta<4)$.

2. 已知一随机变量ξ的分布列为

ξ	-2	-1	0	1	2
p_k	a^2	$\frac{a}{3}$	$\frac{a}{2}$	$\frac{1}{2}$	$\frac{1}{3}$

求:(1) 实数a的值;(2) $P(|\xi|<2)$.

3. 袋中装有编号1至3的3个球,现从中任取2个球,ξ表示取出的球中的最大号码,η表示取出的两球的号码的和,试分别求出ξ,η的分布列.

4. 鱼雷袭击舰艇,每颗鱼雷的命中率为$p(0<p<1)$,现不断发射鱼雷,直至命中为止,求鱼雷发射的数目ξ的分布列.

5. 已知随机变量ξ的密度函数为$f(x)=\begin{cases}\frac{A}{\sqrt{1-x^2}}, & |x|<1,\\ 0, & |x|\geqslant 1,\end{cases}$ 求:(1) 系数A;(2) $P\left(-\frac{1}{2}\leqslant\xi<\frac{1}{2}\right)$.

6. 设随机变量η的分布函数$F(x)=P(\eta\leqslant x)=\begin{cases}0, & x<0,\\ 1-e^{-x}, & x\geqslant 0,\end{cases}$试求:

(1) $P(\eta\leqslant 2)$;(2) $P(0<\eta\leqslant 4)$.

7. 保险公司根据多年统计得知,每年由于某种事故死亡者占投保总数的0.005%,问1年内1万个买这种保险的人因该事故死亡超过2个的概率是多少?

8. 某种纺织品每件表面的瑕疵点数ξ服从$\lambda=0.8$的泊松分布.瑕疵点不多于1个的为一等品,价值100元;瑕疵点大于1个不多于4个的为二等品,价值80元;瑕疵点多于4个的为废品.求:(1) 产品中废品的概率;(2) 产品价值的分布列.

9. 某商店根据以往的资料可知,某种商品每月的销售额可以用参数$\lambda=4$的泊松分布来描述,试问该商店在月底一次至少需进多少件货才能有90%以上的把握保证下个月该种商品不至于脱销?

10. 已知某种动物的寿命服从参数为0.1的指数分布,求:(1) 这种动物能活到12年的概率;(2) 3只这种动物都能活到12年的概率.

11. 设$\xi\sim N(1,4)$.

(1) 求$P(2<\xi\leqslant 5)$,$P(\xi>1)$,$P(|\xi|>2)$;

(2) 求λ_1,λ_2,使$P(\lambda_1\leqslant\xi\leqslant\lambda_2)=0.8$且$P(\xi<\lambda_1)=P(\xi>\lambda_2)$;

(3) 求α,使$P(\xi<\alpha)=0.1151$.

12. 一个自动包装机向袋中装糖果,标准是每袋64 g,但因为随机性误差,每袋具体重量有波动.根据以往积累的资料,可以认为一袋糖果的重量服从正态分布$N(64,1.5^2)$,问随机抽出一袋糖果时,其重量是65 g的概率是多少?不到62 g的概率是多少?

13. 公共汽车车门的高度是按男子与车门顶碰头的机会在0.01以下来设计的.假设成年男子身高(单位:cm)$\xi\sim N(170,36)$,问汽车车门的高度最少应该是多少?

14. 某厂生产的显像管寿命ξ服从正态分布$N(8000,\sigma^2)$,若要求(1) $P(7500<\xi<8500)=0.9$,(2) $P(\xi>7000)=0.95$,问允许σ的最大值分别是多少?

15. 设随机变量 ξ 的分布列为

ξ	-3	-2	-1	0	1	2
p_k	0.15	0.1	0.1	0.2	0.3	0.15

求：(1) $\eta=2\xi+3$ 的分布列；(2) $\theta=\xi^2$ 的分布列.

16. 设 ξ,η 相互独立，且均服从 0－1 分布，分别求 $\xi+\eta$ 与 $\xi\cdot\eta$ 的分布列.

§9-5　多维随机变量

在实际应用中，有些随机现象用一个随机变量来描述还不够，而需要用几个随机变量来描述. 例如，打靶时以靶心为原点建立直角坐标系，命中点的位置是由一对随机变量 (ξ,η)（两个坐标）来确定的. 又如，考察某地区的气候，通常要同时考察气温 X_1、气压 X_2、风力 X_3、湿度 X_4 这四个随机变量，记为 (X_1,X_2,X_3,X_4). 为研究这类随机变量的统计规律，我们需要研究多维随机变量. 为研究的方便，这里我们主要以二维离散型随机变量为例，介绍多维随机变量的相关知识.

一、二维离散型随机变量及其分布律

定义 1　若二维随机变量 (ξ,η) 只取有限多对或可列无穷多对值 (x_i,y_j) $(i,j=1,2,\cdots)$，则称 (ξ,η) 为**二维离散型随机变量**.

设二维离散型随机变量 (ξ,η) 的所有可能取值为 (x_i,y_j) $(i,j=1,2,\cdots)$，(ξ,η) 在各个可能取值的概率为

$$P(\xi=x_i,\eta=y_j)=p_{ij}\ (i,j=1,2,\cdots),$$

称 $P(\xi=x_i,\eta=y_j)=p_{ij}\ (i,j=1,2,\cdots)$ 为 (ξ,η) 的分布列.

(ξ,η) 的分布列还可以写成如下列表形式：

ξ \ η	y_1	y_2	…	y_j	…
x_1	p_{11}	p_{12}	…	p_{1j}	…
x_2	p_{21}	p_{22}	…	p_{2j}	…
…	…	…	…	…	…
x_i	p_{i1}	p_{i2}	…	p_{ij}	…
…	…	…	…	…	…

(ξ,η) 的分布列具有下列性质：

(1) $p_{ij}\geqslant 0\ (i,j=1,2,\cdots)$；

(2) $\sum\limits_i\sum\limits_j p_{ij}=1$.

例 1 设(ξ,η)的分布列为

ξ \ η	1	2	3
0	0.1	0.1	0.3
1	0.25	0	0.25

求:(1) $P(\xi=0)$;(2) $P(\eta\leqslant 2)$;(3) $P(\xi<1,\eta\leqslant 2)$;(4) $P(\xi+\eta=2)$.

解 (1) $\{\xi=0\}=\{\xi=0,\eta=1\}\cup\{\xi=0,\eta=2\}\cup\{\xi=0,\eta=3\}$,且事件$\{\xi=0,\eta=1\}$,$\{\xi=0,\eta=2\}$,$\{\xi=0,\eta=3\}$两两互不相容,所以

$$P(\xi=0)=P(\xi=0,\eta=1)+P(\xi=0,\eta=2)+P(\xi=0,\eta=3)=0.1+0.1+0.3=0.5.$$

(2) $\{\eta\leqslant 2\}=\{\eta=1\}\cup\{\eta=2\}=\{\xi=0,\eta=1\}\cup\{\xi=1,\eta=1\}\cup\{\xi=0,\eta=2\}\cup\{\xi=1,\eta=2\}$,且事件$\{\xi=0,\eta=1\}$,$\{\xi=1,\eta=1\}$,$\{\xi=0,\eta=2\}$,$\{\xi=1,\eta=2\}$两两互不相容,所以

$$\begin{aligned}P(\eta\leqslant 2)&=P(\xi=0,\eta=1)+P(\xi=1,\eta=1)+P(\xi=0,\eta=2)+P(\xi=1,\eta=2)\\&=0.1+0.25+0.1+0=0.45.\end{aligned}$$

(3) $\{\xi<1,\eta\leqslant 2\}=\{\xi=0,\eta=1\}\cup\{\xi=0,\eta=2\}$,且事件$\{\xi=0,\eta=1\}$,$\{\xi=0,\eta=2\}$互不相容,所以

$$P(\xi<1,\eta\leqslant 2)=P(\xi=0,\eta=1)+P(\xi=0,\eta=2)=0.1+0.1=0.2.$$

(4) $\{\xi+\eta=2\}=\{\xi=0,\eta=2\}\cup\{\xi=1,\eta=1\}$,且事件$\{\xi=0,\eta=2\}$,$\{\xi=1,\eta=1\}$互不相容,所以

$$P(\xi+\eta=2)=P(\xi=0,\eta=2)+P(\xi=1,\eta=1)=0.1+0.25=0.35.$$

例 2 现有1,2,3三个整数,ξ表示从这三个数字中随机抽取的一个整数,η表示从1到ξ中随机抽取的一个整数,试求(ξ,η)的分布列.

解 ξ,η的可能取值均为1,2,3.利用概率乘法公式,可得(ξ,η)取各对数值的概率分别为

$$P(\xi=1,\eta=1)=P(\xi=1)\cdot P(\eta=1|\xi=1)=\frac{1}{3}\times 1=\frac{1}{3}.$$

类似地,有

$$P(\xi=2,\eta=1)=\frac{1}{3}\times\frac{1}{2}=\frac{1}{6},$$

$$P(\xi=2,\eta=2)=\frac{1}{3}\times\frac{1}{2}=\frac{1}{6},$$

$$P(\xi=3,\eta=1)=\frac{1}{3}\times\frac{1}{3}=\frac{1}{9},$$

$$P(\xi=3,\eta=2)=\frac{1}{3}\times\frac{1}{3}=\frac{1}{9},$$

$$P(\xi=3,\eta=3)=\frac{1}{3}\times\frac{1}{3}=\frac{1}{9}.$$

而$\{\xi=1,\eta=2\}$,$\{\xi=1,\eta=3\}$,$\{\xi=2,\eta=3\}$为不可能事件,所以其概率为零,即(ξ,η)的分布列为

ξ \ η	1	2	3
1	$\frac{1}{3}$	0	0
2	$\frac{1}{6}$	$\frac{1}{6}$	0
3	$\frac{1}{9}$	$\frac{1}{9}$	$\frac{1}{9}$

定义 2　对于离散型随机变量(ξ,η)，分量ξ(或η)的分布列称为(ξ,η)关于ξ(或η)的**边缘分布列**，记为$p_{i\cdot}(i=1,2,\cdots)$(或$p_{\cdot j}(j=1,2,\cdots)$).

边缘分布列可由(ξ,η)的分布列求出.事实上，

$$p_{i\cdot}=P(\xi=x_i)=P(\xi=x_i,\eta=y_1)+P(\xi=x_i,\eta=y_2)+\cdots+P(\xi=x_i,\eta=y_j)+\cdots$$
$$=\sum_j P(\xi=x_i,\eta=y_j)=\sum_j p_{ij},$$

即(ξ,η)关于ξ的边缘分布列为

$$p_{i\cdot}=P(\xi=x_i)=\sum_j p_{ij},i=1,2,\cdots.$$

同样可得到(ξ,η)关于η的边缘分布列为

$$p_{\cdot j}=P(\eta=y_j)=\sum_i p_{ij},j=1,2,\cdots.$$

(ξ,η)的边缘分布列有下列性质：

(1) $p_{i\cdot}\geqslant 0,p_{\cdot j}\geqslant 0(i,j=1,2,\cdots)$；

(2) $\sum_i p_{i\cdot}=1,\sum_j p_{\cdot j}=1.$

例 3　求例2中(ξ,η)关于ξ和η的边缘分布列.

解　ξ和η的可能值均为1,2,3.(ξ,η)关于ξ的边缘分布列为

$$P(\xi=1)=p_{1\cdot}=p_{11}+p_{12}+p_{13}=\frac{1}{3}+0+0=\frac{1}{3},$$

$$P(\xi=2)=p_{2\cdot}=p_{21}+p_{22}+p_{23}=\frac{1}{6}+\frac{1}{6}+0=\frac{1}{3},$$

$$P(\xi=3)=p_{3\cdot}=p_{31}+p_{32}+p_{33}=\frac{1}{9}+\frac{1}{9}+\frac{1}{9}=\frac{1}{3}.$$

(ξ,η)关于η的边缘分布列为

$$P(\eta=1)=p_{\cdot 1}=p_{11}+p_{21}+p_{31}=\frac{1}{3}+\frac{1}{6}+\frac{1}{9}=\frac{11}{18},$$

$$P(\eta=2)=p_{\cdot 2}=p_{12}+p_{22}+p_{32}=0+\frac{1}{6}+\frac{1}{9}=\frac{5}{18},$$

$$P(\eta=3)=p_{\cdot 3}=p_{13}+p_{23}+p_{33}=0+0+\frac{1}{9}=\frac{1}{9}.$$

可以将(ξ,η)的分布列、边缘分布列写在同一张表上，如下表所示：

ξ \ η	1	2	3	$p_{i\cdot}$
1	$\frac{1}{3}$	0	0	$\frac{1}{3}$
2	$\frac{1}{6}$	$\frac{1}{6}$	0	$\frac{1}{3}$
3	$\frac{1}{9}$	$\frac{1}{9}$	$\frac{1}{9}$	$\frac{1}{3}$
$p_{\cdot j}$	$\frac{11}{18}$	$\frac{5}{18}$	$\frac{1}{9}$	

值得注意的是：对于二维离散型随机变量(ξ,η)，虽然由它的联合分布可以确定它的两个边缘分布，但在一般情况下，由(ξ,η)的两个边缘分布列是不能确定(ξ,η)的分布列的.

例 4 设盒中有 2 个红球、3 个白球，从中每次任取一球，连续取两次，记ξ,η分别表示第一次与第二次取出的红球个数，分别对有放回摸球与无放回摸球两种情况，求出(ξ,η)的分布列与边缘分布列.

解 (1) 有放回摸球情况：

由于事件$\{\xi=i\}$与$\{\eta=j\}$相互独立$(i,j=0,1)$，所以

$$P(\xi=0,\eta=0)=P(\xi=0)\cdot P(\eta=0)=\frac{3}{5}\times\frac{3}{5}=\frac{9}{25},$$

$$P(\xi=0,\eta=1)=P(\xi=0)\cdot P(\eta=1)=\frac{3}{5}\times\frac{2}{5}=\frac{6}{25},$$

$$P(\xi=1,\eta=0)=P(\xi=1)\cdot P(\eta=0)=\frac{2}{5}\times\frac{3}{5}=\frac{6}{25},$$

$$P(\xi=1,\eta=1)=P(\xi=1)\cdot P(\eta=1)=\frac{2}{5}\times\frac{2}{5}=\frac{4}{25},$$

则(ξ,η)的分布列与边缘分布列为

ξ \ η	0	1	$p_{i\cdot}$
0	$\frac{3}{5}\times\frac{3}{5}$	$\frac{3}{5}\times\frac{2}{5}$	$\frac{3}{5}$
1	$\frac{2}{5}\times\frac{3}{5}$	$\frac{2}{5}\times\frac{2}{5}$	$\frac{2}{5}$
$p_{\cdot j}$	$\frac{3}{5}$	$\frac{2}{5}$	

(2) 无放回摸球情况：

$$P(\xi=0,\eta=0)=P(\xi=0)\cdot P(\eta=0|\xi=0)=\frac{3}{5}\times\frac{2}{4}=\frac{3}{10},$$

$$P(\xi=0,\eta=1)=P(\xi=0)\cdot P(\eta=1|\xi=0)=\frac{3}{5}\times\frac{2}{4}=\frac{3}{10},$$

$$P(\xi=1,\eta=0)=P(\xi=1)\cdot P(\eta=0|\xi=1)=\frac{2}{5}\times\frac{3}{4}=\frac{3}{10},$$

$$P(\xi=1,\eta=1)=P(\xi=1)\cdot P(\eta=1|\xi=1)=\frac{2}{5}\times\frac{1}{4}=\frac{1}{10},$$

则(ξ,η)的分布列与边缘分布列为

ξ \ η	0	1	$p_{i\cdot}$
0	$\frac{3}{5}\times\frac{2}{4}$	$\frac{3}{5}\times\frac{2}{4}$	$\frac{3}{5}$
1	$\frac{2}{5}\times\frac{3}{4}$	$\frac{2}{5}\times\frac{1}{4}$	$\frac{2}{5}$
$p_{\cdot j}$	$\frac{3}{5}$	$\frac{2}{5}$	

比较两表可以看出：在有放回抽样与无放回抽样两种情况下，(ξ,η)的边缘分布列完全相同，但(ξ,η)的分布列却不相同，这表明(ξ,η)的分布列不仅反映了两个变量的概率分布，而且反映了ξ与η之间的关系. 因此，在研究二维随机变量时，不仅要考虑两个变量各自的性质，还需要考虑它们之间的联系，即将(ξ,η)作为一个整体来研究.

二、二维离散型随机变量的独立性

设二维离散型随机变量(ξ,η)的分布列为

$$p_{ij}=P(\xi=x_i,\eta=y_j),\ i,j=1,2,\cdots,$$

边缘分布列为

$$p_{i\cdot}=P(\xi=x_i)=\sum_j p_{ij},\ i=1,2,\cdots,$$

$$p_{\cdot j}=P(\eta=y_j)=\sum_i p_{ij},\ j=1,2,\cdots.$$

如果对于一切i,j，有$P(\xi=x_i,\eta=y_j)=P(\xi=x_i)\cdot P(\eta=y_j)$，即

$$p_{ij}=p_{i\cdot}\,p_{\cdot j},i,j=1,2,\cdots,$$

则称ξ与η**相互独立**.

例 5　判断上述例 4 中ξ与η是否相互独立.

解　(1) 有放回摸球情况：

因为

$$P(\xi=0,\eta=0)=\frac{9}{25}=P(\xi=0)\cdot P(\eta=0),$$

$$P(\xi=0,\eta=1)=\frac{6}{25}=P(\xi=0)\cdot P(\eta=1),$$

$$P(\xi=1,\eta=0)=\frac{6}{25}=P(\xi=1)\cdot P(\eta=0),$$

$$P(\xi=1,\eta=1)=\frac{4}{25}=P(\xi=1)\cdot P(\eta=1),$$

所以ξ与η相互独立.

(2) 无放回摸球情况：

因为

$$P(\xi=0,\eta=0)=\frac{3}{10},$$

$$P(\xi=0)\cdot P(\eta=0)=\frac{3}{5}\times\frac{3}{5}=\frac{9}{25},$$

$$P(\xi=0,\eta=0)\neq P(\xi=0)\cdot P(\eta=0),$$

所以ξ与η不相互独立.

例 6 设(ξ,η)的分布列为

ξ \ η	1	2
1	$\frac{1}{9}$	a
2	$\frac{1}{6}$	$\frac{1}{3}$
3	$\frac{1}{18}$	b

且ξ与η相互独立,求常数a,b的值.

解 因为ξ与η相互独立,所以

$$P(\xi=1,\eta=1)=P(\xi=1)\cdot P(\eta=1),$$
$$P(\xi=3,\eta=1)=P(\xi=3)\cdot P(\eta=1),$$

而

$$P(\xi=1,\eta=1)=\frac{1}{9},P(\xi=3,\eta=1)=\frac{1}{18},$$

$$P(\xi=1)=\frac{1}{9}+a,P(\xi=3)=\frac{1}{18}+b,P(\eta=1)=\frac{1}{9}+\frac{1}{6}+\frac{1}{18}=\frac{1}{3},$$

故

$$\frac{1}{9}=\left(\frac{1}{9}+a\right)\times\frac{1}{3},\frac{1}{18}=\left(\frac{1}{18}+b\right)\times\frac{1}{3},$$

解得

$$a=\frac{2}{9},b=\frac{1}{9}.$$

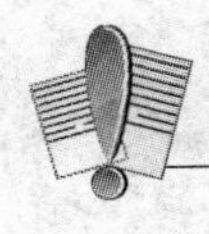

习题 9-5

1. 判断下列各命题是否正确:

(1) 由(ξ,η)的分布列可确定ξ与η的边缘分布列;

(2) 由(ξ,η)的两个边缘分布列可确定(ξ,η)的分布列;

(3) 若(ξ,η)是二维离散型随机变量,则$P(\xi\leqslant a,\eta\leqslant b)=P(\xi<a,\eta<b)$(其中$a,b$是常数).

2. 已知(ξ,η)的分布列为

ξ \ η	1	2	3
0	0.1	0.2	0.3
1	0.15	0	0.25

则 $P(\xi<1)=$__________，$P(\eta<2)=$__________，
$P(\eta\leqslant 2)=$__________，$P(\xi\leqslant 1,\eta<2)=$__________.

3. 袋中装有10个球，其中8个红球，2个白球，从袋中随机摸两次球，每次一个，定义随机变量ξ,η如下：

$\xi=\begin{cases}0, & \text{若第一次取出的是红球,}\\ 1, & \text{若第一次取出的是白球;}\end{cases}$　$\eta=\begin{cases}0, & \text{若第二次取出的是红球,}\\ 1, & \text{若第二次取出的是白球.}\end{cases}$

在(1)有放回抽样，(2)无放回抽样两种情形下，分别写出(ξ,η)的分布列与边缘分布列.

4. 设(ξ,η)只在点$(-1,1)$，$(-1,2)$，$(1,1)$，$(1,2)$处取值，且取这些值的概率依次为$\frac{1}{6}$，$\frac{1}{3}$，$\frac{1}{12}$，$\frac{5}{12}$，求(ξ,η)的分布列与边缘分布列.

5. 设ξ与η相互独立，具有下列分布律：

ξ	0	1
p_k	0.3	0.7

η	−1	1	2
p_k	0.2	0.2	0.6

求(ξ,η)的分布列.

6. 设(ξ,η)的分布列为

ξ \ η	−1	3	5
−1	$\frac{1}{15}$	q	$\frac{1}{5}$
1	p	$\frac{1}{5}$	$\frac{3}{10}$

问p,q为何值时ξ与η相互独立？

§9-6 随机变量的数字特征

对于随机变量，只要知道它的概率分布我们就能掌握它的全部概率性质，然而在许多实际问题中求得随机变量的概率分布并不容易，而且对于有些问题来说，只要知道它的某些特征性质，如随机变量取值的集中位置、离散程度等即可. 我们把刻画随机变量某些方面特征的数值，称为随机变量的数字特征. 本节重点讨论随机变量的数学期望、方差、协方差与相关系数.

一、数学期望

先看一个例子.

一射手在一次射击中，命中的环数 ξ 这一随机变量的可能取值为 0～10 共 11 个整数. 在相同的条件下射击 100 次，其命中的环数情况统计如下：

ξ	10	9	8	7	6～0
频数	50	20	20	10	0
频率	0.5	0.2	0.2	0.1	0

就这 100 次射击的命中情况，可以从命中环数的平均值这一数字来观察射手的射击水平. 100 次射击命中环数的平均值为

$$\frac{1}{100}(10\times50+9\times20+8\times20+7\times10)=9.1(\text{环}),$$

对上式稍作变化，得

$$10\times0.5+9\times0.2+8\times0.2+7\times0.1=9.1(\text{环}).$$

即在 100 次射击中，命中环数的平均值正好是 ξ 的所有可能取值与相应的频率乘积的总和，它反映了在 100 次射击中取值的"平均值".

随着射击次数的增多，命中环数的频率稳定于概率. 设 ξ 的分布列为

ξ	10	9	8	7	6	5	4	3	2	1	0
p_k	p_{10}	p_9	p_8	p_7	p_6	p_5	p_4	p_3	p_2	p_1	p_0

记 $\sum\limits_{k=0}^{10}k\cdot p_k$，它表示概率意义下命中环数的"平均值". 我们称它为 ξ 的**概率平均值**或**数学期望**. 事实上，数学期望是平均值的推广，是以概率为权数的加权平均.

定义 1 设离散型随机变量 ξ 的分布列为

ξ	x_1	x_2	…	x_n	…
p_k	p_1	p_2	…	p_n	…

记 $$E(\xi)=x_1p_1+x_2p_2+\cdots+x_np_n+\cdots=\sum_{k=1}^{\infty}x_kp_k.$$

当 ξ 的可能取值只有有限个时，$E(\xi)=\sum_{k=1}^{n}x_kp_k$ 存在；当 ξ 取无穷可列个值时，如果 $\sum_{k=1}^{\infty}|x_k|p_k=\lim_{n\to\infty}\sum_{k=1}^{n}|x_k|p_k$ 存在，则 $E(\xi)$ 存在，规定 $E(\xi)=\sum_{k=1}^{\infty}x_kp_k=\lim_{n\to\infty}\sum_{k=1}^{n}x_kp_k$. 如果 $E(\xi)$ 为常数，则称 $E(\xi)$ 为**离散型随机变量 ξ 的数学期望**（简称**期望**或**均值**）.

类似地，可给出连续型随机变量的数学期望的定义.

定义 2　设连续型随机变量 ξ 具有密度函数 $f(x)$，记

$$E(\xi)=\int_{-\infty}^{+\infty}xf(x)\mathrm{d}x,$$

如果广义积分 $\int_{-\infty}^{+\infty}|x|f(x)\mathrm{d}x$ 收敛，则称 $E(\xi)$ 为**连续型随机变量 ξ 的数学期望**.

例 1　计算 0-1 分布的数学期望.

解　设 ξ 服从 0-1 分布，则其分布列为

ξ	0	1
p_k	q	p

其中 $p,q>0,p+q=1$. 从而

$$E(\xi)=0\cdot q+1\cdot p=p.$$

例 2　计算正态分布的数学期望.

解　设 $\xi\sim N(\mu,\sigma^2)$，则

$$E(\xi)=\int_{-\infty}^{+\infty}x\frac{1}{\sqrt{2\pi}\sigma}\mathrm{e}^{-\frac{(x-\mu)^2}{2\sigma^2}}\mathrm{d}x \xlongequal{\text{令}\frac{x-\mu}{\sigma}=t} \int_{-\infty}^{+\infty}\frac{1}{\sqrt{2\pi}}(\mu+\sigma t)\mathrm{e}^{-\frac{t^2}{2}}\mathrm{d}t$$
$$=\frac{\mu}{\sqrt{2\pi}}\int_{-\infty}^{+\infty}\mathrm{e}^{-\frac{t^2}{2}}\mathrm{d}t+\frac{\sigma}{\sqrt{2\pi}}\int_{-\infty}^{+\infty}t\mathrm{e}^{-\frac{t^2}{2}}\mathrm{d}t.$$

第一个积分 $\int_{-\infty}^{+\infty}\mathrm{e}^{-\frac{t^2}{2}}\mathrm{d}t=\sqrt{2\pi}$ 称为**概率积分**；

第二个积分 $\int_{-\infty}^{+\infty}t\mathrm{e}^{-\frac{t^2}{2}}\mathrm{d}t$ 为对称区间上奇函数的积分，积分值为 0，所以 $E(\xi)=\mu$.

这正是预料之中的结果，μ 是正态分布的中心，也是正态变量取值的集中位置，又因为正态分布是对称的，μ 应该是期望.

数学期望是描述随机变量取值的平均状况的数字特征，它有许多重要的性质，利用这些性质可以进行数学期望的计算.

性质 1　$E(c)=c$，c 为常数.

性质 2　$E(c\xi)=cE(\xi)$，c 为常数.

性质 3　$E(\xi+\eta)=E(\xi)+E(\eta)$.

一般地，有 $E\left(\sum_{i=1}^{n}a_i\xi_i\right)=\sum_{i=1}^{n}a_iE(\xi_i)$（$a_i$ 为常数；$i=1,2,\cdots,n$；n 为有限自然数）.

性质 4　若随机变量 $\xi_1,\xi_2,\cdots,\xi_n$ 相互独立，且 $E(\xi_i)(i=1,2,\cdots,n)$ 均存在，则

$$E(\xi_1 \cdot \xi_2 \cdot \cdots \cdot \xi_n)=E(\xi_1)\cdot E(\xi_2)\cdot \cdots \cdot E(\xi_n).$$

性质 5 设 $g(x)$ 为 $\mathbf{R}$ 上的连续函数，随机变量 ξ 的函数为 $\eta=g(\xi)$，则 η 的数学期望 $E(\eta)$ 可按下列情形计算：

若ξ为离散型随机变量，具有分布列 $P(\xi=x_k)=p_k\ (k=1,2,\cdots,n,\cdots)$，并且极限 $\lim\limits_{n\to\infty}\sum\limits_{k=1}^{n} |g(x_k)|p_k$ 存在，则

$$E(\eta)=E[g(\xi)]=g(x_1)p_1+g(x_2)p_2+\cdots+g(x_n)p_n+\cdots=\sum_{k=1}^{\infty}g(x_k)p_k;$$

若 ξ 为连续型随机变量，具有密度函数 $f(x)$，且 $\int_{-\infty}^{+\infty}|g(x)|f(x)\mathrm{d}x$ 收敛，则

$$E(\eta)=E[g(\xi)]=\int_{-\infty}^{+\infty}g(x)f(x)\mathrm{d}x.$$

例 3 设ξ的分布列为

ξ	-2	-1	0	1	2
p_k	$\frac{1}{5}$	$\frac{1}{6}$	$\frac{1}{5}$	$\frac{1}{15}$	$\frac{11}{30}$

求 $E(2\xi^2-1)$.

解 由数学期望的性质 5，得

$$E(\xi^2)=(-2)^2\times\frac{1}{5}+(-1)^2\times\frac{1}{6}+0^2\times\frac{1}{5}+1^2\times\frac{1}{15}+2^2\times\frac{11}{30}=\frac{5}{2},$$

所以

$$E(2\xi^2-1)=2E(\xi^2)-E(1)=5-1=4.$$

二、方差

数学期望反映了随机变量取值的集中位置，但在许多实际问题中仅了解取值的平均状况是不够的，还必须了解随机变量的取值偏离均值的程度.

例如，有甲、乙两工厂生产同一种设备，使用寿命(单位:h)的概率分布如下表所示.

甲工厂：

ξ	800	900	1000	1100	1200
p_k	0.1	0.2	0.4	0.2	0.1

乙工厂：

η	800	900	1000	1100	1200
p_k	0.2	0.2	0.2	0.2	0.2

计算，得

$$E(\xi)=800\times0.1+900\times0.2+1000\times0.4+1100\times0.2+1200\times0.1=1000,$$
$$E(\xi)=800\times0.2+900\times0.2+1000\times0.2+1100\times0.2+1200\times0.2=1000.$$

两厂生产的设备使用寿命的数学期望相同，但由分布列可以看出，甲厂产品的使用寿命较集中在 1000 小时左右，而乙厂产品的使用寿命却比较分散，说明乙厂产品的稳定性较差. 如何用一个数值来描述随机变量的分散程度呢？在概率中通常用“方差”这一数字特征来描述这种分散程度. 现在我们来看两个工厂产品寿命与其均值之差的概率分布.

甲工厂：

$\xi-E(\xi)$	-200	-100	0	100	200
p_k	0.1	0.2	0.4	0.2	0.1

乙工厂：

$\eta-E(\eta)$	-200	-100	0	100	200
p_k	0.2	0.2	0.2	0.2	0.2

我们从均值的定义联想到，能否用随机变量与其均值之差的数学期望来描述随机变量的分散程度呢？计算可知 $E[\xi-E(\xi)]=E[\eta-E(\eta)]=0$，显然由于正负抵消，这样做是不合理的.为此，改用随机变量与其均值之差的平方的数学期望来描述，即

甲工厂：$E[\xi-E(\xi)]^2=(-200)^2\times0.1+(-100)^2\times0.2+0^2\times0.4+100^2\times0.2+200^2\times0.1=12000$；

乙工厂：$E[\eta-E(\eta)]^2=(-200)^2\times0.2+(-100)^2\times0.2+0^2\times0.2+100^2\times0.2+200^2\times0.2=20000$.

由此可见，甲工厂产品寿命的分散程度较小，产品质量较稳定.

定义 3　设离散型随机变量 ξ 的分布列为

ξ	x_1	x_2	…	x_n	…
p_k	p_1	p_2	…	p_n	…

记

$$\begin{aligned}D(\xi)&=[x_1-E(\xi)]^2p_1+[x_2-E(\xi)]^2p_2+\cdots+[x_n-E(\xi)]^2p_n+\cdots\\&=\sum_{k=1}^{\infty}[x_k-E(\xi)]^2p_k,\end{aligned}$$

当 $D(\xi)$ 为常数时，称 $D(\xi)$ 为**离散型随机变量 ξ 的方差**.

定义 4　设连续型随机变量 ξ 具有密度函数 $f(x)$，记

$$D(\xi)=\int_{-\infty}^{+\infty}[x-E(\xi)]^2f(x)\mathrm{d}x=E[\xi-E(\xi)]^2,$$

如果广义积分 $\int_{-\infty}^{+\infty}x^2f(x)\mathrm{d}x$ 收敛，则称 $D(\xi)$ 为**连续型随机变量 ξ 的方差**.

方差刻画了随机变量的分散程度，方差越小，随机变量取值的分散程度越小，即取值越集中.

例 4　计算 0-1 分布的方差.

解　由例 1，知

$$E(\xi)=0\cdot q+1\cdot p=p,$$

从而

$$D(\xi)=(0-p)^2\cdot q+(1-p)^2\cdot p=p^2q+p-2p^2+p^3=pq.$$

例 5　计算正态分布的方差.

解　设 $\xi\sim N(\mu,\sigma^2)$，由例 2 有

$$E(\xi)=\mu,$$

所以

$$D(\xi)=\int_{-\infty}^{+\infty}(x-\mu)^2\frac{1}{\sqrt{2\pi}\sigma}\mathrm{e}^{-\frac{(x-\mu)^2}{2\sigma^2}}\mathrm{d}x\xlongequal{\text{令}\frac{x-\mu}{\sigma}=t}\int_{-\infty}^{+\infty}\frac{\sigma^2}{\sqrt{2\pi}}t^2\mathrm{e}^{-\frac{t^2}{2}}\mathrm{d}t$$

$$=-\frac{\sigma^2}{\sqrt{2\pi}}\int_{-\infty}^{+\infty}t\mathrm{d}(\mathrm{e}^{-\frac{t^2}{2}})=-\frac{\sigma^2}{\sqrt{2\pi}}\left(t\mathrm{e}^{-\frac{t^2}{2}}\Big|_{-\infty}^{+\infty}-\int_{-\infty}^{+\infty}\mathrm{e}^{-\frac{t^2}{2}}\mathrm{d}t\right)$$

$$=-\frac{\sigma^2}{\sqrt{2\pi}}(0-\sqrt{2\pi})=\sigma^2.$$

下面介绍方差的性质.

性质 1 $D(\xi)=E[\xi-E(\xi)]^2=E(\xi^2)-E^2(\xi)$.

性质 2 $D(c)=0$,c 为常数.

性质 3 $D(c\xi)=c^2D(\xi)$,c 为常数.

性质 4 若有限个随机变量 $\xi_1,\xi_2,\cdots,\xi_n$ 相互独立,则

$D\left(\sum\limits_{i=1}^{n}a_i\xi_i\right)=\sum\limits_{i=1}^{n}a_i^2D(\xi_i)$($a_i$ 均为常数;$i=1,2,\cdots,n$;n 为有限自然数).

例 6 利用性质计算二项分布的数学期望和方差.

解 设 $\xi\sim B(n,p)$,则 ξ 表示 n 重伯努利试验中事件 A 发生的次数,它可看作是 n 个互相独立且都服从 0-1 分布的随机变量 $\xi_1,\xi_2,\cdots,\xi_n$ 之和,即 $\xi=\sum\limits_{i=1}^{n}\xi_i$.

由例 1 知,对任意的 i,有 $E(\xi_i)=p$,$D(\xi_i)=pq$.

从而由数学期望的性质,知 $E(\xi)=\sum\limits_{i=1}^{n}E(\xi_i)=np$;

由方差的性质,知 $D(\xi)=\sum\limits_{i=1}^{n}D(\xi_i)=npq$.

也可直接根据定义计算二项分布的数学期望和方差,但比例 6 的方法要繁琐.

例 7 设随机变量 ξ,η 相互独立,且 $\xi\sim N(1,2)$,$\eta\sim N(2,2)$,求随机变量 $\xi-2\eta+3$ 的数学期望和方差.

解 由例 2、例 5,知

$$E(\xi)=1,D(\xi)=2,E(\eta)=2,D(\eta)=2,$$

于是

$$E(\xi-2\eta+3)=E(\xi)-2E(\eta)+E(3)=1-2\times2+3=0,$$

$$D(\xi-2\eta+3)=D(\xi)+4D(\eta)+D(3)=2+4\times2+0=10.$$

例 8 若 $\xi_1,\xi_2,\cdots,\xi_n$ 是 n 个相互独立的随机变量,且具有相同的分布,$E(\xi_i)=\mu$,$D(\xi_i)=\sigma^2(i=1,2,\cdots,n)$,求证:随机变量 $\bar{\xi}=\frac{1}{n}\sum\limits_{i=1}^{n}\xi_i$ 的数学期望为 μ,随机变量 $\eta=\frac{\bar{\xi}}{\frac{1}{\sqrt{n}}}$ 的方差为 σ^2.

证明

$$E(\bar{\xi})=E\left(\frac{1}{n}\sum_{i=1}^{n}\xi_i\right)=\frac{1}{n}\sum_{i=1}^{n}E(\xi_i)=\frac{1}{n}\cdot n\mu=\mu,$$

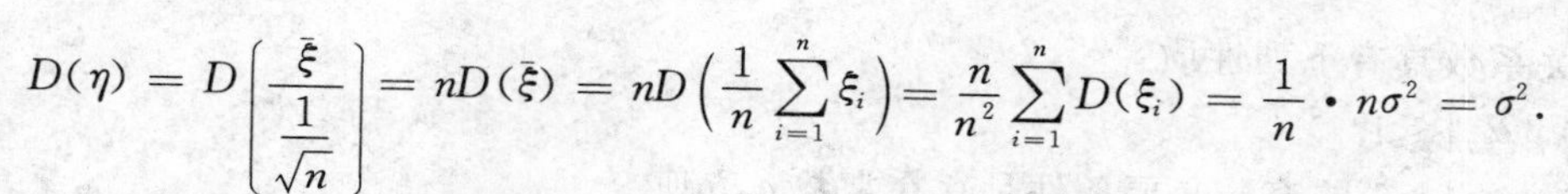

$$D(\eta)=D\left[\frac{\bar{\xi}}{\frac{1}{\sqrt{n}}}\right]=nD(\bar{\xi})=nD\left(\frac{1}{n}\sum_{i=1}^{n}\xi_i\right)=\frac{n}{n^2}\sum_{i=1}^{n}D(\xi_i)=\frac{1}{n}\cdot n\sigma^2=\sigma^2.$$

根据数学期望和方差的定义、性质，可计算出一些常见概率分布的数学期望、方差，见下表：

概率分布	$E(\xi)$	$D(\xi)$
$\xi\sim 0-1$	p	pq
$\xi\sim B(n,p)$	np	npq
$\xi\sim P(\lambda)$	λ	λ
$\xi\sim[a,b]$	$\frac{a+b}{2}$	$\frac{1}{12}(b-a)^2$
$\xi\sim N(\mu,\sigma^2)$	μ	σ^2
$\xi\sim Z(\lambda)$	$\frac{1}{\lambda}$	$\frac{1}{\lambda^2}$

三、协方差与相关系数

对二维随机变量(ξ,η)，我们除了讨论ξ与η的数学期望与方差之外，还需讨论ξ与η之间相互关系的数字特征．下面我们就讨论这方面的数字特征：协方差、相关系数．

定义 5　设有二维随机变量(ξ,η)，且$E(\xi)$，$E(\eta)$存在，如果$E[(\xi-E(\xi))(\eta-E(\eta))]$存在，则称此值为$\xi$与$\eta$的**协方差**，记为$\mathrm{cov}(\xi,\eta)$，即

$$\mathrm{cov}(\xi,\eta)=E[(\xi-E(\xi))(\eta-E(\eta))].$$

当(ξ,η)为二维离散型随机变量时，其分布列为

$$p_{ij}=P(\xi=x_i,\eta=y_j)(i,j=1,2,\cdots),$$

则

$$\mathrm{cov}(\xi,\eta)=\sum_i\sum_j(x_i-E(\xi))(y_j-E(\eta))p_{ij}.$$

运用数学期望的性质可以证明，协方差有下列计算公式：

$$\mathrm{cov}(\xi,\eta)=E(\xi\eta)-E(\xi)E(\eta).$$

特别地，取$\xi=\eta$时，有

$$\mathrm{cov}(\xi,\xi)=E[(\xi-E(\xi))(\xi-E(\xi))]=D(\xi).$$

协方差具有下列性质：

(1) $\mathrm{cov}(\xi,\eta)=\mathrm{cov}(\eta,\xi)$；

(2) $\mathrm{cov}(a\xi,b\eta)=ab\,\mathrm{cov}(\xi,\eta)$，其中$a,b$为任意常数；

(3) $\mathrm{cov}(\xi_1+\xi_2,\eta)=\mathrm{cov}(\xi_1,\eta)+\mathrm{cov}(\xi_2,\eta)$；

(4) 若ξ与η相互独立，则$\mathrm{cov}(\xi,\eta)=0$.

定义 6　若$D(\xi)>0$，$D(\eta)>0$，称$\frac{\mathrm{cov}(\xi,\eta)}{\sqrt{D(\xi)}\sqrt{D(\eta)}}$为$\xi$与$\eta$的**相关系数**，记为$\rho_{\xi\eta}$，即

$$\rho_{\xi\eta}=\frac{\mathrm{cov}(\xi,\eta)}{\sqrt{D(\xi)}\sqrt{D(\eta)}}.$$

相关系数具有下列性质：

(1) $|\rho_{\xi\eta}|\leqslant 1$.

(2) $|\rho_{\xi\eta}|=1$ 的充分必要条件是存在常数 a,b 使

$$P(\eta=a\xi+b)=1 \text{ 且 } a\neq 0.$$

两个随机变量的相关系数是两个随机变量间线性联系密切程度的度量. $|\rho_{\xi\eta}|$ 越接近 1，ξ 与 η 之间的线性关系越密切. 当 $|\rho_{\xi\eta}|=1$ 时，ξ 与 η 之间存在完全的线性关系，即 $\eta=a\xi+b$；当 $\rho_{\xi\eta}=0$ 时，ξ 与 η 之间无线性关系.

定义 7 若相关系数 $\rho_{\xi\eta}=0$，则称 ξ 与 η 不相关.

显然，当 $D(\xi)>0, D(\eta)>0$ 时，随机变量 ξ 与 η 不相关的充分必要条件是 $\text{cov}(\xi,\eta)=0$.

若随机变量 ξ 与 η 相互独立，则 $\text{cov}(\xi,\eta)=0$，此时 ξ 与 η 不相关. 反之，若随机变量 ξ 与 η 不相关，则 ξ 与 η 不一定相互独立.

例 9 设随机变量 (ξ,η) 的分布列为

ξ \ η	-1	1
-1	0.25	0
1	0.5	0.25

求 $E(\xi), E(\eta), D(\xi), D(\eta), \text{cov}(\xi,\eta), \rho_{\xi\eta}$.

解 ξ,η 的分布列分别为

ξ	-1	1
p_k	0.25	0.75

η	-1	1
p_k	0.75	0.25

$$E(\xi)=-1\times 0.25+1\times 0.75=0.5,$$
$$E(\xi^2)=(-1)^2\times 0.25+1^2\times 0.75=1,$$
$$D(\xi)=E(\xi^2)-E^2(\xi)=1-0.25=0.75,$$
$$E(\eta)=-1\times 0.75+1\times 0.25=-0.5,$$
$$E(\eta^2)=(-1)^2\times 0.75+1^2\times 0.25=1,$$
$$D(\eta)=E(\eta^2)-E^2(\eta)=1-0.25=0.75,$$
$$E(\xi\eta)=1\times 0.25+(-1)\times 0.5+1\times 0.25=0,$$
$$\text{cov}(\xi,\eta)=E(\xi\eta)-E(\xi)E(\eta)=0.25,$$
$$\rho_{\xi\eta}=\frac{\text{cov}(\xi,\eta)}{\sqrt{D(\xi)}\sqrt{D(\eta)}}=\frac{0.25}{\sqrt{0.75}\sqrt{0.75}}=\frac{1}{3}.$$

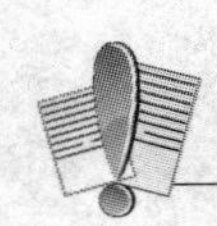

习题 9-6(A)

1. 设 ξ 的分布列为 $P(\xi=k)=\frac{1}{n}(k=1,2,\cdots,n)$，求 $E(\xi), D(\xi)$.

2. 利用定义求均匀分布的数学期望和方差.

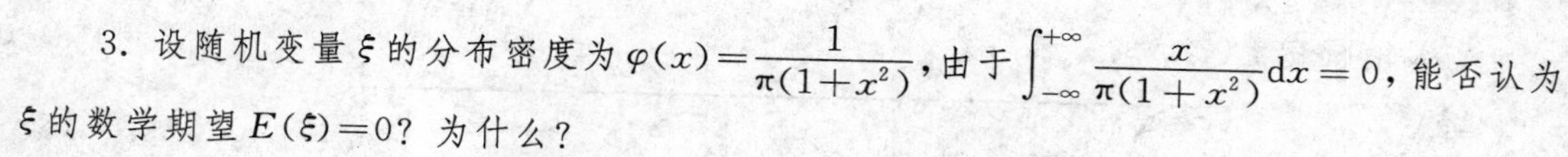

3. 设随机变量ξ的分布密度为$\varphi(x)=\dfrac{1}{\pi(1+x^2)}$，由于$\int_{-\infty}^{+\infty}\dfrac{x}{\pi(1+x^2)}\mathrm{d}x=0$，能否认为$\xi$的数学期望$E(\xi)=0$？为什么？

4. 设随机变量ξ的概率密度为$f(x)=\begin{cases}1+x, & -1\leqslant x\leqslant 0,\\ 1-x, & 0<x<1,\\ 0, & 其他,\end{cases}$ 求$E(\xi)$，$D(\xi)$.

5. 某盒子中装有20件产品，其中有4件是次品，现随机地从盒子中抽取3件，求抽取的3件产品中次品数的数学期望和方差.

6. 利用数学期望的性质证明方差的性质1.

7. 设$\xi_1,\xi_2,\cdots,\xi_n$是n个相互独立的随机变量，且都服从正态分布$N(\mu,\sigma^2)$，$\bar{\xi}=\dfrac{1}{n}\sum_{i=1}^{n}\xi_i$，$\nu=\dfrac{\bar{\xi}-\mu}{\sigma}\sqrt{n}$，证明：$E(\nu)=0$，$D(\nu)=1$.

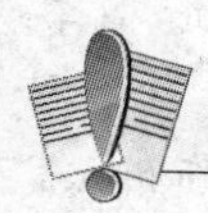

习题 9-6(B)

1. 设ξ的分布列为

ξ	-1	0	$\frac{1}{2}$	1	2
p_k	$\frac{1}{3}$	$\frac{1}{6}$	$\frac{1}{6}$	$\frac{1}{12}$	$\frac{1}{4}$

求：(1) $E(\xi)$；(2) $E(-2\xi+1)$；(3) $E(\xi^2)$；(4) $D(\xi)$；(5) $D(-2\xi)$.

2. 两台自动机床A,B生产同一种零件，已知生产1000只零件的次品数及概率分别如下表所示：

次品数	0	1	2	3
概率(A)	0.7	0.2	0.06	0.04
概率(B)	0.8	0.06	0.04	0.10

问哪台机床加工质量较好？

3. 一批种子的发芽率为90%，播种时每穴种5粒种子，求每穴种子发芽粒数的数学期望和方差.

4. 一批零件中有9个正品、3个次品，在安装机器时，从这批零件中任取一个，若取出次品不再放回，继续重取一个，求取得正品以前，已取出的次品数的数学期望和方差.

5. 一台仪器中的3个元件相互独立地工作，发生故障的概率分别是0.2，0.3，0.4，求发生故障的元件数的数学期望和方差.

6. 已知$\xi\sim N(1,2)$，$\eta\sim N(2,4)$，且ξ与η相互独立，求$E(3\xi-\eta+1)$和$D(\eta-2\xi)$.

7. 设ξ的密度函数为$f(x)=\begin{cases}kx^{\alpha}, & 0\leqslant x\leqslant 1,k,\alpha>0,\\ 0, & 其他,\end{cases}$ 且已知$E(\xi)=\dfrac{3}{4}$，求k与α的值.

8. 设ξ的密度函数为$\varphi(x)=\begin{cases}\mathrm{e}^{-x}, & x>0,\\ 0, & x\leqslant 0,\end{cases}$ 求：(1) $E(\xi)$；(2) $E(\mathrm{e}^{-2\xi})$.

9. 设随机变量(ξ,η)的分布列为

ξ \ η	1	2
0	0.4	0
1	0.4	0.2

求 $E(\xi),E(\eta),D(\xi),D(\eta),\mathrm{cov}(\xi,\eta),\rho_{\xi\eta}$.

本章内容小结

1. 本章的主要内容：

随机事件，基本事件，样本空间，事件之间的关系与运算；概率的定义与基本性质，概率的加法公式、乘法公式，全概率公式，贝叶斯公式；事件的独立性.

随机变量，离散型随机变量及其分布列；连续型随机变量及其密度函数；0－1 分布，二项分布，泊松分布，均匀分布，指数分布，正态分布；随机变量的函数.

二维离散型随机变量的分布列、边缘分布列、独立性.

随机变量的数学特征：数学期望、方差、协方差与相关系数.

2. 联系于随机试验的样本空间的子集和该试验下的随机事件一一对应，并可以用集合论的观点来描述、解释和论证事件间的关系及其运算.

3. 事件发生的可能性大小是客观存在的，度量事件发生的可能性大小的数——概率，通常与试验条件相关，书中给出实际中应用较多的两个定义（概率的统计定义和古典定义）后，归纳出概率的数学定义.

4. 在直接计算某事件 A 的概率较困难时，应注意将事件 A 表示成已知（或便于计算）概率的事件之间的关系运算，恰当地选用概率的基本性质、运算公式，并同时注意问题的条件，认真辨别所涉事件的概率计算的模式和方法.

5. 概率的运算公式.

(1) 加法公式：

$$P(A\cup B)=\begin{cases}P(A)+P(B)\ (AB=\varnothing),\\ P(A)+P(B)-P(AB)\ (AB\neq\varnothing).\end{cases}$$

(2) 乘法公式：

$$P(AB)=\begin{cases}P(A)\cdot P(B|A)=P(B)\cdot P(A|B),\\ P(A)\cdot P(B)\ (A,B\text{ 相互独立}).\end{cases}$$

(3) 全概率公式：

$$P(A)=\sum_{i=1}^{n}P(H_i)P(A|H_i),\quad H_1,H_2,\cdots,H_n\text{ 为样本空间 }\Omega\text{ 的一个划分.}$$

(4) 贝叶斯公式：

$$P(H_i|A)=\frac{P(AH_i)}{P(A)}=\frac{P(H_i)P(A|H_i)}{P(A)}=\frac{P(H_i)P(A|H_i)}{\sum\limits_{k=1}^{n}P(H_k)P(A|H_k)},i=1,2,\cdots,n.$$

6. 随机变量及其概率分布是概率论的核心,学习中要理解离散型随机变量及其分布列、连续型随机变量及其密度函数的相关知识,掌握几种常用随机变量的概率分布.

7. 掌握二维离散型随机变量的分布列与边缘分布列的关系,会由分布列求边缘分布列;知道两个离散型随机变量相互独立的定义.

8. 数学期望、方差、协方差及相关系数是随机变量的重要数字特征.数学期望简称为期望或均值,它描述了随机变量 ξ 的集中位置,是一个反映 ξ 取值平均特性的量;方差则反映了 ξ 在期望值周围取值的离散程度;协方差、相关系数均是随机变量间线性联系密切程度的度量.

自测题九

一、填空题

1. 有 A,B,C 三个事件.

(1) 若 B 发生,A 不发生,则这个事件可表示为____________;

(2) 若 A,B,C 至少有一个发生,则这个事件可表示为____________;

(3) 若 A,B,C 不多于一个发生,则这个事件可表示为____________.

2. 设事件 $A_i=\{$第 i 次击中目标$\}(i=1,2,3,4)$,$B=\{$击中次数大于 2$\}$,则事件 $A=\bigcup_{i=1}^{4}A_i$ 的含义是____________,$\overline{A}$ 的含义是____________,$\overline{B}$ 的含义是____________.

3. 试用等号或不等号把下面 4 个量联系起来:

$P(AB)$______ $P(A)$______ $P(A\cup B)$______ $P(A)+P(B)$.

4. 假设在 1000 个男子中活到某一年龄的人数如下:

年龄 ξ	10	20	30	40	50	60	70	80	90	100
人　数	950	920	900	870	800	680	450	200	25	5

若事件 $A=\{$活到 40 岁$\}$,$B=\{$活到 50 岁$\}$,$C=\{$活到 60 岁$\}$,则 $P(A)=$________,$P(B|A)=$________,$P(C|A)=$________,$P(\overline{C}|B)=$________,$P(AB)=$________.

5. 若随机变量 ξ 的分布列为

ξ	1	2	3	4
p_k	$\frac{a}{50}$	$\frac{a}{25}$	$\frac{3a}{50}$	$\frac{4a}{50}$

则常数 a 的数值为____________.

6. 设 ξ 服从二项分布 $B(n,p)$,且 $E(\xi)=6$,$D(\xi)=5$,则 $p=$__________,$n=$__________.

7. 设随机变量 ξ,η 相互独立,且 $P(\xi\leqslant 1)=\frac{1}{2}$,$P(\eta\leqslant 1)=\frac{1}{3}$,则 $P(\xi\leqslant 1,\eta\leqslant 1)=$____________.

8. 设随机变量 ξ,η 相互独立,且 $D(\xi)=2$,$D(\eta)=1$,则 $D(\xi-2\eta+3)=$__________.

二、选择题

1. 能使$(A\cup B)-A=B$成立的条件是 (　　)

A. $A\supset B$　　B. $B\supset A$　　C. $A=B$　　D. $A\cap B=\varnothing$

2. 若事件A,B,C满足$A\cup B\supset C$,则$A\cap B\cap C$等于 (　　)

A. C　　B. $\varnothing$　　C. $A\cup B$　　D. 不一定

3. 如果事件A与B互不相容,那么 (　　)

A. A与B是对立事件　　B. $A\cup B$是必然事件

C. $\overline{A}\cup\overline{B}$必然事件　　D. $\overline{A}$与$\overline{B}$互不相容

4. 对于任意随机变量ξ,若$E(\xi)$,$E(\xi^2)$存在,则$E(\xi^2)$与$E^2(\xi)$的关系是 (　　)

A. $E(\xi^2)<E^2(\xi)$　　B. $E(\xi^2)>E^2(\xi)$

C. $E(\xi^2)\leqslant E^2(\xi)$　　D. $E(\xi^2)\geqslant E^2(\xi)$

5. 设随机变量$\xi\sim N(\mu,\sigma^2)$,且$P(\xi<5)=P(\xi>1)$,密度函数$f(x)$有极大值$\frac{1}{\sqrt{2\pi}}$,则有 (　　)

A. $\mu=2,\sigma=2$　　B. $\mu=3,\sigma=2$

C. $\mu=3,\sigma=1$　　D. $\mu=3,\sigma=3$

6. 投掷两颗骰子,设事件$A=\{$出现点数之和等于3$\}$,则$P(A)$等于 (　　)

A. $\frac{1}{2}$　　B. $\frac{1}{3}$　　C. $\frac{1}{6}$　　D. $\frac{1}{18}$

7. 设ξ_1,ξ_2是任意两个随机变量,下面等式成立的是 (　　)

A. $E(\xi_1+\xi_2)=E(\xi_1)+E(\xi_2)$　　B. $D(\xi_1+\xi_2)=D(\xi_1)+D(\xi_2)$

C. $E(\xi_1\xi_2)=E(\xi_1)E(\xi_2)$　　D. 有不少于两个等式成立

8. 设随机变量ξ,η的分布列为

ξ \ η	0	1	2
0	$\frac{1}{12}$	$\frac{2}{12}$	$\frac{2}{12}$
1	$\frac{1}{12}$	$\frac{1}{12}$	0
1	$\frac{2}{12}$	$\frac{1}{12}$	$\frac{2}{12}$

则$P(\xi\eta=0)=$ (　　)

A. $\frac{1}{12}$　　B. $\frac{2}{12}$　　C. $\frac{4}{12}$　　D. $\frac{8}{12}$

三、综合题

1. 已知$P(A)=x,P(B)=y,xy\neq 0$,试按下列三种条件:(1) $P(AB)=z$,(2) A,B相互独立,(3) A,B互不相容,分别求出下列概率:

$P(\overline{A}\cup\overline{B}),P(\overline{A}B),P(\overline{A}\cup B),P(\overline{A}\overline{B}),P(A|B)$.

2. 在一盒子中装有15个乒乓球,其中9个为新球,用过的球则认为是旧球,在第一次比赛时任取3个球,比赛后放回盒中,在第二次比赛时再任取3个球,求:

(1) 第一次取出的 3 个球中恰有 2 个新球的概率；

(2) 当第一次取出的球中恰有 2 个新球时，第二次取出的球均为新球的概率；

(3) 第二次取出的球均为新球的概率.

3. 某零件需经三道工序才能加工成型.

(1) 三道工序是否出废品相互独立，且出废品的概率依次是 0.1，0.2，0.3，试求成型零件为废品的概率；

(2) 每道工序所出的废品剔除后，再进行下一道工序，且新的废品的概率依次为 0.1，0.2，0.3，试求一个零件加工到成型不是废品的概率.

4. 某种商品的一、二等品为合格品，配货时一、二等品的数量比为 5∶3. 根据以往的经验，顾客购买时，一等品被认为二等品的概率为$\frac{2}{5}$，二等品被认为一等品的概率为$\frac{1}{3}$. 求：

(1) 顾客购买一件该种商品，认为商品为一等品的概率；

(2) 被顾客认为是一等品，而商品恰是一等品的概率.

5. 设 ξ,η 相互独立，且分布列为

ξ	0	1
p_k	$\frac{1}{2}$	$\frac{1}{2}$

η	0	1	2
p_k	$\frac{1}{2}$	$\frac{1}{3}$	$\frac{1}{6}$

求：(1) $\xi+\eta$ 的分布列；(2) $E(\xi\eta)$.

6. 随机变量 ξ 的密度函数为 $f(x)=\begin{cases} a+bx^2, & x\in(0,1), \\ 0, & \text{其他}, \end{cases}$ 且 $E(\xi)=\frac{3}{5}$，求 a,b 及$E(\xi^2)$ 的值.

7. 设二维随机变量(ξ,η)的分布列为

ξ \ η	-1	0
0	$\frac{1}{3}$	$\frac{1}{4}$
1	$\frac{1}{4}$	$\frac{1}{6}$

试求：(1) (ξ,η)关于 ξ 和关于 η 的边缘分布列；(2) ξ 与 η 是否相互独立，为什么？(3) $P(\xi+\eta=0)$.

8. 设随机变量 ξ 的分布列为

ξ	-1	0	1
p_k	$\frac{1}{3}$	$\frac{1}{3}$	$\frac{1}{3}$

设 $\eta=\xi^2$，求：(1) $D(\xi)$，$D(\eta)$；(2) $\rho_{\xi\eta}$.

第 10 章

数理统计初步

上一章的讨论，总是从已给的随机变量 ξ 出发，来研究该随机变量的种种性质，这时 ξ 的分布函数 $F(x)$ 都已事先给定. 然而在实际问题中，$F(x)$ 常常是未知的. 例如，测试灯泡寿命的试验是破坏性的，一旦灯泡寿命测试出来，灯泡也就报废了. 因此，直接寻求寿命 ξ 的分布是不现实的，一般只能从全部灯泡中抽取一定数量的灯泡，通过对这些灯泡的观测结果，来对全部灯泡的特性进行估计和推断. 数理统计就是基于这种思想，利用概率的理论而建立起来的数学方法. 本章讨论的主要内容有：统计量和统计特征数、参数估计、假设检验、一元线性回归、多元线性回归等.

§10-1 统计量 统计特征数

一、总体和样本

在统计学中，把研究对象的全体称为**总体**（或**母体**），而把构成总体的每一个对象称为**个体**；从总体中抽出的一部分个体称为**样本**（或**子样**），样本中所含个体的个数称为**样本容量**.

例如，研究一批灯泡的质量时，该批灯泡的全体就构成了总体，而其中的每一个灯泡就是个体；从该批灯泡中抽取 100 个进行检测或试验，则这 100 个灯泡就构成了一个容量为 100 的样本.

实际问题中，从数学角度研究总体时，所关心的是它的某些数量指标，如灯泡的使用寿命（数量指标），这时总体就成了每个灯泡（个体）使用寿命数据的集合 Ω. 设 ξ 表示灯泡的使用寿命，则 ξ 的取值的集合就是 Ω.

一般地，当我们提到总体时，通常是指总体的某一数量指标 ξ 可能取值的集合，习惯上说成是总体 ξ. 这样，对总体的某种规律的研究，就归结为讨论与这种规律相联系的随机变量 ξ 的分布或其数字特征.

从总体中抽取容量为 n 的样本进行观测（或试验），实际上就是对总体在相同的条件下进行 n 次独立的重复试验，试验结果用 $\xi_1, \xi_2, \cdots, \xi_n$ 表示，它们都是随机变量，样本就表现为 n 个随机变量，记为 $(\xi_1, \xi_2, \cdots, \xi_n)$. 对样本进行一次观察所得到的一组确定的取值 $(x_1, x_2, \cdots, x_n)$ 称为**样本观察值**或**样本值**.

例如，从一批灯泡中抽取 100 个灯泡，样本即为 $(\xi_1, \xi_2, \cdots, \xi_{100})$，其中 ξ_i $(i=1,2,\cdots,100)$ 表示第 i 个灯泡的寿命；对抽出的 100 个灯泡进行测试后其寿命值 $(x_1, x_2, \cdots, x_{100})$ 就

是样本值，其中 x_i 是 ξ_i 的观察值($i=1,2,\cdots,100$).

对总体在相同的条件下进行 n 次独立的重复试验，相当于对样本提出如下要求：

(1) 代表性. 总体中每个个体被抽中的机会是相等的，即样本中每个 $\xi_i(i=1,2,\cdots,n)$ 都和总体 ξ 具有相同的分布；

(2) 独立性. 样本中每个个体的观测结果互不影响，即 $\xi_1,\xi_2,\cdots,\xi_n$ 是相互独立的随机变量.

满足要求(1)和(2)的样本称为**简单随机样本**，今后所指的样本如无特别说明均为简单随机样本.

二、统计量

样本是总体的代表和反映，是统计推断的基本依据，但是，对于不同的总体，甚至对于同一个总体，我们所关心的问题往往是不一样的. 因此，根据问题的不同，必须对样本进行不同的处理，这种处理就是构造样本的某种函数.

设$(\xi_1,\xi_2,\cdots,\xi_n)$是来自总体 ξ 的一个样本，我们把随机变量 $\xi_1,\xi_2,\cdots,\xi_n$ 的函数称为**样本函数**. 若样本函数中不包含总体的未知参数，这样的样本函数称为**统计量**，记作 $Q(\xi_1,\xi_2,\cdots,\xi_n)$. 统计量是随机变量，它的取值依赖于样本值. 总体参数通常是指总体分布中所含的参数或数字特征.

设$(\xi_1,\xi_2,\cdots,\xi_n)$是来自总体 ξ 的一个样本，样本值为$(x_1,x_2,\cdots,x_n)$. 我们把 $Q(x_1,x_2,\cdots,x_n)$称为统计量 $Q(\xi_1,\xi_2,\cdots,\xi_n)$的观察值.

数理统计的中心任务就是针对问题的特征，构造一个合理的统计量，并找出它的分布规律，以便利用这种规律对总体作出相应的估计和推断.

三、统计特征数

能反映样本值分布的数字特征的统计量统称为**统计特征数**(或**样本特征数**).

设$(\xi_1,\xi_2,\cdots,\xi_n)$是来自总体 ξ 的一个样本，样本值为$(x_1,x_2,\cdots,x_n)$，下面介绍几个常用的统计特征数.

1. 样本矩

(1) 原点矩.

统计量 $A^{*k}=\dfrac{1}{n}\sum\limits_{i=1}^{n}\xi_i^k$ 称为 k **阶原点矩**，其观察值记为 $X^{*k}=\dfrac{1}{n}\sum\limits_{i=1}^{n}x_i^k$.

特别地，$k=1$ 时称为**样本均值**，记为 $\bar{\xi}=\dfrac{1}{n}\sum\limits_{i=1}^{n}\xi_i$，其观察值记为 $\bar{x}=\dfrac{1}{n}\sum\limits_{i=1}^{n}x_i$.

样本均值反映了样本值分布的集中位置，代表样本取值的平均水平.

(2) 中心矩.

统计量 $B^{*k}=\dfrac{1}{n-1}\sum\limits_{i=1}^{n}(\xi_i-\bar{\xi})^k$ 称为 k **阶中心矩**，其观察值记为

$$S^{*k}=\frac{1}{n-1}\sum_{i=1}^{n}(x_i-\bar{x})^k.$$

特别地，$k=2$ 时称为**样本方差**，记为 $S^{*2}=\dfrac{1}{n-1}\sum\limits_{i=1}^{n}(\xi_i-\bar{\xi})^2$，其观察值记为

$$s^{*2}=\frac{1}{n-1}\sum_{i=1}^{n}(x_i-\bar{x})^2.$$

样本方差的算术平方根称为**样本标准差**，记为 S^*.

样本方差或样本标准差反映了样本值分布的离中（或离散）程度.

2. 中位数

将样本值数据按大小排序后，居于中间位置的数称为**中位数**，记为 M_e. 当 n 为偶数时，规定 M_e 取居中位置的两数的平均值.

3. 样本极差

统计量 $R=\max\{\xi_1,\xi_2,\cdots,\xi_n\}-\min\{\xi_1,\xi_2,\cdots,\xi_n\}$ 称为**样本极差**，其观察值仍记为 R，即样本值中最大数与最小数之差.

4. 标准差系数

统计量 $C=\frac{S^*}{\bar{\xi}}\times 100\%$ 称为**标准差系数**，其观察值记为 $c=\frac{s^*}{\bar{x}}\times 100\%$.

标准差系数反映了样本值数据相对于样本均值的离散程度.

例 1 从某厂生产的一批灯泡中随机抽取 10 只，测得耐用时数（单位：h）如下：

989　992　998　1000　1002　1004　1004　1006　1007　1010

试求 $\bar{x},s^*,M_e,R,c$.

解 由计算器直接计算得

$\bar{x}=1001.2$，　$s^*=6.6299$，　$M_e=1003$，　$R=21$，　$c=0.66\%$.

四、统计量的分布

统计量的概率分布规律称为**统计量的分布**（或称为**抽样分布**）.

在参数估计、假设检验及方差分析等内容中，常用的统计量及其分布有：

1. 单总体统计量分布定理

设 $(\xi_1,\xi_2,\cdots,\xi_n)$ 是来自正态总体 $\xi\sim N(\mu,\sigma^2)$ 的样本，则有下列结论：

(1) $\bar{\xi}\sim N\left(\mu,\frac{\sigma^2}{n}\right)$，且 $\bar{\xi}$ 与 S^* 相互独立；

(2) $\chi^2=\frac{(n-1)S^{*2}}{\sigma^2}=\frac{\sum_{i=1}^{n}(\xi_i-\bar{\xi})^2}{\sigma^2}\sim\chi^2(n-1)$；

(3) $T=\frac{\bar{\xi}-\mu}{S^*}\sqrt{n}\sim t(n-1)$；

(4) $U=\frac{\bar{\xi}-\mu}{\sigma}\sqrt{n}\sim N(0,1)$；

(5) $\chi^2=\sum_{i=1}^{n}\left(\frac{\xi_i-\mu}{\sigma}\right)^2\sim\chi^2(n)$.

2. 双总体统计量分布定理

设 $(\xi_1,\xi_2,\cdots,\xi_{n_1})$ 是来自正态总体 $\xi\sim N(\mu_1,\sigma_1^2)$ 的一个样本，$(\eta_1,\eta_2,\cdots,\eta_{n_2})$ 是来自正态总体 $\eta\sim N(\mu_2,\sigma_2^2)$ 的一个样本，且 ξ 与 η 相互独立，记

$$\bar{\xi}=\frac{1}{n_1}\sum_{i=1}^{n_1}\xi_i,\qquad S_1^{*2}=\frac{1}{n_1-1}\sum_{i=1}^{n_1}(\xi_i-\bar{\xi})^2,$$

$$\bar{\eta}=\frac{1}{n_2}\sum_{i=1}^{n_2}\eta_i,\qquad S_2^{*2}=\frac{1}{n_2-1}\sum_{i=1}^{n_2}(\eta_i-\bar{\eta})^2.$$

则有下列结论：

(1) $U=\dfrac{(\bar{\xi}-\bar{\eta})-(\mu_1-\mu_2)}{\sqrt{\dfrac{\sigma_1^2}{n_1}+\dfrac{\sigma_2^2}{n_2}}}\sim N(0,1)$；

(2) $T=\dfrac{(\bar{\xi}-\bar{\eta})-(\mu_1-\mu_2)}{\sqrt{\dfrac{(n_1-1)S_1^{*2}+(n_2-1)S_2^{*2}}{n_1+n_2-2}\left(\dfrac{1}{n_1}+\dfrac{1}{n_2}\right)}}\sim t(n_1+n_2-2)$（已知 $\sigma_1^2=\sigma_2^2$）；

(3) $F=\dfrac{S_1^{*2}/\sigma_1^2}{S_2^{*2}/\sigma_2^2}\sim F(n_1-1,n_2-1)$.

3. 极限定理

(1) 大数定律.

设 $\xi_1,\xi_2,\cdots,\xi_n$ 是相互独立且服从相同分布的随机变量，$E(\xi_i)=\mu$ 和 $D(\xi_i)=\sigma^2(i=1,2,\cdots,n)$ 均为有限常数，则对于任意的正数 ε，都有

$$\lim_{n\to\infty}P\left(\left|\frac{1}{n}\sum_{i=1}^{n}\xi_i-\mu\right|\geqslant\varepsilon\right)=0.$$

(2) 中心极限定理.

设 $\xi_1,\xi_2,\cdots,\xi_n$ 是相互独立且服从相同分布的随机变量，$E(\xi_i)=\mu$ 和 $D(\xi_i)=\sigma^2(i=1,2,\cdots,n)$ 均为有限常数，则统计量 $\eta=\dfrac{\bar{\xi}-\mu}{\frac{\sigma}{\sqrt{n}}}$ 对于任意的 x，都有

$$\lim_{n\to\infty}P(\eta<x)=\int_{-\infty}^{x}\frac{1}{\sqrt{2\pi}}e^{-\frac{t^2}{2}}dt.$$

由上述两定理可知，无论总体 ξ 服从怎样的分布，只要 $E(\xi_i)=\mu$ 和 $D(\xi_i)=\sigma^2(i=1,2,\cdots,n)$ 都存在，$(\xi_1,\xi_2,\cdots,\xi_n)$ 是来自总体的一个简单随机样本，那么当 n 充分大时，样本均值 $\bar{\xi}$ 的观察值总是稳定于总体期望 $E(\xi)=\mu$，并且统计量 $\eta=\dfrac{\bar{\xi}-\mu}{\sigma/\sqrt{n}}$ 近似地服从标准正态分布 $N(0,1)$，或者说 $\bar{\xi}$ 近似地服从 $N\left(\mu,\dfrac{\sigma^2}{n}\right)$. 即当样本容量充分大时，不服从正态分布的总体可近似看作服从正态分布的总体进行处理.

例 2　已知总体 $\xi\sim N(1,9)$，$(\xi_1,\xi_2,\cdots,\xi_9)$ 是来自总体 ξ 的样本.

(1) 试比较 $\bar{\xi}$ 与 ξ 在 $[1,2]$ 中取值的概率；

(2) 试求 $P\left(\sum_{i=1}^{9}(\xi_i-\bar{\xi})^2<31.41\right)$.

解　(1) 由已知 $\xi\sim N(1,9)$，得

$$P(1\leqslant\xi\leqslant2)=\Phi\left(\frac{2-1}{3}\right)-\Phi\left(\frac{1-1}{3}\right)=\Phi\left(\frac{1}{3}\right)-\Phi(0)=0.6203-0.5000=0.1203.$$

而 $\bar{\xi}\sim N(1,1)$，所以

$$P(1\leqslant\bar{\xi}\leqslant2)=\Phi\left(\frac{2-1}{1}\right)-\Phi\left(\frac{1-1}{1}\right)=\Phi(1)-\Phi(0)=0.8413-0.5000=0.3413.$$

由以上计算知，$\bar{\xi}$ 在[1,2]中取值的概率大于 ξ 在[1,2]中取值的概率.

(2) $$P\left(\sum_{i=1}^{9}(\xi_i-\bar{\xi})^2<31.41\right)=P\left(\sum_{i=1}^{9}(\xi_i-\bar{\xi})^2/9<3.49\right)$$
$$=P(\chi^2(8)<3.49)=1-P(\chi^2(8)\geqslant 3.49)$$
$$=1-0.90=0.10.$$

习题 10-1(A)

1. 若总体分布为 $N(\mu,\sigma^2)$，其中 μ 已知，σ^2 未知，$(\xi_1,\xi_2,\cdots,\xi_n)$ 是来自总体的一个样本，指出下列样本函数中哪些是统计量：

(1) $\frac{1}{n}\sum_{i=1}^{n}\xi_i^2$；　(2) $\frac{1}{n}\sum_{i=1}^{n}(\xi_i-\bar{\xi})^2$；　(3) $\sum_{i=1}^{n}|\xi_i-\mu|$；

(4) $\frac{1}{\sigma^2}\sum_{i=1}^{n}\xi_i^2$；　(5) $\min(\xi_1,\xi_2,\cdots,\xi_n)$；　(6) $\sum_{i=1}^{n}\xi_i-\mu$.

2. 试叙述样本函数、统计量、统计特征数之间的联系与区别，统计量、统计特征数与它们的观察值之间的联系与区别.

3. 设 $(\xi_1,\xi_2,\cdots,\xi_8)$ 是来自正态总体 $\xi\sim N(\mu,\sigma^2)$ 的一个样本，试指出下列统计量的分布：

(1) $\frac{1}{8}\sum_{i=1}^{8}\xi_i$；(2) $\frac{7S^{*2}}{\sigma^2}$；(3) $\frac{\bar{\xi}-\mu}{S^*}\sqrt{8}$；(4) $\frac{\bar{\xi}-\mu}{\sigma}\sqrt{8}$；(5) $\frac{\sum_{i=1}^{8}(\xi_i-\mu)^2}{\sigma^2}$.

4. 从一批轴中随机抽检 6 根，测得直径(单位：mm)分别为：50.00，49.96，49.98，50.06，50.04，49.96. 求样本均值、标准差、中位数、极差、标准差系数.

5. 在总体 $\xi\sim N(20,4)$ 中随机抽取容量为 16 的样本，求样本均值落在 19.5 和 20.6 之间的概率.

6. 一种型号的包装机，包装额定质量为 100 g 的产品时，标准差为 2 g，包装额定质量为 500 g 的产品时，标准差为 4 g. 问该包装机包装哪种产品性能比较稳定?

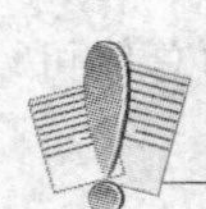

习题 10-1(B)

1. 在总体 $\xi\sim N(2.0,0.02^2)$ 中随机抽取容量为 100 的样本，求满足 $P(|\bar{\xi}-2|<\lambda)=0.95$ 的 λ 值.

2. 设 $(\xi_1,\xi_2,\cdots,\xi_8)$ 是来自正态总体 $\xi\sim N(0,0.3^2)$ 的一个样本，求 $P\left(\sum_{i=1}^{8}\xi_i^2>1.80\right)$.

3. 设某电话交换机要为 2000 个用户服务，最忙时平均每个用户打电话的占线率为 3%，假设用户打电话是相互独立的. 问：若想以 99% 的可能性满足用户的要求，最少需要设多少条线路?（提示：因为用户较多，利用中心极限定理求解）

§10-2 参数估计

在实际问题中,要求利用样本估计总体分布中的一些未知参数,这种估计方法称为**参数估计**.

估计总体未知参数θ的统计量$\hat{\theta}(\xi_1,\xi_2,\cdots,\xi_n)$称为**估计量**.参数估计分为两种类型:点估计和区间估计.

一、参数的点估计

1. 点估计的概念

参数的点估计就是利用估计量$\hat{\theta}(\xi_1,\xi_2,\cdots,\xi_n)$的观察值$\hat{\theta}(x_1,x_2,\cdots,x_n)$作为总体未知参数$\theta$的估计值.

由于总体参数θ的值未知,无法知其θ的真值,而估计量$\hat{\theta}$是一随机变量,其观察值随对样本的每次观察而得到不同的值.人们自然希望估计量$\hat{\theta}$的观察值与θ的真值越接近越好.为此,人们从不同的角度引入了评价估计量"优良性"的各种标准,比较常用的有以下三种:

(1) 无偏性.

设$\hat{\theta}(\xi_1,\xi_2,\cdots,\xi_n)$是总体未知参数$\theta$的一个估计量,如果$E(\hat{\theta})=\theta$,那么$\hat{\theta}$称为参数$\theta$的**无偏估计量**.

(2) 有效性.

设$\hat{\theta}_1(\xi_1,\xi_2,\cdots,\xi_n)$,$\hat{\theta}_2(\xi_1,\xi_2,\cdots,\xi_n)$是总体参数$\theta$的两个估计量,如果$D(\hat{\theta}_1)<D(\hat{\theta}_2)$,则称$\hat{\theta}_1$比$\hat{\theta}_2$更**有效**;$\theta$的无偏估计量中方差最小的估计量称为**最优无偏估计量**.

(3) 一致性.

设$\hat{\theta}(\xi_1,\xi_2,\cdots,\xi_n)$是总体参数$\theta$的一个估计量,如果

$$\lim_{n\to\infty}P(\hat{\theta}=\theta)=1,$$

则称$\hat{\theta}$为参数θ的**一致估计量**.

实际问题中,无偏性与有效性适用于样本容量较小的估计量的评价,一致性适用于样本容量较大的估计量的评价.

可以证明:

(1) 不论总体ξ服从什么分布,若$E(\xi)$和$D(\xi)$都存在,则$\bar{\xi}$和S^{*2}分别是$E(\xi)$和$D(\xi)$的无偏估计量;

(2) 不论总体ξ服从什么分布,若$E(\xi)$和$D(\xi)$都存在,则样本的统计特征数都是总体相应的数字特征的一致估计量;

(3) 设$\xi\sim N(\mu,\sigma^2)$,μ,σ均未知,则$\bar{\xi}$和S^{*2}分别是μ,σ^2的最优无偏估计量,而对于固定的样本容量n,$S^2=\frac{1}{n}\sum_{i=1}^{n}(\xi_i-\bar{\xi})^2$不是$\sigma^2$的无偏估计量,但却比$S^{*2}$更有效.若$\mu$已知,

则 $S^2=\frac{1}{n}\sum_{i=1}^{n}(\xi_i-\mu)^2$ 是 σ^2 的最优无偏估计量.

2. 几个常见的参数的点估计量

(1) 总体数字特征的点估计量.

一般情况下,总是把样本的统计特征数作为总体相应的数字特征的估计量. 例如,$\hat{E}(\xi)=\bar{\xi}$,$\hat{D}(\xi)=S^{*2}$分别作为总体数学期望、方差的估计量. 其中,当总体 ξ 的某个数字特征已知时,则将含有估计数字特征的估计量替换为该数字特征. 例如,已知 $E(\xi)=\mu$,那么方差$D(\xi)$的估计量替换为 $S^{*2}=\frac{1}{n-1}\sum_{i=1}^{n}(\xi_i-\mu)^2$ 或 $S^2=\frac{1}{n}\sum_{i=1}^{n}(\xi_i-\mu)^2$.

(2) 总体分布参数的点估计.

我们知道总体 $\xi\sim N(\mu,\sigma^2)$时,总体 ξ 的分布参数 μ,σ^2 就是其期望和方差. 但在一般情况下,总体的参数与期望和方差并不一致,这时可利用参数与期望和方差的关系,推算出其估计量.

例 1 设总体 $\xi\sim[a,b]$,a,b 未知,试求参数 a,b 的估计量.

解 由 $E(\xi)=\frac{1}{2}(b+a)$,$D(\xi)=\frac{1}{12}(b-a)^2$,得

$$\bar{\xi}=\frac{1}{2}(\hat{b}+\hat{a}),S^{*2}=\frac{1}{12}(\hat{b}-\hat{a})^2,$$

解得

$$\hat{a}=\bar{\xi}-\sqrt{3}S^*,\hat{b}=\bar{\xi}+\sqrt{3}S^*.$$

现将常用的几个分布的参数估计量列表如下:

分　布	被估参数	估计量
$\xi\sim 0-1$	$P(\xi=1)=p$	$\hat{p}=\bar{\xi}=\frac{k}{n}$(频率)
$\xi\sim B(N,p)$	N,p	$\hat{p}=1-\frac{S^{*2}}{\bar{\xi}},\hat{N}=\left[\frac{\bar{\xi}}{\hat{p}}\right]$(取整)
$\xi\sim P(\lambda)$	λ	$\hat{\lambda}=\bar{\xi}$ 或 S^{*2}
$\xi\sim[a,b]$	a,b	$\hat{a}=\bar{\xi}-\sqrt{3}S^*;\hat{b}=\bar{\xi}+\sqrt{3}S^*$
$\xi\sim N(\mu,\sigma^2)$	μ,σ^2	$\hat{\mu}=\bar{\xi},\hat{\sigma^2}=S^{*2}$
$\xi\sim Z(\lambda)$	λ	$\hat{\lambda}=\frac{1}{\bar{\xi}}$或$\hat{\lambda}=\frac{1}{S^*}$

二、参数的区间估计

1. 置信区间的概念

在参数的点估计中,虽然总体未知参数 θ 的估计量$\hat{\theta}$具有无偏性或有效性等优良性质,但$\hat{\theta}$是一随机变量,$\hat{\theta}$的观察值只是 θ 的一个近似值. 在实际问题中,我们往往还希望根据样本给出一个以较大的概率包含被估参数 θ 的范围,这就是区间估计的基本思想.

设 θ 是总体 ξ 分布中的一个未知参数,如果由样本确定的两个统计量 θ_1 和 θ_2($\theta_1<\theta_2$),对于给定的 α($0<\alpha<1$),能满足条件

$$P(\theta_1 \leqslant \theta \leqslant \theta_2)=1-\alpha,$$

则区间$[\theta_1,\theta_2]$称为 θ 的 $1-\alpha$ **置信区间**,θ_1 和 θ_2 分别称为**置信下限**和**置信上限**,$1-\alpha$ 称为**置信水平**(或**置信度**),α 称为**显著性水平**.

显然,置信区间$[\theta_1,\theta_2]$是一个随机区间.用置信区间表示包含未知参数的范围和可靠程度的统计方法,称为参数的**区间估计**.

区间估计的直观解释为:置信区间$[\theta_1,\theta_2]$依赖于样本值而得到每一个确定的区间是以 $1-\alpha$ 的概率包含参数 θ 的真值.置信区间$[\theta_1,\theta_2]$的长度(它是随机的)表达了区间估计的准确性;置信水平 $1-\alpha$ 表达了区间估计的可靠性;显著性水平 α 表达了区间估计的不可靠性,即不包含 θ 真值的可能性.

一般情况下,置信度 $1-\alpha$ 越大(α 越小),置信区间相应地也越大,即可靠性越大,但准确性越小.因此,进行区间估计时,要正确处理好"可靠性"与"准确性"这一对矛盾.一般情况下,可在满足置信度 $1-\alpha$ 的要求的前提下,适当增加样本容量以获得较小的置信区间.

2. 单正态总体置信区间的确定

(1) 构造置信区间的基本方法.

先分析一个例子:设$(\xi_1,\xi_2,\cdots,\xi_n)$是来自正态总体 $\xi\sim N(\mu,\sigma^2)$的一个样本,σ^2 已知,求 μ 的 $1-\alpha$ 置信区间.

若视 μ 已知,则统计量 $U=\frac{\bar{\xi}-\mu}{\sigma}\sqrt{n}\sim N(0,1)$,对于给定的置信度 $1-\alpha$,可在标准正态分布表中查表求得 λ_1,λ_2,使得 $P(\lambda_1\leqslant U\leqslant\lambda_2)=1-\alpha$,且 $P(U<\lambda_1)=P(U>\lambda_2)=\frac{\alpha}{2}$,即可取 $\lambda_2=-\lambda_1=u_{1-\frac{\alpha}{2}}$.这时

$$P(-u_{1-\frac{\alpha}{2}}\leqslant U\leqslant u_{1-\frac{\alpha}{2}})=1-\alpha,$$

于是

$$P\left(\bar{\xi}-\frac{\sigma}{\sqrt{n}}u_{1-\frac{\alpha}{2}}\leqslant\mu\leqslant\bar{\xi}+\frac{\sigma}{\sqrt{n}}u_{1-\frac{\alpha}{2}}\right)=1-\alpha.$$

令 $\theta_1=\bar{\xi}-\frac{\sigma}{\sqrt{n}}u_{1-\frac{\alpha}{2}}$,$\theta_2=\bar{\xi}+\frac{\sigma}{\sqrt{n}}u_{1-\frac{\alpha}{2}}$,则 θ_1,θ_2 是统计量(不含总体未知参数),即 μ 的 $1-\alpha$ 置信区间为$[\theta_1,\theta_2]$.

一般地,构造总体 ξ 的参数 θ 的置信区间的步骤如下:

① 选用已知分布的统计量$\hat{\theta}$,$\hat{\theta}$含被估参数 θ(θ 看成已知),但$\hat{\theta}$的分布与是否知道 θ 的真值无关;

② 由 $P(\lambda_1\leqslant\hat{\theta}\leqslant\lambda_2)=1-\alpha$,且 $P(\hat{\theta}<\lambda_1)=P(\hat{\theta}>\lambda_2)=\frac{\alpha}{2}$,查$\hat{\theta}$的分布表求得 λ_1,λ_2;

③ 由 $\lambda_1\leqslant\hat{\theta}\leqslant\lambda_2$ 解出被估参数 θ,得到不等式 $\theta_1\leqslant\theta\leqslant\theta_2$,$\theta_1,\theta_2$ 是统计量(不含总体未知参数),于是 θ 的 $1-\alpha$ 置信区间为$[\theta_1,\theta_2]$.

(2) 单正态总体期望和方差的置信区间公式.

按照上述步骤,可推出正态总体 $\xi\sim N(\mu,\sigma^2)$的 μ 和 σ^2 的置信区间公式(如下表):

被估参数	条件	选用统计量	分布	$1-\alpha$ 的置信区间
μ	σ^2 已知	$U=\frac{\bar{\xi}-\mu}{\sigma}\sqrt{n}$	$N(0,1)$	$\left[\bar{\xi}-\frac{\sigma}{\sqrt{n}}u_{1-\frac{\alpha}{2}},\bar{\xi}+\frac{\sigma}{\sqrt{n}}u_{1-\frac{\alpha}{2}}\right]$
	σ^2 未知	$T=\frac{\bar{\xi}-\mu}{S^*}\sqrt{n}$	$t(n-1)$	$\left[\bar{\xi}-\frac{S^*}{\sqrt{n}}t_{\frac{\alpha}{2}}(n-1),\bar{\xi}+\frac{S^*}{\sqrt{n}}t_{\frac{\alpha}{2}}(n-1)\right]$
σ^2	μ 已知	$\chi^2=\sum_{i=1}^{n}\left(\frac{\xi_i-\mu}{\sigma}\right)^2$	$\chi^2(n)$	$\left[\frac{\sum_{i=1}^{n}(\xi_i-\mu)^2}{\chi^2_{\frac{\alpha}{2}}(n)},\frac{\sum_{i=1}^{n}(\xi_i-\mu)^2}{\chi^2_{1-\frac{\alpha}{2}}(n)}\right]$
	μ 未知	$\chi^2=\frac{(n-1)S^{*2}}{\sigma^2}$	$\chi^2(n-1)$	$\left[\frac{(n-1)S^{*2}}{\chi^2_{\frac{\alpha}{2}}(n-1)},\frac{(n-1)S^{*2}}{\chi^2_{1-\frac{\alpha}{2}}(n-1)}\right]$

例 2 从刚生产出的一大堆钢珠中随机抽出 9 个，测量它们的直径(单位：mm)，并求得其样本均值 $\bar{\xi}=31.06$，样本方差 $S^{*2}=0.25^2$. 试求置信度为 95%的 μ 和 σ^2 的置信区间.（假设钢珠直径 $\xi\sim N(\mu,\sigma^2)$）

解 这里 $n=9,\alpha=0.05$，查 t-分布表得 $t_{0.025}(8)=2.3060$，计算

$$\frac{S^*}{\sqrt{n}}t_{\frac{\alpha}{2}}(n-1)=\frac{0.25}{\sqrt{9}}\times 2.3060\approx 0.192.$$

由上表可知，所求钢珠直径 μ 的置信区间为

$$[31.06-0.192,31.06+0.192]=[30.868,31.252].$$

查 χ^2-分布表得 $\chi^2_{0.025}(8)=17.535,\chi^2_{0.975}(8)=2.180$，计算

$$\frac{(n-1)S^{*2}}{\chi^2_{\frac{\alpha}{2}}(8)}=\frac{8\times 0.25^2}{17.535}\approx 0.0285,\frac{(n-1)S^{*2}}{\chi^2_{1-\frac{\alpha}{2}}(8)}=\frac{8\times 0.25^2}{2.180}\approx 0.2294.$$

由上表可知，所求钢珠直径方差 σ^2 的置信区间为[0.0285,0.2294].

(3) 大样本场合下，概率的置信区间.

若事件 A 发生的概率为 p，进行 n 次独立重复试验，其中 A 出现 μ_n 次，求 p 的置信区间.

由中心极限定理，当 n 相当大时，

$$U=\frac{\frac{\mu_n}{n}-p}{\sqrt{p(1-p)/n}}$$

渐渐趋近于正态分布 $N(0,1)$，于是有

$$P\left\{-u_{1-\frac{\alpha}{2}}\leqslant\frac{\frac{\mu_n}{n}-p}{\sqrt{p(1-p)/n}}\leqslant u_{1-\frac{\alpha}{2}}\right\}=1-\alpha,$$

也即

$$P\left\{\frac{\mu_n}{n}-u_{1-\frac{\alpha}{2}}\sqrt{\frac{p(1-p)}{n}}\leqslant p\leqslant\frac{\mu_n}{n}+u_{1-\frac{\alpha}{2}}\sqrt{\frac{p(1-p)}{n}}\right\}=1-\alpha.$$

这样得出的置信区间还会含有未知参数 p，在实际应用中，可以用它的估计 $\frac{\mu_n}{n}$ 代入. 因此，在这种情况下的置信区间是

$$\left[\frac{\mu_n}{n}-u_{1-\frac{\alpha}{2}}\sqrt{\frac{\frac{\mu_n}{n}\left(1-\frac{\mu_n}{n}\right)}{n}},\frac{\mu_n}{n}+u_{1-\frac{\alpha}{2}}\sqrt{\frac{\frac{\mu_n}{n}\left(1-\frac{\mu_n}{n}\right)}{n}}\right].$$

例3　某种新产品在正式投产之前，随机抽选了1000人进行调查.调查表明有750人需要这种产品.求置信度为95%的需求率p的置信区间.

解　由题意，

$$\frac{\mu_n}{n}=\frac{750}{1000}=0.75,$$

$$\sqrt{\frac{\frac{\mu_n}{n}\left(1-\frac{\mu_n}{n}\right)}{n}}=\sqrt{\frac{0.75\times0.25}{1000}}\approx0.014,$$

查正态分布表得$u_{1-\frac{\alpha}{2}}=u_{0.975}=1.96$，所求置信区间为

$$[0.75-1.96\times0.014,0.75+1.96\times0.014]，即[0.723,0.777].$$

3. 双正态总体置信区间的确定

(1) 方差已知，求$\mu_1-\mu_2$的置信区间.

设正态总体$\xi\sim N(\mu_1,\sigma_1^2)$与正态总体$\eta\sim N(\mu_2,\sigma_2^2)$相互独立，$(\xi_1,\xi_2,\cdots,\xi_n)$和$(\eta_1,\eta_2,\cdots,\eta_n)$分别为总体$\xi,\eta$的样本，且方差$\sigma_1^2,\sigma_2^2$均为已知.求$\mu_1-\mu_2$的置信区间.

$\bar{\xi},\bar{\eta}$分别是总体ξ,η的样本均值，易知

$$E(\bar{\xi}-\bar{\eta})=\mu_1-\mu_2,D(\bar{\xi}-\bar{\eta})=D(\bar{\xi})+D(\bar{\eta})=\frac{\sigma_1^2}{n_1}+\frac{\sigma_2^2}{n_2}.$$

因此，统计量

$$U=\frac{(\bar{\xi}-\bar{\eta})-(\mu_1-\mu_2)}{\sqrt{\frac{\sigma_1^2}{n_1}+\frac{\sigma_2^2}{n_2}}}\sim N(0,1).$$

由此不难求得$\mu_1-\mu_2$的置信区间为

$$\left[\bar{\xi}-\bar{\eta}-u_{1-\frac{\alpha}{2}}\sqrt{\frac{\sigma_1^2}{n_1}+\frac{\sigma_2^2}{n_2}},\bar{\xi}-\bar{\eta}+u_{1-\frac{\alpha}{2}}\sqrt{\frac{\sigma_1^2}{n_1}+\frac{\sigma_2^2}{n_2}}\right].$$

(2) 方差未知(但相等)，求$\mu_1-\mu_2$的置信区间.

设$\xi\sim N(\mu_1,\sigma^2)$，$\eta\sim N(\mu_2,\sigma^2)$，且它们相互独立；$\bar{\xi},S_1^{*2}$是总体$\xi$的容量为$n_1$的样本均值和样本方差，$\bar{\eta},S_2^{*2}$是总体$\eta$的容量为$n_2$的样本均值和样本方差.统计量

$$T=\frac{(\bar{\xi}-\bar{\eta})-(\mu_1-\mu_2)}{\sqrt{\frac{(n_1-1)S_1^{*2}+(n_2-1)S_2^{*2}}{n_1+n_2-2}\left(\frac{1}{n_1}+\frac{1}{n_2}\right)}}\sim t(n_1+n_2-2).$$

因此，所求的置信区间为

$$\left[(\bar{\xi}-\bar{\eta})\mp t_{\frac{\alpha}{2}}(n_1+n_2-2)\sqrt{(n_1-1)S_1^{*2}+(n_2-1)S_2^{*2}}\cdot\sqrt{\frac{n_1+n_2}{n_1n_2(n_1+n_2-2)}}\right].$$

例4　有两个建筑工程队，第一队有10人，平均每人每月完成50 m²的住房建筑任务，标准差$S_1^*=6.7\ \text{m}^2$；第二队有12人，平均每人每月完成43 m²的住房建筑任务，标准差$S_2^*=5.9\ \text{m}^2$.试求$\mu_1-\mu_2$的$\alpha=0.05$的置信区间.

解　设两个总体相互独立且服从正态分布.因为$\alpha=0.05$，查t-分布表得

$$t_{0.025}(20)=2.086,$$

$$\sqrt{(n_1-1)S_1^{*2}+(n_2-1)S_2^{*2}}=\sqrt{9\times6.7^2+11\times5.9^2}\approx28.052,$$

$$\sqrt{\frac{n_1+n_2}{n_1n_2(n_1+n_2-2)}}=\sqrt{\frac{10+12}{10\times12\times20}}\approx0.096,$$

故 $\mu_1-\mu_2$ 的置信区间为

$$[(50-43)\mp2.086\times28.052\times0.096],\text{即}[1.38,12.62].$$

(3) 均值未知,求$\frac{\sigma_1^2}{\sigma_2^2}$的置信区间.

由 $F=\frac{S_1^{*2}/\sigma_1^2}{S_2^{*2}/\sigma_2^2}\sim F(n_1-1,n_2-1)$,有

$$P\left\{F_{1-\frac{\alpha}{2}}(n_1-1,n_2-1)\leqslant\frac{S_1^{*2}}{S_2^{*2}}\frac{\sigma_2^2}{\sigma_1^2}\leqslant F_{\frac{\alpha}{2}}(n_1-1,n_2-1)\right\}=1-\alpha.$$

由此求得$\frac{\sigma_1^2}{\sigma_2^2}$的置信区间为

$$\left[\frac{S_1^{*2}}{S_2^{*2}F_{\frac{\alpha}{2}}(n_1-1,n_2-1)},\frac{S_1^{*2}}{S_2^{*2}F_{1-\frac{\alpha}{2}}(n_1-1,n_2-1)}\right].$$

例 5 两正态总体 $N(\mu_1,\sigma_1^2)$,$N(\mu_2,\sigma_2^2)$的参数均为未知.依次取容量为 13,10 的两独立样本,测得样本方差 $S_1^{*2}=8.41$,$S_2^{*2}=5.29$.求两总体方差比$\frac{\sigma_1^2}{\sigma_2^2}$ 的置信度为 90%的置信区间.

解 因 $n_1-1=12$,$n_2-1=9$,$\frac{\alpha}{2}=0.05$,$1-\frac{\alpha}{2}=0.95$,查 F-分布表得

$$F_{0.05}(12,9)=3.07,F_{0.95}(12,9)=\frac{1}{F_{0.05}(9,12)}=\frac{1}{2.80}$$

$$\left(F_{1-\frac{\alpha}{2}}(n_1-1,n_2-1)=\frac{1}{F_{\frac{\alpha}{2}}(n_2-1,n_1-1)}\right),$$

而$\frac{S_1^{*2}}{S_2^{*2}}=\frac{8.41}{5.29}\approx1.59$,所以$\frac{\sigma_1^2}{\sigma_2^2}$ 的置信区间为

$$[1.59/3.07,1.59\times2.80],\text{即}[0.52,4.45].$$

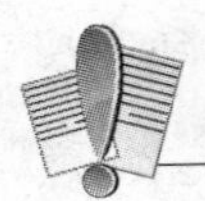

习题 10-2(A)

1. 抽检 10 个零件的尺寸,它们与设计尺寸的偏差(单位: μm)如下:

1.0, 1.5, −1.0, −2.0, −1.5, 1.0, 1.1, 1.2, 1.8, 2.0.

求零件尺寸偏差 ξ 的数学期望、方差的无偏估计值.

2. 某车间生产滚珠,从长期实践中知道,滚珠直径 ξ 服从正态分布 $N(\mu,0.20^2)$,从某天的产品中随机抽取 6 个,测得直径(单位: mm)如下:

14.7, 15.0, 14.9, 14.8, 15.2, 15.1.

求置信度为 90%,99%的置信区间.

3. 设总体 $\xi\sim N(\mu,1)$,样本(ξ_1,ξ_2,ξ_3),试证下述统计量:

(1) $\hat{\mu}_1=\frac{1}{4}\xi_1+\frac{1}{2}\xi_2+\frac{1}{4}\xi_3$,　　(2) $\hat{\mu}_2=\frac{1}{3}\xi_1+\frac{1}{3}\xi_2+\frac{1}{3}\xi_3$,

(3) $\hat{\mu}_3=\frac{1}{5}\xi_1+\frac{3}{5}\xi_2+\frac{1}{5}\xi_3$,　　(4) $\hat{\mu}_4=\frac{1}{6}\xi_1+\frac{5}{6}\xi_3$

都是 μ 的无偏估计量，并判断哪一个估计量最有效.

4. 对某种产品随机抽查 100 件，发现有 3 件次品. 试以 0.95 的置信水平确定该产品合格率的置信区间.

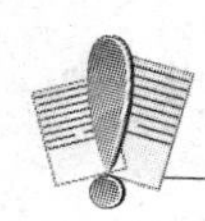

习题 10-2(B)

1. 对某种飞机轮胎的耐磨性进行试验，8 只轮胎起落一次后测得磨损量(单位：mg)如下：

$$4900,5220,5500,6020,6340,7660,8650,4870.$$

假定轮胎的磨损量服从正态分布 $N(\mu,\sigma^2)$，在 $\alpha=0.05$ 的条件下，试求：

(1) 平均磨损量的置信区间；(2) 磨损量方差的置信区间.

2. 某香烟厂向化验室送去两批烟草，化验室从两批烟草中各随机抽取重量相同的 5 例化验，测得尼古丁的含量(单位：mg)为

A：24，27，26，21，24；B：27，28，23，31，26.

假设烟草含尼古丁的含量服从正态分布：$N_A(\mu_1,5)$，$N_B(\mu_2,8)$，且它们相互独立. 取置信度为 0.95，求两种烟草的尼古丁平均含量差 $\mu_1-\mu_2$ 的置信区间.

3. 为了比较 A,B 两种灯泡的寿命(单位:h)，从 A 型号中随机抽取 80 只，测得平均寿命 $\bar{\xi}=2000$，样本标准差 $S_1^*=80$；从 B 型号中随机抽取 100 只，测得平均寿命 $\bar{\eta}=1900$，样本标准差 $S_2^*=100$. 假设两种型号灯泡的寿命均服从正态分布且相互独立. 试求置信度为 0.99 的 $\mu_1-\mu_2$ 的置信区间.

4. 求题 3 中两个总体方差比 $\frac{\sigma_1^2}{\sigma_2^2}$ 的置信区间.(取置信度为 0.90)

5. 2012 年在甲、乙两城市进行的职工家庭消费情况调查结果表明：甲市抽取 500 户，平均每户年消费支出 30000 元，标准差 4000 元；乙市抽取 1000 户，平均每户年消费支出 42000 元，标准差 5000 元. 试求：

(1) 甲、乙两城市职工家庭每户平均年消费支出间差异的置信区间；(置信度为 0.95)

(2) 甲、乙两城市职工家庭每户平均年消费支出方差比 $\frac{\sigma_1^2}{\sigma_2^2}$ 的置信区间.(置信度为 0.90)

§10-3　假设检验

在上一节中，我们讨论了怎样用样本统计量来推断总体未知参数——参数的点估计与区间估计. 参数估计是统计推断中的一类重要问题，还有另一类重要问题就是本节所要讨论的假设检验. 本节主要讨论正态总体参数的假设检验问题.

一、假设检验问题的提出

在许多实际问题中，只能先对总体的分布函数形式或分布的某些参数作出某些可能的

假设，然后根据所得的样本数据对假设的正确性作出判断，这就是所谓假设检验问题.

先从一个例子谈起.

例 1 某工厂生产一种产品，其直径 ξ 服从正态分布 $N(2, 0.02^2)$. 现在为了提高产量，采用了一种新工艺，从采用了新工艺生产的产品中抽取 100 个，测得其直径平均值 $\bar{x}=1.978$ cm，它与原工艺中的 $\mu=2$ cm 相差 0.022 cm.

问题：这种差异是纯粹由检验及生产的随机因素造成的，还是由于新工艺条件下产品直径发生了显著性变化呢？

分析：假设"新工艺对产品直径没有显著影响"，即 $\mu=2$ cm，那么，从采用了新工艺生产的产品中抽取的样本，可以认为是从原工艺生产的产品总体 ξ 中抽取的，统计量 $U=\frac{\bar{\xi}-\mu}{\sigma}\sqrt{n}=\frac{\bar{\xi}-2}{0.002}$ 服从正态分布 $N(0,1)$.

如果给定 $\alpha=0.05$，$u_{1-\frac{\alpha}{2}}=1.96$，应有 $P(|U|\leqslant 1.96)=0.95$，也就是说从新工艺生产的产品中抽取容量为 100 的样本均值 $\bar{\xi}$，能使 U 在 $[-1.96, 1.96]$ 内取值的概率为 0.95，而落在 $(-\infty, -1.96)\cup(1.96, +\infty)$ 内的概率为 0.05. 现将 $\bar{\xi}$ 的 $\bar{x}=1.978$ cm 代入 U，得 $U=-11$，即 U 落在了 $(-\infty, -1.96)$ 内，这表明概率为 0.05 的事件发生了，这是一种异常现象. 因此，有理由认为"假设"不正确，即"$\mu=2$ cm"应该被否定或拒绝.

上述拒绝接受"假设 $\mu=2$ cm"的依据是小概率原理：在一次试验中，当事件 A 发生的概率 $P(A)$ 很小时，A 称为**小概率事件**，小概率事件在一次试验中应认为是几乎不可能发生的. 小概率原理在假设检验中被广泛采用.

二、假设检验的程序

从例 1 的问题提出和分析过程中，对于假设检验，一般可归纳出以下 4 个步骤：

(1) 提出原假设 H_0，即明确所要检验的对象.

(2) 建立检验用的统计量 θ.

对检验统计量 θ 有两个要求：① 它与原假设 H_0 有关，在 H_0 成立的条件下不带有任何总体的未知参数；② 在 H_0 成立的条件下，θ 的分布已知. 正态总体的常用统计量为 U, T, χ^2, F，并称相应的检验为 U 检验法、T 检验法、χ^2 检验法、F 检验法.

(3) 确定接受域和拒绝域.

在给定的 α 下，查分布表得统计量的临界值 $\theta_{\frac{\alpha}{2}}, \theta_{1-\frac{\alpha}{2}}$，由 $P(\theta>\theta_{\frac{\alpha}{2}})+P(\theta<\theta_{1-\frac{\alpha}{2}})=\alpha$，设定事件 $A=\{\theta>\theta_{\frac{\alpha}{2}}\}\cup\{\theta<\theta_{1-\frac{\alpha}{2}}\}$ 为小概率事件，我们称 $[\theta_{1-\frac{\alpha}{2}}, \theta_{\frac{\alpha}{2}}]$ 为接受域，$(-\infty, \theta_{1-\frac{\alpha}{2}})\cup(\theta_{\frac{\alpha}{2}}, +\infty)$ 为拒绝域，α 通常取 0.05, 0.1 等.

(4) 根据样本观察值计算出统计量 θ 的观察值，并作出判断.

如果 A 发生，则拒绝原假设 H_0，否则接受原假设 H_0，并作出实际问题的解释.

现将例 1 解答如下：

解 (1)原假设 H_0：$\mu=2$；

(2) 由于已知总体方差 $\theta^2=0.02^2$，所以选用统计量

$$U=\frac{\bar{\xi}-\mu}{\sigma}\sqrt{n}=\frac{\bar{\xi}-2}{0.002}\sim N(0,1);$$

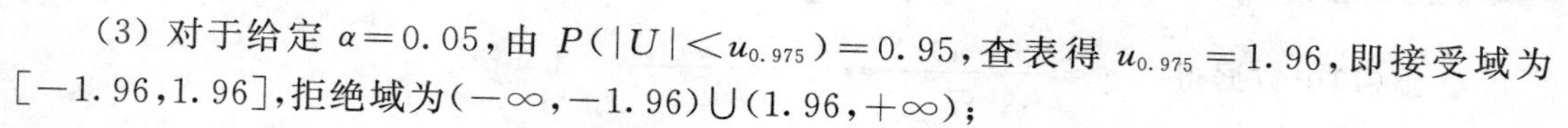

(3) 对于给定 $\alpha=0.05$，由 $P(|U|<u_{0.975})=0.95$，查表得 $u_{0.975}=1.96$，即接受域为 $[-1.96,1.96]$，拒绝域为 $(-\infty,-1.96)\cup(1.96,+\infty)$；

(4) 由 $\bar{x}=1.978$，得 $U=\dfrac{1.978-2}{0.002}=-11$，且 $|U|=11>1.96$，所以拒绝原假设 H_0.

即采用新工艺后，产品直径发生了显著变化.

三、单正态总体期望和方差的检验

假设检验的关键是提出原假设和选用合适的统计量，而检验步骤则完全相仿. 关于单正态总体期望和方差的检验问题及方法，可列表如下：

原假设 H_0	条件	检验法	选用统计量	统计量分布	拒绝域
$\mu=\mu_0$（μ_0 为常数）	σ^2 已知	U	$U=\dfrac{\bar{\xi}-\mu_0}{\sigma_0}\sqrt{n}$	$N(0,1)$	$(-\infty,-u_{1-\frac{\alpha}{2}})\cup(u_{1-\frac{\alpha}{2}},+\infty)$
	σ^2 未知	T	$T=\dfrac{\bar{\xi}-\mu_0}{S^*}\sqrt{n}$	$t(n-1)$	$\left(-\infty,-t_{\frac{\alpha}{2}}(n-1)\right)\cup\left(t_{\frac{\alpha}{2}}(n-1),+\infty\right)$
$\sigma^2=\sigma_0^2$（σ_0^2 为常数）	μ 已知	χ^2	$\chi^2=\sum\limits_{i=1}^{n}\left(\dfrac{\bar{\xi}-\mu_0}{\sigma_0}\right)^2$	$\chi^2(n)$	$\left(0,\chi^2_{1-\frac{\alpha}{2}}(n)\right)\cup\left(\chi^2_{\frac{\alpha}{2}}(n),+\infty\right)$
	μ 未知	χ^2	$\chi^2=\dfrac{(n-1)S^{*2}}{\sigma_0^2}$	$\chi^2(n-1)$	$\left(0,\chi^2_{1-\frac{\alpha}{2}}(n-1)\right)\cup\left(\chi^2_{\frac{\alpha}{2}}(n-1),+\infty\right)$

例2　已知某厂生产的维尼纶纤度在正常情况下服从正态分布 $N(1.405,0.048^2)$. 某天抽取5根纤维测得纤度为 $(1.36,1.40,1.44,1.32,1.55)$，问这天纤度的期望和方差是否正常（$\alpha=0.10$）？

解　(1) 检验期望 μ.

① 原假设　$H_0:\mu=1.405$；

② 由于方差未知（当天总体方差未知），故选用统计量 $T=\dfrac{\bar{\xi}-\mu_0}{S^*}\sqrt{n}\sim t(4)$；

③ 由 $\alpha=0.10$，查表得 $t_{0.05}(4)=2.1318$，所以拒绝域为 $(-\infty,-2.1318)\cup(2.1318,+\infty)$；

④ 根据样本值计算得

$$\bar{x}=1.414,\ s^{*2}=0.00778,\ s^*=0.0882,\ T=\frac{\overline{X}-\mu_0}{s^*}\sqrt{n}=\frac{1.414-1.405}{0.0882}\sqrt{5}\approx0.2282.$$

由于 $|T|<t_{0.05}(4)=2.1318$，所以接受原假设 H_0. 即这一天纤度期望无显著变化.

(2) 检验方差 σ^2.

① 原假设　$H_0:\sigma^2=0.048^2$；

② 根据题意，选用统计量　$\chi^2=\dfrac{(n-1)S^{*2}}{\sigma_0^2}\sim\chi^2(4)$；

③ 由 $\alpha=0.10$，查表得 $\chi^2_{0.95}(4)=0.711$，$\chi^2_{0.05}(4)=9.488$，所以拒绝域为 $(0,0.711)\cup(9.488,+\infty)$；

④ 由(1)中数据得 $\chi^2=\frac{(n-1)s^{*2}}{\sigma_0^2}=\frac{4\times 0.00778}{0.048^2}\approx 13.507$.

可知 $\chi^2=13.507>\chi^2_{0.05}(4)=9.488$,所以拒绝原假设 $H_0:\sigma^2=0.048^2$. 即这一天纤度方差明显地变大.

四、大样本场合下概率的假设检验

当样本容量较大时(一般 $n>30$),即在所谓大样本场合下,如何进行概率的假设检验?利用中心极限定理,在假设 $p=p_0$ 成立时,统计量 $Z=\frac{\mu_n-np_0}{\sqrt{np_0(1-p_0)}}$渐近于标准正态分布 $N(0,1)$. 其中 μ_n 表示事件 A 发生的次数,n 表示试验的次数.

例 3 华光厂有一批产品 10000 件,按规定的标准,出厂时次品率不得超过 3%. 质量检验员从中任意抽取 100 件,发现其中有 5 件次品. 问这批产品能否出厂?($\alpha=0.05$)

解 这是大样本场合下的概率检验问题,可选用统计量 $Z=\frac{\mu_n-np_0}{\sqrt{np_0(1-p_0)}}$.

$\mu_n=5, n=100, p_0=0.03$. 对 $\alpha=0.05$ 查正态分布表得临界值为 1.645,即拒绝域为 $(1.645,+\infty)$.

而 $Z=\frac{5-100\times 0.03}{\sqrt{100\times 0.03\times 0.97}}\approx 1.172<1.645$,因此该批产品符合规定标准,可以出厂.

五、双正态总体期望和方差的检验

设$(\xi_1,\xi_2,\cdots,\xi_{n_1})$是来自正态总体 $\xi\sim N(\mu_1,\sigma_1^2)$的一个样本,$(\eta_1,\eta_2,\cdots,\eta_{n_2})$是来自正态总体 $\eta\sim N(\mu_2,\sigma_2^2)$的一个样本,且 ξ 与 η 相互独立,记

$$\bar{\xi}=\frac{1}{n_1}\sum_{i=1}^{n_1}\xi_i,\quad S_1^{*2}=\frac{1}{n_1-1}\sum_{i=1}^{n_1}(\xi_i-\bar{\xi})^2,$$

$$\bar{\eta}=\frac{1}{n_2}\sum_{i=1}^{n_2}\eta_i,\quad S_2^{*2}=\frac{1}{n_2-1}\sum_{i=1}^{n_2}(\eta_i-\bar{\eta})^2.$$

检验的对象为 $\mu_1=\mu_2$ 和 $\sigma_1^2=\sigma_2^2$时,常选用双总体统计量 U,T,F. 在原假设 H_0 成立的条件下,可根据已知条件直接选用 §10-1 中的双正态总体的统计量并变形,作为检验统计量.

1. 检验期望

原假设 $H_0:\mu_1=\mu_2$.

(1) σ_1^2,σ_2^2均已知,选用统计量

$$U=\frac{\bar{\xi}-\bar{\eta}}{\sqrt{\frac{\sigma_1^2}{n_1}+\frac{\sigma_2^2}{n_2}}}\sim N(0,1).$$

(2) σ_1^2,σ_2^2均未知,但已知 $\sigma_1^2=\sigma_2^2$,选用统计量

$$T=\frac{(\bar{\xi}-\bar{\eta})}{\sqrt{\frac{(n_1-1)S_1^{*2}+(n_2-1)S_2^{*2}}{n_1+n_2-2}\left(\frac{1}{n_1}+\frac{1}{n_2}\right)}}\sim t(n_1+n_2-2).$$

(3) σ_1^2,σ_2^2均未知,但 $n_1=n_2=n$,令

$$Z_i=\xi_i-\eta_i(i=1,2,\cdots,n),d=\mu_1-\mu_2,$$

$Z_1,Z_2,\cdots,Z_n$ 为随机变量,记

$$\bar{Z}=\frac{1}{n}\sum_{i=1}^{n}Z_i,S^{*2}=\frac{1}{n-1}\sum_{i=1}^{n}(Z_i-\bar{Z})^2,$$

此时,原假设转化为 $H_0:d=0$,选用统计量

$$T=\frac{\bar{Z}}{S^*}\sqrt{n}\sim t(n-1).$$

此法称为配对试验的 T 检验法.

2. 检验方差

原假设 $H_0:\sigma_1^2=\sigma_2^2$.

选用统计量　$F=\frac{S_1^{*2}}{S_2^{*2}}\sim F(n_1-1,n_2-1)$.

拒绝域为$\left(0,F_{1-\frac{\alpha}{2}}(n_1-1,n_2-1)\right)\cup\left(F_{\frac{\alpha}{2}}(n_1-1,n_2-1),+\infty\right)$,且

$$F_{1-\frac{\alpha}{2}}(n_1-1,n_2-1)=\frac{1}{F_{\frac{\alpha}{2}}(n_2-1,n_1-1)}.$$

例 4　对两批经纱进行强力试验数据如下(单位: g):

甲批	57	56	61	60	47	49	63	61
乙批	65	69	54	60	52	62	57	60

假定经纱的强力服从正态分布,试问两批经纱的平均强力是否有显著差异? ($\alpha=0.05$)

解　方差 $\sigma_甲^2,\sigma_乙^2$ 未知,且不知道是否相等,但 $n_1=n_2=8$. 用配对 T 检验法.

将原数据配对得 Z_i　-8　-13　7　0　-5　-13　6　1

① 原假设　$H_0:d=0(\mu_甲=\mu_乙)$;

② 选用统计量 $T=\frac{\bar{Z}}{S^*}\sqrt{n}\sim t(7)$;

③ 由 $\alpha=0.05$,查表得 $t_{0.025}(7)=2.3646$,即拒绝域为$(-\infty,-2.3646)\cup(2.3646,+\infty)$;

④ 计算得 $\bar{Z}=-3.125,S^{*2}=73.286,S^*=8.561,|T|=1.0325<2.3646$,因此接受原假设 H_0.

即两批经纱的平均强力无显著差异.

本例还可以用检验方差的办法来解,即先检验 $\sigma_甲^2=\sigma_乙^2$. 若接受此假设,则可按期望检验中的(2)进行检验. 解法如下:

(1) 检验方差.

① 原假设　$H_0:\sigma_甲^2=\sigma_乙^2$;

② 选用统计量 $F=\frac{S_1^{*2}}{S_2^{*2}}\sim F(n_1-1,n_2-1)$;

③ 由 $\alpha=0.05$,查表得 $F_{0.025}(7,7)=4.99,F_{0.975}(7,7)=\frac{1}{F_{0.025}(7,7)}\approx0.2$,即拒绝域为$(0,0.2)\cup(4.99,+\infty)$;

④ 由样本值计算得 $F=1.33,0.2<F<4.99$,所以接受原假设 $H_0:\sigma_甲^2=\sigma_乙^2$.

(2) 检验平均强力.

① 原假设 $H_0:\mu_甲=\mu_乙$;

② 由于 $\sigma_甲^2=\sigma_乙^2$,选用统计量

$$T=\frac{(\bar{\xi}-\bar{\eta})}{\sqrt{\frac{(n_1-1)S_1^{*2}+(n_2-1)S_2^{*2}}{n_1+n_2-2}\left(\frac{1}{n_1}+\frac{1}{n_2}\right)}}\sim t(14);$$

③ 由 $\alpha=0.05$,查表得 $t_{0.025}(14)=2.1448$,即拒绝域为$(-\infty,-2.1448)\cup(2.1448,+\infty)$;

④ 由样本值计算得$|T|=0.5548$.

因为$|T|<2.1448=t_{0.025}(14)$,故接受原假设.即两批经纱的平均强力无显著差异.

六、假设检验的两类错误

给定显著性水平 α 后,总体参数 θ 的置信区间,或假设检验中的拒绝域的确定,都是以小概率原理为依据的.由于样本信息的不完备性,在实际应用中,判断结果可能会发生两类错误.

第一类错误是:原假设 H_0 本来正确,但小概率事件 A 真的发生了,导致错误地拒绝 H_0,这类错误称为弃真错误,弃真错误的概率就是显著性水平 α,记作 $P(A|H_0)=\alpha$.

第二类错误是:原假设 H_0 本来不正确,但小概率事件 A 真的没有发生,导致错误地接受 H_0,这类错误称为存伪错误,存伪错误的概率记作 $P(\overline{A}|\overline{H_0})=\beta$.

一般来说,在样本容量 n 固定的前提下,犯两类错误的概率难以同时得到控制,而且可以证明:当 α 增大时,β 将随之减小;反之,则 β 将随之增大.在理论研究和实际工作中通常遵循这样的原则:先限制 α 使之满足要求,然后通过合理地增加样本容量 n 使 β 尽可能地减小.

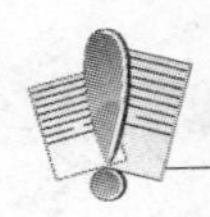

习题 10-3(A)

1. 某厂生产的手表表壳,在正常情况下,其直径(单位:mm)服从正态分布 $N(20,1)$,从某天生产的表壳中抽查5只表壳,测得直径分别为 19,19.5,19,20,20.5.问在 $\alpha=0.05$ 下,生产情况是否正常?

2. 一种元件,要求其平均使用寿命不得低于1000h,现从这批元件中随机抽取25只,测得其平均寿命为950 h.已知该元件的寿命服从标准差 $\sigma=100$ 小时的正态分布,试在 $\alpha=0.05$下确定这批元件是否合格.

3. 一种铆钉的直径(单位:mm)服从正态分布,其生产标准为 $\mu_0=25.27$,$\sigma_0^2=0.02^2$.现从该种铆钉中抽取10个,测得直径如下:

25.06, 25.28, 25.27, 25.25, 25.26, 25.24, 25.25, 25.26, 25.27, 25.26.

问在 $\alpha=0.05$ 下,该种铆钉是否符合标准?

4. 正常人的脉搏平均为72次/分,现某医生测得10例某种慢性病毒中毒患者的脉搏(次/分)如下:

54, 68, 67, 78, 66, 70, 67, 65, 70, 69.

已知该种病毒中毒患者的脉搏服从正态分布.试问中毒者和正常人的脉搏有无显著性差异?

($\alpha=0.05$)

5. 某厂的次品率规定不超过4%,现有一大批产品,从中抽查了50件,发现有4件次品.问这批产品能否出厂?($\alpha=0.05$)

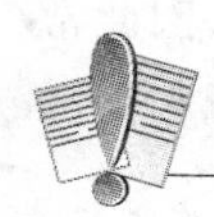

习题 10-3(B)

1. 对甲、乙两批同类型电子元件的电阻进行测试,各取6只,测得数据如下(单位:Ω):

甲批	0.140	0.138	0.143	0.141	0.144	0.137
乙批	0.135	0.140	0.142	0.136	0.138	0.140

根据经验,元件的电阻服从正态分布,且方差几乎相等,问能否认为两批元件的电阻期望无显著差异?($\alpha=0.05$)

2. 羊毛加工处理前后的含脂率抽样分析数据如下:

处理前	0.19	0.18	0.21	0.30	0.41	0.12	0.27
处理后	0.15	0.12	0.07	0.24	0.19	0.06	0.08

假定处理前后的含脂率都服从正态分布,问处理前后含脂率的均值有无显著变化?($\alpha=0.10$)

3. 在针织品的漂白工艺过程中,要考察温度对针织品断裂强力的影响.为了比较70℃与80℃的影响有无差别,在这两个温度下分别重复做了8次试验,得到数据如下(单位:kg):

70℃时的强力	20.5	18.8	19.8	20.9	21.5	19.5	21.0	21.2
80℃时的强力	17.7	20.3	20.0	18.8	19.0	20.1	20.2	19.1

(1) 设断裂强力分别服从正态分布 $N(\mu_1,\sigma^2)$,$N(\mu_2,\sigma^2)$.问在 $\alpha=0.05$ 下,70℃下的强力与80℃下的强力是否有显著差异?

(2) 利用试验的数据,在 $\alpha=0.05$ 下,检验方差有无显著差异.

§10-4　一元线性回归分析与相关分析

在自然界与经济领域内,有两类现象:一类是确定性现象;另一类是非确定性现象.由此决定了变量之间存在着两类不同的数量关系:一类是确定性关系,即**函数关系**;另一类是非确定性关系,即变量之间尽管存在着数量关系,但这种数量关系是不确定的,这类关系称为**相关关系**.例如,圆的面积 S 和半径 r 之间有关系 $S=\pi r^2$,此种关系为函数关系;家庭的支出与收入之间的关系,收入确定以后,支出并不随之而定,收入高的家庭一般来说支出水平也高,并且对同等收入水平的家庭其支出也并不一定一样,此种关系称为相关关系.

再比如,儿子的身高与他父亲的身高之间的关系,某种商品的销售量与其价格之间的关系,粮食总产量与播种面积、施肥量、受灾面积等,都是相关关系.

另外,变量之间有时有确定的关系,但由于试验(或测量等)误差的影响,也难得出确定的函数关系.

回归分析与相关分析均为研究及度量两个或两个以上变量之间相关关系的一种统计方法.在进行分析、建立数学模型时,常需选择其中之一为因变量,而其余的作为自变量,然后根据样本资料,研究及测定自变量与因变量之间的关系.

严格来说,回归与相关的含义是不同的.如果自变量是人为可以控制的、非随机的,则简称**控制变量**.因变量是随机的,则它们之间的关系称为**回归关系**.如果自变量和因变量都是随机的,则它们之间的关系称为**相关关系**.由于从计算的角度来看,二者的差别又不很大,因此常常忽略其区别而混合使用.在下面的讨论中,我们都认定自变量是确定性的量,而不管它是随机变量还是控制变量的取值.

一、一元线性回归分析

由一个或一组非随机变量来估计或预测某一随机变量的观察值时,所建立的数学模型以及进行的统计分析,叫做**回归分析**.如果这个数学模型是线性的,称为**线性回归分析**.自变量只有一个的线性回归分析,叫做一元线性回归分析,相应的数学模型叫做一元线性回归函数,记作

$$\hat{y}=a+bx.$$

其中 x 为自变量(控制变量),y 为因变量(随机变量),a,b 为参数.

研究和处理这类问题的方法,通常是先假设 y 与 x 的相关关系可以用一个一元线性方程来近似地加以描述,并根据试验中 y 与 x 的若干个实测数据对(x,y),用最小二乘法原理对线性方程中的未知参数作出估计,然后对 y 与 x 的线性相关关系的假设作显著性检验,进而达到对 y 和 x 进行预测和控制的目的.

1. 建立一元线性回归方程

下面结合具体问题说明如何建立一元线性回归的数学模型.

例 1 水稻产量与化肥施用量之间的关系,在土质、面积、种子等相同条件下,由试验获得如下数据:

化肥用量 x/kg	15	20	25	30	35	40	45
水稻产量 y/kg	330	345	365	405	445	490	455

将数据对(x_i,y_i)标在直角平面上,每对数据(x_i,y_i)在平面图中以一个叉点表示,这种称为散点图.

从散点图 10-1 上可以形象地看出这两个变量之间的大致关系:化肥用量增加,水稻产量也增加,大致呈线性关系,但观察值又不严格落在一直线上.这种关系就是回归关系,该直线称为回归直线,记作 $\hat{y}=a+bx$.

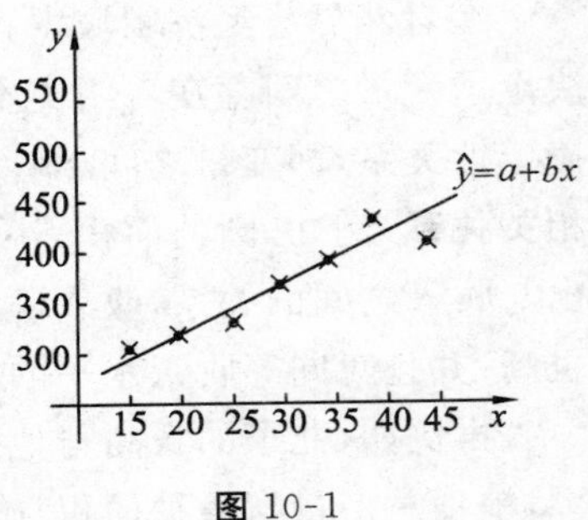

图 10-1

将样本数据对(x_i,y_i)中的 x_i 代入直线方程 $\hat{y}=a+bx$ 所得的值记为$\hat{y}_i$.

由于 a,b 未知,因此 a,b 取不同的值所得到的具体方程有无数个,即所得到的直线有无数条.现以例 1 为例来考察选择什么样的直线更为"合理".

记 $\varepsilon=y-\hat{y}$,并将试验所得到的每对数据(x_i,y_i)代入,得

$$\varepsilon_i=y_i-\hat{y}_i=y_i-(a+bx_i)\ (i=1,2,\cdots,7),$$

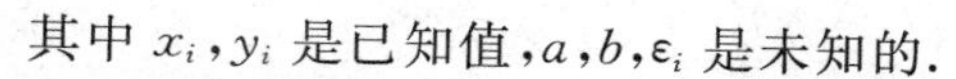

其中 x_i, y_i 是已知值，a, b, ε_i 是未知的.

显然 ε 是随机变量，ε 对应于试验数据对 (x_i, y_i) 的观察值是 ε_i，通常把 ε 称为 y 与 $\hat{y}$ 的**离差(或误差)**. 记 y_i 与 $\hat{y}_i$ 的离差平方和为 θ，即

$$\theta = \varepsilon_1^2 + \varepsilon_2^2 + \cdots + \varepsilon_7^2 = \sum_{i=1}^{7} \varepsilon_i^2,$$

则 θ 的值的大小刻画了图中所列的点与直线 $\hat{y}=a+bx$ 的偏离程度. 利用求多元函数最值的方法，在 θ 最小的要求下求出 a, b 的值，记为 $\hat{a}, \hat{b}$，这便是**最小二乘原理**. 其直观意义是散点图中所列点与由 $\hat{a}, \hat{b}$ 所确定的直线 $\hat{y}=\hat{a}+\hat{b}x$ 的偏离最小.

一般地，对于 n 个实测数据对而言，利用最小二乘原理可求得

$$\begin{cases} \hat{a}=\bar{y}-\hat{b}\bar{x}, \\ \hat{b}=\dfrac{L_{xy}}{L_{xx}}, \end{cases}$$

其中

$$\bar{x} = \frac{1}{n}\sum_{i=1}^{n} x_i, \quad \bar{y} = \frac{1}{n}\sum_{i=1}^{n} y_i,$$

$$L_{xx} = \sum_{i=1}^{n}(x_i - \bar{x})^2 = \sum_{i=1}^{n} x_i^2 - n\bar{x}^2,$$

$$L_{yy} = \sum_{i=1}^{n}(y_i - \bar{y})^2 = \sum_{i=1}^{n} y_i^2 - n\bar{y}^2,$$

$$L_{xy} = \sum_{i=1}^{n}(x_i - \bar{x})(y_i - \bar{y}) = \sum_{i=1}^{n} x_i y_i - n\bar{x}\bar{y}.$$

从而得到直线方程

$$\hat{y}=\hat{a}+\hat{b}x.$$

$\hat{a}, \hat{b}$ 称为参数 a, b 的最小二乘估计(可以证明 $\hat{a}, \hat{b}$ 分别是 a, b 的无偏估计).

下面来求例 1 的回归方程.

将例 1 中的实测数据经过计算处理，可列出计算表如下：

序号	x_i	y_i	x_i^2	y_i^2	$x_i y_i$	$\hat{y}_i$	$\varepsilon_i = y_i - \hat{y}_i$
1	15	330	225	108900	4950	325.18	4.82
2	20	345	400	119025	6900	351.79	−6.79
3	25	365	625	133225	9125	378.40	−13.40
4	30	405	900	164025	12150	405.00	0.00
5	35	445	1225	198025	15575	431.61	13.39
6	40	490	1600	240100	19600	458.22	31.78
7	45	455	2025	207025	20475	484.82	−29.82
Σ	210	2835	7000	1170325	88775		

$\bar{x}=\dfrac{210}{7}=30, \bar{y}=\dfrac{2835}{7}=405, n=7,$

$L_{xx}=7000-7\times 30^2=700,$

$L_{yy}=1170325-7\times 405^2=22150,$

$L_{xy}=88775-7\times 30\times 405=3725,$

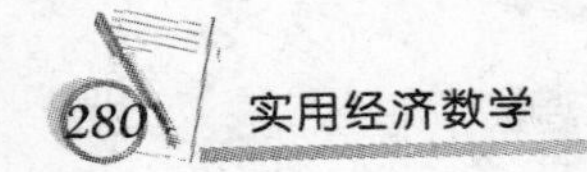

$\hat{b}=\frac{L_{xy}}{L_{xx}}=\frac{3725}{700}\approx 5.3214, \hat{a}=405-5.3214\times 30\approx 245.36,$

故所求的一元线性回归方程为 $\hat{y}=245.36+5.3214x.$

2. 未知参数 σ^2 的估计

σ^2 是随机误差 ε 的方差.如果误差大,那么求出来的回归直线用处不大;如果误差比较小,那么求出来的回归直线就比较理想.可见 σ^2 的大小反映回归直线拟合程度的好坏.那么,如何估计 σ^2?一般可用下式:

$$\hat{\sigma}^2=\frac{1}{n-2}\sum_{i=1}^{n}(y_i-\hat{a}-\hat{b}x_i)^2$$

作为未知参数 σ^2 的估计(可以证明它是 σ^2 的无偏估计).

由例 1 的数据,可得

$$\begin{aligned}\hat{\sigma}^2&=\frac{1}{7-2}\sum_{i=1}^{7}\varepsilon_i^2\\&=\frac{1}{5}[4.82^2+(-6.79)^2+(-13.40)^2+0+13.39^2+31.78^2+(-29.82)^2]\\&=465.48.\end{aligned}$$

*二、一元线性回归的相关性检验

从上面回归直线方程的计算过程可以看出,只要给出 x 和 y 的 n 对数据,即使两变量之间根本没有线性相关关系也可以得到一个一元线性回归方程.显然,这样的回归直线方程是毫无意义的.因此,要进一步判定两变量之间是否确有密切的线性相关关系.一般用假设检验的方法来进行,这类检验称为线性回归的**相关性检验**.检验的步骤如下:

(1) 原假设 H_0:y 与 x 存在密切的线性相关关系.

(2) 选用统计量:相关系数 R,它的分布记为 $r(n-2)$,$n-2$ 称为 r 分布的自由度.当已知 x 和 y 的 n 对观察值 $(x_i,y_i)(i=1,2,\cdots,n)$ 后,R 的观察值 $r=\frac{L_{xy}}{\sqrt{L_{xx}L_{yy}}}$.

(3) 给定 α,查相关系数临界值表,$r_\alpha(n-2)$ 称为分布的临界值,$0\leqslant|r|\leqslant 1$.当 H_0 成立时,$P(|R|>r_\alpha(n-2))=1-\alpha$,即接受域为 $(r_\alpha(n-2),1]$.

(4) 计算 r 的值,作出判断.

例如,在例 1 中 $L_{xx}=700, L_{yy}=22150, L_{xy}=3725, n=7, r=\frac{L_{xy}}{\sqrt{L_{xx}L_{yy}}}\approx 0.9460$.若给定 $\alpha=0.05$,查相关系数临界值表,得 $r_{0.05}(5)=0.7545$,因为 $|r|>r_{0.05}(5)$,所以 y 与 x 之间的线性相关关系显著.

*三、预测与控制

一元线性回归方程一经求得并通过相关性检验,便能用来进行预测和控制.

1. 预测

包括点预测和区间预测两种.

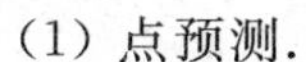

(1) 点预测.

所谓点预测，就是根据给定的 $x=x_0$，将回归方程 $\hat{y}=\hat{a}+\hat{b}x$ 求得的 $\hat{y_0}$ 作为 y_0 的预测值.

(2) 区间预测.

区间预测是在给定 $x=x_0$ 时，利用区间估计的方法求出 y_0 的置信区间.

可以证明，对于给定的显著性水平 α，y_0 的置信区间为

$$\left[\hat{y_0}-At_{\frac{\alpha}{2}}(n-2),\hat{y_0}+At_{\frac{\alpha}{2}}(n-2)\right],$$

其中 $A=\sqrt{\dfrac{(1-r^2)L_{yy}}{n-2}\left[1+\dfrac{1}{n}+\dfrac{(x_0-\overline{x})^2}{L_{xx}}\right]}$. 当 n 较大时，$A\approx\sqrt{\dfrac{(1-r^2)L_{yy}}{n-2}}$.

2. 控制

控制问题实质上是预测问题的反问题，具体地说，就是给出对于 y_0 的要求，反过来求满足这种要求的相应的 x_0.

例 2　某企业固定资产投资总额与实现利税的资料如下(单位：万元)：

年份	2003	2004	2005	2006	2007	2008	2009	2010	2011	2012
投资总额 x	23.8	27.6	31.6	32.4	33.7	34.9	43.2	52.8	63.8	73.4
实现利税 y	41.4	51.8	61.7	67.9	68.7	77.5	95.9	137.4	155.0	175.0

(1) 求 y 与 x 的线性回归方程；

(2) 检验 y 与 x 的线性相关性；

(3) 求固定资产投资额为 85 万元时，实现利税总值的预测值及预测区间；($\alpha=0.05$)

(4) 要使 2013 年的利税在 2012 年的基础上增长速度不超过 8%，问固定资产投资总额应控制在怎样的规模上？

解　(1) 根据资料计算得

$$\sum_{i=1}^{10}x_i=417.2,\sum_{i=1}^{10}y_i=932.3,$$

$$L_{xx}=2436.72,L_{yy}=19347.68,L_{xy}=6820.66,$$

$$\hat{b}=\frac{L_{xy}}{L_{xx}}=\frac{6820.66}{2436.72}\approx2.799,\hat{a}=\overline{y}-\hat{b}\overline{x}=\frac{932.3}{10}-2.799\times\frac{417.2}{10}\approx-23.54,$$

故所求的回归直线方程为 $\hat{y}=-23.54+2.799x$.

(2) 计算 $r=\dfrac{L_{xy}}{\sqrt{L_{xx}L_{yy}}}=\dfrac{6820.66}{\sqrt{2436.72\times19347.68}}\approx0.9934$.

由 $\alpha=0.05$，$n-2=10-2=8$，查相关系数临界值表，得 $r_{0.05}(8)=0.6319$，因为 $|r|>r_{0.05}(8)$，所以 y 与 x 之间的线性相关关系显著.

(3) 因为 $\hat{y}=-23.54+2.799x$，当 $x_0=85$ 时，

$$\hat{y}_0=-23.54+2.799\times85=214.58,$$

又

$$A=\sqrt{\frac{(1-r^2)L_{yy}}{n-2}\left[1+\frac{1}{n}+\frac{(x_0-\overline{x})^2}{L_{xx}}\right]}$$

$$=\sqrt{\frac{(1-0.9934^2)\times19347.68}{10-2}\left[1+\frac{1}{10}+\frac{(85-41.72)^2}{2436.72}\right]}\approx7.7293,$$

$t_{\frac{\alpha}{2}}(n-2)=t_{0.025}(8)=2.306$,

于是,预测区间为

$$\left[\hat{y}_0-At_{\frac{\alpha}{2}}(n-2),\hat{y}_0+At_{\frac{\alpha}{2}}(n-2)\right]$$
$$=[214.58-7.7293\times2.306,214.58+7.7293\times2.306],$$

即[196.76,232.40].

(4) 由题意,$y_0=175(1+8\%)=189$.故

$$x_0=\frac{1}{\hat{b}}(y_0-\hat{a})=\frac{1}{2.799}(189+23.54)\approx75.93,$$

即固定资产投资额应控制在73.4万元到75.93万元之间.

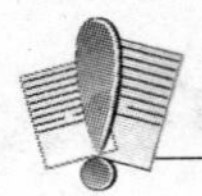

习题 10-4(A)

1. 已经获得 x,y 的观测值如下:

x	0	2	3	5	6
y	6	−1	−3	−10	−16

(1) 作出散点图;(2) 求 y 对 x 的回归直线方程;(3) 求参数 σ^2 的估计.

2. 某种产品的生产量 x 和单位成本 y 之间的数据统计如下:

产量 x/千件	2	4	5	6	8	10	12	14
成本 y/元	580	540	500	460	380	320	280	240

(1) 求 y 对 x 的回归直线方程;

(2) 检验 y 与 x 之间的线性相关关系的显著性.($\alpha_1=0.05,\alpha_2=0.10$)

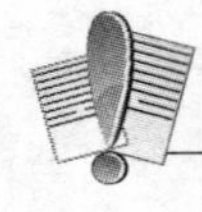

习题 10-4(B)

1. 下表列出在不同重量下6根弹簧的长度:

重量 x/g	5	10	15	20	25	30
长度 y/cm	7.25	8.12	8.95	9.90	10.9	11.8

(1) 试将这6对观测值标在坐标纸上,并回答决定长度关于重量的回归能否认为是线性的;

(2) 求出回归方程;

(3) 试在 $x=16$ 时作出 y 的预测区间.($\alpha=0.05$)

2. 某医院用光电比色计检验尿汞时,得尿汞含量(单位:mg/L)与消光系数读数的结果如下:

尿汞含量 x	2	4	6	8	10
消光系数 y	64	138	205	285	360

已知它们之间有关系式:$y_i=\beta_0+\beta_1x_i+\varepsilon_i$,$\varepsilon_i\sim N(0,\sigma^2)$,且各 ε_i 相互独立.试求 β_0,β_1 的最小二乘估计,并在 $\alpha=0.05$ 水平下检验 β_1 是否为零.

*§ 10-5　一元非线性回归

在实际中，有时两个变量之间不存在线性相关关系，而存在曲线相关关系. 对于一些特殊情形，可通过适当的数学处理化为线性回归方程. 但是，选择合适的曲线类型将非线性回归问题化成线性回归并不是一件容易的事情，要利用相关专业知识和辅助的数学方法. 下面列举常用的几种曲线类型以供使用时选择.

1. 双曲线 $\frac{1}{y}=a+\frac{b}{x}$.

令 $y'=\frac{1}{y}, x'=\frac{1}{x}$，则有 $y'=a+bx'$.

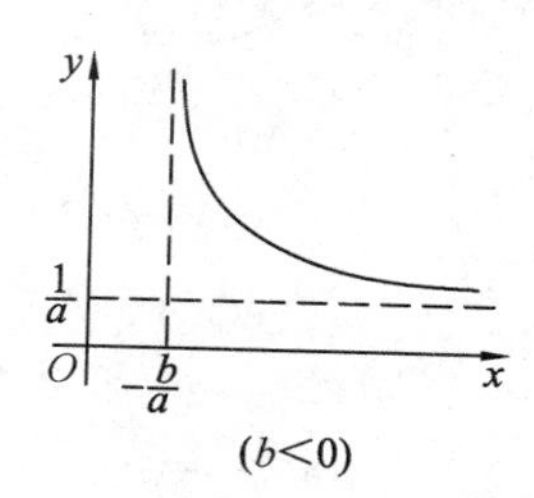

$(b<0)$

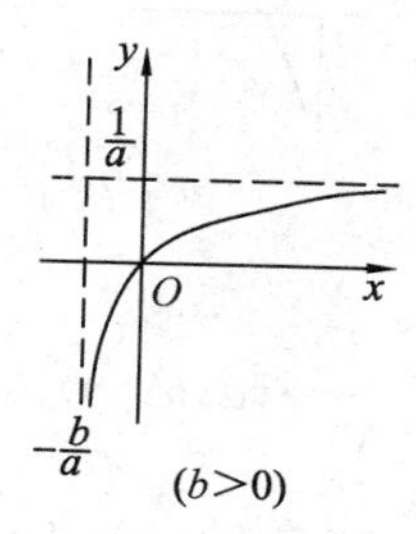

$(b>0)$

图 10-2

2. 幂函数 $y=ax^b$.

令 $y'=\lg y, x'=\lg x, a'=\lg a$，则有 $y'=a'+bx'$.

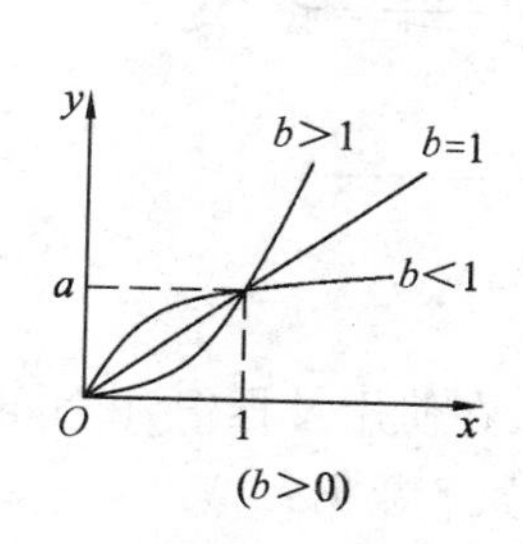

$(b>0)$

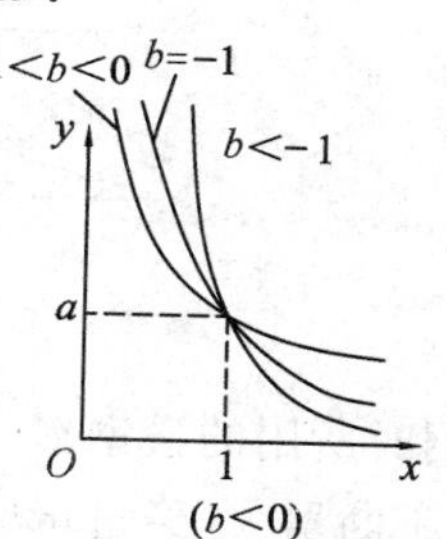

$(b<0)$

图 10-3

3. 指数函数 $y=ae^{bx}$.

令 $y'=\ln y, a'=\ln a$，则有 $y'=a'+bx$.

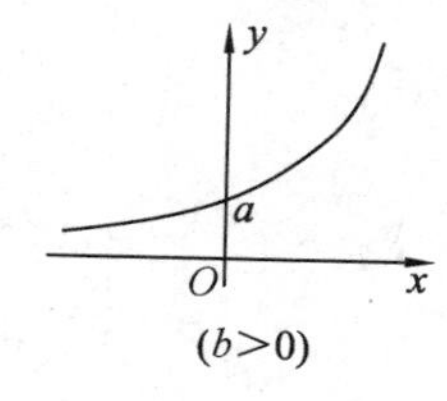

$(b>0)$

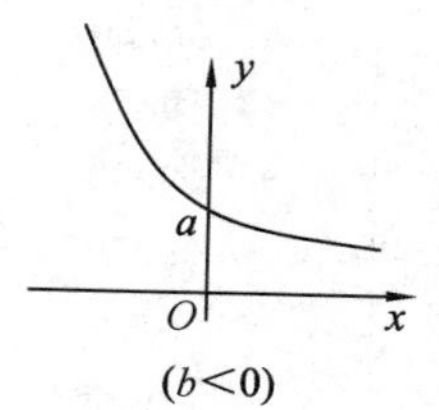

$(b<0)$

图 10-4

4. 指数函数 $y=ae^{\frac{b}{x}}$.

令 $y'=\ln y, x'=\frac{1}{x}, a'=\ln a$，则有 $y'=a'+bx'$.

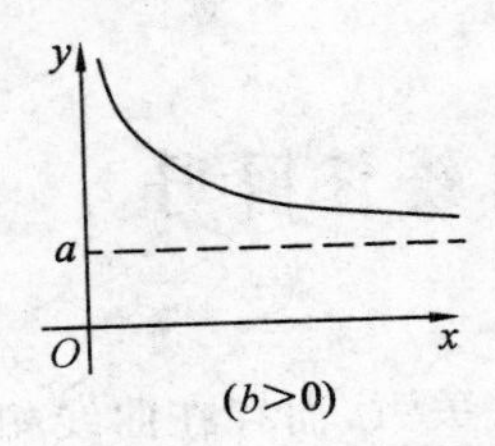

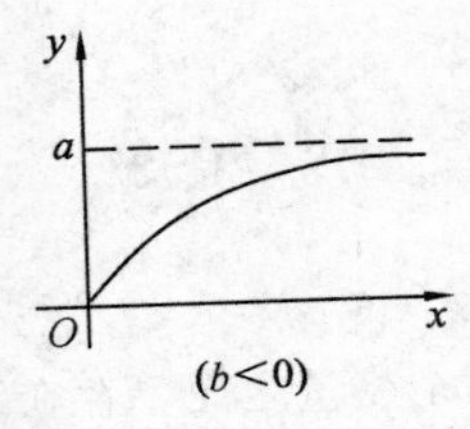

图 10-5

5. 对数曲线 $y=a+b\lg x$.

令 $x'=\lg x$,则 $y=a+bx'$.

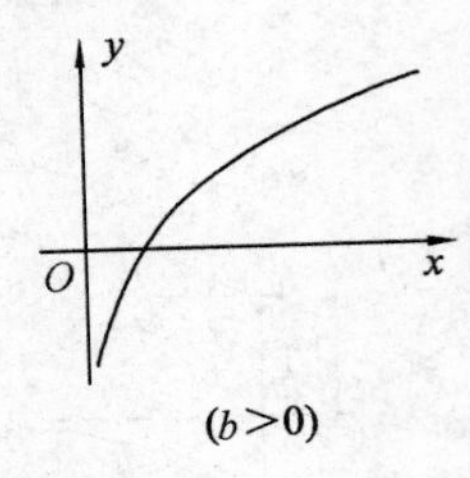

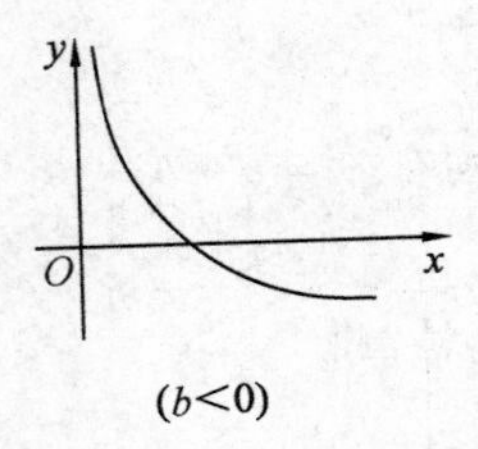

图 10-6

6. S 形曲线 $y=\dfrac{1}{a+b\mathrm{e}^{-x}}(a,b>0)$.

令 $y'=\dfrac{1}{y},x'=\mathrm{e}^{-x}$,则有 $y'=a+bx'$.

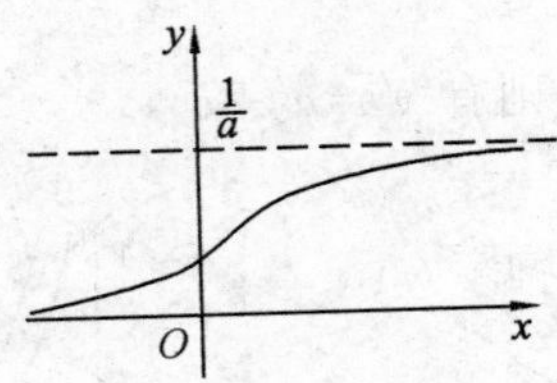

图 10-7

实例 炼钢厂出钢时所用的盛钢水的钢包,在使用过程中,由于钢液及炉渣对钢衬耐火材料的侵蚀,使其容积不断增大,经过试验获得如下数据:

使用次数 x	增大容积 y	使用次数 x	增大容积 y
2	6.42	10	10.49
3	8.20	11	10.59
4	9.58	12	10.60
5	9.50	13	10.80
6	9.70	14	10.60
7	10.00	15	10.90
8	9.93	16	10.76
9	9.99		

试找出使用次数与增大的容积之间的关系.

解 先根据实际资料作散点图.

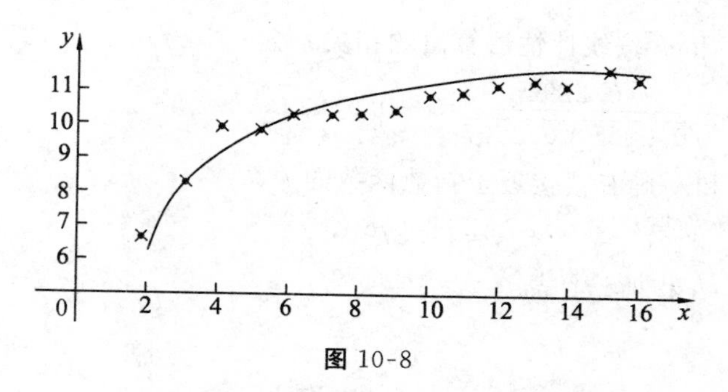

图 10-8

从图 10-8 中可看出 x 与 y 之间不存在线性关系. 但仔细分析一下,知道钢包开始使用时侵蚀速度快,然后逐渐减慢. 显然,钢包容积不会无限增大,因此必有一条平行于 x 轴的渐近线. 于是根据这些特点,可试配指数曲线 $y=ae^{\frac{b}{x}}$.

令 $y'=\ln y, x'=\dfrac{1}{x}, a'=\ln a$,则有 $y'=a'+bx'$.

有关数据的计算见下表:

$x'=\dfrac{1}{x}$	$y'=\ln y$	x	y	$\hat{y}$
0.5000	1.8594	2	6.42	6.702
0.3333	2.1041	3	8.20	8.065
0.2500	2.2597	4	9.58	8.847
0.2000	2.2513	5	9.50	9.352
0.1667	2.2721	6	9.70	9.705
0.1429	2.3026	7	10.00	9.965
0.1250	2.2596	8	9.93	10.165
0.1111	2.3016	9	9.99	10.323
0.1000	2.3504	10	10.49	10.451
0.0909	2.3599	11	10.59	10.557
0.0833	2.3609	12	10.60	10.646
0.0769	2.3795	13	10.80	10.723
0.0714	2.3609	14	10.60	10.788
0.0667	2.3888	15	10.90	10.745
0.0625	2.3758	16	10.76	10.896

a', b 的最小二乘估计:

$$\hat{b}=\frac{L_{x'y'}}{L_{x'x'}}=\frac{-0.2294}{0.2065}\approx-1.1109,$$

$$\hat{a}'=\overline{y'}-\hat{b}\,\overline{x'}=\frac{34.2226}{15}+1.1109\times\frac{2.3807}{15}\approx 2.4578.$$

由此得

$$\hat{a}=e^{\hat{a}'}\approx 11.6791, \hat{y}=11.6791e^{-\frac{1.1109}{x}}.$$

由经过交换的数据 x' 和 y' 按线性情形算出的相关系数

$$r=\frac{L_{x'y'}}{\sqrt{L_{x'x'}L_{y'y'}}}=\frac{-0.2294}{\sqrt{0.2065\times 0.2657}}\approx -0.9793.$$

$|r|$ 很接近 1,表明 x 和 y 确有很接近于指数函数的关系:

$$y=11.6791\mathrm{e}^{-\frac{1.1109}{x}}.$$

y 的预测值 $\hat{y}$ 的计算结果列于上表.

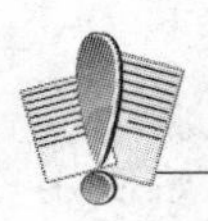

习题 10-5

1. 一册书的成本费与印刷的册数有关,统计数据如下:

册数 x/千册	1	2	3	4	5	20	30	50	100	200
成本费 y/元	10.15	5.52	4.08	2.85	2.11	1.62	1.41	1.30	1.21	1.15

检验成本费与印刷册数的倒数之间是否存在显著的线性相关关系. 如果存在,求 y 对 x 的回归方程.

2. 试求出上题中 x 对 y 的回归直线方程.

3. 10 个售货员的训练天数 x 和工作成绩 y 的资料如下:

序号	1	2	3	4	5	6	7	8	9	10
x	1	1	2	2	3	3	4	5	5	5
y	45	40	60	62	75	81	115	150	145	148

将观察值画在图上时,散点图呈指数曲线型,若选定方程 $y=ab^x$ 来描述 x 和 y 的关系,求 a 和 b.

*§ 10-6 多元线性回归

以上讨论的仅是两个变量的回归问题. 在实际应用中,由于事物的复杂性,与某一变量 y 有关的变量常常是多个,研究它们之间的定量关系问题即为多元回归问题. 我们着重讨论多元线性回归问题. 多元线性回归分析的原理和一元线性回归相同,只是计算上要复杂得多.

一、二元线性回归方程的求法

二元线性回归方程的形式为

$$\hat{y}=b_0+b_1x_1+b_2x_2,$$

其中 b_0 为常数, b_1, b_2 分别为 y 对 x_1, x_2 的回归系数.

假设因变量 y 与自变量 x_1, x_2 之间的关系具有线性模型

$$y=b_0+b_1x_1+b_2x_2+\varepsilon,$$

其中 $\varepsilon\sim N(0,\sigma^2)$. 对样本观察值 $(y_1;x_{11},x_{21}),\cdots,(y_n;x_{1n},x_{2n})$ 有

$$y_i=b_0+b_1x_{1i}+b_2x_{2i}+\varepsilon_i,\quad i=1,2,\cdots,n$$

成立，其中 $\varepsilon_i\sim N(0,\sigma^2)$.

估计参数 b_0,b_1,b_2 仍然采用最小二乘法，即选取 b_0,b_1,b_2 使

$$Q(b_0,b_1,b_2)=\sum_{i=1}^{n}(y_i-b_0-b_1x_{1i}-b_2x_{2i})^2$$

达到最小.

用多元函数求极值的方法可得关于求解 b_0,b_1,b_2 的标准方程组

$$\begin{cases}L_{11}b_1+L_{12}b_2=L_{1y},\\L_{21}b_1+L_{22}b_2=L_{2y},\\b_0=\bar{y}-b_1\bar{x}_1-b_2\bar{x}_2,\end{cases}$$

其中记

$$L_{11}=L_{x_1x_1}=\sum_{i=1}^{n}(x_{1i}-\bar{x}_1)^2,\bar{x}_1=\frac{1}{n}\sum_{i=1}^{n}x_{1i},$$

$$L_{22}=L_{x_2x_2}=\sum_{i=1}^{n}(x_{2i}-\bar{x}_2)^2,\bar{x}_2=\frac{1}{n}\sum_{i=1}^{n}x_{2i},$$

$$L_{12}=L_{21}=\sum_{i=1}^{n}(x_{1i}-\bar{x}_1)(x_{2i}-\bar{x}_2),$$

$$L_{1y}=\sum_{i=1}^{n}(x_{1i}-\bar{x}_1)(y_i-\bar{y}),$$

$$L_{2y}=\sum_{i=1}^{n}(x_{2i}-\bar{x}_2)(y_i-\bar{y}).$$

由 b_0,b_1,b_2 的标准方程组可解得 b_0,b_1,b_2 的估计值：

$$\hat{b}_1=\frac{\begin{vmatrix}L_{1y}&L_{12}\\L_{2y}&L_{22}\end{vmatrix}}{\begin{vmatrix}L_{11}&L_{12}\\L_{21}&L_{22}\end{vmatrix}},\quad \hat{b}_2=\frac{\begin{vmatrix}L_{11}&L_{1y}\\L_{21}&L_{2y}\end{vmatrix}}{\begin{vmatrix}L_{11}&L_{12}\\L_{21}&L_{22}\end{vmatrix}},$$

$$\hat{b}_0=\bar{y}-\hat{b}_1\bar{x}_1-\hat{b}_2\bar{x}_2.$$

例　已知某种商品的销售额主要取决于营业人员数和所支出的推销费用，有关统计资料如下：

推销费用 x_1/万元	营业人员 x_2/人	销售额 y/亿元
169	290	264
181	318	298
160	254	235
187	341	318
184	327	304
178	311	289
172	295	271
175	296	273

若营业员 310 人，推销费用 200 万元，试预测销售额.

解　先用最小二乘法估计回归系数 b_0, b_1, b_2：

$$L_{11}=\sum_{i=1}^{8}x_{1i}^2-\frac{\left(\sum_{i=1}^{8}x_{1i}\right)^2}{8}=247640-\frac{1406^2}{8}=535.50,$$

$\overline{x}_1=175.75$，

$$L_{22}=\sum_{i=1}^{8}x_{2i}^2-\frac{\left(\sum_{i=1}^{8}x_{2i}\right)^2}{8}=744312-\frac{2432^2}{8}=4984,$$

$\overline{x}_2=304$，

$$L_{12}=L_{21}=\sum_{i=1}^{8}x_{1i}x_{2i}-8\,\overline{x}_1\,\overline{x}_2=429041-427424=1617,$$

$$L_{yy}=\sum_{i=1}^{8}y_i^2-\frac{\left(\sum_{i=1}^{8}y_i\right)^2}{8}=638756-\frac{2252^2}{8}=4818,$$

$\overline{y}=281.5$，

$$L_{1y}=\sum_{i=1}^{8}x_{1i}y_i-8\,\overline{x}_1\overline{y}=397385-395789=1596,$$

$$L_{2y}=\sum_{i=1}^{8}x_{2i}y_i-8\,\overline{x}_2\overline{y}=689492-684608=4884.$$

由标准方程组的前两式得

$$\begin{cases}535.5b_1+1617b_2=1596,\\1617b_1+4984b_2=4884,\end{cases}$$

由此解得

$$\hat{b}_1=\frac{\begin{vmatrix}L_{1y} & L_{12}\\ L_{2y} & L_{22}\end{vmatrix}}{\begin{vmatrix}L_{11} & L_{12}\\ L_{21} & L_{22}\end{vmatrix}}=\frac{\begin{vmatrix}1596 & 1617\\ 4884 & 4984\end{vmatrix}}{\begin{vmatrix}535.5 & 1617\\ 1617 & 4984\end{vmatrix}}=\frac{57036}{54243}\approx1.05149,$$

$$\hat{b}_2=\frac{\begin{vmatrix}L_{11} & L_{1y}\\ L_{21} & L_{2y}\end{vmatrix}}{\begin{vmatrix}L_{11} & L_{12}\\ L_{21} & L_{22}\end{vmatrix}}=\frac{\begin{vmatrix}535.5 & 1596\\ 1617 & 4884\end{vmatrix}}{\begin{vmatrix}535.5 & 1617\\ 1617 & 4984\end{vmatrix}}=\frac{34650}{54243}\approx0.6388.$$

将 $\hat{b}_1, \hat{b}_2$ 代入标准方程组的第三式得

$$\hat{b}_0=\overline{y}-\hat{b}_1\overline{x}_1-\hat{b}_2\overline{x}_2=281.5-1.05149\times175.75-0.6388\times304\approx-97.4946.$$

所以回归方程为

$$\hat{y}=-97.4946+1.05149x_1+0.6388x_2.$$

当营业员 310 人，推销费用 200 万元时，预测销售额为

$$\hat{y}=-97.4946+1.05149\times200+0.6388\times310=310.8314(\text{亿元}).$$

二、多元线性回归方程的标准方程组

可以将求二元线性回归方程的方法推广到多元的情况. 设因变量 y 与自变量 x_1，

$x_2, \cdots, x_k$ 有线性模型

$$y = b_0 + b_1 x_1 + \cdots + b_k x_k + \varepsilon,$$

其中 $\varepsilon \sim N(0, \sigma^2)$. 对样本观察值 $(y_1; x_{11}, x_{21}, \cdots, x_{k1}), \cdots, (y_n; x_{1n}, x_{2n}, \cdots, x_{kn})$ 成立

$$\begin{cases} y_1 = b_0 + b_1 x_{11} + b_2 x_{21} + \cdots + b_k x_{k1} + \varepsilon_1, \\ y_2 = b_0 + b_1 x_{12} + b_2 x_{22} + \cdots + b_k x_{k2} + \varepsilon_2, \\ \cdots \quad \cdots \quad \cdots \quad \cdots \\ y_n = b_0 + b_1 x_{1n} + b_2 x_{2n} + \cdots + b_k x_{kn} + \varepsilon_n, \end{cases}$$

我们称，使

$$Q(b_0, b_1, \cdots, b_k) = \sum_{i=1}^{n} (y_i - b_0 - b_1 x_{1i} - b_2 x_{2i} - \cdots - b_k x_{ki})^2$$

达到最小的 $\hat{b}_0, \hat{b}_1, \cdots, \hat{b}_k$ 为参数 $b_0, b_1, \cdots, b_k$ 的**最小二乘估计**.

与二元线性回归类似，用多元线性回归系数的最小二乘估计求解 $b_0, b_1, b_2, \cdots, b_k$ 的标准方程组为

$$\begin{cases} L_{11} b_1 + L_{12} b_2 + \cdots + L_{1k} b_k = L_{1y}, \\ L_{21} b_1 + L_{22} b_2 + \cdots + L_{2k} b_k = L_{2y}, \\ \cdots \quad \cdots \quad \cdots \quad \cdots \\ L_{k1} b_1 + L_{k2} b_2 + \cdots + L_{kk} b_k = L_{ky}, \\ b_0 = \bar{y} - b_1 \bar{x}_1 - \cdots - b_k \bar{x}_k, \end{cases}$$

其中 $\bar{y} = \frac{1}{n} \sum_{t=1}^{n} y_t, \bar{x}_i = \frac{1}{n} \sum_{t=1}^{n} x_{it}, \quad i = 1, 2, \cdots, k,$

$$L_{ij} = L_{ji} = \sum_{t=1}^{n} (x_{it} - \bar{x}_i)(x_{jt} - \bar{x}_j), \quad i, j = 1, 2, \cdots, k,$$

$$L_{iy} = \sum_{t=1}^{n} (x_{it} - \bar{x}_i)(y_t - \bar{y}), \quad i = 1, 2, \cdots, k.$$

由此方程组即可解出 b_i 的最小二乘估计 $\hat{b}_i, i = 0, 1, 2, \cdots, k$. 因此，线性回归方程为 $\hat{y} = \hat{b}_0 + \hat{b}_1 x_1 + \cdots + \hat{b}_k x_k$.

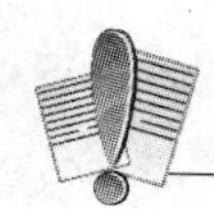

习题 10-6

某公司的某种商品在15个地区的销售量（单位：罗，1罗＝12打）以及各地区的人口数（单位：千人）和平均每户收入（单位：元）如下：

地区编号	销售量 y	人口数 x_1	平均每户收入 x_2
1	162	274	2450
2	120	180	3254
3	223	375	3802
4	131	205	2838
5	67	86	2347
6	169	265	3782

续表

地区编号	销售量 y	人口数 x_1	平均每户收入 x_2
7	81	98	3008
8	192	330	2450
9	116	195	2137
10	55	53	2560
11	252	430	4020
12	232	372	4427
13	144	236	2660
14	103	157	2088
15	212	370	2605

试求 y 对 x_1 及 x_2 的线性回归方程.

本章内容小结

1. 简单随机样本、统计量、抽样分布等基本概念和基本结论是统计推断的最基本内容，为以后的内容提供了准备知识.

2. 参数估计是基本统计推断方法之一. 未知参数 θ 的点估计，就是构造一个统计量 $\hat{\theta}(\xi_1,\xi_2,\cdots,\xi_n)$ 作为参数 θ 的估计. 评价估计量的优良性标准一般有：无偏性、有效性和一致性. 未知参数 θ 的区间估计，就是指以概率 $1-\alpha$ 包含未知参数 θ 的随机区间 (θ_1,θ_2) 称为 θ 的置信区间，$1-\alpha$ 称为置信水平.

3. 假设检验是另一类重要的统计推断方法，它利用样本统计量并按一种决策规则对原假设作出拒绝或接受的推断，决策规则运用了“小概率”原理. 假设检验作出的推断结论(决策)不能保证绝对正确，它可能会犯两类错误：弃真错误和存伪错误. 弃真错误的概率就是显著性水平 α，而存伪错误的概率计算比较复杂. 假设检验过程可分 4 个步骤：

(1) 提出原假设.

(2) 建立检验用的统计量.

(3) 确定拒绝域.

(4) 根据样本观察值计算出统计量的观察值，并作出判断.

假设检验按检验统计量来分，有 U -检验法、T -检验法、F -检验法和 χ^2 -检验法.

4. 一元线性回归模型 $y=a+bx+\varepsilon$ 的回归方程为 $\hat{y}=a+bx$，未知参数 a,b 的最小二乘估计为 $\begin{cases}\hat{a}=\overline{y}-\hat{b}\overline{x},\\ \hat{b}=\dfrac{L_{xy}}{L_{xx}},\end{cases}$ 未知参数 σ^2 的无偏估计为 $\hat{\sigma}^2=\dfrac{1}{n-2}\sum\limits_{i=1}^{n}(y_i-\hat{a}-\hat{b}x_i)^2$.

5. 回归分析的重要应用是作预测. y_0 的预测值为 $\hat{y}=\hat{a}+\hat{b}x_0$，置信度为$1-\alpha$的预测区间为

$$\left[\hat{y_0}-At_{\frac{\alpha}{2}}(n-2),\hat{y_0}+At_{\frac{\alpha}{2}}(n-2)\right],$$

其中 $A=\sqrt{\dfrac{(1-r^2)L_{yy}}{n-2}\left[1+\dfrac{1}{n}+\dfrac{(x_0-\overline{x})^2}{L_{xx}}\right]}$，当 n 较大时，$A\approx\sqrt{\dfrac{(1-r^2)L_{yy}}{n-2}}$.

6. 多数非线性回归问题可以化为线性回归问题来处理. 我们详细讨论了若干一元非线性类型的情况.

7. 多元线性回归模型是一元线性回归模型的直接推广.

自 测 题 十

一、填空题

1. 设$\hat{\theta}$是未知参数θ的一个估计,当________时,称$\hat{\theta}$是θ的无偏估计.

2. 设$(\xi_1,\xi_2,\cdots,\xi_n)$是正态总体$N(\mu,\sigma^2)$的随机样本,置信水平为$1-\alpha$时,若$\sigma^2$已知,则$\mu$的置信区间为________;若$\sigma^2$未知,则$\mu$的置信区间为________.

3. 设正态总体$\xi\sim N(\mu_1,\sigma_1^2)$与正态总体$\eta\sim N(\mu_2,\sigma_2^2)$相互独立,$(\xi_1,\xi_2,\cdots,\xi_n)$,$(\eta_1,\eta_2,\cdots,\eta_n)$分别为总体$\xi,\eta$的样本. 若置信度为$1-\alpha$,则当$\sigma_1^2,\sigma_2^2$均为已知时,$\mu_1-\mu_2$的置信区间为__________;当$\sigma_1^2=\sigma_2^2$未知且$n_1=n_2=n$时,$\mu_1-\mu_2$置信区间为__________.

4. 假设检验就是利用________原理,先提出一个假设,然后根据________提供的信息,判断假设是否正确.

5. 对一个正态总体,原假设$\mu=\mu_0$,若方差已知,则应选统计量____________;若方差未知,则应选统计量____________;当原假设$\sigma^2=\sigma_0^2$时,应选统计量____________.

6. 变量间的关系可分为__________________两大类.

7. 一元线性回归的数学模型是__________________,在一元线性回归中,$y=a+bx+\varepsilon,\varepsilon\sim$________,称为________,$a$和$b$称为________,$x$称为________变量,一元线性回归方程为__________________.

8. 一元线性回归中回归系数$\hat{b}=$________,$\hat{a}=$________.

二、选择题

1. 在给定显著性水平$\alpha=0.02$时,若原假设被拒绝,则认为 ( )

A. 原假设一定不正确
B. 原假设正确的概率为0.02
C. 原假设正确是小概率事件
D. 原假设不正确是小概率事件

2. 对给定显著性水平α,用U-检验法时,临界值$u_{\frac{\alpha}{2}}$应满足 ( )

A. $\Phi(u_{\frac{\alpha}{2}})=1-\frac{\alpha}{2}$
B. $\Phi(u_{\frac{\alpha}{2}})=\alpha$
C. $\Phi(u_{\frac{\alpha}{2}})=1-\alpha$
D. 以上都不对

3. 在假设检验中,显著性水平α表示 ( )

A. 原假设为假,但接受原假设的概率
B. 原假设为真,但拒绝原假设的概率
C. 拒绝原假设的概率
D. 小概率事件概率的最小值

4. 若一个正态总体方差未知,检验$H_0:\mu=\mu_0$,$H_1:\mu\neq\mu_0$,抽取样本为$(\xi_1,\xi_2,\cdots,\xi_n)$,则拒绝域应与________有关. ( )

A. 样本值,显著性水平α
B. 样本值,显著性水平α,样本容量n

C. 样本值,样本容量 n　　D. 显著性水平 α,样本容量 n

5. 在一元线性回归的数学模型 $y=a+bx+\varepsilon,\varepsilon\sim N(0,\sigma^2)$ 中　　(　　)

A. x 是控制变量　　B. x 是确定性变量

C. ε 是常数　　D. a,b,ε 为待定常数

三、综合题

1. 从一个正态总体中抽取容量为 5 的一组样本观测值为

$$6.6,\ 4.6,\ 5.4,\ 5.8,\ 5.5.$$

求置信度为 95%的总体期望及方差的置信区间.

2. 为了比较甲、乙两批同类电子元件的寿命,现从甲批元件中抽取 12 只,测得平均寿命为 1000 h,标准差 18 h,从乙批元件中抽取 15 只,测得平均寿命为 980 h,标准差 30 h,假定元件寿命服从正态分布,方差相等,试求两总体均值差的置信区间.(置信度为 90%)

3. 25 名男生与 17 名女生参加一次标准化英语考试,平均成绩分别为 82 分和 88 分,标准差分别为 8 分和 7 分,若成绩服从正态分布,求男、女生成绩方差比的置信区间.(置信度为 98%)

4. 某年某市对 1000 户居民的抽样调查结果表明,全年居民购买副食品支出占购买食品支出的 75.4%,试以 99%的概率估计全年这种比率的置信区间.

5. 某种零件的长度服从正态分布,现随机抽取 6 件,测得长度(单位: cm)分别为

$$36.4,\ 38.2,\ 36.6,\ 36.9,\ 37.8,\ 37.6,$$

能否认为该种零件的平均长度为 37 cm?(置信度为 95%)

6. 某村在水稻全面实割前,随机抽取 10 块地进行实割,亩产量(单位: kg)分别为

$$540,\ 632,\ 674,\ 694,\ 695,\ 705,\ 736,\ 680,\ 780,\ 845.$$

若水稻亩产服从正态分布,可否认为该村水稻亩产的标准差不超过去年的数值即 75 kg?(置信度为 95%)

7. 某商店从两个灯泡厂各购进一批灯泡,假定灯泡的使用寿命服从正态分布,方差分别为 80^2 和 94^2. 今从两批灯泡中各取 50 个进行检验,测得平均寿命分别为 1282 h 和 1208 h,可否由此认为两厂灯泡寿命相同?(置信度为 98%)

8. 某厂在某天的产品中抽取 120 件进行检查,发现有 7 件次品,若规定次品率不能高于 5%,能否认为这天的生产是正常的?(置信度为 95%)

附录1　简易积分表

（一）含有 $a+bx$ 的积分

1. $\int\frac{dx}{a+bx}=\frac{1}{b}\ln|a+bx|+C.$

2. $\int(a+bx)^{\mu}dx=\frac{(a+bx)^{\mu+1}}{b(\mu+1)}+C(\mu\neq-1).$

3. $\int\frac{xdx}{a+bx}=\frac{1}{b^2}(a+bx-a\ln|a+bx|)+C.$

4. $\int\frac{x^2dx}{a+bx}=\frac{1}{b^3}\left[\frac{1}{2}(a+bx)^2-2a(a+bx)+a^2\ln|a+bx|\right]+C.$

5. $\int\frac{dx}{x(a+bx)}=-\frac{1}{a}\ln\left|\frac{a+bx}{x}\right|+C.$

6. $\int\frac{dx}{x^2(a+bx)}=-\frac{1}{ax}+\frac{b}{a^2}\ln\left|\frac{a+bx}{x}\right|+C.$

7. $\int\frac{xdx}{(a+bx)^2}=\frac{1}{b^2}\left(\ln|a+bx|+\frac{a}{a+bx}\right)+C.$

8. $\int\frac{x^2dx}{(a+bx)^2}=\frac{1}{b^3}\left(a+bx-2a\ln|a+bx|-\frac{a^2}{a+bx}\right)+C.$

9. $\int\frac{dx}{x(a+bx)^2}=\frac{1}{a(a+bx)}-\frac{1}{a^2}\ln\left|\frac{a+bx}{x}\right|+C.$

（二）含有 $\sqrt{a+bx}$ 的积分

10. $\int\sqrt{a+bx}dx=\frac{2}{3b}\sqrt{(a+bx)^3}+C.$

11. $\int x\sqrt{a+bx}dx=-\frac{2(2a-3bx)\sqrt{(a+bx)^3}}{15b^2}+C.$

12. $\int x^2\sqrt{a+bx}dx=\frac{2(8a^2-12abx+15b^2x^2)\sqrt{(a+bx)^3}}{105b^3}+C.$

13. $\int\frac{xdx}{\sqrt{a+bx}}=-\frac{2(2a-bx)}{3b^2}\sqrt{a+bx}+C.$

14. $\int\frac{x^2dx}{\sqrt{a+bx}}=\frac{2(8a^2-4abx+3b^2x^2)}{15b^3}\sqrt{a+bx}+C.$

15. $$\int\frac{dx}{x\sqrt{a+bx}}=\begin{cases}\frac{1}{\sqrt{a}}\ln\frac{\sqrt{a+bx}-\sqrt{a}}{\sqrt{a+bx}+\sqrt{a}}+C, & a>0,\\ \frac{2}{\sqrt{-a}}\arctan\sqrt{\frac{a+bx}{-a}}+C, & a<0.\end{cases}$$

16. $\int\frac{dx}{x^2\sqrt{a+bx}}=-\frac{\sqrt{a+bx}}{ax}-\frac{b}{2a}\int\frac{dx}{x\sqrt{a+bx}}.$

17. $\int\frac{\sqrt{a+bx}}{x}dx=2\sqrt{a+bx}+a\int\frac{dx}{x\sqrt{a+bx}}.$

(三) 含有 $a^2 \pm x^2$ 的积分

18. $\int \frac{\mathrm{d}x}{a^2+x^2} = \frac{1}{a}\arctan\frac{x}{a} + C.$

19. $\int \frac{\mathrm{d}x}{(a^2+x^2)^n} = \frac{x}{2(n-1)a^2(a^2+x^2)^{n-1}} + \frac{2n-3}{2(n-1)a^2}\int \frac{\mathrm{d}x}{(a^2+x^2)^{n-1}}.$

20. $\int \frac{\mathrm{d}x}{a^2-x^2} = \frac{1}{2a}\left|\frac{a+x}{a-x}\right| + C.$

21. $\int \frac{\mathrm{d}x}{x^2-a^2} = \frac{1}{2a}\ln\left|\frac{x-a}{x+a}\right| + C.$

(四) 含有 $a \pm bx^2$ 的积分

22. $\int \frac{\mathrm{d}x}{a+bx^2} = \frac{1}{\sqrt{ab}}\arctan\sqrt{\frac{b}{a}}x + C \quad (a>0, b>0).$

23. $\int \frac{\mathrm{d}x}{a-bx^2} = \frac{1}{2\sqrt{ab}}\ln\left|\frac{\sqrt{a}+\sqrt{b}x}{\sqrt{a}-\sqrt{b}x}\right| + C.$

24. $\int \frac{x\mathrm{d}x}{a+bx^2} = \frac{1}{2b}\ln(a+bx^2) + C.$

25. $\int \frac{x^2\mathrm{d}x}{a+bx^2} = \frac{x}{b} - \frac{a}{b}\int \frac{\mathrm{d}x}{a+bx^2}.$

26. $\int \frac{\mathrm{d}x}{x(a+bx^2)} = \frac{1}{2a}\ln\left|\frac{x^2}{a+bx^2}\right| + C.$

27. $\int \frac{\mathrm{d}x}{x^2(a+bx^2)} = -\frac{1}{ax} - \frac{b}{a}\int \frac{\mathrm{d}x}{a+bx^2}.$

28. $\int \frac{\mathrm{d}x}{(a+bx^2)^2} = \frac{x}{2a(a+bx^2)} + \frac{1}{2a}\int \frac{\mathrm{d}x}{a+bx^2}.$

(五) 含有 $\sqrt{x^2+a^2}$ 的积分

29. $\int \sqrt{x^2+a^2}\,\mathrm{d}x = \frac{x}{2}\sqrt{x^2+a^2} + \frac{a^2}{2}\ln(x+\sqrt{x^2+a^2}) + C.$

30. $\int \sqrt{(x^2+a^2)^3}\,\mathrm{d}x = \frac{x}{8}(2x^2+5a^2)\sqrt{x^2+a^2} + \frac{3a^4}{8}\ln(x+\sqrt{x^2+a^2}) + C.$

31. $\int x\sqrt{x^2+a^2}\,\mathrm{d}x = \frac{\sqrt{(x^2+a^2)^3}}{3} + C.$

32. $\int x^2\sqrt{x^2+a^2}\,\mathrm{d}x = \frac{x}{8}(2x^2+a^2)\sqrt{x^2+a^2} - \frac{a^4}{8}\ln(x+\sqrt{x^2+a^2}) + C.$

33. $\int \frac{\mathrm{d}x}{\sqrt{x^2+a^2}} = \ln(x+\sqrt{x^2+a^2}) + C.$

34. $\int \frac{\mathrm{d}x}{\sqrt{(x^2+a^2)^3}} = \frac{x}{a^2\sqrt{x^2+a^2}}C.$

35. $\int \frac{x\mathrm{d}x}{\sqrt{x^2+a^2}} = \sqrt{x^2+a^2} + C.$

36. $\int \frac{x^2\mathrm{d}x}{\sqrt{x^2+a^2}} = \frac{x}{2}\sqrt{x^2+a^2} - \frac{a^2}{2}\ln(x+\sqrt{x^2+a^2}) + C.$

37. $\int \frac{x^2\mathrm{d}x}{\sqrt{(x^2+a^2)^3}} = -\frac{x}{\sqrt{x^2+a^2}} + \ln(x+\sqrt{x^2+a^2}) + C.$

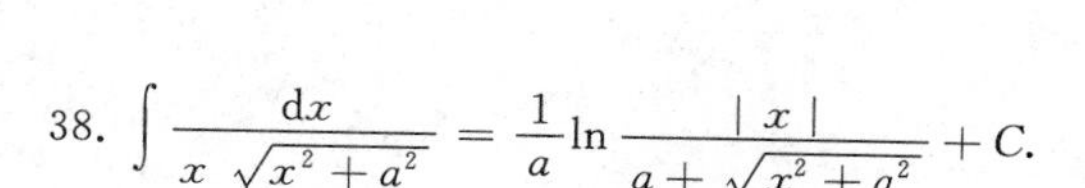

38. $\int \frac{dx}{x\sqrt{x^2+a^2}} = \frac{1}{a}\ln\frac{|x|}{a+\sqrt{x^2+a^2}}+C.$

39. $\int \frac{dx}{x^2\sqrt{x^2+a^2}} = -\frac{\sqrt{x^2+a^2}}{a^2x}+C.$

40. $\int \frac{\sqrt{x^2+a^2}\,dx}{x} = \sqrt{x^2+a^2}-a\ln\frac{a+\sqrt{x^2+a^2}}{|x|}+C.$

41. $\int \frac{\sqrt{x^2+a^2}\,dx}{x^2} = -\frac{\sqrt{x^2+a^2}}{x}+\ln(x+\sqrt{x^2+a^2})+C.$

（六）含有 $\sqrt{x^2-a^2}$ 的积分

42. $\int \frac{dx}{\sqrt{x^2-a^2}} = \ln|x+\sqrt{x^2-a^2}|+C.$

43. $\int \frac{dx}{\sqrt{(x^2-a^2)^3}} = -\frac{x}{a^2\sqrt{x^2-a^2}}+C.$

44. $\int \frac{x\,dx}{\sqrt{x^2-a^2}} = \sqrt{x^2-a^2}+C.$

45. $\int \sqrt{x^2-a^2}\,dx = \frac{x}{2}\sqrt{x^2-a^2}-\frac{a^2}{2}\ln|x+\sqrt{x^2-a^2}|+C.$

46. $\int \sqrt{(x^2-a^2)^3}\,dx = \frac{x}{8}(2x^2-5a^2)\sqrt{x^2-a^2}+\frac{3a^4}{8}\ln|x+\sqrt{x^2-a^2}|+C.$

47. $\int x\sqrt{x^2-a^2}\,dx = \frac{\sqrt{(x^2-a^2)^3}}{3}+C.$

48. $\int x\sqrt{(x^2-a^2)^3}\,dx = \frac{\sqrt{(x^2-a^2)^5}}{5}+C.$

49. $\int x^2\sqrt{x^2-a^2}\,dx = \frac{x}{8}(2x^2-a^2)\sqrt{x^2-a^2}-\frac{a^4}{8}\ln|x+\sqrt{x^2-a^2}|+C.$

50. $\int \frac{x^2}{\sqrt{x^2-a^2}}dx = \frac{x}{2}\sqrt{x^2-a^2}+\frac{a^2}{2}\ln|x+\sqrt{x^2-a^2}|+C.$

51. $\int \frac{x^2}{\sqrt{(x^2-a^2)^3}}dx = -\frac{x}{\sqrt{x^2-a^2}}+\ln|x+\sqrt{x^2-a^2}|+C.$

52. $\int \frac{dx}{x\sqrt{x^2-a^2}} = \frac{1}{a}\arccos\frac{a}{x}+C.$

53. $\int \frac{dx}{x^2\sqrt{x^2-a^2}} = \frac{\sqrt{x^2-a^2}}{a^2x}+C.$

54. $\int \frac{\sqrt{x^2-a^2}\,dx}{x} = \sqrt{x^2-a^2}-a\arccos\frac{a}{x}+C.$

55. $\int \frac{\sqrt{x^2-a^2}}{x^2}dx = -\frac{\sqrt{x^2-a^2}}{x}+\ln|x+\sqrt{x^2-a^2}|+C.$

（七）含有 $\sqrt{a^2-x^2}$ 的积分

56. $\int \frac{dx}{\sqrt{a^2-x^2}} = \arcsin\frac{x}{a}+C.$

57. $\int \frac{dx}{\sqrt{(a^2-x^2)^3}} = \frac{x}{a^2\sqrt{a^2-x^2}}+C.$

58. $\int \frac{x\,dx}{\sqrt{a^2-x^2}} = -\sqrt{a^2-x^2}+C.$

59. $\int \frac{x\mathrm{d}x}{\sqrt{(a^2-x^2)^3}} = \frac{1}{\sqrt{a^2-x^2}} + C.$

60. $\int \frac{x^2\mathrm{d}x}{\sqrt{a^2-x^2}} = -\frac{x}{2}\sqrt{a^2-x^2} + \frac{a^2}{2}\arcsin\frac{x}{a} + C.$

61. $\int \sqrt{a^2-x^2}\,\mathrm{d}x = \frac{x}{2}\sqrt{a^2-x^2} + \frac{a^2}{2}\arcsin\frac{x}{a} + C.$

62. $\int \sqrt{(a^2-x^2)^3}\,\mathrm{d}x = \frac{x}{8}(5a^2-2x^2)\sqrt{a^2-x^2} + \frac{3a^4}{8}\arcsin\frac{x}{a} + C.$

63. $\int x\sqrt{a^2-x^2}\,\mathrm{d}x = -\frac{\sqrt{(a^2-x^2)^3}}{3} + C.$

64. $\int x\sqrt{(a^2-x^2)^3}\,\mathrm{d}x = -\frac{\sqrt{(a^2-x^2)^5}}{5} + C.$

65. $\int x^2\sqrt{a^2-x^2}\,\mathrm{d}x = \frac{x}{8}(2x^2-a^2)\sqrt{a^2-x^2} + \frac{a^4}{8}\arcsin\frac{x}{a} + C.$

66. $\int \frac{x^2\mathrm{d}x}{\sqrt{(a^2-x^2)^3}} = \frac{x}{\sqrt{a^2-x^2}} - \arcsin\frac{x}{a} + C.$

67. $\int \frac{\mathrm{d}x}{x\sqrt{a^2-x^2}} = \frac{1}{a}\ln\left|\frac{x}{a+\sqrt{a^2-x^2}}\right| + C.$

68. $\int \frac{\mathrm{d}x}{x^2\sqrt{a^2-x^2}} = -\frac{\sqrt{a^2-x^2}}{a^2x} + C.$

69. $\int \frac{\sqrt{a^2-x^2}}{x}\mathrm{d}x = \sqrt{a^2-x^2} - a\ln\left|\frac{a+\sqrt{a^2-x^2}}{x}\right| + C.$

70. $\int \frac{\sqrt{a^2-x^2}}{x^2}\mathrm{d}x = -\frac{\sqrt{a^2-x^2}}{x} - \arcsin\frac{x}{a} + C.$

（八）含有 $a+bx\pm cx^2(c>0)$ 的积分

71. $\int \frac{\mathrm{d}x}{a+bx-cx^2} = \frac{1}{\sqrt{b^2+4ac}}\ln\left|\frac{\sqrt{b^2+4ac}+2cx-b}{\sqrt{b^2+4ac}-2cx+b}\right| + C.$

72. $\int \frac{\mathrm{d}x}{a+bx+cx^2} =$

$$\begin{cases} \frac{2}{\sqrt{4ac-b^2}}\arctan\frac{2cx+b}{\sqrt{4ac-b^2}} + C, & b^2<4ac, \\ \frac{1}{\sqrt{b^2-4ac}}\ln\left|\frac{2cx+b-\sqrt{b^2-4ac}}{2cx+b+\sqrt{b^2-4ac}}\right| + C, & b^2>4ac. \end{cases}$$

（九）含有 $\sqrt{a+bx\pm cx^2}(c>0)$ 的积分

73. $\int \frac{\mathrm{d}x}{\sqrt{a+bx+cx^2}} = \frac{1}{\sqrt{c}}\ln|2cx+b+2\sqrt{c}\sqrt{a+bx+cx^2}| + C.$

74. $\int \sqrt{a+bx+cx^2}\,\mathrm{d}x = \frac{2cx+b}{4c}\sqrt{a+bx+cx^2}$

$$-\frac{b^2-4ac}{8\sqrt{c^3}}\ln|2cx+b+2\sqrt{c}\sqrt{a+bx+cx^2}| + C.$$

75. $\int \frac{x\mathrm{d}x}{\sqrt{a+bx+cx^2}} = \frac{\sqrt{a+bx+cx^2}}{c}$

$$-\frac{b}{2\sqrt{c^3}}\ln|2cx+b+2\sqrt{c}\sqrt{a+bx+cx^2}| + C.$$

76. $\int \frac{dx}{\sqrt{a+bx-cx^2}} = \frac{1}{\sqrt{c}}\arcsin\frac{2cx-b}{\sqrt{b^2+4ac}}+C.$

77. $\int \sqrt{a+bx-cx^2}dx = \frac{2cx-b}{4c}\sqrt{a+bx-cx^2}+\frac{b^2+4ac}{8\sqrt{c^3}}\arcsin\frac{2cx-b}{\sqrt{b^2+4ac}}+C.$

78. $\int \frac{xdx}{\sqrt{a+bx-cx^2}} = -\frac{\sqrt{a+bx-cx^2}}{c}+\frac{b}{2\sqrt{c^3}}\arcsin\frac{2cx-b}{\sqrt{b^2+4ac}}+C.$

（十）含有 $\sqrt{\frac{a\pm x}{b\pm x}}$ 的积分和含有 $\sqrt{(x-a)(b-x)}$ 的积分

79. $\int\sqrt{\frac{a+x}{b+x}}dx = \sqrt{(a+x)(b+x)}+(a-b)\ln(\sqrt{a+x}+\sqrt{b+x})+C.$

80. $\int\sqrt{\frac{a-x}{b+x}}dx = \sqrt{(a-x)(b+x)}+(a+b)\arcsin\sqrt{\frac{x+b}{a+b}}+C.$

81. $\int\sqrt{\frac{a+x}{b-x}}dx = -\sqrt{(a+x)(b-x)}-(a+b)\arcsin\sqrt{\frac{b-x}{a+b}}+C.$

82. $\int\frac{dx}{\sqrt{(x-a)(b-x)}} = 2\arcsin\sqrt{\frac{x-a}{b-a}}+C.$

（十一）含有三角函数的积分

83. $\int \sin x dx = -\cos x+C.$

84. $\int \cos x dx = \sin x+C.$

85. $\int \tan x dx = -\ln|\cos x|+C.$

86. $\int \cot x dx = \ln|\sin x|+C.$

87. $\int \sec x dx = \ln|\sec x+\tan x|+C = \ln\left|\tan\left(\frac{\pi}{4}+\frac{x}{2}\right)\right|+C.$

88. $\int \csc x dx = \ln|\csc x-\cot x|+C = \ln\left|\tan\frac{x}{2}\right|+C.$

89. $\int \sec^2 x dx = \tan x+C.$

90. $\int \csc^2 x dx = -\cot x+C.$

91. $\int \sec x\tan x dx = \sec x+C.$

92. $\int \csc x\cot x dx = -\csc x+C.$

93. $\int \sin^2 x dx = \frac{x}{2}-\frac{1}{4}\sin 2x+C.$

94. $\int \cos^2 x dx = \frac{x}{2}+\frac{1}{4}\sin 2x+C.$

95. $\int \sin^n x dx = -\frac{\sin^{n-1}x\cos x}{n}+\frac{n-1}{n}\int\sin^{n-2}x dx.$

96. $\int \cos^n x dx = \frac{\cos^{n-1}x\sin x}{n}+\frac{n-1}{n}\int\cos^{n-2}x dx.$

97. $\int \frac{dx}{\sin^n x} = -\frac{1}{n-1}\frac{\cos x}{\sin^{n-1} x} + \frac{n-2}{n-1}\int \frac{dx}{\sin^{n-2} x}$.

98. $\int \frac{dx}{\cos^n x} = \frac{1}{n-1}\frac{\sin x}{\cos^{n-1} x} + \frac{n-2}{n-1}\int \frac{dx}{\cos^{n-2} x}$.

99. $\int \cos^m x \sin^n x\, dx = \frac{\cos^{m-1} x \sin^{n+1} x}{m+n} + \frac{m-1}{m+n}\int \cos^{m-2} x \sin^n x\, dx$

$$= -\frac{\sin^{n-1} x \cos^{m+1} x}{m+n} + \frac{n-1}{m+n}\int \cos^m x \sin^{n-2} x\, dx.$$

100. $\int \sin mx \cos nx\, dx = -\frac{\cos(m+n)x}{2(m+n)} - \frac{\cos(m-n)x}{2(m-n)} + C \quad (m \neq n)$.

101. $\int \sin mx \sin nx\, dx = -\frac{\sin(m+n)x}{2(m+n)} + \frac{\sin(m-n)x}{2(m-n)} + C \quad (m \neq n)$.

102. $\int \cos mx \cos nx\, dx = \frac{\sin(m+n)x}{2(m+n)} + \frac{\sin(m-n)x}{2(m-n)} + C \quad (m \neq n)$.

103. $\int \frac{dx}{a + b\sin x} = \frac{2}{\sqrt{a^2-b^2}}\arctan\frac{a\tan\frac{x}{2}+b}{\sqrt{a^2-b^2}} + C \quad (a^2 > b^2)$.

104. $\int \frac{dx}{a + b\sin x} = \frac{1}{\sqrt{b^2-a^2}}\ln\left|\frac{a\tan\frac{x}{2}+b-\sqrt{b^2-a^2}}{a\tan\frac{x}{2}+b+\sqrt{b^2-a^2}}\right| + C \quad (a^2 < b^2)$.

105. $\int \frac{dx}{a + b\cos x} = \frac{2}{\sqrt{a^2-b^2}}\arctan\left(\sqrt{\frac{a-b}{a+b}}\tan\frac{x}{2}\right) + C \quad (a^2 > b^2)$.

106. $\int \frac{dx}{a + b\cos x} = \frac{1}{\sqrt{b^2-a^2}}\ln\left|\frac{\tan\frac{x}{2}+\sqrt{\frac{b+a}{b-a}}}{\tan\frac{x}{2}-\sqrt{\frac{b+a}{b-a}}}\right| + C \quad (a^2 < b^2)$.

107. $\int \frac{dx}{a^2\cos^2 x + b^2\sin^2 x} = \frac{1}{ab}\arctan\left(\frac{b\tan x}{a}\right) + C$.

108. $\int \frac{dx}{a^2\cos^2 x - b^2\sin^2 x} = \frac{1}{2ab}\ln\left|\frac{b\tan x + a}{b\tan x - a}\right| + C$.

109. $\int x\sin ax\, dx = \frac{1}{a^2}\sin ax - \frac{1}{a}x\cos ax + C$.

110. $\int x^2\sin ax\, dx = -\frac{1}{a}x^2\cos ax + \frac{2}{a^2}x\sin ax + \frac{2}{a^3}\cos ax + C$.

111. $\int x\cos ax\, dx = \frac{1}{a^2}\cos ax + \frac{1}{a}x\sin ax + C$.

112. $\int x^2\cos ax\, dx = \frac{1}{a}x^2\sin ax + \frac{2}{a^2}x\cos ax - \frac{2}{a^3}\sin ax + C$.

（十二）含有反三角函数的积分

113. $\int \arcsin\frac{x}{a}\, dx = x\arcsin\frac{x}{a} + \sqrt{a^2-x^2} + C$.

114. $\int x\arcsin\frac{x}{a}\, dx = \left(\frac{x^2}{2} - \frac{a^2}{4}\right)\arcsin\frac{x}{a} + \frac{x}{4}\sqrt{a^2-x^2} + C$.

115. $\int x^2\arcsin\frac{x}{a}\, dx = \frac{x^3}{3}\arcsin\frac{x}{a} + \frac{1}{9}(x^2+2a^2)\sqrt{a^2-x^2} + C$.

116. $\int \arccos\frac{x}{a}dx = x\arccos\frac{x}{a} - \sqrt{a^2-x^2} + C.$

117. $\int x\arccos\frac{x}{a}dx = \left(\frac{x^2}{2}-\frac{a^2}{4}\right)\arccos\frac{x}{a} - \frac{x}{4}\sqrt{a^2-x^2} + C.$

118. $\int x^2\arccos\frac{x}{a}dx = \frac{x^3}{3}\arccos\frac{x}{a} - \frac{1}{9}(x^2+2a^2)\sqrt{a^2-x^2} + C.$

119. $\int \arctan\frac{x}{a}dx = x\arctan\frac{x}{a} - \frac{a}{2}\ln(a^2+x^2) + C.$

120. $\int x\arctan\frac{x}{a}dx = \frac{1}{2}(x^2+a^2)\arctan\frac{x}{a} - \frac{ax}{2} + C.$

121. $\int x^2\arctan\frac{x}{a}dx = \frac{x^3}{3}\arctan\frac{x}{a} - \frac{ax^2}{6} + \frac{a^3}{6}\ln(a^2+x^2) + C.$

(十三) 含有指数函数的积分

122. $\int a^x dx = \frac{a^x}{\ln a} + C.$

123. $\int e^{ax}dx = \frac{e^{ax}}{a} + C.$

124. $\int e^{ax}\sin bx\,dx = \frac{e^{ax}(a\sin bx - b\cos bx)}{a^2+b^2} + C.$

125. $\int e^{ax}\cos bx\,dx = \frac{e^{ax}(b\sin bx + a\cos bx)}{a^2+b^2} + C.$

126. $\int xe^{ax}dx = \frac{e^{ax}}{a^2}(ax-1) + C.$

127. $\int x^n e^{ax}dx = \frac{x^n e^{ax}}{a} - \frac{n}{a}\int x^{n-1}e^{ax}dx.$

128. $\int xa^{mx}dx = \frac{xa^{mx}}{m\ln a} - \frac{a^{mx}}{(m\ln a)^2} + C.$

129. $\int x^n a^{mx}dx = \frac{a^{mx}x^m}{m\ln a} - \frac{n}{m\ln a}\int x^{n-1}a^{mx}dx.$

130. $\int e^{ax}\sin^n bx\,dx = \frac{e^{ax}\sin^{n-1}bx}{a^2+b^2n^2}(a\sin bx - nb\cos bx) + \frac{n(n-1)}{a^2+b^2n^2}b^2\int e^{ax}\sin^{n-2}bx\,dx.$

131. $\int e^{ax}\cos^n bx\,dx = \frac{e^{ax}\cos^{n-1}bx}{a^2+{}^2n^2}(a\cos bx + nb\sin bx) + \frac{n(n-1)}{a^2+b^2n^2}b^2\int e^{ax}\cos^{n-2}bx\,dx.$

(十四) 含有对数函数的积分

132. $\int \ln x\,dx = x\ln x - x + C.$

133. $\int \frac{dx}{x\ln x} = \ln(\ln x) + C.$

134. $\int x^n\ln x\,dx = x^{n+1}\left[\frac{\ln x}{n+1} - \frac{1}{(n+1)^2}\right] + C.$

135. $\int \ln^n x\,dx = x\ln^n x - n\int \ln^{n-1}x\,dx.$

136. $\int x^m\ln^n x\,dx = \frac{x^{m+1}}{m+1}\ln^n x - \frac{n}{m+1}\int x^m\ln^{n-1}x\,dx.$

附录2　泊松(Poisson)分布表

$$1-F(c)=\sum_{k=c}^{\infty}\frac{\lambda^{k}}{k\,!}\mathrm{e}^{-\lambda}$$

c \ λ	0.001	0.002	0.003	0.004	0.005	0.006	0.007	0.008	0.009	0.010
0	1.0000000	1.0000000	1.0000000	1.0000000	1.0000000	1.0000000	1.0000000	1.0000000	1.0000000	1.0000000
1	0.0009995	0.0019980	0.0029955	0.0039920	0.0049875	0.0059820	0.0069756	0.0079681	0.0089596	0.0099502
2	0000005	0000020	0000045	0000080	0000125	0000179	0000244	0000318	0000403	0000497
3							0000001	0000001	0000001	0000002

c \ λ	0.02	0.03	0.04	0.05	0.06	0.07	0.08	0.09	0.10	0.11
0	1.0000000	1.0000000	1.0000000	1.0000000	1.0000000	1.0000000	1.0000000	1.0000000	1.0000000	1.0000000
1	0.0198013	0.0295545	0.0392106	0.0487706	0.0582355	0.0676062	0.0768837	0.0860688	0.0951626	0.1041659
2	0001973	0004411	0007790	0012091	0017296	0023386	0030343	0038150	0046788	0056241
3	0000013	0000044	0000104	0000201	0000344	0000542	0000804	0001136	0001547	0002043
4			0000001	0000003	0000005	0000009	0000016	0000025	0000033	0000056
5										0000001

c \ λ	0.12	0.13	0.14	0.15	0.16	0.17	0.18	0.19	0.20	0.21
0	1.0000000	1.0000000	1.0000000	1.0000000	1.0000000	1.0000000	1.0000000	1.0000000	1.0000000	1.0000000
1	0.1130796	0.1219046	0.1306418	0.1392920	0.1478562	0.1563352	0.1647298	0.1730409	0.1812692	0.1894158
2	0066491	0077522	0089316	0101858	0115132	0129122	0143812	0159187	0175231	0191931
3	0002633	0003323	0004119	0005029	0006058	0007212	0008498	0009920	0011485	0013197
4	0000079	0000107	0000143	0000187	0000240	0000304	0000379	0000467	0000563	0000685
5	0000002	0000003	0000004	0000006	0000008	0000010	0000014	0000018	0000023	0000029
6								0000001	0000001	0000001

c \ λ	0.22	0.23	0.24	0.25	0.26	0.27	0.28	0.29	0.30	0.40
0	1.0000000	1.0000000	1.0000000	1.0000000	1.0000000	1.0000000	1.0000000	1.0000000	1.0000000	1.0000000
1	0.1974812	0.2054664	0.2133721	0.2211992	0.2289484	0.2366205	0.2442163	0.2517634	0.2591818	0.3296800
2	0209271	0227237	0245815	0264990	0284750	0305080	0325968	0347400	0369363	0615519
3	0015060	0017083	0019266	0021615	0024135	0026829	0029701	0032755	0035995	0079263
4	0000819	0000971	0001142	0001334	0001548	0001786	0002049	0002339	0002658	0007763
5	0000036	0000044	0000054	0000066	0000080	0000096	0000113	0000134	0000158	0000612
6	0000001	0000002	0000002	0000003	0000003	0000004	0000005	0000006	0000008	0000040
7										0000002

c \ λ	0.5	0.6	0.7	0.8	0.9	1.0	1.1	1.2	1.3	1.4
0	1.0000000	1.0000000	1.0000000	1.0000000	1.0000000	1.0000000	1.0000000	1.0000000	1.0000000	1.0000000
1	0.393468	0.451188	0.503415	0.550671	0.593430	0.632121	0.667129	0.698806	0.727469	0.753403
2	090204	121901	155805	191208	227518	264241	300971	337373	373177	408167
3	014388	023115	034142	047423	062857	080301	099584	120513	142888	166502
4	001752	003358	005753	009080	013459	018988	025742	033769	043095	053725
5	000172	000394	000786	001411	002344	003660	005435	007746	010663	014253
6	000014	000039	000090	000184	000343	000594	000968	001500	002231	003201
7	000001	000003	000009	000021	000043	000083	000149	000251	000404	000622
8			0000001	0000002	0000005	000010	000020	000037	000064	000107
9						00001	00002	00005	000009	000016
10								000001	000001	000002

续表

c \ λ	1.5	1.6	1.7	1.8	1.9	2.0	2.1	2.2	2.3	2.4
0	1.0000000	1.0000000	1.0000000	1.0000000	1.0000000	1.0000000	1.0000000	1.0000000	1.0000000	1.0000000
1	0.776870	0.798103	0.817316	0.834701	0.850431	0.864665	0.877544	889197	899741	0.909282
2	442175	475069	506754	537163	566251	593994	620385	645430	669146	691559
3	191153	216642	242777	269379	296280	323324	350369	377286	403961	430291
4	065642	078813	093189	108703	125298	142877	161357	180648	200653	221277
5	0.018576	0.023682	0.029615	0.036407	0.044081	0.052653	0.062126	0.072496	0.083751	0.095869
6	004456	006040	007999	010378	013219	016564	020449	024910	029976	035673
7	000926	001336	001875	002569	003446	004534	005862	007461	009362	011594
8	000170	000260	000388	000562	000793	001097	001486	001978	002589	003339
9	000028	000045	000072	000110	000163	000237	000337	000470	000642	000862
10	000004	000007	000012	000019	000030	000046	000069	000101	000144	000202
11	000001	000001	000002	000003	000005	000008	000013	000020	000029	000043
12					000001	000001	000002	000004	000006	000008
13								000001	000001	000002

c \ λ	2.5	2.6	2.7	2.8	2.9	3.0	3.1	3.2	3.3	3.4
0	1.0000000	1.0000000	1.0000000	1.0000000	1.0000000	1.0000000	1.0000000	1.0000000	1.0000000	1.0000000
1	0.917915	0.925726	0.932794	0.939190	0.944977	0.950213	0.954951	0.959238	0.963117	0.966627
2	712703	732615	751340	768922	785409	800852	815298	828799	841402	853158
3	456187	481570	506376	530546	554037	576810	598837	620096	640574	660260
4	242424	263998	285908	308063	330377	352768	375160	397480	419662	441643
5	108822	122577	137092	152324	168223	184737	201811	219387	237410	255818
6	042021	049037	056732	065110	074174	083918	094334	105408	117123	129458
7	014187	017170	020569	024411	028717	033509	033804	044619	050966	057853
8	004247	005334	006621	008131	009885	011905	014213	016830	019777	023074
9	001140	001487	001914	002433	003058	003803	004683	005714	006912	008293
10	000277	000376	000501	000660	000858	001102	001401	001762	001195	002709
11	000062	000087	000120	000164	000220	000292	000383	000497	000638	000810
12	000013	000018	000026	000037	000052	000071	000097	000129	000171	000223
13	000002	000004	000005	000008	000011	000016	000023	000031	000042	000057
14		000001	000001	000002	000002	000003	000005	000007	000010	000014
15						000001	000001	000001	000002	000003
16										000001

c \ λ	3.5	3.6	3.7	3.8	3.9	4.0	4.1	4.2	4.3	4.4
0	1.0000000	1.0000000	1.0000000	1.0000000	1.0000000	1.0000000	1.0000000	1.0000000	1.0000000	1.0000000
1	0.969803	0.972676	0.975276	0.977629	0.979758	0.981684	0.983427	0.985004	0.986431	0.987723
2	864112	874311	883799	892620	900815	908422	915479	922023	928087	933702
3	697153	697253	714567	731103	746875	761897	776186	789762	802645	814858
4	463367	484784	505847	526515	546753	566530	585818	604597	622846	640552
5	274555	293562	312781	332156	351635	371163	390692	410173	429562	448816
6	142386	155281	169962	184444	199442	214870	230688	246875	263338	280088
7	065288	073273	081809	090892	100517	110674	121352	132536	144210	156355
8	026739	030789	035241	040107	045402	051134	057312	063943	071032	078579
9	009874	011671	013703	015984	018533	021363	024492	027932	031698	035803
10	003315	004024	004848	005799	006890	008138	009540	011127	012906	014890
11	001109	001271	001572	001929	002349	002840	003410	004069	004825	005688
12	000289	000370	000470	000592	000739	000915	001125	001374	001666	002008
13	000076	000100	000130	000168	000216	000274	000345	000433	000534	000658
14	000019	00025	000034	000045	000059	000076	000098	000216	000160	000201
15	000004	000006	000008	000011	000015	000020	000026	000034	000045	000058
16	000001	000001	000002	000003	000004	000005	000007	000009	000012	000016
17				000001	000001	000001	000002	000002	000003	000004
18									000001	000001

附录3　标准正态分布表

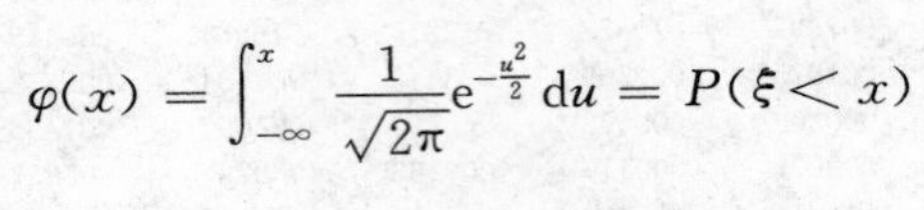

$$\varphi(x)=\int_{-\infty}^{x}\frac{1}{\sqrt{2\pi}}\mathrm{e}^{-\frac{u^2}{2}}\,\mathrm{d}u=P(\xi<x)$$

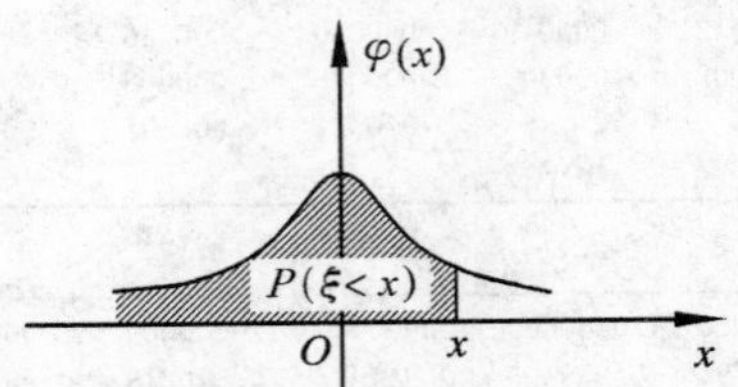

x	0	1	2	3	4	5	6	7	8	9
0.0	0.5000	0.5040	0.5080	0.5120	0.5160	0.5199	0.5239	0.5279	0.5319	0.5359
0.1	0.5398	0.5438	0.5478	0.5517	0.5557	0.5596	0.5636	0.5675	0.5714	0.5753
0.2	0.5793	0.5832	0.5871	0.5910	0.5948	0.5987	0.6026	0.6064	0.6103	0.6141
0.3	0.6179	0.6217	0.6255	0.6203	0.6331	0.6368	0.6406	0.6443	0.6480	0.6517
0.4	0.6554	0.6591	0.6628	0.6664	0.6700	0.6736	0.6772	0.6808	0.6844	0.6879
0.5	0.6915	0.6950	0.6985	0.7019	0.7054	0.7088	0.7123	0.7157	0.7190	0.7224
0.6	0.7257	0.7291	0.7324	0.7357	0.7389	0.7422	0.7454	0.7486	0.7517	0.7549
0.7	0.7580	0.7611	0.7642	0.7673	0.7703	0.7734	0.7764	0.7794	0.7823	0.7852
0.8	0.7881	0.7910	0.7939	0.7967	0.7995	0.8023	0.8051	0.8078	0.8106	0.8133
0.9	0.8159	0.8186	0.8212	0.8238	0.8264	0.8289	0.8315	0.8340	0.8365	0.8389
1.0	0.8413	0.8438	0.8461	0.8485	0.8508	0.8531	0.8554	0.8577	0.8599	0.8621
1.1	0.8643	0.8665	0.8636	0.8708	0.8729	0.8749	0.8770	0.8790	0.8810	0.8830
1.2	0.8849	0.8869	0.8888	0.8907	0.8925	0.8944	0.8962	0.8980	0.8997	0.9015
1.3	0.9032	0.9049	0.9066	0.9082	0.9099	0.9115	0.9131	0.9147	0.9162	0.9177
1.4	0.9192	0.9207	0.9222	0.9236	0.9251	0.9265	0.9278	0.9292	0.9306	0.9319
1.5	0.9332	0.9345	0.9357	0.9370	0.9382	0.9394	0.9406	0.9418	0.9430	0.9441
1.6	0.9452	0.9463	0.9474	0.9484	0.9495	0.9505	0.9515	0.9525	0.9535	0.9545
1.7	0.9554	0.9564	0.9573	0.9582	0.9591	0.9599	0.9608	0.9616	0.9625	0.9633
1.8	0.9641	0.9648	0.9656	0.9664	0.9671	0.9678	0.9686	0.9693	0.9700	0.9706
1.9	0.9713	0.9719	0.9726	0.9732	0.9738	0.9744	0.9750	0.9756	0.9762	0.9767
2.0	0.9772	0.9778	0.9783	0.9788	0.9793	0.9798	0.9803	0.9808	0.9812	0.9817
2.1	0.9821	0.9826	0.9830	0.9834	0.9838	0.9842	0.9846	0.9850	0.9854	0.9857
2.2	0.9861	0.9864	0.9868	0.9871	0.9874	0.9878	0.9881	0.9884	0.9887	0.9890
2.3	0.9893	0.9896	0.9898	0.9901	0.9904	0.9906	0.9909	0.9911	0.9913	0.9916
2.4	0.9918	0.9920	0.9922	0.9925	0.9927	0.9929	0.9931	0.9932	0.9934	0.9936
2.5	0.9938	0.9940	0.9941	0.9943	0.9945	0.9946	0.9948	0.9949	0.9951	0.9952
2.6	0.9953	0.9955	0.9956	0.9957	0.9959	0.9960	0.9961	0.9962	0.9963	0.9964
2.7	0.9965	0.9966	0.9967	0.9968	0.9969	0.9970	0.9971	0.9972	0.9973	0.9974
2.8	0.9974	0.9975	0.9976	0.9977	0.9977	0.9978	0.9978	0.9979	0.9980	0.9981
2.9	0.9981	0.9982	0.9982	0.9983	0.9984	0.9984	0.9985	0.9985	0.9986	0.9986
3.0	0.9987	0.9987	0.9987	0.9988	0.9988	0.9989	0.9989	0.9989	0.9990	0.9990

附录4　χ^2-分布表

$$P\{\chi^2(n) > \chi^2_\alpha(n)\} = \alpha$$

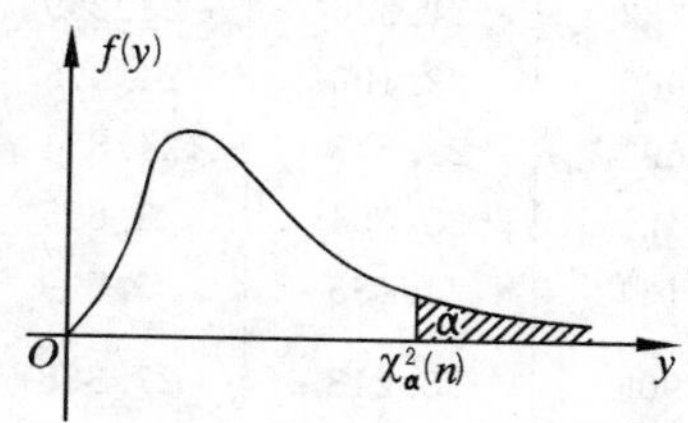

n	$\alpha=0.995$	0.99	0.975	0.95	0.90	0.75
1	—	—	0.001	0.004	0.016	0.102
2	0.010	0.020	0.051	0.103	0.211	0.575
3	0.072	0.115	0.216	0.352	0.584	1.213
4	0.207	0.297	0.484	0.711	1.064	1.928
5	0.412	0.554	0.831	1.145	1.610	2.675
6	0.676	0.872	1.237	1.635	2.204	3.455
7	0.989	1.239	1.690	2.167	2.833	4.255
8	1.344	1.646	2.180	2.733	3.490	5.071
9	1.735	2.088	2.700	3.325	4.168	5.899
10	2.156	2.558	3.247	3.940	4.865	6.737
11	2.603	3.053	3.816	4.575	5.578	7.584
12	3.074	3.571	4.404	5.226	6.304	8.438
13	3.565	4.107	5.009	5.892	7.042	9.299
14	4.075	4.660	5.629	6.571	7.790	10.165
15	4.601	5.229	6.262	7.261	8.547	11.037
16	5.142	5.812	6.908	7.962	9.312	11.912
17	5.697	6.408	7.564	8.672	10.085	12.792
18	6.265	7.015	8.231	9.390	10.865	13.675
19	6.844	7.633	8.907	10.117	11.651	14.562
20	7.434	8.260	9.591	10.851	12.443	15.452
21	8.034	8.897	10.283	11.591	13.240	16.344
22	8.643	9.542	10.982	12.338	14.042	17.240
23	9.260	10.196	11.689	13.091	14.848	18.137
24	9.886	10.856	12.401	13.848	15.659	19.037
25	10.520	11.524	13.120	14.611	16.473	19.939
26	11.160	12.198	13.844	15.379	17.292	20.843
27	11.808	12.879	14.573	16.151	18.114	21.749
28	12.461	13.565	15.308	16.928	18.939	22.657
29	13.121	14.257	16.047	17.708	19.768	23.567
30	13.787	14.954	16.791	18.493	20.599	24.478

续表

n	$\alpha=0.995$	0.99	0.975	0.95	0.90	0.75
31	14.458	15.655	17.539	19.281	21.434	25.390
32	15.134	16.362	18.291	20.072	22.271	26.304
33	15.815	17.074	19.047	20.867	23.110	27.219
34	16.501	17.789	19.806	21.664	23.952	28.136
35	17.192	18.509	20.569	22.465	24.797	29.054
36	17.887	19.233	21.336	23.269	25.643	29.973
37	18.586	19.960	22.106	24.075	26.492	30.893
38	19.289	20.691	22.878	24.884	27.343	31.815
39	19.996	21.426	23.654	25.695	28.196	32.737
40	20.707	22.164	24.433	26.509	29.051	33.660
41	21.421	22.906	25.215	27.326	29.907	34.585
42	22.138	23.650	25.999	28.144	30.765	35.510
43	22.859	24.398	26.795	28.965	31.625	36.436
44	23.584	25.148	27.575	29.787	32.487	37.363
45	24.311	25.901	28.366	30.612	30.350	38.291

$$P\{\chi^2(n)>\chi_\alpha^2(n)\}=\alpha$$

续表

n	$\alpha=0.25$	0.10	0.05	0.025	0.01	0.005
1	1.323	2.706	3.841	5.024	6.635	7.879
2	2.773	4.605	5.991	7.378	9.210	10.597
3	4.108	6.251	7.815	9.348	11.345	12.838
4	5.385	7.779	9.488	11.143	13.277	14.860
5	6.626	9.236	11.071	12.833	15.086	16.750
6	7.841	10.645	12.592	14.449	16.812	18.548
7	9.037	12.017	14.067	16.013	18.475	20.278
8	10.219	13.362	15.507	17.535	20.090	21.955
9	11.380	14.684	16.919	19.023	21.666	23.589
10	12.549	15.987	18.307	20.483	23.209	25.188
11	13.701	17.275	19.675	21.920	24.725	26.757
12	14.845	18.549	21.026	23.337	26.217	28.299
13	15.984	19.812	22.362	24.736	27.688	29.819
14	17.117	21.064	23.685	26.119	29.141	31.319
15	18.245	22.307	24.996	27.488	30.578	32.801
16	19.369	23.542	26.296	28.845	32.000	34.267
17	20.489	24.769	27.587	30.191	33.409	35.718
18	21.605	25.989	28.869	31.526	34.805	37.156
19	22.718	27.204	30.144	32.852	36.191	38.582
20	23.828	28.412	31.410	34.170	37.566	39.997

续表

n	$\alpha=0.25$	0.10	0.05	0.025	0.01	0.005
21	24.935	29.615	32.671	35.479	38.932	41.401
22	26.039	30.813	33.924	36.781	40.289	42.796
23	27.141	32.007	35.172	38.076	41.638	44.181
24	28.241	33.196	36.415	39.364	42.980	45.559
25	29.339	34.382	37.652	40.646	44.314	46.928
26	30.435	35.563	38.885	41.923	45.642	48.290
27	31.528	36.741	40.113	43.194	46.963	49.645
28	32.620	37.916	41.337	44.461	48.278	50.993
29	33.711	39.087	42.557	45.722	49.588	52.336
30	34.800	40.256	43.773	46.979	50.892	53.672
31	35.887	41.422	44.985	48.232	52.191	55.003
32	36.973	42.585	46.194	49.480	53.486	56.328
33	38.058	43.745	47.400	50.725	54.776	57.648
34	39.141	44.903	48.602	51.966	56.061	58.964
35	40.223	46.059	49.802	53.203	57.342	60.275
36	41.304	47.212	50.998	54.437	58.619	61.581
37	42.383	48.363	52.192	55.668	59.892	62.883
38	43.462	49.513	53.384	56.896	61.162	64.181
39	44.539	50.660	54.572	58.120	62.428	65.476
40	45.616	51.805	55.758	59.342	63.691	66.766
41	46.692	52.949	56.942	60.561	64.950	68.053
42	47.766	54.090	58.124	61.777	66.206	69.336
43	48.840	55.230	59.304	62.990	67.459	70.616
44	49.913	56.369	60.481	64.201	68.701	71.893
45	50.985	57.505	61.656	65.410	69.957	73.166

附录5 t-分布表

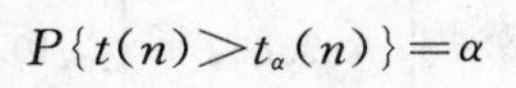

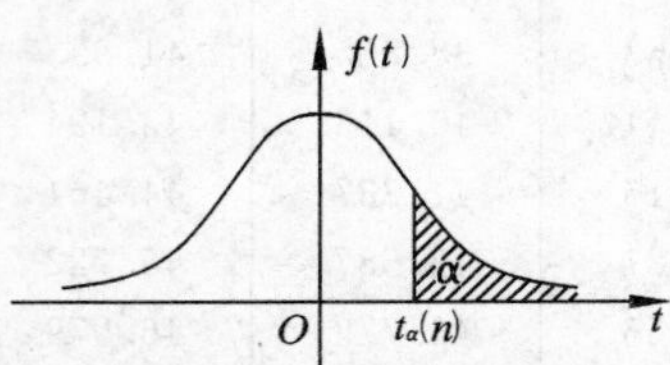

n	$\alpha=0.25$	0.10	0.05	0.025	0.01	0.005
1	1.0000	3.0777	6.3138	12.7062	31.8207	63.6574
2	0.8165	1.8856	2.9200	4.3027	6.9646	9.9248
3	0.7649	1.6377	2.3534	3.1824	4.5407	5.8409
4	0.7407	1.5332	2.1318	2.7764	3.7496	4.6041
5	0.7267	1.4759	2.0150	2.5706	3.3649	4.0322
6	0.7176	1.4398	1.9432	2.4469	3.1427	3.7074
7	0.7111	1.4149	1.8946	2.3646	2.9980	3.4995
8	0.7064	1.3968	1.8595	2.3060	2.8965	3.3554
9	0.7027	1.3830	1.8331	2.2622	2.8214	3.2498
10	0.6998	1.3722	1.8125	2.2281	2.7638	3.1693
11	0.6964	1.3634	1.7959	2.2010	2.7181	3.1058
12	0.6955	1.3562	1.7823	2.1788	2.6810	3.0545
13	0.6938	1.3502	1.7709	2.1604	2.6503	3.0123
14	0.6924	1.3450	1.7613	2.1448	2.6245	2.9768
15	0.6912	1.3406	1.7531	2.1315	2.6025	2.9467
16	0.6901	1.3368	1.7459	2.1199	2.5835	2.9208
17	0.6892	1.3334	1.7396	2.1098	2.5669	2.8982
18	0.6884	1.3304	1.7341	2.1009	2.5524	2.8784
19	0.6876	1.3277	1.7291	2.0930	2.5395	2.8609
20	0.6870	1.3253	1.7247	2.0860	2.5280	2.8453
21	0.6864	1.3232	1.7207	2.0796	2.5177	2.8313
22	0.6858	1.3112	1.7171	2.0739	2.5083	2.8188
23	0.6853	1.3195	1.7139	2.0687	2.4999	2.8073
24	0.6848	1.3178	1.7109	2.0639	2.4922	2.7969
25	0.6844	1.3163	1.7081	2.0595	2.4851	2.7874
26	0.6840	1.3150	1.7056	2.0555	2.4786	2.7787
27	0.6837	1.3137	1.7033	2.0518	2.4727	2.7707
28	0.6834	1.3125	1.7011	2.0484	2.4671	2.7633
29	0.6830	1.3114	1.6991	2.0452	2.4620	2.7564
30	0.6828	1.3104	1.6973	2.0423	2.4578	2.7500

续表

n	$\alpha=0.25$	0.10	0.05	0.025	0.01	0.005
31	0.6825	1.3095	1.6955	2.0395	2.4528	2.7440
32	0.6822	1.3086	1.6939	2.0369	2.4487	2.7385
33	0.6820	1.3077	1.6924	2.0345	2.4448	2.7333
34	0.6818	1.3070	1.6909	2.0322	2.4411	2.7284
35	0.6816	1.4062	1.6896	2.0301	2.4377	2.7238
36	0.6814	1.3055	1.6883	2.0281	2.4345	2.7195
37	0.6812	1.3049	1.6871	2.0262	2.4314	2.7154
38	0.6810	1.3042	1.6860	2.0244	2.4286	2.7116
39	0.6808	1.3036	1.6849	2.0227	2.4258	2.7079
40	0.6807	1.3031	1.6839	2.0211	2.4233	2.7045
41	0.6805	1.3025	1.6829	2.0195	2.4208	2.7012
42	0.6804	1.3020	1.6820	2.0181	2.4185	2.6981
43	0.6802	1.3016	1.6811	2.0167	2.4163	2.6951
44	0.6801	1.3011	1.6802	2.0154	2.4141	2.6923
45	0.6800	1.3006	1.6794	2.0141	2.4121	2.6896

附录6　F检验的临界值(F_α)表

$$P(F>F_\alpha)=\alpha$$

$\alpha=0.10$

n_2 \ n_1	1	2	3	4	5	6	7	8	9	10	15	20	30	50	100	200	500	∞	n_1 / n_2
1	39.9	49.5	53.6	55.8	57.2	58.2	58.9	59.4	59.9	60.2	61.2	61.7	62.3	62.7	63.0	63.2	63.3	63.3	1
2	8.53	9.00	9.16	9.24	9.29	9.33	9.35	9.37	9.38	9.39	9.42	9.44	9.46	9.47	9.48	9.49	9.49	9.49	2
3	5.54	5.46	5.39	5.34	5.31	5.28	5.27	5.25	5.24	5.23	5.20	5.18	5.17	5.15	5.14	5.14	5.14	5.13	3
4	4.54	4.32	4.19	4.11	4.05	4.01	3.98	3.95	3.94	3.92	3.87	3.84	3.82	3.80	3.78	3.77	3.76	3.76	4
5	4.06	3.78	3.62	3.52	3.45	3.40	3.37	3.34	3.32	3.30	3.24	3.21	3.17	3.15	3.13	3.12	3.11	3.10	5
6	3.78	3.46	3.29	3.18	3.11	3.05	3.01	2.98	2.96	2.94	2.87	2.84	2.80	2.77	2.75	2.73	2.73	2.72	6
7	3.59	3.26	3.07	2.96	2.88	2.83	2.78	2.75	2.72	2.70	2.63	2.59	2.56	2.52	2.50	2.48	2.48	2.47	7
8	3.46	3.11	2.92	2.81	2.73	2.67	2.62	2.59	2.56	2.54	2.46	2.42	2.38	2.35	2.32	2.31	2.30	2.29	8
9	3.36	3.01	2.81	2.69	2.61	2.55	2.51	2.47	2.44	2.42	2.34	2.30	2.25	2.22	2.19	2.17	2.17	2.16	9
10	3.28	2.92	2.73	2.61	2.52	2.46	2.41	2.38	2.35	2.32	2.24	2.20	2.16	2.12	2.09	2.07	2.06	2.06	10
11	3.23	2.86	2.66	2.54	2.45	2.39	2.34	2.30	2.27	2.25	2.17	2.12	2.08	2.04	2.00	1.99	1.98	1.97	11
12	3.18	2.81	2.61	2.48	2.39	2.33	2.28	2.24	2.21	2.19	2.10	2.06	2.01	1.97	1.94	1.92	1.91	1.90	12
13	3.14	2.76	2.56	2.43	2.35	2.28	2.23	2.20	2.16	2.14	2.05	2.01	1.96	1.92	1.88	1.86	1.85	1.85	13
14	3.10	2.73	2.52	2.39	2.31	2.24	2.19	2.15	2.12	2.10	2.01	1.96	1.91	1.87	1.83	1.82	1.80	1.80	14
15	3.07	2.70	2.49	2.36	2.27	2.21	2.16	2.12	2.09	2.06	1.97	1.92	1.87	1.83	1.79	1.77	1.76	1.76	15
16	3.05	2.67	2.46	2.33	2.24	2.18	2.13	2.09	2.06	2.03	1.94	1.89	1.84	1.79	1.76	1.74	1.73	1.72	16
17	3.03	2.64	2.44	2.31	2.22	2.15	2.10	2.06	2.03	2.00	1.91	1.86	1.81	1.76	1.73	1.71	1.69	1.69	17
18	3.01	2.62	2.42	2.29	2.20	2.13	2.08	2.04	2.00	1.98	1.89	1.84	1.78	1.74	1.70	1.68	1.67	1.66	18
19	2.99	2.61	2.40	2.27	2.18	2.11	2.06	2.02	1.98	1.96	1.86	1.81	1.76	1.71	1.67	1.65	1.64	1.63	19
20	2.97	2.59	2.38	2.25	2.16	2.09	2.04	2.00	1.96	1.94	1.84	1.79	1.74	1.69	1.65	1.63	1.62	1.61	20
22	2.95	2.56	2.35	2.22	2.13	2.06	2.01	1.97	1.93	1.90	1.81	1.76	1.70	1.65	1.61	1.59	1.58	1.57	22
24	2.93	2.54	2.33	2.19	2.10	2.04	1.98	1.94	1.91	1.88	1.78	1.73	1.67	1.62	1.58	1.56	1.54	1.53	24
26	2.91	2.52	2.31	2.17	2.08	2.01	1.96	1.92	1.88	1.86	1.76	1.71	1.65	1.59	1.55	1.53	1.51	1.50	26
28	2.89	2.50	2.29	2.16	2.06	2.00	1.94	1.90	1.87	1.84	1.74	1.69	1.63	1.57	1.53	1.50	1.49	1.48	28
30	2.88	2.49	2.28	2.14	2.05	1.98	1.93	1.88	1.85	1.82	1.72	1.67	1.61	1.55	1.51	1.48	1.47	1.46	30
40	2.84	2.44	2.23	2.09	2.00	1.93	1.87	1.83	1.79	1.76	1.66	1.61	1.54	1.48	1.43	1.41	1.39	1.38	40
50	2.81	2.41	2.20	2.06	1.97	1.90	1.84	1.80	1.76	1.73	1.63	1.57	1.50	1.44	1.39	1.36	1.34	1.33	50
60	2.79	2.39	2.18	2.04	1.95	1.87	1.82	1.77	1.74	1.71	1.60	1.54	1.48	1.41	1.36	1.33	1.31	1.29	60
80	2.77	2.37	2.15	2.02	1.92	1.85	1.79	1.75	1.71	1.68	1.57	1.51	1.44	1.38	1.32	1.28	1.26	1.24	80
100	2.76	2.36	2.14	2.00	1.91	1.83	1.78	1.73	1.70	1.66	1.56	1.49	1.42	1.35	1.29	1.26	1.23	1.21	100
200	2.73	2.33	2.11	1.97	1.88	1.80	1.75	1.70	1.66	1.63	1.52	1.46	1.38	1.31	1.24	1.20	1.17	1.14	200
500	2.72	2.31	2.10	1.96	1.86	1.79	1.73	1.68	1.64	1.61	1.50	1.44	1.36	1.28	1.21	1.16	1.12	1.09	500
∞	2.71	2.30	2.08	1.94	1.85	1.77	1.72	1.67	1.63	1.60	1.49	1.42	1.34	1.26	1.18	1.13	1.08	1.00	∞

$\alpha=0.05$

n_2 \ n_1	1	2	3	4	5	6	7	8	9	10	12	14	16	18	20	n_1 / n_2
1	161	200	216	225	230	234	237	239	241	242	244	245	246	247	248	1
2	18.5	19.0	19.2	19.2	19.3	19.3	19.4	19.4	19.4	19.4	19.4	19.4	19.4	19.4	19.4	2
3	10.1	9.55	9.28	9.12	9.01	8.94	8.89	8.85	8.81	8.79	8.74	8.71	8.69	8.67	8.66	3
4	7.71	6.94	6.59	6.39	6.26	6.16	6.09	6.04	6.00	5.96	5.91	5.87	5.84	5.82	5.80	4
5	6.61	5.79	5.41	5.19	5.05	4.95	4.88	4.82	4.77	4.74	4.68	4.64	4.60	4.58	4.56	5
6	5.99	5.14	4.76	4.53	4.39	4.28	4.21	4.15	4.10	4.06	4.00	3.96	3.92	3.90	3.87	6
7	5.59	4.74	4.35	4.12	3.97	3.87	3.79	3.73	3.68	3.64	3.57	3.53	3.49	3.47	3.44	7
8	5.32	4.46	4.07	3.84	3.69	3.58	3.50	3.44	3.39	3.35	3.28	3.24	3.20	3.17	3.15	8
9	5.12	4.26	3.86	3.63	3.48	3.37	3.29	3.23	3.18	3.14	3.07	3.03	2.99	2.96	2.94	9
10	4.96	4.10	3.71	3.48	3.33	3.22	3.14	3.07	3.02	2.98	2.91	2.86	2.83	2.80	2.77	10
11	4.84	3.98	3.59	3.36	3.20	3.09	3.01	2.95	2.90	2.85	2.79	2.74	2.70	2.67	2.65	11
12	4.75	3.89	3.49	3.26	3.11	3.00	2.91	2.85	2.80	2.75	2.69	2.64	2.60	2.57	2.54	12
13	4.67	3.81	3.41	3.18	3.03	2.92	2.83	2.77	2.71	2.67	2.60	2.55	2.51	2.48	2.46	13
14	4.60	3.74	3.34	3.11	2.96	2.85	2.76	2.70	2.65	2.60	2.53	2.48	2.44	2.41	2.39	14
15	4.54	3.68	3.29	3.06	2.90	2.79	2.71	2.64	2.59	2.54	2.48	2.42	2.38	2.35	2.33	15
16	4.49	3.63	3.24	3.01	2.85	2.74	2.66	2.59	2.54	2.49	2.42	2.37	2.33	2.30	2.28	16
17	4.45	3.59	3.20	2.96	2.81	2.70	2.61	2.55	2.49	2.45	2.38	2.33	2.29	2.26	2.23	17
18	4.41	3.55	3.16	2.93	2.77	2.66	2.58	2.51	2.46	2.41	2.34	2.29	2.25	2.22	2.19	18
19	4.38	3.52	3.13	2.90	2.74	2.63	2.54	2.48	2.42	2.38	2.31	2.26	2.21	2.18	2.16	19
20	4.35	3.49	3.10	2.87	2.71	2.60	2.51	2.45	2.39	2.35	2.28	2.22	2.18	2.15	2.12	20
21	4.32	3.47	3.07	2.84	2.68	2.57	2.49	2.42	2.37	2.32	2.25	2.20	2.16	2.12	2.10	21
22	4.30	3.44	3.05	2.82	2.66	2.55	2.46	2.40	2.34	2.30	2.23	2.17	2.13	2.10	2.07	22
23	4.28	3.42	3.03	2.80	2.64	2.53	2.44	2.37	2.32	2.27	2.20	2.15	2.11	2.07	2.05	23
24	4.26	3.40	3.01	2.78	2.62	2.51	2.42	2.36	2.30	2.25	2.18	2.13	2.09	2.05	2.03	24
25	4.24	3.39	2.99	2.76	2.60	2.49	2.40	2.34	2.28	2.24	2.16	2.11	2.07	2.04	2.01	25
26	4.23	3.37	2.98	2.74	2.59	2.47	2.39	2.32	2.27	2.22	2.15	2.09	2.05	2.02	1.99	26
27	4.21	3.35	2.96	2.73	2.57	2.46	2.37	2.31	2.25	2.20	2.13	2.08	2.04	2.00	1.97	27
28	4.20	3.34	2.95	2.71	2.56	2.45	2.36	2.29	2.24	2.19	2.12	2.06	2.02	1.99	1.96	28
29	4.18	3.33	2.93	2.70	2.55	2.43	2.35	2.28	2.22	2.18	2.10	2.05	2.01	1.97	1.94	29
30	4.17	3.32	2.92	2.69	2.53	2.42	2.33	2.27	2.21	2.16	2.09	2.04	1.99	1.96	1.93	30
32	4.15	3.29	2.90	2.67	2.51	2.40	2.31	2.24	2.19	2.14	2.07	2.01	1.97	1.94	1.91	32
34	4.13	3.28	2.88	2.65	2.49	2.38	2.29	2.23	2.17	2.12	2.05	1.99	1.95	1.92	1.89	34
36	4.11	3.26	2.87	2.63	2.48	2.36	2.28	2.21	2.15	2.11	2.03	1.98	1.93	1.90	1.87	36
38	4.10	3.24	2.85	2.62	2.46	2.35	2.26	2.19	2.14	2.09	2.02	1.96	1.92	1.88	1.85	38
40	4.08	3.23	2.84	2.61	2.45	2.34	2.25	2.18	2.12	2.08	2.00	1.95	1.90	1.87	1.84	40
42	4.07	3.22	2.83	2.59	2.44	2.32	2.24	2.17	2.11	2.06	1.99	1.93	1.89	1.86	1.83	42
44	4.06	3.21	2.82	2.58	2.43	2.31	2.23	2.16	2.10	2.05	1.98	1.92	1.88	1.84	1.81	44
46	4.05	3.20	2.81	2.57	2.42	2.30	2.22	2.15	2.09	2.04	1.97	1.91	1.87	1.83	1.80	46
48	4.04	3.19	2.80	2.57	2.41	2.29	2.21	2.14	2.08	2.03	1.96	1.90	1.86	1.82	1.79	48
50	4.03	3.18	2.79	2.56	2.40	2.29	2.20	2.13	2.07	2.03	1.95	1.89	1.85	1.81	1.78	50
60	4.00	3.15	2.76	2.53	2.37	2.25	2.17	2.10	2.04	1.99	1.92	1.86	1.82	1.78	1.75	60
80	3.96	3.11	2.72	2.49	2.33	2.21	2.13	2.06	2.00	1.95	1.88	1.82	1.77	1.73	1.70	80
100	3.94	3.09	2.70	2.46	2.31	2.19	2.10	2.03	1.97	1.93	1.85	1.79	1.75	1.71	1.68	100
125	3.92	3.07	2.68	2.44	2.29	2.17	2.08	2.01	1.96	1.91	1.83	1.77	1.72	1.69	1.65	125
150	3.90	3.06	2.66	2.43	2.27	2.16	2.07	2.00	1.94	1.89	1.82	1.76	1.71	1.67	1.64	150
200	3.89	3.04	2.65	2.42	2.26	2.14	2.06	1.98	1.93	1.88	1.80	1.74	1.69	1.66	1.62	200
300	3.87	3.03	2.63	2.40	2.24	2.13	2.04	1.97	1.91	1.86	1.78	1.72	1.68	1.64	1.61	300
500	3.86	3.01	2.62	2.39	2.23	2.12	2.03	1.96	1.90	1.85	1.77	1.71	1.66	1.62	1.59	500
1000	3.85	3.00	2.61	2.38	2.22	2.11	2.02	1.95	1.89	1.84	1.76	1.70	1.65	1.61	1.58	1000
∞	3.84	3.00	2.60	2.37	2.21	2.10	2.01	1.94	1.88	1.83	1.75	1.69	1.64	1.60	1.57	∞

$\alpha=0.05$ 续表

n_2 \ n_1	22	24	26	28	30	35	40	45	50	60	80	100	200	500	∞	n_1 / n_2
1	249	249	249	250	250	251	251	251	252	252	252	253	254	254	254	1
2	19.5	19.5	19.5	19.5	19.5	19.5	19.5	19.5	19.5	19.5	19.5	19.5	19.5	19.5	19.5	2
3	8.65	8.64	8.63	8.62	8.62	8.60	8.59	8.59	8.58	8.57	8.56	8.55	8.54	8.53	8.53	3
4	5.79	5.77	5.76	5.75	5.75	5.73	5.72	5.71	5.70	5.69	5.67	5.66	5.65	5.64	5.63	4
5	4.54	4.53	4.52	4.50	4.50	4.48	4.46	4.45	4.44	4.42	4.41	4.41	4.39	4.37	4.37	5
6	3.86	3.84	3.83	3.82	3.81	3.79	3.77	3.76	3.75	3.74	3.72	3.71	3.69	3.68	3.67	6
7	3.43	3.41	3.40	3.39	3.38	3.36	3.34	3.33	3.32	3.30	3.29	3.27	3.25	3.24	3.23	7
8	3.13	3.12	3.10	3.09	3.08	3.06	3.04	3.03	3.02	3.01	2.99	2.97	2.95	2.94	2.93	8
9	2.92	2.90	2.89	2.87	2.86	2.84	2.83	2.81	2.80	2.79	2.77	2.76	2.73	2.72	2.71	9
10	2.75	2.74	2.72	2.71	2.70	2.68	2.66	2.65	2.64	2.62	2.60	2.59	2.56	2.55	2.54	10
11	2.63	2.61	2.59	2.58	2.57	2.55	2.53	2.52	2.51	2.49	2.47	2.46	2.43	2.42	2.40	11
12	2.52	2.51	2.49	2.48	2.47	2.44	2.43	2.41	2.40	2.38	2.36	2.35	2.32	2.31	2.30	12
13	2.44	2.42	2.41	2.39	2.38	2.36	2.34	2.33	2.31	2.30	2.27	2.26	2.23	2.22	2.21	13
14	2.37	2.35	2.33	2.32	2.31	2.28	2.27	2.25	2.24	2.22	2.20	2.19	2.16	2.14	2.13	14
15	2.31	2.29	2.27	2.26	2.25	2.22	2.20	2.19	2.18	2.16	2.14	2.12	2.10	2.08	2.07	15
16	2.25	2.24	2.22	2.21	2.19	2.17	2.15	2.14	2.12	2.11	2.08	2.07	2.04	2.02	2.01	16
17	2.21	2.19	2.17	2.16	2.15	2.12	2.10	2.09	2.08	2.06	2.03	2.02	1.99	1.97	1.96	17
18	2.17	2.15	2.13	2.12	2.11	2.08	2.06	2.05	2.04	2.02	1.99	1.98	1.95	1.93	1.92	18
19	2.13	2.11	2.10	2.08	2.07	2.05	2.03	2.01	2.00	1.98	1.96	1.94	1.91	1.89	1.88	19
20	2.10	2.08	2.07	2.05	2.04	2.01	1.99	1.98	1.97	1.95	1.92	1.91	1.88	1.86	1.84	20
21	2.07	2.05	2.04	2.02	2.01	1.98	1.96	1.95	1.94	1.92	1.89	1.88	1.84	1.82	1.81	21
22	2.05	2.03	2.01	2.00	1.98	1.96	1.94	1.92	1.91	1.89	1.86	1.85	1.82	1.80	1.78	22
23	2.02	2.00	1.99	1.97	1.96	1.93	1.91	1.90	1.88	1.86	1.84	1.82	1.79	1.77	1.76	23
24	2.00	1.98	1.97	1.95	1.94	1.91	1.89	1.88	1.86	1.84	1.82	1.80	1.77	1.75	1.73	24
25	1.98	1.96	1.95	1.93	1.92	1.89	1.87	1.86	1.84	1.82	1.80	1.78	1.75	1.73	1.71	25
26	1.97	1.95	1.93	1.91	1.90	1.87	1.85	1.84	1.82	1.80	1.78	1.76	1.73	1.71	1.69	26
27	1.95	1.93	1.91	1.90	1.88	1.86	1.84	1.82	1.81	1.79	1.76	1.74	1.71	1.69	1.67	27
28	1.93	1.91	1.90	1.88	1.87	1.84	1.82	1.80	1.79	1.77	1.74	1.73	1.69	1.67	1.65	28
29	1.92	1.90	1.88	1.87	1.85	1.83	1.81	1.79	1.77	1.75	1.73	1.71	1.67	1.65	1.64	29
30	1.91	1.89	1.87	1.85	1.84	1.81	1.79	1.77	1.76	1.74	1.71	1.70	1.66	1.64	1.62	30
32	1.88	1.86	1.85	1.83	1.82	1.79	1.77	1.75	1.74	1.71	1.69	1.67	1.63	1.61	1.59	32
34	1.88	1.84	1.82	1.80	1.80	1.77	1.75	1.73	1.71	1.69	1.66	1.65	1.61	1.59	1.57	34
36	1.85	1.82	1.81	1.79	1.78	1.75	1.73	1.71	1.69	1.67	1.64	1.62	1.59	1.56	1.55	36
38	1.83	1.81	1.79	1.77	1.76	1.73	1.71	1.69	1.68	1.65	1.62	1.61	1.57	1.54	1.53	38
40	1.81	1.79	1.77	1.76	1.74	1.72	1.69	1.67	1.66	1.64	1.61	1.59	1.55	1.53	1.51	40
42	1.80	1.78	1.76	1.74	1.73	1.70	1.68	1.66	1.65	1.62	1.59	1.57	1.53	1.51	1.49	42
44	1.79	1.77	1.75	1.73	1.72	1.69	1.67	1.65	1.63	1.61	1.58	1.56	1.52	1.49	1.48	44
46	1.78	1.76	1.74	1.72	1.71	1.68	1.65	1.64	1.62	1.60	1.57	1.55	1.51	1.48	1.46	46
48	1.77	1.75	1.73	1.71	1.70	1.67	1.64	1.62	1.61	1.59	1.56	1.54	1.49	1.47	1.45	48
50	1.76	1.74	1.72	1.70	1.69	1.66	1.63	1.61	1.60	1.58	1.54	1.52	1.48	1.46	1.44	50
60	1.72	1.70	1.68	1.66	1.65	1.62	1.59	1.57	1.56	1.53	1.50	1.48	1.44	1.41	1.39	60
80	1.68	1.65	1.63	1.62	1.60	1.57	1.54	1.52	1.51	1.48	1.45	1.43	1.38	1.35	1.32	80
100	1.65	1.63	1.61	1.59	1.57	1.54	1.52	1.49	1.48	1.45	1.41	1.39	1.34	1.31	1.28	100
125	1.63	1.60	1.58	1.57	1.55	1.52	1.49	1.47	1.45	1.42	1.39	1.36	1.31	1.27	1.25	125
150	1.61	1.59	1.57	1.55	1.53	1.50	1.48	1.45	1.44	1.41	1.37	1.34	1.29	1.25	1.22	150
200	1.60	1.57	1.55	1.53	1.52	1.48	1.46	1.43	1.41	1.39	1.35	1.32	1.26	1.22	1.19	200
300	1.58	1.55	1.53	1.51	1.50	1.46	1.43	1.41	1.39	1.36	1.32	1.30	1.23	1.19	1.15	300
500	1.56	1.54	1.52	1.50	1.48	1.45	1.42	1.40	1.38	1.34	1.30	1.28	1.21	1.16	1.11	500
1000	1.55	1.53	1.51	1.49	1.47	1.44	1.41	1.38	1.36	1.33	1.29	1.26	1.19	1.11	1.08	1000
∞	1.54	1.52	1.50	1.48	1.46	1.42	1.39	1.37	1.35	1.32	1.27	1.24	1.17	1.11	1.00	∞

$\alpha=0.025$

n_2 \ n_1	1	2	3	4	5	6	7	8	9	10	12	15	20	24	30	40	60	120	∞
1	647.8	799.5	864.2	899.0	921.8	937.1	948.2	956.7	963.3	968.6	976.7	984.9	993.1	997.2	1001	1006	1010	1014	1014
2	38.51	39.00	39.17	39.25	39.30	39.33	39.36	39.37	39.39	39.40	39.41	39.41	39.45	39.46	39.46	39.47	39.48	39.49	39.50
3	17.44	16.04	15.44	15.10	14.88	14.73	14.62	14.54	14.47	14.42	14.34	14.25	14.17	14.12	14.08	14.01	13.99	13.95	13.90
4	12.22	10.65	9.98	9.60	9.36	9.20	9.07	8.98	8.90	8.84	8.75	8.66	8.56	8.51	8.46	8.41	8.36	8.31	8.26
5	10.01	8.43	7.76	7.39	7.15	6.98	6.85	6.76	6.68	6.62	6.52	6.43	6.33	6.28	6.23	6.18	6.12	6.07	6.02
6	8.81	7.26	6.60	6.23	5.99	5.82	5.70	5.60	5.52	5.46	5.37	5.27	5.17	5.12	5.07	5.01	4.96	4.90	4.85
7	8.07	6.54	5.89	5.52	5.29	5.12	4.99	4.90	4.82	4.76	4.67	4.57	4.47	4.42	4.36	4.31	4.25	4.20	4.14
8	7.57	6.06	5.42	5.05	4.82	4.65	4.53	4.43	4.36	4.30	4.20	4.10	4.00	3.95	3.89	3.84	3.78	3.73	3.67
9	7.21	5.71	5.08	4.72	4.48	4.23	4.20	4.10	4.03	3.96	3.87	3.77	3.67	3.91	3.56	3.51	3.45	3.39	3.33
10	6.94	5.46	4.83	4.47	4.24	4.07	3.95	3.85	3.78	3.72	3.62	3.52	3.42	3.37	3.31	3.26	3.20	3.14	3.08
11	6.72	5.26	4.63	4.28	4.04	3.88	3.76	3.66	3.59	3.53	3.43	3.33	3.23	3.17	3.12	3.06	3.00	2.94	2.83
12	6.55	5.10	4.47	4.12	3.89	3.73	3.61	3.51	3.44	3.37	3.28	3.18	3.07	3.02	2.96	2.91	2.85	2.79	2.72
13	6.41	4.97	4.35	4.00	3.77	3.60	3.48	3.39	3.31	3.25	3.15	3.05	2.95	2.89	2.84	2.78	2.72	2.66	2.60
14	6.30	4.36	4.24	3.89	3.66	3.50	3.38	3.29	3.21	3.15	3.05	2.95	2.84	2.79	2.73	2.67	2.61	2.55	2.49
15	6.20	4.77	4.15	3.80	3.58	3.41	3.29	3.20	3.12	3.06	2.96	2.86	2.76	2.70	2.64	2.59	2.52	2.46	2.40
16	6.12	4.69	4.08	3.73	3.50	3.34	3.22	3.12	3.05	2.99	2.89	2.79	2.68	2.63	2.57	2.51	2.45	2.38	2.32
17	6.04	4.62	4.01	3.66	3.44	3.28	3.16	3.06	2.98	2.92	2.82	2.72	2.62	2.56	2.50	2.44	2.38	2.32	2.25
18	5.98	4.56	3.95	3.61	3.88	3.22	3.10	3.01	2.93	2.87	2.77	2.67	2.56	2.50	2.44	2.38	2.32	2.26	2.19
19	5.92	4.51	3.90	3.56	3.33	3.17	3.05	2.96	2.88	2.82	2.72	2.62	2.51	2.45	2.39	2.33	2.27	2.20	2.13
20	5.87	4.46	3.36	3.51	3.29	3.13	3.01	2.91	2.84	2.77	2.68	2.57	2.46	2.41	2.35	2.29	2.22	2.16	2.09
21	5.83	4.42	3.82	3.48	3.25	3.09	2.97	2.87	2.80	2.73	2.64	2.53	2.42	2.37	2.31	2.25	2.18	2.11	2.04
22	5.79	4.38	3.78	3.44	3.22	3.05	2.93	2.84	2.76	2.70	2.60	2.50	2.39	2.33	2.27	2.21	2.14	2.08	2.00
23	5.75	4.35	3.57	3.41	3.18	3.02	2.90	2.81	2.73	2.67	2.57	2.47	2.36	2.30	2.24	2.18	2.11	2.04	1.97
24	5.72	4.32	3.72	3.38	3.15	2.99	2.87	2.78	2.70	2.64	2.54	2.44	2.33	2.27	2.21	2.15	2.08	2.01	1.94
25	5.69	4.29	3.69	3.35	3.13	2.97	2.85	2.75	2.68	2.61	2.51	2.41	2.30	2.24	2.18	2.12	2.05	1.98	1.91
26	5.66	4.27	3.67	3.33	3.10	2.94	2.82	2.73	2.65	2.59	2.49	2.39	2.28	2.22	2.16	2.09	2.03	1.95	1.88
27	5.63	4.24	3.65	3.31	3.08	2.92	2.80	2.71	2.63	2.57	2.47	2.36	2.25	2.19	2.13	2.07	2.00	1.93	1.85
28	5.61	4.22	3.63	3.29	3.06	2.90	2.78	2.69	2.61	2.55	2.45	2.34	2.23	2.17	2.11	2.05	1.98	1.91	1.83
29	5.59	4.20	3.61	3.27	3.04	2.88	2.76	2.67	2.59	2.53	2.43	2.32	2.21	2.15	2.09	2.03	1.96	1.89	1.81

附录7 检验相关系数$\rho=0$的临界值(r_α)表

$$P(|r|>r_\alpha)=\alpha$$

n \ α	0.10	0.05	0.02	0.01	0.001	α / n
1	0.98769	0.99692	0.999507	0.999877	0.99999988	1
2	.90000	.95000	.98000	.99000	.99900	2
3	.8054	.8783	.93433	.95873	.99116	3
4	.7293	.8114	.8822	.91720	.97406	4
5	.6694	.7545	.8329	.8745	.95074	5
6	.6215	.7067	.7887	.8343	.92493	6
7	.5822	.6664	.7498	.7977	.8982	7
8	.5494	.6319	.7155	.7646	.8721	8
9	.5214	.6021	.6851	.7348	.8471	9
10	.4973	.5760	.6581	.7079	.8333	10
11	.4762	.5529	.6339	.6835	.8010	11
12	.4575	.5324	.6120	.6614	.7800	12
13	.4409	.5139	.5923	.6411	.7603	13
14	.4259	.4973	.5742	.6226	.7426	14
15	.4124	.4821	.5577	.6055	.7246	15
16	.4000	.4683	.5425	.5897	.7084	16
17	.3887	.4555	.5285	.5751	.6932	17
18	.3783	.4438	.5155	.5614	.6787	18
19	.3687	.4329	.5034	.5487	.6652	19
20	.3598	.4227	.4921	.5368	.6524	20
25	.3233	.3809	.4451	.4869	.5974	25
30	.2960	.3494	.4093	.4487	.5541	30
35	.2746	.3246	.3810	.4182	.5189	35
40	.2573	.3044	.3578	.3932	.4896	40
45	.2428	.2875	.3384	.3721	.4648	45
50	.2306	.2732	.3218	.3541	.4433	50
60	.2108	.2500	.2948	.3248	.4078	60
70	.1954	.2319	.2737	.3017	.3799	70
80	.1829	.2172	.2565	.2830	.3568	80
90	.1726	.2050	.2422	.2673	.3376	90
100	.1638	.1946	.2301	.2540	.3211	100

习题参考答案

第1章 函数、极限与连续

习题 1-1(A)

1. (1) 错；(2) 错；(3) 错.

2. (1) $\{x|x>2\}$；(2) $\{x|-1\leqslant x\leqslant 3\}$；(3) $\{x|1<x<6\}$；(4) $\{x|0\leqslant x\leqslant 2,且\ x\neq 1\}$.

3. (1) 偶函数；(2) 奇函数；(3) 非奇非偶函数；(4) 偶函数.

4. (1) $y=e^{\sin x}$；(2) $y=\tan(x+3)^2$.

5. (1) $y=\sqrt{u},u=x^3-1$；(2) $y=u^2,u=\sin v,v=2x$；(3) $y=\ln u,u=\tan v,v=3x$；(4) $y=2^u,u=\cos v,v=x-1$.

习题 1-1(B)

1. (1) $\{x|-2<x<3\}$；(2) $\{x|x\leqslant -2\ 或\ x\geqslant 3\}$；(3) $\{x|x\leqslant -2,或\ x\geqslant 2,且\ x\neq 5\}$；(4) $\{x|x>1\}$；(5) $\{x|1<x<2\}$.

2. (1) 偶函数；(2) 非奇非偶函数；(3) 奇函数；(4) 奇函数.

3. (1) $f(-2)=\frac{1}{4},f(0)=-1,f(3)=5$；(2) $f(-1)=-\frac{1}{16},f(t^2)=t^2\cdot 4^{t^2-1},f\left(\frac{1}{t}\right)=\frac{1}{t}\cdot 4^{\frac{1}{t}-1}$；(3) $f(a^2)=2a^2-1,f[f(a)]=4a-3,[f(a)]^2=4a^2-4a+1$.

4. (1) $y=\tan\ln 3x$；(2) $y=\sqrt{\sin 2^x}$.

5. (1) $y=\sin u,u=\sqrt{v},v=x-1$；(2) $y=u^5,u=1+2x^2$；(3) $y=u^3,u=\cos v,v=2x+3$；(4) $y=e^u,u=\tan x$；(5) $y=\sqrt{u},u=\tan v,v=x-1$；(6) $y=\cos u,u=\cos v,v=x^2-1$；(7) $y=u^3,u=\lg v,v=\arcsin w,w=x^3$；(8) $y=\sqrt{u},u=\ln v,v=\sqrt{x}$.

习题 1-2(A)

1. 3360元；3376.5元. 2. 8;22. 3. (1) $\frac{2q-50}{q}$；(2) 25.

4. (1) $L(q)=-q^2+12q-27$. (2) 当 $0<q<3$ 时，亏本；当 $3<q<9$ 时，盈利；当 $q>9$ 时，亏本.

习题 1-2(B)

1. (1) 1250元；(2) 15年；(3) 1160.4元. 2. 1864元. 3. 2;18.

4. (1) $\bar{L}(q)=-q+15-\frac{50}{q}$. (2) 当 $0<q<5$ 时，亏本；当 $5<q<10$ 时，盈利；当 $q>10$ 时，亏本.

5. (1) $C(q)=150+10q,\bar{C}(q)=10+\frac{150}{q}$；(2) $R(q)=14q$；(3) $L(q)=4q-150$.

习题 1-3(A)

1. (1) 错；(2) 错；(3) 错. 2. (1) 0；(2) 不存在；(3) 1；(4) 不存在. 3. (1) 5；(2) 0；(3) -3；(4) 0. 4. 不存在. 5. 当 $x\to 0$ 时，极限不存在；当 $x\to 1$ 时，极限存在且为1.

习题 1-3(B)

1. (1) 2；(2) 0；(3) 0；(4) 0；(5) 1；(6) −1. 2. $\lim\limits_{x\to 0}f(x)$不存在；$\lim\limits_{x\to 0}g(x)=1$.

3. 当 $x\to 0$ 时，极限不存在；当 $x\to 1$ 时，极限存在且为 2. 4. 略.

习题 1-4(A)

1. (1) 对；(2) 错；(3) 错；(4) 对. 2. (1) −9；(2) 0；(3) $2x$；(4) $\frac{1}{2}$；(5) 2；(6) 4；(7) 1；(8) 2.

习题 1-4(B)

1. (1) −1；(2) $\frac{2}{3}$；(3) 12；(4) $-\frac{1}{2}$；(5) 2；(6) 1；(7) $\frac{1}{6}$；(8) 0；(9) $\frac{1}{2}$；(10) $-\frac{3}{2}$；(11) 2；(12) −2. 2. $k=-3$，极限值为 4. 3. $a=4,l=10$.

习题 1-5(A)

1. (1) 对；(2) 错；(3) 错；(4) 错. 2. 在 $x=1$ 处连续.

3. 连续区间为$(-\infty,-3)\cup(-3,2)\cup(2,+\infty)$，$\lim\limits_{x\to 0}f(x)=-\frac{1}{3}$，$\lim\limits_{x\to 2}f(x)=\frac{3}{5}$，$\lim\limits_{x\to -3}f(x)=\infty$，$x=2$ 为第一类可去型间断点，$x=-3$ 为第二类(无穷)间断点. 4. (1) 3；(2) ln3；(3) $\ln\frac{3}{5}$；(4) 1.

习题 1-5(B)

1. (1) 1；(2) 0；(3) 0；(4) $\frac{1}{2}$；(5) 1；(6) 1.

2. (1) $x=1$ 为第一类可去型间断点，$x=2$ 为第二类间断点；(2) $x=0$ 和 $x=k\pi+\frac{\pi}{2}$为第一类可去型间断点，$x=k\pi$ 为第二类间断点；(3) $x=0$ 为第二类间断点；(4) $x=-1$ 为第一类跳跃型间断点.

3. 略. 4. 略. 5. $a=1$. 6. 略.

习题 1-6(A)

1. (1) 错；(2) 错；(3) 错. 2. $\lim\limits_{x\to\infty}x\sin\frac{1}{x}=1$，$\lim\limits_{x\to 0}\frac{\sin x}{x}=1$，方法一致.

3. (1) 3；(2) $\frac{1}{4}$；(3) e^{-6}；(4) e^{-1}.

习题 1-6(B)

1. (1) 2；(2) 3；(3) $\frac{2}{5}$；(4) $\frac{1}{2}$；(5) 2；(6) $\frac{2}{3}$.

2. (1) e^5；(2) e^{-k}；(3) 1；(4) e；(5) e^2；(6) e^{-1}.

习题 1-7(A)

1. (1) 错；(2) 错；(3) 错；(4) 错；(5) 错；(6) 错.

2. $x\to 0$ 时，x^2-x^3 是较高阶的无穷小. 3. 同阶，等价.

4. (1) ∞；(2) 0；(3) ∞；(4) 2^5. 5. (1) 0；(2) 0. 6. (1) $\frac{3}{2}$；(2) 1；(3) 3；(4) $-\frac{1}{2}$.

习题 1-7(B)

1. (1) 无穷小；(2) 无穷大；(3) 无穷小；(4) 无穷大.

2. (1) 0；(2) ∞；(3) $\frac{3}{5}$；(4) 0；(5) ∞；(6) $\frac{5^5}{3^{10}}$.

3. (1) $\frac{3}{2}$；(2) 0；(3) 2；(4) e^x；(5) $-\frac{4}{3}$；(6) −1.

自测题一

一、1. $\{x|x\geqslant 4\}$. 2. x^2-6. 3. -2. 4. $\frac{7}{2}$. 5. ∞. 6. $\frac{2^{10}}{3^5}$. 7. 不存在,5,10. 8. -3, -2. 9. 0,1,1,0.

二、1. B. 2. C. 3. C. 4. D. 5. A. 6. B. 7. D. 8. A.

三、1. (1) $\frac{5}{2}$; (2) $\frac{1}{4}$; (3) 3; (4) 0; (5) ∞; (6) $\frac{4}{3}$; (7) $-\frac{1}{2}$; (8) 2; (9) e^{-2}; (10) e^{-4}; (11) 0; (12) $-\frac{1}{3}$. 2. $\lim\limits_{x\to 0}f(x)$不存在, $\lim\limits_{x\to 1}f(x)=4$. 3. $a=0$.

4. $a=-2, b=\ln 2$. 5. 略. 6. $x=0$ 是第二类(无穷型)间断点; $x=1$ 是第一类跳跃型间断点.

第2章 导数与微分

习题 2-1(A)

1. (1) 不成立; (2) 可能存在,可能不存在; (3) 可导必连续,连续未必可导.

2. (1) $\bar{v}=6t_0+3\Delta t-5$; (2) $v(t_0)=6t_0-5$. 3. (1) $y'|_{x=1}=-7$; (2) $y'|_{x=4}=\frac{1}{4}$.

4. 不可导,因为 $f(x)$在 $x=1$ 处不连续.

习题 2-1(B)

1. (1) $y'=3x^2$; (2) $y'=-\frac{2}{x^2}$. 2. (1) 2,6; (2) $\left(\frac{1}{2},\frac{1}{4}\right)$. 3. $x=0$ 或$\frac{2}{3}$. 4. $f'(a)=\varphi(a)$.

5. 切线: $x-3\ln 3\cdot y-3+3\ln 3=0$; 法线: $3\ln 3\cdot x+y-1-9\ln 3=0$.

6. (1) 连续,可导; (2) 连续,可导.

习题 2-2(A)

1. (1) 错; (2) 错; (3) 对; (4) 错.

2. (1) $y'=\frac{1}{x}-3\sin x-5$; (2) $y'=2x+\frac{7}{3}x\sqrt[3]{x}$; (3) $y'=\frac{x\cos x-\sin x}{x^2}$;

(4) $y'=\arctan x\cdot\csc x+\frac{x\csc x}{1+x^2}-x\arctan x\cdot\cot x\csc x$.

3. $y'=\cos 2x, y'|_{x=\frac{\pi}{6}}=\frac{1}{2}, y'|_{x=\frac{\pi}{4}}=0$.

习题 2-2(B)

1. (1) $y'=\frac{1}{x\ln 3}+\frac{5}{\sqrt{1-x^2}}+\frac{4}{3\sqrt[3]{x}}$; (2) $y'=\frac{3}{2}\sqrt{x}-\frac{3}{2\sqrt{x}}-\frac{3}{2x\sqrt{x}}$; (3) $y'=\frac{7}{8}x^{-\frac{1}{8}}$;

(4) $y'=\frac{\arcsin x}{2\sqrt{x}}+\frac{\sqrt{x}}{\sqrt{1-x^2}}$; (5) $\rho'=\frac{1-\cos\varphi-\varphi\sin\varphi}{(1-\cos\varphi)^2}$; (6) $u'=\frac{\pi}{2\sqrt{1-v^2}\arccos^2 v}$;

(7) $y'=-\frac{1+x}{\sqrt{x}(1-x)^2}$; (8) $y'=\cos x\ln x-x\sin x\ln x+\cos x$; (9) $s'=\csc t-t\csc t\cot t-3\sec t\tan t$;

(10) $s'=-\frac{2}{t(1+\ln t)^2}$.

2. (1) $y'|_{x=0}=3, y'|_{x=\frac{\pi}{2}}=\frac{5\pi^4}{16}$; (2) $f'(0)=-3, f'(1)=\frac{5}{2}$. 3. (4,8).

习题 2-3(A)

1. (1) 错; (2) 错; (3) 错; (4) 错.

2. (1) $y'=2\sec^2\left(2x+\frac{\pi}{6}\right)$; (2) $y'=5(3x^3-2x^2+x-5)^4(9x^2-4x+1)$; (3) $y'=\frac{2\cos 2x+2^x\ln 2}{\sin 2x+2^x}$;

(4) $y'=-\sin[\cos(\cos x)]\sin(\cos x)\sin x$；(5) $y'=\dfrac{2\sqrt{x}+1}{4\sqrt{x}\sqrt{x+\sqrt{x}}}$；(6) $y'=\sec x$；

(7) $y'=f'(2^{\sin x})2^{\sin x}\ln 2\cdot\cos x$；(8) $y'=\sin 2x\cos x^2-2x\sin^2 x\sin x^2$.

习题 2-3(B)

1. (1) $y'=\dfrac{x}{(1-x^2)^{\frac{3}{2}}}$；(2) $y'=\dfrac{6(2x^3-3x)}{5\sqrt[5]{(x^4-3x^2+2)^2}}$；(3) $y'=-3^{-x}\ln 3\cdot\cos 3x-3^{-x+1}\sin 3x$；

(4) $y'=\dfrac{3+3^x\ln 3}{3x+3^x}$；(5) $y'=2\sin(4x-2)$；(6) $y'=-\ln 2\cdot 2^{\tan\frac{1}{x}}\sec^2\dfrac{1}{x}\cdot x^{-2}$；

(7) $y'=\dfrac{1}{\sqrt{x^2+a^2}}$；(8) $y'=\dfrac{1-x^2}{2x(1+x^2)}$；(9) $y'=-(x^2-1)^{-\frac{3}{2}}$；

(10) $y'=-2\csc^2(2x+1)\sec 3x+3\cot(2x+1)\sec 3x\tan 3x$；(11) $y'=-\dfrac{\sin 2x}{\sqrt{1+\cos 2x}}$；

(12) $y'=\dfrac{x}{(2+x^2)\sqrt{x^2+1}}$；(13) $y'=-2\sin(2\csc 2x)\csc 2x\cot 2x$；(14) $y'=\csc x$；

(15) $y'=\dfrac{\sin 2x\sin x^2-2x\sin^2 x\cos x^2}{\sin^2 x^2}$；(16) $y'=-\dfrac{|x|}{x^2\sqrt{x^2-1}}$.

2. (1) $3\left(\dfrac{\pi}{2}-1\right)$；(2) 0；(3) $\dfrac{\sqrt{2}}{2}$. **3.** (1) $\dfrac{2f'(2x)}{f(2x)}$；(2) $2f(e^x)f'(e^x)e^x$.

习题 2-4(A)

1. (1) 错；(2) 错；(3) 错.

2. (1) $\dfrac{e^x-y}{x+e^y}$,1；(2) $\dfrac{1}{2}\sqrt{\dfrac{(x-1)(x-2)}{(x-3)(x-4)}}\left(\dfrac{1}{x-1}+\dfrac{1}{x-2}-\dfrac{1}{x-3}-\dfrac{1}{x-4}\right)$；

(3) $\left(1+\dfrac{1}{x}\right)^x\left[\ln\left(1+\dfrac{1}{x}\right)-\dfrac{1}{1+x}\right]$；(4) $y=-\sqrt{2}x+2$.

习题 2-4(B)

1. (1) $-\sqrt{\dfrac{y}{x}}$；(2) $\dfrac{x+y}{x-y}(x-y\neq 0)$；(3) $-\dfrac{1}{2}$；(4) $\dfrac{\ln 2}{2-2\ln 2}$.

2. $x+3y+4=0$.

3. (1) $-(1+\cos x)^{\frac{1}{x}}\dfrac{x\tan\frac{x}{2}+\ln(1+\cos x)}{x^2}$；(2) $(x-1)^{\frac{2}{3}}\sqrt{\dfrac{x-2}{x-3}}\left[\dfrac{2}{3(x-1)}+\dfrac{1}{2(x-2)}-\dfrac{1}{2(x-3)}\right]$；

(3) $(\sin x)^{\cos x}(\cos x\cot x-\sin x\ln\sin x)$；(4) $\sqrt{x\sin x\sqrt{e^x}}\left(\dfrac{1}{2x}+\dfrac{1}{2}\cot x+\dfrac{1}{4}\right)$.

4. 切线方程：$y=x$;法线方程：$x+y-2=0$. **5.** (1) $\dfrac{\sin t+t\cos t}{\cos t-t\sin t}$；(2) 2；(3) $-\dfrac{b}{a}\tan t$.

6. $a=\dfrac{e}{2}-2, b=1-\dfrac{e}{2}, c=1$.

习题 2-5(A)

1. (1) 错；(2) 错；(3) 错. **2.** $2\cos 2x$.

3. (1) $-\dfrac{16}{(x+y+2)^3}$；(2) $\dfrac{2f'(x^2)f(x^2)+4x^2f''(x^2)f(x^2)-4x^2[f'(x^2)]^2}{[f(x^2)]^2}$；(3) $\dfrac{3}{4t}$.

4. 5 m/s,7 m/s².

习题 2-5(B)

1. $-2,0$. **2.** $60(x+10)^2$. **3.** (1) $-2\sin x-x\cos x$；(2) $3x(1-x^2)^{-\frac{5}{2}}$；

(3) $\dfrac{\sqrt{1-x^2}(1+2x^2)\arcsin x+3x(1-x^2)}{(1-x^2)^3}$；(4) $f''(e^x)e^{2x}+f'(e^x)e^x$.

4. $\frac{6}{x}$. **5.** 略. **6.** (1) $-\frac{6y(1-y^3)(3x+y)}{(3xy^2-1)^3}$; (2) $\frac{(3-y)e^{2y}}{(2-y)^3}$; (3) $\frac{2x^2y[3(y^2+1)^2+2x^4(1-y^2)]}{(1+y^2)^3}$.

7. (1) $-\frac{3}{4t}$; (2) $-\frac{1}{a}\csc^3 t$. **8.** (1) 9 m/s, 12 m/s^2; (2) $-\frac{\sqrt{3}}{6}\pi A$ m/s, $-\frac{1}{18}\pi^2 A$ m/s^2.

9. $-\omega A\sin(\omega t+\varphi)$.

习题 2-6(A)

1. (1) 对; (2) 错; (3) 错.

2. (1) $(3x^2a^x+x^3a^x\ln a)dx$; (2) $\frac{x\cos x\ln x-\sin x}{x\ln^2 x}dx$; (3) $2x\sin(2-x^2)dx$; (4) $\frac{dx}{2x(\ln x-2)\sqrt{1-\ln x}}$.

习题 2-6(B)

1. $\Delta y=-1.141$, $dy=-1.2$; $\Delta y=0.1206$, $dy=0.12$.

2. (1) $\frac{dx}{(1-x)^2}$; (2) $\frac{1}{2}\cot\frac{x}{2}dx$; (3) $-\frac{x dx}{|x|\sqrt{1-x^2}}$; (4) $e^{-x}[\sin(3-x)-\cos(3-x)]dx$;

(5) $\frac{3\sin[2\ln(3x+1)]}{3x+1}dx$; (6) $(1+x)^{\sec x}\left[\sec x\tan x\ln(1+x)+\frac{\sec x}{1+x}\right]dx$.

3. $-\frac{(x-y)^2dx}{(x-y)^2+2}$, $-\frac{(x-y)^2}{(x-y)^2+2}$. **4.** t^2+2t, $2(t+1)^3$.

自测题二

一、**1.** C. **2.** B **3.** C **4.** B **5.** A **6.** D **7.** A **8.** C.

二、**1.** $-\frac{1}{2}$. **2.** $2\cot x$, $2\sqrt{3}$. **3.** 24. **4.** $-\frac{y^2dx}{xy+1}$. **5.** $y=y_0$, $x=x_0$.

6. $(x+2)e^x$. **7.** $f(t+\Delta t)-f(t)$, $\frac{f(t+\Delta t)-f(t)}{\Delta t}$, $f'(t)$.

三、**1.** $a=2$, $b=-1$.

2. (1) $-2x\tan x^2$; (2) $\frac{1}{x\ln x\ln(\ln x)}$; (3) $\frac{1}{\sqrt{1+2x-x^2}}$; (4) $\frac{2x}{a^2}-\frac{2x^3}{a^2\sqrt{x^4-a^4}}$;

(5) $-\frac{1}{x^2}e^{\tan\frac{1}{x}}\sec^2\frac{1}{x}$; (6) $(\tan x)^{\sin x}(\cos x\ln\tan x+\sec x)$;

(7) $\sqrt[3]{\frac{x-5}{\sqrt[3]{x^2+2}}}\left[\frac{1}{3(x-5)}-\frac{2x}{9(x^2+2)}\right]$; (8) $-\sqrt{\frac{y}{x}}$; (9) $\sqrt[6]{\frac{(1-\sqrt{t})^4}{t(1-\sqrt[3]{t})^3}}$;

(10) $e^{\sin x}\cos x[\cos(\sin x)-\sin(\sin x)]$.

3. (1) $x(2x^2+3)(1+x^2)^{-\frac{3}{2}}$; (2) $2\arctan x+\frac{2x}{1+x^2}$; (3) $\frac{1}{4(1-t)^3}$; (4) $\frac{6}{(x-2y)^3}$.

4. (1) $(1-x^2)^{-\frac{3}{2}}dx$; (2) $\frac{dx}{\sqrt{a^2-x^2}}$; (3) $\frac{2(1+x^2)-2x(1+4x^2)\arctan 2x}{(1+x^2)(1+4x^2)}dx$; (4) $\frac{\ln x dx}{(1-x)^2}$.

5. $v=e^{-kt}(\omega\cos\omega t-k\sin\omega t)$; $a=e^{-kt}[(k^2-\omega^2)\sin\omega t-2k\omega\cos\omega t]$.

第 3 章 导数的应用

习题 3-1(A)

1. (1) 错; (2) 错. **2.** $\xi=\frac{5}{2}$. **3.** $\xi=\frac{9}{4}$.

习题 3-1(B)

1. $\xi=\frac{\pi}{2}$. **2.** $\xi=\frac{\sqrt{3}}{3}$. **3.** 有三个实根，分别在(1,2),(2,3),(3,4)内. **4.** 略.

习题 3-2(A)

1. (1) 1；(2) 1；(3) 0；(4) $\frac{1}{2}$；(5) e^a；(6) 1.　**2.** 略.

习题 3-2(B)

1. (1) 2；(2) $\frac{1}{a}$；(3) $\frac{3}{7}$；(4) 3；(5) 1；(6) 5；(7) 1；(8) 1；(9) 0；(10) $+\infty$；(11) 1；(12) 0；(13) 1；(14) 1.

习题 3-3(A)

1. (1) 错；(2) 错；(3) 错.

2. (1) 单调增加区间$\left(-\infty,\frac{3}{4}\right]$,单调减少区间$\left[\frac{3}{4},+\infty\right)$,极大值$\frac{27}{256}$；

(2) 单调增加区间$[-1,1]$,单调减少区间$(-\infty,-1]$和$[1,+\infty)$,极小值$-\frac{1}{2}$,极大值$\frac{1}{2}$.

3. 略.　**4.** (1) 最大值 2,最小值-10；(2) 最大值 $2\pi+1$,最小值 1.　**5.** $\frac{l^2}{16}$.

习题 3-3(B)

1. (1) 单调增加区间$(-\infty,0]$,单调减少区间$[0,+\infty)$；

(2) 单调增加区间$\left[\frac{1}{2},+\infty\right)$,单调减少区间$\left(-\infty,\frac{1}{2}\right]$；

(3) 单调增加区间$[0,1]$,单调减少区间$[1,2]$；

(4) 单调增加区间$(-1,0)$和$(3,+\infty)$,单调减少区间$(-\infty,-1)$和$(0,3)$.

2. 略.　**3.** (1) 极大值 7,极小值 3；(2) 极大值$\frac{\pi}{4}-\frac{1}{2}\ln2$；(3) 极小值 0；(4) 极大值$\frac{\sqrt{2}}{2}e^{\frac{\pi}{4}}$.

4. (1) 最小值 0,最大值 ln5；(2) 最大值 1；(3) 最小值 0,最大值$\sqrt[3]{9}$；(4) 最小值$(a+b)^2$.

5. 4,4.　**6.** $2\pi\left(1-\sqrt{\frac{2}{3}}\right)$.　**7.** $\bar{x}=\frac{1}{n}\sum_{i=1}^{n}x_i$.

习题 3-4(A)

1. (1) 错；(2) 错.　**2.** (1) 凹区间$\left(\frac{5}{3},+\infty\right)$,凸区间$\left(-\infty,\frac{5}{3}\right)$,拐点$\left(\frac{5}{3},\frac{20}{27}\right)$；

(2) 凹区间$(2,+\infty)$,凸区间$(-\infty,2)$,拐点$\left(2,\frac{2}{e^2}\right)$.　**3.** 略.

习题 3-4(B)

1. (1) 凹区间$(-\infty,0)$,$(1,+\infty)$,凸区间$(0,1)$,拐点$(0,0)$,$(1,-1)$；

(2) 凹区间$\left(-\infty,\frac{1}{2}\right)$,凸区间$\left(\frac{1}{2},+\infty\right)$,拐点$\left(\frac{1}{2},e^{\arctan\frac{1}{2}}\right)$；

(3) 凹区间$(-1,1)$,凸区间$(-\infty,-1)$,$(1,+\infty)$,拐点$(-1,\ln2)$,$(1,\ln2)$；

(4) 凹区间$(b,+\infty)$,凸区间$(-\infty,b)$,拐点(b,a).

2. 略.　**3.** $a=-\frac{3}{2}$,$b=\frac{9}{2}$.　**4.** $a=1$,$b=-3$,$c=-24$,$d=16$.

习题 3-5(A)

1. 正确.　**2.** $\left.\frac{EQ}{Ep}\right|_{p=\frac{1}{2}}=-2$.　**3.** (1) 150000；(2) 675；(3) 700.

习题 3-5(B)

1. $C'(1000)=24$(元).当产量为 1000 时,再多生产一件产品,成本将增加 24 元.

2. $C'(q)=200+\frac{2}{5}q$,$R'(q)=350+\frac{1}{10}q$,$L'(q)=150-\frac{3}{10}q$.　**3.** $-2p\ln2$.　**4.** 11 kg.

自测题三

一、1. $f(a)=f(b)$. 2. $\frac{\sqrt{3}}{3}$. 3. $(-2,1)$. 4. 1. 5. $-2,-\frac{1}{2}$. 6. $\frac{5}{4}$. 7. $(0,0)$. 8. $y=0$, $x=1$ 及 $x=-1$.

二、1. B. 2. D. 3. C. 4. A. 5. C. 6. B. 7. D. 8. A.

三、1. (1) $\frac{1}{6}$；(2) 1；(3) e^{-2}；(4) 2；(5) $-\frac{1}{2}$；(6) 9.

2. (1) 单调增加区间$(-\infty,0)$,$(1,+\infty)$,单调减少区间$(0,1)$,极大值 0,极小值$-\frac{1}{2}$；

(2) 单调增加区间$(-e,e)$,单调减少区间$(-\infty,-e)$,$(e,+\infty)$,极大值$\frac{2}{e}$,极小值$-\frac{2}{e}$；

(3) 单调增加区间$\left(\frac{\pi}{3},\frac{5\pi}{3}\right)$,单调减少区间$\left(0,\frac{\pi}{3}\right)$,$\left(\frac{5\pi}{3},2\pi\right)$,极大值$\frac{5\pi}{3}+\sqrt{3}$,极小值$\frac{\pi}{3}-\sqrt{3}$；

(4) 单调增加区间$\left(0,\frac{\pi}{6}\right)$,$\left(\frac{\pi}{2},\frac{5\pi}{6}\right)$,单调减少区间$\left(\frac{\pi}{6},\frac{\pi}{2}\right)$,$\left(\frac{5\pi}{6},\pi\right)$,极大值$\frac{3}{2}$和$\frac{3}{2}$,极小值 1.

3. (1) 凹区间$(\pi,2\pi)$,凸区间$(0,\pi)$,拐点$(\pi,-e^{\pi})$；

(2) 凹区间$\left(-\infty,-\frac{1}{2}\right)$,$(0,+\infty)$,凸区间$\left(-\frac{1}{2},0\right)$,拐点$\left(-\frac{1}{2},-\frac{1}{16}\right)$,$(0,0)$.

4. 略. 5. $a=3,b=-9,c=8$. 6. $(-\infty,1)$.

7. 310 元,8410 元. 8. $L(q)=-q^2+38q-100$(千元),19 百件. 9. 略.

第 4 章 不定积分

习题 4-1(A)

1. 略. 2. (1) 不是；(2) 不是；(3) 是；(4) 是,理由略. 3. 不矛盾,理由略.

习题 4-1(B)

1. (1) $x^2-\frac{2}{5}x^{\frac{5}{2}}+C$；(2) $\frac{8}{15}x^{\frac{15}{8}}+C$；(3) $\frac{2}{3}x^{\frac{3}{2}}+2x^{\frac{1}{2}}+C$；(4) $\frac{2}{3}x^{\frac{3}{2}}-3x+C$；

(5) $5e^x-2\arcsin x+C$；(6) $3x+\frac{4\cdot 3^x}{2^x(\ln 3-\ln 2)}+C$；(7) $\tan x-\sec x+C$；

(8) $\tan x-\cot x+C$；(9) $x^3+\arctan x+C$；(10) $\cos x-\sin x+C$.

2. 曲线方程为 $y=\ln|x|+2$.

3. (1) $C(q)=1000q-10q^2+\frac{1}{3}q^3+7000$,$R(q)=3400q$,$L(q)=2400q+10q^2-\frac{1}{3}q^3-7000$；

(2) 销量为 60 个单位时可获得最大利润,最大利润是 101000 元.

习题 4-2(A)

1. (1) 3；(2) $\frac{1}{5}$；(3) $3x^2$；(4) $\frac{1}{2a}$；(5) 2；(6) $\frac{1}{3}$；(7) 1；(8) -1；(9) $\frac{1}{2}$；(10) -1；

(11) $\frac{1}{\sqrt{1-x^2}}$；(12) $\arctan x$. 2. 略.

3. (1) $\frac{1}{7}(2x+1)^7+C$；(2) $\frac{2}{3}(2x+1)^{\frac{3}{2}}+C$；(3) $\ln|3x+5|+C$；(4) $\arctan 3x+C$；(5) $2\sqrt{\cos x}+C$；

(6) $\tan 2x+C$；(7) $\arcsin 3x+C$；(8) $-e^{-3x}+C$；(9) $\sin 2x+C$；(10) $-\cos 5x+C$.

习题 4-2(B)

1. (1) $\frac{1}{8}(2x+1)^4+C$；(2) $-\frac{3}{20}(3-5x)^{\frac{4}{3}}+C$；(3) $\frac{3}{4}(\ln x)^{\frac{4}{3}}+C$；(4) $-e^{\frac{1}{x}}+C$；(5) $e^{\sin x}+C$；

(6) $2\sin\sqrt{x}+C$；(7) $\arcsin\left(\frac{x}{3}\right)+C$；(8) $\arcsin\frac{x-1}{2}+C$；(9) $\frac{1}{15}\arctan\frac{5}{3}x+C$；

(10) $\frac{1}{4}\arctan\left(x+\frac{1}{2}\right)+C$；(11) $\ln(x^2+2x+2)+C$；(12) $\frac{1}{2}\arctan(\sin^2 x)+C$；

(13) $-\cos(\ln x)+C$；(14) $\ln|\ln(\ln x)|+C$；(15) $-2\sqrt{1-x^2}-\arcsin x+C$；

(16) $-\sqrt{a^2-x^2}-a\cdot\arcsin\frac{x}{a}+C$；(17) $\frac{1}{5}\sin^5 x-\frac{2}{7}\sin^7 x+\frac{1}{9}\sin^9 x+C$；

(18) $\frac{1}{8}\sin 4x+\frac{1}{4}\sin 2x+C$；(19) $\frac{1}{4}\sin 2x-\frac{1}{16}\sin 8x+C$；(20) $\frac{1}{6}\tan^6 x+\frac{1}{4}\tan^4 x+C$；

(21) $\tan x-\frac{3}{2}x+\frac{1}{4}\sin 2x+C$；(22) $\frac{1}{4}\ln\left|\frac{x-2}{x+2}\right|+C$；(23) $2\sqrt{1+\tan x}+C$；

(24) $\frac{1}{2}\ln^2\tan x+C$；(25) $\frac{1}{\sqrt{2}}\arctan\left(\frac{\tan x}{\sqrt{2}}\right)+C$；(26) $\frac{1}{8}\ln\left|\frac{2x-1}{2x+3}\right|+C$.

2. (1) $\frac{3}{2}\sqrt[3]{(1+x)^2}-3\sqrt[3]{1+x}+3\ln|1+\sqrt[3]{1+x}|+C$；(2) $x-2\sqrt{1+x}+2\ln(1+\sqrt{1+x})+C$；

(3) $6\sqrt[6]{x}-6\arctan\sqrt[6]{x}+C$；(4) $\sqrt{2x+1}+2\sqrt[4]{2x+1}+2\ln|\sqrt[4]{2x+1}-1|+C$；

(5) $\frac{9}{2}\arcsin\frac{x}{3}+\frac{x\sqrt{9-x^2}}{2}+C$；(6) $-\frac{1}{3}\sqrt{(25-t^2)^3}+C$；(7) $\arctan\sqrt{x^2-1}+C$；

(8) $\frac{\sqrt{x^2-9}}{9x}+C$；(9) $\sqrt{x^2-2x}+\arccos\frac{1}{x-1}+C$；(10) $\frac{9}{2}\arcsin\frac{x}{3}-\frac{x}{2}\sqrt{9-x^2}+C$；

(11) $\ln\left|\frac{\sqrt{1+e^x}-1}{\sqrt{1+e^x}+1}\right|+C$；(12) $2\ln(1+e^x)-x+C$.

习题 4-3(A)

略.

习题 4-3(B)

(1) $\frac{x}{2}\sin 2x+\frac{1}{4}\cos 2x+C$；(2) $-xe^{-x}-e^{-x}+C$；(3) $\frac{1}{3}x(x^2+3)\ln x-\frac{x^3}{9}-x+C$；(4) $\frac{x^3}{3}\arctan x-\frac{x^2}{6}+\frac{1}{6}\ln(1+x^2)+C$；(5) $x\ln(x+\sqrt{1+x^2})-\sqrt{1+x^2}+C$；(6) $x\arcsin x+\sqrt{1-x^2}+C$；(7) $\frac{1}{2}x[\cos(\ln x)+\sin(\ln x)]+C$；(8) $-x\cot x+\ln|\sin x|-\frac{x^2}{2}+C$；(9) $\frac{1}{5}e^x(\sin 2x-2\cos 2x)+C$；(10) $\frac{1}{2}e^{x^2}(x^2-1)+C$；(11) $-2\sqrt{x}\cos\sqrt{x}+2\sin\sqrt{x}+C$；(12) $2e^{\sqrt{x}}(\sqrt{x}-1)+C$；(13) $-\sqrt{1-x^2}\arcsin x+x+C$；(14) $\frac{1}{2}x+\frac{1}{2}\sqrt{x}\sin 2\sqrt{x}+\frac{1}{4}\cos 2\sqrt{x}+C$.

习题 4-4

(1) $-\frac{1}{5}\ln\left|\frac{5+2x}{x}\right|+C$；(2) $\ln\left|\frac{2x+2}{2x+3}\right|+C$；(3) $\frac{2(32-24x+27x^2)}{135}\sqrt{2+3x}+C$；(4) $\frac{x^3}{3}\arccos\frac{3}{2}x-\frac{1}{9}\left(x^2+\frac{9}{2}\right)\sqrt{\frac{9}{4}-x^2}+C$；(5) $\frac{x}{2}\sqrt{4x^2+5}+\frac{5}{4}\ln(2x+\sqrt{4x^2+5})+C$；(6) $-\frac{e^{-x}(\sin 5x+5\cos 5x)}{26}+C$；(7) $\frac{1}{20}\ln\left|\frac{5+2x}{5-2x}\right|+C$；(8) $\frac{x-2}{2}\sqrt{x^2-4x+8}+2\ln|x-2+\sqrt{x^2-4x+8}|+C$；(9) $\frac{x^3}{3}\ln^3 x-\frac{x^3}{3}\ln^2 x-\frac{2}{3}x^3\left(\frac{\ln x}{3}-\frac{1}{9}\right)+C$；(10) $\frac{2}{7}\sqrt{\frac{7}{3}}\arctan\left(\sqrt{\frac{7}{3}}\tan\frac{x}{2}\right)+C$.

自测题四

一、**1.** $e^{-x^2}dx, \ln\left|\frac{a+\sqrt{a^2-x^2}}{x}\right|+C$. **2.** $2x-3\cdot\frac{2^x}{3^x(\ln 2-\ln 3)}+C$. **3.** $\ln x-\frac{2}{\sqrt{x}}-\frac{1}{x}+C$.

4. $\frac{1}{2}\arctan x^2+C$. **5.** $\frac{x^3}{3}-x+\arctan x+C$. **6.** $\tan x-\sec x+C$. **7.** $-\frac{1}{x^2}+C$. **8.** $\frac{1}{x}+C$.

9. $1-2\csc^2 x\cot x$.　**10.** $xf'(x)-f(x)+C$.

二、**1.** B.　**2.** A.　**3.** D.　**4.** B.　**5.** D.　**6.** B.　**7.** C.　**8.** C.

三、**1.** (1) $-\sin x+C$；(2) $\frac{1}{2}\ln(3+x^2)+C$；(3) $\ln|x+2|+\frac{3}{x+2}+C$；(4) $2\sin(\sqrt{x}-1)+C$；

(5) $-2\sqrt{1-\ln x}+C$；(6) $2\ln|\ln\sqrt{x}|+C$；(7) $\frac{1}{3}(\arcsin x)^3+C$；(8) $\frac{1}{5}(x^2+1)^{\frac{5}{2}}-\frac{1}{3}(x^2+1)^{\frac{3}{2}}+C$；

(9) $2\arctan\sqrt{x+1}+C$；(10) $2\sqrt{x-1}-4\ln(\sqrt{x-1}+2)+C$；(11) $-\frac{\sqrt{1-x^2}}{x}+C$；

(12) $\ln\left|\frac{1-\sqrt{1-x^2}}{x}\right|+\sqrt{1-x^2}+C$；(13) $-\frac{\sqrt{a^2-x^2}}{x}-\arcsin\frac{x}{a}+C$；(14) $\frac{1}{2}\ln\left|\frac{\sqrt{x^2+4}-2}{x}\right|+C$；

(15) $\frac{x^2}{4}-\frac{x}{2}\sin x-\frac{\cos x}{2}+C$；(16) $\frac{1}{5}e^{2x}(2\sin x-\cos x)+C$；(17) $\sin x e^{\sin x}-e^{\sin x}+C$；

(18) $-x\cot x+\ln|\sin x|+C$；(19) $\ln\left|\frac{x-3}{x-2}\right|+C$；(20) $\frac{\sqrt{2}}{2}\arctan\left(\frac{\tan x}{\sqrt{2}}\right)+C$；(21) $\arctan e^x+C$；

(22) $-\frac{1}{x-1}\ln x+\ln\left|\frac{x-1}{x}\right|+C$；(23) $x\arctan x-\frac{1}{2}\arctan^2 x-\frac{1}{2}\ln(1+x^2)+C$；

(24) $-\sqrt{1-x^2}\arcsin x+x+\frac{1}{2}\arcsin^2 x+C$；(25) $x-\frac{\sqrt{2}}{2}\arctan(\sqrt{2}\tan x)+C$；

(26) $\ln\left|\frac{\sin x}{1+\sin x}\right|+C$.

2. $R(q)=18q-\frac{1}{4}q^2$.　**3.** $y=x^3-3x+2$. 作图略.　**4.** $y=x^3-6x^2+9x+2$. 作图略.

第5章　定积分及其应用

习题 5-1(A)

1. (1) $\int_1^3 x^2\,dx$；(2) 2，−2，[−2，2]；　**2.** (1) 正；(2) 负.　**3.** (1) $\left[\frac{\pi}{6},\frac{\pi}{4}\right]$；(2) $[3,3e^4]$.

习题 5-1(B)

1. (1) $\frac{1}{2}$；(2) 0；(3) $\frac{\pi}{4}$.　**2.** (1) $\geqslant$；(2) $\leqslant$；(3) $=$.　**3.** 略.

习题 5-2(A)

1. (1) 0；(2) $2\sqrt{1+2x}$；(3) $2xe^{x^2}\cos x^2-e^x\cos x$.　**2.** (1) $\sqrt{3}-1-\frac{\pi}{12}$；(2) 1.

习题 5-2(B)

1. (1) $\frac{15}{4}$；(2) $\frac{\pi}{6}$；(3) $\frac{17}{6}$；(4) 4.　**2.** (1) $3x^2\sqrt{1+x^6}$；(2) $\frac{3\cos x^3-2\cos x^2}{x}$.　**3.** $y'=-\frac{e^x}{\cos y}$.

4. 0.

习题 5-3(A)

1. (1) $\frac{1}{2}\ln\frac{5}{2}$；(2) $\frac{\pi}{4}$；(3) $4-\ln 4$；(4) $\frac{\pi}{8}-\frac{1}{4}$；(5) $\frac{\pi}{6}-\frac{\sqrt{3}}{2}+1$；(6) π.　**2.** (1) 0；(2) $\frac{\pi}{2}$.

习题 5-3(B)

1. (1) $\frac{1}{2}\ln 2$；(2) $-\frac{1}{2}(e^{-4}-1)$；(3) $\frac{\pi}{6}$；(4) $2+\ln 4$；(5) $\ln\frac{\sqrt{3}+2}{\sqrt{2}+1}$.　**2.** (1) $2e^2\ln 2e-e^2+\frac{1}{4}$；

(2) $\frac{\pi}{12}-1+\frac{\sqrt{3}}{2}$；(3) $\frac{\sqrt{3}\pi^2}{18}+\frac{\pi}{3}-\sqrt{3}$.　**3.** (1) 0；(2) $-2\ln 3$.　**4.** 略.

习题 5-4(A)

(1) $\frac{1}{2}$；(2) $-\frac{1}{2}$；(3) 2π；(4) 发散；(5) $\frac{\pi}{2}$；(6) $\frac{16\sqrt{2}}{3}$.

习题 5-4(B)

(1) 1；(2) 发散；(3 发散；(4) 发散；(5) $\frac{\pi}{2}$；(6) $10\sqrt{6}$；(7) 0.

习题 5-5(A)

1. $q(p)=-20\ln(1+p)+1000$. **2.** $10e^{0.2q}+80$. **3.** $R(q)=3q-0.1q^2$；22.5. **4.** (1) $\frac{3}{2}$；(2) $\frac{9}{4}$；(3) 1.

习题 5-5(B)

1. $C(q)=-3q^3+15q^2+25q+55$，$\bar{C}(q)=-3q^2+15q+25+\frac{55}{q}$，变动成本为 $-3q^3+15q^2+25q$.

2. $L(q)=-\frac{1}{4}q^3+60q^2-60q+5000$. **3.** $C(q)=\frac{1}{5}q^2-12q+500$，$L(q)=-\frac{1}{5}q^2+32q-500$，$q=80$.

4. $\frac{400}{3}$. **5.** 0.5. **6.** (1) $\frac{4}{3}a\sqrt{a}$；(2) $\frac{1}{2}$；(3) $\frac{8}{3}$；(4) $e+\frac{1}{e}-2$；(5) 5；(6) $\frac{3}{2}-\ln 2$；(7) $\frac{32}{3}$.

自测题五

一、**1.** 3. **2.** 0. **3.** $1+a-b$. **4.** 0. **5.** 0. **6.** $\frac{1}{2}\ln\frac{5}{9}$. **7.** 4. **8.** $\frac{\pi}{8}$. **9.** $4+0.02q+\frac{q}{300}$，$-0.02q^2+16q-300$.

二、**1.** C. **2.** A. **3.** D. **4.** A. **5.** C. **6.** B.

三、**1.** (1) $\frac{1}{2}-\frac{\ln 2}{2}$；(2) $\frac{1}{2}e^2\ln 2e-\frac{1}{2}\ln 2-\frac{e^2}{4}+\frac{1}{4}$；(3) $-\cos\pi^2+\frac{\sin\pi^2}{\pi^2}$；(4) $\frac{2\sqrt{2}-1}{3}$；(5) $\frac{(e-1)^4}{4}$；(6) $\frac{28}{3}$；(7) $\sqrt{3}-\frac{\pi}{3}$；(8) $\frac{506}{375}$；(9) $1-\frac{\pi}{4}$；(10) 1；(11) $+\infty$；(12) $-\infty$.

2. 最大值 $F(1)=\ln 2+\frac{\pi}{4}$，最小值 $F(0)=0$. **3.** $\frac{9}{8}$.

4. (1) 总成本增加 14 万元，总收入增加 20 万元；(2) 4 百台；

(3) $C(q)=6q+\frac{1}{4}q^2+5$，$L(q)=-\frac{3}{4}q^2+6q-5$.

第 6 章 行列式

习题 6-1(A)

1. (1) 1；(2) -15；(3) -6；(4) 0. **2.** (1) 0；(2) 0；(3) 0；(4) 0.

习题 6-1(B)

1. (1) $\begin{cases}x_1=1,\\x_2=1;\end{cases}$ (2) $\begin{cases}x_1=2,\\x_2=3.\end{cases}$ **2.** (1) -39；(2) -11；(3) 0；(4) 0；(5) 6；(6) 87.

习题 6-2

1. (1) 1；(2) 2；(3) 4；(4) 6. **2.** (1) +；(2) +. **3.** (1) $(-1)^n$；(2) $(-1)^n$；(3) $n!$.

习题 6-3(A)

(1) 0；(2) 1；(3) $(a+3)(a-1)^3$；(4) 32；(5) $8abcd$；(6) $-2(x^3-y^3)$.

习题 6-3(B)

1. (1) -8；(2) -9；(3) $(a+3b)(a-b)^3$；(4) 0；(5) $4abcdef$；(6) $[x+(n-1)a](x-a)^{n-1}$.

2. 略.

习题 6-4

1. (1) $abcd+ab+ad+cd+1$；(2) -15；(3) -2；(4) $(a^2-b^2)^2$；(5) -24；(6) 6.

2. (1) 5；(2) $1+(-1)^{n+1}$.

习题 6-5

1. (1) $\begin{cases}x=2,\\y=3;\end{cases}$ (2) $\begin{cases}x_1=-1,\\x_2=3.\end{cases}$ (3) $\begin{cases}x_1=2,\\x_2=1,\\x_3=0.\end{cases}$ (4) $\begin{cases}x_1=1,\\x_2=1,\\x_3=1.\end{cases}$ (5) $\begin{cases}x_1=2,\\x_2=-3,\\x_3=4,\\x_4=-5.\end{cases}$

2. 有非零解. 3. $k=-1,4$.

自测题六

一、1. C. 2. B. 3. B. 4. D. 5. A. 6. B.

二、1. 24. 2. 6. 3. +. 4. -5. 5. 0. 6. $(-1)^{n-1}c$. 7. $(-1)^n c$. 8. $\frac{9}{2}$.

三、计算题

1. (1) -4；(2) $(a+b+c)(ac+bc+ab-a^2-b^2-c^2)$；(3) $(b-a)(c-a)(c-b)$；(4) 2.

2. (1) -32；(2) 40；(3) 189；(4) -215；(5) $(a-b)^3$；(6) 720；
(7) $(b-a)(c-a)(d-a)(c-b)(d-b)(d-c)(a+b+c+d)$；(8) 12；(9) a^n-2a^{n-2}.

3. $\begin{cases}x_1=1,\\x_2=2,\\x_3=3,\\x_4=-1.\end{cases}$ 4. $\lambda=1$ 或 $\mu=0$. 5. $\lambda=0,2,3$.

第 7 章 矩 阵

习题 7-1(A)

1. (1) $\begin{bmatrix}-7 & -7 & 2\\-1 & 2 & 0\end{bmatrix}$；(2) $\begin{bmatrix}1 & 12\\5 & 8\end{bmatrix}$.

2. $x_1=2,x_2=1,x_3=2,y_1=5,y_2=3,y_3=2,\boldsymbol{B}=\begin{bmatrix}3 & 2 & 1\\2 & 4 & 2\\1 & 2 & 3\end{bmatrix},\boldsymbol{C}=\begin{bmatrix}0 & 5 & 3\\-5 & 0 & 2\\-3 & -2 & 0\end{bmatrix}$.

3. $\begin{bmatrix}-3 & 2 & -1\\2 & 3 & 1\\-2 & 1 & 0\end{bmatrix}$.

4. (1) $\begin{bmatrix}29 & -1\\3 & -1\\35 & 2\end{bmatrix}$；(2) $\begin{bmatrix}-1 & 2\\-2 & 4\\-3 & 6\end{bmatrix}$；(3) $9x^2-24xy+16y^2$.

习题 7-1(B)

1. $\begin{bmatrix}-2 & -4 & 16\\6 & 2 & 6\end{bmatrix}$. 2. $\begin{bmatrix}-3 & 0 & 0\\0 & -12 & 0\\0 & 0 & 0\end{bmatrix}$. 3. $a=1,b=6,c=0,d=-2$. 4. $x=0,y=-4,$
$z=-8$. 5. $\begin{bmatrix}3 & -4\\-1 & 0\\0 & -8\end{bmatrix}$. 6. 略.

习题 7-2(A)

1. (1) 否；(2) 否. **2.** (1) 不可逆；(2) 可逆，$\begin{bmatrix}-11 & 7\\ 8 & -5\end{bmatrix}$；(3) 可逆，$\begin{bmatrix}-11 & 2 & 2\\ -4 & 0 & 1\\ 6 & -1 & -1\end{bmatrix}$.

习题 7-2(B)

1. (1) $\begin{bmatrix}\frac{1}{3} & \frac{1}{3} & \frac{1}{3}\\ \frac{1}{3} & \frac{5}{6} & -\frac{1}{6}\\ \frac{1}{3} & -\frac{1}{6} & -\frac{1}{6}\end{bmatrix}$；(2) $\begin{bmatrix}1 & -4 & -3\\ 1 & -5 & -3\\ -1 & 6 & 4\end{bmatrix}$；(3) $\begin{bmatrix}8 & -4 & 2 & 1\\ 0 & 8 & -4 & 2\\ 0 & 0 & 8 & -4\\ 0 & 0 & 0 & 8\end{bmatrix}$. **2.** $\begin{bmatrix}3 & -2\\ 2 & -1\end{bmatrix}$.

习题 7-3(A)

1. (1) 错；(2) 对；(3) 错；(4) 对. **2.** $\begin{bmatrix}0 & 1 & 0\\ 1 & 0 & 0\\ 0 & 0 & 1\end{bmatrix}$；$\begin{bmatrix}1 & 0 & 0\\ 0 & 1 & 0\\ 0 & 0 & 5\end{bmatrix}$；$\begin{bmatrix}1 & 0 & 0\\ -1 & 1 & 0\\ 0 & 0 & 1\end{bmatrix}$.

3. (1) 3；(2) 2. **4.** $\lambda=\frac{9}{4}$,秩为 2.

习题 7-3(B)

1. (1) 5；(2) 3. **2.** $a=2$. **3.** $k=3$.

习题 7-4(A)

1. $\begin{cases}x_1=\frac{1}{3},\\ x_2=-1,\\ x_3=\frac{1}{2},\\ x_4=1.\end{cases}$ **2.** (1) $\frac{1}{9}\begin{bmatrix}1 & 2 & 2\\ 2 & 1 & -2\\ 2 & -2 & 1\end{bmatrix}$；(2) $\begin{bmatrix}22 & -6 & -26 & 17\\ -17 & 5 & 20 & -13\\ -4 & 1 & 5 & -3\end{bmatrix}$.

3. (1) $\boldsymbol{X}=-\frac{1}{5}\begin{bmatrix}13 & 2\\ 4 & 11\\ 15 & 5\end{bmatrix}$；(2) $\boldsymbol{X}=\frac{1}{7}\begin{bmatrix}6 & -29\\ 2 & 9\end{bmatrix}$.

习题 7-4(B)

1. $\begin{cases}x_1=-26,\\ x_2=-22,\\ x_3=-18.\end{cases}$ **2.** (1) $\begin{bmatrix}0 & 2 & -1\\ 1 & 1 & -1\\ -2 & -5 & 4\end{bmatrix}$；(2) $\begin{bmatrix}2 & 0 & 0 & -1\\ -1 & 1 & 0 & 0\\ 0 & -1 & 1 & 0\\ 0 & 0 & -1 & 1\end{bmatrix}$.

3. (1) $\boldsymbol{X}=\begin{bmatrix}-1 & -13\\ -1 & 8\\ 2 & 1\end{bmatrix}$；(2) $\boldsymbol{X}=\frac{1}{14}\begin{bmatrix}-11 & -1 & -9\\ -9 & 3 & -1\\ 14 & -14 & 0\end{bmatrix}$.

习题 7-5

1. $\boldsymbol{A}=\begin{bmatrix}a & 0 & ac & 0\\ 0 & a & 0 & ac\\ 1 & 0 & c+bd & 0\\ 0 & 1 & 0 & c+bd\end{bmatrix}$. **2.** $\boldsymbol{A}^{-1}=\begin{bmatrix}1 & 0 & 0 & 0\\ 0 & 2 & -1 & 0\\ 0 & -3 & 2 & 0\\ 0 & 0 & 0 & -\frac{1}{4}\end{bmatrix}$.

自测题七

一、**1.** $m=k,n=s,t=l$. **2.** $\boldsymbol{B},\boldsymbol{A}$. **3.** $r+1$. **4.** $(\boldsymbol{AB}^{\mathrm{T}})^{-1}\boldsymbol{DCB}^{-1}$. **5.** 0.

二、**1.** B. **2.** B. **3.** D. **4.** C. **5.** A.

三、**1.** $\begin{bmatrix}-5 & 4\\ -2 & 5\\ 5 & -3\\ -9 & 0\end{bmatrix}$. **2.** 秩为 2.

3. (1) $-\frac{1}{5}\begin{bmatrix}0 & 0 & 5\\ 0 & -1 & -3\\ 5 & -2 & -1\end{bmatrix}$；(2) $\begin{bmatrix}1 & 0 & 0 & 0\\ 0 & 2 & -1 & 0\\ 0 & -3 & 2 & 0\\ 0 & 0 & 0 & -\frac{1}{4}\end{bmatrix}$；(3) $\begin{bmatrix}0 & 0 & 0 & 0 & -1\\ \frac{1}{m} & 0 & 0 & 0 & \frac{1}{m}\\ -1 & 1 & 0 & 0 & -1\\ \frac{1}{m} & -\frac{1}{m} & 0 & -\frac{1}{m} & \frac{1}{m}\\ -1 & 1 & 1 & 1 & -1\end{bmatrix}$.

4. $\boldsymbol{X}=\begin{bmatrix}6 & -5\\ 9 & -16\\ -\frac{7}{2} & \frac{13}{2}\end{bmatrix}$.

5. (1) $\begin{cases}x_1=-\frac{1}{9}x_3-\frac{4}{9}x_4+\frac{7}{9},\\ x_2=\frac{5}{9}x_3+\frac{2}{9}x_4+\frac{1}{9}\end{cases}$ (其中 x_3,x_4 为自由未知量)；

(2) $\begin{cases}x_1=7x_3-18x_4+8,\\ x_2=-3x_3+7x_4-3\end{cases}$ (其中 x_3,x_4 为自由未知量)； (3) 无解；

(4) $\begin{cases}x_1=5x_3-2x_4,\\ x_2=-2x_3+3x_4\end{cases}$ (其中 x_3,x_4 为自由未知量).

6. $\boldsymbol{A}^{-1}=\begin{bmatrix}1 & -1 & 0 & 0\\ 0 & 1 & 0 & 0\\ 0 & 0 & 1 & 0\\ 0 & 0 & 2 & -1\end{bmatrix}$；$\boldsymbol{A}^2=\begin{bmatrix}1 & 2 & 0 & 0\\ 0 & 1 & 0 & 0\\ 0 & 0 & 1 & 0\\ 0 & 0 & 0 & 1\end{bmatrix}$.

第 8 章　向量组与线性方程组

习题 8-1(A)

1. $(9,-2)$. **2.** $\begin{bmatrix}8\\ 3\\ 1\end{bmatrix}$. **3.** $\boldsymbol{b}=7\boldsymbol{a}_1+2\boldsymbol{a}_2+5\boldsymbol{a}_3$.

习题 8-1(B)

1. $\begin{bmatrix}-1\\ -3\\ -11\end{bmatrix}$. **2.** $\boldsymbol{b}=\boldsymbol{a}_1+\boldsymbol{a}_2+3\boldsymbol{a}_3$.

习题 8-2(A)

1. (1) 线性相关；(2) 线性无关；(3) 线性相关；(4) 线性相关. **2.** $t\neq 0$.

习题 8-2(B)

1. (1) 线性相关，(2) 线性无关.

2. 不一定,例如 $a_1=\begin{bmatrix}1\\0\end{bmatrix}$,$a_2=\begin{bmatrix}-1\\0\end{bmatrix}$,$b_1=\begin{bmatrix}0\\-1\end{bmatrix}$,$b_2=\begin{bmatrix}0\\1\end{bmatrix}$,$a_1+b_1$,$a_2+b_2$ 线性无关.

3. 略. **4.** 略.

习题 8-3(A)

(1) 最大无关组为 a_1,a_2,且秩为 2;(2) 最大无关组为 a_1,a_2,且秩为 2;

(3) 最大无关组为 a_1,a_3,且秩为 2;(4) 最大无关组为 a_1,a_2,且秩为 2.

习题 8-3(B)

1. (1) $\begin{bmatrix}1&0&2&3\\0&2&0&0\\0&1&0&0\end{bmatrix}$;(2) $\begin{bmatrix}1&1&2&2&3\\0&2&1&0&0\\0&0&3&0&0\\0&0&0&0&0\end{bmatrix}$.

2. (1) 最大无关组为 a_1,a_2,a_3,且 $a_4=\frac{8}{5}a_1-a_2+2a_3$.

(2) 最大无关组为 a_1,a_2,a_3,且 $a_4=a_1+3a_2-a_3$, $a_5=-a_2+a_3$.

3. 略.

习题 8-4(A)

(1) $\xi_1=\begin{bmatrix}12\\3\\-2\end{bmatrix}$;(2) $\xi_1=\begin{bmatrix}-6\\1\\0\\0\end{bmatrix}$,$\xi_2=\begin{bmatrix}1\\0\\-3\\1\end{bmatrix}$.

习题 8-4(B)

1. (1) $\xi_1=\begin{bmatrix}0\\1\\0\\4\end{bmatrix}$,$\xi_2=\begin{bmatrix}4\\0\\-1\\3\end{bmatrix}$;(2) $\xi_1=\begin{bmatrix}1\\7\\0\\19\end{bmatrix}$,$\xi_2=\begin{bmatrix}0\\0\\1\\2\end{bmatrix}$.

2. 可以,因为 a_1+a_2,a_1-a_2 与 a_1,a_2 等价.

3. (1) 无解;(2) 通解为 $\eta=\begin{bmatrix}3\\0\\2\\1\end{bmatrix}+k\begin{bmatrix}-2\\1\\0\\0\end{bmatrix}$,$k$ 为任意实数;

(3) 通解为 $\eta=\begin{bmatrix}2\\1\\1\\0\end{bmatrix}+k\begin{bmatrix}0\\-2\\0\\1\end{bmatrix}$,$k$ 为任意实数;(4) 有唯一解 $\eta=\begin{bmatrix}-1\\-1\\0\\1\end{bmatrix}$.

自测题八

1. $x=1,-2$. **2.** $b=\lambda a_1-(\lambda+1)a_2$. **3～4.** 略. **5.** $m=2,n=5$.

6. (1) 秩为 2,a_1,a_2 为最大线性无关组;(2) 秩为 2,a_1,a_2 为最大线性无关组. **7.** 略.

8. (1) $\eta=\begin{bmatrix}0\\5\\-8\\2\end{bmatrix}$,$\xi=\begin{bmatrix}-1\\1\\1\\0\end{bmatrix}$;(2) $\eta=\begin{bmatrix}-1\\0\\0\\-4\end{bmatrix}$,$\xi=\begin{bmatrix}-8\\0\\7\\2\end{bmatrix}$. **9.** 略.

第9章 概率论基础

习题 9-1(A)

1. (1) D 必然事件，B 不可能事件；(2) B 必然事件，A 不可能事件.

2. (1) $A\subset B$；(2) $D\subset C$；(3) $E\subset F$.

3. (1) $\overline{A}=\{$抽到的3件产品至少有一件次品$\}$；(2) $\overline{B}=\{$甲、乙两人下象棋，乙胜或甲、乙和棋$\}$；(3) $\overline{C}=\{$抛掷一枚骰子，出现奇数点$\}$.

4. (1) $A\overline{B}$；(2) $\overline{A}\cup\overline{B}=\overline{AB}$；(3) $\overline{A}\cap\overline{B}$；(4) $A=B$.

习题 9-1(B)

1. (1) $\Omega=\{3,4,5,6,7,8,9,10\}$；(2) $\Omega=\{10,11,12,13,\cdots\}$；(3) $\Omega=\{t\mid 0\leqslant t\leqslant 5\}$；(4) ① $\Omega=\{$(红,红),(红,白),(白,白)$\}$，② $\Omega=\{(1,2),(1,3),(1,4),(2,3),(2,4),(3,4)\}$.

2. $\Omega=\{$(红,红),(红,黄),(红,蓝),(黄,黄),(黄,红),(黄,蓝),(蓝,蓝),(蓝,红),(蓝,黄)$\}$；$A=\{$(红,红),(红,黄),(红,蓝)$\}$；$B=\{$(红,黄),(红,蓝)(黄,红),(黄,蓝),(蓝,红),(蓝,黄)$\}$.

3. (1) $A\cup B=\{x\mid 0\leqslant x\leqslant 10\}$；(2) $\overline{A}=\{x\mid 5<x\leqslant 20\}$；(3) $A\overline{B}=\{x\mid 0\leqslant x<3\}$；(4) $A\cup(BC)=\{x\mid 0\leqslant x\leqslant 5,7\leqslant x\leqslant 10\}$；(5) $A\cup(B\overline{C})=\{x\mid 0\leqslant x<7\}$.

4. (1) $A_1A_2A_3A_4$；(2) $\overline{A_1A_2A_3A_4}$；(3) $\overline{A_1}A_2A_3A_4\cup A_1\overline{A_2}A_3A_4\cup A_1A_2\overline{A_3}A_4\cup A_1A_2A_3\overline{A_4}$.

5. (1) $A\cup B$；(2) $\overline{A}\cup\overline{B}\cup\overline{C}$；(3) $(\overline{A}\overline{B})\cup(\overline{A}\overline{C})\cup(\overline{B}\overline{C})$.

6. $A=A_1A_2A_3$；$B=(A_1A_2A_3)\cup(\overline{A_1}A_2A_3)\cup(A_1\overline{A_2}A_3)\cup(A_1A_2\overline{A_3})$
$C=(\overline{A_1}\,\overline{A_2}A_3)\cup(\overline{A_1}A_2\overline{A_3})\cup(A_1\overline{A_2}\,\overline{A_3})$；$D=\overline{A_1A_2A_3}=\overline{A_1}\cup\overline{A_2}\cup\overline{A_3}$.
其中 $A\subset B,C\subset D$；A 与 C，A 与 D，B 与 C 分别互不相容；A 与 D 相互对立.

习题 9-2

1. 正数 $\frac{4}{9}$，负数 $\frac{5}{9}$. 2. (1) $\frac{1}{120}$；(2) $\frac{1}{5}$；(3) $\frac{1}{10}$. 3. $\frac{99}{392}$.

4. 0.99；0.01. 5. 0.06.

6. 返回抽样 $P(A)=\frac{1}{9}$，$P(B)=\frac{4}{9}$；无返回抽样 $P(A)=\frac{1}{15}$，$P(B)=\frac{8}{15}$. 7. $\frac{7}{19}$. 8. 0.18.

习题 9-3(A)

1. $P(A\cup B)=P(B)$；$P(A\cap B)=P(A)$；$P(A\mid B)=\frac{P(A)}{P(B)}$；$P(B\mid A)=1$. 2. 0.675；0.325.

3. $P(B)=0.3$；$P(A\mid B)=0.63$；$P(AB)=0.189$.

4. (1) $P(A_1\overline{A_2})=\frac{1}{3}$；(2) $P(\overline{A_1}\overline{A_2})=\frac{1}{6}$；(3) $P(A_1\overline{A_2})=\frac{1}{3}$；(4) $P(A_1\overline{A_2}\cup\overline{A_1}A_2\cup\overline{A_1}\overline{A_2})=P(\overline{A_1A_2})=\frac{5}{6}$. 5. (1) 0.973；(2) 0.25.

习题 9-3(B)

1. (1) $a+b$；(2) 0；(3) $1-b$；(4) a；(5) $1-a-b$. 2. $P(A\overline{B})=r-q$；$P(\overline{A}\cap\overline{B})=1-r$.

3. 0.75；0.25. 4. 0.0083. 5. 0.3. 6. $P(A\cup B)=\frac{19}{30}$；$P(A\mid B)=\frac{3}{14}$；$P(B\mid A)=\frac{3}{8}$.

7. 0.086. 8. $\frac{13}{132}$. 9. 0.855. 10. $\frac{3}{5}$. 11. (1) 0.032；(2) 0.5625，0.28125，0.15625.

习题 9-4(A)

1. (1) $\{0,1,2\}$，

η	0	1	2
p_k	$\frac{1}{10}$	$\frac{3}{5}$	$\frac{3}{10}$

(2) $\frac{7}{10}$. **2.** (1) $\frac{19}{30}$；(2) $\frac{3}{10}$. **3.** (1) 是；(2) 否；(3) 否. **4.** (1) $\frac{3}{2}$；(2) $\frac{9}{16}$.

5. $P(\xi=k)=C_{25}^{k}0.2^{k}0.8^{25-k}(k=0,1,2,\cdots,25)$. **6.** 0.21487；0.00284. **7.** 40%.

8. (1) 0.1587；(2) 0.84；(3) 0.0013；(4) 0.9544. **9.** (1) 0.5793；(2) 0.9332；(3) 4.13.

10. 0.1192.

习题 9-4(B)

1. (1) $\frac{2}{3}$；(2) $\frac{1}{2}$. **2.** (1) $\frac{1}{6}$；(2) $\frac{23}{36}$.

3.

ξ	2	3
p_k	$\frac{1}{3}$	$\frac{2}{3}$

η	3	4	5
p_k	$\frac{1}{3}$	$\frac{1}{3}$	$\frac{1}{3}$

4. $P(\xi=k)=p(1-p)^{k-1}(k=1,2,\cdots)$. **5.** (1) $\frac{1}{\pi}$；(2) $\frac{1}{3}$. **6.** (1) $1-\frac{1}{e^2}$；(2) $1-\frac{1}{e^4}$.

7. 0.014388.

8. (1) 0.001411；(2)

ξ	0	80	100
p_k	0.001411	0.189797	0.808792

9. 8件. **10.** (1) 0.3012；(2) 0.0273. **11.** (1) 0.2857,0.5,0.3753；(2) $\lambda_1=-1.56,\lambda_2=3.56$；(3) -1.4. **12.** 0；0.0918. **13.** 184cm. **14.** (1) 303；(2) 606.

15. (1)

η	-3	-1	1	3	5	7
p_k	0.15	0.1	0.1	0.2	0.3	0.15

(2)

θ	0	1	4	9
p_k	0.2	0.4	0.25	0.15

16.

$\xi+\eta$	0	1	2
p_k	q_1q_2	$p_1q_2+p_2q_1$	p_1p_2

$\xi\cdot\eta$	0	1
p_k	$q_1q_2+p_1q_2+p_2q_1$	p_1p_2

习题 9-5

1. (1) 对；(2) 错；(3) 错. **2.** 0.6,0.25,0.45,0.25.

3. (1)

$\xi \backslash \eta$	0	1	$p_{i\cdot}$
0	$\frac{16}{25}$	$\frac{4}{25}$	$\frac{4}{5}$
1	$\frac{4}{25}$	$\frac{1}{25}$	$\frac{1}{5}$
$p_{\cdot j}$	$\frac{4}{5}$	$\frac{1}{5}$	

(2)

$\xi \backslash \eta$	0	1	$p_{i\cdot}$
0	$\frac{28}{45}$	$\frac{8}{45}$	$\frac{4}{5}$
1	$\frac{8}{45}$	$\frac{1}{45}$	$\frac{1}{5}$
$p_{\cdot j}$	$\frac{4}{5}$	$\frac{1}{5}$	

4.

$\xi \backslash \eta$	1	2	$p_{i\cdot}$
-1	$\frac{1}{6}$	$\frac{1}{3}$	$\frac{1}{2}$
1	$\frac{1}{12}$	$\frac{5}{12}$	$\frac{1}{2}$
$p_{\cdot j}$	$\frac{1}{4}$	$\frac{3}{4}$	

5.

$\xi \backslash \eta$	-1	1	2
0	0.06	0.06	0.18
1	0.14	0.14	0.42

6. $p=\frac{1}{10}, q=\frac{2}{15}$.

习题 9-6(A)

1. $\frac{n+1}{2}$; $\frac{n^2-1}{12}$. 2. $\frac{b+a}{2}$; $\frac{(b-a)^2}{12}$.

3. 否，因为 $\int_{-\infty}^{+\infty}\frac{|x|}{\pi(1+x^2)}dx=\frac{1}{\pi}\int_0^{+\infty}\frac{d(1+x^2)}{1+x^2}=\frac{1}{\pi}\ln(1+x^2)\Big|_0^{+\infty}=\infty$.

4. 0; $\frac{1}{6}$. 5. 0.6; 0.43. 6. 略. 7. 略.

习题 9-6(B)

1. (1) $\frac{1}{3}$; (2) $\frac{1}{3}$; (3) $\frac{35}{24}$; (4) $\frac{97}{72}$; (5) $\frac{97}{18}$. 2. 机床 A. 3. 4.5; 0.45. 4. $\frac{3}{10}$; 0.3191.

5. 0.9; 0.61. 6. 2; 12. 7. 3; 2. 8. (1) 1; (2) $\frac{1}{3}$. 9. 0.6; 1.2; 0.24; 0.16; 0.08; $\frac{\sqrt{6}}{6}$.

自测题九

一、1. (1) $B\overline{A}$; (2) $A\cup B\cup C$; (3) $\overline{A}\overline{B}\overline{C}\cup\overline{A}\overline{B}C\cup\overline{A}B\overline{C}\cup A\overline{B}\overline{C}$. 2. 至少有一次击中，没有一次击中，

击中次数不大于2. **3.** ≤,≤,≤. **4.** 87%,91.95%,78.16%,15%,80%. **5.** 5. **6.** $\frac{1}{6}$,36.

7. $\frac{1}{6}$. **8.** 6.

二、**1.** D. **2.** D. **3.** C. **4.** D. **5.** C. **6.** D. **7.** A. **8.** D.

三、**1.** (1) $1-z, y-z, 1-x+z, 1-x-y+z, \frac{z}{y}$;(2) $1-xy, (1-x)y, 1-x+xy, (1-x)(1-y), x$;(3) $1, y, 1-x, 1-x-y, 0$.

2. (1) 0.4747;(2) 0.0769;(3) 0.0893. **3.** (1) 0.496;(2) 0.504. **4.** (1) $\frac{1}{2}$;(2) $\frac{3}{4}$.

5. (1)

$\xi+\eta$	0	1	2	3
p_k	$\frac{1}{4}$	$\frac{5}{12}$	$\frac{1}{4}$	$\frac{1}{12}$

(2) $\frac{1}{3}$. **6.** $\frac{3}{5}$,$\frac{6}{5}$,$\frac{11}{25}$.

7. (1)

ξ	0	1
p_k	$\frac{7}{12}$	$\frac{5}{12}$

η	−1	0
p_k	$\frac{7}{12}$	$\frac{5}{12}$

(2) 否,理由略;(3) $\frac{1}{2}$. **8.** (1) $\frac{2}{3}$,$\frac{2}{9}$;(2) 0.

第10章 数理统计初步

习题10-1(A)

1. (1),(2),(5). **2.** 略. **3.** (1) $N\left(\mu, \frac{\sigma^2}{8}\right)$;(2) $\chi^2(8-1)$;(3) $t(8-1)$;(4) $N(0,1)$;(5) $\chi^2(8)$.

4. 50,0.042,49.99,0.1,0.00084. **5.** 0.7262. **6.** 比较标准差系数,后者稳定性较好.

习题10-1(B)

1. 0.00392. **2.** 0.01. **3.** 78.

习题10-2(A)

1. 0.51,2.088. **2.** [14.87,15.03],[14.74,15.06]. **3.** 证明略,统计量(2)最有效.

4. [0.953,0.987].

习题10-2(B)

1. (1) [5002.398,7287.6];(2) [816286.747,7734437.87]. **2.** [−5.76,0.56].

3. [65.4,134.6]. **4.** [0.454,0.915]. **5.** [1200±46.79],[0.566,0.710].

习题10-3(A)

1. 正常. **2.** 合格. **3.** 符合标准. **4.** 有显著性差异. **5.** 能出厂.

习题10-3(B)

1. 无显著差异. **2.** 方差无显著差异,期望有显著差异. **3.** (1) 强力有显著差异;(2) 方差无显著差异.

习题 10-4(A)

1. (1) 略;(2) $\hat{y}=6.456-3.5175x$;(3) $\hat{\sigma}^2=1.5643$.

2. (1) $\hat{y}=-30.219x+642.920$;(2) 两种信度下,线性相关性均显著.

习题 10-4(B)

1. (1) 可以;(2) $\hat{y}=6.28+0.18x$;(3) (9.04,9.38). 2. $\hat{\beta}_0=-11.3$,$\hat{\beta}_1=36.95$,不为零.

习题 10-5

1. 存在,$\hat{y}=0.9824+\frac{8.99}{x}$. 2. $\hat{x}=31.77+1.36y$. 3. 略.

习题 10-6

$\hat{y}=3.453+0.496x_1+0.0092x_2$.

自测题十

一、1. $E(\hat{\theta})=\theta$. 2. $\left(\bar{\xi}\pm u_{1-\frac{\alpha}{2}}\frac{\sigma}{\sqrt{n}}\right)$,$\left(\bar{\xi}\pm t_{\frac{\alpha}{2}}(n-1)\frac{S^*}{\sqrt{n}}\right)$. 3. $\left(\bar{\xi}-\bar{\eta}\pm u_{1-\frac{\alpha}{2}}\sqrt{\frac{\sigma_1^2}{n_1}+\frac{\sigma_2^2}{n_2}}\right)$,

$\left((\bar{\xi}-\bar{\eta})\pm t_{\frac{\alpha}{2}}(n_1+n_2-2)\sqrt{(n_1-1)S_1^{*2}+(n_2-1)S_2^{*2}}\cdot\sqrt{\frac{n_1+n_2}{n_1n_2(n_1+n_2-2)}}\right)$.

4. 小概率,样本. 5. $U=\frac{\bar{\xi}-\mu_0}{\sigma/\sqrt{n}}$,$T=\frac{\bar{\xi}-\mu_0}{S^*/\sqrt{n}}$,$\chi^2=\frac{(n-1)S^{*2}}{\sigma_0^2}$. 6. 函数关系和相关关系.

7. $y=a+bx+\varepsilon,\varepsilon\sim N(0,\sigma^2)$;$N(0,\sigma^2)$;随机误差;回归系数;可控;$\hat{y}=\hat{a}+\hat{b}x$. 8. $\frac{L_{xy}}{L_{xx}}$,$\bar{y}-\hat{b}\bar{x}$.

二、1. C. 2. A. 3. B. 4. D. 5. A.

三、1. [4.69,6.47],[0.18,4.32]. 2. [3.18,36.82]. 3. [0.411,3.722]. 4. [71.91%,78.89%].
5. 可以认为. 6. 标准差不超过 75 kg. 7. 不能认为平均寿命相同. 8. 这天生产是正常的.